U0225747

参数曲线曲面造型设计理论

严兰兰　著

科学出版社

北　京

内 容 简 介

本书主要介绍了CAD和CAM中广泛使用的Bézier方法、B样条方法的基础理论以及扩展模型，内容包括有理Bézier曲线以及双二次、双三次有理Bézier曲面的光滑拼接条件，Bézier曲线在多项式空间与三角函数空间上的扩展，形状可调Bézier曲线的构造方法，三角域Bézier曲面在多项式空间上的扩展，三角域与四边域Bézier曲面之间的相互转换算法，B样条曲线在多项式空间与三角函数空间上的扩展，易于拼接的多项式型、三角型、双曲型曲线曲面，形状和光滑度均可调的组合曲线曲面，基于全正基的曲线曲面，保形逼近与保形插值曲线的设计，具有指定多项式重构精度和连续阶的插值曲线的构造，在过渡处能达到任意阶参数连续性的过渡曲线的设计.

本书可供计算机辅助几何设计、计算机图形学等专业的科学研究人员、工程技术人员以及高等学校的教师、研究生和本科生参考.

图书在版编目(CIP)数据

参数曲线曲面造型设计理论/严兰兰著. —北京：科学出版社, 2024.1
ISBN 978-7-03-076760-8

Ⅰ. ①参… Ⅱ. ①严… Ⅲ. ①曲线-计算机辅助设计-研究②曲面-计算机辅助设计-研究 Ⅳ. ①O123.3②O186.11

中国国家版本馆CIP数据核字(2023)第202016号

责任编辑：胡庆家 孙翠勤／责任校对：彭珍珍
责任印制：张 伟／封面设计：无极书装

科学出版社出版
北京东黄城根北街16号
邮政编码：100717
http://www.sciencep.com
北京科印技术咨询服务有限公司数码印刷分部印刷
科学出版社发行 各地新华书店经销
*
2024年1月第 一 版 开本：720×1000 1/16
2024年8月第二次印刷 印张：27 1/2
字数：550 000
定价：168.00元
(如有印装质量问题，我社负责调换)

前　言

随着航空、汽车等现代工业的发展以及计算机的出现, 作为一门涉及数学以及计算机科学的新兴交叉学科, 计算机辅助几何设计 (Computer Aided Geometric Design, CAGD) 迅速发展起来, 并成为计算机辅助设计和制造 (Computer Aided Design and Computer Aided Manufacture, CAD/CAM) 的理论基础和关键技术. CAD/CAM 技术是工程技术人员以计算机为工具, 对产品和工程进行设计、绘图、造型、分析和编写技术文档等设计活动的总称. 作为信息技术的一个重要组成部分, CAD/CAM 技术将计算机的高速、海量数据的存储、处理和挖掘能力, 与人的综合分析能力以及创造性思维能力结合起来, 对加速工程和产品的开发、缩短设计制造周期、提高质量、降低成本、增强企业市场竞争能力与创新能力发挥着重要作用. 无论是军事工业还是民用工业, 无论是建筑行业还是加工制造业, 无论是机械、电子、轻纺产品, 还是文体、影视广告制作, 都离不开 CAD/CAM 技术的支持. CAD/CAM 技术的发展和应用水平已经逐渐成为衡量一个国家现代化水平的重要指标之一.

作为 CAD/CAM 技术的理论基础, CAGD 学科的出现和发展既适应了现代工业发展的需求, 又对现代工业的发展起到了巨大的促进作用, 其使几何学从传统时代步入了由数字化定义的崭新信息时代, 并焕发出勃勃生机. CAGD 学科的主要研究内容是 "在计算机图像系统环境中对曲线曲面的表示和逼近", 主要侧重于 CAD/CAM 的数学理论以及几何体的构造方面.

CAD/CAM 技术起源于航空工业, 正是由于飞机的外形复杂, 包含大量自由曲线曲面, 因此, CAD/CAM 技术从一开始就与自由曲线曲面的造型设计技术紧密联系在一起. 至今, 自由曲线曲面造型模块依然是 CAD/CAM 系统中最关键的部分之一, Bézier 方法、B 样条方法是 CAGD 中描述自由曲线曲面的两种重要方法. 本书主要介绍作者近二十年在自由曲线曲面造型方面的一些研究工作, 主要以 Bézier 方法和 B 样条方法为基础展开, 内容涉及有理 Bézier 曲线与曲面的拼接、Bézier 曲线与曲面的扩展、三角域 Bézier 曲面的扩展、三角域与四边域 Bézier 曲面之间的相互转换、B 样条曲线与曲面的扩展、易于拼接的曲线曲面的构造、保形逼近与保形插值曲线的设计、具有指定多项式重构精度和连续阶的插值曲线的构造、过渡曲线的构造等.

本书正文涉及的所有图都可以扫封底二维码查看.

本书可供计算机辅助几何设计、计算机图形学等专业的科学研究人员、工程技术人员以及高等学校的教师、研究生和本科生参考.

本书研究工作与出版得到了国家自然科学基金项目 (项目编号: 11761008)、江西省自然科学基金项目 (项目编号: 20161BAB211028)、江西省教育厅科技项目 (项目编号: GJJ160558) 的资助.

在本书的撰写过程中, 作者的老师、同事给予了极大的支持与帮助, 作者的家人、朋友给予了无私的关怀和热情的鼓励, 作者对此表示深深的敬意与诚挚的感谢!

由于作者水平有限, 书中可能有不足之处, 恳请读者不吝指教、批评指正, 作者将不胜感激.

严兰兰

2022 年 9 月 27 日

目　录

第 1 章 绪　　论

计算机辅助几何设计 (英文名称为 Computer Aided Geometric Design, 通常缩写为 CAGD) 发展为一门独立的新兴学科是在 20 世纪 70 年代. 1974 年, Barnhill 与 Riesenfeld[1] 在美国犹他大学 (The University of Utah) 的一次国际会议上, 首次提出 CAGD 这一名称. 该名称是在计算机辅助设计 (英文名称为 Computer Aided Design, 通常缩写为 CAD) 的名称中加入了修饰词 “几何”, 用来表达在 CAD 中更多数学方面的内容.

1.1 CAGD 的起源与研究对象

CAGD 学科是应船舶、汽车、航空等现代工业发展的需求而产生的, CAGD 学科的发展则归功于计算机的出现. 工业产品的几何形状是 CAGD 的主要研究对象, 这些形状主要包括两大类. 第一类是由一些初等解析曲面构成的外形, 例如平面、球面、柱面、锥面等; 第二类是由自由曲线曲面, 即以复杂形式自由变化的曲线曲面所形成的形状. 大多数机械零部件产品的外形属于第一类, 它们可以直接用画法几何或者机械制图的方式来表达. 但是诸如轮船、汽车、飞机等大型机械产品的外形, 则属于第二类, 它们难以单纯依靠画法几何或者机械制图的方式来清楚表达.

对于自由曲线曲面的形状, 传统上是采用模线样板法来表示和传递, 这种方式不仅要求设计人员付出繁重的体力劳动, 而且表达出来的形状因人而异, 这些情况导致产品设计制造的周期漫长, 制造的精度不高, 互换的协调性较差等一系列问题, 从而无法适应现代机械制造产业的发展与需求. 正因为如此, 人们一直努力探寻能够将形状信息从近似的模拟量转变为精确的数值量, 从而可以唯一地定义自由曲线曲面形状的数学方法. 这种转变带来了大量的计算工作, 无法用手工完成, 只能依靠计算机来解决. 因此计算机的出现, 成就了用数学方法定义自由曲线曲面的实际应用, 也促成了 CAGD 这一学科的产生与发展.

根据确定形状的几何信息, 并采用 CAGD 学科提供的数学方法, 便可以得到曲线曲面的方程, 也就是建立数学模型. 通过在计算机上运行、处理、计算, 就可以求出曲线曲面上的点和其他一些重要信息. 在这个过程中, 通过分析、综合即可了解定义形状的整体以及局部几何特征, 这使得实时的显示工作与交互的修改工作几乎可以同步完成. 对形状的几何定义为后续的一些诸如数控加工、物性计算、有限元分析等处理工作提供了必备的先决条件.

在对形状信息进行计算机表示、分析、综合的过程中, 最关键的步骤是解决计算机表示的问题, 也就是要寻找到这样的形状数学描述方法, 它既可以满足对于形状几何表示的诸多设计要求, 又方便计算机处理, 同时还可以有效地进行形状信息的传递以及产品的数据交换等工作.

1.2 形状数学描述的发展历程

由于采用画法几何与机械制图的方式无法将自由曲线曲面的形状表达清楚, 所以工程师们首先需要解决的问题就是自由曲线曲面的表示问题.

美国 Boeing (波音) 飞机公司的工程师 Ferguson[2] 于 1963 年率先给出了用参数矢量函数表示曲线曲面的思想. Ferguson 定义了参数 3 次曲线, 在单段曲线的基础上构造了组合曲线, 同时定义了由角点位置以及在角点处沿不同参数方向的切矢这些信息共同确定的 Ferguson 双 3 次曲面片. 在此之前, 曲线曲面一直是采用显式标量函数 (曲线 $y = y(x)$ 与曲面 $z = z(x, y)$) 或者隐式方程 (曲线 $F(x, y) = 0$ 与曲面 $F(x, y, z) = 0$) 的形式来表示. Ferguson 提出的曲线曲面的参数形式已经成为形状数学描述的标准形式.

美国 Massachusetts Institute of Technology (MIT: 麻省理工学院) 的 Coons[3] 于 1965 年提出了描述曲面较具一般性的思想, 给定确定曲面的边界曲线, 即可定义一张曲面. 1967 年, Coons[4] 再次扩展了他自己的思想. 在 CAGD 的工程实际中, 应用较多的是 Coons 曲面的特殊形式——Coons 双 3 次曲面. Ferguson 双 3 次曲面片在角点处的扭矢为零矢量, 而 Coons 双 3 次曲面则将角点扭矢改为非零矢量, 这就是二者唯一的差别所在. 由于是单一的曲面片, 所以 Coons 双 3 次曲面和 Ferguson 双 3 次曲面都存在连接问题. 由于不存在形状表示的自由度, 所以二者还都存在形状控制问题.

在 1967 年, Schoenberg[5] 给出了解决连接问题的实用方法, 他提出了样条函数. 目前在 CAGD 中普遍使用的 B 样条方法, 属于样条函数的参数形式, 被广泛用于形状描述和形状设计. 虽然样条方法成功解决了复杂形状描述时的拼接问题, 但样条曲线曲面缺少局部形状调整的能力, 难以预测最终曲线曲面的形状.

在 1972 年, 法国 Renault (雷诺) 汽车公司的 Bézier[6] 提出了定义曲线的直观方法, 该方法中的曲线形状较大程度上取决于其控制多边形的形状. Bézier 方法比较简单, 容易使用, 同时非常有效. 当设计效果不满意需要修改时, 设计人员只需简单地调整控制顶点的位置就可以改变曲线的形状. 更值得一提的是, 这种方式引起的曲线形状的变化趋势是可以直观预测的, 从而易于控制. Bézier 方法较为成功地解决了曲线曲面的整体形状控制问题, 该方法成为 Renault 汽车公司 UNISURF CAD 造型设计系统中的基础数学知识. 在 CAGD 中, Bézier 方法始终占据着举足轻重的位置, 成为工业界普遍使用的形状数学描述方法, Bézier 方法的提出是 CAGD 发展历程中一个重要的里程碑, 其为 CAGD 进一步的发展打下了坚实的基础. 但 Bézier 方法也存在不足, 连接问题和局部修改问题都是 Bézier 方法未能解决的问题. 早在 Bézier 给出 Bézier 方法之前, 法国某汽车公司的 de Casteljau 就曾独立研究了与 Bézier 方法相同的曲线曲面表示思想, 但 de Casteljau 并没有将他的研究成果对外发表.

1972 年, 德国数学家 de Boor[7] 深入研究了 B 样条的相关理论与算法. 在这之后的第二年, 美国某汽车公司的 Gordon 和 Riesenfeld[8] 定义了 B 样条曲线曲面, 成功地将 B 样条的理论与算法引入形状描述与设计的实践中. 与 Bézier 方法相比, B 样条方法一方面继承了其所有的优点, 另一方面又完美解决了困扰 Bézier 方法的连接问题和局部控制问题. 1980 年, Boehm[9] 给出了 B 样条的节点插入技术, 该技术与控制多边形和节点相联系, 是 B 样条方法最重要的配套技术之一. Prautzsch[10] 于 1984 年, 以及 Cohen 等 [11] 于 1985 年给出的升阶技术, 则是 B 样条方法的另一项占支配地位的重要技术.

从上面的叙述可以看出, 在自由曲线曲面的形状数学描述问题上, B 样条方法提供了较好的解决方案. 工业产品的几何外形除了自由曲线曲面以外, 还有大量规则的初等解析形状, 遗憾的是在面对这些形状时, B 样条方法却只能给出近似表达, 而无法精确表示, 这致使 B 样条方法无法满足大多数机械产品的设计要求. 为了解决这一问题, Forrest[12] 于 1968 年首次给出了圆锥截线的有理 Bézier 曲线表示. Ball[13-15] 在 1974 年至 1977 年之间给出了有理曲线曲面表示方法, 并在飞机公司投入使用. 虽然有理 Bézier 方法解决了初等解析曲线曲面的表示问题, 但有理方法与几何设计系统中原有的曲线曲面描述方法并不兼容. 唐荣锡 [16] 教授在 1990 年指出, 最让工业界感到不满意的就是系统中需要同时存在两种模型, 这不仅使系统变得庞杂, 易于导致生产管理混乱, 而且与产品几何定义的唯一性标准相悖. 正是因为这个原因, 在很长一段时间内, 有理方法都没有被大家广泛接受. 于是人们致力于寻找一种统一的数学方法.

1975 年, 美国 Syracuse University(锡拉丘兹大学) 的博士研究生 Versprille[17] 在他的毕业论文中进一步推广了有理 Bézier 方法, 给出了有理 B 样条方法. 在这之后, 主要归功于 Piegl[18-21] 与 Tiller[22-24], 以及 Farin[25-28] 等学者的努力, 在 20 世纪 80 年代后期, 非均匀有理 B 样条方法 (英文名称为 Non Uniform Rational B-spline, 通常缩写为 NURBS) 成为描述曲线曲面最流行的方法. NURBS 方法将 Bézier 方法、有理 Bézier 方法、B 样条方法这三者进行了统一, 因此可以使用统一的数据库. 在 1991 年国际标准化组织发布的工业产品数据交换标准中, NURBS

方法被列为唯一一种用于表达工业产品几何外形的数学方法 [29,30], 从而发展成为行业界的国际通用标准.

与非有理方法相比, NURBS 方法的主要优点在于能够精确表达 2 次曲线曲面, 从而可以用统一的数学方法来表示自由曲线曲面和初等解析曲线曲面. 另外, 归功于权因子的引入, NURBS 曲线曲面拥有了调整形状的自由度. 无需修改控制顶点, 也无需调整节点矢量, 只要改变权因子, NURBS 曲线曲面的形状就会发生改变. NURBS 方法可以看成是非有理 B 样条方法在四维空间中的推广, 因此 NURBS 曲线曲面拥有很多与非有理 B 样条曲线曲面类似的性质, 而且非有理 B 样条方法的大多数算法也对 NURBS 曲线曲面适用, 这使得 NURBS 方法很容易在已有的造型系统中得到继承和发展 [31]. 虽然具有如此多的优点, 但这并不意味着 NURBS 方法没有缺点. Farin[27] 和 Piegl 等 [18] 指出与非有理方法相比, NURBS 方法因为将基函数中的多项式换成了有理函数, 致使求导数和求积分等常用的基本运算变得复杂. 例如一条 n 次有理曲线求导后变成 $2n$ 次有理曲线, 次数越高, 数值计算越不稳定. 另外, 虽然 NURBS 方法可以精确表示圆锥曲线曲面, 但是对于工程中常用的一些超越曲线, 如螺旋线、悬链线、摆线等的精确表示, NURBS 方法仍然无能为力.

1.3 形状可调曲线曲面的概况

纵观 CAGD 中所采用的形状数学描述方法, 可以发现大多数的曲线曲面都是使用一种特殊的矢量函数形式来表达, 即曲线表示为

$$\boldsymbol{p}(u)=\sum_{i=0}^{n}\boldsymbol{a}_i\varphi_i(u) \tag{1.3.1}$$

曲面表示为

$$\boldsymbol{p}(u,v)=\sum_{i=0}^{m}\sum_{j=0}^{n}\boldsymbol{a}_{ij}\varphi_i(u)\psi_j(v) \tag{1.3.2}$$

式 (1.3.1) 和式 (1.3.2) 的表达方式称为基表示形式. 式 (1.3.1) 中的 $\boldsymbol{a}_i$ $(i=0,1,\cdots,n)$, 以及式 (1.3.2) 中的 $\boldsymbol{a}_{ij}$ $(i=0,1,\cdots,m;j=0,1,\cdots,n)$ 表示控制顶点. 式 (1.3.1) 中的 $\varphi_i(u)$ $(i=0,1,\cdots,n)$, 以及式 (1.3.2) 中的 $\varphi_i(u)$ $(i=0,1,\cdots,m)$ 和 $\psi_j(u)$ $(j=0,1,\cdots,n)$, 称为基函数 [32].

基表示形式实际上就是控制顶点与基函数的线性组合, 由基表示形式可以看出, 当控制顶点给定以后, 曲线曲面的性质主要取决于基函数的性质, 因此构造性质优良的基函数始终具有重要的理论价值.

Bézier 方法采用的基函数是 Bernstein 基函数. Bernstein 基函数的规范性决定了 Bézier 曲线曲面的几何不变性; Bernstein 基函数的非负性与规范性决定了 Bézier 曲线曲面的凸包性; Bernstein 基函数的对称性决定了 Bézier 曲线曲面的对称性; Bernstein 基函数在端点处的性质决定了 Bézier 曲线的端点插值性、端边相切性, 以及曲面的角点插值性、角点切平面构成; Bernstein 基函数的全正性决定了 Bézier 曲线的变差缩减性和保凸性.

B 样条方法采用的基函数是 B 样条基函数. B 样条基函数具有与 Bernstein 基函数相同的规范性、非负性、对称性、全正性, 因此 B 样条曲线曲面继承了 Bézier 曲线曲面的几何不变性、凸包性、对称性, B 样条曲线继承了 Bézier 曲线的变差缩减性和凸包性. 此外, B 样条基函数还具有 Bernstein 基函数不具备的局部支撑性质, 这使得 B 样条曲线曲面具有 Bézier 曲线曲面不具备的局部控制性质.

虽然 Bézier 方法和 B 样条方法都具备很多适合于形状设计的优点, 但在实际的工程应用中, 它们仍然体现出一些不足和不便之处. 下面以曲线为例进行阐述, 对于曲面也有类似的结论. 对于 Bézier 曲线而言, 控制顶点的数量与基函数组中函数的数量相等, 所以一旦给定控制顶点, 基函数的次数便随之确定, 基函数的表达式也就固定下来, 整条曲线的形状便唯一确定了. 这样一来, 当曲线形状不满意而需要修改时, 只能改动最初的控制顶点, 重新计算曲线信息. 这种方式在实际使用时会有一些不便, 而且当控制顶点是取自实际测量的精确点时, 改变其位置其实是不太适宜的. 正因为如此, 学者们纷纷找寻可以在不改变控制顶点的情况下, 通过其他方式来改变 Bézier 曲线形状的方法. 对于 B 样条曲线而言, 基函数的次数与控制顶点的数量无关. 在选定节点矢量的同时, 基函数的次数以及具体表达式都相应确定, 所以可以说 B 样条曲线的形状由控制顶点和节点矢量所共同确定, 这两个因素也是调整 B 样条曲线形状时可以利用的两个自由度. 但是通过改变控制顶点或者节点矢量的方式来修改 B 样条曲线的形状, 终归是不方便的. 因此人们同样希望寻找到可以在不改变控制顶点和节点矢量的情况下, 通过其他方式修改 B 样条曲线形状的方法. 这种背景催生了一大批的研究成果.

1.3.1 带形状参数的 Bézier 曲线

1.3.1.1 多项式空间

为了保留 Bézier 方法的优点, 同时克服其在控制顶点给定以后便不再具备形状调整能力的不足, 很多学者尝试在基函数中引入形状参数来增强 Bézier 曲线曲面形状调整的灵活度.

1996 年, 齐从谦等[33] 给出了含一个参数 l 的 $l(n-1)+1$ 次多项式曲线, 当参数 $l=1$ 时, 该扩展曲线即为经典的 n $(n \geqslant 2)$ 次 Bézier 曲线, 当参数 $l \to \infty$

时, 扩展曲线整体一致逼近于其控制多边形. 作者讨论了扩展曲线的保形性, 给出了扩展曲线的递推公式与几何作图法. 这篇文献中给出的扩展曲线具有比较特殊的端点性质, 使得它们的光滑拼接条件比普通 Bézier 曲线的要简单.

2003 年, 韩旭里等[34] 给出了一组由 3 个带参数 λ 的 3 次多项式函数形成的调配函数, 当参数 $\lambda = 0$ 时, 该组调配函数即为 2 次 Bernstein 基函数. 由这组含参数的调配函数与控制顶点做线性组合生成的曲线具有与 2 次 Bézier 曲线相同的结构和相似的性质, 例如几何不变性、凸包性、对称性、端点插值性、端边相切性.

2005 年, 吴晓勤等[35] 给出了一组由 4 个带参数 λ 的 4 次多项式函数形成的调配函数, 当 $\lambda = 0$ 时, 该组调配函数成为 3 次 Bernstein 基函数. 由其定义的曲线具有与 3 次 Bézier 曲线相同的结构, 该曲线继承了 Bézier 曲线的几何不变性、凸包性、对称性、端点插值性、端边相切性.

2006 年, 吴晓勤等[36] 给出了两组由 5 个带参数 λ 的 5 次多项式函数形成的调配函数, 当 $\lambda = 0$ 时, 这两组调配函数均成为 4 次 Bernstein 基函数. 由它们定义的曲线具有与 4 次 Bézier 曲线相同的结构, 它们都继承了 Bézier 曲线的几何不变性、凸包性、对称性、端点插值性、端边相切性.

文献 [34-36] 分别给出了 2 次、3 次、4 次 Bézier 曲线的含参数扩展, 这些扩展曲线在继承 Bézier 曲线基本性质的同时, 还拥有了 Bézier 曲线不具备的独立于控制顶点的形状调整性. 不需要修改控制顶点, 只要改变曲线中形状参数的取值, 曲线的形状以及曲线对控制多边形的逼近程度就会发生改变.

2006 年, 吴晓勤等[37] 进一步给出了由 $n+1$ 个含参数 λ 的 $n+1$ 次多项式函数构成的调配函数组, 这里的 $n \geqslant 2$, 当参数 $\lambda = 0$ 时, 它们即为 n 次 Bernstein 基函数. 由这些调配函数定义的曲线给出了任意 $n(n \geqslant 2)$ 次 Bézier 曲线的含参数扩展, 与文献 [34-36] 相比, 这篇文献进一步完善了形状可调 Bézier 曲线的理论.

除了文献 [33-37] 以外, 还有很多文献讨论了含参数的 Bézier 曲线. 例如: 刘植[38] 在 2004 年, 程黄和等[39] 在 2005 年, 以及王文涛等[40] 在 2005 年均研究过任意 $n(n \geqslant 2)$ 次 Bézier 曲线的单参数扩展. 文献 [33-40] 中所给扩展曲线的共同特点在于都只含一个形状参数.

2005 年, 夏成林[41] 在她的硕士论文中给出了含多个形状参数的 Bézier 扩展曲线. 2010 年, 张贵仓等[42]、刘植等[43] 也给出了 Bézier 曲线的多参数扩展. 文献 [34-41] 中所给扩展曲线的共同特点在于, 它们都将对应 Bézier 曲线基函数的次数提升了一次.

除了上面介绍的这些文献以外, 文献 [44-64] 同样讨论了 Bézier 曲线的含参数扩展. 归功于形状参数的引入, 这些文献在保留 Bézier 曲线基本性质的同时, 又赋予了曲线形状调整的灵活性, 所以在形状修改方面具有一定的优越性.

1.3.1.2 非多项式空间

文献 [33-64] 中给出的扩展曲线较好地解决了 Bézier 曲线在形状调整灵活度上的不足. 注意到因为 Bernstein 基函数属于多项式函数, 所以导致 Bézier 曲线还有另外一个不足, 就是无法精确表示工程上常用的一些圆锥曲线和超越曲线, 例如圆、椭圆、双曲线、摆线、悬链线、螺旋线等等. 虽然有理 Bézier 方法可以给出 2 次曲线的精确表示, 但从计算的稳定性以及复杂度这个角度来衡量, 有理 Bézier 方法不及 Bézier 方法简单, 因此不少学者希望找到既能避免有理形式, 又能精确描述一些 2 次曲线、超越曲线, 同时还具有独立于控制顶点的形状调整能力的模型. 由于 2 次曲线、超越曲线的参数方程可以用非多项式函数来表示, 因此学者们展开了在非多项式空间上构造性质类似于 Bernstein 基函数的调配函数的研究工作. 这里所说的非多项式空间, 主要有三角函数空间、双曲函数空间、指数函数空间, 以及后三者与代数多项式的混合函数空间.

Pottmann[65] 于 1993 年在代数双曲函数空间 $\mathrm{span}\{1,t,\sinh t,\cosh t\}$ 中定义了一组称为 H-Bézier 基的调配函数, 由之定义的曲线可以精确表达双曲线、悬链线. 张纪文[66] 于 1996 年在代数三角函数空间 $\mathrm{span}\{1,t,\sin t,\cos t\}$ 中定义了一组称为 C-Bézier 基的调配函数, 由之定义的曲线可以精确表达正弦曲线、圆、椭圆. H-Bézier 曲线和 C-Bézier 曲线中均包含一个形状参数, 该形状参数为曲线参变量 t 的定义区间长度. 当参数趋于 0 时, H-Bézier 曲线和 C-Bézier 曲线的极限位置为传统的 3 次 Bézier 曲线; 随着参数的增加, H-Bézier 曲线与控制多边形愈来愈接近, 而 C-Bézier 曲线则与控制多边形愈来愈远离. 因此 H-Bézier 曲线和 C-Bézier 曲线分别位于 Bézier 曲线的两侧. 张纪文[67] 于 2005 年在复数域中提出了 H-Bézier 曲线和 C-Bézier 曲线的统一表示. 陈秦玉和汪国昭[68] 于 2003 年在代数三角函数空间 $\mathrm{span}\{1,t,t^2,\cdots,t^{n-2},\sin t,\cos t\}$ 中定义了一组类 Bernstein 基函数, 这组基函数是在初始函数组的基础上, 利用积分递推的方式得到的. 2003 年, Carnicer 和 Mainar 等[69] 对文献 [68] 中的模型展开了深入研究, 给出了当 $n\geqslant 5$ 时该模型适合于保形几何设计的条件, 要求定义区间的长度不小于 2π.

2011 年, 程仲美[70] 在她的硕士论文中对 H-Bézier 曲线进行了一系列研究, 给出了 3 次 H-Bézier 曲线的中点分割算法和任意点分割算法, 给出了 3 次 H-Bézier 曲线之间以及与普通 3 次 Bézier 曲线之间的几何拼接条件, 给出了用 4 次 H-Bézier 曲线构造与给定多边形相切的分段组合曲线的方法, 给出了 4 次 H-Bézier 曲线的中点细分公式, 并证明了曲线的变差缩减性和保凸性, 给出了相应曲面的造型实例, 展示了形状参数的调节作用.

韩旭里[71] 于 2004 年给出了一组含一个形状参数的 3 次三角类 Bernstein

基函数, 由之定义的曲线具有和 3 次 Bézier 曲线相同的结构和基本性质, 不同的是, 新曲线可以给出圆和椭圆的精确表示, 而且只需改变形状参数的取值, 就能得到位于 3 次 Bézier 曲线不同侧的曲线. 韩西安等[72] 于 2009 年将文献 [71] 中含单参数的类 Bernstein 基扩展为含双参数, 从而进一步增强了曲线形状调整的灵活度. 2010 年, 韩西安等[73] 对文献 [71] 中给出的单参数 3 次三角 Bézier 曲线进行了详细的形状分析, 借助包络以及拓扑映射等理论, 给出了曲线为全局凸或局部凸的充要条件, 并给出了曲线包含尖点、拐点、二重点等的充要条件, 进一步完善了文献 [71] 中曲线的理论. 吴荣军等[74] 则于 2013 年对文献 [72] 中给出的双参数 3 次三角 Bézier 曲线进行了详细的形状分析.

关于非多项式函数空间中含形状参数的类 Bernstein 基函数的研究工作, 还可参考杨联强[75] 于 2005 年在他的硕士论文中讨论的带多个形状参数的 3 次三角 Bézier 曲线曲面, 谢晓勇等[76] 于 2011 年给出的结构类似于 3 次 Bézier 曲线的三角曲线, 倪静[77] 于 2013 年在她的硕士论文中给出的低阶三角 Bézier 曲线.

除了上面介绍的这些文献以外, 文献 [78-85] 同样讨论了 Bézier 曲线在非多项式空间中的含参数扩展. 形状参数的引入赋予了这些曲线独立于控制顶点的形状调整能力; 归功于函数空间的非多项式类型, 这些扩展曲线总能表示 2 次曲线、超越曲线中的一种或几种.

1.3.2　带形状参数的 B 样条曲线

1.3.2.1　多项式空间

在 1.3.1 节中介绍的各种含形状参数的扩展曲线成功解决了 Bézier 曲线相对于控制顶点形状固定的问题. 对于 B 样条曲线曲面而言, 它们的形状相对于控制顶点和节点矢量而言也是唯一确定的. 为了增强 B 样条方法形状调整的灵活性, 学者们相继提出了一些带形状参数的曲线曲面模型.

1981 年, 美国犹他大学的 Barsky[86] 在他的博士论文中给出了一种含两个局部形状参数的 3 次 Beta 样条曲线. 该曲线将 3 次 B 样条曲线在节点处的 C^2 连续条件松弛为 G^2 连续, 正是这种松弛给曲线提供了额外的自由度, 所以才可以融入两个形状参数. 当参数取特殊值时, 3 次 Beta 样条曲线可以退化为 3 次 B 样条曲线. 归功于形状参数的引入, Beta 样条曲线在继承 B 样条曲线基本性质的同时, 还可以利用形状参数方便地调整曲线形状, 两个参数分别对曲线起着偏移和张力的作用效果. 在 1983 年至 1990 年期间, Barsky[87,88] 和 Joe[89-92] 对 Beta 样条曲线展开了进一步的研究, 给出了曲线的节点插入算法, 相继提出了离散 Beta 样条, 有理 3 次、4 次 Beta 样条.

2003 年, 韩旭里等[93] 给出了含一个全局形状控制参数的分段 4 次多项式曲线, 对 3 次均匀 B 样条曲线进行了扩展. 2004 年, 王文涛等[94] 通过提升基函数的次数, 利用积分递推的方法在所构造的初始分段 2 次多项式函数的基础上, 定义了均匀 B 样条基函数的扩展基, 从而对任意 $n(n \geqslant 2)$ 次的均匀 B 样条曲线进行了扩展. 2007 年, 张贵仓等[95] 利用一个对称的调配函数并结合权的思想, 通过在控制顶点处引进调配参数, 来对 3 次均匀 B 样条曲线进行扩展. 2008 年, 胡刚等[96] 在保持 3 次 B 样条基函数次数不变的前提下引入参数, 构造了结构、性质均类似于 3 次均匀 B 样条曲线, 但带两个局部形状控制参数的分段多项式样条曲线.

2008 年, 刘旭敏等[97] 通过提高基函数中多项式的次数, 首先构造了含一个参数的 2 次 (2 阶) 初始基函数, 然后通过积分定义了含参数的 n 次 (n 阶) 基函数, 来对任意 $n(n \geqslant 2)$ 次 ($n+1$ 阶) 的均匀 B 样条曲线曲面进行扩展. 2010 年, 王树勋等[98] 构造了一类结构、性质类似于 2 次 B 样条曲线的 3 次多项式曲线, 其调配函数中含有多个独立的形状参数. 2010 年, 吴荣军等[99] 通过采用引入形状参数和提高基函数的次数相结合的方式, 构造了一组含两个形状参数的 4 次多项式基函数, 来对 3 次均匀 B 样条曲线进行推广, 并且详细分析了形状参数对曲线形状的影响. 2011 年, 夏成林等[100] 通过引入多个形状参数, 来构造 3 次均匀 B 样条基函数的扩展基, 由之定义的两类带多个形状参数的分段多项式曲线具有 3 次均匀 B 样条曲线的绝大多数重要性质.

除了上面介绍的文献以外, 文献 [101-105] 也给出了 B 样条曲线曲面的含参数扩展, 这些文献中给出的曲线曲面在拥有 B 样条曲线曲面基本性质的同时, 还具备了独立于控制顶点和节点矢量的形状调整能力.

1.3.2.2 非多项式空间

由于 B 样条基函数依然属于多项式范畴, 所以对于工程上常用的一些圆锥曲线曲面、超越曲线曲面, B 样条方法同样无法给出精确表示. 为了扩大 B 样条方法的形状表示范围, 学者们在非多项式空间上提出了许多新的曲线曲面模型.

2002 年, 韩旭里[106] 构造了一种含一个形状参数的 C^1 连续的 2 次三角非均匀样条曲线, 改变形状参数的取值, 可以得到位于 2 次 B 样条曲线不同侧的三角样条曲线. 2005 年, 韩旭里[107] 又构造了一种新的 2 次三角非均匀样条曲线, 该曲线含一个局部形状参数, 并且 C^2 连续. 2006 年, 韩旭里[108] 进一步将文献 [106,107] 中含一个形状参数的三角样条曲线扩展为含两个形状参数, 且为局部参数, 这两个局部参数的作用类似于 Beta 样条曲线中的参数, 分别起着水平偏移和张力控制的作用效果.

2006 年, 苏本跃等[109] 在代数三角混合函数空间 $\operatorname{span}\left\{1, t, \sin\frac{\pi t}{2}, \cos\pi t, \sin\pi t\right\}$ 上构造的准 3 次混合样条曲线, 可以精确表示椭圆 (圆)、抛物线、正 (余) 弦

曲线等. 2007 年, 陈文喻等[110] 在空间 $\mathrm{span}\{1, t, \cdots, t^{n-5}, \sin t, \cos t, t\sin t, t\cos t\}$ 上构造的均匀代数三角样条曲线, 可以精确表示圆锥螺线、圆的渐开线等. 徐岗等[111] 于 2007 年在代数三角双曲混合函数空间 $\mathrm{span}\{1, \sin t, \cos t, \sinh t, \cosh t, t, t^2, \cdots, t^{n-4}\}$ 上构造的代数双曲三角混合 B 样条曲线, 以及谢进等[112] 于 2010 年提出的基于三角函数和双曲多项式函数加权的 2 次混合样条曲线, 均可以精确表示椭圆、双曲线等. 陆利正等[113] 于 2008 年和谢进等[114] 于 2009 年在代数双曲混合函数空间 $\mathrm{span}\{1, \sinh t, \cosh t, \sinh 2t, \cosh 2t\}$ 上构造的 2 次双曲 B 样条曲线, 以及刘旭敏等[115] 于 2010 年在该空间上构造的任意阶双曲多项式均匀 B 样条曲线, 均可精确表示双曲线. 吕勇刚等[116] 于 2002 年和李亚娟等[117] 于 2005 年在空间 $\mathrm{span}\{\sinh t, \cosh t, t^{k-3}, t^{k-4}, \cdots, t, 1\}$ 上定义的均匀双曲多项式 B 样条曲线, 均可以精确表示双曲线、悬链线等.

2011 年, 尹池江等[118] 利用分段积分的思想在三角函数空间上构造了带多个形状参数的三角多项式均匀 B 样条曲线, 该曲线可以精确表示直线、椭圆 (圆)、抛物线、螺旋线. 张纪文等[119] 于 2005 年将 C 曲线和 H 曲线进行统一得到的 F 曲线, 以及汪国昭等[120] 于 2008 年将多项式样条曲线、三角样条曲线、双曲样条曲线进行统一得到的 UE 样条曲线, 均可以精确表示椭圆 (圆)、双曲线、摆线、悬链线等.

除了上面介绍的文献以外, 文献 [121-129] 也研究了 B 样条曲线在非多项式空间上的含参数扩展. 除了继承 B 样条方法的基本优点之外, 这些扩展模型一方面突破了传统 B 样条曲线的形状表示范围, 另一方面赋予了曲线曲面独立于控制顶点和节点矢量的形状调整能力.

1.4　全正基造型方法研究现状

在由控制顶点确定曲线曲面的交互设计中, 通常要求曲线曲面尽可能地保持控制多边形或控制网格的几何特征, 也就是具备通常所说的保形性, 这样设计人员就可以根据所给控制多边形、控制网格的形状特征大致预测即将生成的曲线、曲面的形状, 从而可以通过适当地选择或改变控制顶点来控制、调整曲线曲面的形状, 进而获得较为满意的设计结果.

1989 年, Goodman[130] 指出曲线的保形性与基函数的全正性之间存在密切的联系. 所谓全正基, 指的是那些在其定义区间上任取一个单调递增的节点序列, 形成的配置矩阵均为全正矩阵的基函数. 关于全正基的研究由来已久. 早在 1930 年, Schoenberg[131] 就发现了矩阵的全正性和变差缩减性之间的关系. 归功于全正基函数配置矩阵的变差缩减性, 由全正基与控制顶点做线性组合生成的曲线可以继承控制多边形的许多形状性质, 这使得曲线具有较好的保形性. 正因为如此,全正基在曲线曲面的造型设计中占有十分重要的位置.

CAGD 中常用的基函数大多是全正基, 例如 Bernstein 基、有理 Bernstein 基、B 样条基、有理 B 样条基等, 都是全正基, 因此 Bézier 曲线、有理 Bézier 曲线、B 样条曲线、有理 B 样条曲线都具有变差缩减性, 以及良好的对控制多边形的保形性.

Karlin[132] 于 1968 年给出了全正矩阵以及全正函数组的定义. 在 1993 年, Carnicer 等[133] 指出传统 Bézier 方法所采用的 n 次 Bernstein 基函数是 n 次多项式函数空间中的一组全正基, 而且恰好是该空间中唯一的最优规范全正基, 也就是所谓的规范 B 基. Carnicer 等[134] 于 1996 年发现了有理曲线的几何保凸性与基函数的全正性之间的关系, 并从理论上证明了由全正基定义的有理 Bézier 曲线以及非均匀有理 B 样条 (NURBS) 曲线的几何保凸性.

Peña[135] 于 1997 年从理论上证明了三角函数空间 $\mathrm{span}\{1, \cos t, \cdots, \cos mt\}$ 中具有规范 B 基, 同时还给出了规范 B 基的具体表达式. 作者还指出当参变量 $t \in [0, \pi]$ 时, 函数空间 $\mathrm{span}\{1, \cos t, \sin t, \cdots, \sin mt, \cos mt\}$ 中不具有规范 B 基, 因此可以认为这样一个三角函数空间是不适合于保形几何设计的. Sánchez-Reyes[136] 于 1998 年再次考察了三角函数空间 $\mathrm{span}\{1, \cos t, \sin t, \cdots, \sin mt, \cos mt\}$, 指出当其定义区间长度小于 π 时, 该空间中具有规范 B 基.

2001 年, Mainar 等[137] 研究了一些代数三角混合函数空间中存在规范 B 基的条件. 对于函数空间 $\mathrm{span}\{1, t, \sin t, \cos t\}$ 而言, 只有当其定义区间长度不小于 2π 时, 该空间中才存在规范 B 基, 此时才可以说该空间适合于保形几何设计. 另外, 作者还指出函数空间 $\{1, t, \sin t, \cos t, \cos 2t, \sin 2t\}$, $\{1, t, t^2, \sin t, \cos t\}$, $\{1, t, \sin t, \cos t, t\cos t, t\sin t\}$ 同样适合于保形几何设计.

Mazure[138] 于 2005 年给出了 $n+1$ 维 n 阶连续函数空间为扩展切比雪夫空间的充要条件, 是要求该空间中存在一组 Bernstein-like 基, 作者还给出了一种扩展切比雪夫空间中的 Bernstein 基以及 Bernstein-like 基, 所给的这两种基函数均为全正基.

魏炜立和汪国昭对非多项式函数空间上基函数的全正性进行了一系列研究. 2012 年, 二人证明了非均匀代数双曲三角 (NUAHT) B 样条基的全正性[139]; 2013 年, 二人对非均匀代数双曲 (NUAH) B 样条基的几乎严格全正性进行了证明, 这是一种更加完备的性质[140]. 2014 年, 二人利用嵌入节点算法和数学归纳法对代数双曲 (AH) B 样条基的几乎严格全正性进行了证明[141]. 这些研究成果进一步完善了非多项式函数空间上造型设计的理论, 推动了这些造型方法的发展.

借助拟扩展切比雪夫空间的理论知识, 韩旭里和朱远鹏[142] 于 2014 年证明了文献 [72] 中给出的基函数是函数空间 $\mathrm{span}\{1, \sin^2 t, (1-\sin t)^2(1-\lambda\sin t), (1-\cos t)^2(1-\mu\cos t)\}$ 中的规范 B 基, 并为文献 [72] 中定义的三角曲线提供了两种递推求值算法. 2014 年, 朱远鹏[143] 在他的博士论文中证明了代数多项式函数空间 $\mathrm{span}\{1, 3t^2-2t^3, (1-t)^\alpha, t^\beta\}$, 以及三角函数空间 $\mathrm{span}\{1, \sin^2 t, (1-\sin t)^\alpha, (1-\cos t)^\beta\}$ 中都存在开花, 因此二者都适合于保形几何设计. 作者还利用开花的几何方法构造了这两种函数空间中的规范 B 基, 定义了与 Bézier 曲线结构相同的扩展曲线. 进一步地, 作者还利用规范 B 基的线性组合来表达相同函数空间上非均匀 B 样条基函数的扩展基, 由预设的曲线性质推导出扩展基的具体表达式, 从而定义了非均匀 B 样条曲线的扩展曲线. 归功于基函数的全正性, 作者给出的扩展 Bézier 曲线以及扩展非均匀 B 样条曲线都继承了传统造型方法的变差缩减性和保凸性, 同时函数空间中加入了两个形状参数, 因此这些扩展曲线还具有较为灵活的形状调整性. 2015 年, 韩旭里[144] 对空间 $\{1, \sin t, \cos t, \cdots, \sin nt, \cos nt\}$ 进行了研究, 给出了该空间中的规范全正基, 并给出了该空间中的曲线设计理论.

除了上面提到的这些文献以外, 文献 [145-153] 同样对全正基的发展做出了贡献. 正因为造型设计中的变差缩减性和保形性与全正基函数的全正性密切相关, 所以全正基在曲线曲面的造型设计中占有十分重要的地位. 而从上述文献回顾中也可以看出, 全正基正成为 CAGD 曲线曲面造型设计中基函数选择的趋势.

1.5　三角域 Bézier 曲面的研究概况

在几何设计中, Bézier 方法是应用较为广泛的曲线曲面表示方法之一, 包括 Bézier 曲线、四边域上的张量积 Bézier 曲面、三角域上的 Bernstein-Bézier 曲面. 虽然 Bézier 方法具备很多有利于形状设计的优良性质, 但该方法也存在不足. 当控制顶点给定时, Bézier 曲线曲面的形状便被唯一确定, 若要调整形状, 只能修改控制顶点, 重新计算曲线曲面方程. 这种方式不仅使用不便, 而且当控制顶点是取自实物的精确测量点时, 修改控制顶点显得有些勉强.

与曲面相比, 曲线结构相对简单, 更易于讨论, 目前有很多文献通过在基函数中引入参数, 来赋予 Bézier 曲线形状调整的能力. 由于张量积 Bézier 曲面与 Bézier 曲线均以单变量 Bernstein 多项式作为基函数, 因此只要构造出了能对 Bézier 曲线作改进的基函数, 就可以对张量积 Bézier 曲面作出相应改进. 然而 Bernstein-Bézier 曲面为非张量积形式, 其采用双变量 Bernstein 多项式作为基函数, 因此要想对三角域 Bézier 曲面作改进, 必须单独为其构造基函数.

三角域曲面具有重要的应用价值, 其可以避免矩形域曲面片出现退化的问题, 适合于不规则与散乱数据点的几何造型, 因此, 研究带形状参数的三角域曲面片的构造方法是有意义的. 目前围绕三角域 Bézier 曲面在形状调整方面的不足进行改进的研究成果主要有: 陈军[154] 和韩西安等[155] 分别构造了含 3 个、6 个参数的 3 次双变量多项式基函数, 定义了以 2 次三角域 Bézier 曲面为特例的曲面; 刘值等[156] 构造了含 3 个参数的 3 次双变量多项式基函数, 曹娟等[157] 和于立萍[158] 分别构造了含 1 个、2 个参数的 4 次双变量多项式基函数, 文献 [156-158] 中的曲面都以 3 次三角域 Bézier 曲面为特例; 曹娟等[159] 和朱远鹏等[160] 分别构造了含 1 个、多个参数的 n 次双变量多项式基函数, 定义了以任意 n 次三角域 Bézier 曲面为特例的曲面; 邬弘毅等[161] 构造了 $n+1$ 次双变量多项式基函数, 定义了以任意 n 次三角域 Bézier 曲面为特例的含多个形状参数的曲面; 吴晓勤等[162] 在初始 3 次双变量多项式基函数的基础上递推得到 $n+1$ 次基函数, 严兰兰等[163,164] 在初始 4 次双变量多项式基函数的基础上递推得到 $n+2$ 次基函数, 文献 [162-164] 中的曲面都含 1 个形状参数, 并以任意 n 次三角域 Bézier 曲面为特例; 朱远鹏等[165-167] 定义了结构与 3 次三角域 Bézier 曲面相同的含 3 个形状参数的曲面, 文献 [165] 和 [166] 定义在三角多项式空间中, 文献 [167] 定义在指数函数和多项式函数的混合空间中.

上述文献都是从纯代数角度出发, 直接给出含参数的调配函数来定义新曲面, 且很少有文献讨论曲面的光滑拼接条件和几何迭代算法, 这不利于曲面的应用.

1.6 过渡曲线的研究概况

在曲线造型设计中, 过渡曲线的构造具有十分重要的意义. 过渡曲线在计算机辅助设计、工业数控加工、道路设计、机器人设计等领域有着非常广泛的应用. 例如, 凸轮轮廓曲线设计[168]、齿轮齿根过渡曲线设计[169]、旋叶式压缩机的气缸型线设计[170]、车道线形设计[171]、机器人运动指令设计[172] 等, 都需要用到过渡曲线.

以过渡曲线为研究主题的文献较为丰富. 例如: 张宏鑫等[173] 研究了一般的 Bézier 曲线在形状调配过程中, 如何保持中间过渡曲线的几何连续性; 高晖等[174] 提出了一种新的类 3 次 Bézier 曲线, 并将其应用于两圆弧之间半径比例不受限制的 S 型和 C 型 G^2 连续过渡曲线的构造; 刘华勇等[175] 给出了一种代数型的 Bézier-like 曲线在形状调配过程中, 保持中间过渡曲线一阶、二阶几何连续性的方法, 以及一种三角型的 Bézier-like 曲线在形状调配过程中, 保持中间过渡曲线一阶、二阶参数连续性的方法[176]; 李重等[177] 研究了当两段圆弧处于相离情况时, 如何构造 S 型和 C 型 G^2 连续过渡曲线; 郑志浩等[178] 研究了如何使用 3 次 PH 曲线来实现端点曲率圆相包含关系的圆弧之间 C 型 G^2 连续过渡曲线的构造; 李凌丰等[179] 给出了一种基于势函数与 Metaball 技术构造过渡曲线的方法, 该方法采用 Wyvill 等定义的六次多项式势函数构造能光滑连接两条任意曲线的过渡曲线, 其在两个端点处具有 C^1 连续性; 李军成等[180,181] 利用文献 [182] 中所给带形状参数的 Bézier 曲线模型构造了一种带参数的多项式势函数, 基于该势函数构

造了在两个端点处 C^2 连续的过渡曲线; 高晖等[183] 构造了两类势函数, 第一类为能使过渡曲线在端点处达到 C^k(k 为任意自然数) 连续的多项式势函数, 第二类为能使过渡曲线在端点处达到 C^1 连续且具有形状可调性的混合三角势函数. 文献 [173-178] 对被连接曲线的种类有限制, 文献 [179-181,183] 可以实现任意种类曲线之间的过渡, 文献 [179] 以及基于文献 [183] 中第一类势函数构造的过渡曲线形状由被连接曲线唯一确定, 文献 [179,181] 以及基于文献 [183] 中第二类势函数构造的过渡曲线可以在不改变被连接曲线的前提下调整形状, 然而这些形状可调的过渡曲线在端点处都只能达到 C^1 或者 C^2 连续.

在文献 [184] 中, 李军成等采用与文献 [180, 181] 中相同的方法, 从文献 [185] 中所给带形状参数的曲线模型出发, 构造了一类带参数的有理势函数, 并将其应用于过渡曲线的构造. 文献 [184] 中的方法既对被连接曲线的种类没有限制, 又可以通过势函数中所带的参数调整过渡曲线的形状, 并且过渡曲线在端点处可以达到 C^k (k 为任意正整数) 连续. 虽然集众多优点于一身, 但文献 [185] 中势函数的有理形式使后续计算变得复杂.

1.7　本书主要内容

本书一共 15 章. 第 1 章介绍 CAGD 学科的起源、研究对象、发展历程, 与本书讨论较多的几个主题相关的研究概况, 以及本书各章内容的简要介绍.

第 2 章讨论有理 Bézier 曲线与曲面的拼接, 给出了两条任意次有理 Bézier 曲线之间的 G^1 与 G^2 光滑拼接条件, 具有公共边界曲线的两张双二次有理 Bézier 曲面之间的 G^1 光滑拼接条件, 以及具有公共边界曲线的两张双三次有理 Bézier 曲面之间的 G^1 与 G^2 光滑拼接条件, 给出了相应的控制顶点以及权因子之间的关系, 为工程设计提供了理论依据.

第 3 章针对 Bézier 曲线相对于固定控制顶点不具备形状可调性的不足, 在多项式空间上进行扩展, 通过将 Bernstein 多项式的次数分别提升 1 次与 2 次, 给出了两种不同的调配函数, 由之定义的两种扩展曲线不仅继承了 Bézier 曲线的基本优点, 而且可以在控制顶点固定的前提下, 通过调整调配函数中参数的取值来改变曲线形状, 归功于基函数次数的提升, 这两种扩展曲线都可以突破传统 Bézier 曲线对控制多边形的逼近性. 考虑到任何事物都具有两面性, 基函数次数的提升, 提高了曲线的逼近能力, 但同时也导致了计算的复杂性, 因此本章又给出了第三种扩展曲线, 其采用的调配函数与相应的 Bernstein 多项式次数相同, 但由之定义的曲线具备相对于固定控制顶点的形状可调性.

第 4 章是第 3 章的延伸. 第 3 章是从代数角度出发, 先从欲构造的扩展 Bézier 曲线的预期性质出发, 反推与之相适应的调配函数的性质, 然后通过解方程组的方式获取调配函数的表达式, 再由之定义形状可调的扩展 Bézier 曲线. 第 4 章则从几何直观的角度, 基于由可调控制顶点定义可调曲线的几何思想, 直接在控制顶点中按照一定的方式融入形状参数. 第 4 章给出了构造具备相对于固定控制顶点的形状可调性的扩展 Bézier 曲线的通用方法, 按照该方法, 可以重构现有文献中的很多扩展 Bézier 曲线.

第 5 章在三角函数空间上给出了 2 次 Bézier 曲线的扩展, 该扩展曲线在继承 Bézier 曲线基本优点的同时, 还具备第 3 章中前两种扩展曲线优于传统 Bézier 曲线的性质, 即相对于固定控制顶点的形状可调性, 以及比 Bézier 曲线更好的对控制多边形的逼近性, 除此之外, 该扩展曲线在拼接时, 只要相邻曲线段的控制顶点之间满足 G^1 连续条件, 二者在连接处就会自动达到 G^3 连续, 在特殊条件下还可以达到 G^5 连续, 该扩展曲线可用于设计对光滑度要求较高的复杂形状.

第 6 章的研究对象是三角域 Bézier 曲面, 研究目标与第 3 章类似, 即赋予曲面相对于固定控制顶点的形状调整能力, 研究方法与第 4 章类似, 即从纯几何的角度出发, 通过直接在控制顶点中融入形状参数, 再与双变量 Bernstein 基函数做线性组合来定义曲面, 当形状参数改变时, 定义曲面的潜在控制顶点发生改变, 曲面形状随之变化. 在赋予三角域 Bézier 曲面形状可调性的同时, 本章既未改变基函数的函数类型, 也未提升基函数的多项式次数. 本章还讨论了曲面的 G^1 光滑拼接条件, 给出了曲面的几何迭代算法及其收敛性分析, 为曲面的应用提供了理论依据.

第 7 章针对三角域 Bézier 曲面与四边域 Bézier 曲面不相容的问题, 详细讨论了在一般情况下, 两种曲面之间的转换方法, 推导了二者之间相互转换的两个显式计算公式. 借助该公式, 可以将一张 n 次的三角域 Bézier 曲面片转换成一张 $n \times n$ 次的四边域 Bézier 曲面片, 将一张 $m \times n$ 次的四边域 Bézier 曲面片转换成两张 $m+n$ 次的三角域 Bézier 曲面片. 另外, 还给出了与上述两个转换公式相对应的两个稳定的递归算法, 在该算法的作用下, 两种曲面之间的转换问题变得更加简单明了. 本章为 CAD 系统将两种曲面进行统一提供了有效算法, 解决了在 CAD 系统中同时使用两种曲面时, 二者的不相容性所导致的问题.

第 8 章、第 9 章均围绕 B 样条曲线展开. 第 8 章以工程中最常用的 3 次 B 样条曲线作为研究对象, 在多项式空间上进行扩展, 扩展曲线以 3 次均匀 B 样条曲线为特例, 具有灵活的形状可调性以及较强的形状描述能力, 运用该扩展曲线构造了既能自动插值给定点列, 又具有局部形状调整性的新曲线. 第 9 章以 2 次 ~4 次 B 样条方法作为研究对象, 在多种不同的三角函数空间上进行扩展, 扩展方法具有比 B 样条曲线曲面更好的连续性, 并且与 3 次、4 次 B 样条曲线曲面结构相同的扩展方法还可以精确表示椭圆、椭球面. 这两章为自由曲线曲面的造型提供了丰富的方法, 用户可以按需选择最合适的那一种.

第 10 章针对在使用 Bézier 方法表示复杂形状时, 拼接条件随着对光滑性要求的提高变得越来越复杂, 从而难以实现的问题展开研究. 考虑到在工程实际中, 低次 Bézier 方法的使用频率最高, 并且 G^2 与 G^3 光滑拼接可以满足大多数的需求, 本章在多项式空间、三角函数空间、双曲函数空间上, 分别给出了一些与低次 Bézier 曲线曲面结构相同的新曲线曲面, 它们都可以在传统 Bézier 曲线曲面, 以及大部分扩展 Bézier 曲线曲面的 G^1 光滑拼接条件下, 实现 G^2 或 G^3 光滑拼接. 本章给出的曲线曲面模型可以用于大部分工程实际.

第 11 章是第 10 章的改进与深入. 第 10 章给出的易于拼接的曲线曲面模型, 有的相对于控制顶点形状固定, 有的在控制顶点固定的前提下依然形状可调, 但对于那些形状可调的易拼接曲线曲面而言, 当拼接条件满足时, 不管形状参数取什么值, 它们在拼接时能达到的光滑度总是确定的, 无法按需指定, 正因为注意到这一不足, 本章进一步研究易于拼接的曲线曲面, 使其不仅可以在相对简单的条件下实现较高阶的光滑拼接, 而且形状可调, 更重要的是, 当拼接条件满足时, 可以通过改变形状参数的取值, 来调整光滑拼接时达到的阶. 本章为复杂形状的设计提供了易于使用、灵活高效的模型.

第 12 章的研究基于对变差缩减性重要性的认识, 以及对现有众多扩展 Bézier 曲线、扩展 B 样条曲线性质的观察. 目前有大批文献研究 Bézier 曲线、B 样条曲线的形状调整问题, 给出了各种既能继承 Bézier 方法或 B 样条方法的基本性质, 又具备形状可调性的扩展曲线, 但注意到大多数文献并未讨论其给出的扩展模型是否具备变差缩减性. 由于具备变差缩减性的曲线一定具备保凸性, 保凸是保形的重要指标之一, 而由全正基定义的曲线一定具备变差缩减性, 因此判断基函数是否具有全正性是检验基函数是否适合于保形设计的标准之一. 鉴于上述观察与理论, 本章在多项式空间、三角函数空间上分别构造了一种具有全正性的基函数, 并定义了相应的分段曲线与分片曲面, 基函数的全正性保证了曲线曲面总是可以较好地保持控制多边形或控制网格的形状.

第 13 章延续了第 12 章提到的 “保形” 这一主题, 针对拟合问题所包含的逼近与插值这两类问题, 分别构造了一种逼近给定数据点列的, 具备凸包性、保单调性、保凸性、变差缩减性、形状可调性的 3 次均匀 B 样条扩展曲线, 以及插值于给定数据点列的, 含形状调整参数的分段 3 次多项式曲线, 分析了该曲线保持数据点列的正性、单调性、凸性时, 其中形状参数允许的取值范围.

第 14 章将数值计算中的函数插值和外形设计中的参数曲线插值相结合, 给出了构造具有指定多项式重构精度的函数插值和具有指定连续阶的参数曲线插值的一般方法, 该方法以 Hermite 插值的基本形式为桥梁, 首先以用于函数插值时达到指定的精度为目标来推导基本形式中的导矢表达式, 通过解方程获取导矢中的系数, 然后将导矢代入 Hermite 插值的基本形式, 并将其按照插值数据点进行整理, 得出插值基函数表达式, 最后给出以插值数据点和插值基函数的线性组合形式表达的插值曲线, 其形状可以做局部调整.

第 15 章基于对现有文献优缺点的分析, 通过对文献 [183] 中给出的第一类势函数做出改进, 将其表达成 Bernstein 基函数的线性组合, 这种表达方式的改写使得组合系数的求解变得简单, 进而轻松给出了可以使过渡曲线在两个端点处达到任意指定连续阶的势函数的通用表达式, 由之定义的过渡曲线既保留了文献 [184] 中方法的优点, 又避免了文献 [184] 中针对有理函数的复杂计算.

第 2 章　有理 Bézier 曲线与曲面的拼接

2.1　引　　言

Bézier 方法是自由曲线曲面造型中的一个里程碑, 其以逼近原理为基础. 应用 Bézier 方法, 人们可以方便地逼近数学曲线或者由设计师勾画的草图, 真正地起到 “辅助设计” 的作用. 因此, Bézier 曲线、曲面在 CAD/CAM 领域中发挥了重要的作用. 但 Bézier 方法无法精确表示除抛物线、抛物面以外的二次曲线、二次曲面, 有理 Bézier 方法的提出刚好弥补了这个不足. 另外, 有理 Bézier 方法在表达式中引入了权因子, 调整其值, 即可得到形状不同的曲线与曲面, 因此, 其还克服了 Bézier 方法在控制顶点给定以后便无法调整形状的不足. Bézier 方法所采用的 Bernstein 基函数为参数整式多项式, 而有理 Bézier 方法所采用的基函数为分式表示, 属于有理形式, 其分子、分母分别为参数多项式与多项式函数. 相对于 “有理” 这个概念而言, 有时也将 Bézier 方法称为非有理的, 相应的 Bézier 曲线曲面加上非有理的修饰词. 当有理 Bézier 曲线与曲面中所有的权因子都相等时, 其便退化为非有理 Bézier 曲线与曲面, 因此, 有理 Bézier 方法包含非有理 Bézier 方法作为特例. 另外, 非均匀有理 B 样条, 即 NURBS 方法, 已成为工业产品几何定义的 STEP 国际标准, 有理 Bézier 方法与 B 样条方法则是 NURBS 方法的特例, 也是 NURBS 方法产生的基础之一.

在 CAD/CAM 中, 随着设计形体复杂程度的提高, 单一的曲线段、曲面片往往无法满足复杂形状外形设计的需求, 此时就必须采用组合曲线、曲面来表达形状. 即: 对复杂的曲线、曲面, 在满足一定的光滑拼接条件下, 采用分段与分片拟合的方式, 以满足实际的需求. 在这里, 要解决的关键问题, 就是怎样实现光滑拼接. 对此, 人们引入几何连续的概念, 以构造具有预期光滑程度的组合曲线或曲面, 来实现设计任意曲线曲面外形的目标.

在工程中, 一阶和二阶几何连续, 即 G^1 连续和 G^2 连续, 可以满足大多数的设计需求. 在文献 [186] 中, 给出了非有理 Bézier 曲线的 G^1 与 G^2 光滑拼接条件. 本章以有理 Bézier 方法作为研究对象, 推导两条任意次有理 Bézier 曲线之间的 G^1 与 G^2 光滑拼接条件, 具有公共边界曲线的两张双二次有理 Bézier 曲面之间的 G^1 光滑拼接条件, 以及具有公共边界曲线的两张双三次有理 Bézier 曲面之间的 G^1 与 G^2 光滑拼接条件, 给出了相应的控制顶点以及权因子之间的关系.

2.2 有理 Bézier 曲线的相关知识

首先介绍有理 Bézier 曲线的定义, 以及后续讨论拼接条件时, 需要用到的有理 Bézier 曲线的相关性质.

定义 2.2.1 给定二维或三维空间中的 $n+1$ 个控制顶点 $\boldsymbol{P}_i(i=0,1,\cdots,n)$, 以及 $n+1$ 个正实数 $W_i(i=0,1,\cdots,n)$, 即可定义一条 n 次的有理 Bézier 曲线 $\boldsymbol{p}(u)$, 其表达式为

$$\boldsymbol{p}(u)=\frac{\sum\limits_{i=0}^{n} B_{n,i}(u)W_i\boldsymbol{P}_i}{\sum\limits_{i=0}^{n} B_{n,i}(u)W_i}$$

其中, $u\in[0,1]$, $B_{n,i}(u)$ 为第 i 个 n 次 Bernstein 基函数, 即 $B_{n,i}(u)=C_n^i u^i(1-u)^{n-i}$, W_i 为与控制顶点 $\boldsymbol{P}_i$ 对应的权因子, 为了防止出现奇异点, 要求对所有的下标 i, $i=0,1,\cdots,n$, 都必须保证 $W_i>0$.

有理 Bézier 曲线自控制多边形的首顶点 $\boldsymbol{P}_0$ 开始, 至末顶点 $\boldsymbol{P}_n$ 结束, 即

$$\begin{cases}\boldsymbol{p}(0)=\boldsymbol{P}_0\\ \boldsymbol{p}(1)=\boldsymbol{P}_n\end{cases}\tag{2.2.1}$$

有理 Bézier 曲线在起、止点处和控制多边形的首、末边相切, 且其在起、止点处的一阶导矢为

$$\begin{cases}\boldsymbol{p}'(0)=\dfrac{nW_1}{W_0}(\boldsymbol{P}_1-\boldsymbol{P}_0)\\[2ex] \boldsymbol{p}'(1)=\dfrac{nW_{n-1}}{W_n}(\boldsymbol{P}_n-\boldsymbol{P}_{n-1})\end{cases}\tag{2.2.2}$$

在参考文献 [32] 中所给结论的基础之上, 采用数学归纳法, 可以得到有理 Bézier 曲线在起、止点处的二阶导矢为

$$\begin{cases}\boldsymbol{p}''(0)=\dfrac{n(n-1)W_2}{W_0}(\boldsymbol{P}_2-\boldsymbol{P}_0)+\dfrac{2nW_1}{W_0}\left(1-\dfrac{nW_1}{W_0}\right)(\boldsymbol{P}_1-\boldsymbol{P}_0)\\[2ex] \boldsymbol{p}''(1)=-\dfrac{n(n-1)W_{n-2}}{W_n}(\boldsymbol{P}_n-\boldsymbol{P}_{n-2})-\dfrac{2nW_{n-1}}{W_n}\left(1-\dfrac{nW_{n-1}}{W_n}\right)(\boldsymbol{P}_n-\boldsymbol{P}_{n-1})\end{cases}\tag{2.2.3}$$

在式 (2.2.2) 以及式 (2.2.3) 中, n 为有理 Bézier 曲线的次数.

2.3 有理 Bézier 曲线的拼接

依据有理 Bézier 曲线的理论, 本节将分析两条任意次数的有理 Bézier 曲线, 为实现 G^1 和 G^2 光滑拼接, 二者的控制顶点以及权因子之间需满足的条件.

2.3.1 有理 Bézier 曲线的 G^1 拼接条件

设 $\boldsymbol{p}(u)$ 和 $\boldsymbol{q}(v)$ 为两条有理 Bézier 曲线, 它们的次数分别为 m 和 n, $\boldsymbol{p}(u)$ 由控制多边形 $\langle \boldsymbol{P}_0\boldsymbol{P}_1\cdots\boldsymbol{P}_m\rangle$ 定义, 对应于各个顶点的权因子记为 W_i $(i=0,1,\cdots,m)$, $\boldsymbol{q}(v)$ 由控制多边形 $\langle \boldsymbol{Q}_0\boldsymbol{Q}_1\cdots\boldsymbol{Q}_n\rangle$ 定义, 对应于各个顶点的权因子记为 $\overline{W}_j$ $(j=0,1,\cdots,n)$.

根据定义 2.2.1, 曲线 $\boldsymbol{p}(u)$ 的表达式为

$$\boldsymbol{p}(u)=\frac{\sum\limits_{i=0}^{m}B_{m,i}(u)W_i\boldsymbol{P}_i}{\sum\limits_{i=0}^{m}B_{m,i}(u)W_i}$$

其中, $u\in[0,1]$. 曲线 $\boldsymbol{q}(v)$ 的表达式为

$$\boldsymbol{q}(v)=\frac{\sum\limits_{j=0}^{n}B_{n,j}(v)\overline{W}_j\boldsymbol{Q}_j}{\sum\limits_{j=0}^{n}B_{n,j}(v)\overline{W}_j}$$

其中, $v\in[0,1]$.

假设曲线 $\boldsymbol{p}(u)$ 与 $\boldsymbol{q}(v)$ 具有公共连接点, 即二者之间已经满足 G^0 连续条件 $\boldsymbol{p}(1)=\boldsymbol{q}(0)$. 根据式 (2.2.1) 中的结论, 有 $\boldsymbol{p}(1)=\boldsymbol{P}_m$, $\boldsymbol{q}(1)=\boldsymbol{Q}_0$, 因此, 由 G^0 连续条件可以推出 $\boldsymbol{P}_m=\boldsymbol{Q}_0$. 在此基础之上, 接下来分析二者之间的 G^1 光滑拼接条件.

为了使曲线 $\boldsymbol{p}(u)$ 与 $\boldsymbol{q}(v)$ 在公共连接点处达到 G^1 连续, 除了 G^0 连续条件以外, 还要求两条曲线在公共连接点处具有公共的切矢方向, 即应满足

$$\boldsymbol{q}'(0)=\lambda\boldsymbol{p}'(1) \tag{2.3.1}$$

其中, $\lambda>0$.

由式 (2.2.2) 可知, 曲线 $\boldsymbol{p}(u)$ 在其末端 $\boldsymbol{P}_m$ 处的一阶导矢为

$$\boldsymbol{p}'(1)=\frac{mW_{m-1}}{W_m}(\boldsymbol{P}_m-\boldsymbol{P}_{m-1}) \tag{2.3.2}$$

曲线 $\boldsymbol{q}(v)$ 在其首端 $\boldsymbol{Q}_0$ 处的一阶导矢为

$$\boldsymbol{q}'(0) = \frac{n\overline{W}_1}{\overline{W}_0}(\boldsymbol{Q}_1 - \boldsymbol{Q}_0) \tag{2.3.3}$$

将式 (2.3.2) 以及式 (2.3.3) 代入式 (2.3.1) 并整理, 得到

$$\boldsymbol{Q}_1 = \boldsymbol{P}_m + \frac{\lambda m W_{m-1}\overline{W}_0}{nW_m\overline{W}_1}(\boldsymbol{P}_m - \boldsymbol{P}_{m-1}) \tag{2.3.4}$$

其中, λ, m, n 均为正实数.

式 (2.3.4) 的几何意义为: 顶点 $\boldsymbol{P}_{m-1}$, $\boldsymbol{P}_m(=\boldsymbol{Q}_0)$ 和 $\boldsymbol{Q}_1$ 三者共线.

注意到在式 (2.3.4) 中, 因子

$$\frac{\lambda m W_{m-1}\overline{W}_0}{nW_m\overline{W}_1} > 0$$

并且其中的 λ 值可以是任意的正实数. 因此, 两条位置连续的有理 Bézier 曲线在拼接时, 为使二者之间达到 G^1 连续, 只要求点 $\boldsymbol{Q}_1$ 位于边矢量 $\boldsymbol{P}_{m-1}\boldsymbol{P}_m$ 的正向延长线上即可, 而不管其在延长线上的具体哪个位置, 总可以确定与之相适应的 λ 值. 由此可见, 对于给定的曲线 $\boldsymbol{p}(u)$, 可以构造无数条与其在连接处 G^1 连续的曲线 $\boldsymbol{q}(v)$, 因为这些曲线可以拥有不同的控制顶点 $\boldsymbol{Q}_1$, 如图 2.3.1 所示. 即使将曲线 $\boldsymbol{q}(v)$ 的控制顶点 $\boldsymbol{Q}_1$ 取定, 依然可以通过调整权因子来改变曲线 $\boldsymbol{p}(u)$ 与 (或) 曲线 $\boldsymbol{q}(v)$ 的形状, 进而整体或局部调整组合曲线的形状, 而不至于破坏其在连接处的连续性, 如图 2.3.2 所示.

在图 2.3.1 中, 黑色的曲线代表 $\boldsymbol{p}(u)$, 其控制顶点用黑色圆圈标示, 红色和蓝色的曲线代表 $\boldsymbol{q}(v)$, 其控制顶点用星号标示, 三条曲线均为 4 次有理 Bézier 曲线, 与 5 个控制顶点相联系的权因子均依次取为 1, 2, 2, 2, 1, 两条不同颜色的曲线 $\boldsymbol{q}(v)$ 具有不同的控制顶点 $\boldsymbol{Q}_1$, 分别如图中红色和蓝色星号所示, 红色和蓝色曲线均与黑色曲线在公共连接点处达到 G^1 连续.

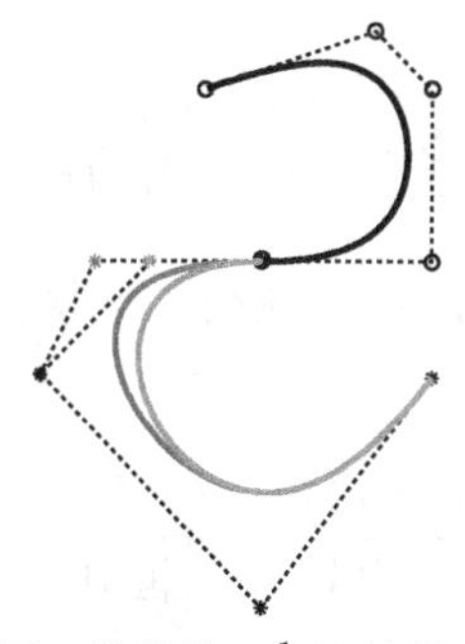

图 2.3.1 与同一条曲线 G^1 连续的两条不同曲线

在图 2.3.2 中, 黑色和红色的曲线代表 $\boldsymbol{p}(u)$, 其控制顶点用圆圈标示, 蓝色和绿色的曲线代表 $\boldsymbol{q}(v)$, 其控制顶点用星号标示, 四条曲线均为 4 次有理 Bézier 曲线, 其中黑色和蓝色的曲线采用相同的权因子, 与 5 个控制顶点相联系的权因子依次为 1, 0.5, 0.5, 0.5, 1, 红色和绿色的曲线采用相同的权因子, 与 5 个控制顶点相联系的权因子依次为 1, 4, 4, 4, 1, 两条不同颜色的曲线 $\boldsymbol{p}(u)$ 和两条不同颜色的曲线 $\boldsymbol{q}(v)$ 分别具有相同的控制顶点, 曲线 $\boldsymbol{p}(u)$ 中的任一条与曲线 $\boldsymbol{q}(v)$ 中的任一条在公共连接点处均达到 G^1 连续, 只是不同情况下对应于式 (2.3.4) 会有不同的 λ 值.

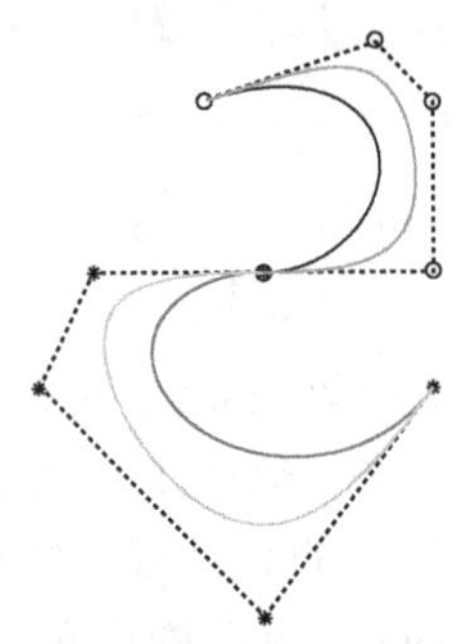

图 2.3.2 G^1 连续组合有理 Bézier 曲线的形状调整

2.3.2 有理 Bézier 曲线的 G^2 拼接条件

在 2.3.1 节所得结论的基础之上, 这一节进一步讨论两条任意次有理 Bézier 曲线之间的 G^2 光滑拼接条件.

两条曲线 $\boldsymbol{p}(u)$ 与 $\boldsymbol{q}(v)$ 之间实现 G^2 光滑拼接, 即要求在公共连接点处, 两段曲线的曲率连续. 而曲率连续应满足如下条件: 位置连续、斜率连续、曲率相等, 且主法线方向一致. 即: 除了满足 G^1 光滑拼接的条件以外, 还需满足主法矢方向相同以及曲率相等.

而对任意的参数曲线 $\boldsymbol{r}=\boldsymbol{r}(t)$, 其主法矢 $\boldsymbol{b}$ 的表达式为

$$\boldsymbol{b}=\frac{\boldsymbol{r}'(t)\times\boldsymbol{r}''(t)}{|\boldsymbol{r}'(t)\times\boldsymbol{r}''(t)|}$$

因此, 当要求两条曲线 $\boldsymbol{p}(u)$ 与 $\boldsymbol{q}(v)$ 在公共连接点处满足主法矢方向相同时, 必须满足下面的关系式

$$\frac{\boldsymbol{p}'(1)\times\boldsymbol{p}''(1)}{|\boldsymbol{p}'(1)\times\boldsymbol{p}''(1)|}=a\frac{\boldsymbol{q}'(0)\times\boldsymbol{q}''(0)}{|\boldsymbol{q}'(0)\times\boldsymbol{q}''(0)|} \tag{2.3.5}$$

其中, a 为正实数.

注意到曲线 $\boldsymbol{p}(u)$ 与 $\boldsymbol{q}(v)$ 在公共连接点处已经满足 G^1 光滑拼接条件, 它们具有公共的切矢方向, 即已经满足关系式 $\boldsymbol{q}'(0)=\lambda\boldsymbol{p}'(1)$. 因此, 为了满足式 (2.3.5), 最简单的方法就是, 令

$$\boldsymbol{q}''(0)=\mu\boldsymbol{p}''(1) \tag{2.3.6}$$

其中, μ 为正实数.

另外, 为了使曲线 $\boldsymbol{p}(u)$ 与 $\boldsymbol{q}(v)$ 在公共连接点处的曲率相等, 必须要求

$$\frac{|\boldsymbol{q}'(0)\times\boldsymbol{q}''(0)|}{|\boldsymbol{q}'(0)|^3}=\frac{|\boldsymbol{p}'(1)\times\boldsymbol{p}''(1)|}{|\boldsymbol{p}'(1)|^3} \tag{2.3.7}$$

将式 (2.3.1) 以及式 (2.3.6) 代入式 (2.3.7), 然后展开并化简, 即可得到两条有理 Bézier 曲线在公共连接点处达到曲率连续的充分条件为

$$\mu=\lambda^2 \tag{2.3.8}$$

根据式 (2.2.3), 曲线 $\boldsymbol{p}(u)$ 与 $\boldsymbol{q}(v)$ 在公共连接点处的二阶导矢分别为

$$\begin{cases}\boldsymbol{p}''(1)=-\dfrac{m(m-1)W_{m-2}}{W_m}(\boldsymbol{P}_m-\boldsymbol{P}_{m-2})-\dfrac{2mW_{m-1}}{W_m}\left(1-\dfrac{mW_{m-1}}{W_m}\right)(\boldsymbol{P}_m-P_{m-1})\\ \boldsymbol{q}''(0)=\dfrac{n(n-1)\overline{W}_2}{\overline{W}_0}(\boldsymbol{Q}_2-\boldsymbol{Q}_0)+\dfrac{2n\overline{W}_1}{\overline{W}_0}\left(1-\dfrac{n\overline{W}_1}{\overline{W}_0}\right)(\boldsymbol{Q}_1-\boldsymbol{Q}_0)\end{cases} \tag{2.3.9}$$

将式 (2.3.8) 以及式 (2.3.9) 代入式 (2.3.6), 展开并整理, 得到

$$\begin{aligned}\boldsymbol{Q}_2=\boldsymbol{Q}_0&-\frac{2\lambda mW_{m-1}\overline{W}_0}{n(n-1)W_m\overline{W}_2}\left[\left(1-\frac{n\overline{W}_1}{\overline{W}_0}\right)+\lambda\left(1-\frac{mW_{m-1}}{W_m}\right)\right](\boldsymbol{P}_m-\boldsymbol{P}_{m-1})\\&-\frac{\lambda^2m(m-1)W_{m-2}\overline{W}_0}{n(n-1)W_m\overline{W}_2}[(\boldsymbol{P}_m-\boldsymbol{P}_{m-1})+(\boldsymbol{P}_{m-1}-\boldsymbol{P}_{m-2})]\end{aligned} \tag{2.3.10}$$

式 (2.3.10) 的几何意义为: 顶点 $\boldsymbol{P}_{m-2}$, $\boldsymbol{P}_{m-1}$, $\boldsymbol{P}_m(=\boldsymbol{Q}_0)$, $\boldsymbol{Q}_1$ 和 $\boldsymbol{Q}_2$ 五者共面, 同时注意到边矢量 $\boldsymbol{P}_{m-1}\boldsymbol{P}_{m-2}$ 前面的系数为负数, 因此顶点 $\boldsymbol{P}_{m-2}$ 和 $\boldsymbol{Q}_2$ 必须位于由共线三点 $\boldsymbol{P}_{m-1}$, $\boldsymbol{P}_m(=\boldsymbol{Q}_0)$ 和 $\boldsymbol{Q}_1$ 所形成的直线的同一侧.

式 (2.3.4) 以及式 (2.3.10), 共同给出了两有理 Bézier 曲线在公共连接点处达到 G^2 光滑拼接的条件. 实际应用中, 当一条有理 Bézier 曲线的控制顶点已经给定时, 可以根据这两个关系式来确定另一条有理 Bézier 曲线的控制顶点, 使二者在公共连接点处达到 G^2 连续. 注意到式 (2.3.4) 以及式 (2.3.10) 中都包含参数, 因此, 第二条有理 Bézier 曲线的控制顶点并不是由第一条曲线唯一确定, 而是可以根据实际情况进行适当的调整, 这一特点使其在应用中很受欢迎.

图 2.3.3 给出了一条 G^2 连续的组合有理 Bézier 曲线, 图中红色的曲线代表 $\boldsymbol{p}(u)$, 其控制顶点用圆圈标示, 蓝色的曲线代表 $\boldsymbol{q}(v)$, 其控制顶点用星号标示, 两条曲线均为 4 次有理 Bézier 曲线, 且采用的权因子相同, 与 5 个控制顶点相联系的权因子依次为 1, 0.5, 0.5, 0.5, 1, 两条曲线的控制顶点之间满足式 (2.3.4) 以及式 (2.3.10), 其中的 $\lambda = 1$.

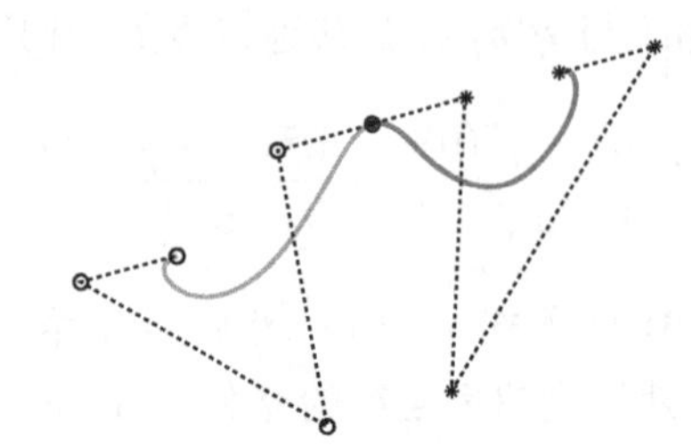

图 2.3.3 G^2 连续的组合有理 Bézier 曲线

2.3.3 二次有理 Bézier 曲线的拼接条件

在 2.3.1 节与 2.3.2 节中, 已经给出了两条任意次有理 Bézier 曲线之间的 G^1 以及 G^2 光滑拼接条件. 考虑到在所有的有理 Bézier 曲线中, 应用最为广泛的是二次有理 Bézier 曲线, 例如, 飞机机身的截面曲线设计中就用到了二次有理 Bézier 曲线. 因此, 为了增强实用性, 本节针对实际中最常用的标准形式的二次有理 Bézier 曲线, 给出更为具体的 G^1 以及 G^2 光滑拼接条件.

假设两条二次有理 Bézier 曲线均采用标准形式, 即二者与首、末控制顶点相联系的权因子均取值为 1, 并且二者在公共连接点处的切矢模长相等, 即在式 (2.3.4) 以及式 (2.3.10) 中, 有

$$\begin{cases} m = n = 2 \\ \mu = \lambda = 1 \\ W_0 = W_2 = 1 \\ \overline{W}_0 = \overline{W}_2 = 1 \end{cases}$$

则 G^2 光滑拼接条件可以简化为

$$\begin{cases} \boldsymbol{Q}_1 = \boldsymbol{P}_2 + \dfrac{W_1}{\overline{W}_1}(\boldsymbol{P}_2 - \boldsymbol{P}_1) \\ \boldsymbol{Q}_2 = \boldsymbol{P}_2 + \left[4W_1(W_1 + \overline{W}_1 - 1) - 1\right](\boldsymbol{P}_2 - \boldsymbol{P}_1) - (\boldsymbol{P}_1 - \boldsymbol{P}_0) \end{cases} \tag{2.3.11}$$

式 (2.3.11) 又可以进一步整理成

$$\begin{cases} \boldsymbol{Q}_1 = \boldsymbol{P}_2 + a\boldsymbol{q} \\ \boldsymbol{Q}_2 = \boldsymbol{Q}_1 + b\boldsymbol{q} - \boldsymbol{r} \end{cases} \tag{2.3.12}$$

其中, $a = \dfrac{W_1}{\overline{W}_1}$, $b = 4W_1(W_1 + \overline{W}_1 - 1) - 1 - \dfrac{W_1}{\overline{W}_1}$, $\boldsymbol{q} = \boldsymbol{P}_2 - \boldsymbol{P}_1$, $\boldsymbol{r} = \boldsymbol{P}_1 - \boldsymbol{P}_0$.

由式 (2.3.12) 可知: 将边矢量 $\boldsymbol{P}_1\boldsymbol{P}_2$ 沿其正向延长, 使延长的距离为矢量 $\boldsymbol{P}_1\boldsymbol{P}_2$ 模长的 a 倍, 所得到的点即为点 $\boldsymbol{Q}_1$; 以点 $\boldsymbol{Q}_1$ 为起点继续延长, 使延长的距离为矢量 $\boldsymbol{P}_1\boldsymbol{P}_2$ 模长的 b 倍 ($b > 0$ 时沿正向延长, $b < 0$ 时则沿反向收缩), 将所得到的点记为点 $\boldsymbol{Q}$, 以点 $\boldsymbol{P}_0$, $\boldsymbol{P}_1$, $\boldsymbol{Q}$ 为顶点作平行四边形, 其第四个顶点即为点 $\boldsymbol{Q}_2$.

当曲线 $\boldsymbol{p}(u)$ 的控制顶点以及内权因子给定时, 选定曲线 $\boldsymbol{q}(v)$ 的内权因子, 即可根据式 (2.3.12) 的几何意义, 采用几何作图的方式, 确定曲线 $\boldsymbol{q}(v)$ 的控制顶点, 使其与曲线 $\boldsymbol{p}(u)$ 在公共连接点处达到 G^2 连续.

图 2.3.4 为式 (2.3.12) 当 $b > 0$ 时的图解表示.

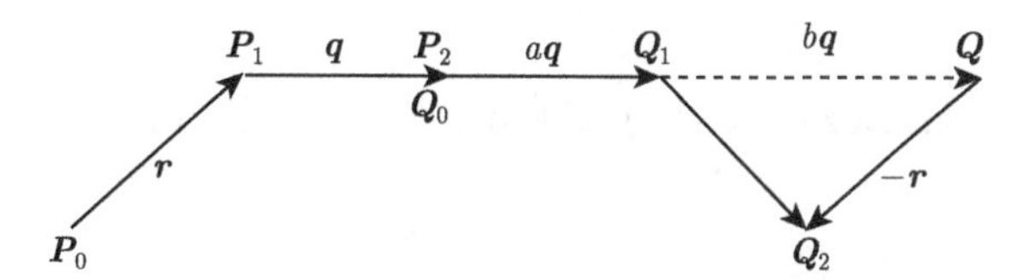

图 2.3.4 二阶几何连续条件的图解表示

从式 (2.3.12) 可以看出, 两条标准形式的二次有理 Bézier 曲线在拼接时, 既可以通过调整控制顶点, 又可以通过调整内权因子, 来达到 G^2 光滑拼接的条件.

图 2.3.5 所示为由两条标准形式的二次有理 Bézier 曲线形成的组合曲线. 图中红色的曲线代表 $\boldsymbol{p}(u)$, 其控制顶点用圆圈标示, 蓝色的曲线代表 $\boldsymbol{q}(v)$, 其控制顶点用星号标示, 两条曲线采用的权因子相同, 与 3 个控制顶点相联系的权因子依次为 1, $\dfrac{1+\sqrt{7}}{4}$, 1, 两条曲线的控制顶点之间满足关系式 (2.3.12), 其中的 $a = b = 1$.

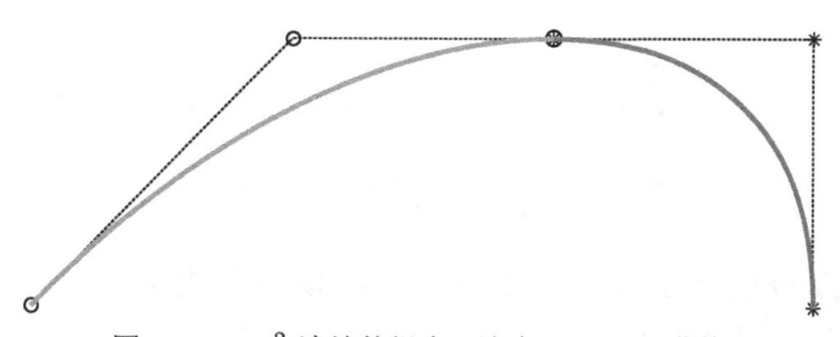

图 2.3.5 G^2 连续的组合二次有理 Bézier 曲线

2.4 有理 Bézier 曲面的相关知识

定义 2.4.1 给定三维空间中由 $(m+1)\times(n+1)$ 个控制顶点 $\boldsymbol{P}_{i,j}(i=0,1,\cdots,m;j=0,1,\cdots,n)$ 形成的呈拓扑矩形阵列的控制网格, 以及 $(m+1)\times(n+1)$ 个实数 $W_{i,j}(i=0,1,\cdots,m;j=0,1,\cdots,n)$, 即可定义一张 $m\times n$ 次的有理 Bézier 曲面 $\boldsymbol{r}(u,v)$, 其表达式为

$$\boldsymbol{r}(u,v)=\frac{\sum\limits_{i=0}^{m}\sum\limits_{j=0}^{n}B_{m,i}(u)B_{n,j}(v)W_{i,j}\boldsymbol{P}_{i,j}}{\sum\limits_{i=0}^{m}\sum\limits_{j=0}^{n}B_{m,i}(u)B_{n,j}(v)W_{i,j}}$$

其中, $0\leqslant u,v\leqslant 1$, m 和 n 分别为曲面沿 u 向和 v 向的次数, $B_{m,i}(u)(i=0,1,\cdots,m)$ 为 u 向的 Bernstein 基函数族, $B_{n,j}(v)(j=0,1,\cdots,n)$ 为 v 向的 Bernstein 基函数族, $W_{i,j}$ 为与顶点 $\boldsymbol{P}_{i,j}$ 相对应的权因子, 要求所有的权因子都为正数.

为了方便对有理 Bézier 曲面进行求导、积分等相关运算, 可以采用矩阵形式将其表达为

$$\boldsymbol{r}(u,v)=\frac{\boldsymbol{U}^{\mathrm{T}}\boldsymbol{A}^{\mathrm{T}}\begin{bmatrix} W_{0,0}\boldsymbol{P}_{0,0} & W_{0,1}\boldsymbol{P}_{0,1} & \cdots & W_{0,n}\boldsymbol{P}_{0,n} \\ W_{1,0}\boldsymbol{P}_{1,0} & W_{1,1}\boldsymbol{P}_{1,1} & \cdots & W_{1,n}\boldsymbol{P}_{1,n} \\ \vdots & \vdots & & \vdots \\ W_{m,0}\boldsymbol{P}_{m,0} & W_{m,1}\boldsymbol{P}_{m,1} & \cdots & W_{m,n}\boldsymbol{P}_{m,n} \end{bmatrix}\boldsymbol{B}\boldsymbol{V}}{\boldsymbol{U}^{\mathrm{T}}\boldsymbol{A}^{\mathrm{T}}\begin{bmatrix} W_{0,0} & W_{0,1} & \cdots & W_{0,n} \\ W_{1,0} & W_{1,1} & \cdots & W_{1,n} \\ \vdots & \vdots & & \vdots \\ W_{m,0} & W_{m,1} & \cdots & W_{m,n} \end{bmatrix}\boldsymbol{B}\boldsymbol{V}}$$

其中,

$$\begin{cases} \boldsymbol{U}^{\mathrm{T}}=\begin{bmatrix} u^m & u^{m-1} & \cdots & 1 \end{bmatrix} \\ \boldsymbol{V}^{\mathrm{T}}=\begin{bmatrix} v^n & v^{n-1} & \cdots & 1 \end{bmatrix} \end{cases}$$

矩阵 $\boldsymbol{A}^{\mathrm{T}}$ 和 $\boldsymbol{B}$ 分别为将 m 和 n 次的 Bernstein 基函数转化为幂基表示时, 所对应的过渡矩阵, 下文中会针对双二次以及双三次有理 Bézier 曲面, 给出矩阵 $\boldsymbol{A}^{\mathrm{T}}$ 和 $\boldsymbol{B}$ 的具体形式.

2.5 有理 Bézier 曲面的 G^1 拼接条件

有理 Bézier 曲面不属于张量积曲面, 其并非有理 Bézier 曲线的简单推广, 加上其采用的有理形式又进一步增加了计算的难度. 鉴于此, 我们不对有理 Bézier 曲面的拼接进行一般的讨论, 本节只针对工程中使用较多的双二次以及双三次有理 Bézier 曲面, 分析其 G^1 光滑拼接条件.

2.5.1 数学背景

在推导有理 Bézier 曲面的 G^1 光滑拼接条件之前, 首先分析一般有理曲面的 G^1 光滑拼接条件.

设有两张有理曲面 $\boldsymbol{r}(u,v)$ 与 $\overline{\boldsymbol{r}}(u,v)$, 二者具有公共的边界曲线 (位置连续), 即 $\boldsymbol{r}(1,v)=\overline{\boldsymbol{r}}(0,v)$, 如图 2.5.1 所示. 在此基础之上, 接下来分析这两张曲面满足 G^1 光滑拼接的条件.

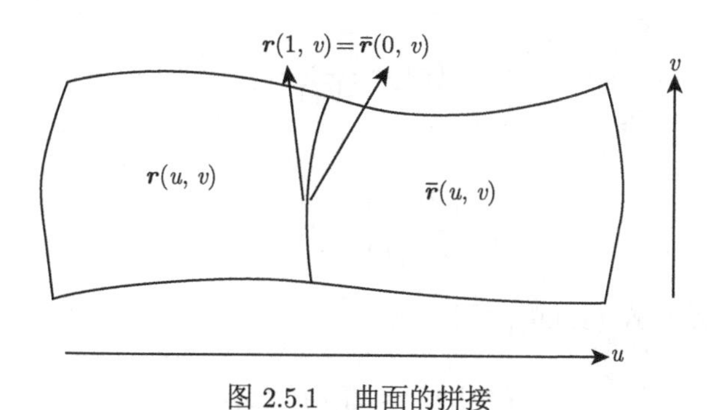

图 2.5.1 曲面的拼接

定理 2.5.1 两张有理曲面 $\boldsymbol{r}(u,v)$ 与 $\overline{\boldsymbol{r}}(u,v)$ 之间实现 G^1 光滑拼接的充要条件为, 这两张曲面具有公共的边界曲线, 即

$$\boldsymbol{r}(1,v)=\overline{\boldsymbol{r}}(0,v) \tag{2.5.1}$$

并且二者的切平面连续, 即

$$\overline{\boldsymbol{r}}_u(0,v)=p(v)\boldsymbol{r}_u(1,v)+q(v)\boldsymbol{r}_v(1,v) \tag{2.5.2}$$

其中, $p(v)$ 和 $q(v)$ 为关于 v 的标量函数.

设两张有理曲面的表达式分别为

$$\boldsymbol{r}(u,v)=\frac{\boldsymbol{R}(u,v)}{W(u,v)} \tag{2.5.3}$$

$$\overline{\boldsymbol{r}}(u,v)=\frac{\overline{\boldsymbol{R}}(u,v)}{\overline{W}(u,v)} \tag{2.5.4}$$

在式 (2.5.3) 以及式 (2.5.4) 中, $0 \leqslant u,v \leqslant 1$. 这两张曲面的齐次坐标形式分别为

$$\boldsymbol{r}:\boldsymbol{Q}(u,v)=\{\boldsymbol{R}(u,v),W(u,v)\} \tag{2.5.5}$$

$$\overline{\boldsymbol{r}}:\overline{\boldsymbol{Q}}(u,v)=\left\{\overline{\boldsymbol{R}}(u,v),\overline{W}(u,v)\right\} \tag{2.5.6}$$

这里的 $\boldsymbol{R}(u,v)$ 和 $\overline{\boldsymbol{R}}(u,v)$ 是三维欧氏空间中的曲面, $W(u,v)$ 和 $\overline{W}(u,v)$ 是非零函数.

将式 (2.5.3) 以及式 (2.5.4) 代入式 (2.5.1), 可得

$$\frac{\boldsymbol{R}(1,v)}{W(1,v)}=\frac{\overline{\boldsymbol{R}}(0,v)}{\overline{W}(0,v)}$$

设

$$c_0(v)=\frac{\overline{W}(0,v)}{W(1,v)}$$

则有

$$\frac{\overline{\boldsymbol{R}}(0,v)}{\boldsymbol{R}(1,v)}=c_0(v)$$

结合式 (2.5.5) 以及式 (2.5.6), 可得

$$\overline{\boldsymbol{Q}}(0,v)=c_0(v)\boldsymbol{Q}(1,v)$$

根据商数定理

$$\frac{\partial}{\partial u}(\boldsymbol{r},1)=\frac{\partial}{\partial u}\left(\frac{\boldsymbol{Q}}{W}\right)=\frac{\boldsymbol{Q}_uW-\boldsymbol{Q}W_u}{W^2}$$

从式 (2.5.2) 可得

$$\overline{\boldsymbol{Q}}_u=c_0\alpha\boldsymbol{Q}_u+c_0\beta\boldsymbol{Q}_v+\frac{\boldsymbol{Q}(\overline{W}_u-c_0\alpha W_u-c_0\beta W_v)}{W}$$

在上面两个式子中, 都省略了自变量的记号. 设

$$c_1(v)=\frac{\overline{W}_u-c_0pW_u-c_0qW_v}{W}$$

则得到与定理 2.5.1 等价的定理 2.5.2.

定理 2.5.2 设有理曲面片 $\boldsymbol{r}(u,v)$ 与 $\overline{\boldsymbol{r}}(u,v)$ 具有公共的边界曲线, 则二者在连接线处 G^1 连续, 当且仅当

$$\begin{cases} \overline{\boldsymbol{Q}}(0,v) = c_0(v)\boldsymbol{Q}(1,v) \\ \overline{\boldsymbol{Q}}_u(0,v) = c_1(v)\boldsymbol{Q}(1,v) + c_0(v)p_1(v)\boldsymbol{Q}_u(1,v) + c_0(v)q_1(v)\boldsymbol{Q}_v(1,v) \end{cases} \tag{2.5.7}$$

其中, $c_0(v)$, $c_1(v)$, $p_1(v)$ 和 $q_1(v)$ 是关于公共边界参数 v 的函数, $\boldsymbol{Q}(u,v)$ 和 $\overline{\boldsymbol{Q}}(u,v)$ 分别为 $\boldsymbol{r}(u,v)$ 和 $\overline{\boldsymbol{r}}(u,v)$ 的齐次坐标形式.

为了方便使用, 现取 $c_0(v)=1$, 则 G^1 拼接条件, 即式 (2.5.7) 简化为

$$\begin{cases} \overline{\boldsymbol{Q}}(0,v) = \boldsymbol{Q}(1,v) \\ \overline{\boldsymbol{Q}}_u(0,v) = c_1(v)\boldsymbol{Q}(1,v) + p_1(v)\boldsymbol{Q}_u(1,v) + q_1(v)\boldsymbol{Q}_v(1,v) \end{cases} \tag{2.5.8}$$

接下来, 以式 (2.5.8) 为基础, 讨论两张双二次以及两张双三次有理 Bézier 曲面之间的 G^1 光滑拼接条件.

2.5.2 双二次有理 Bézier 曲面的 G^1 拼接条件

设有两张双二次有理 Bézier 曲面 $\boldsymbol{r}(u,v)$ 和 $\overline{\boldsymbol{r}}(u,v)$, 二者的表达式分别为

$$\boldsymbol{r}(u,v) = \frac{\sum\limits_{i=0}^{2}\sum\limits_{j=0}^{2} B_{2,i}(u)B_{2,j}(v)W_{i,j}\boldsymbol{P}_{i,j}}{\sum\limits_{i=0}^{2}\sum\limits_{j=0}^{2} B_{2,i}(u)B_{2,j}(v)W_{i,j}} \tag{2.5.9}$$

$$\overline{\boldsymbol{r}}(u,v) = \frac{\sum\limits_{i=0}^{2}\sum\limits_{j=0}^{2} B_{2,i}(u)B_{2,j}(v)\overline{W}_{i,j}\overline{\boldsymbol{P}}_{i,j}}{\sum\limits_{i=0}^{2}\sum\limits_{j=0}^{2} B_{2,i}(u)B_{2,j}(v)\overline{W}_{i,j}} \tag{2.5.10}$$

为了方便, 下文中将省略掉控制顶点以及权因子记号中的逗号, 例如: 将 $\boldsymbol{P}_{i,j}$ 简写成 $\boldsymbol{P}_{ij}$, 将 $W_{i,j}$ 简写成 W_{ij}.

式 (2.5.9) 以及式 (2.5.10) 可以采用矩阵形式表达如下

$$\boldsymbol{r}(u,v) = \frac{\boldsymbol{U}^{\mathrm{T}}\boldsymbol{B}^{\mathrm{T}}\begin{bmatrix} W_{00}\boldsymbol{P}_{00} & W_{01}\boldsymbol{P}_{01} & W_{02}\boldsymbol{P}_{02} \\ W_{10}\boldsymbol{P}_{10} & W_{11}\boldsymbol{P}_{11} & W_{12}\boldsymbol{P}_{12} \\ W_{20}\boldsymbol{P}_{20} & W_{21}\boldsymbol{P}_{21} & W_{22}\boldsymbol{P}_{22} \end{bmatrix}\boldsymbol{B}\boldsymbol{V}}{\boldsymbol{U}^{\mathrm{T}}\boldsymbol{B}^{\mathrm{T}}\begin{bmatrix} W_{00} & W_{01} & W_{02} \\ W_{10} & W_{11} & W_{12} \\ W_{20} & W_{21} & W_{22} \end{bmatrix}\boldsymbol{B}\boldsymbol{V}} \tag{2.5.11}$$

$$\overline{\boldsymbol{r}}(u,v)=\frac{\boldsymbol{U}^{\mathrm{T}}\boldsymbol{B}^{\mathrm{T}}\begin{bmatrix}\overline{W}_{00}\overline{\boldsymbol{P}}_{00} & \overline{W}_{01}\overline{\boldsymbol{P}}_{01} & \overline{W}_{02}\overline{\boldsymbol{P}}_{02}\\ \overline{W}_{10}\overline{\boldsymbol{P}}_{10} & \overline{W}_{11}\overline{\boldsymbol{P}}_{11} & \overline{W}_{12}\overline{\boldsymbol{P}}_{12}\\ \overline{W}_{20}\overline{\boldsymbol{P}}_{20} & \overline{W}_{21}\overline{\boldsymbol{P}}_{21} & \overline{W}_{22}\overline{\boldsymbol{P}}_{22}\end{bmatrix}\boldsymbol{B}\boldsymbol{V}}{\boldsymbol{U}^{\mathrm{T}}\boldsymbol{B}^{\mathrm{T}}\begin{bmatrix}\overline{W}_{00} & \overline{W}_{01} & \overline{W}_{02}\\ \overline{W}_{10} & \overline{W}_{11} & \overline{W}_{12}\\ \overline{W}_{20} & \overline{W}_{21} & \overline{W}_{22}\end{bmatrix}\boldsymbol{B}\boldsymbol{V}} \tag{2.5.12}$$

其中, $0\leqslant u,v\leqslant 1$,

$$\begin{cases}\boldsymbol{U}^{\mathrm{T}}=\begin{bmatrix}u^2 & u & 1\end{bmatrix}\\ \boldsymbol{V}^{\mathrm{T}}=\begin{bmatrix}v^2 & v & 1\end{bmatrix}\\ \boldsymbol{B}^{\mathrm{T}}=\begin{bmatrix}1 & -2 & 1\\ -2 & 2 & 0\\ 1 & 0 & 0\end{bmatrix}\end{cases}$$

根据条件 (2.5.8) 中第一行的关系式, 并结合式 (2.5.3) 以及式 (2.5.4), 可得

$$\{\boldsymbol{R}(1,v),W(1,v)\}=\{\overline{\boldsymbol{R}}(0,v),\overline{W}(0,v)\}$$

根据有理 Bézier 曲面的表达式 (2.5.11) 以及式 (2.5.12), 可得

$$\begin{cases}\boldsymbol{P}_{2j}=\overline{\boldsymbol{P}}_{0j}\\ W_{2j}=\overline{W}_{0j}\end{cases} \tag{2.5.13}$$

其中, $j=0,1,2$.

将式 (2.5.11) 以及式 (2.5.12) 分别记为

$$\boldsymbol{r}(u,v)=\frac{\boldsymbol{R}(u,v)}{W(u,v)} \tag{2.5.14}$$

$$\overline{\boldsymbol{r}}(u,v)=\frac{\overline{\boldsymbol{R}}(u,v)}{\overline{W}(u,v)} \tag{2.5.15}$$

根据条件 (2.5.8) 中第二行的关系式, 以及式 (2.5.14) 和式 (2.5.15), 可得

$$\overline{\boldsymbol{R}}_u(0,v)=c_1(v)\boldsymbol{R}(1,v)+p_1(v)\boldsymbol{R}_u(1,v)+q_1(v)\boldsymbol{R}_v(1,v) \tag{2.5.16}$$

$$\overline{W}_u(0,v)=c_1(v)W(1,v)+p_1(v)W_u(1,v)+q_1(v)W_v(1,v) \tag{2.5.17}$$

首先考虑式 (2.5.16), 注意到

$$
\begin{cases}
\overline{\boldsymbol{R}}_u(0,v)=2\left[\overline{W}_{10}\overline{\boldsymbol{P}}_{10}-\overline{W}_{00}\overline{\boldsymbol{P}}_{00} \quad \overline{W}_{11}\overline{\boldsymbol{P}}_{11}-\overline{W}_{01}\overline{\boldsymbol{P}}_{01} \quad \overline{W}_{12}\overline{\boldsymbol{P}}_{12}-\overline{W}_{02}\overline{\boldsymbol{P}}_{02}\right]\boldsymbol{BV} \\
\boldsymbol{R}(1,v)=\left[\; W_{20}\boldsymbol{P}_{20} \quad W_{21}\boldsymbol{P}_{21} \quad W_{22}\boldsymbol{P}_{22} \;\right]\boldsymbol{BV} \\
\boldsymbol{R}_u(1,v)=2\left[\; W_{20}\boldsymbol{P}_{20}-W_{10}\boldsymbol{P}_{10} \quad W_{21}\boldsymbol{P}_{21}-W_{11}\boldsymbol{P}_{11} \quad W_{22}\boldsymbol{P}_{22}-W_{12}\boldsymbol{P}_{12} \;\right]\boldsymbol{BV} \\
\boldsymbol{R}_v(1,v)=\left[\; W_{20}\boldsymbol{P}_{20} \quad W_{21}\boldsymbol{P}_{21} \quad W_{22}\boldsymbol{P}_{22} \;\right]\boldsymbol{BV}'
\end{cases}
\tag{2.5.18}
$$

由式 (2.5.18) 可知, $\overline{\boldsymbol{R}}_u(0,v)$, $\boldsymbol{R}(1,v)$ 以及 $\boldsymbol{R}_u(1,v)$ 的次数均为 2 次, $\boldsymbol{R}_v(1,v)$ 的次数为 1 次. 因此, 在式 (2.5.16) 中, 可设 $c_1(v)$ 和 $p_1(v)$ 为任意常数, 分别记为 c_1 和 p_1, 可设 $q_1(v)$ 为一次式, 记为 $q_1(v)=\beta_0+\beta_1 v$.

将式 (2.5.18) 代入式 (2.5.16) 中, 并结合式 (2.5.13), 比较系数并整理, 可得

$$
\begin{aligned}
&2(\overline{W}_{10}\overline{\boldsymbol{P}}_{10}-\overline{W}_{00}\overline{\boldsymbol{P}}_{00}-2\overline{W}_{11}\overline{\boldsymbol{P}}_{11}+2\overline{W}_{01}\overline{\boldsymbol{P}}_{01}+\overline{W}_{12}\overline{\boldsymbol{P}}_{12}-\overline{W}_{02}\overline{\boldsymbol{P}}_{02}) \\
={}&c_1(W_{20}\boldsymbol{P}_{20}-2W_{21}\boldsymbol{P}_{21}^{+}W_{22}\boldsymbol{P}_{22}) \\
&+2p_1(W_{20}\boldsymbol{P}_{20}-W_{10}\boldsymbol{P}_{10}-2W_{21}\boldsymbol{P}_{21}+2W_{11}\boldsymbol{P}_{11}+W_{22}\boldsymbol{P}_{22}-W_{12}\boldsymbol{P}_{12}) \\
&+2\beta_1(W_{20}\boldsymbol{P}_{20}-2W_{21}\boldsymbol{P}_{21}+W_{22}\boldsymbol{P}_{22})
\end{aligned}
\tag{2.5.19}
$$

$$
\begin{aligned}
&4(\overline{W}_{11}\overline{\boldsymbol{P}}_{11}-\overline{W}_{01}\overline{\boldsymbol{P}}_{01}-\overline{W}_{10}\overline{\boldsymbol{P}}_{10}+\overline{W}_{00}\overline{\boldsymbol{P}}_{00}) \\
={}&2c_1(W_{21}\boldsymbol{P}_{21}-W_{20}\boldsymbol{P}_{20})+4p_1(W_{21}\boldsymbol{P}_{21}-W_{11}\boldsymbol{P}_{11}-W_{20}\boldsymbol{P}_{20}+W_{10}\boldsymbol{P}_{10}) \\
&+2\beta_0(W_{20}\boldsymbol{P}_{20}-2W_{21}\boldsymbol{P}_{21}+W_{22}\boldsymbol{P}_{22})+2\beta_1(W_{21}\boldsymbol{P}_{21}-W_{20}\boldsymbol{P}_{20})
\end{aligned}
\tag{2.5.20}
$$

$$
c_1W_{20}\boldsymbol{P}_{20}=2(W_{10}\overline{\boldsymbol{P}}_{10}-W_{20}\boldsymbol{P}_{20})+2p_1(W_{10}\boldsymbol{P}_{10}-W_{20}\boldsymbol{P}_{20})-2\beta_0(W_{21}\boldsymbol{P}_{21}-W_{20}\boldsymbol{P}_{20})
\tag{2.5.21}
$$

由式 (2.5.19)~式 (2.5.21) 可知, 决定两张双二次有理 Bézier 曲面 G^1 光滑拼接的条件, 只与公共边界及其两侧的各一列控制网格顶点有关.

式 (2.5.21) 的几何意义为: 两张曲面的控制网格, 在公共角点 $\boldsymbol{P}_{20}$ 处的三条边恰好位于同一张平面上, 即三者共面.

式 (2.5.19) 以及式 (2.5.20) 的几何意义并不直观. 将式 (2.5.19)~式 (2.5.21) 三式相加, 可得

$$
\begin{aligned}
c_1W_{22}\boldsymbol{P}_{22}={}&2(\overline{W}_{12}\overline{\boldsymbol{P}}_{12}-W_{22}\boldsymbol{P}_{22})+2p_1(W_{12}\boldsymbol{P}_{12}-W_{22}\boldsymbol{P}_{22}) \\
&+2(\beta_0+\beta_1)(W_{21}\boldsymbol{P}_{21}-W_{22}\boldsymbol{P}_{22})
\end{aligned}
\tag{2.5.22}
$$

式 (2.5.22) 的几何意义为: 两张曲面的控制网格, 在公共角点 $\boldsymbol{P}_{22}$ 处的三条边共面.

式 (2.5.21) 以及式 (2.5.22) 的几何意义如图 2.5.2 所示. 图中用红色、绿色标示的三条控制边分别共面.

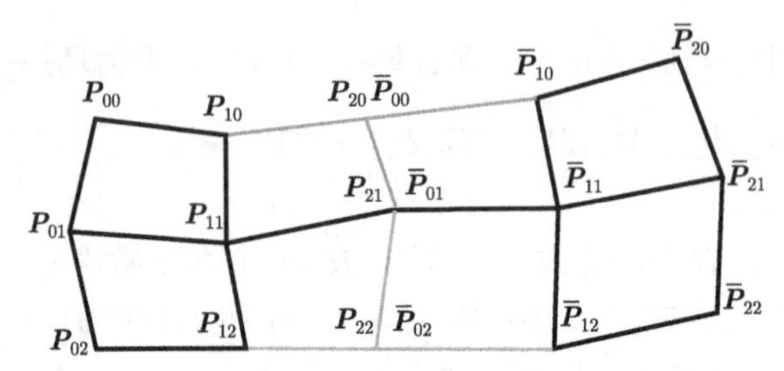

图 2.5.2　双二次有理 Bézier 曲面公共角点处的三条边共面

接下来, 采用与处理式 (2.5.16) 相同的步骤来讨论式 (2.5.17), 在上面所有的过程中, 用 $\overline{W}_{ij}$ 替换 $\overline{W}_{ij}\overline{\boldsymbol{P}}_{ij}$, 用 W_{ij} 替换 $W_{ij}\boldsymbol{P}_{ij}$, 即可得到

$$\begin{aligned}&2(\overline{W}_{10}-\overline{W}_{00}-2\overline{W}_{11}+2\overline{W}_{01}+\overline{W}_{12}-\overline{W}_{02})\\=&c_1(W_{20}-2W_{21}+W_{22})+2p_1(W_{20}-W_{10}-2W_{21}+2W_{11}+W_{22}-W_{12})\\&+2\beta_1(W_{20}-2W_{21}+W_{22})\end{aligned}\tag{2.5.23}$$

$$\begin{aligned}4(\overline{W}_{11}-\overline{W}_{01}-\overline{W}_{10}+\overline{W}_{00})=&2c_1(W_{21}-W_{20})+4p_1(W_{21}-W_{11}-W_{20}+W_{10})\\&+2\beta_0(W_{20}-2W_{21}+W_{22})+2\beta_1(W_{21}-W_{20})\end{aligned}\tag{2.5.24}$$

$$\begin{aligned}4(\overline{W}_{11}-\overline{W}_{01}-\overline{W}_{10}+\overline{W}_{00})=&2c_1(W_{21}-W_{20})+4p_1(W_{21}-W_{11}-W_{20}+W_{10})\\&+2\beta_0(W_{20}-2W_{21}+W_{22})+2\beta_1(W_{21}-W_{20})\end{aligned}\tag{2.5.25}$$

式 (2.5.23)～式 (2.5.25), 给出了两张双二次有理 Bézier 曲面 $\boldsymbol{r}(u,v)$ 与 $\overline{\boldsymbol{r}}(u,v)$ 在进行 G^1 光滑拼接时, 二者的权因子之间应该满足的关系. 从式 (2.5.23)～式 (2.5.25) 中可以看出, 这里仅涉及公共边界及其两侧的各一列控制网格顶点的权因子.

通过上面的分析可知, 构造一张与已知双二次有理 Bézier 曲面 $\boldsymbol{r}(u,v)$ 具有公共边界曲线的 G^1 光滑拼接曲面 $\overline{\boldsymbol{r}}(u,v)$ 时, 其拼接条件只与公共边界两侧的各一列控制网格顶点以及相对应的权因子有关, 这些顶点和权因子可由式 (2.5.13), 式 (2.5.19)~式 (2.5.21), 以及式 (2.5.23)~式 (2.5.25) 确定.

2.5.3 双三次有理 Bézier 曲面的 G^1 拼接条件

设两张双三次有理 Bézier 曲面的矩阵表达式分别为

$$\boldsymbol{r}(u,v)=\frac{\boldsymbol{U}^{\mathrm{T}}\boldsymbol{B}^{\mathrm{T}}\begin{bmatrix} W_{00}\boldsymbol{P}_{00} & W_{01}\boldsymbol{P}_{01} & W_{02}\boldsymbol{P}_{02} & W_{03}\boldsymbol{P}_{03}\\ W_{10}\boldsymbol{P}_{10} & W_{11}\boldsymbol{P}_{11} & W_{12}\boldsymbol{P}_{12} & W_{13}\boldsymbol{P}_{13}\\ W_{20}\boldsymbol{P}_{20} & W_{21}\boldsymbol{P}_{21} & W_{22}\boldsymbol{P}_{22} & W_{23}\boldsymbol{P}_{23}\\ W_{30}\boldsymbol{P}_{30} & W_{31}\boldsymbol{P}_{31} & W_{32}\boldsymbol{P}_{32} & W_{33}\boldsymbol{P}_{33}\end{bmatrix}\boldsymbol{B}\boldsymbol{V}}{\boldsymbol{U}^{\mathrm{T}}\boldsymbol{B}^{\mathrm{T}}\begin{bmatrix} W_{00} & W_{01} & W_{02} & W_{03}\\ W_{10} & W_{11} & W_{12} & W_{13}\\ W_{20} & W_{21} & W_{22} & W_{23}\\ W_{30} & W_{31} & W_{32} & W_{33}\end{bmatrix}\boldsymbol{B}\boldsymbol{V}} \tag{2.5.26}$$

$$\overline{\boldsymbol{r}}(u,v)=\frac{\boldsymbol{U}^{\mathrm{T}}\boldsymbol{B}^{\mathrm{T}}\begin{bmatrix} \overline{W}_{00}\overline{\boldsymbol{P}}_{00} & \overline{W}_{01}\overline{\boldsymbol{P}}_{01} & \overline{W}_{02}\overline{\boldsymbol{P}}_{02} & \overline{W}_{03}\overline{\boldsymbol{P}}_{03}\\ \overline{W}_{10}\overline{\boldsymbol{P}}_{10} & \overline{W}_{11}\overline{\boldsymbol{P}}_{11} & \overline{W}_{12}\overline{\boldsymbol{P}}_{12} & \overline{W}_{13}\overline{\boldsymbol{P}}_{13}\\ \overline{W}_{20}\overline{\boldsymbol{P}}_{20} & \overline{W}_{21}\overline{\boldsymbol{P}}_{21} & \overline{W}_{22}\overline{\boldsymbol{P}}_{22} & \overline{W}_{23}\overline{\boldsymbol{P}}_{23}\\ \overline{W}_{30}\overline{\boldsymbol{P}}_{30} & \overline{W}_{31}\overline{\boldsymbol{P}}_{31} & \overline{W}_{32}\overline{\boldsymbol{P}}_{32} & \overline{W}_{33}\overline{\boldsymbol{P}}_{33}\end{bmatrix}\boldsymbol{B}\boldsymbol{V}}{\boldsymbol{U}^{\mathrm{T}}\boldsymbol{B}^{\mathrm{T}}\begin{bmatrix} \overline{W}_{00} & \overline{W}_{01} & \overline{W}_{02} & \overline{W}_{03}\\ \overline{W}_{10} & \overline{W}_{11} & \overline{W}_{12} & \overline{W}_{13}\\ \overline{W}_{20} & \overline{W}_{21} & \overline{W}_{22} & \overline{W}_{23}\\ \overline{W}_{30} & \overline{W}_{31} & \overline{W}_{32} & \overline{W}_{33}\end{bmatrix}\boldsymbol{B}\boldsymbol{V}} \tag{2.5.27}$$

其中, $0 \leqslant u,v \leqslant 1$,

$$\begin{cases} \boldsymbol{U}^{\mathrm{T}}=\begin{bmatrix} u^3 & u^2 & u & 1\end{bmatrix}\\ \boldsymbol{V}^{\mathrm{T}}=\begin{bmatrix} v^3 & v^2 & v & 1\end{bmatrix}\\ \boldsymbol{B}^{\mathrm{T}}=\begin{bmatrix} -1 & 3 & -3 & 1\\ 3 & -6 & 3 & 0\\ -3 & 3 & 0 & 0\\ 1 & 0 & 0 & 0\end{bmatrix}\end{cases}$$

根据 G^1 光滑拼接条件, 即式 (2.5.8) 中第一行的关系式, 并结合式 (2.5.3) 以及式 (2.5.4), 可得

$$\{\boldsymbol{R}(1,v),W(1,v)\}=\{\overline{\boldsymbol{R}}(0,v),\overline{W}(0,v)\}$$

根据有理 Bézier 曲面的表达式 (2.5.26) 以及式 (2.5.27), 可得

$$\begin{cases} \boldsymbol{P}_{3j} = \overline{\boldsymbol{P}}_{0j} \\ W_{3j} = \overline{W}_{0j} \end{cases} \tag{2.5.28}$$

其中, $j = 0, 1, 2, 3$.

将式 (2.5.26) 和式 (2.5.27) 分别记为

$$\boldsymbol{r}(u,v) = \frac{\boldsymbol{R}(u,v)}{W(u,v)} \tag{2.5.29}$$

以及

$$\overline{\boldsymbol{r}}(u,v) = \frac{\overline{\boldsymbol{R}}(u,v)}{\overline{W}(u,v)} \tag{2.5.30}$$

根据条件 (2.5.8) 中第二行的关系式, 以及式 (2.5.29) 和式 (2.5.30), 可得

$$\overline{\boldsymbol{R}}_u(0,v) = c_1(v)\boldsymbol{R}(1,v) + p_1(v)\boldsymbol{R}_u(1,v) + q_1(v)\boldsymbol{R}_v(1,v) \tag{2.5.31}$$

$$\overline{W}_u(0,v) = c_1(v)W(1,v) + p_1(v)W_u(1,v) + q_1(v)W_v(1,v) \tag{2.5.32}$$

首先考虑式 (2.5.31), 注意到

$$\begin{cases} \overline{\boldsymbol{R}}_u(0,v) = 3\Big[\ \overline{W}_{10}\overline{\boldsymbol{P}}_{10} - \overline{W}_{00}\overline{\boldsymbol{P}}_{00} \quad \overline{W}_{11}\overline{\boldsymbol{P}}_{11} - \overline{W}_{01}\overline{\boldsymbol{P}}_{01} \quad \overline{W}_{12}\overline{\boldsymbol{P}}_{12} - \overline{W}_{02}\overline{\boldsymbol{P}}_{02} \\ \qquad\qquad \overline{W}_{13}\overline{\boldsymbol{P}}_{13} - \overline{W}_{03}\overline{\boldsymbol{P}}_{03}\ \Big]\boldsymbol{B}\boldsymbol{V} \\ \boldsymbol{R}(1,v) = \Big[\ W_{30}\boldsymbol{P}_{30} \quad W_{31}\boldsymbol{P}_{31} \quad W_{32}\boldsymbol{P}_{32} \quad W_{33}\boldsymbol{P}_{33}\ \Big]\boldsymbol{B}\boldsymbol{V} \\ \boldsymbol{R}_u(1,v) = 3\Big[\ W_{30}\boldsymbol{P}_{30} - W_{20}\boldsymbol{P}_{20} \quad W_{31}\boldsymbol{P}_{31} - W_{21}\boldsymbol{P}_{21} \quad W_{32}\boldsymbol{P}_{32} - W_{22}\boldsymbol{P}_{22} \\ \qquad\qquad W_{33}\boldsymbol{P}_{33} - W_{23}\boldsymbol{P}_{23}\ \Big]\boldsymbol{B}\boldsymbol{V} \\ \boldsymbol{R}_v(1,v) = \Big[\ W_{30}\boldsymbol{P}_{30} \quad W_{31}\boldsymbol{P}_{31} \quad W_{32}\boldsymbol{P}_{32} \quad W_{33}\boldsymbol{P}_{33}\ \Big]\boldsymbol{B}\boldsymbol{V}' \end{cases} \tag{2.5.33}$$

由式 (2.5.33) 可知, $\overline{\boldsymbol{R}}_u(0,v)$, $\boldsymbol{R}(1,v)$ 以及 $\boldsymbol{R}_u(1,v)$ 的次数均为 3 次, $\boldsymbol{R}_v(1,v)$ 的次数为 2 次. 因此, 在式 (2.5.31) 中, 可设 $c_1(v)$ 和 $p_1(v)$ 为任意常数, 分别记为 c_1 和 p_1, 可设 $q_1(v)$ 为一次式, 记为 $q_1(v) = \beta_0 + \beta_1 v$.

将式 (2.5.33) 代入式 (2.5.31) 中, 并结合式 (2.5.28), 比较系数并整理, 可得

$$3(\overline{W}_{00}\overline{\boldsymbol{P}}_{00} - \overline{W}_{10}\overline{\boldsymbol{P}}_{10} + 3\overline{W}_{11}\overline{\boldsymbol{P}}_{11} - 3\overline{W}_{01}\overline{\boldsymbol{P}}_{01} - 3\overline{W}_{12}\overline{\boldsymbol{P}}_{12} + 3\overline{W}_{02}\overline{\boldsymbol{P}}_{02}$$

$$
\begin{aligned}
&+\overline{W}_{13}\overline{\boldsymbol{P}}_{13}-\overline{W}_{03}\overline{\boldsymbol{P}}_{03})\\
=&c_1(W_{33}\boldsymbol{P}_{33}-3W_{32}\boldsymbol{P}_{32}+3W_{31}\boldsymbol{P}_{31}-W_{30}\boldsymbol{P}_{30})\\
&+3p_1(W_{20}\boldsymbol{P}_{20}-W_{30}\boldsymbol{P}_{30}+3W_{31}\boldsymbol{P}_{31}-3W_{21}\boldsymbol{P}_{21}+3W_{22}\boldsymbol{P}_{22}-3W_{32}\boldsymbol{P}_{32}\\
&+W_{33}\boldsymbol{P}_{33}-W_{23}\boldsymbol{P}_{23})+3\beta_1(W_{33}\boldsymbol{P}_{33}-3W_{32}\boldsymbol{P}_{32}+3W_{31}\boldsymbol{P}_{31}-W_{30}\boldsymbol{P}_{30})
\end{aligned}
\tag{2.5.34}
$$

$$
\begin{aligned}
&9(\overline{W}_{10}\overline{\boldsymbol{P}}_{10}-\overline{W}_{00}\overline{\boldsymbol{P}}_{00}-2\overline{W}_{11}\overline{\boldsymbol{P}}_{11}+2\overline{W}_{01}\overline{\boldsymbol{P}}_{01}+\overline{W}_{12}\overline{\boldsymbol{P}}_{12}-\overline{W}_{02}\overline{\boldsymbol{P}}_{02})\\
=&3c_1(W_{30}\boldsymbol{P}_{30}-2W_{31}\boldsymbol{P}_{31}+W_{32}\boldsymbol{P}_{32})\\
&+9p_1(W_{30}\boldsymbol{P}_{30}-W_{20}\boldsymbol{P}_{20}-2W_{31}\boldsymbol{P}_{31}+2W_{21}\boldsymbol{P}_{21}+W_{32}\boldsymbol{P}_{32}-W_{22}\boldsymbol{P}_{22})\\
&+3\beta_0(W_{33}\boldsymbol{P}_{33}-3W_{32}\boldsymbol{P}_{32}+3W_{31}\boldsymbol{P}_{31}-W_{30}\boldsymbol{P}_{30})\\
&+6\beta_1(W_{30}\boldsymbol{P}_{30}-2W_{31}\boldsymbol{P}_{31}+W_{32}\boldsymbol{P}_{32})
\end{aligned}
\tag{2.5.35}
$$

$$
\begin{aligned}
&9(\overline{W}_{00}\overline{\boldsymbol{P}}_{00}-\overline{W}_{10}\overline{\boldsymbol{P}}_{10}+\overline{W}_{11}\overline{\boldsymbol{P}}_{11}-\overline{W}_{01}\overline{\boldsymbol{P}}_{01})\\
=&3c_1(W_{31}\boldsymbol{P}_{31}-W_{30}\boldsymbol{P}_{30})+9p_1(W_{20}\boldsymbol{P}_{20}-W_{30}\boldsymbol{P}_{30}+W_{31}\boldsymbol{P}_{31}-W_{21}\boldsymbol{P}_{21})\\
&+6\beta_0(W_{30}\boldsymbol{P}_{30}-2W_{31}\boldsymbol{P}_{31}+W_{32}\boldsymbol{P}_{32})+3\beta_1(W_{31}\boldsymbol{P}_{31}-W_{30}\boldsymbol{P}_{30})
\end{aligned}
\tag{2.5.36}
$$

$$
c_1W_{30}\boldsymbol{P}_{30}=3(\overline{W}_{10}\overline{\boldsymbol{P}}_{10}-W_{30}\boldsymbol{P}_{30})+3p_1(W_{30}\boldsymbol{P}_{30}-W_{20}\boldsymbol{P}_{20})-3\beta_0(W_{31}\boldsymbol{P}_{31}-W_{30}\boldsymbol{P}_{30})
\tag{2.5.37}
$$

由式 (2.5.34)~式 (2.5.37) 可知, 决定两张双三次有理 Bézier 曲面 G^1 光滑拼接的条件, 只与公共边界及其两侧的各一列控制网格顶点有关.

式 (2.5.37) 的几何意义为: 两张曲面的控制网格, 在公共角点 $\boldsymbol{P}_{30}$ 处的三条边恰好位于同一张平面上, 即三者共面.

式 (2.5.34)~式 (2.5.36) 的几何意义并不直观. 将式 (2.5.34)~式 (2.5.37) 四式相加, 可得

$$
\begin{aligned}
c_1W_{33}\boldsymbol{P}_{33}=&3(\overline{W}_{13}\overline{\boldsymbol{P}}_{13}-W_{33}\boldsymbol{P}_{33})+3p_1(W_{23}\boldsymbol{P}_{23}-W_{33}\boldsymbol{P}_{33})\\
&+3(\beta_0+\beta_1)(W_{32}\boldsymbol{P}_{32}-W_{33}\boldsymbol{P}_{33})
\end{aligned}
\tag{2.5.38}
$$

式 (2.5.38) 的几何意义为: 两张曲面的控制网格, 在公共角点 $\boldsymbol{P}_{33}$ 处的三条边共面. 式 (2.5.37) 以及式 (2.5.38) 的几何意义如图 2.5.3 所示.

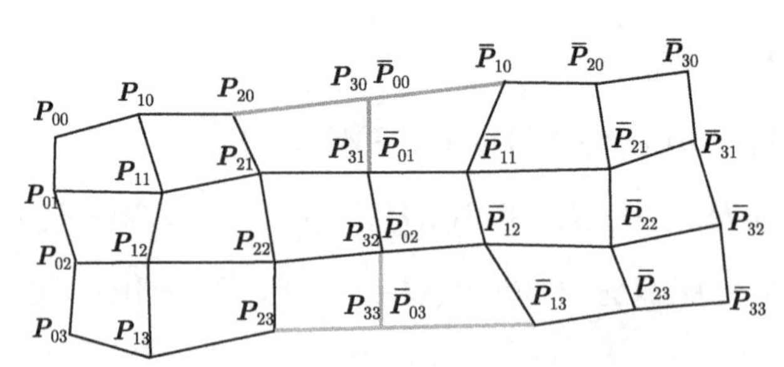

图 2.5.3 双三次有理 Bézier 曲面公共角点处的三条边共面

接下来, 采用与处理式 (2.5.31) 相同的步骤来讨论式 (2.5.32), 在上面所有的过程中, 用 $\overline{W}_{ij}$ 替换 $\overline{W}_{ij}\overline{\boldsymbol{P}}_{ij}$, 用 W_{ij} 替换 $W_{ij}\boldsymbol{P}_{ij}$, 即可得到

$$\begin{aligned}&3(\overline{W}_{00}-\overline{W}_{10}+3\overline{W}_{11}-3\overline{W}_{01}-3\overline{W}_{12}+3\overline{W}_{02}+\overline{W}_{13}-\overline{W}_{03})\\=&c_1(W_{33}-3W_{32}+3W_{31}-W_{30})\\&+3p_1(W_{20}-W_{30}+3W_{31}-3W_{21}+3W_{22}-3W_{32}+W_{33}-W_{23})\\&+3\beta_1(W_{33}-3W_{32}+3W_{31}-W_{30})\end{aligned}\tag{2.5.39}$$

$$\begin{aligned}&9(\overline{W}_{10}-\overline{W}_{00}-2\overline{W}_{11}+2\overline{W}_{01}+\overline{W}_{12}-\overline{W}_{02})\\=&3c_1(W_{30}-2W_{31}+W_{32})+9p_1(W_{30}-W_{20}-2W_{31}+2W_{21}+W_{32}-W_{22})\\&+3\beta_0(W_{33}-3W_{32}+3W_{31}-W_{30})+6\beta_1(W_{30}-2W_{31}+W_{32})\end{aligned}\tag{2.5.40}$$

$$\begin{aligned}9(W_{00}-\overline{W}_{10}+\overline{W}_{11}-\overline{W}_{01})=&3c_1(W_{31}-W_{30})+9p_1(W_{20}-W_{30}+W_{31}-W_{21})\\&+6\beta_0(W_{30}-2W_{31}+W_{32})+3\beta_1(W_{31}-W_{30})\end{aligned}\tag{2.5.41}$$

$$c_1W_{30}=3(\overline{W}_{10}-W_{30})+3p_1(W_{30}-W_{20})-3\beta_0(W_{31}-W_{30})\tag{2.5.42}$$

式 (2.5.39)~式 (2.5.42), 给出了两张双三次有理 Bézier 曲面 $\boldsymbol{r}(u,v)$ 和 $\overline{\boldsymbol{r}}(u,v)$ 在进行 G^1 光滑拼接时, 二者的权因子之间应该满足的关系. 从式 (2.5.39)~式 (2.5.42) 中可以看出, 这里仅涉及公共边界及其两侧的各一列控制网格顶点的权因子.

通过上面的分析可知, 构造一张与已知双三次有理 Bézier 曲面 $\boldsymbol{r}(u,v)$ 具有公共边界曲线的 G^1 光滑拼接曲面 $\overline{\boldsymbol{r}}(u,v)$ 时, 其拼接条件只与公共边界两侧的各一列控制网格顶点以及相对应的权因子有关, 这些控制顶点和权因子可由式 (2.5.28), 式 (2.5.34)~式 (2.5.37), 以及式 (2.5.39)~式 (2.5.42) 确定.

2.6 有理 Bézier 曲面的 G^2 拼接条件

2.6.1 数学背景

为了推导有理 Bézier 曲面的 G^2 光滑拼接条件, 这里首先给出一般有理曲面的 G^2 光滑拼接条件.

设有两张位置连续的有理曲面 $\boldsymbol{r}(u,v)$ 与 $\overline{\boldsymbol{r}}(u,v)$, 即二者具有公共的边界曲线: $\boldsymbol{r}(1,v)=\overline{\boldsymbol{r}}(0,v)$. 在此基础之上, 接下来分析这两张曲面的 G^2 光滑拼接条件.

定理 2.6.1 两张有理曲面 $\boldsymbol{r}(u,v)$ 与 $\overline{\boldsymbol{r}}(u,v)$ 之间实现 G^2 光滑拼接的充要条件为: 二者沿公共连接线处处具有公共的切平面或公共的曲面法线, 并且具有公共的主方向, 或者一致的杜潘标线, 即

$$\begin{cases}\overline{\boldsymbol{r}}(0,v)=\boldsymbol{r}(1,v)\\ \overline{\boldsymbol{r}}_u(0,v)=\alpha\boldsymbol{r}_u(1,v)+\beta\boldsymbol{r}_v(1,v)\\ \overline{\boldsymbol{r}}_{uu}(0,v)=\alpha^2\boldsymbol{r}_{uu}(1,v)+2\alpha\beta\boldsymbol{r}_{uv}(1,v)+\beta^2\boldsymbol{r}_{vv}(1,v)+\chi\boldsymbol{r}_u(1,v)+\delta\boldsymbol{r}_v(1,v)\end{cases}\tag{2.6.1}$$

其中, α, β, χ, δ 为关于 v 的标量函数.

设两张有理曲面分别为

$$\boldsymbol{r}(u,v)=\frac{\boldsymbol{R}(u,v)}{W(u,v)}\tag{2.6.2}$$

$$\overline{\boldsymbol{r}}(u,v)=\frac{\overline{\boldsymbol{R}}(u,v)}{\overline{W}(u,v)}\tag{2.6.3}$$

在式 (2.6.2) 以及式 (2.6.3) 中, $0\leqslant u,v\leqslant 1$. 这两张曲面的齐次坐标形式分别为

$$\boldsymbol{r}:\boldsymbol{Q}(u,v)=\{\boldsymbol{R}(u,v),W(u,v)\}\tag{2.6.4}$$

$$\overline{\boldsymbol{r}}:\overline{\boldsymbol{Q}}(u,v)=\{\overline{\boldsymbol{R}}(u,v),\overline{W}(u,v)\}\tag{2.6.5}$$

这里的 $\boldsymbol{R}(u,v)$ 和 $\overline{\boldsymbol{R}}(u,v)$ 是三维欧氏空间中的曲面, $W(u,v)$ 和 $\overline{W}(u,v)$ 是非零函数.

采用与 2.5 节中相同的处理方式, 设

$$c_0(v)=\frac{\overline{W}(0,v)}{W(1,v)}$$

则由式 (2.6.2) 和式 (2.6.3), 以及条件 (2.6.1) 中第一行的关系式, 可得

$$\overline{\boldsymbol{Q}}(0,v)=c_0(v)\boldsymbol{Q}(1,v)$$

根据商数定理, 并结合条件 (2.6.1) 中第二行的关系式, 可得

$$\overline{\boldsymbol{Q}}_u=c_0\alpha\boldsymbol{Q}_u+c_0\beta\boldsymbol{Q}_v+\frac{\boldsymbol{Q}(\overline{W}_u-c_0\alpha W_u-c_0\beta W_v)}{W}$$

注意上式中省略了自变量的记号. 记

$$\begin{cases}p_1(v)=\alpha(v)\\q_1(v)=\beta(v)\\c_1(v)=\dfrac{\overline{W}_u-c_0\alpha W_u-c_0\beta W_v}{W}\end{cases}$$

则有

$$\overline{\boldsymbol{Q}}_u(0,v)=c_1(v)\boldsymbol{Q}(1,v)+c_0(v)p_1(v)\boldsymbol{Q}_u(1,v)+c_0(v)q_1(v)\boldsymbol{Q}_v(1,v)$$

其中, $c_0(v)$, $c_1(v)$, $p_1(v)$, $q_1(v)$ 是关于公共边界参数 v 的函数, $\boldsymbol{Q}(u,v)$ 和 $\overline{\boldsymbol{Q}}(u,v)$ 分别为有理曲面 $\boldsymbol{r}(u,v)$ 和 $\overline{\boldsymbol{r}}(u,v)$ 的齐次坐标形式.

根据条件 (2.6.1) 中第三行的关系式, 可得

$$\begin{aligned}\overline{\boldsymbol{Q}}_{uu}(0,v)=&c_4(v)\boldsymbol{Q}(1,v)+c_3(v)\boldsymbol{Q}_u(1,v)+c_2(v)\boldsymbol{Q}_v(1,v)+c_0(v)p_1^2\boldsymbol{Q}_{uu}(1,v)\\&+2c_0(v)p_1q_1\boldsymbol{Q}_{uv}(1,v)+c_0(v)q_1^2\boldsymbol{Q}_{vv}(1,v)\end{aligned}$$

其中,

$$c_2(v)=\frac{2\beta\overline{W}_u-2c_0\beta^2W_v-2c_0\alpha\beta W_u+c_0W\delta}{W}$$

$$c_3(v)=\frac{2\alpha\overline{W}_u-2c_0\alpha^2W_u-2c_0\alpha\beta W_v+c_0W\chi}{W}$$

$$\begin{aligned}c_4(v)=&\frac{\overline{W}_{uu}-c_0(\chi W_u+\delta W_v)-c_0(\alpha^2W_{uu}+2\alpha\beta W_{uv}+\beta^2W_{vv})}{W}\\&+\frac{2c_0(\alpha^2W_u^2+2\alpha\beta W_uW_v+\beta^2W_v^2)}{W^2}+\frac{2c_1\overline{W}_u}{c_0W}-\frac{2\overline{W}_u^2}{c_0W^2}\end{aligned}$$

于是可以得到与定理 2.6.1 等价的定理 2.6.2.

定理 2.6.2 设有理曲面片 $\boldsymbol{r}(u,v)$ 和 $\overline{\boldsymbol{r}}(u,v)$ 具有公共的边界曲线, 即已经满足位置连续条件, 则二者在连接线处 G^2 连续, 当且仅当

$$\begin{cases} \overline{\boldsymbol{Q}}(0,v)=c_0(v)\boldsymbol{Q}(1,v) \\ \overline{\boldsymbol{Q}}_u(0,v)=c_1(v)\boldsymbol{Q}(1,v)+c_0(v)p_1(v)\boldsymbol{Q}_u(1,v)+c_0(v)q_1(v)\boldsymbol{Q}_v(1,v) \\ \overline{\boldsymbol{Q}}_{uu}(0,v)=c_4(v)\boldsymbol{Q}(1,v)+c_3(v)\boldsymbol{Q}_u(1,v)+c_2(v)\boldsymbol{Q}_v(1,v)+c_0(v)p_1^2(v)\boldsymbol{Q}_{uu}(1,v) \\ \qquad +2c_0(v)p_1(v)q_1(v)\boldsymbol{Q}_{uv}(1,v)+c_0(v)q_1^2\boldsymbol{Q}_{vv}(1,v) \end{cases} \tag{2.6.6}$$

为了方便使用, 一般取 $c_0(v)=1$, 则 G^2 光滑拼接条件, 即式 (2.6.6) 简化为

$$\begin{cases} \overline{\boldsymbol{Q}}(0,v)=\boldsymbol{Q}(1,v) \\ \overline{\boldsymbol{Q}}_u(0,v)=c_1(v)\boldsymbol{Q}(1,v)+p_1(v)\boldsymbol{Q}_u(1,v)+q_1(v)\boldsymbol{Q}_v(1,v) \\ \overline{\boldsymbol{Q}}_{uu}(0,v)=c_4(v)\boldsymbol{Q}(1,v)+c_3(v)\boldsymbol{Q}_u(1,v)+c_2(v)\boldsymbol{Q}_v(1,v)+p_1^2(v)\boldsymbol{Q}_{uu}(1,v) \\ \qquad +2p_1(v)q_1(v)\boldsymbol{Q}_{uv}(1,v)+q_1^2(v)\boldsymbol{Q}_{vv}(1,v) \end{cases} \tag{2.6.7}$$

接下来, 以式 (2.6.7) 为基础, 讨论两张双三次有理 Bézier 曲面之间的 G^2 光滑拼接条件.

2.6.2 双三次有理 Bézier 曲面的 G^2 拼接条件

设有两张双三次有理 Bézier 曲面, 二者的表达式分别如式 (2.5.26)、式 (2.5.27) 所示, 即为

$$\boldsymbol{r}(u,v)=\frac{\boldsymbol{U}^{\mathrm{T}}\boldsymbol{B}^{\mathrm{T}}\begin{bmatrix} W_{00}\boldsymbol{P}_{00} & W_{01}\boldsymbol{P}_{01} & W_{02}\boldsymbol{P}_{02} & W_{03}\boldsymbol{P}_{03} \\ W_{10}\boldsymbol{P}_{10} & W_{11}\boldsymbol{P}_{11} & W_{12}\boldsymbol{P}_{12} & W_{13}\boldsymbol{P}_{13} \\ W_{20}\boldsymbol{P}_{20} & W_{21}\boldsymbol{P}_{21} & W_{22}\boldsymbol{P}_{22} & W_{23}\boldsymbol{P}_{23} \\ W_{30}\boldsymbol{P}_{30} & W_{31}\boldsymbol{P}_{31} & W_{32}\boldsymbol{P}_{32} & W_{33}\boldsymbol{P}_{33} \end{bmatrix}\boldsymbol{B}\boldsymbol{V}}{\boldsymbol{U}^{\mathrm{T}}\boldsymbol{B}^{\mathrm{T}}\begin{bmatrix} W_{00} & W_{01} & W_{02} & W_{03} \\ W_{10} & W_{11} & W_{12} & W_{13} \\ W_{20} & W_{21} & W_{22} & W_{23} \\ W_{30} & W_{31} & W_{32} & W_{33} \end{bmatrix}\boldsymbol{B}\boldsymbol{V}} \tag{2.6.8}$$

$$\overline{\boldsymbol{r}}(u,v)=\frac{\boldsymbol{U}^{\mathrm{T}}\boldsymbol{B}^{\mathrm{T}}\begin{bmatrix}\overline{W}_{00}\overline{\boldsymbol{P}}_{00} & \overline{W}_{01}\overline{\boldsymbol{P}}_{01} & \overline{W}_{02}\overline{\boldsymbol{P}}_{02} & \overline{W}_{03}\overline{\boldsymbol{P}}_{03}\\ \overline{W}_{10}\overline{\boldsymbol{P}}_{10} & \overline{W}_{11}\overline{\boldsymbol{P}}_{11} & \overline{W}_{12}\overline{\boldsymbol{P}}_{12} & \overline{W}_{13}\overline{\boldsymbol{P}}_{13}\\ \overline{W}_{20}\overline{\boldsymbol{P}}_{20} & \overline{W}_{21}\overline{\boldsymbol{P}}_{21} & \overline{W}_{22}\overline{\boldsymbol{P}}_{22} & \overline{W}_{23}\overline{\boldsymbol{P}}_{23}\\ \overline{W}_{30}\overline{\boldsymbol{P}}_{30} & \overline{W}_{31}\overline{\boldsymbol{P}}_{31} & \overline{W}_{32}\overline{\boldsymbol{P}}_{32} & \overline{W}_{33}\overline{\boldsymbol{P}}_{33}\end{bmatrix}\boldsymbol{B}\boldsymbol{V}}{\boldsymbol{U}^{\mathrm{T}}\boldsymbol{B}^{\mathrm{T}}\begin{bmatrix}\overline{W}_{00} & \overline{W}_{01} & \overline{W}_{02} & \overline{W}_{03}\\ \overline{W}_{10} & \overline{W}_{11} & \overline{W}_{12} & \overline{W}_{13}\\ \overline{W}_{20} & \overline{W}_{21} & \overline{W}_{22} & \overline{W}_{23}\\ \overline{W}_{30} & \overline{W}_{31} & \overline{W}_{32} & \overline{W}_{33}\end{bmatrix}\boldsymbol{B}\boldsymbol{V}} \tag{2.6.9}$$

其中, $0\leqslant u,v\leqslant 1$,

$$\begin{cases}\boldsymbol{U}^{\mathrm{T}}=\begin{bmatrix}u^3 & u^2 & u & 1\end{bmatrix}\\ \boldsymbol{V}^{\mathrm{T}}=\begin{bmatrix}v^3 & v^2 & v & 1\end{bmatrix}\\ \boldsymbol{B}^{\mathrm{T}}=\begin{bmatrix}-1 & 3 & -3 & 1\\ 3 & -6 & 3 & 0\\ -3 & 3 & 0 & 0\\ 1 & 0 & 0 & 0\end{bmatrix}\end{cases}$$

将式 (2.6.8) 和式 (2.6.9) 分别记为

$$\boldsymbol{r}(u,v)=\frac{\boldsymbol{R}(u,v)}{W(u,v)} \tag{2.6.10}$$

以及

$$\overline{\boldsymbol{r}}(u,v)=\frac{\overline{\boldsymbol{R}}(u,v)}{\overline{W}(u,v)} \tag{2.6.11}$$

借助 2.5.3 节中对双三次有理 Bézier 曲面 G^1 光滑拼接条件的分析结果, 由条件 (2.6.7) 中第一行的关系式, 可得

$$\begin{cases}\boldsymbol{P}_{3j}=\overline{\boldsymbol{P}}_{0j}\\ W_{3j}=\overline{W}_{0j}\end{cases} \tag{2.6.12}$$

其中, $j=0,1,2,3$, 由条件 (2.6.7) 中第二行的关系式, 可得

$$\begin{cases} 3(\overline{W}_{00}\overline{\boldsymbol{P}}_{00}-\overline{W}_{10}\overline{\boldsymbol{P}}_{10}+3\overline{W}_{11}\overline{\boldsymbol{P}}_{11}-3\overline{W}_{01}\overline{\boldsymbol{P}}_{01}-3\overline{W}_{12}\overline{\boldsymbol{P}}_{12}+3\overline{W}_{02}\overline{\boldsymbol{P}}_{02} \\ +\overline{W}_{13}\overline{\boldsymbol{P}}_{13}-\overline{W}_{03}\overline{\boldsymbol{P}}_{03})=c_1(W_{33}\boldsymbol{P}_{33}-3W_{32}\boldsymbol{P}_{32}+3W_{31}\boldsymbol{P}_{31}-W_{30}\boldsymbol{P}_{30}) \\ +3p_1(W_{20}\boldsymbol{P}_{20}-W_{30}\boldsymbol{P}_{30}+3W_{31}\boldsymbol{P}_{31}-3W_{21}\boldsymbol{P}_{21}+3W_{22}\boldsymbol{P}_{22}-3W_{32}\boldsymbol{P}_{32} \\ +W_{33}\boldsymbol{P}_{33}-W_{23}\boldsymbol{P}_{23})+3\beta_1(W_{33}\boldsymbol{P}_{33}-3W_{32}\boldsymbol{P}_{32}+3W_{31}\boldsymbol{P}_{31}-W_{30}\boldsymbol{P}_{30}) \\ 9(\overline{W}_{10}\overline{\boldsymbol{P}}_{10}-\overline{W}_{00}\overline{\boldsymbol{P}}_{00}-2\overline{W}_{11}\overline{\boldsymbol{P}}_{11}+2\overline{W}_{01}\overline{\boldsymbol{P}}_{01}+\overline{W}_{12}\overline{\boldsymbol{P}}_{12}-\overline{W}_{02}\overline{\boldsymbol{P}}_{02}) \\ =3c_1(W_{30}\boldsymbol{P}_{30}-2W_{31}\boldsymbol{P}_{31}+W_{32}\boldsymbol{P}_{32})+ \\ 9p_1(W_{30}\boldsymbol{P}_{30}-W_{20}\boldsymbol{P}_{20}-2W_{31}\boldsymbol{P}_{31}+2W_{21}\boldsymbol{P}_{21}+W_{32}\boldsymbol{P}_{32}-W_{22}\boldsymbol{P}_{22}) \\ +3\beta_0(W_{33}\boldsymbol{P}_{33}-3W_{32}\boldsymbol{P}_{32}+3W_{31}\boldsymbol{P}_{31}-W_{30}\boldsymbol{P}_{30})+6\beta_1(W_{30}\boldsymbol{P}_{30} \\ -2W_{31}\boldsymbol{P}_{31}+W_{32}\boldsymbol{P}_{32}) \\ 9(\overline{W}_{00}\overline{\boldsymbol{P}}_{00}-\overline{W}_{10}\overline{\boldsymbol{P}}_{10}+\overline{W}_{11}\overline{\boldsymbol{P}}_{11}-\overline{W}_{01}\overline{\boldsymbol{P}}_{01})=3c_1(W_{31}\boldsymbol{P}_{31}-W_{30}\boldsymbol{P}_{30}) \\ +9p_1(W_{20}\boldsymbol{P}_{20}-W_{30}\boldsymbol{P}_{30}+W_{31}\boldsymbol{P}_{31}-W_{21}\boldsymbol{P}_{21}) \\ +6\beta_0(W_{30}\boldsymbol{P}_{30}-2W_{31}\boldsymbol{P}_{31}+W_{32}\boldsymbol{P}_{32})+3\beta_1(W_{31}\boldsymbol{P}_{31}-W_{30}\boldsymbol{P}_{30}) \\ c_1W_{30}P_{30}=3(\overline{W}_{10}\overline{\boldsymbol{P}}_{10}-W_{30}\boldsymbol{P}_{30})+3p_1(W_{30}\boldsymbol{P}_{30}-W_{20}\boldsymbol{P}_{20}) \\ -3\beta_0(W_{31}\boldsymbol{P}_{31}-W_{30}\boldsymbol{P}_{30}) \end{cases} \tag{2.6.13}$$

以及

$$\begin{cases} 3(\overline{W}_{00}-\overline{W}_{10}+3\overline{W}_{11}-3\overline{W}_{01}-3\overline{W}_{12}+3\overline{W}_{02}+\overline{W}_{13}-\overline{W}_{03}) \\ =c_1(W_{33}-3W_{32}+3W_{31}-W_{30})+3p_1(W_{20}-W_{30}+3W_{31}-3W_{21} \\ +3W_{22}-3W_{32}+W_{33}-W_{23})+3\beta_1(W_{33}-3W_{32}+3W_{31}-W_{30}) \\ 9(\overline{W}_{10}-\overline{W}_{00}-2\overline{W}_{11}+2\overline{W}_{01}+\overline{W}_{12}-\overline{W}_{02}) \\ =3c_1(W_{30}-2W_{31}+W_{32})+9p_1(W_{30}-W_{20}-2W_{31}+2W_{21}+W_{32}-W_{22}) \\ +3\beta_0(W_{33}-3W_{32}+3W_{31}-W_{30})+6\beta_1(W_{30}-2W_{31}+W_{32}) \\ 9(W_{00}-\overline{W}_{10}+\overline{W}_{11}-\overline{W}_{01}) \\ =3c_1(W_{31}-W_{30})+9p_1(W_{20}-W_{30}+W_{31}-W_{21}) \\ +6\beta_0(W_{30}-2W_{31}+W_{32})+3\beta_1(W_{31}-W_{30}) \\ c_1W_{30}=3(\overline{W}_{10}-W_{30})+3p_1(W_{30}-W_{20})-3\beta_0(W_{31}-W_{30}) \end{cases} \tag{2.6.14}$$

接下来, 讨论条件 (2.6.7) 中第三行的关系式, 由该关系以及式 (2.6.10) 和式

(2.6.11), 可得

$$\begin{aligned}\overline{\boldsymbol{R}}_{uu}(0,v) = & c_4(v)\boldsymbol{R}(1,v) + c_3(v)\boldsymbol{R}_u(1,v) + c_2(v)\boldsymbol{R}_v(1,v) + p_1^2\boldsymbol{R}_{uu}(1,v) \\ & + 2p_1q_1\boldsymbol{R}_{uv}(1,v) + q_1^2\boldsymbol{R}_{vv}(1,v)\end{aligned} \tag{2.6.15}$$

$$\begin{aligned}\overline{W}_{uu}(0,v) = & c_4(v)W(1,v) + c_3(v)W_u(1,v) + c_2(v)W_v(1,v) + p_1^2W_{uu}(1,v) \\ & + 2p_1q_1W_{uv}(1,v) + q_1^2W_{vv}(1,v)\end{aligned} \tag{2.6.16}$$

首先考虑式 (2.6.15), 注意到

$$\left\{\begin{aligned}
\overline{\boldsymbol{R}}_{uu}(0,v) = & 6\left[\begin{matrix}\overline{W}_{00}\overline{\boldsymbol{P}}_{00}-2\overline{W}_{10}\overline{\boldsymbol{P}}_{10} \\ +\overline{W}_{20}\overline{\boldsymbol{P}}_{20}\end{matrix}\quad\begin{matrix}\overline{W}_{01}\overline{\boldsymbol{P}}_{01}-2\overline{W}_{11}\overline{\boldsymbol{P}}_{11} \\ +\overline{W}_{21}\overline{\boldsymbol{P}}_{21}\end{matrix}\right. \\
& \left.\begin{matrix}\overline{W}_{02}\overline{\boldsymbol{P}}_{02}-2\overline{W}_{12}\overline{\boldsymbol{P}}_{12} \\ +\overline{W}_{22}\overline{\boldsymbol{P}}_{22}\end{matrix}\quad\begin{matrix}\overline{W}_{03}\overline{\boldsymbol{P}}_{03}-2\overline{W}_{13}\overline{\boldsymbol{P}}_{13} \\ +\overline{W}_{23}\overline{\boldsymbol{P}}_{23}\end{matrix}\right]\boldsymbol{BV} \\
\boldsymbol{R}(1,v) = & \left[\begin{matrix} W_{30}\boldsymbol{P}_{30} & W_{31}\boldsymbol{P}_{31} & W_{32}\boldsymbol{P}_{32} & W_{33}\boldsymbol{P}_{33}\end{matrix}\right]\boldsymbol{BV} \\
\boldsymbol{R}_u(1,v) = & 3\left[\begin{matrix} W_{30}\boldsymbol{P}_{30}-W_{20}\boldsymbol{P}_{20} & W_{31}\boldsymbol{P}_{31}-W_{21}\boldsymbol{P}_{21} & W_{32}\boldsymbol{P}_{32}-W_{22}\boldsymbol{P}_{22}\end{matrix}\right. \\
& \left.\begin{matrix} W_{33}\boldsymbol{P}_{33}-W_{23}\boldsymbol{P}_{23}\end{matrix}\right]\boldsymbol{BV} \\
\boldsymbol{R}_v(1,v) = & \left[\begin{matrix} W_{30}\boldsymbol{P}_{30} & W_{31}\boldsymbol{P}_{31} & W_{32}\boldsymbol{P}_{32} & W_{33}\boldsymbol{P}_{33}\end{matrix}\right]\boldsymbol{BV}' \\
\boldsymbol{R}_{uu}(1,v) = & 6\left[\begin{matrix}W_{10}\boldsymbol{P}_{10}-2W_{20}\boldsymbol{P}_{20} \\ +W_{30}\boldsymbol{P}_{30}\end{matrix}\quad\begin{matrix}W_{11}\boldsymbol{P}_{11}-2W_{21}\boldsymbol{P}_{21} \\ +W_{31}\boldsymbol{P}_{31}\end{matrix}\right. \\
& \left.\begin{matrix}W_{12}\boldsymbol{P}_{12}-2W_{22}\boldsymbol{P}_{22} \\ +W_{32}\boldsymbol{P}_{32}\end{matrix}\quad\begin{matrix}W_{13}\boldsymbol{P}_{13}-2W_{23}\boldsymbol{P}_{23} \\ +W_{33}\boldsymbol{P}_{33}\end{matrix}\right]\boldsymbol{BV} \\
\boldsymbol{R}_{uv}(1,v) = & 3\left[\begin{matrix} W_{30}\boldsymbol{P}_{30}-W_{20}\boldsymbol{P}_{20} & W_{31}\boldsymbol{P}_{31}-W_{21}\boldsymbol{P}_{21} & W_{32}\boldsymbol{P}_{32}-W_{22}\boldsymbol{P}_{22}\end{matrix}\right. \\
& \left.\begin{matrix} W_{33}\boldsymbol{P}_{33}-W_{23}\boldsymbol{P}_{23}\end{matrix}\right]\boldsymbol{BV}' \\
\boldsymbol{R}_{vv}(1,v) = & \left[\begin{matrix} W_{30}\boldsymbol{P}_{30} & W_{31}\boldsymbol{P}_{31} & W_{32}\boldsymbol{P}_{32} & W_{33}\boldsymbol{P}_{33}\end{matrix}\right]\boldsymbol{BV}''
\end{aligned}\right. \tag{2.6.17}$$

由式 (2.6.17) 可知, $\overline{\boldsymbol{R}}_{uu}(0,v)$, $\boldsymbol{R}(1,v)$, $\boldsymbol{R}_u(1,v)$, $\boldsymbol{R}_v(1,v)$, $\boldsymbol{R}_{uu}(1,v)$, $\boldsymbol{R}_{uv}(1,v)$, $\boldsymbol{R}_{vv}(1,v)$ 的次数依次为 3, 3, 3, 2, 3, 2, 1 次. 因此, 在式 (2.6.15) 中, 可设 $c_4(v)$

和 $c_3(v)$ 为任意常数, 分别记为 c_4 和 c_3, 设 $p_1^2(v)$ 为常数, 记为 p_1^2, 设 $c_2(v)$ 为一次式, 记为 $c_2(v) = \alpha_0 + \alpha_1 v$, 设 $q_1^2(v)$ 为二次式, 记为 $q_1^2(v) = (\beta_0 + \beta_1 v)^2$.

将式 (2.6.17) 代入式 (2.6.15), 并结合式 (2.6.12), 比较系数并整理, 可得

$$\begin{aligned}
&6(\overline{W}_{03}\overline{\boldsymbol{P}}_{03} - 2\overline{W}_{13}\overline{\boldsymbol{P}}_{13} + \overline{W}_{23}\overline{\boldsymbol{P}}_{23} - 3\overline{W}_{02}\overline{\boldsymbol{P}}_{02} + 6\overline{W}_{12}\overline{P}_{12} - 3\overline{W}_{22}\overline{\boldsymbol{P}}_{22} \\
&+ 3\overline{W}_{01}\overline{\boldsymbol{P}}_{01} - 6\overline{W}_{11}\overline{\boldsymbol{P}}_{11} + 3\overline{W}_{21}\overline{\boldsymbol{P}}_{21} - \overline{W}_{00}\overline{\boldsymbol{P}}_{00} + 2\overline{W}_{10}\overline{\boldsymbol{P}}_{10} - \overline{W}_{20}\overline{\boldsymbol{P}}_{20}) \\
=& c_4(W_{33}\boldsymbol{P}_{33} - 3W_{32}\boldsymbol{P}_{32} + 3W_{31}\boldsymbol{P}_{31} - W_{30}\boldsymbol{P}_{30}) \\
&+ 3c_3(W_{33}\boldsymbol{P}_{33} - W_{23}\boldsymbol{P}_{23} - 3W_{32}\boldsymbol{P}_{32} + 3W_{22}\boldsymbol{P}_{22} + 3W_{31}\boldsymbol{P}_{31} - 3W_{21}\boldsymbol{P}_{21} \\
&- W_{30}\boldsymbol{P}_{30} + W_{20}\boldsymbol{P}_{20}) + 3a_1(W_{33}\boldsymbol{P}_{33} - 3W_{32}\boldsymbol{P}_{32} + 3W_{31}\boldsymbol{P}_{31} - W_{30}\boldsymbol{P}_{30}) \\
&+ 6p_1^2(W_{13}\boldsymbol{P}_{13} - 2W_{23}\boldsymbol{P}_{23} + W_{33}\boldsymbol{P}_{33} - 3W_{12}\boldsymbol{P}_{12} + 6W_{22}\boldsymbol{P}_{22} - 3W_{32}\boldsymbol{P}_{32} \\
&+ 3W_{11}\boldsymbol{P}_{11} - 6W_{21}\boldsymbol{P}_{21} + 3W_{31}\boldsymbol{P}_{31} - W_{10}\boldsymbol{P}_{10} + 2W_{20}\boldsymbol{P}_{20} - W_{30}\boldsymbol{P}_{30}) \\
&+ 18p_1\beta_1(W_{33}\boldsymbol{P}_{33} - W_{23}\boldsymbol{P}_{23} - 3W_{32}\boldsymbol{P}_{32} + 3W_{22}\boldsymbol{P}_{22} + 3W_{31}\boldsymbol{P}_{31} - 3W_{21}\boldsymbol{P}_{21} \\
&- W_{30}\boldsymbol{P}_{30} + W_{20}\boldsymbol{P}_{20}) + 6\beta_1^2(W_{33}\boldsymbol{P}_{33} - 3W_{32}\boldsymbol{P}_{32} + 3W_{31}\boldsymbol{P}_{31} - W_{30}\boldsymbol{P}_{30})
\end{aligned} \tag{2.6.18}$$

$$\begin{aligned}
&18(\overline{W}_{00}\overline{\boldsymbol{P}}_{00} - 2\overline{W}_{10}\overline{\boldsymbol{P}}_{10} + \overline{W}_{20}\overline{\boldsymbol{P}}_{20} - 2\overline{W}_{01}\overline{\boldsymbol{P}}_{01} + 4\overline{W}_{11}\overline{\boldsymbol{P}}_{11} - 2\overline{W}_{21}\overline{\boldsymbol{P}}_{21} \\
&+ \overline{W}_{02}\overline{\boldsymbol{P}}_{02} - 2\overline{W}_{12}\overline{\boldsymbol{P}}_{12} + \overline{W}_{22}\overline{\boldsymbol{P}}_{22}) \\
=& 3c_4(W_{30}\boldsymbol{P}_{30} - 2W_{31}\boldsymbol{P}_{31} + W_{32}\boldsymbol{P}_{32}) \\
&+ 9c_3(W_{30}\boldsymbol{P}_{30} - W_{20}\boldsymbol{P}_{20} - 2W_{31}\boldsymbol{P}_{31} + 2W_{21}\boldsymbol{P}_{21} + W_{32}\boldsymbol{P}_{32} - W_{22}\boldsymbol{P}_{22}) \\
&+ 3a_0(W_{33}\boldsymbol{P}_{33} - 3W_{32}\boldsymbol{P}_{32} + 3W_{31}\boldsymbol{P}_{31} - W_{30}\boldsymbol{P}_{30}) \\
&+ 6a_1(W_{30}\boldsymbol{P}_{30} - 2W_{31}\boldsymbol{P}_{31} + W_{32}\boldsymbol{P}_{32}) \\
&+ 18p_1^2(W_{10}\boldsymbol{P}_{10} - 2W_{20}\boldsymbol{P}_{20} + W_{30}\boldsymbol{P}_{30} - 2W_{11}\boldsymbol{P}_{11} \\
&+ 4W_{21}\boldsymbol{P}_{21} - 2W_{31}\boldsymbol{P}_{31} + W_{12}\boldsymbol{P}_{12} - 2W_{22}\boldsymbol{P}_{22} + W_{32}\boldsymbol{P}_{32}) \\
&+ 18p_1\beta_0(W_{33}\boldsymbol{P}_{33} - W_{23}\boldsymbol{P}_{23} - 3W_{32}\boldsymbol{P}_{32} + 3W_{22}\boldsymbol{P}_{22} + 3W_{31}\boldsymbol{P}_{31} - 3W_{21}\boldsymbol{P}_{21} \\
&- W_{30}\boldsymbol{P}_{30} + W_{20}\boldsymbol{P}_{20}) + 36p_1\beta_1(W_{30}\boldsymbol{P}_{30} - W_{20}\boldsymbol{P}_{20} - 2W_{31}\boldsymbol{P}_{31} + 2W_{21}\boldsymbol{P}_{21} \\
&+ W_{32}\boldsymbol{P}_{32} - W_{22}\boldsymbol{P}_{22}) + 12\beta_0\beta_1(W_{33}\boldsymbol{P}_{33} - 3W_{32}\boldsymbol{P}_{32} + 3W_{31}\boldsymbol{P}_{31} - W_{30}\boldsymbol{P}_{30}) \\
&+ 6\beta_1^2(W_{30}\boldsymbol{P}_{30} - 2W_{31}\boldsymbol{P}_{31} + W_{32}\boldsymbol{P}_{32})
\end{aligned} \tag{2.6.19}$$

$$
\begin{aligned}
&18(\overline{W}_{01}\overline{\boldsymbol{P}}_{01}-2\overline{W}_{11}\overline{\boldsymbol{P}}_{11}+\overline{W}_{21}\overline{\boldsymbol{P}}_{21}-\overline{W}_{00}\overline{\boldsymbol{P}}_{00}+2\overline{W}_{10}\overline{\boldsymbol{P}}_{10}-\overline{W}_{20}\overline{\boldsymbol{P}}_{20})\\
=&3c_4(W_{31}\boldsymbol{P}_{31}-W_{30}\boldsymbol{P}_{30})+9c_3(W_{20}\boldsymbol{P}_{20}-\omega_{30}\boldsymbol{P}_{30}+W_{31}\boldsymbol{P}_{31}-W_{21}\boldsymbol{P}_{21})\\
&+6a_0(W_{30}\boldsymbol{P}_{30}-2W_{31}\boldsymbol{P}_{31}+W_{32}\boldsymbol{P}_{32})+3a_1(W_{31}\boldsymbol{P}_{31}-W_{30}\boldsymbol{P}_{30})\\
&+18p_1^2(W_{11}\boldsymbol{P}_{11}-2W_{21}\boldsymbol{P}_{21}+W_{31}\boldsymbol{P}_{31}-W_{10}\boldsymbol{P}_{10}+2W_{20}\boldsymbol{P}_{20}-W_{30}\boldsymbol{P}_{30})\\
&+18p_1\beta_1(W_{31}\boldsymbol{P}_{31}-W_{21}\boldsymbol{P}_{21}-W_{30}\boldsymbol{P}_{30}+W_{20}\boldsymbol{P}_{20})\\
&+36p_1\beta_1(W_{30}\boldsymbol{P}_{30}-W_{20}\boldsymbol{P}_{20}-2W_{31}\boldsymbol{P}_{31}+2W_{21}\boldsymbol{P}_{21}+W_{32}\boldsymbol{P}_{32}-W_{22}\boldsymbol{P}_{22})\\
&+6\beta_0^2(W_{33}\boldsymbol{P}_{33}-3W_{32}\boldsymbol{P}_{32}+3W_{31}\boldsymbol{P}_{31}-W_{30}\boldsymbol{P}_{30})\\
&+12\beta_0\beta_1(W_{30}\boldsymbol{P}_{30}-2W_{31}\boldsymbol{P}_{31}+W_{32}\boldsymbol{P}_{32})
\end{aligned}\tag{2.6.20}
$$

$$
\begin{aligned}
&6(\overline{W}_{00}\overline{\boldsymbol{P}}_{00}-2\overline{W}_{10}\overline{\boldsymbol{P}}_{10}+\overline{W}_{20}\overline{\boldsymbol{P}}_{20})\\
=&c_4W_{30}\boldsymbol{P}_{30}+3c_3(W_{30}\boldsymbol{P}_{30}-W_{20}\boldsymbol{P}_{20})+3a_0(W_{31}\boldsymbol{P}_{31}-W_{30}\boldsymbol{P}_{30})\\
&+6p_1^2(W_{10}\boldsymbol{P}_{10}-2W_{20}\boldsymbol{P}_{20}+W_{30}\boldsymbol{P}_{30})+6\beta_0^2(W_{30}\boldsymbol{P}_{30}-2W_{31}\boldsymbol{P}_{31}+W_{32}\boldsymbol{P}_{32})\\
&+18p_1\beta_0(W_{31}\boldsymbol{P}_{31}-W_{21}\boldsymbol{P}_{21}-W_{30}\boldsymbol{P}_{30}+W_{20}\boldsymbol{P}_{20})
\end{aligned}\tag{2.6.21}
$$

由式 (2.6.18)~式 (2.6.21) 可知, 决定两张双三次有理 Bézier 曲面 G^2 光滑拼接的条件, 只与公共边界及其两侧的各两列控制网格顶点有关.

采用同样的步骤来讨论式 (2.6.16), 在上面所有的过程中, 用 $\overline{W}_{ij}$ 替换 $\overline{W}_{ij}\overline{\boldsymbol{P}}_{ij}$, 用 W_{ij} 替换 $W_{ij}\boldsymbol{P}_{ij}$, 得到

$$
\begin{aligned}
&6(\overline{W}_{03}-2\overline{W}_{13}+\overline{W}_{23}-3\overline{W}_{02}+6\overline{W}_{12}-3\overline{W}_{22}+3\overline{W}_{01}-6\overline{W}_{11}+3\overline{W}_{21}\\
&-\overline{W}_{00}+2\overline{W}_{10}-\overline{W}_{20})\\
=&(c_4+3a_1+6\beta_1^2)(W_{33}-3W_{32}+3W_{31}-W_{30})\\
&+(3c_3+18p_1\beta_1)(W_{33}-W_{23}-3W_{32}+3W_{22}+3W_{31}-3W_{21}-W_{30}+W_{20})\\
&+6p_1^2(W_{13}-2W_{23}+W_{33}-3W_{12}+6W_{22}-3W_{32}+3W_{11}-6W_{21}+3W_{31}\\
&-W_{10}+2W_{20}-W_{30})
\end{aligned}\tag{2.6.22}
$$

$$
\begin{aligned}
&18(\overline{W}_{00}-2\overline{W}_{10}+\overline{W}_{20}-2\overline{W}_{01}+4\overline{W}_{11}-2\overline{W}_{21}+\overline{W}_{02}-2\overline{W}_{12}+\overline{W}_{22})\\
=&(3c_4+6a_1+6\beta_1^2)(W_{30}-2W_{31}+W_{32})
\end{aligned}
$$

$$
\begin{aligned}
&+(9c_3+36p_1\beta)(W_{30}-W_{20}-2W_{31}+2W_{21}+W_{32}-W_{22})\\
&+3a_0(W_{33}-3W_{32}+3W_{31}-W_{30})\\
&+18p_1^2(W_{10}-2W_{20}+W_{30}-2W_{11}+4W_{21}-2W_{31}+W_{12}-2W_{22}+W_{32})\\
&+18p_1\beta_0(W_{33}-W_{23}-3W_{32}+3W_{22}+3W_{31}-3W_{21}-W_{30}+W_{20})\\
&+12\beta_0\beta_1(W_{33}-3W_{32}+3W_{31}-W_{30})
\end{aligned}
\tag{2.6.23}
$$

$$
\begin{aligned}
&18(\overline{W}_{01}-2\overline{W}_{11}+\overline{W}_{21}-\overline{W}_{00}+2\overline{W}_{10}-\overline{W}_{20})\\
=&(3c_4+3a_1)(W_{31}-W_{30})\\
&+(9c_3+18p_1\beta_1)(W_{31}-W_{21}-W_{30}+W_{20})\\
&+(6a_0+12\beta_0\beta_1)(W_{30}-2W_{31}+W_{32})\\
&+18p_1^2(W_{11}-2W_{21}+W_{31}-W_{10}+2W_{20}-W_{30})\\
&+36p_1\beta_1(W_{30}-W_{20}-2W_{31}+2W_{21}+W_{32}-W_{22})\\
&+6\beta_0^2(W_{33}-3W_{32}+3W_{31}-W_{30})
\end{aligned}
\tag{2.6.24}
$$

$$
\begin{aligned}
&6(\overline{W}_{00}-2\overline{W}_{10}+\overline{W}_{20})\\
=&c_4W_{30}+3c_3(W_{30}-W_{20})+3a_0(W_{31}-W_{30})\\
&+6p_1^2(W_{10}-2W_{20}+W_{30})+6\beta_0^2(W_{30}-2W_{31}+W_{32})\\
&+18p_1\beta_0(W_{31}-W_{21}-W_{30}+W_{20})
\end{aligned}
\tag{2.6.25}
$$

根据上面的讨论可知，已知两张双三次有理 Bézier 曲面 $\boldsymbol{r}(u,v)$ 与 $\overline{\boldsymbol{r}}(u,v)$ 具有公共的边界曲线，要使二者之间在连接处达到 G^2 连续，只需两张曲面位于公共边界两侧的各两列控制网格顶点以及相对应的权因子满足式 (2.6.12)~式 (2.6.14)、式 (2.6.18)~式 (2.6.25) 中的关系即可.

2.7 小　结

本章讨论了任意次有理 Bézier 曲线之间的 G^1 与 G^2 光滑拼接条件，给出了工程实际中较常用的标准形式的二次有理 Bézier 曲线之间的 G^2 光滑拼接条件. 其实从相邻曲线段的控制顶点之间的位置关系这个角度来看，有理与非有理 Bézier 曲线的拼接条件是相似的，例如位置连续是两点重合，G^1 连续是在位置连续的基础上再加三点共线，G^2 连续是在 G^1 连续的基础上再加五点共面，但相对于非有理 Bézier 曲线而言, 有理 Bézier 曲线多了一个优势, 就是可以在不改变组合曲线控制顶点的前提下, 通过调整权因子来整体或局部调整组合曲线的形状.

本章还讨论了有理 Bézier 曲面之间的拼接条件, 虽然曲面是曲线的推广, 但曲面远比曲线复杂, 因此这里只讨论了特定次数的曲面之间的 G^1 或 G^2 光滑拼接条件, 而且从讨论的结果来看, G^2 连续条件又比 G^1 连续条件要复杂得多, G^1 连续条件具有明确的几何意义, 而 G^2 连续条件仅得出了控制顶点和权因子之间的显式关系式, 由于关系复杂、数量较多, 而且这些关系又缺乏明确的几何解释, 因此在实际中的应用受到了限制.

第 3 章　Bézier 曲线在多项式空间上的扩展

3.1　引　　言

Bézier 曲线因为结构简单、使用方便, 而且可以较好地反映控制多边形的形状, 因此在 CAD/CAM 领域中得到了广泛的应用. 但 Bézier 曲线也存在不足, 例如: 在控制顶点给定以后, Bézier 曲线的形状便被唯一确定了, 若要修改其形状, 只能调整控制顶点, 重新计算曲线方程. 然而, 这样做不仅不方便, 而且当控制顶点是取自实物的精确测量点时, 该做法有些勉为其难. 虽然有理 Bézier 曲线在继承 Bézier 曲线基本优点的同时, 弥补了 Bézier 曲线在形状调整方面的上述不足, 但有理 Bézier 曲线是通过在基函数中引入权因子来实现形状调整的目标, 而权因子的融入使得基函数从多项式形式变为有理形式, 极大地增加了计算与分析的难度, 并且权因子的改变对曲线形状的影响规律并不明确, 这就导致在权因子的选取上存在一定的盲目性. 正因为如此, 学者们希望提出新的方案, 来赋予 Bézier 曲线在形状调整方面的灵活性、便利性以及明确性. 在这样的背景下, 对 Bézier 方法进行扩展, 成为 CAGD 中近二十余年的重要研究课题. 目前已有很多文献围绕不同的目标, 从不同的角度, 给出了各种不同的扩展 Bézier 曲线曲面, 这些扩展方法所采用的调配函数定义在不同类型的空间上, 有代数多项式空间、三角函数空间、双曲函数空间、指数函数空间, 也有后三者与代数多项式所形成的混合函数空间.

考虑到计算的复杂度以及与现有 CAD/CAM 系统中模型的兼容性, 本章选择在代数多项式空间上, 对 Bézier 方法进行扩展, 扩展的主要目标是赋予曲线相对于固定控制顶点的形状调整能力, 即在多项式空间上构造形状可调的 Bézier 曲线. 本章将给出 3 种不同类型的含形状参数的扩展 Bézier 曲线.

3.2　Bézier 曲线的升一次扩展

本节在考虑曲线形状调整能力这一目标的同时, 还兼顾了另外一个目标, 即曲线对控制多边形的逼近程度, 综合这两个目标, 本节将给出一种扩展的 Bézier 曲线, 使其既具有相对于固定控制顶点的形状调整能力, 又能够突破常规 Bézier 曲线对控制多边形的逼近程度. 考虑到在调配函数中融入形状参数, 即可赋予曲线形状调整的自由度, 而提高多项式调配函数的次数, 即可提升曲线的逼近能力, 因此, 本节将构造与结构相同的 Bézier 曲线相比, 调配函数次数提升了一次的扩展 Bézier 曲线.

具体研究思路与过程如下: 首先, 对 2 次 Bézier 曲线的基函数进行扩展, 通过预先设定的曲线性质, 来反推调配函数的性质, 在选定的函数空间上预设调配函数的表达式, 根据调配函数的性质来确定其表达式中待定系数之间的关系, 通过求解以待定系数为未知量的方程组, 来确定待定系数中的自由未知量, 以及其他待定系数与自由未知量之间的关系, 进而得出调配函数表达式, 从而给出了带有两个形状参数的 3 次多项式调配函数, 其以 2 次 Bernstein 基函数以及文献 [37] 中的 3 次 $\lambda-B$ 基作为特例. 然后, 运用德卡斯特里奥 (de Casteljau) 算法进行递推, 得到了任意 $n(n\geqslant 3)$ 次 Bézier 曲线基函数的扩展, 其由 $n+1$ 个带有形状参数的 $n+1$ 次多项式组成. 基于这组调配函数, 定义了带有两个形状参数的多项式曲线, 其以任意 $n(n\geqslant 2)$ 次 Bézier 曲线以及文献 [37] 中的 $n+1$ 次 λ-Bézier 曲线作为特例. 分析了这组调配函数以及由其定义的曲线的性质, 给出了形状参数的几何意义以及曲线的几何作图法. 由于带有两个形状参数, 因此这种曲线具有较强的形状调整能力.

3.2.1 调配函数及其性质

定义曲线的方式有很多种, 如果选择用调配函数与控制顶点的线性组合这一方式来定义曲线, 则曲线的性质主要取决于调配函数的性质. 因此, 在提出一种新的曲线模型时, 调配函数的构造是其中最重要的一步, 也是最关键的一步.

定义 3.2.1 设自变量 $t\in[0,1]$, 参数 $\alpha,\beta\in[-2,1]$, 称关于 t 的多项式

$$\begin{cases} b_{0,2}(t)=(1-t)^2(1-\alpha t) \\ b_{1,2}(t)=(1-t)t[2+\alpha(1-t)+\beta t] \\ b_{2,2}(t)=t^2(1-\beta+\beta t) \end{cases} \tag{3.2.1}$$

为第一类带两个形状参数 α 和 β 的扩展 Bernstein 基函数. 虽然在式 (3.2.1) 中, 各个多项式的最高次数可达 3 次, 但由于其是 2 次 Bernstein 基函数的推广, 且带有形状参数 α 和 β, 故将其简称为第一类 2 次 $\alpha\beta$-Bernstein 基.

运用德卡斯特里奥算法, 对由式 (3.2.1) 定义的第一类 2 次 $\alpha\beta$-Bernstein 基进行递推, 可以得到任意 n 次 Bernstein 基函数的扩展结果.

定义 3.2.2 设自变量 $t\in[0,1]$, 正整数 $n\geqslant 3$, 令

$$b_{i,n}(t)=(1-t)b_{i,n-1}(t)+tb_{i-1,n-1}(t) \tag{3.2.2}$$

其中, $i=0,1,\cdots,n$, 规定 $b_{-1,n-1}(t)=b_{n,n-1}(t)=0$. 称由式 (3.2.2) 定义的函数组为第一类带有形状参数 α 和 β 的 n 次扩展 Bernstein 基函数, 并将其简称为第一类 n 次 $\alpha\beta$-Bernstein 基.

在式 (3.2.1) 的基础上, 运用式 (3.2.2) 进行递推, 可以得到当 $n \geqslant 3$ 时, $n+1$ 个第一类 n 次 $\alpha\beta$-Bernstein 基的表达式.

例如: 当 $n=3$ 时, 4 个第一类 3 次 $\alpha\beta$-Bernstein 基的表达式如下

$$\begin{cases} b_{0,3}(t) = (1-t)^3(1-\alpha t) \\ b_{1,3}(t) = (1-t)^2 t[(3+\alpha)-(2\alpha-\beta)t] \\ b_{2,3}(t) = (1-t)t^2[(3+\alpha-\beta)-(\alpha-2\beta)t] \\ b_{3,3}(t) = t^3(1-\beta+\beta t) \end{cases}$$

其中, $t \in [0,1]$.

在第一类 n 次 $\alpha\beta$-Bernstein 基的定义式中, 每一个基函数都含有参数 α 和 β, 其取值范围由下面的定理确定.

定理 3.2.1 对于第一类 n 次 $\alpha\beta$-Bernstein 基而言, 使其非负的充分条件为: 当参数 $\alpha=\beta$ 时, 取 $-n \leqslant \alpha, \beta \leqslant 1$; 当参数 $\alpha \neq \beta$ 时, 取 $-2 \leqslant \alpha, \beta \leqslant 1$.

根据定义, 不难得出第一类 $\alpha\beta$-Bernstein 基具有下述性质.

性质 1 非负性. 即: 对任意的正整数 $n \geqslant 2$, 以及 $i=0,1,\cdots,n$, 都有 $b_{i,n}(t) \geqslant 0$.

性质 2 规范性. 即: 对任意的正整数 $n \geqslant 2$, 都有 $\sum\limits_{i=0}^{n} b_{i,n}(t) = 1$.

性质 3 端点性质. 即: 在定义区间 $[0,1]$ 的左、右端点处, 第一类 n 次 $\alpha\beta$-Bernstein 基的函数值, 以及一阶、二阶导数值的结果如下:

$$\begin{cases} b_{i,n}(0) = \begin{cases} 1, & i=0 \\ 0, & i=1,2,\cdots,n \end{cases} \\ b_{i,n}(1) = \begin{cases} 0, & i=0,1,\cdots,n-1 \\ 1, & i=n \end{cases} \end{cases}$$

$$\begin{cases} b'_{i,n}(0) = \begin{cases} -(n+\alpha), & i=0 \\ n+\alpha, & i=1 \\ 0, & i=2,3,\cdots,n \end{cases} \\ b'_{i,n}(1) = \begin{cases} 0, & i=0,1,\cdots,n-2 \\ -(n+\beta), & i=n-1 \\ (n+\beta), & i=n \end{cases} \end{cases}$$

$$
\begin{cases}
b''_{i,n}(0) = \begin{cases} n(n-1)+2n\alpha, & i=0 \\ -2[n(n-1)+2(n-1)\alpha-\beta], & i=1 \\ n(n-1)+2(n-2)\alpha-2\beta, & i=2 \\ 0, & i=3,4,\cdots,n \end{cases} \\
b''_{i,n}(1) = \begin{cases} 0, & i=0,1,\cdots,n-3 \\ n(n-1)+2(n-2)\beta-2\alpha, & i=n-2 \\ -2[n(n-1)+2(n-1)\beta-\alpha], & i=n-1 \\ n(n-1)+2n\beta, & i=n \end{cases}
\end{cases}
$$

性质 4　拟对称性. 即: 在一般情况下, 第一类 $\alpha\beta$-Bernstein 基并不具备 Bernstein 基函数的对称性; 但是当参数 $\alpha=\beta$ 时, 第一类 $\alpha\beta$-Bernstein 基具有严格的对称性, 即对任意的 $i=0,1,\cdots,n$, 都有 $b_{i,n}(1-t)=b_{n-i,n}(t)$.

性质 5　退化性. 即: 当参数 $\alpha=\beta=\lambda$ 时, 第一类 n 次 $\alpha\beta$-Bernstein 基恰好为文献 [37] 中提出的 $n+1$ 次 λ-B 基; 当参数 $\alpha=\beta=0$ 时, 第一类 n 次 $\alpha\beta$-Bernstein 基恰好为 n 次 Bernstein 基函数, 即 $b_{i,n}(t)=B_{i,n}(t)$.

退化性表明, 第一类 $\alpha\beta$-Bernstein 基既是经典 Bernstein 基函数的扩展, 又是文献 [37] 中 λ-B 基的扩展.

3.2.2　扩展曲线及其性质

定义 3.2.3　给定二维或三维空间中 $n+1$ 个控制顶点 $\boldsymbol{P}_i(i=0,1,\cdots,n)$, 且 $n\geqslant 2$, 称如下定义的曲线

$$
\boldsymbol{p}(t)=\sum_{i=0}^{n}\boldsymbol{P}_i b_{i,n}(t) \tag{3.2.3}
$$

为第一类带两个形状参数 α 和 β 的扩展 Bézier 曲线. 由于其是 n 次 Bézier 曲线的推广, 故将其简称为第一类 n 次 $\alpha\beta$-Bézier 曲线.

根据第一类 $\alpha\beta$-Bernstein 基的性质, 不难得出第一类 $\alpha\beta$-Bézier 曲线具有下面这些性质.

性质 1　端点性质. 第一类 n 次 $\alpha\beta$-Bézier 曲线的起、止点位置, 以及在起、止点处的一阶、二阶切矢如下:

$$\begin{cases}\boldsymbol{p}(0)=\boldsymbol{P}_0\\\boldsymbol{p}(1)=\boldsymbol{P}_n\\\boldsymbol{p}'(0)=(n+\alpha)(\boldsymbol{P}_1-\boldsymbol{P}_0)\\\boldsymbol{p}'(1)=(n+\beta)(\boldsymbol{P}_n-\boldsymbol{P}_{n-1})\\\boldsymbol{p}''(0)=[n(n-1)+2n\alpha](\boldsymbol{P}_0-\boldsymbol{P}_1)+[n(n-1)+2(n-1)\alpha-2\beta](\boldsymbol{P}_2-\boldsymbol{P}_1)\\\boldsymbol{p}''(1)=[n(n-1)+2(n-1)\beta-2\alpha](\boldsymbol{P}_{n-2}-\boldsymbol{P}_{n-1})+[n(n-1)+2n\beta](\boldsymbol{P}_n-\boldsymbol{P}_{n-1})\end{cases}$$

该性质表明, 第一类 $\alpha\beta$-Bézier 曲线插值于控制多边形的首、末顶点, 并且当参数 $\alpha,\beta\neq -n$ 时, 其与控制多边形的首、末边相切, 这与经典 Bézier 曲线的端点特征完全一致. 另外, 第一类 $\alpha\beta$-Bézier 曲线在起点处的二阶导矢只与起点处的三个控制顶点有关, 且恰好是它们系数和为零的线性组合, 曲线在终点处也具有类似的性质.

性质 2 凸包性. 由第一类 $\alpha\beta$-Bernstein 基的非负性和规范性可知, 第一类 $\alpha\beta$-Bézier 曲线一定位于由其控制顶点形成的凸包之内.

性质 3 拟对称性. 由第一类 $\alpha\beta$-Bernstein 基的拟对称性可知, 在一般情况下, 第一类 $\alpha\beta$-Bézier 曲线并不具备经典 Bézier 曲线的对称性; 但是当参数 $\alpha=\beta$ 时, 由控制多边形 $\boldsymbol{P}_0\boldsymbol{P}_1\cdots\boldsymbol{P}_{n-1}\boldsymbol{P}_n$ 和 $\boldsymbol{P}_n\boldsymbol{P}_{n-1}\cdots\boldsymbol{P}_1\boldsymbol{P}_0$ 定义的两条第一类 $\alpha\beta$-Bézier 曲线的形状是相同的, 只是二者的参数方向相反.

性质 4 几何不变性与仿射不变性. 第一类 $\alpha\beta$-Bernstein 基具有规范性, 因此第一类 $\alpha\beta$-Bézier 曲线的形状不会随着坐标系的选取而改变, 其形状只取决于控制顶点之间的相对位置关系. 另外, 先对第一类 $\alpha\beta$-Bézier 曲线的控制多边形进行缩放或者剪切等仿射变换, 再定义曲线, 所得结果与直接对原曲线进行相同仿射变换所得曲线完全一致.

3.2.3 形状参数的几何意义

为了明确形状参数 α 和 β 的改变对第一类 $\alpha\beta$-Bézier 曲线形状的影响, 下面分析参数 α 和 β 的几何意义.

通过对第一类 2 次 $\alpha\beta$-Bernstein 基的定义式, 即式 (3.2.1) 进行整理, 可以将其改写为

$$\begin{cases}b_{0,2}(t)=B_{0,3}(t)+\dfrac{1-\alpha}{3}B_{1,3}(t)\\b_{1,2}(t)=\dfrac{2+\alpha}{3}B_{1,3}(t)+\dfrac{2+\beta}{3}B_{2,3}(t)\\b_{2,2}(t)=\dfrac{1-\beta}{3}B_{2,3}(t)+B_{3,3}(t)\end{cases}$$

其中, $t \in [0,1]$, $B_{i,3}(t)(i=0,1,2,3)$ 为 3 次 Bernstein 基函数. 由式 (3.2.2) 的递推关系, 以及 Bernstein 基函数的升阶公式, 可以得到

$$\begin{cases} b_{0,3}(t) = B_{0,4}(t) + \dfrac{1-\alpha}{4} B_{1,4}(t) \\ b_{1,3}(t) = \dfrac{3+\alpha}{4} B_{1,4}(t) + \dfrac{3-\alpha+\beta}{6} B_{2,4}(t) \\ b_{2,3}(t) = \dfrac{3+\alpha-\beta}{6} B_{2,4}(t) + \dfrac{3+\beta}{4} B_{3,4}(t) \\ b_{3,3}(t) = \dfrac{1-\beta}{4} B_{3,4}(t) + B_{4,4}(t) \end{cases}$$

其中, $t \in [0,1]$, $B_{i,4}(t)(i=0,1,2,3,4)$ 为 4 次 Bernstein 基函数. 这样依次递推下去, 可以得到

$$\begin{cases} b_{0,n}(t) = B_{0,n+1}(t) + \dfrac{1-\alpha}{n+1} B_{1,n+1}(t) \\ b_{1,n}(t) = \dfrac{n+\alpha}{n+1} B_{1,n+1}(t) + \dfrac{2[n-(n-2)\alpha+\beta]}{n(n+1)} B_{2,n+1}(t) \\ \qquad\qquad \cdots\cdots \\ b_{n-1,n}(t) = \dfrac{2[n+(n-2)\alpha-\beta]}{n(n+1)} B_{n-1,n+1}(t) + \dfrac{n+\beta}{n+1} B_{n,n+1}(t) \\ b_{n,n}(t) = \dfrac{1-\beta}{n+1} B_{n,n+1}(t) + B_{n+1,n+1}(t) \end{cases} \tag{3.2.4}$$

其中, $t \in [0,1]$, $B_{i,n+1}(t)(i=0,1,\cdots,n+1)$ 为 $n+1$ 次 Bernstein 基函数.

由式 (3.2.3) 以及式 (3.2.4) 可知, 第一类 n 次 $\alpha\beta$-Bézier 曲线可以用矩阵表示为

$$\boldsymbol{p}(t) = \begin{pmatrix} \boldsymbol{P}_0 & \boldsymbol{P}_1 & \cdots & \boldsymbol{P}_n \end{pmatrix} \begin{pmatrix} 1 & \dfrac{1-\alpha}{n+1} & 0 & 0 & 0 & 0 \\ 0 & \dfrac{n+\alpha}{n+1} & \dfrac{2[n-(n-2)\alpha+\beta]}{n(n+1)} & 0 & 0 & 0 \end{pmatrix}$$

$$\left.\begin{matrix} 0 & 0 & \ddots & \ddots & 0 & 0 \\ 0 & 0 & 0 & \dfrac{2[n+(n-2)\alpha-\beta]}{n(n+1)} & \dfrac{n+\beta}{n+1} & 0 \\ 0 & 0 & 0 & 0 & \dfrac{1-\beta}{n+1} & 1 \end{matrix}\right)\begin{pmatrix} B_{0,n+1}(t) \\ B_{1,n+1}(t) \\ B_{2,n+1}(t) \\ \vdots \\ B_{n-1,n+1}(t) \\ B_{n,n+1}(t) \\ B_{n+1,n+1}(t) \end{pmatrix} \tag{3.2.5}$$

若令

$$\boldsymbol{p}(t)=\begin{pmatrix} \boldsymbol{V}_0 & \boldsymbol{V}_1 & \cdots & \boldsymbol{V}_{n+1} \end{pmatrix}\begin{pmatrix} B_{0,n+1}(t) \\ B_{1,n+1}(t) \\ B_{2,n+1}(t) \\ \vdots \\ B_{n-1,n+1}(t) \\ B_{n,n+1}(t) \\ B_{n+1,n+1}(t) \end{pmatrix} \tag{3.2.6}$$

也就是, 将第一类 n 次 $\alpha\beta$-Bézier 曲线转化为 $n+1$ 次的 Bézier 曲线, 其中的点 $\boldsymbol{V}_i(i=0,1,\cdots,n+1)$ 为 $n+1$ 次 Bézier 曲线的控制顶点. 则通过比较式 (3.2.5) 以及式 (3.2.6), 可以得到表示同一条曲线的 $n+1$ 次 Bézier 曲线与第一类 n 次 $\alpha\beta$-Bézier 曲线的控制顶点之间的关系式

$$\begin{pmatrix} \boldsymbol{V}_0 \\ \boldsymbol{V}_1 \\ \vdots \\ \boldsymbol{V}_{n+1} \end{pmatrix}=\begin{pmatrix} 1 & \dfrac{1-\alpha}{n+1} & 0 & 0 & 0 & 0 \\ 0 & \dfrac{n+\alpha}{n+1} & \dfrac{2[n-(n-2)\alpha+\beta]}{n(n+1)} & 0 & 0 & 0 \\ 0 & 0 & \ddots & \ddots & 0 & 0 \\ 0 & 0 & 0 & \dfrac{2[n+(n-2)\alpha-\beta]}{n(n+1)} & \dfrac{n+\beta}{n+1} & 0 \\ 0 & 0 & 0 & 0 & \dfrac{1-\beta}{n+1} & 1 \end{pmatrix}^{\mathrm{T}}$$

$$\cdot\begin{pmatrix} \boldsymbol{P}_0 \\ \boldsymbol{P}_1 \\ \vdots \\ \boldsymbol{P}_n \end{pmatrix} \tag{3.2.7}$$

由此可得

$$\begin{cases} \boldsymbol{V}_0 = \boldsymbol{P}_0 \\ \boldsymbol{V}_1 = \dfrac{1-\alpha}{n+1}\boldsymbol{P}_0 + \dfrac{n+\alpha}{n+1}\boldsymbol{P}_1 \\ \boldsymbol{V}_n = \dfrac{n+\beta}{n+1}\boldsymbol{P}_{n-1} + \dfrac{1-\beta}{n+1}\boldsymbol{P}_n \\ \boldsymbol{V}_{n+1} = \boldsymbol{P}_n \end{cases} \tag{3.2.8}$$

由式 (3.2.8) 可知: 点 $\boldsymbol{V}_1$ 位于边 $\boldsymbol{P}_0\boldsymbol{P}_1$ 上, 且分边 $\boldsymbol{P}_0\boldsymbol{P}_1$ 的比例为 $n+\alpha:1-\alpha$; 点 $\boldsymbol{V}_n$ 位于边 $\boldsymbol{P}_{n-1}\boldsymbol{P}_n$ 上, 且分边 $\boldsymbol{P}_{n-1}\boldsymbol{P}_n$ 的比例为 $1-\beta:n+\beta$. 这就是形状参数 α 和 β 的几何意义, 如图 3.2.1 所示.

在图 3.2.1 中, 取次数 $n=2$, 参数 $\alpha=0$, $\beta=-1$, $\langle \boldsymbol{P}_0\boldsymbol{P}_1\boldsymbol{P}_2\rangle$ 代表第一类 2 次 $\alpha\beta$-Bézier 曲线的控制多边形, $\langle \boldsymbol{V}_0\boldsymbol{V}_1\boldsymbol{V}_2\boldsymbol{V}_3\rangle$ 为表示同一条曲线的 3 次 Bézier 曲线的控制多边形.

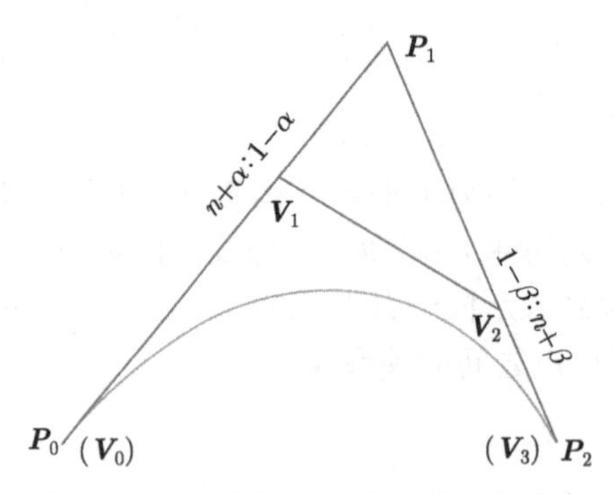

图 3.2.1 形状参数 α 和 β 的几何意义

3.2.4 形状参数对曲线形状的影响

由形状参数的几何意义可以看出, 当参数 α 和 β 同时增大时, 表示第一类 n 次 $\alpha\beta$-Bézier 曲线的 $n+1$ 次 Bézier 曲线的控制多边形将越来越靠近第一类 n 次 $\alpha\beta$-Bézier 曲线的控制多边形, 当参数 $\alpha=\beta=1$ 时, 两个控制多边形完全重合. 因此, 由 Bézier 曲线的逼近性可知, 在参数 α 和 β 逐渐增大的过程中, 第一类 $\alpha\beta$-Bézier 曲线将逐渐逼近其控制多边形.

改变参数 α 和 β 的值, 可以调整第一类 $\alpha\beta$-Bézier 曲线逼近其控制多边形的程度, 如图 3.2.2 所示.

在图 3.2.2 中: 曲线 $1, 6, 9, 10$ 分别取 $\alpha = \beta = -2, -1, 0, 1$; 曲线 $2, 4, 7$ 均取 $\alpha = -2$, β 分别取 $-1, 0, 1$; 曲线 $3, 5, 8$ 均取 $\beta = -2$, α 分别取 $-1, 0, 1$.

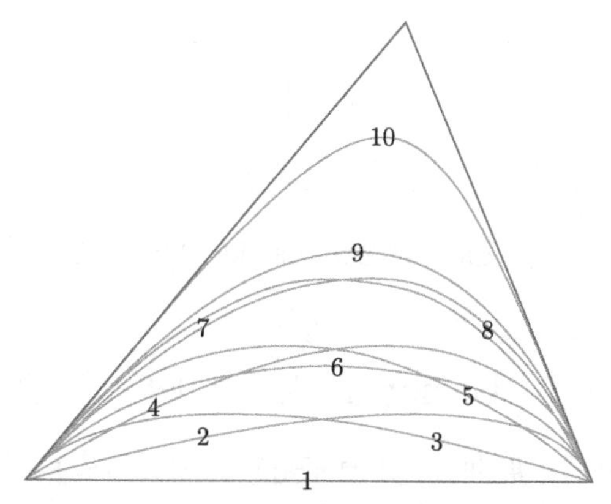

图 3.2.2　形状参数 α 和 β 对曲线形状的影响

由图 3.2.2 可知: 当参数 $\alpha = \beta = -2$ 时, 第一类 $\alpha\beta$-Bézier 曲线退化为以其首、末控制顶点为端点的直线段; 当参数 $\alpha = \beta = 0$ 时, 第一类 $\alpha\beta$-Bézier 曲线退化为经典的 Bézier 曲线; 当参数 $\alpha = \beta = 1$ 时, 第一类 $\alpha\beta$-Bézier 曲线非常接近其控制多边形, 远远突破了经典 Bézier 曲线对控制多边形的逼近. 从图 3.2.2 中还可以看出, 当同时增大参数 α 和 β, 或固定参数 α 和 β 中的任何一个而增大另一个时, 第一类 $\alpha\beta$-Bézier 曲线都会越来越接近其控制多边形.

3.2.5　曲线的几何作图法

由式 (3.2.6) 可知, 第一类 n 次 $\alpha\beta$-Bézier 曲线可以由 $n+1$ 次的 Bézier 曲线来表示, 并且二者的控制顶点之间存在式 (3.2.7) 所示的显式关系. 在给出第一类 n 次 $\alpha\beta$-Bézier 曲线的控制顶点以后, 根据式 (3.2.7), 即可确定 $n+1$ 次 Bézier 曲线的控制顶点. 再运用 Bézier 曲线的几何作图法, 经过 $n+1$ 级递推, 得到的最后一个点, 即为第一类 n 次 $\alpha\beta$-Bézier 曲线上的点, 如图 3.2.3 所示.

在图 3.2.3 中, 取次数 $n = 3$, 参数 $\alpha = \beta = 1$, 变量 $t = \dfrac{1}{2}$. 其中的圆圈表示第一类 $\alpha\beta$-Bézier 曲线 $\boldsymbol{p}(t)$ 的控制顶点; 叉号表示将其转化为 Bézier 曲线以后的控制顶点; 加号表示递推一次得到的点; 五角星表示递推两次得到的点; 方形表示递推三次得到的点; 菱形表示递推四次得到的点, 该点即为第一类 $\alpha\beta$-Bézier 曲线上的点 $\boldsymbol{p}\left(\dfrac{1}{2}\right)$.

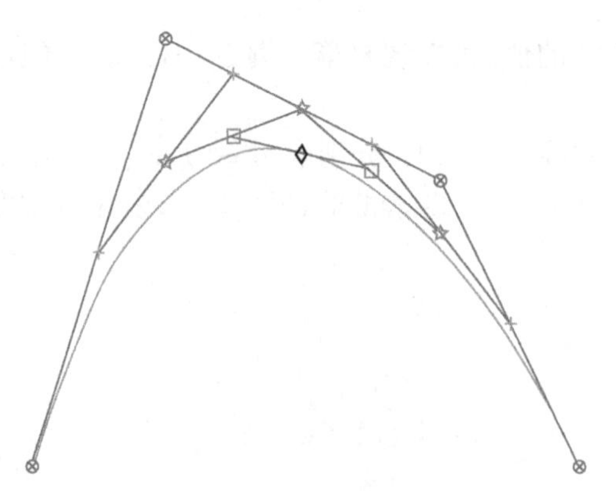

图 3.2.3 $\alpha\beta$-Bézier 曲线的几何作图法

3.3 Bézier 曲线的升两次扩展

在 3.2 节中给出的扩展曲线, 其调配函数比与其结构相同的 Bézier 曲线的基函数提升了一次, 次数的提升使得扩展曲线可以突破 Bézier 曲线对控制多边形的逼近性. 为了进一步提升扩展 Bézier 曲线的逼近能力, 本节将构造调配函数比与其结构相同的 Bézier 曲线的基函数提升了两次的扩展曲线.

具体研究思路类似于 3.2 节. 首先, 对 2 次 Bernstein 基函数进行扩展, 定义了带两个形状参数的 4 次多项式基函数, 其以 2 次 Bernstein 基以及文献 [37] 和 [93] 中的 3 次 $\lambda-B$ 基作为特例. 再运用德卡斯特里奥算法进行递推, 得到了任意 n 次 Bernstein 基函数的扩展, 其由 $n+1$ 个带形状参数的 $n+2$ 次多项式组成. 基于这组基函数, 定义了带两个形状参数的多项式曲线, 其以任意 n 次 Bézier 曲线以及文献 [37] 和 [93] 中的 $n+1$ 次 λ-Bézier 曲线作为特例. 分析了这组调配函数以及由其定义的曲线的性质, 给出了形状参数的几何意义以及曲线的几何作图法.

3.3.1 调配函数及其性质

定义 3.3.1 设自变量 $t\in[0,1]$, 参数 $\alpha\in[-2,2]$, 参数 $\beta\in[-2,1]$, 称关于 t 的多项式

$$\begin{cases} b_{0,2}(t)=(1-t)^2[1-\alpha t+(\alpha-\beta)t^2] \\ b_{1,2}(t)=(1-t)t[2+\alpha-2(\alpha-\beta)t+2(\alpha-\beta)t^2] \\ b_{2,2}(t)=t^2[(1-\beta)-(\alpha-2\beta)t+(\alpha-\beta)t^2] \end{cases} \tag{3.3.1}$$

为第二类带两个形状参数 α 和 β 的扩展 Bernstein 基函数. 虽然在式 (3.3.1) 中, 各个多项式的最高次数可达 4 次, 但由于其是 2 次 Bernstein 基函数的推广, 并且

带有参数 α 和 β, 故将其简称为第二类 2 次 $\alpha\beta$-Bernstein 基.

不难看出, 第二类 2 次 $\alpha\beta$-Bernstein 基具有非负性、规范性以及对称性; 当参数 $\alpha=\beta=\lambda$ 时, 其恰好为文献 [37] 和 [93] 中提出的扩展的 2 次 Bézier 曲线的基函数, 即 3 次 λ-B 基; 当参数 $\alpha=\beta=0$ 时, 其恰好为 2 次 Bernstein 基函数.

运用德卡斯特里奥算法, 对由式 (3.3.1) 定义的第二类 2 次 $\alpha\beta$-Bernstein 基进行递推, 可得到任意 n 次 Bernstein 基函数的扩展.

定义 3.3.2 设自变量 $t\in[0,1]$, 正整数 $n\geqslant 3$, 令

$$b_{i,n}(t)=(1-t)b_{i,n-1}(t)+tb_{i-1,n-1}(t) \tag{3.3.2}$$

其中, $i=0,1,\cdots,n$, 规定 $b_{-1,n-1}(t)=b_{n,n-1}(t)=0$. 称由式 (3.3.2) 定义的函数组为第二类带有形状参数 α 和 β 的 n 次扩展 Bernstein 基函数, 并将其简称为第二类 n 次 $\alpha\beta$-Bernstein 基.

在式 (3.3.1) 的基础上, 运用式 (3.3.2) 进行递推, 可以得到当 $n\geqslant 3$ 时, $n+1$ 个第二类 n 次 $\alpha\beta$-Bernstein 基的表达式.

例如: 当 $n=3$ 时, 四个第二类 3 次 $\alpha\beta$-Bernstein 基的表达式如下

$$\begin{cases} b_{0,3}(t)=(1-t)^3[1-\alpha t+(\alpha-\beta)t^2] \\ b_{1,3}(t)=(1-t)^2t[(3+\alpha)-(3\alpha-2\beta)t+3(\alpha-\beta)t^2] \\ b_{2,3}(t)=(1-t)t^2[(3+\alpha-\beta)-(3\alpha-4\beta)t+3(\alpha-\beta)t^2] \\ b_{3,3}(t)=t^3[(1-\beta)-(\alpha-2\beta)t+(\alpha-\beta)t^2] \end{cases}$$

当 $n=4$ 时, 五个第二类 4 次 $\alpha\beta$-Bernstein 基的表达式如下

$$\begin{cases} b_{0,4}(t)=(1-t)^4[1-\alpha t+(\alpha-\beta)t^2] \\ b_{1,4}(t)=(1-t)^3t[(4+\alpha)-(4\alpha-2\beta)t+4(\alpha-\beta)t^2] \\ b_{2,4}(t)=(1-t)^2t^2[(6+2\alpha-\beta)-6(\alpha-\beta)t+6(\alpha-\beta)t^2] \\ b_{3,4}(t)=(1-t)t^3[(4+\alpha-2\beta)-(4\alpha-6\beta)t+4(\alpha-\beta)t^2] \\ b_{4,4}(t)=t^4[(1-\beta)-(\alpha-2\beta)t+(\alpha-\beta)t^2] \end{cases}$$

在第二类 n 次 $\alpha\beta$-Bernstein 基的定义式中, 每一个基函数都含有参数 α 和 β, 其取值范围由下面的定理确定.

定理 3.3.1 对于第二类 n 次 $\alpha\beta$-Bernstein 基而言, 使其非负的充分条件是: 当参数 $\alpha=\beta$ 时, 取 $-n\leqslant\alpha,\beta\leqslant 1$; 当参数 $\alpha\neq\beta$ 时, 取 $-2\leqslant\alpha\leqslant 2$, $-2\leqslant\beta\leqslant 1$.

证明 当参数 $\alpha=\beta$ 时, 第二类 2 次 $\alpha\beta$-Bernstein 基的表达式, 即式 (3.3.1) 可以改写为

$$\begin{cases} b_{0,2}(t)=B_{0,3}(t)+\dfrac{1-\alpha}{3}B_{1,3}(t) \\ b_{1,2}(t)=\dfrac{2+\alpha}{3}B_{1,3}(t)+\dfrac{2+\alpha}{3}B_{2,3}(t) \\ b_{2,2}(t)=\dfrac{1-\alpha}{3}B_{2,3}(t)+B_{3,3}(t) \end{cases}$$

其中, $t\in[0,1]$, $B_{i,3}(t)(i=0,1,2,3)$ 为 3 次 Bernstein 基函数. 由于当 $t\in[0,1]$ 时, $B_{i,3}(t)\geqslant 0(i=0,1,2,3)$; 当 $-2\leqslant\alpha\leqslant 1$ 时, $1-\alpha\geqslant 0$, $2+\alpha\geqslant 0$. 所以当 $\alpha=\beta$ 时, 第二类 2 次 $\alpha\beta$-B 基非负的充分条件是 $-2\leqslant\alpha,\beta\leqslant 1$.

根据式 (3.3.2) 的递推关系, 以及 Bernstein 基函数的升阶公式, 可以得到当 $\alpha=\beta$ 时, 第二类 3 次 $\alpha\beta$-Bernstein 基的表达式可以改写为

$$\begin{cases} b_{0,3}(t)=B_{0,4}(t)+\dfrac{1-\alpha}{4}B_{1,4}(t) \\ b_{1,3}(t)=\dfrac{3+\alpha}{4}B_{1,4}(t)+\dfrac{1}{2}B_{2,4}(t) \\ b_{2,3}(t)=\dfrac{1}{2}B_{2,4}(t)+\dfrac{3+\alpha}{4}B_{3,4}(t) \\ b_{3,3}(t)=\dfrac{1-\alpha}{4}B_{3,4}(t)+B_{4,4}(t) \end{cases}$$

其中, $t\in[0,1]$, $B_{i,4}(t)(i=0,1,2,3,4)$ 为 4 次 Bernstein 基函数. 由于当 $t\in[0,1]$ 时, $B_{i,4}(t)\geqslant 0(i=0,1,2,3,4)$; 当 $-3\leqslant\alpha\leqslant 1$ 时, $1-\alpha\geqslant 0$, $3+\alpha\geqslant 0$. 所以当 $\alpha=\beta$ 时, 第二类 3 次 $\alpha\beta$-Bernstein 基非负的充分条件是 $-3\leqslant\alpha,\beta\leqslant 1$.

依次下去, 便可以得到当参数 $\alpha=\beta$ 时, 第二类 n 次 $\alpha\beta$-Bernstein 基非负的充分条件是 $-n\leqslant\alpha,\beta\leqslant 1$.

当参数 $\alpha\neq\beta$ 时, 第二类 2 次 $\alpha\beta$-Bernstein 基的表达式 (3.3.1) 可以改写为

$$\begin{cases} b_{0,2}(t)=B_{0,4}(t)+\dfrac{2-\alpha}{4}B_{1,4}(t)+\dfrac{1-\beta}{6}B_{2,4}(t) \\ b_{1,2}(t)=\dfrac{2+\alpha}{4}B_{1,4}(t)+\dfrac{4+2\beta}{6}B_{2,4}(t)+\dfrac{2+\alpha}{4}B_{3,4}(t) \\ b_{2,2}(t)=\dfrac{1-\beta}{6}B_{2,4}(t)+\dfrac{2-\alpha}{4}B_{3,4}(t)+B_{4,4}(t) \end{cases}$$

其中, $t\in[0,1]$, $B_{i,4}(t)(i=0,1,2,3,4)$ 为 4 次 Bernstein 基函数. 由于当 $t\in[0,1]$ 时, 有 $B_{i,4}(t)\geqslant 0(i=0,1,2,3,4)$; 当 $-2\leqslant\alpha\leqslant 2$, $-2\leqslant\beta\leqslant 1$ 时, 有 $2-\alpha\geqslant 0$,

$1-\beta \geqslant 0, 2+\alpha \geqslant 0, 4+2\beta \geqslant 0$. 所以当参数 $\alpha \neq \beta$ 时, 第二类 2 次 $\alpha\beta$-Bernstein 基非负的充分条件是 $-2 \leqslant \alpha \leqslant 2$, $-2 \leqslant \beta \leqslant 1$.

根据式 (3.3.2) 的递推关系, 以及 Bernstein 基函数的升阶公式, 可以得到当 $\alpha \neq \beta$ 时, 第二类 3 次 $\alpha\beta$-Bernstein 基的表达式可以改写为

$$\begin{cases} b_{0,3}(t) = B_{0,5}(t) + \dfrac{2-\alpha}{5}B_{1,5}(t) + \dfrac{1-\beta}{10}B_{2,5}(t) \\ b_{1,3}(t) = \dfrac{3+\alpha}{5}B_{1,5}(t) + \dfrac{6-\alpha+2\beta}{10}B_{2,5}(t) + \dfrac{3+\alpha-\beta}{10}B_{3,5}(t) \\ b_{2,3}(t) = \dfrac{3+\alpha-\beta}{10}B_{2,5}(t) + \dfrac{6-\alpha+2\beta}{10}B_{3,5}(t) + \dfrac{3+\alpha}{5}B_{4,5}(t) \\ b_{3,3}(t) = \dfrac{1-\beta}{10}B_{3,5}(t) + \dfrac{2-\alpha}{5}B_{4,5}(t) + B_{5,5}(t) \end{cases}$$

其中, $t \in [0,1]$, $B_{i,5}(t)(i = 0,1,2,3,4,5)$ 为 5 次 Bernstein 基函数. 由于当 $t \in [0,1]$ 时, 有 $B_{i,5}(t) \geqslant 0(i = 0,1,2,3,4,5)$; 当 $-2 \leqslant \alpha \leqslant 2$, $-2 \leqslant \beta \leqslant 1$ 时, 有 $2-\alpha \geqslant 0, 1-\beta \geqslant 0, 3+\alpha > 0, 6+2\beta \geqslant \alpha, 3+\alpha \geqslant \beta$. 所以当参数 $\alpha \neq \beta$ 时, 第二类 3 次 $\alpha\beta$-Bernstein 基非负的充分条件是 $-2 \leqslant \alpha \leqslant 2$, $-2 \leqslant \beta \leqslant 1$.

依次下去, 便可以得到当参数 $\alpha \neq \beta$ 时, 第二类 n 次 $\alpha\beta$-Bernstein 基非负的充分条件是 $-2 \leqslant \alpha \leqslant 2$, $-2 \leqslant \beta \leqslant 1$. 证毕.

第二类 $\alpha\beta$-Bernstein 基具有如下性质:

性质 1 非负性. 即: 对任意的 $n \geqslant 2$ 以及 $i = 0,1,\cdots,n$, 都有 $b_{i,n}(t) \geqslant 0$.

性质 2 规范性. 即: 对任意的 $n \geqslant 2$, 都有 $\sum\limits_{i=0}^{n} b_{i,n}(t) = 1$.

性质 3 端点性质. 即: 在定义区间 $[0,1]$ 的左、右端点处, 第二类 n 次 $\alpha\beta$-Bernstein 基的函数值, 以及一阶导数值的结果如下:

$$\begin{cases} b_{i,n}(0) = \begin{cases} 1, & i = 0 \\ 0, & i = 1,2,\cdots,n \end{cases} \\ b_{i,n}(1) = \begin{cases} 0, & i = 0,1,\cdots,n-1 \\ 1, & i = n \end{cases} \end{cases}$$

$$\begin{cases} b'_{i,n}(0) = \begin{cases} -(n+\alpha), & i = 0 \\ n+\alpha, & i = 1 \\ 0, & i = 2,3,\cdots,n \end{cases} \\ b'_{i,n}(1) = \begin{cases} 0, & i = 0,1,\cdots,n-2 \\ -(n+\alpha), & i = n-1 \\ (n+\alpha), & i = n \end{cases} \end{cases}$$

性质 4　对称性. 即: 对任意的 $i=0,1,\cdots,n$, 都有 $b_{i,n}(1-t)=b_{n-i,n}(t)$.

性质 5　退化性. 即: 当参数 $\alpha=\beta=\lambda$ 时, 第二类 n 次 $\alpha\beta$-Bernstein 基恰好为文献 [37] 中提出的 $n+1$ 次 λ-B 基; 当参数 $\alpha=\beta=0$ 时, 第二类 n 次 $\alpha\beta$-Bernstein 基恰好为 n 次 Bernstein 基函数, 即 $b_{i,n}(t)=B_{i,n}(t)$.

退化性表明, 第二类 $\alpha\beta$-Bernstein 既是经典 Bernstein 基函数的扩展, 又是文献 [37] 中 λ-B 基的扩展.

3.3.2　扩展曲线及其性质

定义 3.3.3　给定二维或三维空间中 $n+1$ 个控制顶点 $\boldsymbol{P}_i(i=0,1,\cdots,n)$, 且 $n\geqslant 2$, 称如下定义的曲线

$$\boldsymbol{p}(t)=\sum_{i=0}^{n}\boldsymbol{P}_i b_{i,n}(t) \tag{3.3.3}$$

为第二类带两个形状参数 α 和 β 的扩展 Bézier 曲线. 由于其是 n 次 Bézier 曲线的推广, 故将其简称为第二类 n 次 $\alpha\beta$-Bézier 曲线.

根据第二类 $\alpha\beta$-Bernstein 基的性质, 不难得出第二类 $\alpha\beta$-Bézier 曲线具有下面这些性质.

性质 1　端点性质. 第二类 n 次 $\alpha\beta$-Bézier 曲线的起、止点位置, 以及在起、止点处的一阶切矢如下:

$$\begin{cases}\boldsymbol{p}(0)=\boldsymbol{P}_0\\ \boldsymbol{p}(1)=\boldsymbol{P}_n\\ \boldsymbol{p}'(0)=(n+\alpha)(\boldsymbol{P}_1-\boldsymbol{P}_0)\\ \boldsymbol{p}'(1)=(n+\alpha)(\boldsymbol{P}_n-\boldsymbol{P}_{n-1})\end{cases}$$

该性质表明, 第二类 $\alpha\beta$-Bézier 曲线插值于控制多边形的首、末顶点, 并且与控制多边形的首、末边相切, 这与经典 Bézier 曲线的端点特征完全一致.

性质 2　凸包性. 由第二类 $\alpha\beta$-Bernstein 基的非负性和规范性可知, 第二类 $\alpha\beta$-Bézier 曲线位于由其控制顶点形成的凸包之内.

性质 3　对称性. 由第二类 $\alpha\beta$-Bernstein 基的对称性, 可得

$$\boldsymbol{p}(t)=\sum_{i=0}^{n}\boldsymbol{P}_i b_{i,n}(t)=\sum_{j=0}^{n}\boldsymbol{P}_{n-j}b_{j,n}(1-t)=\boldsymbol{p}(1-t)$$

上式表明, 由控制多边形 $\langle \boldsymbol{P}_0\boldsymbol{P}_1\cdots\boldsymbol{P}_{n-1}\boldsymbol{P}_n\rangle$ 以及 $\langle \boldsymbol{P}_n\boldsymbol{P}_{n-1}\cdots\boldsymbol{P}_1\boldsymbol{P}_0\rangle$ 定义的两条第二类 $\alpha\beta$-Bézier 曲线的形状是相同的, 只是二者的参数方向相反.

性质 4 几何不变性与仿射不变性. 由于第二类 $\alpha\beta$-Bernstein 基具有规范性, 因此第二类 $\alpha\beta$-Bézier 曲线的形状不会随着坐标系的选取而改变. 另外, 先对控制多边形进行缩放或者剪切等仿射变换, 再由之定义第二类 $\alpha\beta$-Bézier 曲线, 所得结果与直接对原第二类 $\alpha\beta$-Bézier 曲线执行相同仿射变换之后所得到的曲线完全一致.

3.3.3 形状参数的几何意义

为了明确形状参数 α 和 β 的改变对第二类 $\alpha\beta$-Bézier 曲线形状的影响, 下面分析参数 α 和 β 的几何意义.

通过对第二类 2 次 $\alpha\beta$-Bernstein 基的定义式, 即式 (3.3.1) 进行整理, 可以将其改写为

$$\begin{cases} b_{0,2}(t)=B_{0,4}(t)+\dfrac{2-\alpha}{4}B_{1,4}(t)+\dfrac{1-\beta}{6}B_{2,4}(t) \\ b_{1,2}(t)=\dfrac{2+\alpha}{4}B_{1,4}(t)+\dfrac{4+2\beta}{6}B_{2,4}(t)+\dfrac{2+\alpha}{4}B_{3,4}(t) \\ b_{2,2}(t)=\dfrac{1-\beta}{6}B_{2,4}(t)+\dfrac{2-\alpha}{4}B_{3,4}(t)+B_{4,4}(t) \end{cases}$$

其中, $t\in[0,1]$, $B_{i,4}(t)(i=0,1,2,3,4)$ 为 4 次 Bernstein 基函数. 根据式 (3.3.2) 的递推关系, 以及 Bernstein 基函数的升阶公式, 可以得到

$$\begin{cases} b_{0,3}(t)=B_{0,5}(t)+\dfrac{2-\alpha}{5}B_{1,5}(t)+\dfrac{1-\beta}{10}B_{2,5}(t) \\ b_{1,3}(t)=\dfrac{3+\alpha}{5}B_{1,5}(t)+\dfrac{6-\alpha+2\beta}{10}B_{2,5}(t)+\dfrac{3+\alpha-\beta}{10}B_{3,5}(t) \\ b_{2,3}(t)=\dfrac{3+\alpha-\beta}{10}B_{2,5}(t)+\dfrac{6-\alpha+2\beta}{10}B_{3,5}(t)+\dfrac{3+\alpha}{5}B_{4,5}(t) \\ b_{3,3}(t)=\dfrac{1-\beta}{10}B_{3,5}(t)+\dfrac{2-\alpha}{5}B_{4,5}(t)+B_{5,5}(t) \end{cases}$$

其中, $t\in[0,1]$, $B_{i,5}(t)(i=0,1,2,3,4,5)$ 为 5 次 Bernstein 基函数. 这样依次递推下去, 可以得到

$$
\left\{
\begin{aligned}
b_{0,n}(t) &= B_{0,n+2}(t) + \frac{2-\alpha}{n+2}B_{1,n+2}(t) + \frac{2(1-\beta)}{(n+2)(n+1)}B_{2,n+2}(t) \\
b_{1,n}(t) &= \frac{n+\alpha}{n+2}B_{1,n+2}(t) + \frac{2[2n-(n-2)\alpha+2\beta]}{(n+2)(n+1)}B_{2,n+2}(t) \\
&\quad + \frac{6[n+\alpha-(n-2)\beta]}{(n+2)(n+1)n}B_{3,n+2}(t) \\
b_{2,n}(t) &= \frac{n(n-1)+2(n-2)\alpha-2\beta}{(n+2)(n+1)}B_{2,n+2}(t) \\
&\quad + \frac{6[n(n-1)-(n-2)\alpha+2(n-2)\beta]}{(n+2)(n+1)n}B_{3,n+2}(t) \\
&\quad + \frac{12[n(n-1)+2(n-2)\alpha-2(n-3)\beta]}{(n+2)(n+1)n(n-1)}B_{4,n+2}(t) \\
&\qquad \cdots\cdots \\
b_{n-2,n}(t) &= \frac{12[n(n-1)+2(n-2)\alpha-2(n-3)\beta]}{(n+2)(n+1)n(n-1)}B_{n-2,n+2}(t) \\
&\quad + \frac{6[n(n-1)-(n-2)\alpha+2(n-2)\beta]}{(n+2)(n+1)n}B_{n-1,n+2}(t) \\
&\quad + \frac{n(n-1)+2(n-2)\alpha-2\beta}{(n+2)(n+1)}B_{n,n+2}(t) \\
b_{n-1,n}(t) &= \frac{6[n+\alpha-(n-2)\beta]}{(n+2)(n+1)n}B_{n-1,n+2}(t) \\
&\quad + \frac{2[2n-(n-2)\alpha+2\beta]}{(n+2)(n+1)}B_{n,n+2}(t) + \frac{n+\alpha}{n+2}B_{n+1,n+2}(t) \\
b_{n,n}(t) &= \frac{2(1-\beta)}{(n+2)(n+1)}B_{n,n+2}(t) + \frac{2-\alpha}{n+2}B_{n+1,n+2}(t) + B_{n+2,n+2}(t)
\end{aligned}
\right.
\tag{3.3.4}
$$

式 (3.3.4) 可以用矩阵表示为

$$
\boldsymbol{b} = \boldsymbol{N}\boldsymbol{B}
$$

其中

$$
\boldsymbol{b} = \begin{pmatrix} b_{0,n}(t) & b_{1,n}(t) & \cdots & b_{n,n}(t) \end{pmatrix}^{\mathrm{T}}
$$

$$
N=\begin{pmatrix}
1 & \dfrac{2-\alpha}{n+2} & \dfrac{2(1-\beta)}{(n+2)(n+1)} & 0 & 0 & 0 & 0 & 0 & 0 \\
0 & \dfrac{n+\alpha}{n+2} & \dfrac{2[2n-(n-2)\alpha+2\beta]}{(n+2)(n+1)} & \dfrac{6[n+\alpha-(n-2)\beta]}{(n+2)(n+1)n} & 0 & 0 & 0 & 0 & 0 \\
0 & 0 & \dfrac{n(n-1)+2(n-2)\alpha-2\beta}{(n+2)(n+1)} & \dfrac{6[n(n-1)-(n-2)\alpha+2(n-2)\beta]}{(n+2)(n+1)n} & \dfrac{12[n(n-1)+2(n-2)\alpha-2(n-3)\beta]}{(n+2)(n+1)n(n-1)} & 0 & 0 & 0 & 0 \\
0 & 0 & 0 & \ddots & \ddots & \ddots & 0 & 0 & 0 \\
0 & 0 & 0 & 0 & \dfrac{12[n(n-1)+2(n-2)\alpha-2(n-3)\beta]}{(n+2)(n+1)n(n-1)} & \dfrac{6[n(n-1)-(n-2)\alpha+2(n-2)\beta]}{(n+2)(n+1)n} & \dfrac{n(n-1)+2(n-2)\alpha-2\beta}{(n+2)(n+1)} & 0 & 0 \\
0 & 0 & 0 & 0 & 0 & \dfrac{6[n+\alpha-(n-2)\beta]}{(n+2)(n+1)n} & \dfrac{2[2n-(n-2)\alpha+2\beta]}{(n+2)(n+1)} & \dfrac{n+\alpha}{n+2} & 0 \\
0 & 0 & 0 & 0 & 0 & 0 & \dfrac{2(1-\beta)}{(n+2)(n+1)} & \dfrac{2-\alpha}{n+2} & 1
\end{pmatrix}
$$

$$
\boldsymbol{B}=\begin{pmatrix} B_{0,n+2}(t) & B_{1,n+2}(t) & \cdots & B_{n+2,n+2}(t) \end{pmatrix}^{\mathrm{T}}
$$

若记

$$
\boldsymbol{P}=\begin{pmatrix} \boldsymbol{P}_0 & \boldsymbol{P}_1 & \cdots & \boldsymbol{P}_{n-1} & \boldsymbol{P}_n \end{pmatrix}
$$

则第二类 n 次 $\alpha\beta$-Bézier 曲线可以用矩阵表示为

$$\boldsymbol{p}(t)=\boldsymbol{PNB} \tag{3.3.5}$$

记

$$\boldsymbol{V}=\begin{pmatrix}\boldsymbol{V}_0 & \boldsymbol{V}_1 & \cdots & \boldsymbol{V}_{n+2}\end{pmatrix}$$

若令

$$\boldsymbol{p}(t)=\boldsymbol{VB} \tag{3.3.6}$$

即: 用 $n+2$ 次的 Bézier 曲线来表示第二类 n 次 $\alpha\beta$-Bézier 曲线, 其中, $\boldsymbol{V}_i(i=0,1,\cdots,n+1)$ 为 $n+2$ 次 Bézier 曲线的控制顶点. 则通过比较式 (3.3.5) 以及式 (3.3.6), 可以得到表示同一条曲线的 $n+2$ 次 Bézier 曲线与第二类 n 次 $\alpha\beta$-Bézier 曲线的控制顶点之间的关系式 $\boldsymbol{V}=\boldsymbol{PN}$, 即

$$\begin{cases}\boldsymbol{V}_0=\boldsymbol{P}_0\\[2mm] \boldsymbol{V}_1=\dfrac{2-\alpha}{n+2}\boldsymbol{P}_0+\dfrac{n+\alpha}{n+2}\boldsymbol{P}_1\\[2mm] \boldsymbol{V}_2=\dfrac{2(1-\beta)}{(n+2)(n+1)}\boldsymbol{P}_0+\dfrac{2[2n-(n-2)\alpha+2\beta]}{(n+2)(n+1)}\boldsymbol{P}_1\\ \qquad+\dfrac{n(n-1)+2(n-2)\alpha-2\beta}{(n+2)(n+1)}\boldsymbol{P}_2\\ \quad=\boldsymbol{P}_1+\dfrac{2(1-\beta)}{(n+2)(n+1)}(\boldsymbol{P}_0-\boldsymbol{P}_1)+\dfrac{n(n-1)+2(n-2)\alpha-2\beta}{(n+2)(n+1)}(\boldsymbol{P}_2-\boldsymbol{P}_1)\\ \cdots\cdots\\ \boldsymbol{V}_n=\dfrac{n(n-1)+2(n-2)\alpha-2\beta}{(n+2)(n+1)}\boldsymbol{P}_{n-2}+\dfrac{2[2n-(n-2)\alpha+2\beta]}{(n+2)(n+1)}\boldsymbol{P}_{n-1}\\ \qquad+\dfrac{2(1-\beta)}{(n+2)(n+1)}\boldsymbol{P}_n=\boldsymbol{P}_{n-1}+\dfrac{n(n-1)+2(n-2)\alpha-2\beta}{(n+2)(n+1)}\\ \qquad\cdot(\boldsymbol{P}_{n-2}-\boldsymbol{P}_{n-1})+\dfrac{2(1-\beta)}{(n+2)(n+1)}(\boldsymbol{P}_n-\boldsymbol{P}_{n-1})\\[2mm] \boldsymbol{V}_{n+1}=\dfrac{n+\alpha}{n+2}\boldsymbol{P}_{n-1}+\dfrac{2-\alpha}{n+2}\boldsymbol{P}_n\\[2mm] \boldsymbol{V}_{n+2}=\boldsymbol{P}_n\end{cases} \tag{3.3.7}$$

由式 (3.3.7) 可知: 点 $\boldsymbol{V}_1$ 位于边 $\boldsymbol{P}_0\boldsymbol{P}_1$ 上, 且分边 $\boldsymbol{P}_0\boldsymbol{P}_1$ 的比例为 $n+\alpha:2-\alpha$; 点 V_{n+1} 位于边 $\boldsymbol{P}_{n-1}\boldsymbol{P}_n$ 上, 且分边 $\boldsymbol{P}_{n-1}\boldsymbol{P}_n$ 的比例为 $2-\alpha:n+\alpha$; 点 V_2 位于以

$\dfrac{2(1-\beta)}{(n+2)(n+1)}(\boldsymbol{P}_0-\boldsymbol{P}_1)$ 和 $\dfrac{n(n-1)+2(n-2)\alpha-2\beta}{(n+2)(n+1)}(\boldsymbol{P}_2-\boldsymbol{P}_1)$ 为邻边的平行四边形的对角线的终点处; 点 $\boldsymbol{V}_n$ 位于以 $\dfrac{n(n-1)+2(n-2)\alpha-2\beta}{(n+2)(n+1)}(\boldsymbol{P}_{n-2}-\boldsymbol{P}_{n-1})$ 和 $\dfrac{2(1-\beta)}{(n+2)(n+1)}(\boldsymbol{P}_n-\boldsymbol{P}_{n-1})$ 为邻边的平行四边形的对角线的终点处. 这就是形状参数 α 和 β 的几何意义, 如图 3.3.1 所示.

在图 3.3.1 中, 取次数 $n=3$, 参数 $\alpha=1$, $\beta=0$, $\langle \boldsymbol{P}_0\boldsymbol{P}_1\boldsymbol{P}_2\boldsymbol{P}_3\rangle$ 代表第二类 3 次 $\alpha\beta$-Bézier 曲线的控制多边形, $\langle \boldsymbol{V}_0\boldsymbol{V}_1\cdots\boldsymbol{V}_5\rangle$ 为表示该第二类 3 次 $\alpha\beta$-Bézier 曲线的 5 次 Bézier 曲线的控制多边形.

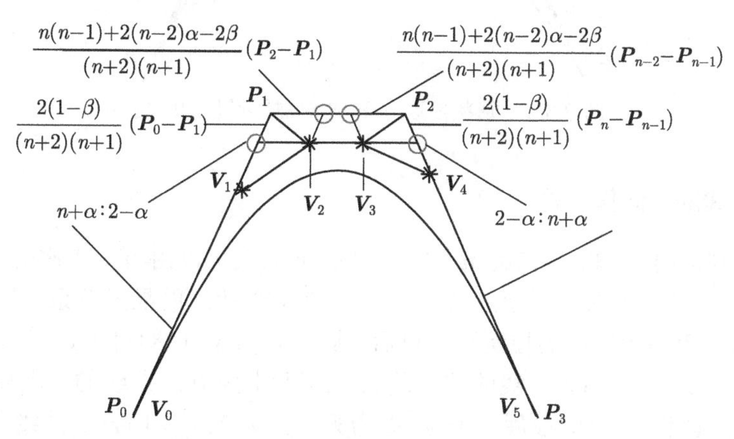

图 3.3.1 形状参数 α 和 β 的几何意义

3.3.4 形状参数对曲线形状的影响

由形状参数的几何意义可以看出, 当参数 α 和 β 同时增大, 或者固定其中的一个而增大另一个时, 表示第二类 n 次 $\alpha\beta$-Bézier 曲线的 $n+2$ 次 Bézier 曲线的控制多边形都将越来越靠近第二类 n 次 $\alpha\beta$-Bézier 曲线的控制多边形. 因此, 由 Bézier 曲线的逼近性可知, 当 α 和 β 同时增大, 或者固定其中的一个而增大另一个时, 第二类 $\alpha\beta$-Bézier 曲线都将越来越逼近于其控制多边形. 并且当参数 $\alpha=2$, $\beta=1$ 时, 第二类 $\alpha\beta$-Bézier 曲线逼近其控制多边形的效果最佳.

改变参数 α 和 β 的值, 可以调整第二类 $\alpha\beta$-Bézier 曲线逼近其控制多边形的程度, 如图 3.3.2 所示.

在图 3.3.2 中: 曲线 1 至 7 依次取参数 $\alpha=-2,0,-2,0,0,1,2$, $\beta=-2,-2,1,0,1,1,1$. 其中, 曲线 4 即为由 $\langle \boldsymbol{P}_0\boldsymbol{P}_1\boldsymbol{P}_2\boldsymbol{P}_3\rangle$ 所定义的 3 次 Bézier 曲线. 曲线 6 即为由 $\langle \boldsymbol{P}_0\boldsymbol{P}_1\boldsymbol{P}_2\boldsymbol{P}_3\rangle$ 所定义的 4 次 λ-Bézier 曲线中最逼近于控制多边形的那一

条. 由此可见, 第二类 $\alpha\beta$-Bézier 曲线远远突破了 Bézier 曲线对控制多边形的逼近, 而且当 $1<\alpha\leqslant 2, \beta=1$ 时, 第二类 $\alpha\beta$-Bézier 曲线的逼近性又优于 λ-Bézier 曲线.

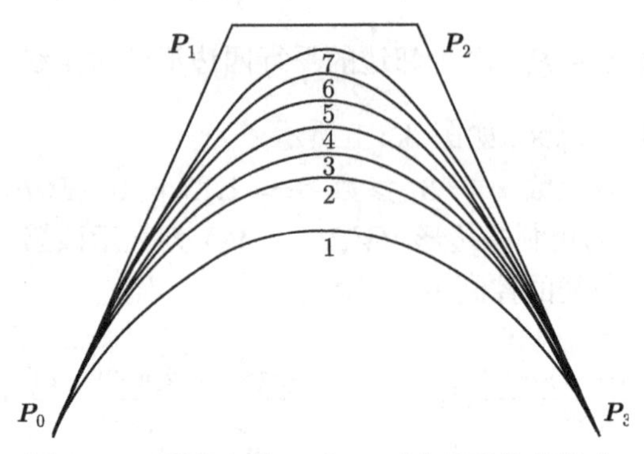

图 3.3.2 形状参数 α 和 β 对曲线形状的影响

3.3.5 曲线的几何作图法

由式 (3.3.6) 可知, 第二类 n 次 $\alpha\beta$-Bézier 曲线可以由 $n+2$ 次的 Bézier 曲线来表示, 并且二者的控制顶点之间存在式 (3.3.7) 所示的显式关系. 在给定第二类 n 次 $\alpha\beta$-Bézier 曲线的控制顶点以后, 根据式 (3.3.7), 即可确定表示这同一条曲线的 $n+2$ 次 Bézier 曲线的控制顶点. 再运用 Bézier 曲线的几何作图法, 经过 $n+2$ 级递推, 得到的最后一个点, 即为第二类 n 次 $\alpha\beta$-Bézier 曲线上的点, 如图 3.3.3 所示.

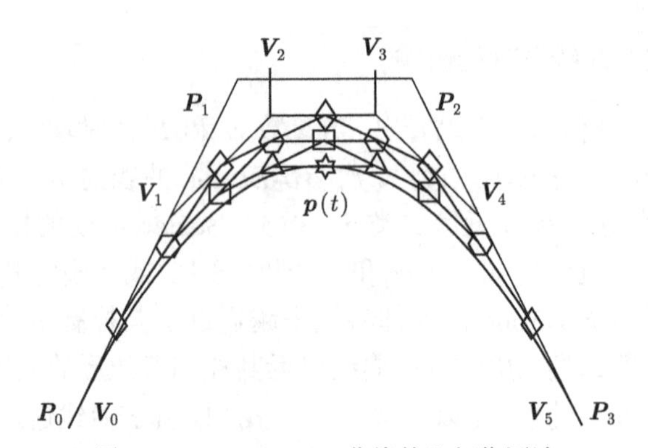

图 3.3.3 $\alpha\beta$-Bézier 曲线的几何作图法

在图 3.3.3 中, 取次数 $n=3$, 参数 $\alpha=\beta=0$, 变量 $t=\dfrac{1}{2}$. $\langle \boldsymbol{P}_0\boldsymbol{P}_1\boldsymbol{P}_2\boldsymbol{P}_3\rangle$ 代表第二类 3 次 $\alpha\beta$-Bézier 曲线 $\boldsymbol{p}(t)$ 的控制多边形, $\langle \boldsymbol{V}_0\boldsymbol{V}_1\boldsymbol{V}_2\boldsymbol{V}_3\boldsymbol{V}_4\boldsymbol{V}_5\rangle$ 为将曲线

$\boldsymbol{p}(t)$ 转化为 5 次 Bézier 曲线以后所对应的控制多边形. 图中标注为菱形的点为对 5 次 Bézier 曲线的控制多边形递推一次得到的点; 标注为圆圈的点为递推两次得到的点; 标注为正方形的点为递推三次得到的点; 标注为三角形的点为递推四次得到的点; 标注为正六边形的点为递推五次得到的点, 该点恰好为第二类 3 次 $\alpha\beta$-Bézier 曲线上的点 $\boldsymbol{p}\left(\frac{1}{2}\right)$.

3.4 Bézier 曲线的同次扩展

在 3.2 节和 3.3 节中, 已经给出了 Bézier 曲线的两种扩展, 因为要实现突破 Bézier 曲线对控制多边形的逼近性这一目标, 因此前两节中所给扩展曲线的调配函数都比与其结构相同的 Bézier 曲线基函数的次数要高. 调配函数次数的提高, 的确提升了曲线的逼近能力, 但同时也增加了计算复杂度. 因此, 如果只设定提高曲线的形状调整能力这一个目标, 而不去考虑曲线的逼近能力, 那么最理想的选择是在不提升调配函数次数的前提下在其中融入形状参数, 本节即为该研究设想下的产物.

与前两节相比, 本节所给扩展曲线的主要优点在于赋予曲线形状调整能力的同时并未提升调配函数的次数, 并且给出了所有调配函数统一的显式表达式, 这给调配函数以及由之定义的曲线的计算带来了方便. 另外, 虽然在调配函数中引入参数可以赋予曲线独立于控制顶点的形状调整自由度, 但同时也给设计人员增加了选择形状参数的工作量, 现有以形状可调 Bézier 曲线为研究主题的文献很少给出形状参数取值的建议, 本节则弥补这一不足, 给出了使曲线拉伸能量、弯曲能量、扭曲能量近似最小时, 形状参数的计算公式, 为曲线的应用提供了方便.

具体研究思路与过程为: 以三次 Bézier 曲线作为初始研究对象, 采用与 3.2 节、3.3 节相同的思路, 通过预设的扩展曲线性质反推扩展基 (即调配函数) 的性质, 通过解方程组得出三次 Bernstein 基函数的含参数扩展基, 借助递推公式得出更高次数的含参数扩展基, 然后观察基函数表达式的规律, 给出所有含参数扩展基统一的显式表达式, 分析扩展基的性质, 并由之定义含参数的曲线, 分析曲线的性质, 给出曲线的几何作图法以及光滑拼接条件, 以曲线拉伸能量、弯曲能量、扭曲能量近似最小为目标, 推导曲线中形状参数的计算公式, 再通过曲线图和曲率图对比分析不同能量目标所得曲线的差异.

3.4.1 调配函数及其性质

本节直接给出调配函数最终统一的显式表达结果, 具体构造方法见前述研究思路与过程.

设自变量 $t \in [0,1]$, 正整数 $n \geqslant 3$, 参数 $\lambda \in (-2,1]$, 记函数

$$b_i^n(t) = C_n^i(1-t)^{n-i}t^i + (1-\lambda)(1-t)^{n-i-1}t^{i-1}[C_{n-3}^{i-3}(1-t)^2 - C_{n-2}^{i-1}(1-t)t + C_{n-3}^i t^2] \tag{3.4.1}$$

其中, $i = 0, 1, \cdots, n$.

显然, $b_i^n(t)$ 为 n 次多项式函数, 并且当参数 $\lambda = 1$ 时, $b_i^n(t)$ 即为第 i 个 n 次 Bernstein 基函数.

定义 3.4.1 称函数组 $\{b_i^n(t)\}_{i=0}^n$ 为 n 次 Bernstein 基函数的同次含参数扩展, 简称为 n 次 λ-Bernstein 基函数.

为了书写方便, 在不至于混淆时, 下文中将省略自变量的记号, 例如将 $b_i^n(t)$ 简记为 b_i^n.

接下来, 陈述并证明 λ-Bernstein 基函数的性质.

命题 3.4.1 λ-Bernstein 基函数具有递推性, 即

$$b_i^n = (1-t)b_i^{n-1} + tb_{i-1}^{n-1} \tag{3.4.2}$$

其中, $t \in [0,1]$, $n \geqslant 4$, $i = 0, 1, \cdots, n$, 并规定 $b_{-1}^{n-1} = b_n^{n-1} = 0$.

证明 记 $B_i^n = C_n^i(1-t)^{n-i}t^i$ 为 n 次 Bernstein 基函数, 并记

$$A_i^n = (1-t)^{n-i-1}t^{i-1}[C_{n-3}^{i-3}(1-t)^2 - C_{n-2}^{i-1}(1-t)t + C_{n-3}^i t^2]$$

则 $b_i^n = B_i^n + (1-\lambda)A_i^n$. 由于 B_i^n 具有递推性, 即 $B_i^n = (1-t)B_i^{n-1} + tB_{i-1}^{n-1}$, 因此接下来只需证明 A_i^n 也具有递推性即可. 而

$$\begin{aligned}
&(1-t)A_i^{n-1} + tA_{i-1}^{n-1} \\
=&(1-t)^{n-1-i}t^{i-1}[C_{n-4}^{i-3}(1-t)^2 - C_{n-3}^{i-1}(1-t)t + C_{n-4}^i t^2] \\
&+ (1-t)^{n-i-1}t^{i-1}[C_{n-4}^{i-4}(1-t)^2 - C_{n-3}^{i-2}(1-t)t + C_{n-4}^{i-1}t^2] \\
=&(1-t)^{n-i-1}t^{i-1}[C_{n-3}^{i-3}(1-t)^2 - C_{n-2}^{i-1}(1-t)t + C_{n-3}^i t^2] \\
=&A_i^n
\end{aligned}$$

这表明 A_i^n 的确具有递推性, 并且其递推规律与 Bernstein 基函数完全一致, 因此 λ-Bernstein 基函数也具有与该规律完全一致的递推公式, 即式 (3.4.2) 成立. 证毕.

命题 3.4.2 当参数 $\lambda \in (-2,1]$ 时, 对于所有的 $n \geqslant 3$, n 次 λ-Bernstein 基函数都非负.

证明 由式 (3.4.1) 可知

$$\begin{cases} b_0^3=(1-\lambda t)(1-t)^2 \\ b_1^3=(2+\lambda)t(1-t)^2 \\ b_2^3=(2+\lambda)t^2(1-t) \\ b_3^3=(1-\lambda+\lambda t)t^2 \end{cases} \tag{3.4.3}$$

易知当参数 $\lambda\in(-2,1]$ 时, 有 $b_i^3\geqslant 0\ (i=0,1,2,3)$, 再结合式 (3.4.2) 可知, 对于所有的 $n\geqslant 4$, 都有 $b_i^n\geqslant 0(i=0,1,\cdots,n)$. 证毕.

命题 3.4.3 对于所有的 $n\geqslant 3$, n 次 λ-Bernstein 基函数都具有规范性.

证明 由式 (3.4.3) 可知

$$\begin{cases} b_0^3=B_0^3+\dfrac{1-\lambda}{3}B_1^3 \\ b_1^3=\dfrac{2+\lambda}{3}B_1^3 \\ b_2^3=\dfrac{2+\lambda}{3}B_2^3 \\ b_3^3=\dfrac{1-\lambda}{3}B_2^3+B_3^3 \end{cases} \tag{3.4.4}$$

由式 (3.4.4) 以及 3 次 Bernstein 基函数的规范性, 可知 $\sum\limits_{i=0}^{3}b_i^3=1$. 假设当 $n=k$ 时, n 次 λ-Bernstein 基函数具有规范性, 则当 $n=k+1$ 时, 由式 (3.4.2) 可得

$$\sum_{i=0}^{k+1}b_i^{k+1}=(1-t)\sum_{i=0}^{k}b_i^k+t\sum_{i-1=0}^{k}b_{i-1}^k=(1-t)+t=1$$

这表明当 $n=k+1$ 时的 n 次 λ-Bernstein 基函数也具有规范性. 证毕.

命题 3.4.4 对于所有的 $n\geqslant 3$, n 次 λ-Bernstein 基函数都具有对称性, 即有 $b_i^n(1-t)=b_{n-i}^n(t)$, 其中, $i=0,1,\cdots,n$.

证明 当 $n=3$ 时, 由式 (3.4.4) 以及 3 次 Bernstein 基函数的对称性, 易知函数组 $\left\{b_i^3\right\}_{i=0}^3$ 具有对称性. 假设当 $n=k$ 时, 对称性成立, 则当 $n=k+1$ 时, 由式 (3.4.2) 可得

$$b_i^{k+1}(1-t)=tb_i^k(1-t)+(1-t)b_{i-1}^k(1-t)=tb_{k-i}^k(t)+(1-t)b_{k+1-i}^k(t)=b_{k+1-i}^{k+1}(t)$$

这表明当 $n=k+1$ 时的 n 次 λ-Bernstein 基函数也具有对称性. 证毕.

命题 3.4.5　当参数 $\lambda \in (-2,1]$ 时, 对于所有的 $n \geqslant 3$, 都有 n 次 λ-Bernstein 基函数线性无关.

证明　当 $n=3$ 时, 考虑线性组合

$$\sum_{i=0}^{3} k_i b_i^3 = 0$$

其中, k_i 为实数, $i=0,1,2,3$, 将式 (3.4.4) 代入上式并整理, 可得

$$k_0 B_0^3 + \left(\frac{1-\lambda}{3}k_0 + \frac{2+\lambda}{3}k_1\right) B_1^3 + \left(\frac{2+\lambda}{3}k_2 + \frac{1-\lambda}{3}k_3\right) B_2^3 + k_3 B_3^3 = 0$$

由于 3 次 Bernstein 基函数线性无关, 故由上式可得

$$\begin{cases} k_0 = 0 \\ \dfrac{1-\lambda}{3}k_0 + \dfrac{2+\lambda}{3}k_1 = 0 \\ \dfrac{2+\lambda}{3}k_2 + \dfrac{1-\lambda}{3}k_3 = 0 \\ k_3 = 0 \end{cases}$$

注意到参数 $\lambda \neq -2$, 因此由上面的方程组可以解出 $k_i = 0\ (i=0,1,2,3)$, 这表明函数组 $\left\{b_i^3\right\}_{i=0}^{3}$ 线性无关. 假设函数组 $\left\{b_i^k\right\}_{i=0}^{k}$ 线性无关, 接下来证明函数组 $\left\{b_i^{k+1}\right\}_{i=0}^{k+1}$ 也线性无关. 考虑线性组合

$$\sum_{i=0}^{k+1} l_i b_i^{k+1} = 0$$

其中, l_i 实数, $i=0,1,\cdots,k+1$, 将式 (3.4.2) 代入上式并整理, 可得

$$(1-t)\sum_{i=0}^{k} l_i b_i^k + t\sum_{i=1}^{k+1} l_i b_{i-1}^k = 0$$

注意到上式对区间 $[0,1]$ 内所有的 t 值均成立, 因此有

$$\sum_{i=0}^{k} l_i b_i^k = 0 \tag{3.4.5}$$

$$\sum_{i=1}^{k+1} l_i b_{i-1}^k = 0 \tag{3.4.6}$$

根据归纳假设以及式 (3.4.5), 可得 $l_i = 0 \ (i = 0, 1, \cdots, k)$, 根据归纳假设以及式 (3.4.6), 可得 $l_i = 0 \ (i = 1, 2, \cdots, k+1)$, 因此对于所有的 $i = 0, 1, \cdots, k+1$, 都有 $l_i = 0$. 证毕.

命题 3.4.6 对于所有的 $n \geqslant 3$, n 次 λ-Bernstein 基函数都可以表示成 3 个相邻 n 次 Bernstein 基函数的线性组合, 即

$$b_i^n = \frac{(1-\lambda)C_{n-3}^{i-3}}{C_n^{i-1}} B_{i-1}^n + \frac{(C_n^i - C_{n-2}^{i-1}) + \lambda C_{n-2}^{i-1}}{C_n^i} B_i^n + \frac{(1-\lambda)C_{n-3}^i}{C_n^{i+1}} B_{i+1}^n \tag{3.4.7}$$

其中, $B_i^n(t)$ 为 n 次 Bernstein 基函数, 规定当 $i < 0$ 或者 $i > n$ 时, $C_n^i = 0$.

证明 直接由式 (3.4.2) 即可得到.

命题 3.4.7 对于所有的 $n \geqslant 3$, 以及 $i = 0, 1, \cdots, n$, 都有

$$\begin{cases} b_i^n(0) = \begin{cases} 1, & i = 0 \\ 0, & i \neq 0 \end{cases} \\ b_i^n(1) = \begin{cases} 1, & i = n \\ 0, & i \neq n \end{cases} \end{cases} \tag{3.4.8}$$

$$\begin{cases} b_i^{n'}(0) = \begin{cases} -(n-1+\lambda), & i = 0 \\ n-1+\lambda, & i = 1 \\ 0, & i \neq 0, 1 \end{cases} \\ b_i^{n'}(1) = \begin{cases} -(n-1+\lambda), & i = n-1 \\ n-1+\lambda, & i = n \\ 0, & i \neq n-1, n \end{cases} \end{cases} \tag{3.4.9}$$

证明 注意到 Bernstein 基函数的端点性质

$$\begin{cases} B_i^n(0) = \begin{cases} 1, & i = 0 \\ 0, & i \neq 0 \end{cases} \\ B_i^n(1) = \begin{cases} 1, & i = n \\ 0, & i \neq n \end{cases} \end{cases} \tag{3.4.10}$$

$$\begin{cases} B_i^{n'}(0) = \begin{cases} -n, & i=0 \\ n, & i=1 \\ 0, & i \neq 0,1 \end{cases} \\ B_i^{n'}(1) = \begin{cases} -n, & i=n-1 \\ n, & i=n \\ 0, & i \neq n-1,n \end{cases} \end{cases} \tag{3.4.11}$$

由式 (3.4.7) 以及式 (3.4.10), 易得

$$\begin{cases} b_0^n(0) = \dfrac{C_n^0}{C_n^0} B_0^n(0) + \dfrac{C_{n-3}^0(1-\lambda)}{C_n^1} B_1^n(0) = B_0^n(0) = 1 \\ b_i^n(0) = 0, \quad i \neq 0 \\ b_i^n(1) = 0, \quad i \neq n \\ b_n^n(1) = \dfrac{C_{n-3}^{n-3}(1-\lambda)}{C_n^{n-1}} B_{n-1}^n(1) + \dfrac{C_n^n}{C_n^n} B_n^n(1) = B_n^n(1) = 1 \end{cases}$$

这表明式 (3.4.8) 成立. 由式 (3.4.7) 以及式 (3.4.11), 易得

$$\begin{cases} b_0^{n'}(0) = \dfrac{C_n^0}{C_n^0} B_0^{n'}(0) + \dfrac{C_{n-3}^0(1-\lambda)}{C_n^1} B_1^{n'}(0) = -(n-1+\lambda) \\ b_1^{n'}(0) = \dfrac{(C_n^1 - C_{n-2}^0) + C_{n-2}^0\lambda}{C_n^1} B_1^{n'}(0) = n-1+\lambda \\ b_i^{n'}(0) = 0, \quad i \neq 0,1 \\ b_i^{n'}(1) = 0, \quad i \neq n-1,n \\ b_{n-1}^{n'}(1) = \dfrac{(C_n^{n-1} - C_{n-2}^{n-2}) + C_{n-2}^{n-2}\lambda}{C_n^{n-1}} B_{n-1}^{n'}(1) = -(n-1+\lambda) \\ b_n^{n'}(1) = \dfrac{C_{n-3}^{n-3}(1-\lambda)}{C_n^{n-1}} B_{n-1}^{n'}(1) + \dfrac{C_n^n}{C_n^i} B_n^{n'}(1) = n-1+\lambda \end{cases}$$

这表明式 (3.4.9) 成立. 证毕.

3.4.2 扩展曲线及其性质

给定二维或三维空间中的 $n+1$ 个控制顶点 $\boldsymbol{V}_i$ $(i=0,1,\cdots,n)$, 且 $n \geqslant 3$, 可以定义曲线

$$\boldsymbol{p}(t) = \sum_{i=0}^{n} b_i^n(t)\boldsymbol{V}_i \tag{3.4.12}$$

其中, $t \in [0,1]$, $\{b_i^n(t)\}_{i=0}^n$ 为 n 次 λ-Bernstein 基函数.

定义 3.4.2 称由式 (3.4.12) 确定的 $\boldsymbol{p}(t)$ 为 n 次 λ-Bézier 曲线.

根据 λ-Bernstein 基函数的性质, 可以推知 λ-Bézier 曲线具有类似于 Bézier 曲线的凸包性、对称性、几何不变性、仿射不变性、端点插值性、端边相切性. 除此之外, 由于调配函数中含有参数 λ, 因此 λ-Bézier 曲线还具有形状可调性.

命题 3.4.8 给定参数值 $t \in [0,1]$, 可以采用递推求值的算法来计算 n $(n \geqslant 3)$ 次 λ-Bézier 曲线上相应的点 $\boldsymbol{p}(t)$, 即

$$\begin{aligned}\boldsymbol{p}(t) &= \sum_{i=0}^{n} b_i^n \boldsymbol{V}_i^0 = \sum_{i=0}^{n-1} b_i^{n-1} \boldsymbol{V}_i^1 = \cdots = \sum_{i=0}^{3} b_i^3 \boldsymbol{V}_i^{n-3} \\ &= \sum_{i=0}^{3} B_i^3 \boldsymbol{Q}_i^{n-2} = \cdots = \boldsymbol{Q}_i^{n+1}\end{aligned} \tag{3.4.13}$$

其中, $\boldsymbol{V}_i^0 = \boldsymbol{V}_i (i = 0, 1, \cdots, n)$, 点 $\boldsymbol{V}_i^l$ $(l = 1, 2, \cdots, n-3)$ 的递推定义如下

$$\boldsymbol{V}_i^l = (1-t)\boldsymbol{V}_i^{l-1} + t\boldsymbol{V}_{i+1}^{l-1}, \quad i = 0, 1, \cdots, n-l \tag{3.4.14}$$

点 $\boldsymbol{Q}_i^l$ $(l = n-1, n, n+1)$ 递推定义如下

$$\boldsymbol{Q}_i^l = (1-t)\boldsymbol{Q}_i^{l-1} + t\boldsymbol{Q}_{i+1}^{l-1}, \quad i = 0, 1, \cdots, n+1-l \tag{3.4.15}$$

当 $l = n-2$ 时,

$$\begin{cases}\boldsymbol{Q}_0^{n-2} = V_0^{n-3} \\ \boldsymbol{Q}_1^{n-2} = \dfrac{1-\lambda}{3}\boldsymbol{V}_0^{n-3} + \dfrac{2+\lambda}{3}\boldsymbol{V}_1^{n-3} \\ \boldsymbol{Q}_2^{n-2} = \dfrac{2+\lambda}{3}\boldsymbol{V}_2^{n-3} + \dfrac{1-\lambda}{3}V_3^{n-3} \\ \boldsymbol{Q}_3^{n-2} = \boldsymbol{V}_3^{n-3}\end{cases} \tag{3.4.16}$$

证明 将式 (3.4.2) 代入式 (3.4.12) 并整理, 可得

$$\begin{aligned}\boldsymbol{p}(t) &= \sum_{i=0}^{n} b_i^n \boldsymbol{V}_i = (1-t)\sum_{i=0}^{n} b_i^{n-1}\boldsymbol{V}_i + t\sum_{i=0}^{n} b_{i-1}^{n-1}\boldsymbol{V}_i \\ &= (1-t)\sum_{i=0}^{n-1} b_i^{n-1}\boldsymbol{V}_i + t\sum_{i=0}^{n-1} b_i^{n-1}\boldsymbol{V}_{i+1} \\ &= \sum_{i=0}^{n-1} [(1-t)\boldsymbol{V}_i + t\boldsymbol{V}_{i+1}] b_i^{n-1}\end{aligned}$$

重复应用该结论 $n-3$ 次, 即可得到式 (3.4.13) 中第一行的关系以及式 (3.4.14). 另外, 由式 (3.4.4) 可知, 3 次 λ-Bézier 曲线可以表示成 3 次 Bézier 曲线的形式, 即

$$\sum_{i=0}^{3} b_i^3 \boldsymbol{V}_i = B_0^3 \boldsymbol{V}_0 + B_1^3 \left(\frac{1-\lambda}{3} \boldsymbol{V}_0 + \frac{2+\lambda}{3} \boldsymbol{V}_1 \right)$$

$$+ B_2^3 \left(\frac{2+\lambda}{3} \boldsymbol{V}_2 + \frac{1-\lambda}{3} \boldsymbol{V}_3 \right) + B_3^3 \boldsymbol{V}_3 = \sum_{i=0}^{3} B_i^3 \boldsymbol{Q}_i$$

显然, 式 (3.4.16) 可从上面的关系式中导出. 然后, 对 3 次 Bézier 曲线执行德卡斯特里奥算法, 最后得到的一点, 即为 n 次 λ-Bézier 曲线上的点. 直接运用德卡斯特里奥算法的理论, 即可得到式 (3.4.13) 中第二行的关系以及式 (3.4.15). 证毕.

式 (3.4.16) 具有明确的几何意义: 点 $\boldsymbol{Q}_0^{n-2}$ 与 $\boldsymbol{V}_0^{n-3}$ 重合, 点 $\boldsymbol{Q}_1^{n-2}$ 位于线段 $\boldsymbol{V}_0^{n-3}\boldsymbol{V}_1^{n-3}$ 上且分该线段的比例为 $2+\lambda:1-\lambda$, 点 $\boldsymbol{Q}_2^{n-2}$ 位于线段 $\boldsymbol{V}_2^{n-3}\boldsymbol{V}_3^{n-3}$ 上且分该线段的比例为 $1-\lambda:2+\lambda$, 点 $\boldsymbol{Q}_3^{n-2}$ 与 $\boldsymbol{V}_3^{n-3}$ 重合. 由此并结合命题 3.4.8 可知, 完全可以采用几何作图的方式, 来得到 n 次 λ-Bézier 曲线上与指定参数相对应的点.

给定参数值 $t=\dfrac{2}{3}$, 并选择形状参数 $\lambda=\dfrac{1}{2}$, 图 3.4.1 演示了 5 次 λ-Bézier 曲线的递推求值过程. 图中, 初始控制顶点用黑色圆圈标示, 第一次递推得到的控制顶点用红色菱形标示, 第二次递推得到的控制顶点用黑色菱形标示, 转化为 3 次 Bézier 曲线以后得到的控制顶点用蓝色正方形标示, 第三次递推得到的控制顶点用黑色下三角形标示, 第四次递推得到的控制顶点用红色圆圈标示, 第五次递推得到的控制顶点用黑色圆点标示, 该点也就是 5 次 λ-Bézier 曲线对应于参数 $t=\dfrac{2}{3}$ 的那一点.

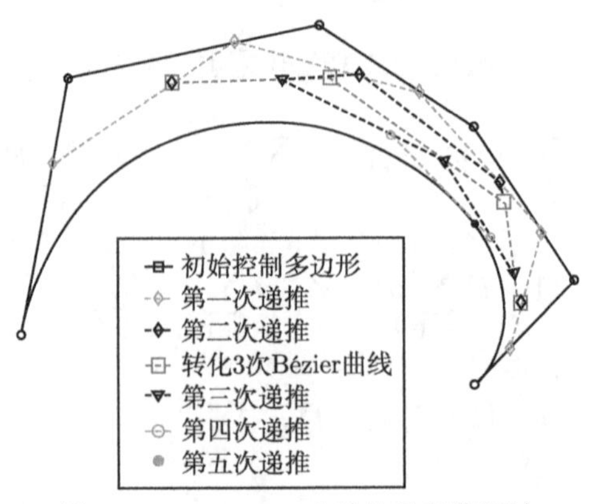

图 3.4.1　λ-Bézier 曲线的几何作图法

命题 3.4.9　给定含参数 $\lambda_1 \in (-2,1]$ 的 m $(m \geqslant 3)$ 次 λ-Bézier 曲线 $\boldsymbol{p}_1(t)$,

以及含参数 $\lambda_2 \in (-2, 1]$ 的 n $(n \geqslant 3)$ 次 λ-Bézier 曲线 $\boldsymbol{p}_2(t)$, 即

$$\begin{cases} \boldsymbol{p}_1(t) = \sum\limits_{i=0}^{m} b_i^m(t; \lambda_1)\boldsymbol{V}_{1i} \\ \boldsymbol{p}_2(t) = \sum\limits_{i=0}^{n} b_i^n(t; \lambda_2)\boldsymbol{V}_{2i} \end{cases} \tag{3.4.17}$$

其中, $t \in [0, 1]$, 若

$$\begin{cases} \boldsymbol{V}_{20} = \boldsymbol{V}_{1m} \\ \boldsymbol{V}_{21} = \boldsymbol{V}_{20} + C(\boldsymbol{V}_{1m} - \boldsymbol{V}_{1,m-1}) \end{cases} \tag{3.4.18}$$

其中, $C > 0$, 则曲线 $\boldsymbol{p}_1(t)$ 与 $\boldsymbol{p}_2(t)$ 在公共连接点处 G^1 连续.

证明 由式 (3.4.8)、式 (3.4.9), 以及式 (3.4.17), 可得

$$\begin{cases} \boldsymbol{p}_1(1) = \boldsymbol{V}_{1m} \\ \boldsymbol{p}_2(0) = \boldsymbol{V}_{20} \\ \boldsymbol{p}_1'(1) = (m - 1 + \lambda_1)(\boldsymbol{V}_{1m} - \boldsymbol{V}_{1,m-1}) \\ \boldsymbol{p}_2'(0) = (n - 1 + \lambda_2)(\boldsymbol{V}_{21} - \boldsymbol{V}_{20}) \end{cases}$$

因此, 当式 (3.4.38) 中所给的条件满足时, 有

$$\begin{cases} \boldsymbol{p}_2(0) = \boldsymbol{p}_1(1) \\ \boldsymbol{p}_2'(0) = \beta \boldsymbol{p}_1'(1) \end{cases}$$

其中, $\beta = \dfrac{(n - 1 + \lambda_2)C}{m - 1 + \lambda_1} > 0$, 这表明两条曲线在公共连接点处 G^1 连续. 证毕.

从式 (3.4.18) 可以看出, λ-Bézier 曲线的 G^1 光滑拼接条件与 Bézier 曲线的完全相同. 不同的是, 一旦组合曲线的控制顶点给定, 组合 Bézier 曲线的形状便被唯一确定, 但组合 λ-Bézier 曲线的形状却可以通过改变形状参数的取值来进行调整. 对于单一的 λ-Bézier 曲线段而言, 形状参数 λ 是全局参数, 改变形状参数的取值, 整条曲线段的形状都会发生改变. 但对于组合 λ-Bézier 曲线而言, 各条曲线段中形状参数的改变仅影响当前那一段曲线的形状, 因此各曲线段中的参数对于整条组合曲线而言是局部参数. 整条组合 λ-Bézier 曲线的形状可以在不改变分段连接点处连续阶的情况下, 通过改变其部分段中参数 λ 取值的方式进行局部调整, 也可以通过改变所有段中参数 λ 的方式进行全局调整.

对于传统 Bézier 曲线而言, 应用时的局限之一在于曲线的形状控制不具有局部性, 改变任何一个控制顶点的位置都会引起整条曲线形状的改变. 在组合

Bézier 曲线中, 改变那些在光滑拼接条件中未涉及的控制顶点, 只会改变当前曲线段的形状. 也就是说, 组合 Bézier 曲线的形状可以在不改变连接点处光滑度的前提下作局部修改. 从这个意义上讲, 组合 Bézier 曲线具有局部形状控制性. 对于组合 λ-Bézier 曲线而言, 除了可以通过改变那些在拼接条件中未涉及的控制顶点来局部改变组合曲线的形状以外, 还可以在不改变任何控制顶点的情况下, 仅通过改变部分段中参数 λ 取值的方式, 在不破坏分段曲线连接光滑度的前提下, 作局部形状修改. 这也是在 Bézier 曲线中引入形状参数的意义所在.

在图 3.4.2 中, 以组合 3 次 λ-Bézier 曲线为例, 演示了形状参数在组合 λ-Bézier 曲线形状调整中的作用. 图中, 组合曲线的控制顶点用黑色圆圈标示, 位于最下方的控制顶点为第一段的首控制顶点, 同时为第三段的末控制顶点, 第一段与第二段、第二段与第三段的控制顶点之间均满足 G^1 光滑拼接条件. 黑色曲线为所有段均取 $\lambda = 1$ 所得到的组合 3 次 λ-Bézier 曲线, 其同时也是组合 3 次 Bézier 曲线. 在此基础上, 将第一段、第三段的形状参数均改为 $\lambda = 0$, 这两段曲线的形状发生改变, 变化后的曲线段用黑色点线标示, 而第二段曲线的形状则保持不变. 将所有曲线段的形状参数均改为 $\lambda = -1.5$, 整条组合曲线的形状发生改变, 变化后的曲线用红色实线标示.

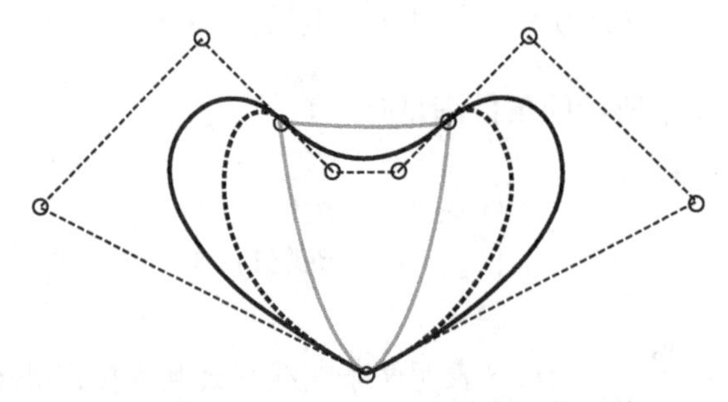

图 3.4.2 组合 λ-Bézier 曲线的形状调整

3.4.3 形状参数的选取公式

为了使形状参数的选取更具有针对性, 本节分析曲线能量与参数 λ 之间的关系. 选择文献 [187] 中的三种能量函数

$$E_k = \int_0^1 \boldsymbol{p}^{(k)}(t) \cdot \boldsymbol{p}^{(k)}(t) dt$$

其中, $k = 1, 2, 3$. 当 $k = 1$ 时, E_k 为拉伸能量的近似, 其反映的是曲线长度; 当 $k = 2$ 时, E_k 为弯曲能量的近似, 其反映的是曲线的曲率; 当 $k = 3$ 时, E_k 为扭曲能量的近似, 其反映的是曲线曲率的变化率.

下面推导使 E_k $(k=1,2,3)$ 取最小值时的参数 λ 的计算公式.

将式 (3.4.7) 代入式 (3.4.12) 并整理, 可得

$$\boldsymbol{p}(t)=\sum_{i=0}^{n}(\boldsymbol{Q}_i-\lambda\boldsymbol{W}_i)\boldsymbol{B}_i^n$$

其中,

$$\begin{cases}\boldsymbol{Q}_i=\boldsymbol{W}_i+\boldsymbol{V}_i\\ \boldsymbol{W}_i=\dfrac{1}{C_n^i}(C_{n-3}^{i-2}\boldsymbol{V}_{i+1}-C_{n-2}^{i-1}\boldsymbol{V}_i+C_{n-3}^{i-1}\boldsymbol{V}_{i-1})\end{cases}$$

对 $\boldsymbol{p}(t)$ 求 k $(k=1,2,3)$ 阶导数, 可得

$$\boldsymbol{p}^{(k)}(t)=\frac{n!}{(n-k)!}\sum_{i=0}^{n-k}\Delta^k(\boldsymbol{Q}_i-\lambda\boldsymbol{W}_i)\boldsymbol{B}_i^{n-k}\triangleq\boldsymbol{f}-\lambda\boldsymbol{g}$$

其中,

$$\begin{cases}\boldsymbol{f}=\dfrac{n!}{(n-k)!}\displaystyle\sum_{i=0}^{n-k}\Delta^k\boldsymbol{Q}_i\boldsymbol{B}_i^{n-k}\\ \boldsymbol{g}=\dfrac{n!}{(n-k)!}\displaystyle\sum_{i=0}^{n-k}\Delta^k\boldsymbol{W}_i\boldsymbol{B}_i^{n-k}\end{cases}\tag{3.4.19}$$

由此可得

$$\boldsymbol{p}^{(k)}(t)\cdot\boldsymbol{p}^{(k)}(t)=\boldsymbol{f}\cdot\boldsymbol{f}-2\lambda\boldsymbol{f}\cdot\boldsymbol{g}+\lambda^2\boldsymbol{g}\cdot\boldsymbol{g}$$

因此, 曲线能量为关于形状参数 λ 的函数, 即

$$E_k(\lambda)=\int_0^1\boldsymbol{f}\cdot\boldsymbol{f}dt-2\lambda\int_0^1\boldsymbol{f}\cdot\boldsymbol{g}dt+\lambda^2\int_0^1\boldsymbol{g}\cdot\boldsymbol{g}dt$$

令

$$\frac{dE_k(\lambda)}{d\lambda}=-2\int_0^1\boldsymbol{f}\cdot\boldsymbol{g}dt+2\lambda\int_0^1\boldsymbol{g}\cdot\boldsymbol{g}dt=0$$

解此方程, 可得

$$\lambda=\frac{\displaystyle\int_0^1\boldsymbol{f}\cdot\boldsymbol{g}dt}{\displaystyle\int_0^1\boldsymbol{g}\cdot\boldsymbol{g}dt}\tag{3.4.20}$$

其中的 $\boldsymbol{f}$ 和 $\boldsymbol{g}$ 由式 (3.4.19) 定义.

为了方便使用, 下面分别给出当 $k=1,2,3$ 时, 对应次数 $n=3,4,5$ 所得公式 (3.4.20) 的具体表达式.

首先, 统一记

$$\boldsymbol{D}_n^{\mathrm{T}}=\begin{pmatrix} \boldsymbol{P}_0 & \boldsymbol{P}_1 & \cdots & \boldsymbol{P}_n \end{pmatrix}$$

其中, $n=3,4,5$.

当 $k=1$ 时, 取 $n=3$, 公式 (3.4.20) 即为

$$\lambda=-\frac{1}{2}\frac{\boldsymbol{D}_3^{\mathrm{T}}X_3^1\boldsymbol{D}_3}{\boldsymbol{D}_3^{\mathrm{T}}Y_3^1\boldsymbol{D}_3}$$

其中,

$$\boldsymbol{X}_3^1=\begin{pmatrix} 5 & -13 & -7 & 10 \\ 0 & 8 & 4 & -7 \\ 0 & 0 & 8 & -13 \\ 0 & 0 & 0 & 5 \end{pmatrix},\quad \boldsymbol{Y}_3^1=\begin{pmatrix} 2 & -4 & -1 & 1 \\ 0 & 2 & 1 & -1 \\ 0 & 0 & 2 & -4 \\ 0 & 0 & 0 & 2 \end{pmatrix}$$

当 $k=1$ 时, 取 $n=4$, 公式 (3.4.20) 即为

$$\lambda=-\frac{\boldsymbol{D}_4^{\mathrm{T}}X_4^1\boldsymbol{D}_4}{\boldsymbol{D}_4^{\mathrm{T}}Y_4^1\boldsymbol{D}_4}$$

其中,

$$\boldsymbol{X}_4^1=\begin{pmatrix} 21 & -39 & -27 & 3 & 21 \\ 0 & 22 & 11 & -19 & 3 \\ 0 & 0 & 16 & 11 & -27 \\ 0 & 0 & 0 & 22 & -39 \\ 0 & 0 & 0 & 0 & 21 \end{pmatrix},\quad \boldsymbol{Y}_4^1=\begin{pmatrix} 9 & -15 & -6 & 6 & -3 \\ 0 & 8 & -2 & -5 & 6 \\ 0 & 0 & 8 & -2 & -6 \\ 0 & 0 & 0 & 8 & -15 \\ 0 & 0 & 0 & 0 & 9 \end{pmatrix}$$

当 $k=1$ 时, 取 $n=5$, 公式 (3.4.20) 即为

$$\lambda=-\frac{1}{2}\frac{\boldsymbol{D}_5^{\mathrm{T}}X_5^1\boldsymbol{D}_5}{\boldsymbol{D}_5^{\mathrm{T}}Y_5^1\boldsymbol{D}_5}$$

其中,

$$
\boldsymbol{X}_5^1 = \begin{pmatrix} 135 & -215 & -141 & -27 & 59 & 54 \\ 0 & 114 & 61 & -85 & -48 & 59 \\ 0 & 0 & 72 & 48 & -85 & -27 \\ 0 & 0 & 0 & 72 & 61 & -141 \\ 0 & 0 & 0 & 0 & 114 & -215 \\ 0 & 0 & 0 & 0 & 0 & 135 \end{pmatrix}
$$

$$
\boldsymbol{Y}_5^1 = \begin{pmatrix} 20 & -30 & -17 & 11 & 3 & -7 \\ 0 & 18 & -3 & -15 & 9 & 3 \\ 0 & 0 & 14 & -4 & -15 & 11 \\ 0 & 0 & 0 & 14 & -3 & -17 \\ 0 & 0 & 0 & 0 & 18 & -30 \\ 0 & 0 & 0 & 0 & 0 & 20 \end{pmatrix}
$$

当 $k = 2$ 时, 取 $n = 3$, 公式 (3.4.20) 即为

$$
\lambda = -\frac{1}{2}\frac{\boldsymbol{D}_3^{\mathrm{T}} X_3^2 \boldsymbol{D}_3}{\boldsymbol{D}_3^{\mathrm{T}} Y_3^2 \boldsymbol{D}_3}
$$

其中,

$$
\boldsymbol{X}_3^2 = \begin{pmatrix} 1 & -5 & 1 & 2 \\ 0 & 4 & -4 & 1 \\ 0 & 0 & 4 & -5 \\ 0 & 0 & 0 & 1 \end{pmatrix}, \quad \boldsymbol{Y}_3^2 = \begin{pmatrix} 1 & -2 & 1 & -1 \\ 0 & 1 & -1 & 1 \\ 0 & 0 & 1 & -2 \\ 0 & 0 & 0 & 1 \end{pmatrix}
$$

当 $k = 2$ 时, 取 $n = 4$, 公式 (3.4.20) 即为

$$
\lambda = -\frac{1}{2}\frac{\boldsymbol{D}_4^{\mathrm{T}} \boldsymbol{X}_4^2 \boldsymbol{D}_4}{\boldsymbol{D}_4^{\mathrm{T}} \boldsymbol{Y}_4^2 \boldsymbol{D}_4}
$$

其中,

$$
\boldsymbol{X}_4^2 = \begin{pmatrix} 15 & -49 & 8 & 11 & 0 \\ 0 & 38 & -24 & -14 & 11 \\ 0 & 0 & 16 & -24 & 8 \\ 0 & 0 & 0 & 38 & -49 \\ 0 & 0 & 0 & 0 & 15 \end{pmatrix}, \quad \boldsymbol{Y}_4^2 = \begin{pmatrix} 6 & -14 & 4 & 1 & -3 \\ 0 & 9 & -8 & 3 & 1 \\ 0 & 0 & 4 & -8 & 4 \\ 0 & 0 & 0 & 9 & -14 \\ 0 & 0 & 0 & 0 & 6 \end{pmatrix}
$$

当 $k=2$ 时, 取 $n=5$, 公式 (3.4.20) 即为

$$\lambda=-\frac{1}{2}\frac{\boldsymbol{D}_5^{\mathrm{T}}\boldsymbol{X}_5^2\boldsymbol{D}_5}{\boldsymbol{D}_5^{\mathrm{T}}\boldsymbol{Y}_5^2\boldsymbol{D}_5}$$

其中,

$$\boldsymbol{X}_5^2=\begin{pmatrix}196 & -600 & 113 & 83 & 40 & -28\\ 0 & 470 & -275 & -145 & 40 & 40\\ 0 & 0 & 116 & -8 & -145 & 83\\ 0 & 0 & 0 & 116 & -275 & 113\\ 0 & 0 & 0 & 0 & 470 & -600\\ 0 & 0 & 0 & 0 & 0 & 196\end{pmatrix}$$

$$\boldsymbol{Y}_5^2=\begin{pmatrix}52 & -130 & 31 & 11 & -10 & -6\\ 0 & 90 & -65 & -5 & 30 & -10\\ 0 & 0 & 27 & -26 & -5 & 11\\ 0 & 0 & 0 & 27 & -65 & 31\\ 0 & 0 & 0 & 0 & 90 & -130\\ 0 & 0 & 0 & 0 & 0 & 52\end{pmatrix}$$

当 $k=3$ 时, 取 $n=3$, 公式 (3.4.20) 即为

$$\lambda=-2\frac{\boldsymbol{D}_3^{\mathrm{T}}\boldsymbol{X}_3^3\boldsymbol{D}_3}{\boldsymbol{D}_3^{\mathrm{T}}\boldsymbol{Y}_3^3\boldsymbol{D}_3}$$

其中,

$$\boldsymbol{X}_3^3=\begin{pmatrix}0 & -1 & 1 & 0\\ 0 & 1 & -2 & 1\\ 0 & 0 & 1 & -1\\ 0 & 0 & 0 & 0\end{pmatrix},\quad \boldsymbol{Y}_3^3=\begin{pmatrix}1 & -2 & 2 & -2\\ 0 & 1 & -2 & 2\\ 0 & 0 & 1 & -2\\ 0 & 0 & 0 & 1\end{pmatrix}$$

当 $k=3$ 时, 取 $n=4$, 公式 (3.4.20) 即为

$$\lambda=-\frac{\boldsymbol{D}_4^{\mathrm{T}}\boldsymbol{X}_4^3\boldsymbol{D}_4}{\boldsymbol{D}_4^{\mathrm{T}}\boldsymbol{Y}_4^3\boldsymbol{D}_4}$$

其中,

$$
\boldsymbol{X}_4^3 = \begin{pmatrix} 3 & -20 & 16 & 4 & -6 \\ 0 & 25 & -48 & 14 & 4 \\ 0 & 0 & 32 & -48 & 16 \\ 0 & 0 & 0 & 25 & -20 \\ 0 & 0 & 0 & 0 & 3 \end{pmatrix}, \quad \boldsymbol{Y}_4^3 = \begin{pmatrix} 7 & -22 & 16 & -10 & 2 \\ 0 & 19 & -32 & 26 & -10 \\ 0 & 0 & 16 & -32 & 16 \\ 0 & 0 & 0 & 19 & -22 \\ 0 & 0 & 0 & 0 & 7 \end{pmatrix}
$$

当 $k=3$ 时, 取 $n=5$, 公式 (3.4.20) 即为

$$
\lambda = -\frac{1}{2}\frac{\boldsymbol{D}_5^{\mathrm{T}}\boldsymbol{X}_5^3\boldsymbol{D}_5}{\boldsymbol{D}_5^{\mathrm{T}}\boldsymbol{Y}_5^3\boldsymbol{D}_5}
$$

其中,

$$
\boldsymbol{X}_5^3 = \begin{pmatrix} 7 & -37 & 27 & 1 & -3 & -2 \\ 0 & 44 & -67 & 7 & 12 & -3 \\ 0 & 0 & 32 & -32 & 7 & 1 \\ 0 & 0 & 0 & 32 & -67 & 27 \\ 0 & 0 & 0 & 0 & 44 & -37 \\ 0 & 0 & 0 & 0 & 0 & 7 \end{pmatrix}
$$

$$
\boldsymbol{Y}_5^3 = \begin{pmatrix} 4 & -14 & 9 & -3 & -1 & 1 \\ 0 & 13 & -19 & 9 & -1 & -1 \\ 0 & 0 & 9 & -14 & 9 & -3 \\ 0 & 0 & 0 & 9 & -19 & 9 \\ 0 & 0 & 0 & 0 & 13 & -14 \\ 0 & 0 & 0 & 0 & 0 & 4 \end{pmatrix}
$$

3.4.4 扩展曲线的数值实验

3.4.4.1 λ-Bézier 曲线与 Bézier 曲线

为了直观比较以不同能量函数为优化目标所得到的 λ-Bézier 曲线之间的差异, 以及 λ-Bézier 曲线与 Bézier 曲线之间的差异, 下面给出由相同控制顶点定义的 3~5 次 λ-Bézier 曲线以及 Bézier 曲线, 并给出相应的曲率图.

在图 3.4.3 中, 从左至右的 4 幅子图, 分别为以 E_1, E_2, E_3 为优化目标所得到的 3 次 λ-Bézier 曲线, 以及 3 次 Bézier 曲线.

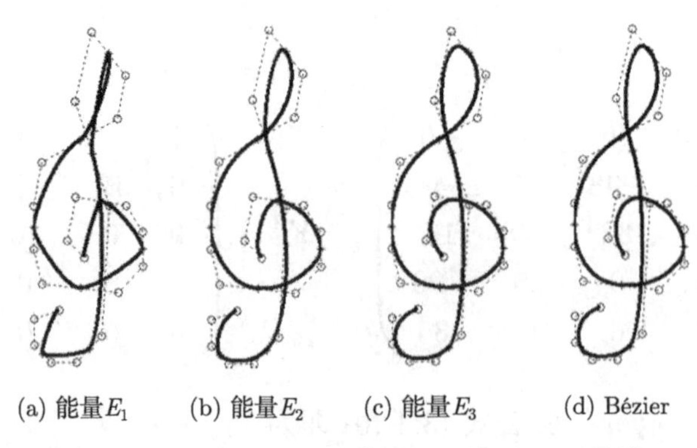

(a) 能量E_1　(b) 能量E_2　(c) 能量E_3　(d) Bézier

图 3.4.3　3 次 λ-Bézier 曲线与 3 次 Bézier 曲线

在图 3.4.4 中, 第一幅子图为图 3.4.3 中第一幅子图中曲线的曲率图, 第二幅子图为第一幅子图局部放大后的图形, 余下三幅子图依次为图 3.4.3 中第二、第三、第四幅子图中曲线的曲率图. 图 3.4.4 中, 横坐标为曲线的参数 t, 纵坐标为曲线的曲率 k, 图 3.4.6、图 3.4.8 中横、纵坐标的含义与此相同.

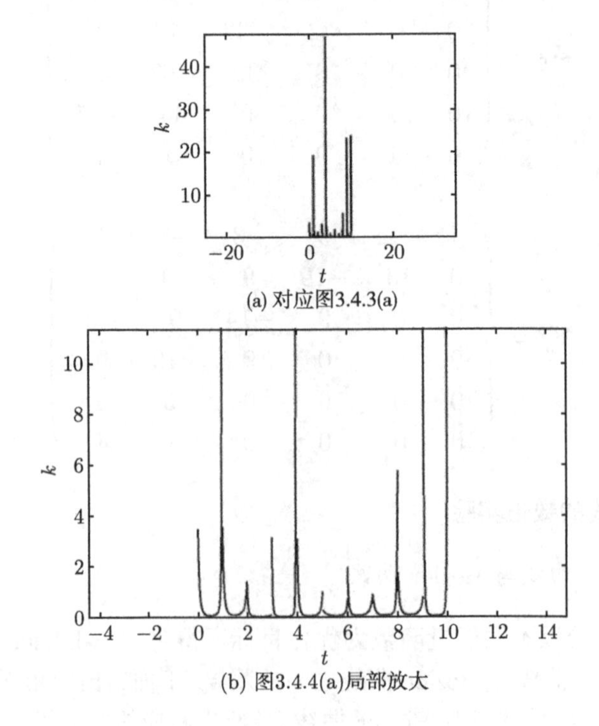

(a) 对应图3.4.3(a)

(b) 图3.4.4(a)局部放大

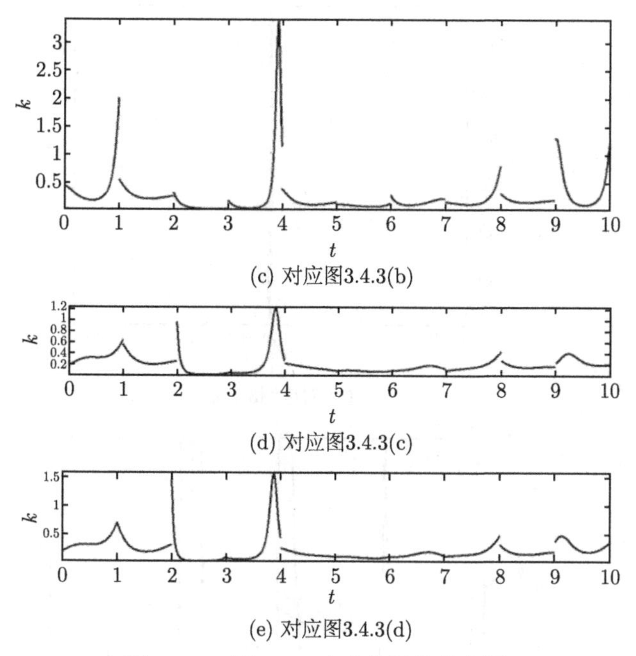

(c) 对应图3.4.3(b)

(d) 对应图3.4.3(c)

(e) 对应图3.4.3(d)

图 3.4.4 图 3.4.3 中各曲线的曲率图

在图 3.4.5 中, 从左至右的 4 幅子图, 分别为以 E_1, E_2, E_3 为优化目标所得到的 4 次 λ-Bézier 曲线, 以及 4 次 Bézier 曲线.

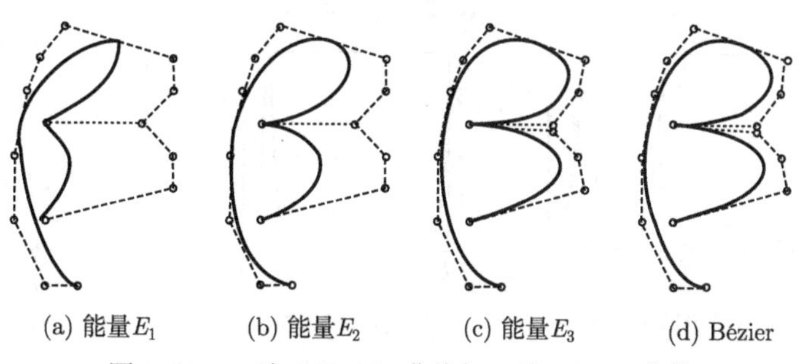

(a) 能量E_1 (b) 能量E_2 (c) 能量E_3 (d) Bézier

图 3.4.5 4 次 λ-Bézier 曲线与 4 次 Bézier 曲线

在图 3.4.6 中, 第一幅子图为图 3.4.5 中第一幅子图中曲线的曲率图, 第二幅子图为第一幅子图局部放大后的图形, 余下三幅子图依次为图 3.4.5 中第二、第三、第四幅子图中曲线的曲率图.

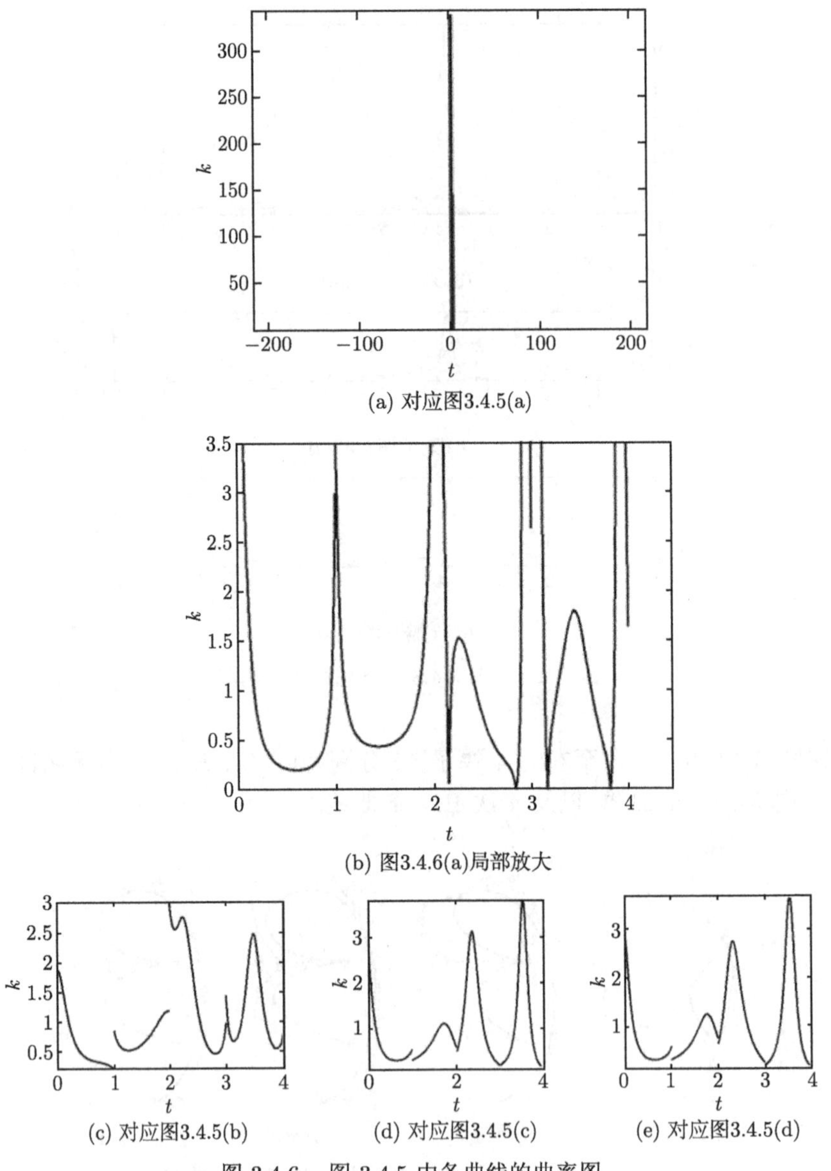

(a) 对应图3.4.5(a)

(b) 图3.4.6(a)局部放大

(c) 对应图3.4.5(b)　(d) 对应图3.4.5(c)　(e) 对应图3.4.5(d)

图 3.4.6　图 3.4.5 中各曲线的曲率图

在图 3.4.7 中, 第一行的左、右两幅子图分别为以 E_1、E_2 为优化目标所得到的 5 次 λ-Bézier 曲线, 第二行的左、右两幅子图分别为以 E_3 为优化目标所得到的 5 次 λ-Bézier 曲线以及 5 次 Bézier 曲线.

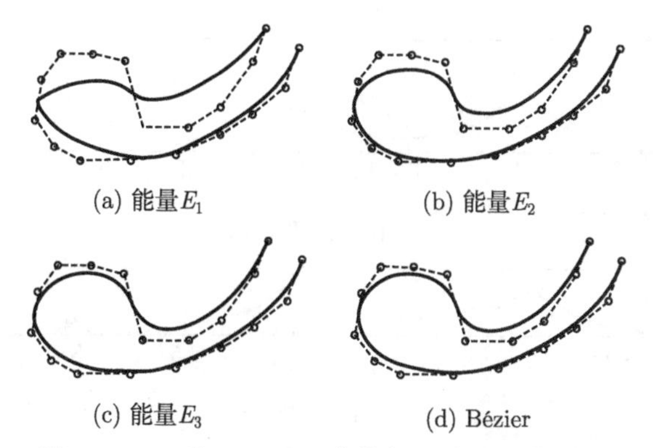

(a) 能量E_1　(b) 能量E_2

(c) 能量E_3　(d) Bézier

图 3.4.7　5 次 λ-Bézier 曲线与 5 次 Bézier 曲线

在图 3.4.8 中, 第一幅子图为图 3.4.7 中第一幅子图中曲线的曲率图, 第二幅子图为第一幅子图局部放大后的图形, 余下三幅子图依次为图 3.4.7 中第二、第三、第四幅子图中曲线的曲率图.

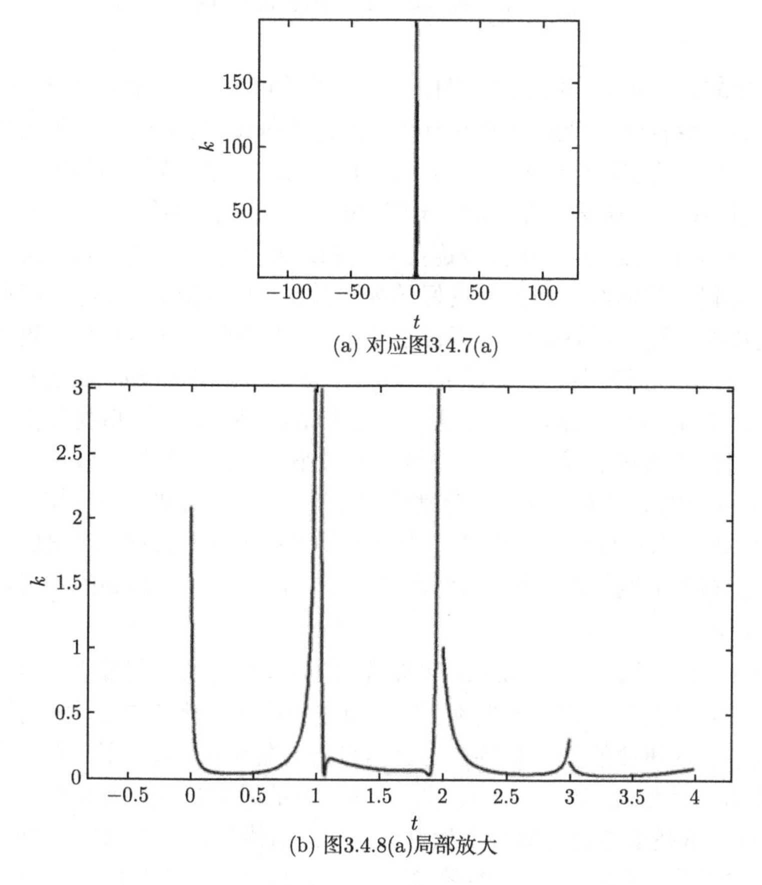

(a) 对应图3.4.7(a)

(b) 图3.4.8(a)局部放大

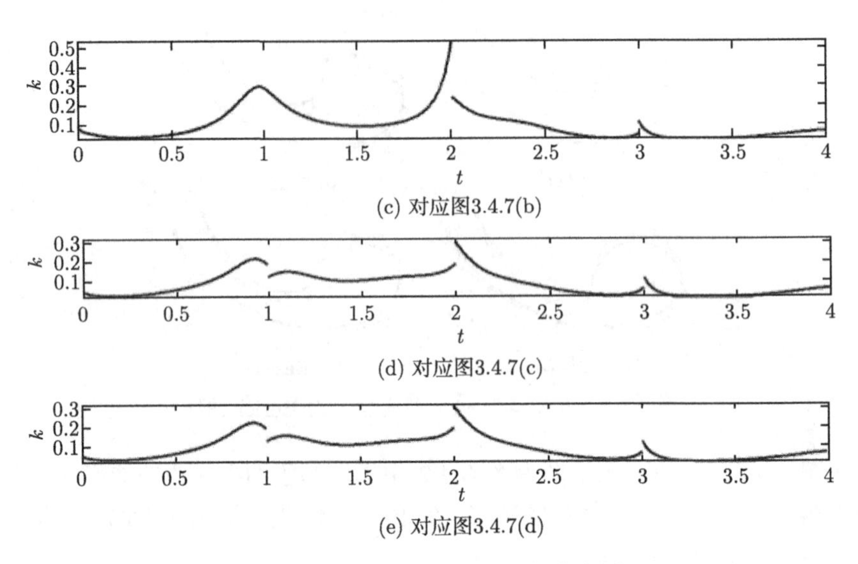

(c) 对应图3.4.7(b)

(d) 对应图3.4.7(c)

(e) 对应图3.4.7(d)

图 3.4.8　图 3.4.7 中各曲线的曲率图

分别比较图 3.4.3、图 3.4.5、图 3.4.7 中的四幅子图, 基本上可以得出相同的规律和特征. 取拉伸能量近似最小为目标得到的曲线 “棱角分明”, 各条曲线段接近拉直状, 在分段连接点处容易形成 “尖角”, 曲线的次数越低, 这种特征越明显; 从理论上讲, 拉伸能量反映的是曲线长度, 拉伸能量越小, 曲线段越接近连接其首、末控制顶点的直线段, 因此在分段连接点处的过渡不是很自然. 取弯曲能量近似最小为目标得到的曲线总是具有良好的视觉效果; 从理论上讲, 弯曲能量反映的是曲线的曲率, 弯曲能量越小, 曲线段越平缓, 因此在分段连接点处的过渡比较自然. 取扭曲能量近似最小为目标得到的曲线总是与相应的 Bézier 曲线具有相似的外形. 从对控制多边形的逼近能力这一角度来比较, 整体上看, 取拉伸能量近似最小为目标得到的曲线最弱, 取扭曲能量近似最小为目标得到的曲线最强. 这样一来, 若将曲线段的首、末控制顶点分别看作山底和山顶, 将曲线段看作从山底到山顶的路径, 那么以拉伸能量近似最小为目标得到的路径最陡峭, 以扭曲能量近似最小为目标得到的路径最平缓, 以弯曲能量近似最小为目标得到的路径则介于前二者之间.

从图 3.4.4、图 3.4.6、图 3.4.8 可以看出: 取拉伸能量近似最小为目标得到的曲线在某些点处具有非常大的曲率, 整条曲线的曲率变化范围较大; 将取弯曲能量近似最小和取扭曲能量近似最小为目标得到的曲线曲率图相比, 有的时候前者的变化范围较后者大 (如图 3.4.4、图 3.4.8), 有的时候前者的变化范围较后者小 (如图 3.4.6); 取扭曲能量近似最小为目标得到的曲线与相应的 Bézier 曲线具有形状相似的曲率图, 有时候前者的曲率变化范围较后者小 (如图 3.4.4), 有时候两者的曲率变化范围相当 (如图 3.4.6、图 3.4.8).

虽然扭曲能量反映的是曲线曲率的变化率, E_3 为扭曲能量的近似, 但从上面的分析可以看出, 以 E_3 为优化目标所得曲线的曲率变化率并不总是比以 E_2 为优化目标所得曲线的曲率变化率小, 导致该结果的主要原因是 E_k 为能量的近似值而非精确值.

3.4.4.2 λ-Bézier 曲线与文献中的曲线

本节通过构造含参数的调配函数来定义形状可调的 Bézier 曲线, 很多文献都采用类似的方法给出了调配函数各异的形状可调 Bézier 曲线模型. 相比较而言, 本节所给模型的优点主要体现在两个方面: 一是所有调配函数都具有统一的显式表达式; 二是曲线中形状参数的选取有章可循. 当有明确的设计要求时, 选择本节所给的模型, 可以根据相应的计算公式快速地确定满足要求的形状参数. 而对于文献中那些没有提供形状参数配套计算公式的模型, 一般情况下, 不管控制顶点如何变化, 通常都是在形状参数允许的范围内取一些比较特殊的值来进行曲线设计, 这种方式往往不易保证所得曲线满足设计要求. 下面以文献 [37] 中所给曲线模型为例, 与本节方法进行比较.

给定控制顶点 $(0,6)$, $(0,2)$, $(5,2)$, $(7,0)$, $(2,0)$, $(6,8)$, 可以确定一段 5 次 λ-Bézier 曲线, 也可以确定文献 [37] 中一段相应的曲线. 若要求曲线段弯曲能量近似最小, 使用公式 (3.4.20) 可以计算出 5 次 λ-Bézier 曲线中的参数 $\lambda = -\dfrac{690}{319}$, 所得结果见图 3.4.9 中黑色实曲线. 选择文献 [37] 中的模型, 在形状参数的取值

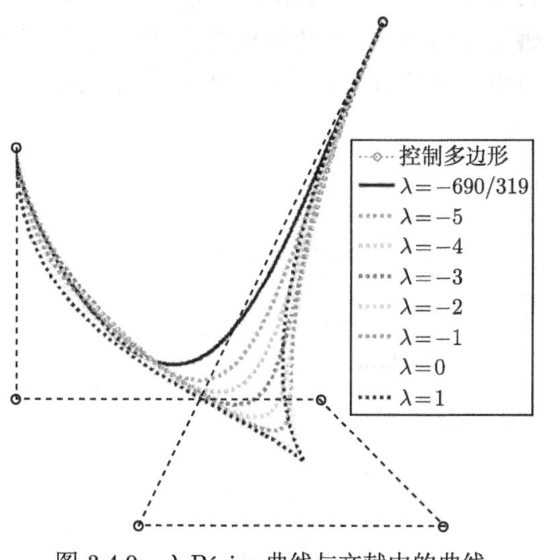

图 3.4.9 λ-Bézier 曲线与文献中的曲线

范围 $[-5,1]$ 内, 依次取参数 λ 为 -5, -4, -3, -2, -1, 0, 1, 所得结果分别见图 3.4.9 中红色、绿色、蓝色、青绿色、洋红色、黄色、黑色虚曲线. 通过该图可以判断出, 无论形状参数在允许的范围内取何值, 都无法运用文献 [37] 中的模型得到与本节所得弯曲能量近似最小比较贴近的结果.

3.5 小　结

本章给出的三种曲线生成方法, 均以 n 次 Bézier 曲线作为特例, 对于前两种而言 $n \geqslant 2$, 对于第三种而言 $n \geqslant 3$, 另外, 前两种曲线还以文献 [37] 中的 $n+1$ 次 λ-Bézier 曲线作为特例. 三种曲线均保留了 Bézier 曲线一些实用的几何性质, 归功于形状参数的引入, 三者还拥有了 Bézier 曲线不具备的相对于固定控制顶点的形状调整能力. 在形状参数 α 和 β 的取值范围内, 选择不同的参数值, 可以生成逼近于同一个控制多边形的不同的第一类和第二类 $\alpha\beta$-Bézier 曲线, 这两类曲线都可以突破传统 Bézier 曲线对控制多边形的逼近, 其中的第二类 $\alpha\beta$-Bézier 曲线还可以突破文献 [37] 中的 λ-Bézier 曲线对控制多边形的逼近. 三类曲线中的形状参数都具有明确的几何意义, 用户可以方便地调整其值来设计满意的形状. 由于三者都可以用一般的 Bézier 曲线来表示, 因此都可以借助 Bézier 曲线的几何作图法, 方便快捷地确定出曲线上与指定参数相对应的点.

对于第三种曲线而言, 虽然其对控制多边形的逼近能力不及前面两种曲线, 但由于其采用的扩展基并未提升 Bernstein 基函数的次数, 并且具有统一的显式表达式, 因此该方法在赋予 Bézier 曲线形状调整能力的同时并未增加计算量, 而且由于提供了可以直接使用的形状参数计算公式, 因此在使用该方法时, 符合设计要求的形状参数的确定变得简单, 数值实例也直观显示了该曲线造型方法以及曲线中形状参数选取方案的正确性与有效性, 体现了该方法较文献中类似方法的优越之处.

第 4 章　形状可调 Bézier 曲线的构造方法

4.1　引　　言

在上一章中, 通过预先设定的扩展曲线的性质, 反推调配函数的性质, 然后通过解方程组的方法来构造含形状参数的调配函数, 进而给出了 Bézier 曲线的三种不同的形状可调扩展曲线. 上一章所采用的构造形状可调曲线的思想完全是基于代数观点, 即由形状可调的调配函数定义形状可调的曲线, 而所采用的构造调配函数的方法, 也就是解方程组, 同样是完全基于代数. 而实际上, 形状可调 Bézier 的构造属于几何问题, 能否直接从几何角度出发来解决该问题呢？另外, 针对 Bézier 曲线相对于控制顶点形状固定的不足, 除了第 5 章给出的调配函数以外, 还有大量文献展开了研究, 各种含参数的、性质类似于 Bernstein 基函数的调配函数纷纷被提出, 但这些调配函数是如何推导出来的却无从知晓.

这一章借助经典 Bernstein 基函数的升阶公式, 基于由可调控制顶点定义可调曲线的几何思想, 来定义形状可调的 Bézier 曲线, 详细展示了调配函数的构造过程, 现有文献中的很多调配函数都可以用该方法得到. 按照本章所提供的思路和方法来定义形状可调的 Bézier 曲线, 其形状参数的几何意义直观明了. 本章不仅揭示了可调 Bézier 曲线形状可调的本质, 而且给出了构造性质类似于 Bernstein 基函数、且含参数的多项式调配函数的通用方法.

4.2　可调曲线的构造思路

Bézier 方法从一开始就是面向几何而非面向代数, 当采用控制顶点来定义曲线时, 曲线形状与控制多边形的形状有着直接的联系. 因此, 通过改变控制顶点来调整曲线形状的这种方式才是最具有几何直观性的.

注意到 Bézier 曲线具有升阶算法, 低次的 Bézier 曲线可以用高次的 Bézier 曲线来表示. 实施升阶以后, 由于曲线的控制顶点数量增加了, 所以曲线的灵活度相应增强, 然而曲线的形状却保持不变. 但如果改变升阶以后曲线的控制顶点, 则曲线的形状必然会发生改变, 本章正是从这一思路出发, 来定义形状可调的 Bézier 曲线.

具体地, 先对 Bézier 曲线进行升阶, 得出表示同一条曲线的高一次 Bézier 曲线的控制顶点, 这些顶点除了首、末两个之外, 其他都是原 Bézier 曲线两两相邻控制顶点的线性组合, 然后通过改变线性组合的系数, 实现在系数中引入参数的目标, 由含参数的控制顶点和比原曲线高一次的 Bernstein 基函数来定义新的曲线, 从而实现通过改变参数取值来改变控制顶点, 进而实现从几何直观的角度来调整曲线形状的目标. 对新曲线的表达式进行整理, 可以将其改写成原 Bézier 曲线的控制顶点和一组新的含参数的多项式函数的线性组合, 这样得到的多项式就是文献中定义形状可调 Bézier 曲线时所说的调配函数.

4.3 可调曲线的构造过程

经典的 n 次 Bernstein 基函数, 是由 $n+1$ 个 n 次多项式函数构成的线性无关的函数组, 这里用 $B_{n,i}(t)$ 来表示其中的第 i 个, 则 $B_{n,i}(t)=C_n^i t^i(1-t)^{n-i}$, 其中, $i=0,1,\cdots,n$, $t\in[0,1]$.

每一个 n 次的 Bernstein 基函数都可以用两个相邻的 $n+1$ 次 Bernstein 基函数的线性组合来表示, 即 Bernstein 基函数具有升阶公式

$$B_{n,i}(t)=\left(1-\frac{i}{n+1}\right)B_{n+1,i}(t)+\frac{i+1}{n+1}B_{n+1,i+1}(t) \tag{4.3.1}$$

其中, $i=0,1,\cdots,n$.

有了 Bernstein 基函数, 并且给定了控制顶点以后, 就可以用这两者的线性组合来定义 Bézier 曲线. 这里用 $\boldsymbol{Q}_i$ $(i=0,1,\cdots,n)$ 来表示 n 次 Bézier 曲线的控制顶点, 用 $\boldsymbol{p}_n(t)$ 表示 n 次 Bézier 曲线, 则

$$\boldsymbol{p}_n(t)=\sum_{i=0}^{n}B_{n,i}(t)\boldsymbol{Q}_i \tag{4.3.2}$$

其中, $t\in[0,1]$.

由式 (4.3.2) 可知, Bézier 曲线由控制顶点和 Bernstein 基函数共同确定. 又由于曲线中所采用的 Bernstein 基函数的次数取决于控制顶点的数量, 而一旦次数确定, Bernstein 基函数便固定下来. 因此可以说, Bézier 曲线的形状是由控制顶点所唯一确定的. 正因为如此, 所以当 Bézier 曲线的形状不理想时, 唯一的途径只有修改控制顶点, 然而这种方式会对几何造型设计造成一些不便.

为了在不改变给定控制顶点的情况下, 构造形状可调的 Bézier 曲线, 按照 4.2 节中所述的构造思路, 现对 n 次 Bézier 曲线进行升阶, 将式 (4.3.1) 代入式 (4.3.2) 并整理, 得到

$$\boldsymbol{p}_n(t)=\sum_{i=0}^{n}\left[\left(1-\frac{i}{n+1}\right)B_{n+1,i}(t)+\frac{i+1}{n+1}B_{n+1,i+1}(t)\right]\boldsymbol{Q}_i$$

$$= \sum_{i=0}^{n} \left(1 - \frac{i}{n+1}\right) B_{n+1,i}(t) \boldsymbol{Q}_i + \sum_{i=1}^{n+1} \frac{i}{n+1} B_{n+1,i}(t) \boldsymbol{Q}_{i-1}$$

$$= B_{n+1,0}(t)\boldsymbol{Q}_0 + \sum_{i=1}^{n} B_{n+1,i}(t) \left[\left(1 - \frac{i}{n+1}\right) \boldsymbol{Q}_i + \frac{i}{n+1} \boldsymbol{Q}_{i-1}\right]$$
$$+ B_{n+1,n+1}(t)\boldsymbol{Q}_n$$

当 n 为偶数时,

$$\begin{aligned} \boldsymbol{p}_n(t) = & B_{n+1,0}(t)\boldsymbol{Q}_0 + \sum_{i=1}^{n/2} B_{n+1,i}(t) \left(\frac{n+1-i}{n+1}\boldsymbol{Q}_i + \frac{i}{n+1}\boldsymbol{Q}_{i-1}\right) \\ & + \sum_{i=n/2+1}^{n} B_{n+1,i}(t) \left(\frac{n+1-i}{n+1}\boldsymbol{Q}_i + \frac{i}{n+1}\boldsymbol{Q}_{i-1}\right) + B_{n+1,n+1}(t)\boldsymbol{Q}_n \\ = & B_{n+1,0}(t)\boldsymbol{Q}_0 + \sum_{i=1}^{n/2} B_{n+1,i}(t) \left(\frac{i}{n+1}\boldsymbol{Q}_{i-1} + \frac{n+1-i}{n+1}\boldsymbol{Q}_i\right) \\ & + \sum_{i=1}^{n/2} B_{n+1,n+1-i}(t) \left(\frac{n+1-i}{n+1}\boldsymbol{Q}_{n-i} + \frac{i}{n+1}\boldsymbol{Q}_{n+1-i}\right) + B_{n+1,n+1}(t)\boldsymbol{Q}_n \end{aligned} \tag{4.3.3}$$

当 n 为奇数时,

$$\begin{aligned} \boldsymbol{p}_n(t) = & B_{n+1,0}(t)\boldsymbol{Q}_0 + \sum_{i=1}^{(n-1)/2} B_{n+1,i}(t) \left(\frac{n+1-i}{n+1}\boldsymbol{Q}_i + \frac{i}{n+1}\boldsymbol{Q}_{i-1}\right) \\ & + B_{n+1,\frac{n+1}{2}}(t) \left(\frac{1}{2}\boldsymbol{Q}_{\frac{n-1}{2}} + \frac{1}{2}\boldsymbol{Q}_{\frac{n+1}{2}}\right) \\ & + \sum_{i=(n+3)/2}^{n} B_{n+1,i}(t) \left(\frac{n+1-i}{n+1}\boldsymbol{Q}_i + \frac{i}{n+1}\boldsymbol{Q}_{i-1}\right) + B_{n+1,n+1}(t)\boldsymbol{Q}_n \\ = & B_{n+1,0}(t)\boldsymbol{Q}_0 + \sum_{i=1}^{(n-1)/2} B_{n+1,i}(t) \left(\frac{i}{n+1}\boldsymbol{Q}_{i-1} + \frac{n+1-i}{n+1}\boldsymbol{Q}_i\right) \\ & + B_{n+1,\frac{n+1}{2}}(t) \left(\frac{1}{2}\boldsymbol{Q}_{\frac{n-1}{2}} + \frac{1}{2}\boldsymbol{Q}_{\frac{n+1}{2}}\right) + \sum_{i=1}^{(n-1)/2} B_{n+1,n+1-i}(t) \\ & \cdot \left(\frac{n+1-i}{n+1}\boldsymbol{Q}_{n-i} + \frac{i}{n+1}\boldsymbol{Q}_{n+1-i}\right) + B_{n+1,n+1}(t)\boldsymbol{Q}_n \end{aligned} \tag{4.3.4}$$

接下来, 通过改变式 (4.3.3) 以及式 (4.3.4) 中控制顶点线性组合的系数, 来定义形状可调的 Bézier 曲线.

当 n 为偶数时, 引入 n 个参数 $\lambda_i(i=1,2,\cdots,n)$, 其中

$$\begin{cases} i-(n+1) \leqslant \lambda_i \leqslant i, & i=1,2,\cdots,\dfrac{n}{2} \\ -i \leqslant \lambda_i \leqslant n+1-i, & i=\dfrac{n}{2}+1,\dfrac{n}{2}+2,\cdots,n \end{cases} \tag{4.3.5}$$

令

$$\begin{aligned} b_n(t) = {} & B_{n+1,0}(t)\boldsymbol{Q}_0 + \sum_{i=1}^{n/2} B_{n+1,i}(t)\left(\frac{i-\lambda_i}{n+1}\boldsymbol{Q}_{i-1} + \frac{n+1-i+\lambda_i}{n+1}\boldsymbol{Q}_i\right) \\ & + \sum_{i=1}^{n/2} B_{n+1,n+1-i}(t)\left(\frac{n+1-i+\lambda_{n+1-i}}{n+1}\boldsymbol{Q}_{n-i} + \frac{i-\lambda_{n+1-i}}{n+1}\boldsymbol{Q}_{n+1-i}\right) \\ & + B_{n+1,n+1}(t)\boldsymbol{Q}_n \end{aligned} \tag{4.3.6}$$

当 n 为奇数, 且 $n \geqslant 3$ 时, 引入 $n-1$ 个参数 $\lambda_i(i=1,2,\cdots,n-1)$, 其中

$$\begin{cases} i-(n+1) \leqslant \lambda_i \leqslant i, & i=1,2,\cdots,\dfrac{n-1}{2} \\ -i-1 \leqslant \lambda_i \leqslant n-i, & i=\dfrac{n+1}{2},\dfrac{n+3}{2},\cdots,n-1 \end{cases} \tag{4.3.7}$$

令

$$\begin{aligned} \boldsymbol{b}_n(t) = {} & B_{n+1,0}(t)\boldsymbol{Q}_0 + \sum_{i=1}^{(n-1)/2} B_{n+1,i}(t)\left(\frac{i-\lambda_i}{n+1}\boldsymbol{Q}_{i-1} + \frac{n+1-i+\lambda_i}{n+1}\boldsymbol{Q}_i\right) \\ & + B_{n+1,\frac{n+1}{2}}(t)\left(\frac{1}{2}\boldsymbol{Q}_{\frac{n-1}{2}} + \frac{1}{2}\boldsymbol{Q}_{\frac{n+1}{2}}\right) \\ & + \sum_{i=1}^{(n-1)/2} B_{n+1,n+1-i}(t)\left(\frac{n+1-i+\lambda_{n-i}}{n+1}\boldsymbol{Q}_{n-i} + \frac{i-\lambda_{n-i}}{n+1}\boldsymbol{Q}_{n+1-i}\right) \\ & + B_{n+1,n+1}(t)\boldsymbol{Q}_n \end{aligned} \tag{4.3.8}$$

式 (4.3.6)、式 (4.3.8) 即为由控制顶点 $\boldsymbol{Q}_i$ $(i=0,1,\cdots,n)$ 所定义的形状可调 Bézier 曲线.

4.4 形状参数的几何意义

由式 (4.3.6) 以及式 (4.3.8) 可知, 在给定控制顶点 $\boldsymbol{Q}_i$ $(i=0,1,\cdots,n)$ 以后, 只要改变参数 λ_i 的取值, 形状可调 Bézier 曲线的形状就会发生改变. 为了明确参数取值的变化对曲线形状的影响, 现将式 (4.3.6) 以及式 (4.3.8) 统一记作

$$\boldsymbol{b}_n(t)=\sum_{i=0}^{n+1}B_{n+1,i}(t)\boldsymbol{V}_i$$

其中, $t\in[0,1]$. 这种表示的出发点在于, 将由 $n+1$ 个控制顶点定义的形状可调 Bézier 曲线视为 $n+1$ 次的 Bézier 曲线. 由式 (4.3.6) 以及式 (4.3.8), 可以得出两组控制顶点 $\boldsymbol{V}_i$ $(i=0,1,\cdots,n+1)$ 与 $\boldsymbol{Q}_i$ $(i=0,1,\cdots,n)$ 之间的关系. 当 n 为偶数时,

$$\begin{cases}\boldsymbol{V}_0=\boldsymbol{Q}_0\\ \boldsymbol{V}_i=\dfrac{i-\lambda_i}{n+1}\boldsymbol{Q}_{i-1}+\dfrac{n+1-i+\lambda_i}{n+1}\boldsymbol{Q}_i, \quad i=1,2,\cdots,\dfrac{n}{2}\\ \boldsymbol{V}_i=\dfrac{i+\lambda_i}{n+1}\boldsymbol{Q}_{i-1}+\dfrac{n+1-i-\lambda_i}{n+1}\boldsymbol{Q}_i, \quad i=\dfrac{n}{2}+1,\dfrac{n}{2}+2,\cdots,n\\ \boldsymbol{V}_{n+1}=\boldsymbol{Q}_n\end{cases} \tag{4.4.1}$$

当 n 为奇数, 且 $n\geqslant 3$ 时,

$$\begin{cases}\boldsymbol{V}_0=\boldsymbol{Q}_0\\ \boldsymbol{V}_i=\dfrac{i-\lambda_i}{n+1}\boldsymbol{Q}_{i-1}+\dfrac{n+1-i+\lambda_i}{n+1}\boldsymbol{Q}_i, \quad i=1,2,\cdots,\dfrac{n-1}{2}\\ \boldsymbol{V}_{\frac{n+1}{2}}=\dfrac{1}{2}\boldsymbol{Q}_{\frac{n-1}{2}}+\dfrac{1}{2}\boldsymbol{Q}_{\frac{n+1}{2}}\\ \boldsymbol{V}_i=\dfrac{i+\lambda_{i-1}}{n+1}\boldsymbol{Q}_{i-1}+\dfrac{n+1-i-\lambda_{i-1}}{n+1}\boldsymbol{Q}_i, \quad i=\dfrac{n+3}{2},\dfrac{n+5}{2},\cdots,n\\ \boldsymbol{V}_{n+1}=\boldsymbol{Q}_n\end{cases} \tag{4.4.2}$$

从式 (4.4.1) 以及式 (4.4.2) 可以看出, $n+1$ 次 Bézier 曲线的首、末控制顶点 $\boldsymbol{V}_0$ 和 $\boldsymbol{V}_{n+1}$, 分别与初始给定的首、末控制点 $\boldsymbol{Q}_0$ 和 $\boldsymbol{Q}_n$ 保持一致, 其他控制顶点 $\boldsymbol{V}_i$ $(i=1,2,\cdots,n)$, 则分别位于给定控制多边形的边 $\boldsymbol{Q}_{i-1}\boldsymbol{Q}_i$ $(i=1,2,\cdots,n)$ 上.

当 n 为偶数时, 点 $\boldsymbol{V}_i$ $\left(i=1,2,\cdots,\frac{n}{2}\right)$ 将控制边 $\boldsymbol{Q}_{i-1}\boldsymbol{Q}_i$ $\left(i=1,2,\cdots,\frac{n}{2}\right)$ 分成比例为 $n+1-i+\lambda_i:i-\lambda_i$ 的两个部分, 若增加参数 λ_i $\left(i=1,2,\cdots,\frac{n}{2}\right)$ 的值, 则点 V_i $\left(i=1,2,\cdots,\frac{n}{2}\right)$ 更接近点 $\boldsymbol{Q}_i$ $\left(i=1,2,\cdots,\frac{n}{2}\right)$; 点 V_i $\left(i=\frac{n}{2}+1,\frac{n}{2}+2,\cdots,n\right)$ 将控制边 $\boldsymbol{Q}_{i-1}\boldsymbol{Q}_i$ $\left(i=\frac{n}{2}+1,\frac{n}{2}+2,\cdots,n\right)$ 分成比例为 $n+1-i-\lambda_i:i+\lambda_i$ 的两个部分, 如果增加参数值 λ_i $\left(i=\frac{n}{2}+1,\frac{n}{2}+2,\cdots,n\right)$, 则点 $\boldsymbol{V}_i$ $\left(i=\frac{n}{2}+1,\frac{n}{2}+2,\cdots,n\right)$ 更接近点 $\boldsymbol{Q}_{i-1}$ $\left(i=\frac{n}{2}+1,\frac{n}{2}+2,\cdots,n\right)$. 当 n 为奇数时, 点 $\boldsymbol{V}_i$ $(i=1,2,\cdots,n)$ 与边 $\boldsymbol{Q}_{i-1}\boldsymbol{Q}_i$ $(i=1,2,\cdots,n)$ 的关系也存在类似的结论.

由以上分析可知, $n+1$ 次 Bézier 曲线的控制多边形 $\langle\boldsymbol{V}_0\boldsymbol{V}_1\cdots\boldsymbol{V}_{n+1}\rangle$, 可以看成是割去原给定控制多边形 $\langle\boldsymbol{Q}_0\boldsymbol{Q}_1\cdots\boldsymbol{Q}_n\rangle$ 的 n 个角以后所得到的, 当参数 $\lambda_i(i=1,2,\cdots,n)$ 中的一个或多个同时增加时, 被割去的角会相应减小, 当所有参数均取给定范围 (见式 (4.3.5) 以及式 (4.3.7)) 内的最大值时, 两个控制多边形 $\langle V_0V_1\cdots V_{n+1}\rangle$ 与 $\langle\boldsymbol{Q}_0\boldsymbol{Q}_1\cdots\boldsymbol{Q}_n\rangle$ 完全重合. 也就是说, 随着参数 $\lambda_i(i=1,2,\cdots,n)$ 的增加, $n+1$ 次 Bézier 曲线的控制多边形, 会逐渐接近初始给定的控制多边形. 因此, 由 Bézier 曲线的逼近性可知, 同时增加参数 $\lambda_i(i=1,2,\cdots,n)$ 的值, 会将可调 Bézier 曲线逐渐拉向给定的控制多边形 $\langle\boldsymbol{Q}_0\boldsymbol{Q}_1\cdots\boldsymbol{Q}_n\rangle$. 若只增加一个参数, 而其他参数固定不变, 则会将可调 Bézier 曲线逐渐拉向某一条控制边.

4.5 可调曲线的数值实例

当初始控制顶点 $\boldsymbol{Q}_i$ $(i=0,1,\cdots,n)$ 给定以后, 改变参数 λ_i 的值, 潜在控制顶点 $\boldsymbol{V}_i$ $(i=0,1,\cdots,n+1)$ 就会发生改变, 从而导致形状可调 Bézier 曲线的形状发生改变, 这就是形状可调 Bézier 曲线的形状之所以 “可调” 的本质原因.

在 4.4 节中, 我们从理论上分析了形状可调 Bézier 曲线中参数的几何意义, 为了更加直观地显示参数取值的变化对控制顶点 $\boldsymbol{V}_i$ $(i=0,1,\cdots,n+1)$ 的位置, 以及对形状可调 Bézier 曲线形状的影响作用, 下面给出一些图例.

图 4.5.1～图 4.5.3 显示了由 4 个控制顶点定义的形状可调 Bézier 曲线的形状随参数的改变而产生的变化. 图中圆圈所示的点为给定的控制顶点 $\boldsymbol{Q}_i(i=0,1,2,3)$, 实心点所示为用 4 次 Bézier 曲线表示形状可调 Bézier 曲线时的控制顶点 $\boldsymbol{V}_i(i=0,1,2,3,4)$. 无论参数怎样改变, 点 $\boldsymbol{V}_i(i=0,2,4)$ 的位置始终保持不变.

图 4.5.1 中的曲线从上至下依次取参数 $\lambda_1=\lambda_2=0.5,-0.5,-1.5,-2.5$, 由于两个参数同时改变, 所以点 $\boldsymbol{V}_1$ 和点 $\boldsymbol{V}_3$ 都随之改变. 从图中可以看出, 随着参数

λ_1 和 λ_2 的同时增加, 曲线逐渐整体逼近控制多边形.

图 4.5.2 中的曲线固定取 $\lambda_2 = -2$, 从上至下依次取 $\lambda_1 = 0.5, -0.5, -1.5, -2.5$, 由于 λ_2 固定, 所以点 $\boldsymbol{V}_3$ 固定, 而点 $\boldsymbol{V}_1$ 则随着 λ_1 的改变而变动. 从图中可以看出, 随着参数 λ_1 的增加, 曲线逐渐逼近控制边 $\boldsymbol{Q}_1\boldsymbol{V}_2$.

图 4.5.3 中的曲线固定取 $\lambda_1 = -1$, 从上至下依次取 $\lambda_2 = 0.5, -0.5, -1.5, -2.5$, 由于 λ_1 固定, 所以点 $\boldsymbol{V}_1$ 固定, 而点 $\boldsymbol{V}_3$ 则随着 λ_2 的改变而变动. 从图中可以看出, 随着参数 λ_2 的增加, 曲线逐渐逼近控制边 $\boldsymbol{V}_2\boldsymbol{Q}_2$.

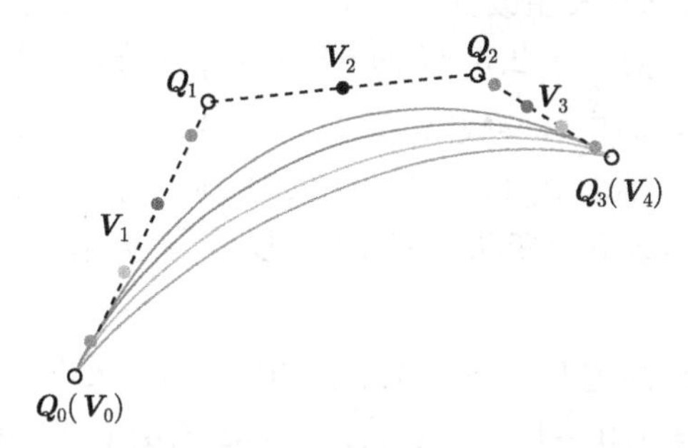

图 4.5.1 同时改变 λ_1 和 λ_2 时曲线形状的变化趋势

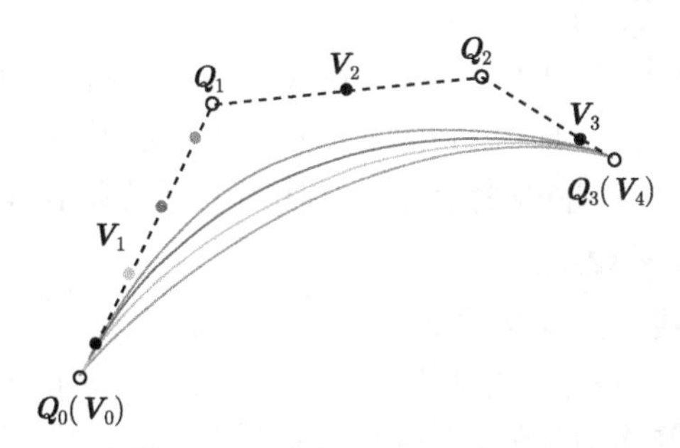

图 4.5.2 固定 λ_2, 只改变 λ_1 时曲线形状的变化趋势

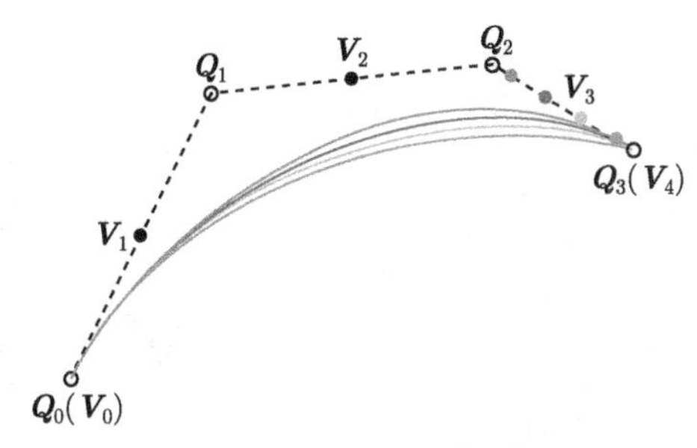

图 4.5.3 固定 λ_1, 只改变 λ_2 时曲线形状的变化趋势

图 4.5.4~图 4.5.8 显示了由 5 个控制顶点定义的形状可调 Bézier 曲线的形状随参数的改变而产生的变化. 图中圆圈所示的点为给定的控制顶点 $\boldsymbol{Q}_i(i=0,1,2,3,4)$, 实心点所示为用 5 次 Bézier 曲线表示形状可调 Bézier 曲线时的控制顶点 $\boldsymbol{V}_i(i=0,1,2,3,4,5)$, 无论参数怎样改变, 点 $\boldsymbol{V}_i(i=0,5)$ 的位置始终保持不变.

图 4.5.4 中的曲线从上至下分别取 $\lambda_1=\lambda_4=-3$, $\lambda_2=\lambda_3=-2.5$; $\lambda_1=\lambda_4=-2$, $\lambda_2=\lambda_3=-1$; $\lambda_1=\lambda_4=-0.5$, $\lambda_2=\lambda_3=0.5$; $\lambda_1=\lambda_4=0.5$, $\lambda_2=\lambda_3=1.5$. 由于四个参数的取值同时发生改变, 所以点 $\boldsymbol{V}_i(i=1,2,3,4)$ 都随之改变. 从图中可以看出, 随着参数 $\lambda_i(i=1,2,3,4)$ 的同时增加, 曲线逐渐整体逼近控制多边形.

图 4.5.5 中的曲线固定取参数 $\lambda_2=\lambda_3=0$, $\lambda_4=-2$, 从上至下的曲线依次取参数 $\lambda_1=0.5,-1,-2,-3$, 由于 $\lambda_i(i=2,3,4)$ 固定, 所以点 $\boldsymbol{V}_i(i=2,3,4)$ 固定, 而点 $\boldsymbol{V}_1$ 则随着 λ_1 的改变而变动. 从图中可以看出, 随着参数 λ_1 的增加, 曲线逐渐逼近控制边 $\boldsymbol{Q}_1\boldsymbol{V}_2$.

图 4.5.6 中的曲线固定取 $\lambda_1=-1$, $\lambda_3=0$, $\lambda_4=-2$, 其中紫色、蓝色、绿色、红色的曲线依次取 $\lambda_2=1,0,-1,-2$, 由于 $\lambda_i(i=1,3,4)$ 固定, 所以点 $\boldsymbol{V}_i(i=1,3,4)$ 固定, 而点 $\boldsymbol{V}_2$ 则随着 λ_2 的改变而变动. 从图中可以看出, 随着参数 λ_2 的增加, 曲线逐渐逼近控制边 $\boldsymbol{Q}_2\boldsymbol{V}_3$.

图 4.5.7 中的曲线固定取 $\lambda_1=\lambda_2=0$, $\lambda_4=-1$, 其中紫色、蓝色、绿色、红色的曲线依次取 $\lambda_3=1.5,0.5,-1,-2.5$, 由于 $\lambda_i(i=1,2,4)$ 固定, 所以点 $\boldsymbol{V}_i(i=1,2,4)$ 固定, 而点 $\boldsymbol{V}_3$ 则随着 λ_3 的改变而变动. 从图中可以看出, 随着参数 λ_3 的增加, 曲线逐渐逼近控制边 $\boldsymbol{V}_2\boldsymbol{Q}_2$.

图 4.5.8 中的曲线固定取参数 $\lambda_1=-2$, $\lambda_2=1$, $\lambda_3=0$, 从上至下的曲线依次取参数 $\lambda_4=0.5,-1.5,-2.5,-3.5$, 由于 $\lambda_i(i=1,2,3)$ 固定, 所以点 $\boldsymbol{V}_i(i=1,2,3)$ 固定, 而点 $\boldsymbol{V}_4$ 则随着 λ_4 的改变而变动. 从图中可以看出, 随着参数 λ_4 的增加, 曲线逐渐逼近控制边 $\boldsymbol{V}_3\boldsymbol{Q}_3$.

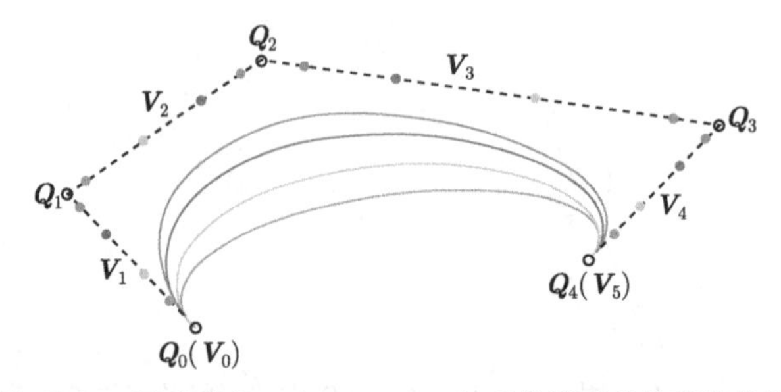

图 4.5.4 同时改变 $\lambda_i(i=1,2,3,4)$ 时曲线形状的变化趋势

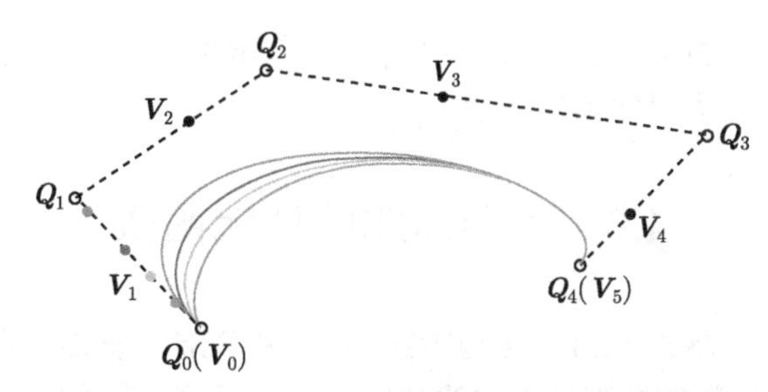

图 4.5.5 固定 $\lambda_i(i=2,3,4)$, 只改变 λ_1 时曲线形状的变化趋势

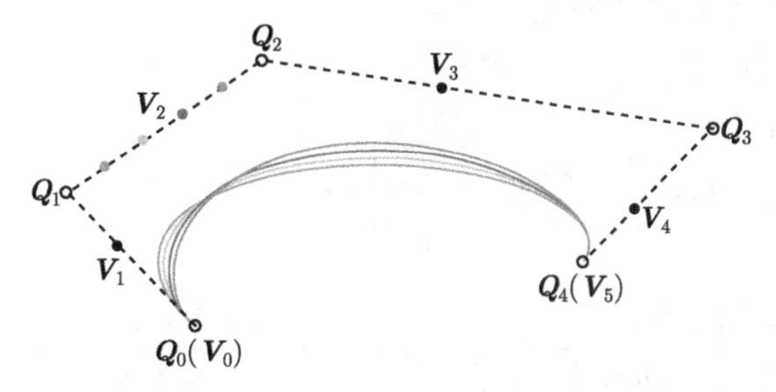

图 4.5.6 固定 $\lambda_i(i=1,3,4)$, 只改变 λ_2 时曲线形状的变化趋势

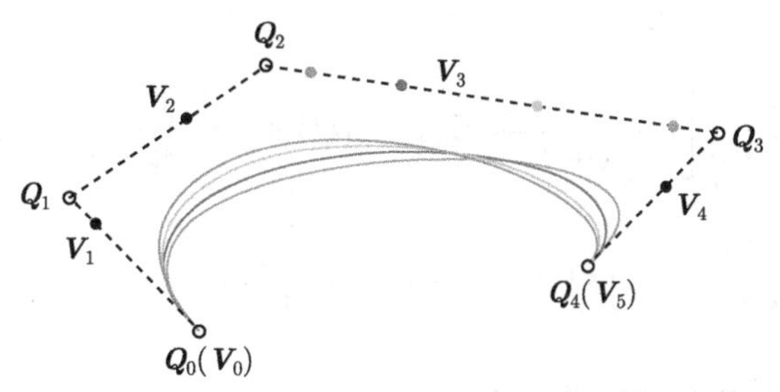

图 4.5.7 固定 $\lambda_i(i=1,2,4)$, 只改变 λ_3 时曲线形状的变化趋势

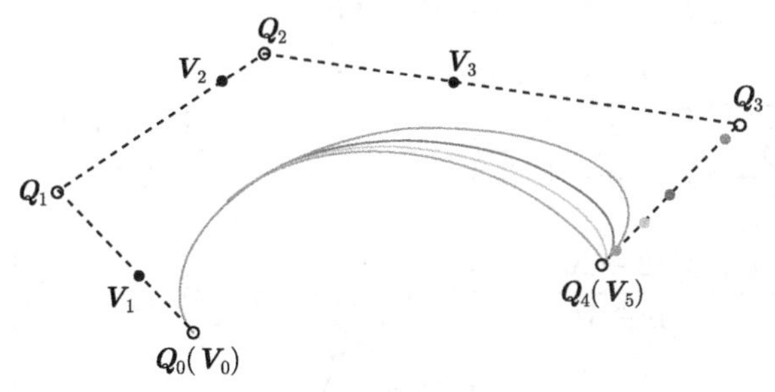

图 4.5.8 固定 $\lambda_i(i=1,2,3)$, 只改变 λ_4 时曲线形状的变化趋势

注释 4.5.1 在图 4.5.1~图 4.5.8 中, 随参数取值变化而改变的控制顶点用彩色标示, 对应的曲线用同种颜色标示.

4.6 可调曲线的调配函数

由式 (4.3.6) 以及式 (4.3.8) 给出的形状可调 Bézier 曲线, 是用固定的 Bernstein 基函数和含参数的控制顶点的线性组合来表示的. 为了按照已有文献中的方式, 将可调 Bézier 曲线表示成固定的控制顶点和含参数的调配函数的线性组合, 需对式 (4.3.6) 以及式 (4.3.8) 进行改写.

当 n 为偶数时, 将式 (4.3.6) 整理为

$$\begin{aligned}\boldsymbol{b}_n(t)=&\left[B_{n+1,0}(t)+\frac{1-\lambda_1}{n+1}B_{n+1,1}(t)\right]\boldsymbol{Q}_0\\&+\sum_{i=1}^{n/2-1}\left[\frac{i+1-\lambda_{i+1}}{n+1}B_{n+1,i+1}(t)+\frac{n+1-i+\lambda_i}{n+1}B_{n+1,i}(t)\right]\boldsymbol{Q}_i\\&+\left[\frac{n/2+1+\lambda_{n/2}}{n+1}B_{n+1,\frac{n}{2}}(t)+\frac{n/2+1+\lambda_{n/2+1}}{n+1}B_{n+1,\frac{n}{2}+1}(t)\right]\boldsymbol{Q}_{\frac{n}{2}}\\&+\sum_{i=n/2+1}^{n-1}\left[\frac{i+1+\lambda_{i+1}}{n+1}B_{n+1,i+1}(t)+\frac{n+1-i-\lambda_i}{n+1}B_{n+1,i}(t)\right]\boldsymbol{Q}_i\\&+\left[\frac{1-\lambda_n}{n+1}B_{n+1,n}(t)+B_{n+1,n+1}(t)\right]\boldsymbol{Q}_n\end{aligned}\tag{4.6.1}$$

当 n 为奇数时, 将式 (4.3.8) 整理为

$$\begin{aligned}\boldsymbol{b}_n(t)=&\left[B_{n+1,0}(t)+\frac{1-\lambda_1}{n+1}B_{n+1,1}(t)\right]\boldsymbol{Q}_0\\&+\sum_{i=1}^{(n-3)/2}\left[\frac{i+1-\lambda_{i+1}}{n+1}B_{n+1,i+1}(t)+\frac{n+1-i+\lambda_i}{n+1}B_{n+1,i}(t)\right]\boldsymbol{Q}_i\\&+\left[\frac{(n+3)/2+\lambda_{(n-1)/2}}{n+1}B_{n+1,\frac{n-1}{2}}(t)+\frac{1}{2}B_{n+1,\frac{n+1}{2}}(t)\right]\boldsymbol{Q}_{\frac{n-1}{2}}\\&+\left[\frac{1}{2}B_{n+1,\frac{n+1}{2}}(t)+\frac{(n+3)/2+\lambda_{(n+1)/2}}{n+1}B_{n+1,\frac{n+3}{2}}(t)\right]\boldsymbol{Q}_{\frac{n+1}{2}}\end{aligned}$$

$$+\sum_{i=(n+3)/2}^{n-1}\left[\frac{i+1+\lambda_i}{n+1}B_{n+1,i+1}(t)+\frac{n+1-i-\lambda_{i-1}}{n+1}B_{n+1,i}(t)\right]\boldsymbol{Q}_i$$

$$+\left[\frac{1-\lambda_{n-1}}{n+1}B_{n+1,n}(t)+B_{n+1,n+1}(t)\right]\boldsymbol{Q}_n \tag{4.6.2}$$

将式 (4.6.1) 以及式 (4.6.2) 统一记作

$$\boldsymbol{b}_n(t)=\sum_{i=0}^{n}N_{n,i}(t)\boldsymbol{Q}_i \tag{4.6.3}$$

其中, $t\in[0,1]$, $N_{n,i}(t)$ $(i=0,1,\cdots,n)$ 为形状可调 Bézier 曲线的含参数的调配函数. 当 n 为偶数时,

$$\begin{cases}N_{n,0}(t)=B_{n+1,0}(t)+\dfrac{1-\lambda_1}{n+1}B_{n+1,1}(t)\\ N_{n,i}(t)=\dfrac{n+1-i+\lambda_i}{n+1}B_{n+1,i}(t)+\dfrac{i+1-\lambda_{i+1}}{n+1}B_{n+1,i+1}(t),\\ \qquad i=1,2,\cdots,\dfrac{n}{2}-1\\ N_{n,\frac{n}{2}}(t)=\dfrac{n/2+1+\lambda_{n/2}}{n+1}B_{n+1,\frac{n}{2}}(t)+\dfrac{n/2+1+\lambda_{n/2+1}}{n+1}B_{n+1,\frac{n}{2}+1}(t)\\ N_{n,i}(t)=\dfrac{n+1-i-\lambda_i}{n+1}B_{n+1,i}(t)+\dfrac{i+1+\lambda_{i+1}}{n+1}B_{n+1,i+1}(t),\\ \qquad i=\dfrac{n}{2}+1,\dfrac{n}{2}+2,\cdots,n-1\\ N_{n,n}(t)=\dfrac{1-\lambda_n}{n+1}B_{n+1,n}(t)+B_{n+1,n+1}(t)\end{cases} \tag{4.6.4}$$

其中, 形状参数的取值范围为

$$\begin{cases}i-(n+1)\leqslant\lambda_i\leqslant i,\quad i=1,2,\cdots,\dfrac{n}{2}\\ -i\leqslant\lambda_i\leqslant n+1-i,\quad i=\dfrac{n}{2}+1,\dfrac{n}{2}+2,\cdots,n\end{cases}$$

当 n 为奇数, 且 $n\geqslant 3$ 时,

$$
\begin{cases}
N_{n,0}(t) = B_{n+1,0}(t) + \dfrac{1-\lambda_1}{n+1} B_{n+1,1}(t) \\
N_{n,i}(t) = \dfrac{n+1-i+\lambda_i}{n+1} B_{n+1,i}(t) + \dfrac{i+1-\lambda_{i+1}}{n+1} B_{n+1,i+1}(t), \\
\qquad i = 1,2,\cdots,\dfrac{n-3}{2} \\
N_{n,\frac{n-1}{2}}(t) = \dfrac{(n+3)/2+\lambda_{(n-1)/2}}{n+1} B_{n+1,\frac{n-1}{2}}(t) + \dfrac{1}{2} B_{n+1,\frac{n+1}{2}}(t) \\
N_{n,\frac{n+1}{2}}(t) = \dfrac{1}{2} B_{n+1,\frac{n+1}{2}}(t) + \dfrac{(n+3)/2+\lambda_{(n+1)/2}}{n+1} B_{n+1,\frac{n+3}{2}}(t) \\
N_{n,i}(t) = \dfrac{n+1-i-\lambda_{i-1}}{n+1} B_{n+1,i}(t) + \dfrac{i+1+\lambda_i}{n+1} B_{n+1,i+1}(t), \\
\qquad i = \dfrac{n+3}{2},\dfrac{n+5}{2},\cdots,n-1 \\
N_{n,n}(t) = \dfrac{1-\lambda_{n-1}}{n+1} B_{n+1,n}(t) + B_{n+1,n+1}(t)
\end{cases}
\tag{4.6.5}
$$

其中, 形状参数的取值范围为

$$
\begin{cases}
i-(n+1) \leqslant \lambda_i \leqslant i, \quad i = 1,2,\cdots,\dfrac{n-1}{2} \\
-i-1 \leqslant \lambda_i \leqslant n-i, \quad i = \dfrac{n+1}{2},\dfrac{n+3}{2},\cdots,n-1
\end{cases}
$$

在工程实际中, 低次曲线应用最为广泛. 为了使用方便, 下面给出当 n 取较小的几个值时, 相应形状可调 Bézier 曲线调配函数的显式表达式.

当 $n=2$ 时, 调配函数为

$$
\begin{cases}
N_{2,0}(t) = (1-t)^2(1-\lambda_1 t) \\
N_{2,1}(t) = t(1-t)[(2+\lambda_1)(1-t)+(2+\lambda_2)t] \\
N_{2,2}(t) = t^2(1-\lambda_2+\lambda_2 t)
\end{cases}
$$

其中, $t \in [0,1]$, 参数 $\lambda_1, \lambda_2 \in [-2,1]$.

当 $n=3$ 时, 调配函数为

$$
\begin{cases}
N_{3,0}(t) = (1-t)^3(1-\lambda_1 t) \\
N_{3,1}(t) = t(1-t)^2(3+\lambda_1-\lambda_1 t) \\
N_{3,2}(t) = t^2(1-t)(3+\lambda_2 t) \\
N_{3,3}(t) = t^2(1-\lambda_2+\lambda_2 t)
\end{cases}
$$

其中, $t \in [0,1]$, 参数 $\lambda_1, \lambda_2 \in [-3,1]$.

当 $n=4$ 时, 调配函数为

$$
\begin{cases}
N_{4,0}(t) = (1-t)^4(1-\lambda_1 t) \\
N_{4,1}(t) = t(1-t)^3[(4+\lambda_1)(1-t)+(4-2\lambda_2)t] \\
N_{4,2}(t) = 2t^2(1-t)^2[(3+\lambda_2)(1-t)+(3+\lambda_3)t] \\
N_{4,3}(t) = t^3(1-t)[(4-2\lambda_3)(1-t)+(4+\lambda_4)t] \\
N_{4,4}(t) = t^4(1-\lambda_4+\lambda_4 t)
\end{cases}
$$

其中, $t \in [0,1]$, 参数 $\lambda_1, \lambda_4 \in [-4,1]$, $\lambda_2, \lambda_3 \in [-3,2]$.

当 $n=5$ 时, 调配函数为

$$
\begin{cases}
N_{5,0}(t) = (1-t)^5(1-\lambda_1 t) \\
N_{5,1}(t) = t(1-t)^4\left[(5+\lambda_1)(1-t)+\left(5-\dfrac{5}{2}\lambda_2\right)t\right] \\
N_{5,2}(t) = t^2(1-t)^3\left(10+\dfrac{5}{2}\lambda_2-\dfrac{5}{2}\lambda_2 t\right) \\
N_{5,3}(t) = t^3(1-t)^2\left(10+\dfrac{5}{2}\lambda_3 t\right) \\
N_{5,4}(t) = t^4(1-t)\left[\left(5-\dfrac{5}{2}\lambda_3\right)(1-t)+(5+\lambda_4)t\right] \\
N_{5,5}(t) = t^5(1-\lambda_4+\lambda_4 t)
\end{cases}
$$

其中, $t \in [0,1]$, 参数 $\lambda_1, \lambda_4 \in [-5,1]$, $\lambda_2, \lambda_3 \in [-4,2]$.

当 $n=6$ 时, 调配函数为

$$
\begin{cases}
N_{6,0}(t) = (1-t)^6(1-\lambda_1 t) \\
N_{6,1}(t) = t(1-t)^5[(6+\lambda_1)(1-t)+(6-3\lambda_2)t] \\
N_{6,2}(t) = t^2(1-t)^4[(15+3\lambda_2)(1-t)+(15-5\lambda_3)t] \\
N_{6,3}(t) = 5t^3(1-t)^3[(4+\lambda_3)(1-t)+(4+\lambda_4)t] \\
N_{6,4}(t) = t^4(1-t)^2[(15-5\lambda_4)(1-t)+(15+3\lambda_5)t] \\
N_{6,5}(t) = t^5(1-t)[(6-3\lambda_5)(1-t)+(6+\lambda_6)t] \\
N_{6,6}(t) = t^6(1-\lambda_6+\lambda_6 t)
\end{cases}
$$

其中, $t\in[0,1]$, 参数 $\lambda_1,\lambda_6\in[-6,1]$, $\lambda_2,\lambda_5\in[-5,2]$, $\lambda_3,\lambda_4\in[-4,3]$.

4.7　调配函数的性质

式 (4.6.4) 以及式 (4.6.5) 给出了含参数的调配函数与 Bernstein 基函数之间的关系, 根据 Bernstein 基函数的性质, 容易得到调配函数 $N_{n,i}(t)$ $(i=0,1,\cdots,n)$ 具有下列性质.

性质 1　非负性. 即: 当调配函数中的参数满足式 (4.3.5)、式 (4.3.7) 中的条件时, 对 $t\in[0,1]$, 有 $N_{n,i}(t)\geqslant 0$, 这里 $i=0,1,\cdots,n$.

性质 2　规范性. 即: $\sum\limits_{i=0}^{n} N_{n,i}(t)=1$.

性质 3　对称性. 即: 当 n 为偶数时, 若参数 $\lambda_i=\lambda_{n+1-i}$ $\left(i=1,2,\cdots,\dfrac{n}{2}\right)$, 则有 $N_{n,i}(t)=N_{n,n-i}(1-t)$, 这里 $i=0,1,\cdots,n$; 当 n 为奇数时, 若参数 $\lambda_i=\lambda_{n-i}$ $\left(i=1,2,\cdots,\dfrac{n-1}{2}\right)$, 则有 $N_{n,i}(t)=N_{n,n-i}(1-t)$, 这里 $i=0,1,\cdots,n$.

性质 4　端点性质. 即: 对 $i=0,1,\cdots,n$, 有

$$
\begin{cases}
N_{n,0}(0)=1 \\
N_{n,i}(0)=0, \quad i\neq 0 \\
N_{n,n}(1)=1 \\
N_{n,i}(1)=0, \quad i\neq n \\
N'_{n,0}(0)=-(n+\lambda_1) \\
N'_{n,1}(0)=n+\lambda_1 \\
N'_{n,i}(0)=0, \quad i\neq 0,1
\end{cases}
\tag{4.7.1}
$$

当 n 为偶数时, 有

$$\begin{cases} N'_{n,n-1}(1) = -(n+\lambda_n) \\ N'_{n,n}(1) = n+\lambda_n \\ N'_{n,i}(0) = 0, \quad i \neq n-1, n \end{cases} \tag{4.7.2}$$

当 n 为奇数时, 有

$$\begin{cases} N'_{n,n-1}(1) = -(n+\lambda_{n-1}) \\ N'_{n,n}(1) = n+\lambda_{n-1} \\ N'_{n,i}(0) = 0, \quad i \neq n-1, n \end{cases} \tag{4.7.3}$$

性质 5 退化性. 当所有的参数都等于零时, 调配函数 $N_{n,i}(t)(i=0,1,\cdots,n)$ 即为 n $(n \geqslant 2)$ 次 Bernstein 基函数. 另外, 现有文献中的很多调配函数都可以由这里所给的调配函数得到. 例如: 当 $n=2$ 时, 令 $\lambda_1=\lambda_2$, 即得文献 [34] 中的调配函数, 令 $\lambda_1=\alpha$, $\lambda_2=\beta$, 即得文献 [188] 中的初始调配函数, 令 $\lambda_1=\lambda-2$, $\lambda_2=\mu-2$, 即得文献 [59] 中的调配函数; 当 $n=3$ 时, 若令 $\lambda_1=\lambda_2$, 即得文献 [35] 中的调配函数, 令 $\lambda_1=\lambda$, $\lambda_2=\mu$, 即得到文献 [45,60,61] 中的调配函数; 当 $n=4$ 时, 令 $\lambda_1=\lambda$, $\lambda_2=\dfrac{\lambda}{2}$, $\lambda_3=\dfrac{\lambda}{2}$, $\lambda_4=\lambda$, 即得文献 [36] 中的第一类调配函数, 令 $\lambda_1=\lambda$, $\lambda_2=0$, $\lambda_3=-\dfrac{\beta}{2}$, $\lambda_4=\alpha$, 即得文献 [58] 中的调配函数, 令 $\lambda_1=a$, $\lambda_2=\dfrac{b}{2}$, $\lambda_3=\dfrac{c}{2}$, $\lambda_4=d$, 即得文献 [62] 中的第二类调配函数; 当 $n=5$ 时, 令 $\lambda_1=\lambda$, $\lambda_2=-\dfrac{2}{5}\lambda$, $\lambda_3=-\dfrac{2}{5}\lambda$, $\lambda_4=\lambda$, 即得文献 [52] 中的调配函数, 令 $\lambda_1=\alpha$, $\lambda_2=\dfrac{4}{5}\alpha-\dfrac{2}{5}\beta$, $\lambda_3=\dfrac{4}{5}\alpha-\dfrac{2}{5}\beta$, $\lambda_4=\alpha$, 即得文献 [63] 中的调配函数; 当 $n=6$ 时, 令 $\lambda_1=x$, $\lambda_2=0$, $\lambda_3=-\dfrac{1}{5}xy$, $\lambda_4=-\dfrac{1}{5}xy$, $\lambda_5=0$, $\lambda_6=x$, 即得文献 [64] 中的调配函数.

4.8 可调曲线的性质

由调配函数的性质, 易知形状可调 Bézier 曲线具有下列性质:

性质 1 凸包性. 形状可调 Bézier 曲线一定位于控制顶点 $\boldsymbol{Q}_i$ $(i=0,1,\cdots,n)$ 的凸包内.

性质 2 几何不变性与仿射不变性. 形状可调 Bézier 曲线的形状与坐标系的选取无关; 欲获得经仿射变换后的形状可调 Bézier 曲线, 只需对控制多边形执行相同的变换.

性质 3　对称性. 当 n 为偶数时, 若 $\lambda_i = \lambda_{n+1-i}$ $\left(i = 1, 2, \cdots, \dfrac{n}{2}\right)$, 或当 n 为奇数时, 若 $\lambda_i = \lambda_{n-i}$ $\left(i = 1, 2, \cdots, \dfrac{n-1}{2}\right)$, 则由控制顶点 $\boldsymbol{Q}_i$ $(i = 0, 1, \cdots, n)$ 和 $\boldsymbol{Q}_{n-i}$ $(i = 0, 1, \cdots, n)$ 定义的形状可调 Bézier 曲线形状相同, 只是方向相反.

性质 4　端点插值性与端边相切性. 形状可调 Bézier 曲线以控制多边形的首、末顶点为起、止点, 且曲线在起、止点处与控制多边形的首、末边相切. 更具体地, 由式 (4.6.3), 式 (4.7.1)~式 (4.7.3) 可得, 对任意的 $n \geqslant 2$, 均有

$$\begin{cases} \boldsymbol{b}_n(0) = \boldsymbol{Q}_0 \\ \boldsymbol{b}'_n(0) = (n + \lambda_1)(\boldsymbol{Q}_1 - \boldsymbol{Q}_0) \\ \boldsymbol{b}_n(1) = \boldsymbol{Q}_n \\ \boldsymbol{b}'_n(1) = (n + \lambda_n^*)(\boldsymbol{Q}_n - \boldsymbol{Q}_{n-1}) \end{cases} \tag{4.8.1}$$

其中,

$$\lambda_n^* = \begin{cases} \lambda_n, & n \text{ 为偶数} \\ \lambda_{n-1}, & n \text{ 为奇数} \end{cases}$$

4.9　可调曲线的拼接

单一的形状可调 Bézier 曲线往往无法表示复杂的形状, 因此对于工程实际中一些结构复杂的图形, 需要将多条形状可调 Bézier 曲线组合在一起才能够描述. 为了保证最终得到的组合曲线的光滑性, 我们首先需要对形状可调 Bézier 曲线的光滑拼接条件进行分析.

假设有两条形状可调的 Bézier 曲线, 一条由 $n+1$ 个控制顶点 $\boldsymbol{Q}_i$ $(i = 0, 1, \cdots, n)$ 定义, 其表达式为

$$\boldsymbol{b}_1(t) = \sum_{i=0}^{n} N_{n,i}(t)\boldsymbol{Q}_i$$

其中, $t \in [0, 1]$, 曲线中的形状参数用带下标的 λ 来表示. 另一条由 $m+1$ 个控制顶点 $\boldsymbol{R}_i$ $(i = 0, 1, \cdots, m)$ 定义, 其表达式为

$$\boldsymbol{b}_2(t) = \sum_{i=0}^{m} N_{m,i}(t)\boldsymbol{R}_i$$

其中, $t \in [0,1]$, 曲线中的形状参数用带下标的 μ 来表示. 根据式 (4.8.1) 中的结论, 可知

$$\begin{cases} \boldsymbol{b}_1(1) = \boldsymbol{Q}_n \\ \boldsymbol{b}_1'(1) = (n+\lambda_n^*)(\boldsymbol{Q}_n - \boldsymbol{Q}_{n-1}) \\ \boldsymbol{b}_2(0) = \boldsymbol{R}_0 \\ \boldsymbol{b}_2'(0) = (m+\mu_1^*)(\boldsymbol{R}_1 - \boldsymbol{R}_0) \end{cases}$$

因此, 要使曲线 $\boldsymbol{b}_1(t)$ 与 $\boldsymbol{b}_2(t)$ 位置连续, 必须 $\boldsymbol{b}_2(0) = \boldsymbol{b}_1(1)$, 即要求

$$\boldsymbol{R}_0 = \boldsymbol{Q}_n \tag{4.9.1}$$

要使曲线 $\boldsymbol{b}_1(t)$ 与 $\boldsymbol{b}_2(t)$ 在公共连接点处 G^1 连续, 必须 $\boldsymbol{b}_2'(0) = \alpha \boldsymbol{b}_1'(1)$, 其中参数 $\alpha > 0$, 即要求

$$(m+\mu_1^*)(\boldsymbol{R}_1 - \boldsymbol{R}_0) = \alpha(n+\lambda_n^*)(\boldsymbol{Q}_n - \boldsymbol{Q}_{n-1})$$

结合式 (4.9.1) 中的条件, 可以推出

$$\boldsymbol{R}_1 = \boldsymbol{Q}_n + \frac{\alpha(n+\lambda_n^*)}{m+\mu_1^*}(\boldsymbol{Q}_n - \boldsymbol{Q}_{n-1}) \tag{4.9.2}$$

由于参数 α 为任意的正实数, 所以只要点 $\boldsymbol{R}_1$ 位于边矢量 $\boldsymbol{Q}_{n-1}\boldsymbol{Q}_n$ 的正向延长线上, 就总存在一个合适的正数 α, 保证式 (4.9.2) 成立.

由上述分析可知, 若曲线 $\boldsymbol{b}_1(t)$ 与 $\boldsymbol{b}_2(t)$ 的控制顶点之间满足关系

$$\begin{cases} \boldsymbol{R}_0 = \boldsymbol{Q}_n \\ \boldsymbol{R}_1 = \boldsymbol{Q}_n + C(\boldsymbol{Q}_n - \boldsymbol{Q}_{n-1}) \end{cases} \tag{4.9.3}$$

其中, $C > 0$, 则曲线 $\boldsymbol{b}_1(t)$ 与 $\boldsymbol{b}_2(t)$ 在公共连接点处具有 G^1 连续性.

注意到条件 (4.9.3) 与两条曲线中的参数都没有关系, 因此, 当曲线的控制顶点给定且满足式 (4.9.3) 时, 可通过分别修改曲线 $\boldsymbol{b}_1(t)$ 与 $\boldsymbol{b}_2(t)$ 中的形状参数来局部调整两条曲线的形状, 而不至于破坏二者在连接点处的光滑性.

在图 4.9.1 中, 给出了由 3 个和 4 个控制顶点定义的形状可调 Bézier 曲线形成的组合曲线. 在左边的组合曲线中, 由 3 个控制顶点定义的形状可调 Bézier 曲线中的参数取 $\lambda_1 = \lambda_2 = -1.5$, 由 4 个控制顶点定义的形状可调 Bézier 曲线中的

参数取 $\lambda_1 = -2.5$, $\lambda_2 = -3$. 在右边的组合曲线中, 所有形状参数都等于零, 因此所得曲线本质上是由一条 2 次 Bézier 曲线和一条 3 次 Bézier 曲线拼接而成.

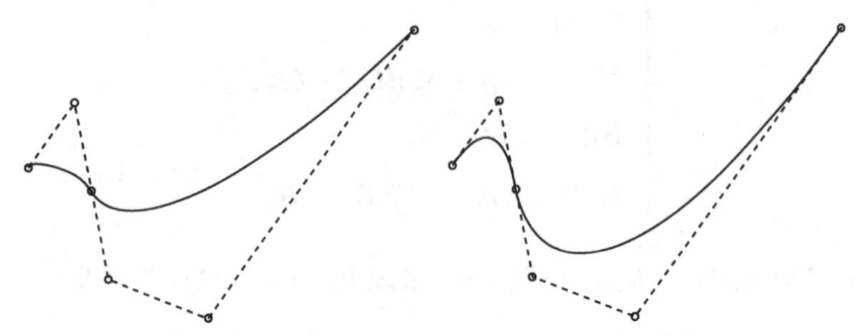

图 4.9.1　G^1 连续的组合形状可调 Bézier 曲线

当给定一条控制多边形时, 如果想要构造一条由形状可调 Bézier 曲线形成的组合曲线, 可以根据需要, 首先在一些选定的控制边上, 添加一些点作为辅助控制顶点, 为了方便, 可以直接取相应控制边的中点. 然后, 以这些添加的中点作为分段连接点, 逐段定义形状可调的 Bézier 曲线, 得到的组合曲线的每一段可以由不同数量的控制顶点定义, 整条组合曲线不仅具有 G^1 连续性, 而且还具有局部形状调整性.

当所给的控制多边形为开时, 若希望由之定义的组合曲线通过控制多边形的首、末顶点, 则需要注意不要选择在首、末控制边上添加中点. 当所给的控制多边形为闭时, 可以任意选择添加中点的控制边. 不管控制多边形是开的还是闭的, 取中点的边不一样, 得到的曲线形状就不一样; 即使取中点的边相同, 也可以通过改变每一段中形状参数的取值, 使最终得到的曲线具有不同的形状.

下面以封闭的控制多边形为例, 给出由两种不同方式得到的形状各异的组合形状可调 Bézier 曲线. 第一种方式, 是通过选择不同的控制边来添加中点, 见图 4.9.2. 第二种方式, 是通过改变不同曲线段中形状参数的取值, 见图 4.9.3.

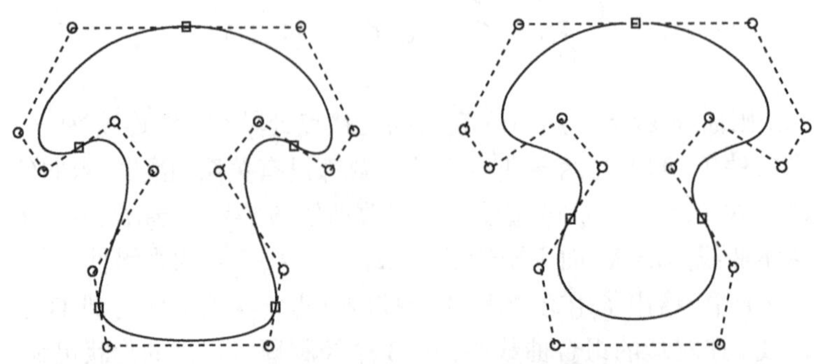

图 4.9.2　通过改变各段控制顶点数量得到的不同组合曲线

在图 4.9.2 中, 左边的组合曲线由 5 条控制顶点数量分别为 5, 5, 4, 5, 5 的形状可调 Bézier 曲线组合而成; 右边的组合曲线由 3 条控制顶点数量分别为 7, 6, 7 的形状可调 Bézier 曲线组合而成. 左右两边的组合曲线中每一段的所有参数都等于 1.

在图 4.9.3 中, 左右两边的组合曲线均由 5 条控制顶点数量分别为 5、4、6、4、5 的形状可调 Bézier 曲线组合而成. 在左边的组合曲线中, 每一条曲线段的所有形状参数都等于 1. 在右边的组合曲线中, 由 4 个控制顶点定义的那两条曲线段中所有的形状参数都等于 -2.5, 由 5 个控制顶点定义的那两条曲线段中所有的形状参数都等于 -3, 由 6 个控制顶点定义的那一条曲线段中所有的形状参数都等于 -4.

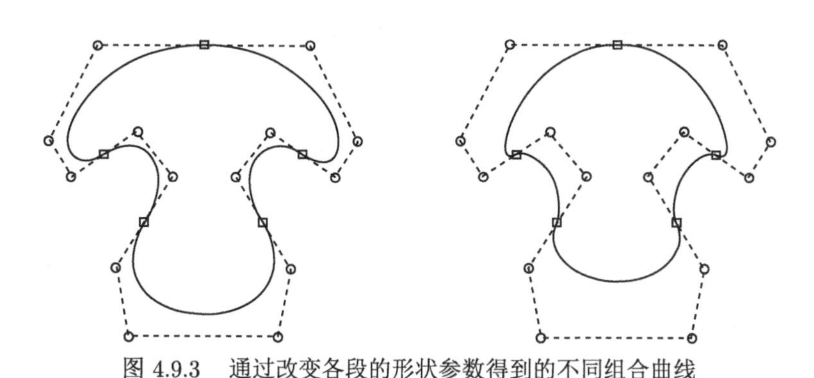

图 4.9.3　通过改变各段的形状参数得到的不同组合曲线

注释 4.9.1　在图 4.9.2 和图 4.9.3 中, 用圆圈标示的点为初始控制顶点, 用正方形标示的点为添加的控制边中点.

4.10 小　结

虽然这一章的研究主题“形状可调 Bézier 曲线”与众多文献相同, 但与已有文献不同的是, 这里是从几何直观的角度, 在控制顶点中引入参数, 从而使曲线具有形状可调性. 对曲线方程进行整理, 即可得到文献中用固定的控制顶点和含参数的调配函数的线性组合来表达的形式. 这里先对 Bézier 曲线进行一次升阶, 然后通过改变控制顶点的线性组合系数来融入参数, 最后整理得到的含参数的多项式调配函数的次数比原来的 Bernstein 多项式的次数要高 1 次, 类似于第 3 章中的第一种扩展曲线, 以及文献 [34-36,40,45,47,48,52,58-64,190] 中的结果. 本章给出的这种方法具有一般性, 我们也可以先对 Bézier 曲线进行两次升阶, 再按照类似的方式在控制顶点中融入形状参数, 就可以得到在 Bernstein 多项式的基础上提升 2 次的含参数的调配函数, 类似于第 3 章中的第二种扩展曲线, 以及文献 [163]

和 [189] 中的结果, 也可以不对 Bézier 曲线进行升阶, 直接改变控制顶点引进参数, 就可以得到与 Bernstein 多项式同次的含参数的调配函数, 类似于第 3 章中的第三种扩展曲线, 以及文献 [50] 和 [51] 中的结果.

第 5 章　Bézier 曲线在三角函数空间上的扩展

5.1　引　　言

这一章延续前两章的主题, 继续讨论 Bézier 曲线的扩展, 但选择的空间为三角函数空间, 研究对象为工程中较常用的 2 次 Bézier 曲线. 扩展目标主要有三个, 前两个目标与第 3 章中前两种扩展模型相同, 即赋予曲线相对于固定控制顶点的形状调整能力, 以及突破传统 Bézier 曲线对控制多边形的逼近性, 第三个目标是在构造组合曲线时, 相邻曲线段之间可以在相对简单的条件下达到较高的连续阶.

之所以选择三角函数空间, 是因为注意到对于代数多项式而言, 当求导次数高于多项式的次数时, 其求导结果便为 0, 而对于三角函数而言, 可以任意求导无数次, 其结果只会在取特殊自变量时为 0, 并且三角函数的求导结果具有周期性, 因此采用三角函数作为调配函数, 具有在拼接条件上优于传统 Bézier 曲线的潜力.

5.2　调配函数及其性质

在提出一种新模型时, 调配函数的构造始终都是最关键的一步. 通过反复尝试, 这里将函数空间选定为 $\mathrm{span}\left\{1, \sin t, \cos t, \sin^2 t, \sin^3 t, \cos^3 t\right\}$, 通过解方程组, 并对求解结果进行适当整理与简化, 得到调配函数的最终表达式见下面的式 (5.2.1).

定义 5.2.1　对于自变量 $t \in \left[0, \dfrac{\pi}{2}\right]$, 称关于 t 的三角函数组

$$\left\{\begin{array}{l} b_{0,2}(t) = (1 - \lambda \sin t)(1 - \sin t)^2 \\ b_{1,2}(t) = 1 - B_0(t) - B_2(t) \\ b_{2,2}(t) = (1 - \lambda \cos t)(1 - \cos t)^2 \end{array}\right. \tag{5.2.1}$$

为带形状参数 λ 的 3 次三角多项式基函数, 简称为 3 次 λ-B 基, 其中的参数 $\lambda \in [-2, 1]$.

3 次 λ-B 基具有如下性质:

性质 1　非负性. 即: 对 $t \in \left[0, \dfrac{\pi}{2}\right]$, 以及对任意的 $i = 0, 1, 2$, 都有 $b_{i,2}(t) \geqslant 0$.

性质 2　规范性. 即: $\sum\limits_{i=0}^{2} b_{i,2}(t) = 1$.

性质 3　端点性质. 即: 在定义区间的左、右端点处, 3 次 λ-B 基的函数值, 以及从一阶至五阶的导数值结果如下:

$$\begin{cases} b_{0,2}(0)=1, \quad b_{1,2}(0)=b_{2,2}(0)=0 \\ b_{0,2}\left(\dfrac{\pi}{2}\right)=b_{1,2}\left(\dfrac{\pi}{2}\right)=0, \quad b_{2,2}\left(\dfrac{\pi}{2}\right)=1 \end{cases} \tag{5.2.2}$$

$$\begin{cases} b'_{0,2}(0)=-\lambda-2, \quad b'_{1,2}(0)=\lambda+2, \quad b'_{2,2}(0)=0 \\ b'_{0,2}\left(\dfrac{\pi}{2}\right)=0, \quad b'_{1,2}\left(\dfrac{\pi}{2}\right)=-\lambda-2, \quad b'_{2,2}\left(\dfrac{\pi}{2}\right)=\lambda+2 \end{cases} \tag{5.2.3}$$

$$\begin{cases} b''_{0,2}(0)=4\lambda+2, \quad b''_{1,2}(0)=-4\lambda-2, \quad b''_{2,2}(0)=0 \\ b''_{0,2}\left(\dfrac{\pi}{2}\right)=0, \quad b''_{1,2}\left(\dfrac{\pi}{2}\right)=-4\lambda-2, \quad b''_{2,2}\left(\dfrac{\pi}{2}\right)=4\lambda+2 \end{cases} \tag{5.2.4}$$

$$\begin{cases} b'''_{0,2}(0)=2-5\lambda, \quad b'''_{1,2}(0)=5\lambda-2, \quad b'''_{2,2}(0)=0 \\ b'''_{0,2}\left(\dfrac{\pi}{2}\right)=0, \quad b'''_{1,2}\left(\dfrac{\pi}{2}\right)=2-5\lambda, \quad b'''_{2,2}\left(\dfrac{\pi}{2}\right)=5\lambda-2 \end{cases} \tag{5.2.5}$$

$$\begin{cases} b^{(4)}_{0,2}(0)=-8-16\lambda, \quad b^{(4)}_{1,2}(0)=2+22\lambda, \quad b^{(4)}_{2,2}(0)=6-6\lambda \\ b^{(4)}_{0,2}\left(\dfrac{\pi}{2}\right)=6-6\lambda, \quad b^{(4)}_{1,2}\left(\dfrac{\pi}{2}\right)=2+22\lambda, \quad b^{(4)}_{2,2}\left(\dfrac{\pi}{2}\right)=-8-16\lambda \end{cases} \tag{5.2.6}$$

$$\begin{cases} b^{(5)}_{0,2}(0)=59\lambda-2, \quad b^{(5)}_{1,2}(0)=2-59\lambda, \quad b^{(5)}_{2,2}(0)=0 \\ b^{(5)}_{0,2}\left(\dfrac{\pi}{2}\right)=0, \quad b^{(5)}_{1,2}\left(\dfrac{\pi}{2}\right)=59\lambda-2, \quad b^{(5)}_{2,2}\left(\dfrac{\pi}{2}\right)=2-59\lambda \end{cases} \tag{5.2.7}$$

性质 4　单调性. 即: 对固定的 $t\in\left[0,\dfrac{\pi}{2}\right]$, $b_{0,2}(t)$ 与 $b_{2,2}(t)$ 关于参数 λ 单调递减, $b_{1,2}(t)$ 关于参数 λ 单调递增.

性质 5　最值性. 即: 在 $\left[0,\dfrac{\pi}{2}\right]$ 上, $b_{0,2}(t)$, $b_{1,2}(t)$ 和 $b_{2,2}(t)$ 分别在 $t=0$, $t=\dfrac{\pi}{4}$ 和 $t=\dfrac{\pi}{2}$ 处取得唯一最大值.

5.3　扩展曲线及其性质

定义 5.3.1　给定二维或三维空间中的 3 个控制顶点 $\boldsymbol{P}_i(i=0,1,2)$, 称曲线

$$\boldsymbol{p}(t)=\sum_{i=0}^{2}\boldsymbol{P}_i b_{i,2}(t) \tag{5.3.1}$$

为带形状参数 λ 的 3 次三角多项式曲线, 简称为 3 次 λ-B 曲线, 其中, $t \in \left[0, \frac{\pi}{2}\right]$, $b_{i,2}(t)(i=0,1,2)$ 为式 (5.2.1) 中给出的 3 次 λ-B 基.

从 3 次 λ-B 基的性质, 不难得出 3 次 λ-B 曲线具有下列性质:

性质 1 端点性质. 由式 (5.3.1) 以及式 (5.2.2)$\sim$ 式 (5.2.7) 可知, 3 次 λ-B 曲线的起、止点位置, 以及在起、止点处从一阶至五阶的导矢如下:

$$\begin{cases} \boldsymbol{p}(0) = \boldsymbol{P}_0 \\ \boldsymbol{p}\left(\frac{\pi}{2}\right) = \boldsymbol{P}_2 \\ \boldsymbol{p}'(0) = (\lambda+2)(\boldsymbol{P}_1 - \boldsymbol{P}_0) \\ \boldsymbol{p}'\left(\frac{\pi}{2}\right) = (\lambda+2)(\boldsymbol{P}_2 - \boldsymbol{P}_1) \\ \boldsymbol{p}''(0) = -(4\lambda+2)(\boldsymbol{P}_1 - \boldsymbol{P}_0) \\ \boldsymbol{p}''\left(\frac{\pi}{2}\right) = (4\lambda+2)(\boldsymbol{P}_2 - \boldsymbol{P}_1) \\ \boldsymbol{p}'''(0) = (5\lambda-2)(\boldsymbol{P}_1 - \boldsymbol{P}_0) \\ \boldsymbol{p}'''\left(\frac{\pi}{2}\right) = (5\lambda-2)(\boldsymbol{P}_2 - \boldsymbol{P}_1) \end{cases} \tag{5.3.2}$$

当参数 $\lambda = 1$ 时,

$$\begin{cases} \boldsymbol{p}^{(4)}(0) = 24(\boldsymbol{P}_1 - \boldsymbol{P}_0) \\ \boldsymbol{p}^{(4)}\left(\frac{\pi}{2}\right) = -24(\boldsymbol{P}_2 - \boldsymbol{P}_1) \\ \boldsymbol{p}^{(5)}(0) = -57(\boldsymbol{P}_1 - \boldsymbol{P}_0) \\ \boldsymbol{p}^{(5)}\left(\frac{\pi}{2}\right) = -57(\boldsymbol{P}_2 - \boldsymbol{P}_1) \end{cases} \tag{5.3.3}$$

由式 (5.3.2) 可知: 3 次 λ-B 曲线插值于控制多边形的首、末端点, 并且与控制多边形的首、末边相切, 这与经典 Bézier 曲线的端点特征完全一致. 另外, 3 次 λ-B 曲线在首、末端点处的二阶、三阶导矢均与一阶导矢共线.

由式 (5.3.3) 可知: 当参数 $\lambda = 1$ 时, 3 次 λ-B 曲线在首、末端点处的四阶、五阶导矢也均与一阶导矢共线.

性质 2 凸包性. 由 3 次 λ-B 基的非负性和规范性可知, 3 次 λ-B 曲线位于由其控制顶点形成的凸包之内.

性质 3 对称性. 由控制多边形 $\langle \boldsymbol{P}_0\boldsymbol{P}_1\boldsymbol{P}_2 \rangle$ 和 $\langle \boldsymbol{P}_2\boldsymbol{P}_1\boldsymbol{P}_0 \rangle$ 定义的两条 3 次 λ-B 曲线形状完全相同, 只是参数方向相反.

性质 4　几何不变性与仿射不变性. 3 次 λ-B 基具有规范性, 因而 3 次 λ-B 曲线的形状不随坐标系的选取而改变. 另外, 对 3 次 λ-B 曲线的控制多边形进行缩放或者剪切等仿射变换之后, 所对应的新曲线就是对原曲线进行相同仿射变换之后所得到的曲线.

5.4　扩展曲线的逼近性

由式 (5.3.1) 可以推出:

$$\boldsymbol{p}(t)-\boldsymbol{P}_1=b_{0,2}(t)(\boldsymbol{P}_0-\boldsymbol{P}_1)+b_{2,2}(t)(\boldsymbol{P}_2-\boldsymbol{P}_1)$$

两端同时取范数, 可得

$$\|\boldsymbol{p}(t)-\boldsymbol{P}_1\|\leqslant(b_{0,2}(t)+b_{2,2}(t))\max(\|\boldsymbol{P}_0-\boldsymbol{P}_1\|,\|\boldsymbol{P}_2-\boldsymbol{P}_1\|)\tag{5.4.1}$$

由于 $b_{0,2}(t)$ 与 $b_{2,2}(t)$ 关于参数 λ 都是单调递减, 故由式 (5.4.1) 可知: 参数 λ 越大, 3 次 λ-B 曲线与点 $\boldsymbol{P}_1$ 靠得越近. 即: 随着参数 λ 的增大, 3 次 λ-B 曲线将逐渐靠近其控制多边形.

进一步地, 若记

$$f(t)=b_{0,2}(t)+b_{2,2}(t)$$

则有

$$\min_{0\leqslant t\leqslant\frac{\pi}{2}}f(t)=f\left(\frac{\pi}{4}\right)=3-2\sqrt{2}-\left(\frac{3}{2}\sqrt{2}-2\right)\lambda$$

又因为

$$\boldsymbol{p}\left(\frac{\pi}{4}\right)-\boldsymbol{P}_1=\left[\frac{3}{2}-\sqrt{2}-\left(\frac{3}{4}\sqrt{2}-1\right)\lambda\right](\boldsymbol{P}_0-2\boldsymbol{P}_1+\boldsymbol{P}_2)$$

而对于 2 次 Bézier 曲线 $\boldsymbol{b}(t)$ 而言, 有

$$\boldsymbol{b}\left(\frac{1}{2}\right)-\boldsymbol{P}_1=\frac{1}{4}(\boldsymbol{P}_0-2\boldsymbol{P}_1+\boldsymbol{P}_2)$$

令

$$\frac{3}{2}-\sqrt{2}-\left(\frac{3}{4}\sqrt{2}-1\right)\lambda<\frac{1}{4}$$

通过解不等式, 可以推出

$$\lambda>-2-\frac{\sqrt{2}}{2}$$

而在 3 次 λ-B 曲线中, 参数 $\lambda \in [-2, 1]$, 这说明 3 次 λ-B 曲线对控制多边形的逼近性比 2 次 Bézier 曲线要好, 如图 5.4.1 所示.

在图 5.4.1 中, 虚线所示为 2 次 Bézier 曲线, 从上到下的实曲线依次为取参数 $\lambda = 1, 0, -1, -2$ 所得到的 3 次 λ-B 曲线.

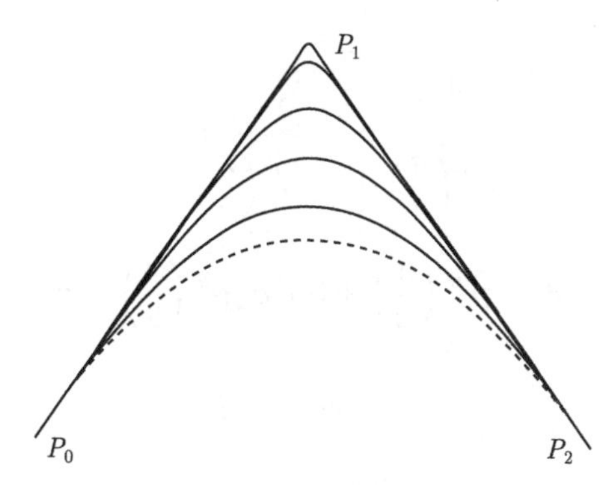

图 5.4.1 取不同参数值时的 3 次 λ-B 曲线

5.5 扩展曲线的拼接

设有两条 3 次 λ-B 曲线

$$\begin{cases} \boldsymbol{p}_1(t) = \sum_{i=0}^{2} \boldsymbol{P}_i b_{i,2}(t) \\ \boldsymbol{p}_2(t) = \sum_{i=0}^{2} \boldsymbol{Q}_i b_{i,2}(t) \end{cases}$$

其中, $\boldsymbol{Q}_0 = \boldsymbol{P}_2$, 即两条曲线位置连续, $\boldsymbol{p}_1(t)$ 中的参数为 λ_1, $\boldsymbol{p}_2(t)$ 中的参数为 λ_2, 并且 $-2 \leqslant \lambda_1, \lambda_2 \leqslant 1$.

定理 5.5.1 若 $\boldsymbol{Q}_0\boldsymbol{Q}_1$ 与 $\boldsymbol{P}_1\boldsymbol{P}_2$ 共线并且方向相同, 即 $\boldsymbol{Q}_0\boldsymbol{Q}_1 = \delta\boldsymbol{P}_1\boldsymbol{P}_2$, 其中, $\delta > 0$, 则曲线 $\boldsymbol{p}_1(t)$ 和 $\boldsymbol{p}_2(t)$ 在公共连接点处 G^3 连续.

证明 由 3 次 λ-B 曲线的端点性质, 即式 (5.3.2), 可知

$$\begin{cases} \boldsymbol{p}_2'(0) = (\lambda_2 + 2)\boldsymbol{Q}_0\boldsymbol{Q}_1 \\ \boldsymbol{p}_1'\left(\dfrac{\pi}{2}\right) = (\lambda_1 + 2)\boldsymbol{P}_1\boldsymbol{P}_2 \end{cases} \tag{5.5.1}$$

$$\begin{cases} \boldsymbol{p}_2''(0) = -(4\lambda_2 + 2)\boldsymbol{Q}_0\boldsymbol{Q}_1 \\ \boldsymbol{p}_1''\left(\dfrac{\pi}{2}\right) = (4\lambda_1 + 2)\boldsymbol{P}_1\boldsymbol{P}_2 \end{cases} \tag{5.5.2}$$

$$\begin{cases} \boldsymbol{p}_2'''(0) = (5\lambda_2 - 2)\boldsymbol{Q}_0\boldsymbol{Q}_1 \\ \boldsymbol{p}_1'''\left(\dfrac{\pi}{2}\right) = (5\lambda_1 - 2)\boldsymbol{P}_1\boldsymbol{P}_2 \end{cases} \tag{5.5.3}$$

因此, 当 $\boldsymbol{Q}_0\boldsymbol{Q}_1 = \delta\boldsymbol{P}_1\boldsymbol{P}_2$ 时, 有

$$\begin{cases} \boldsymbol{p}_2'(0) = \alpha_1\boldsymbol{p}_1'\left(\dfrac{\pi}{2}\right) \\ \boldsymbol{p}_2''(0) = \alpha_1^2\boldsymbol{p}_1''\left(\dfrac{\pi}{2}\right) + \alpha_2\boldsymbol{p}_1'\left(\dfrac{\pi}{2}\right) \\ \boldsymbol{p}_2'''(0) = \alpha_1^3\boldsymbol{p}_1'''\left(\dfrac{\pi}{2}\right) + 3\alpha_1\alpha_2\boldsymbol{p}_1''\left(\dfrac{\pi}{2}\right) + \alpha_3\boldsymbol{p}_1'\left(\dfrac{\pi}{2}\right) \end{cases} \tag{5.5.4}$$

其中,

$$\begin{cases} \alpha_1 = \dfrac{\lambda_2 + 2}{\lambda_1 + 2}\delta \\ \alpha_2 = -\dfrac{4\lambda_2 + 2}{\lambda_1 + 2}\delta - \dfrac{(4\lambda_1 + 2)(\lambda_2 + 2)^2}{(\lambda_1 + 2)^3}\delta^2 \\ \alpha_3 = \dfrac{5\lambda_2 - 2}{\lambda_1 + 2}\delta + \dfrac{12(2\lambda_1 + 1)(2\lambda_2 + 1)(\lambda_2 + 2)}{(\lambda_1 + 2)^3}\delta^2 + \dfrac{(43\lambda_1^2 + 40\lambda_1 + 16)(\lambda_2 + 2)^3}{(\lambda_1 + 2)^5}\delta^3 \end{cases}$$

式 (5.5.4) 说明曲线 $\boldsymbol{p}_1(t)$ 和 $\boldsymbol{p}_2(t)$ 在公共连接点处 G^3 连续. 证毕.

定理 5.5.2　若 $\boldsymbol{Q}_0\boldsymbol{Q}_1 = \dfrac{\lambda_1 + 2}{\lambda_2 + 2}\boldsymbol{P}_1\boldsymbol{P}_2$, 则曲线 $\boldsymbol{p}_1(t)$ 和 $\boldsymbol{p}_2(t)$ 在公共连接点处 C^1 连续.

证明　由式 (5.5.1) 可知, 当 $\boldsymbol{Q}_0\boldsymbol{Q}_1 = \dfrac{\lambda_1 + 2}{\lambda_2 + 2}\boldsymbol{P}_1\boldsymbol{P}_2$ 时, 有

$$\boldsymbol{p}_2'(0) = \boldsymbol{p}_1'\left(\frac{\pi}{2}\right)$$

这说明曲线 $\boldsymbol{p}_1(t)$ 和 $\boldsymbol{p}_2(t)$ 在公共连接点处 C^1 连续. 证毕.

定理 5.5.3　在 C^1 连续条件之下, 若 $5(\lambda_1 + \lambda_2) + 4(\lambda_1\lambda_2 + 1) = 0$, 则曲线 $\boldsymbol{p}_1(t)$ 和 $\boldsymbol{p}_2(t)$ 在公共连接点处 C^2 连续.

证明　当 C^1 连续条件已经满足时, 要使两条曲线 $\boldsymbol{p}_1(t)$ 和 $\boldsymbol{p}_2(t)$ 之间 C^2 连续, 只需

$$\boldsymbol{p}_2''(0) = \boldsymbol{p}_1''\left(\frac{\pi}{2}\right)$$

即可, 而由式 (5.5.2) 可知:

$$\begin{cases} \boldsymbol{p}_2''(0) = -(4\lambda_2+2)\boldsymbol{Q}_0\boldsymbol{Q}_1 \\ \boldsymbol{p}_1''\left(\dfrac{\pi}{2}\right) = (4\lambda_1+2)\boldsymbol{P}_1\boldsymbol{P}_2 \end{cases}$$

又因为在 C^1 连续条件之下, 有

$$\boldsymbol{Q}_0\boldsymbol{Q}_1 = \frac{\lambda_1+2}{\lambda_2+2}\boldsymbol{P}_1\boldsymbol{P}_2$$

故

$$\boldsymbol{p}_2''(0) = -\frac{(4\lambda_2+2)(\lambda_1+2)}{\lambda_2+2}\boldsymbol{P}_1\boldsymbol{P}_2$$

令

$$\boldsymbol{p}_2''(0) = \boldsymbol{p}_1''\left(\frac{\pi}{2}\right)$$

即

$$-\frac{(4\lambda_2+2)(\lambda_1+2)}{\lambda_2+2}\boldsymbol{P}_1\boldsymbol{P}_2 = (4\lambda_1+2)\boldsymbol{P}_1\boldsymbol{P}_2$$

经过整理、化简, 得出

$$5(\lambda_1+\lambda_2)+4(\lambda_1\lambda_2+1)=0$$

证毕.

定理 5.5.4 当 $\boldsymbol{Q}_0\boldsymbol{Q}_1 = \boldsymbol{P}_1\boldsymbol{P}_2$ 时, 取 $\lambda_1=\lambda_2=-\dfrac{1}{2}$, 则曲线 $\boldsymbol{p}_1(t)$ 和 $\boldsymbol{p}_2(t)$ 在公共连接点处 C^3 连续.

证明 由式 (5.5.1)~ 式 (5.5.3) 可知, 当 $\boldsymbol{Q}_0\boldsymbol{Q}_1 = \boldsymbol{P}_1\boldsymbol{P}_2$, 并且 $\lambda_1=\lambda_2=-\dfrac{1}{2}$ 时, 有

$$\begin{cases} \boldsymbol{p}_2'(0) = \dfrac{3}{2}\boldsymbol{Q}_0\boldsymbol{Q}_1 = \dfrac{3}{2}\boldsymbol{P}_1\boldsymbol{P}_2 = \boldsymbol{p}_1'\left(\dfrac{\pi}{2}\right) \\ \boldsymbol{p}_2''(0) = \boldsymbol{p}_1''\left(\dfrac{\pi}{2}\right) = 0 \\ \boldsymbol{p}_2'''(0) = 3\boldsymbol{Q}_0\boldsymbol{Q}_1 = 3\boldsymbol{P}_1\boldsymbol{P}_2 = \boldsymbol{p}_1'''\left(\dfrac{\pi}{2}\right) \end{cases}$$

这表明曲线 $\boldsymbol{p}_1(t)$ 和 $\boldsymbol{p}_2(t)$ 在公共连接点处 C^3 连续. 证毕.

定理 5.5.5 当 $\boldsymbol{Q}_0\boldsymbol{Q}_1 = \delta\boldsymbol{P}_1\boldsymbol{P}_2$, 并且 $\delta>0$ 时, 取参数 $\lambda_1=\lambda_2=1$, 则曲线 $\boldsymbol{p}_1(t)$ 和 $\boldsymbol{p}_2(t)$ 在公共连接点处 G^5 连续.

证明　根据 3 次 λ-B 曲线的端点性质, 即式 (5.3.2) 以及式 (5.3.3) 可知, 当取参数 $\lambda_1 = \lambda_2 = 1$ 时, 有

$$\begin{cases} \boldsymbol{p}_2'(0) = 3\boldsymbol{Q}_0\boldsymbol{Q}_1 \\ \boldsymbol{p}_1'\left(\dfrac{\pi}{2}\right) = 3\boldsymbol{P}_1\boldsymbol{P}_2 \\ \boldsymbol{p}_2''(0) = -6\boldsymbol{Q}_0\boldsymbol{Q}_1 \\ \boldsymbol{p}_1''\left(\dfrac{\pi}{2}\right) = 6\boldsymbol{P}_1\boldsymbol{P}_2 \\ \boldsymbol{p}_2'''(0) = 3\boldsymbol{Q}_0\boldsymbol{Q}_1 \\ \boldsymbol{p}_1'''\left(\dfrac{\pi}{2}\right) = 3\boldsymbol{P}_1\boldsymbol{P}_2 \\ \boldsymbol{p}_2^{(4)}(0) = 24\boldsymbol{Q}_0\boldsymbol{Q}_1 \\ \boldsymbol{p}_1^{(4)}\left(\dfrac{\pi}{2}\right) = -24\boldsymbol{P}_1\boldsymbol{P}_2 \\ \boldsymbol{p}_2^{(5)}(0) = -57\boldsymbol{Q}_0\boldsymbol{Q}_1 \\ \boldsymbol{p}_1^{(5)}\left(\dfrac{\pi}{2}\right) = -57\boldsymbol{P}_1\boldsymbol{P}_2 \end{cases}$$

因此, 当

$$\boldsymbol{Q}_0\boldsymbol{Q}_1 = \delta\boldsymbol{P}_1\boldsymbol{P}_2$$

时, 有

$$\begin{cases} \boldsymbol{p}_2'(0) = \alpha_1\boldsymbol{p}_1'\left(\dfrac{\pi}{2}\right) \\ \boldsymbol{p}_2''(0) = \alpha_1^2\boldsymbol{p}_1''\left(\dfrac{\pi}{2}\right) + \alpha_2\boldsymbol{p}_1'\left(\dfrac{\pi}{2}\right) \\ \boldsymbol{p}_2'''(0) = \alpha_1^3\boldsymbol{p}_1'''\left(\dfrac{\pi}{2}\right) + 3\alpha_1\alpha_2\boldsymbol{p}_1''\left(\dfrac{\pi}{2}\right) + \alpha_3\boldsymbol{p}_1'\left(\dfrac{\pi}{2}\right) \\ \boldsymbol{p}_2^{(4)}(0) = \alpha_1^4\boldsymbol{p}_1^{(4)}\left(\dfrac{\pi}{2}\right) + 6\alpha_1^2\alpha_2\boldsymbol{p}_1'''\left(\dfrac{\pi}{2}\right) + (3\alpha_2^2 + 4\alpha_1\alpha_3)\boldsymbol{p}_1''\left(\dfrac{\pi}{2}\right) + \alpha_4\boldsymbol{p}_1'\left(\dfrac{\pi}{2}\right) \\ \boldsymbol{p}_2^{(5)}(0) = \alpha_1^5\boldsymbol{p}_1^{(5)}\left(\dfrac{\pi}{2}\right) + 10\alpha_1^3\alpha_2\boldsymbol{p}_1^{(4)}\left(\dfrac{\pi}{2}\right) + 5\alpha_1(3\alpha_2^2 + 2\alpha_1\alpha_3)\boldsymbol{p}_1'''\left(\dfrac{\pi}{2}\right) \\ \qquad +5(\alpha_1\alpha_4 + 2\alpha_2\alpha_3)\boldsymbol{p}_1''\left(\dfrac{\pi}{2}\right) + \alpha_5\boldsymbol{p}_1'\left(\dfrac{\pi}{2}\right) \end{cases} \tag{5.5.5}$$

其中,

$$\begin{cases} \alpha_1 = \delta \\ \alpha_2 = -2\delta(1+\delta) \\ \alpha_3 = \delta(\delta+1)(11\delta+1) \\ \alpha_4 = 4\delta(2-8\delta-33\delta^2-23\delta^4) \\ \alpha_5 = \delta(\delta+1)(1049\delta^3+791\delta^2-21\delta-19) \end{cases}$$

式 (5.5.5) 说明曲线 $\boldsymbol{p}_1(t)$ 和 $\boldsymbol{p}_2(t)$ 在公共连接点处 G^5 连续. 证毕.

在图 5.5.1 中, 曲线 1~4 分别为 G^3, G^5, C^1, C^2 连续的组合曲线, 其中, $\delta = \frac{1}{2}$. 两条 3 次 λ-B 曲线段的参数分别取: $\lambda_1 = \lambda_2 = -2$; $\lambda_1 = \lambda_2 = 1$; $\lambda_1 = -\frac{3}{2}$, $\lambda_2 = -1$; $\lambda_1 = -\frac{7}{8}$, $\lambda_2 = \frac{1}{4}$.

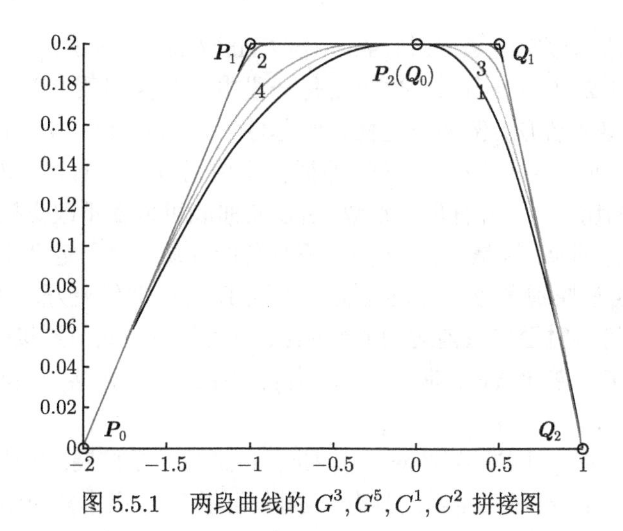

图 5.5.1 两段曲线的 G^3, G^5, C^1, C^2 拼接图

在图 5.5.2 中, 组合曲线在公共连接点处是 C^3 连续的, 其中, $\delta = 1$, 两条曲线段取参数 $\lambda_1 = \lambda_2 = -\frac{1}{2}$.

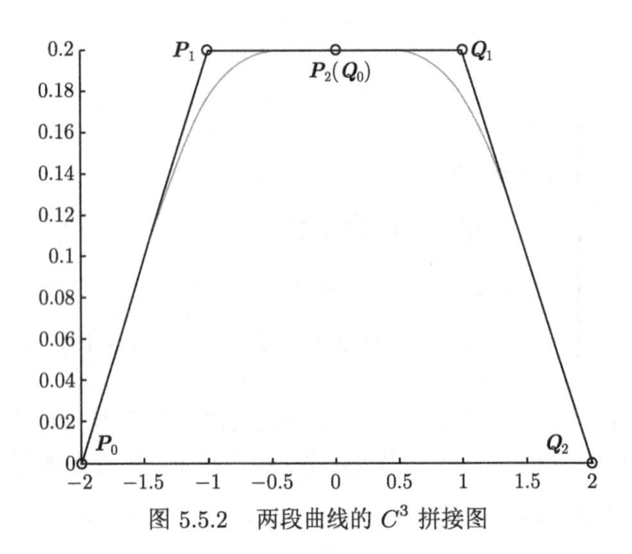

图 5.5.2　两段曲线的 C^3 拼接图

5.6　小　　结

本章在三角函数空间 $\text{span}\left\{1, \sin t, \cos t, \sin^2 t, \sin^3 t, \cos^3 t\right\}$ 上定义了一种新曲线, 其结构与 2 次 Bézier 曲线类似, 每一段由三个控制顶点确定. 该曲线拥有 Bézier 曲线的基本性质, 例如凸包性、对称性、几何不变性与仿射不变性, 并继承成了 Bézier 曲线良好的端点特征, 即插值于控制多边形的首、末顶点, 并且与首、末控制边相切. 由于含有形状参数, 所以新曲线可以在不改变控制顶点的情况下对其形状进行调整, 这是 Bézier 曲线不具备的性质. 由于定义在三角函数空间上, 所以该曲线对控制多边形的逼近性比 2 次 Bézier 曲线更好. 另外, 两条 2 次 Bézier 曲线在拼接时至多只能达到 G^2 连续, 而两条新曲线在拼接时, 只要端点之间满足常规的 G^1 连续条件, 曲线之间就会自动达到 G^3 连续, 在特殊条件下还可以达到 G^5 连续.

虽然优点众多, 但本章只针对二次 Bézier 曲线进行扩展, 其结果不具有一般性和系统性. 另外, 虽然三角函数具有表示椭圆的潜力, 但本章所给曲线模型并不能精确表达椭圆. 因此, 下一步可以考虑其他的三角函数空间, 并将研究对象由 2 次 Bézier 曲线扩大至任意 n 次 Bézier 曲线, 构造可以精确表示椭圆、且保留本章所给模型优点的任意次扩展 Bézier 曲线.

第 6 章　三角域 Bézier 曲面的扩展

6.1　引　　言

Bézier 方法包含 Bézier 曲线、四边域 Bézier 曲面、三角域 Bézier 曲面这三种具体的模型, 三者都存在不具备相对于固定控制顶点的形状调整能力的不足. 第 3 章 ~ 第 5 章中的模型都解决了 Bézier 曲线在形状调整方面的不足, 由于四边域 Bézier 曲面属于张量积曲面, 其在两个参数方向上所采用的基函数均与 Bézier 曲线相同, 因此, 只要构造出了能解决 Bézier 曲线的形状调整问题的调配函数, 四边域 Bézier 曲面的形状调整问题就可以同步得到解决. 然而, 三角域 Bézier 曲面不属于张量积曲面, 其采用的基函数不同于 Bézier 曲线, 因此, 要解决三角域 Bézier 曲面的形状调整问题, 必须单独为其构造含参数的调配函数.

这一章从纯几何的观点出发, 对工程中最常用的 3 次、4 次三角域 Bézier 曲面, 从提高其形状表示的灵活性这个角度出发进行扩展. 通过直接在控制顶点中引入参数, 再与双变量 Bernstein 基函数作线性组合来定义曲面, 当参数改变时, 定义曲面的潜在控制顶点发生改变, 曲面形状随之变化. 在赋予曲面形状可调性的同时, 本章既未改变基函数的函数类型, 也未提升基函数的多项式次数. 为了满足复杂形状的表示需求, 本章还讨论了所给扩展曲面的拼接条件. 为了降低曲面拼接条件的分析难度, 先给出了传统 3 次、4 次三角域 Bézier 曲面的拼接条件, 再通过分析形状可调曲面与 3 次、4 次三角域 Bézier 曲面之间的关系, 给出了扩展曲面的 G^1 光滑拼接条件. 为了构造视觉上插值于控制顶点的三角域曲面, 本章还讨论了带形状参数的 3 次三角域曲面的几何迭代算法, 对其收敛性、收敛速度进行了分析, 为曲面的工程应用提供了理论基础.

6.2　三次三角域 Bézier 曲面的第一类扩展

为了在不提升基函数次数的前提下赋予 3 次三角域 Bézier 曲面形状调整的能力, 本节构造了一组含一个参数的 3 次双变量基函数, 由之定义了由 10 个控制顶点确定的三角域曲面片. 新曲面具有角点插值性, 在角点处的切平面为由角点和其所在的两条边上与之相邻的两个顶点所确定的平面. 改变参数取值, 可以调整曲面形状. 为了方便应用, 给出了曲面片之间的 G^1 光滑拼接条件, 给出了曲面的几何迭代算法, 分析了算法的收敛性以及收敛速度与参数取值之间的关系. 图例显示了所给方法的正确性和有效性.

6.2.1 扩展曲面的构造原理

给定三角域 $D=\{(u,v,w)\,|u,v,w\geqslant 0,u+v+w=1\}$, 以及呈三角阵列的控制顶点 $\boldsymbol{V}_{ijk}(i+j+k=3)\in\mathbb{R}^3$, 可以定义 3 次三角域 Bézier 曲面

$$\boldsymbol{r}(u,v,w)=\sum_{i+j+k=3}B_{ijk}(u,v,w)\boldsymbol{V}_{ijk}$$

其中, $B_{ijk}(u,v,w)=\dfrac{3!}{i!j!k!}u^iv^jw^k$, $u,v,w\in D$.

曲面 $\boldsymbol{r}(u,v,w)$ 具有轮换对称性、凸包性、角点插值性; 曲面的边界曲线为由边界控制顶点定义的三次 Bézier 曲线; 曲面在角点处的切平面为由角点和其所在的两条边上与之相邻的控制顶点张成的平面.

当顶点 $\boldsymbol{V}_{ijk}(i+j+k=3)$ 给定时, 曲面 $\boldsymbol{r}(u,v,w)$ 的形状便唯一确定. 为了由顶点 $\boldsymbol{V}_{ijk}$ 构造形状可调的三角域曲面 $\boldsymbol{r}^*(u,v,w)$, 同时保持 $\boldsymbol{r}^*(u,v,w)$ 与 $\boldsymbol{r}(u,v,w)$ 拥有相同的角点和角点切平面, 定义曲面 $\boldsymbol{r}^*(u,v,w)$ 为

$$\begin{aligned}\boldsymbol{r}^*(u,v,w)=&B_{300}\boldsymbol{V}_{300}+B_{210}[(1-\lambda)\boldsymbol{V}_{300}+\lambda\boldsymbol{V}_{210}]+B_{120}[(1-\lambda)\boldsymbol{V}_{030}+\lambda\boldsymbol{V}_{120}]\\&+B_{030}\boldsymbol{V}_{030}+B_{021}[(1-\lambda)\boldsymbol{V}_{030}+\lambda\boldsymbol{V}_{021}]+B_{012}[(1-\lambda)\boldsymbol{V}_{003}+\lambda\boldsymbol{V}_{012}]\\&+B_{003}\boldsymbol{V}_{003}+B_{102}[(1-\lambda)\boldsymbol{V}_{003}+\lambda\boldsymbol{V}_{102}]+B_{201}[(1-\lambda)\boldsymbol{V}_{300}+\lambda\boldsymbol{V}_{201}]\\&+B_{111}\left[\frac{1-\lambda}{6}(\boldsymbol{V}_{210}+\boldsymbol{V}_{120}+\boldsymbol{V}_{021}+\boldsymbol{V}_{012}+\boldsymbol{V}_{102}+\boldsymbol{V}_{201})+\lambda\boldsymbol{V}_{111}\right]\end{aligned}\tag{6.2.1}$$

其中, $u,v,w\in D$, $\lambda\in(0,1]$.

将 $\boldsymbol{r}^*(u,v,w)$ 视为普通的 3 次三角域 Bézier 曲面, 记

$$\boldsymbol{r}^*(u,v,w)=\sum_{i+j+k=3}B_{ijk}(u,v,w)\boldsymbol{V}^*_{ijk}\tag{6.2.2}$$

则其控制顶点为

$$\begin{cases} \boldsymbol{V}_{300}^* = \boldsymbol{V}_{300} \\ \boldsymbol{V}_{210}^* = (1-\lambda)\boldsymbol{V}_{300} + \lambda\boldsymbol{V}_{210} \\ \boldsymbol{V}_{120}^* = (1-\lambda)\boldsymbol{V}_{030} + \lambda\boldsymbol{V}_{120} \\ \boldsymbol{V}_{030}^* = \boldsymbol{V}_{030} \\ \boldsymbol{V}_{021}^* = (1-\lambda)\boldsymbol{V}_{030} + \lambda\boldsymbol{V}_{021} \\ \boldsymbol{V}_{012}^* = (1-\lambda)\boldsymbol{V}_{003} + \lambda\boldsymbol{V}_{012} \\ \boldsymbol{V}_{003}^* = \boldsymbol{V}_{003} \\ \boldsymbol{V}_{102}^* = (1-\lambda)\boldsymbol{V}_{003} + \lambda\boldsymbol{V}_{102} \\ \boldsymbol{V}_{201}^* = (1-\lambda)\boldsymbol{V}_{300} + \lambda\boldsymbol{V}_{201} \\ \boldsymbol{V}_{111}^* = \dfrac{1-\lambda}{6}(\boldsymbol{V}_{210} + \boldsymbol{V}_{120} + \boldsymbol{V}_{021} + \boldsymbol{V}_{012} + \boldsymbol{V}_{102} + \boldsymbol{V}_{201}) + \lambda\boldsymbol{V}_{111} \end{cases} \tag{6.2.3}$$

由式 (6.2.2) 以及式 (6.2.3) 可知, 改变 λ 的取值时, 顶点 $\boldsymbol{V}_{ijk}^*(i+j+k=3)$ 的位置发生改变, 进而带动曲面形状的变化.

根据三角域 Bézier 曲面的性质, 并结合式 (6.2.3) 可知, 曲面 $\boldsymbol{r}^*(u,v,w)$ 具备下列性质: 插值于角点 $\boldsymbol{V}_{300}^*$(即 $\boldsymbol{V}_{300}$), $\boldsymbol{V}_{030}^*$(即 $\boldsymbol{V}_{030}$), $\boldsymbol{V}_{003}^*$(即 $\boldsymbol{V}_{003}$); 在 $\boldsymbol{V}_{300}^*(\boldsymbol{V}_{300})$ 处的切平面由点 $\boldsymbol{V}_{300}^*$, $\boldsymbol{V}_{210}^*$ 和 $\boldsymbol{V}_{201}^*$ 张成, 该平面与由点 $\boldsymbol{V}_{300}$, $\boldsymbol{V}_{210}$ 和 $\boldsymbol{V}_{201}$ 张成的平面相同; 在 $\boldsymbol{V}_{030}^*(\boldsymbol{V}_{030})$ 处的切平面由点 $\boldsymbol{V}_{030}^*$, $\boldsymbol{V}_{120}^*$ 和 $\boldsymbol{V}_{021}^*$ 张成, 该平面与由点 $\boldsymbol{V}_{030}$, $\boldsymbol{V}_{120}$ 和 $\boldsymbol{V}_{021}$ 张成的平面相同; 在 $\boldsymbol{V}_{003}^*(\boldsymbol{V}_{003})$ 处的切平面由点 $\boldsymbol{V}_{003}^*$, $\boldsymbol{V}_{012}^*$ 和 $\boldsymbol{V}_{102}^*$ 张成, 该平面与由点 $\boldsymbol{V}_{003}$, $\boldsymbol{V}_{012}$ 和 $\boldsymbol{V}_{102}$ 张成的平面相同. 由此可知, 曲面 $\boldsymbol{r}^*(u,v,w)$ 不仅形状可调, 而且满足对角点的预期要求.

定义 6.2.1 称式 (6.2.1) 所给曲面为由顶点 $\boldsymbol{V}_{ijk}(i+j+k=3)$ 确定的含形状参数 λ 的 3 次三角域 Bézier 曲面, 简称 3 次三角 λ-Bézier 曲面.

6.2.2 调配函数及其性质

在式 (6.2.2) 中, 3 次三角 λ-Bézier 曲面表达为含参数的控制顶点 $\boldsymbol{V}_{ijk}^*$ 与不含参数的 Bernstein 基函数的线性组合. 已有文献中, 形状可调曲面通常由不含参数的控制顶点与含参数的调配函数的线性组合形式给出. 为了与文献中的惯用形式保持一致, 将式 (6.2.1) 整理成

$$\boldsymbol{r}^*(u,v,w) = \sum_{i+j+k=3} b_{ijk}(u,v,w)\boldsymbol{V}_{ijk}$$

其中, $b_{ijk}(u,v,w)$(简记为 b_{ijk}) 的表达式如下

$$
\begin{cases}
b_{300} = B_{300} + (1-\lambda)B_{210} + (1-\lambda)B_{201} \\
b_{210} = \lambda B_{210} + \dfrac{1-\lambda}{6}B_{111} \\
b_{120} = \lambda B_{120} + \dfrac{1-\lambda}{6}B_{111} \\
b_{030} = B_{030} + (1-\lambda)B_{120} + (1-\lambda)B_{021} \\
b_{021} = \lambda B_{021} + \dfrac{1-\lambda}{6}B_{111} \\
b_{012} = \lambda B_{012} + \dfrac{1-\lambda}{6}B_{111} \\
b_{003} = B_{003} + (1-\lambda)B_{012} + (1-\lambda)B_{102} \\
b_{102} = \lambda B_{102} + \dfrac{1-\lambda}{6}B_{111} \\
b_{201} = \lambda B_{201} + \dfrac{1-\lambda}{6}B_{111} \\
b_{111} = \lambda B_{111}
\end{cases}
\tag{6.2.4}
$$

其中, 参数 $\lambda \in (0,1]$.

定义 6.2.2　称式 (6.2.4) 所给函数 $b_{ijk}(i+j+k=3)$ 为含参数 λ 的双变量 3 次调配函数, 简称双变量 3 次 λ 函数.

当变量 u, v, w 中有一个为零, 例如当 $w=0$ 时, 有 $v=1-u$, 则此时的 $b_{ijk}(i+j+k=3)$ 退化为单变量调配函数

$$
\begin{cases}
b_0 = u^3 + 3(1-\lambda)u^2(1-u) \\
b_1 = 3\lambda u^2(1-u) \\
b_2 = 3\lambda u(1-u)^2 \\
b_3 = (1-u)^3 + 3(1-\lambda)u(1-u)^2
\end{cases}
\tag{6.2.5}
$$

记单变量 3 次 Bernstein 基函数 $N_i = C_3^i(1-u)^{3-i}u^i$, $i=0,1,2,3$, 则

$$
\begin{pmatrix} b_0 & b_1 & b_2 & b_3 \end{pmatrix} = \begin{pmatrix} N_0 & N_1 & N_2 & N_3 \end{pmatrix} \boldsymbol{H}
\tag{6.2.6}
$$

其中,

$$
\boldsymbol{H} = \begin{pmatrix}
1 & 0 & 0 & 0 \\
1-\lambda & \lambda & 0 & 0 \\
0 & 0 & \lambda & 1-\lambda \\
0 & 0 & 0 & 1
\end{pmatrix}
$$

易知当 $\lambda \in (0,1]$ 时, $\boldsymbol{H}$ 为全正矩阵, 并且 $|\boldsymbol{H}| \neq 0$. 由 Bernstein 基函数的最优规范全正性以及式 (6.2.6) 可知, 当 $\lambda \in (0,1]$ 时, $b_i(i=0,1,2,3)$ 形成一组规范全正基.

由式 (6.2.4) 以及双变量 3 次 Bernstein 基函数的性质, 可得双变量 3 次 λ 函数的性质如下:

性质 1 退化性. 即: 当 $\lambda = 1$ 时, 双变量 3 次 λ 函数即为双变量 3 次 Bernstein 基函数.

性质 2 非负性. 即: 当 $\lambda \in (0,1]$ 时, 对 $i+j+k=3$, 有 $b_{ijk} \geqslant 0$.

性质 3 规范性. 即: $\sum\limits_{i+j+k=3} b_{ijk} = 1$.

性质 4 轮换对称性. 即: 对 $i+j+k=3$, 有

$$
\begin{aligned}
b_{ijk}(u,v,w) &= b_{jik}(v,u,w) = b_{jki}(v,w,u) = b_{ikj}(u,w,v) \\
&= b_{kij}(w,u,v) = b_{kji}(w,v,u).
\end{aligned}
$$

性质 5 角点性质. 即: 对 $i+j+k=3$, 有

$$
\begin{cases}
b_{ijk}(1,0,0) = \begin{cases} 1, & i=3 \\ 0, & i \neq 3 \end{cases} \\[2ex]
b_{ijk}(0,1,0) = \begin{cases} 1, & j=3 \\ 0, & j \neq 3 \end{cases} \\[2ex]
b_{ijk}(0,0,1) = \begin{cases} 1, & k=3 \\ 0, & k \neq 3 \end{cases}
\end{cases}
$$

性质 6 角点导数. 即: 对 $i+j+k=3$, 有

$$
\left.\frac{\partial b_{ijk}(u,v,1-u-v)}{\partial u}\right|_{(1,0,0)} = \begin{cases} 3\lambda, & (i,j,k)=(3,0,0) \\ -3\lambda, & (i,j,k)=(2,0,1) \\ 0, & \text{其他} \end{cases}
$$

$$
\left.\frac{\partial b_{ijk}(u,v,1-u-v)}{\partial v}\right|_{(1,0,0)} = \begin{cases} 3\lambda, & (i,j,k)=(2,1,0) \\ -3\lambda, & (i,j,k)=(2,0,1) \\ 0, & \text{其他} \end{cases}
$$

$$
\left.\frac{\partial b_{ijk}(u,v,1-u-v)}{\partial u}\right|_{(0,1,0)} = \begin{cases} 3\lambda, & (i,j,k)=(1,2,0) \\ -3\lambda, & (i,j,k)=(0,2,1) \\ 0, & \text{其他} \end{cases}
$$

$$\left.\frac{\partial b_{ijk}(u,v,1-u-v)}{\partial v}\right|_{(0,1,0)}=\begin{cases}3\lambda, & (i,j,k)=(0,3,0)\\ -3\lambda, & (i,j,k)=(0,2,1)\\ 0, & \text{其他}\end{cases}$$

$$\left.\frac{\partial b_{ijk}(u,v,1-u-v)}{\partial u}\right|_{(0,0,1)}=\begin{cases}3\lambda, & (i,j,k)=(1,0,2)\\ -3\lambda, & (i,j,k)=(0,0,3)\\ 0, & \text{其他}\end{cases}$$

$$\left.\frac{\partial b_{ijk}(u,v,1-u-v)}{\partial v}\right|_{(0,0,1)}=\begin{cases}3\lambda, & (i,j,k)=(0,1,2)\\ -3\lambda, & (i,j,k)=(0,0,3)\\ 0, & \text{其他}\end{cases}$$

性质 7　线性无关性. 即: 当 $\lambda\in(0,1]$ 时, 双变量 3 次 λ 函数线性无关.

证明　设

$$\sum_{i+j+k=3} x_{ijk}b_{ijk}=0 \tag{6.2.7}$$

其中, $x_{ijk}\in\mathbb{R}$. 将式 (6.2.4) 代入式 (6.2.7), 整理得到

$$\begin{aligned}&x_{300}B_{300}+[(1-\lambda)x_{300}+\lambda x_{210}]B_{210}+[(1-\lambda)x_{030}+\lambda x_{120}]B_{120}\\&+x_{030}B_{030}+[(1-\lambda)x_{030}+\lambda x_{021}]B_{021}+[(1-\lambda)x_{003}+\lambda x_{012}]B_{012}\\&+x_{003}B_{003}+[(1-\lambda)x_{003}+\lambda x_{102}]B_{102}+[(1-\lambda)x_{300}+\lambda x_{201}]B_{201}\\&+\left[\frac{1-\lambda}{6}(x_{210}+x_{120}+x_{021}+x_{012}+x_{102}+x_{201})+\lambda x_{111}\right]B_{111}\\=&\,0\end{aligned}$$

由双变量 3 次 Bernstein 基函数的线性无关性, 可得

$$\begin{cases}x_{300}=0, & (1-\lambda)x_{300}+\lambda x_{210}=0, \quad (1-\lambda)x_{030}+\lambda x_{120}=0\\ x_{030}=0, & (1-\lambda)x_{030}+\lambda x_{021}=0, \quad (1-\lambda)x_{003}+\lambda x_{012}=0\\ x_{003}=0, & (1-\lambda)x_{003}+\lambda x_{102}=0, \quad (1-\lambda)x_{300}+\lambda x_{201}=0\\ \multicolumn{2}{l}{\dfrac{1-\lambda}{6}(x_{210}+x_{120}+x_{021}+x_{012}+x_{102}+x_{201})+\lambda x_{111}=0}\end{cases}$$

因 $\lambda\neq 0$, 易得方程组的解为 $x_{ijk}=0$, 其中, $i+j+k=3$, 这表明 $b_{ijk}(i+j+k=3)$ 线性无关.

6.2.3 扩展曲面的性质

由调配函数的性质, 可知 3 次三角 λ-Bézier 曲面具备下列性质:

性质 1 凸包性. 即: 曲面位于由顶点 $\boldsymbol{V}_{ijk}(i+j+k=3)$ 所形成的控制网格的凸包内.

性质 2 几何不变性与仿射不变性. 即: 曲面的形状和位置只取决于参数 λ 的取值以及控制顶点 $\boldsymbol{V}_{ijk}(i+j+k=3)$ 的相对位置关系, 与坐标系的选取无关; 对曲面作仿射变换, 与先对控制网格作相同变换, 再定义曲面所得结果一致.

性质 3 角点插值性. 即: 曲面插值于控制网格的三个角点, 也就是有

$$\boldsymbol{r}^*(1,0,0)=\boldsymbol{V}_{300},\quad \boldsymbol{r}^*(0,1,0)=\boldsymbol{V}_{030},\quad \boldsymbol{r}^*(0,0,1)=\boldsymbol{V}_{003}.$$

性质 4 角点切平面. 即: 曲面在角点 $(1,0,0)$ 处的切平面由点 $\boldsymbol{V}_{300}$, $\boldsymbol{V}_{210}$ 和 $\boldsymbol{V}_{201}$ 张成; 在角点 $(0,1,0)$ 处的切平面由点 $\boldsymbol{V}_{030}$, $\boldsymbol{V}_{120}$ 和 $\boldsymbol{V}_{021}$ 张成; 在角点 $(0,0,1)$ 处的切平面由点 $\boldsymbol{V}_{003}$, $\boldsymbol{V}_{012}$ 和 $\boldsymbol{V}_{102}$ 张成.

性质 5 边界曲线. 即: 曲面上对应于 $u=0$、$v=0$、$w=0$ 的三条边界曲线分别由控制顶点 $\boldsymbol{V}_{0jk}(j+k=3)$, $\boldsymbol{V}_{i0k}(i+k=3)$, $\boldsymbol{V}_{ij0}(i+j=3)$ 与式 (6.2.5) 所示函数组定义. 由 $b_i(i=0,1,2,3)$ 的全正性可知, 边界曲线具有较好的保形性.

性质 6 形状可调性. 即: 当控制顶点 $\boldsymbol{V}_{ijk}(i+j+k=3)$ 固定时, 亦可通过改变 λ 的值调整曲面形状.

图 6.2.1 为固定初始控制顶点 $\boldsymbol{V}_{ijk}$(圆圈所示) 时, 取不同参数所得到的 3 次三角 λ-Bézier 曲面, 图中星号所示为顶点 $\boldsymbol{V}^*_{ijk}$, 其中, $i+j+k=3$. 由图 6.2.1 可知, 随着参数 λ 的增加, 曲面逐渐逼近于其控制网格.

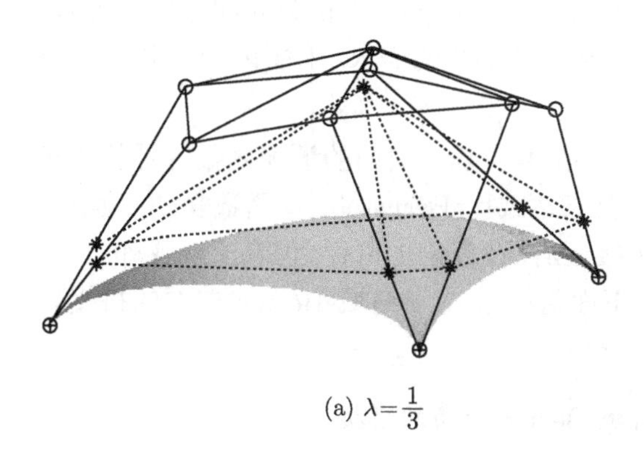

(a) $\lambda=\frac{1}{3}$

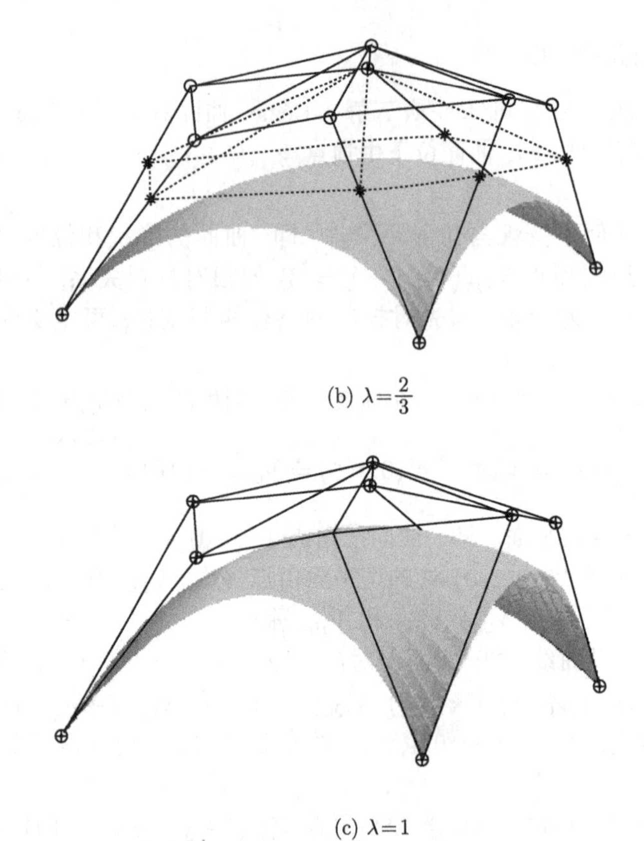

(b) $\lambda=\frac{2}{3}$

(c) $\lambda=1$

图 6.2.1　取不同参数的 3 次三角 λ-Bézier 曲面

6.2.4 扩展曲面的拼接

6.2.1 节所给 3 次三角 λ-Bézier 曲面只是单一的曲面片, 它能表达的几何形状有限. 为了满足描述复杂形状的需求, 下面讨论 3 次三角 λ-Bézier 曲面的光滑拼接条件.

虽然定义 3 次三角 λ-Bézier 曲面的调配函数为计算相对简单的代数多项式, 但参数的引入使得其表达式比 Bernstein 基函数复杂. 因此, 直接讨论 3 次三角 λ-Bézier 曲面的拼接, 虽然在理论上可行, 但在实际操作上有一定的复杂性. 为了降低分析的难度, 下面借助 3 次三角域 Bézier 曲面的拼接理论来推导 3 次三角 λ-Bézier 曲面的拼接条件.

6.2.4.1　三次三角域 Bézier 曲面的拼接

设有两张 3 次三角域 Bézier 曲面

$$\begin{cases} \boldsymbol{r}_1(u,v,w) = \sum\limits_{i+j+k=3} B_{ijk}(u,v,w)\boldsymbol{P}_{ijk} \\ \boldsymbol{r}_2(u,v,w) = \sum\limits_{i+j+k=3} B_{ijk}(u,v,w)\boldsymbol{Q}_{ijk} \end{cases}$$

其中, $u,v,w \in D$. 当

$$\boldsymbol{Q}_{0jk} = \boldsymbol{P}_{0jk} \quad (j+k=3) \tag{6.2.8}$$

时, $\boldsymbol{r}_1(0,v,w) = \boldsymbol{r}_2(0,v,w)$, 两张曲面位置连续, 具有公共的对应于 $u=0$ 的边界曲线. 为了使两张曲面沿公共边界 G^1 连续, 还须满足

$$\left.\frac{\partial \boldsymbol{r}_2(u,v,1-u-v)}{\partial u}\right|_{u=0} = \xi\frac{\partial \boldsymbol{r}_2(u,v,1-u-v)}{\partial v} + \eta\left.\frac{\partial \boldsymbol{r}_1(u,v,1-u-v)}{\partial u}\right|_{u=0} \tag{6.2.9}$$

其中, ξ、η 为任意因子. 条件 (6.2.9) 可转化为

$$\begin{cases} \boldsymbol{Q}_{120} - \boldsymbol{Q}_{021} = \xi(\boldsymbol{P}_{030} - \boldsymbol{P}_{021}) + \eta(\boldsymbol{P}_{120} - \boldsymbol{P}_{021}) \\ \boldsymbol{Q}_{111} - \boldsymbol{Q}_{012} = \xi(\boldsymbol{P}_{021} - \boldsymbol{P}_{012}) + \eta(\boldsymbol{P}_{111} - \boldsymbol{P}_{012}) \\ \boldsymbol{Q}_{102} - \boldsymbol{Q}_{003} = \xi(\boldsymbol{P}_{012} - \boldsymbol{P}_{003}) + \eta(\boldsymbol{P}_{102} - \boldsymbol{P}_{003}) \end{cases} \tag{6.2.10}$$

式 (6.2.8) 以及式 (6.2.10), 即为 3 次三角域 Bézier 曲面的 G^1 光滑拼接条件.

6.2.4.2 三次三角 λ-Bézier 曲面的拼接

设有两张 3 次三角 λ-Bézier 曲面

$$\begin{cases} \boldsymbol{r}_1^*(u,v,w) = \sum\limits_{i+j+k=3} b_{ijk}(u,v,w;\lambda_1)\boldsymbol{P}_{ijk} \\ \boldsymbol{r}_2^*(u,v,w) = \sum\limits_{i+j+k=3} b_{ijk}(u,v,w;\lambda_2)\boldsymbol{Q}_{ijk} \end{cases} \tag{6.2.11}$$

其中, $u,v,w \in D$. 将 $\boldsymbol{r}_1^*(u,v,w)$ 与 $\boldsymbol{r}_2^*(u,v,w)$ 表示成 3 次三角域 Bézier 曲面

$$\begin{cases} \boldsymbol{r}_1^*(u,v,w) = \sum\limits_{i+j+k=3} B_{ijk}(u,v,w)\boldsymbol{P}_{ijk}^* \\ \boldsymbol{r}_2^*(u,v,w) = \sum\limits_{i+j+k=3} B_{ijk}(u,v,w)\boldsymbol{Q}_{ijk}^* \end{cases} \tag{6.2.12}$$

在式 (6.2.11) 与式 (6.2.12) 中, 顶点 $\boldsymbol{P}_{ijk}^*$ 与 $\boldsymbol{P}_{ijk}$, $\boldsymbol{Q}_{ijk}^*$ 与 $\boldsymbol{Q}_{ijk}$ 之间的关系, 与式 (6.2.3) 中 $\boldsymbol{V}_{ijk}^*$ 与 $\boldsymbol{V}_{ijk}$ 之间的关系相同.

由式 (6.2.8) 可知, 当

$$\boldsymbol{Q}_{0jk}^{*}=\boldsymbol{P}_{0jk}^{*}\quad (j+k=3) \tag{6.2.13}$$

时, 曲面 $\boldsymbol{r}_1^*(u,v,w)$ 与 $\boldsymbol{r}_2^*(u,v,w)$ 之间位置连续. 根据式 (6.2.3), 条件 (6.2.13) 又可以转换成

$$\begin{cases}\boldsymbol{Q}_{030}=\boldsymbol{P}_{030}\\ \boldsymbol{Q}_{021}=\left(1-\dfrac{\lambda_1}{\lambda_2}\right)\boldsymbol{P}_{030}+\dfrac{\lambda_1}{\lambda_2}\boldsymbol{P}_{021}\\ \boldsymbol{Q}_{012}=\left(1-\dfrac{\lambda_1}{\lambda_2}\right)\boldsymbol{P}_{003}+\dfrac{\lambda_1}{\lambda_2}\boldsymbol{P}_{012}\\ \boldsymbol{Q}_{003}=\boldsymbol{P}_{003}\end{cases} \tag{6.2.14}$$

式 (6.2.14) 即为曲面 $\boldsymbol{r}_1^*(u,v,w)$ 与 $\boldsymbol{r}_2^*(u,v,w)$ 之间的 G^0 连续条件.

进一步地, 由式 (6.2.10) 可知, 若

$$\begin{cases}\boldsymbol{Q}_{120}^{*}-\boldsymbol{Q}_{021}^{*}=\xi(\boldsymbol{P}_{030}^{*}-\boldsymbol{P}_{021}^{*})+\eta(\boldsymbol{P}_{120}^{*}-\boldsymbol{P}_{021}^{*})\\ \boldsymbol{Q}_{111}^{*}-\boldsymbol{Q}_{012}^{*}=\xi(\boldsymbol{P}_{021}^{*}-\boldsymbol{P}_{012}^{*})+\eta(\boldsymbol{P}_{111}^{*}-\boldsymbol{P}_{012}^{*})\\ \boldsymbol{Q}_{102}^{*}-\boldsymbol{Q}_{003}^{*}=\xi(\boldsymbol{P}_{012}^{*}-\boldsymbol{P}_{003}^{*})+\eta(\boldsymbol{P}_{102}^{*}-\boldsymbol{P}_{003}^{*})\end{cases} \tag{6.2.15}$$

则曲面 $\boldsymbol{r}_1^*(u,v,w)$ 与 $\boldsymbol{r}_2^*(u,v,w)$ 之间 G^1 连续. 将式 (6.2.3)、式 (6.2.14) 代入式 (6.2.15) 并整理, 可得

$$\begin{cases}\boldsymbol{Q}_{120}=\boldsymbol{P}_{030}+\eta\cdot\dfrac{\lambda_1}{\lambda_2}(\boldsymbol{P}_{120}-\boldsymbol{P}_{030})+(1-\xi-\eta)\cdot\dfrac{\lambda_1}{\lambda_2}(\boldsymbol{P}_{021}-\boldsymbol{P}_{030})\\ \boldsymbol{Q}_{111}=\bar{\boldsymbol{Q}}+\dfrac{1}{\lambda_2}[\xi\boldsymbol{P}_{030}+\eta\bar{\boldsymbol{P}}+(1-\xi-\eta)\boldsymbol{P}_{030}-\bar{\boldsymbol{Q}}]\\ \qquad+\dfrac{\lambda_1}{\lambda_2}[\xi(\boldsymbol{P}_{021}-\boldsymbol{P}_{030})+\eta(\boldsymbol{P}_{111}-\bar{\boldsymbol{P}})+(1-\xi-\eta)(\boldsymbol{P}_{012}-\boldsymbol{P}_{003})]\\ \qquad-\dfrac{\lambda_1}{\lambda_2}\dfrac{1-\lambda_2}{6\lambda_2}[(1+\xi)(\boldsymbol{P}_{012}-\boldsymbol{P}_{003})+\eta(\boldsymbol{P}_{120}-\boldsymbol{P}_{030}+\boldsymbol{P}_{102}-\boldsymbol{P}_{003})\\ \qquad+(2-\xi-\eta)(\boldsymbol{P}_{021}-\boldsymbol{P}_{030})]\\ \boldsymbol{Q}_{102}=\boldsymbol{P}_{003}+\eta\cdot\dfrac{\lambda_1}{\lambda_2}(\boldsymbol{P}_{102}-\boldsymbol{P}_{003})+\xi\cdot\dfrac{\lambda_1}{\lambda_2}(\boldsymbol{P}_{012}-\boldsymbol{P}_{003})\end{cases} \tag{6.2.16}$$

其中,

$$
\begin{cases}
\bar{\boldsymbol{P}} = \dfrac{1}{6}(\boldsymbol{P}_{210} + \boldsymbol{P}_{120} + \boldsymbol{P}_{021} + \boldsymbol{P}_{012} + \boldsymbol{P}_{102} + \boldsymbol{P}_{201}) \\
\bar{\boldsymbol{Q}} = \dfrac{1}{6}[(\boldsymbol{Q}_{210} + \boldsymbol{Q}_{201}) + 2(\boldsymbol{Q}_{030} + \boldsymbol{Q}_{003})]
\end{cases}
$$

综上可知, 当式 (6.2.14)、式 (6.2.16) 同时满足时, 曲面 $\boldsymbol{r}_1^*(u,v,w)$ 与 $\boldsymbol{r}_2^*(u,v,w)$ 之间达到 G^1 连续.

图 6.2.2 所示为根据拼接条件构造的 G^1 连续组合 3 次三角 λ-Bézier 曲面. 其中 $\boldsymbol{r}_1^*(u,v,w)$ 用蓝色曲面片显示, 其控制顶点用圆圈表示; $\boldsymbol{r}_2^*(u,v,w)$ 用黑色网格面显示, 其控制顶点用正方形表示. 从图 6.2.2 中可以看出, 在第一张曲面控制顶点给定的情况下, 改变参数取值, 第二张曲面的形状差异非常显著.

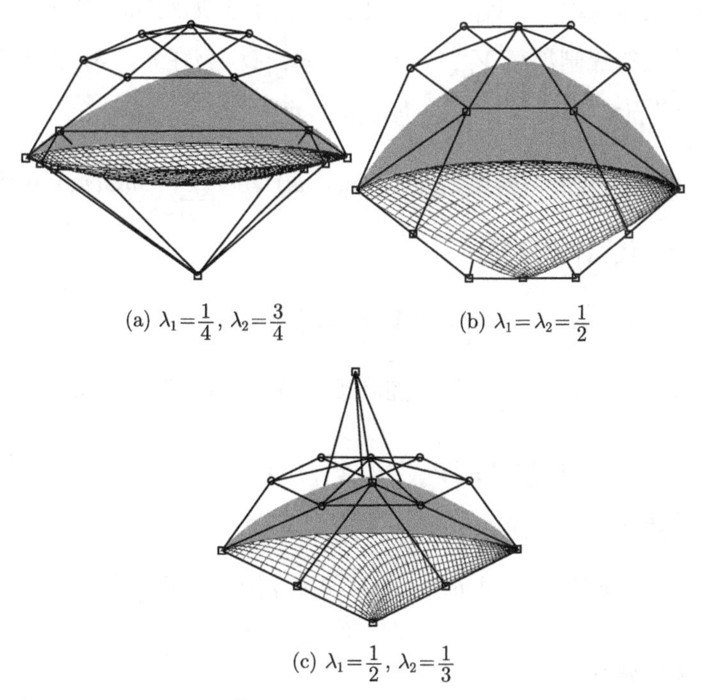

(a) $\lambda_1=\frac{1}{4}$, $\lambda_2=\frac{3}{4}$ (b) $\lambda_1=\lambda_2=\frac{1}{2}$

(c) $\lambda_1=\frac{1}{2}$, $\lambda_2=\frac{1}{3}$

图 6.2.2 G^1 连续组合 3 次三角 λ-Bézier 曲面

6.2.5 曲面的几何迭代算法

几何迭代法具有明确的几何意义, 该方法从一条初始曲线或者一张初始曲面开始, 通过迭代调整其控制顶点, 使曲线曲面插值于或者逼近于初始给定的控制点列.

6.2.5.1 算法描述

给定一组空间点列 $\boldsymbol{V}_{ijk}(i+j+k=3)$, 对点 $\boldsymbol{V}_{ijk}$ 赋予参数 $t_{ijk}=\left(\dfrac{i}{3},\dfrac{j}{3},\dfrac{k}{3}\right)$, 构造初始曲面

$$\boldsymbol{r}^{*(0)}(u,v,w)=\sum_{i+j+k=3} b_{ijk}(u,v,w)\boldsymbol{V}_{ijk}^{(0)}$$

其中, $u,v,w\in D$, $\boldsymbol{V}_{ijk}^{(0)}=\boldsymbol{V}_{ijk}(i+j+k=3)$.

计算差矢量 $\boldsymbol{\Delta}_{ijk}^{(0)}=\boldsymbol{V}_{ijk}-\boldsymbol{r}^{*(0)}(t_{ijk})$, 并将其加到曲面 $\boldsymbol{r}^{*(0)}(u,v,w)$ 的相应控制顶点 $\boldsymbol{V}_{ijk}^{(0)}$ 上, 得到第一次迭代的控制顶点 $\boldsymbol{V}_{ijk}^{(1)}=\boldsymbol{V}_{ijk}^{(0)}+\boldsymbol{\Delta}_{ijk}^{(0)}(i+j+k=3)$, 构造第一次的迭代曲面 $\boldsymbol{r}^{*(1)}(u,v,w)=\sum\limits_{i+j+k=3} b_{ijk}(u,v,w)\boldsymbol{V}_{ijk}^{(1)}$.

再计算差矢量 $\boldsymbol{\Delta}_{ijk}^{(1)}=\boldsymbol{V}_{ijk}-\boldsymbol{r}^{*(1)}(t_{ijk})$, 并将其加到控制顶点 $\boldsymbol{V}_{ijk}^{(1)}$ 上, 从而得到第二次迭代的控制顶点 $\boldsymbol{V}_{ijk}^{(2)}=\boldsymbol{V}_{ijk}^{(1)}+\boldsymbol{\Delta}_{ijk}^{(1)}(i+j+k=3)$, 然后构造第二次的迭代曲面 $\boldsymbol{r}^{*(2)}(u,v,w)=\sum\limits_{i+j+k=3} b_{ijk}(u,v,w)\boldsymbol{V}_{ijk}^{(2)}$.

假设第 n 次迭代所得曲面为 $\boldsymbol{r}^{*(n)}(u,v,w)=\sum\limits_{i+j+k=3} b_{ijk}(u,v,w)\boldsymbol{V}_{ijk}^{(n)}$. 为进行第 $n+1$ 次迭代, 计算差矢量

$$\boldsymbol{\Delta}_{ijk}^{(n)}=\boldsymbol{V}_{ijk}-\boldsymbol{r}^{*(n)}(t_{ijk}) \tag{6.2.17}$$

将其加到曲面 $\boldsymbol{r}^{*(n)}(u,v,w)$ 的相应控制顶点 $\boldsymbol{V}_{ijk}^{(n)}$ 上, 得到第 $n+1$ 次迭代的控制顶点

$$\boldsymbol{V}_{ijk}^{(n+1)}=\boldsymbol{V}_{ijk}^{(n)}+\boldsymbol{\Delta}_{ijk}^{(n)}(i+j+k=3)$$

构造第 $n+1$ 次的迭代曲面

$$\boldsymbol{r}^{*(n+1)}(u,v,w)=\sum_{i+j+k=3} b_{ijk}(u,v,w)\boldsymbol{V}_{ijk}^{(n+1)}$$

6.2.5.2 收敛性分析

重复进行 6.2.5.1 节所述的迭代过程, 将产生曲面序列

$$\left\{\boldsymbol{r}^{*(n)}(u,v,w),\quad n=0,1,2,\cdots\right\}$$

若

$$\lim_{n\to\infty}\boldsymbol{r}^{*(n)}(t_{ijk})=\boldsymbol{V}_{ijk}$$

其中, $i+j+k=3$, 即曲面序列收敛到插值于初始控制点列的曲面, 则称 3 次三

角 λ-Bézier 曲面对均匀参数具有渐进迭代逼近性质.

为分析 6.2.5.1 节中所给的迭代方法是否收敛, 将双变量 3 次 λ 函数按照字典排序法排列成

$$b=\{b_{300},b_{210},b_{201},b_{120},b_{111},b_{102},b_{030},b_{021},b_{012},b_{003}\} \tag{6.2.18}$$

将赋给控制顶点的参数也按照字典排序法进行排列, 记为

$$t=\{t_{300},t_{210},t_{201},t_{120},t_{111},t_{102},t_{030},t_{021},t_{012},t_{003}\} \tag{6.2.19}$$

根据式 (6.2.17), 可得

$$\boldsymbol{\Delta}_{ijk}^{(n+1)}=\boldsymbol{\Delta}_{ijk}^{(n)}-\sum_{p+q+r=3} b_{pqr}(t_{ijk})\boldsymbol{\Delta}_{pqr}^{(n)} \tag{6.2.20}$$

其中, $i+j+k=3$, 记

$$\boldsymbol{\Delta}^{(n)}=[\boldsymbol{\Delta}_{300}^{(n)},\boldsymbol{\Delta}_{210}^{(n)},\boldsymbol{\Delta}_{201}^{(n)},\boldsymbol{\Delta}_{120}^{(n)},\boldsymbol{\Delta}_{111}^{(n)},\boldsymbol{\Delta}_{102}^{(n)},\boldsymbol{\Delta}_{030}^{(n)},\boldsymbol{\Delta}_{021}^{(n)},\boldsymbol{\Delta}_{012}^{(n)},\boldsymbol{\Delta}_{003}^{(n)}]^{\mathrm{T}}$$

则式 (6.2.20) 可以表示成

$$\boldsymbol{\Delta}^{(n+1)}=(\boldsymbol{I}-\boldsymbol{C})\boldsymbol{\Delta}^{(n)}$$

其中, $\boldsymbol{I}$ 为 10 阶单位矩阵, $\boldsymbol{C}$ 为调配函数 (6.2.18) 关于参数序列 (6.2.19) 的配置矩阵, 即

$$\boldsymbol{C}=\begin{pmatrix} b_{300}(t_{300}) & b_{210}(t_{300}) & \cdots & b_{003}(t_{300}) \\ b_{300}(t_{210}) & b_{210}(t_{210}) & \cdots & b_{003}(t_{210}) \\ \vdots & \vdots & & \vdots \\ b_{300}(t_{003}) & b_{210}(t_{003}) & \cdots & b_{003}(t_{003}) \end{pmatrix}$$

矩阵 $\boldsymbol{C}$ 的特征值为

$$\begin{cases} k_1=k_2=k_3=k_4=\dfrac{2}{9}\lambda \\ k_5=k_6=k_7=\dfrac{2}{3}\lambda \\ \lambda_8=\lambda_9=\lambda_{10}=1 \end{cases}$$

注意到 $\lambda\in(0,1]$, 故 $k_i\in(0,1]$, 其中, $i=1,2,\cdots,10$, 因此谱半径 $0\leqslant\rho(\boldsymbol{I}-\boldsymbol{C})<1$, 这说明 6.2.5.1 节所给几何迭代算法收敛. 当 $\lambda=1$ 时, 谱半径 $\rho(\boldsymbol{I}-\boldsymbol{C})$ 取最小值, 此时的迭代收敛速度最快.

在球面上选择 10 个控制顶点, 取不同参数 λ, 在不同迭代次数下所得到的迭代结果见图 6.2.3 和图 6.2.4. 比较图 6.2.3 和图 6.2.4 中相同序号的子图可知, 参数 λ 越大, 迭代收敛速度越快.

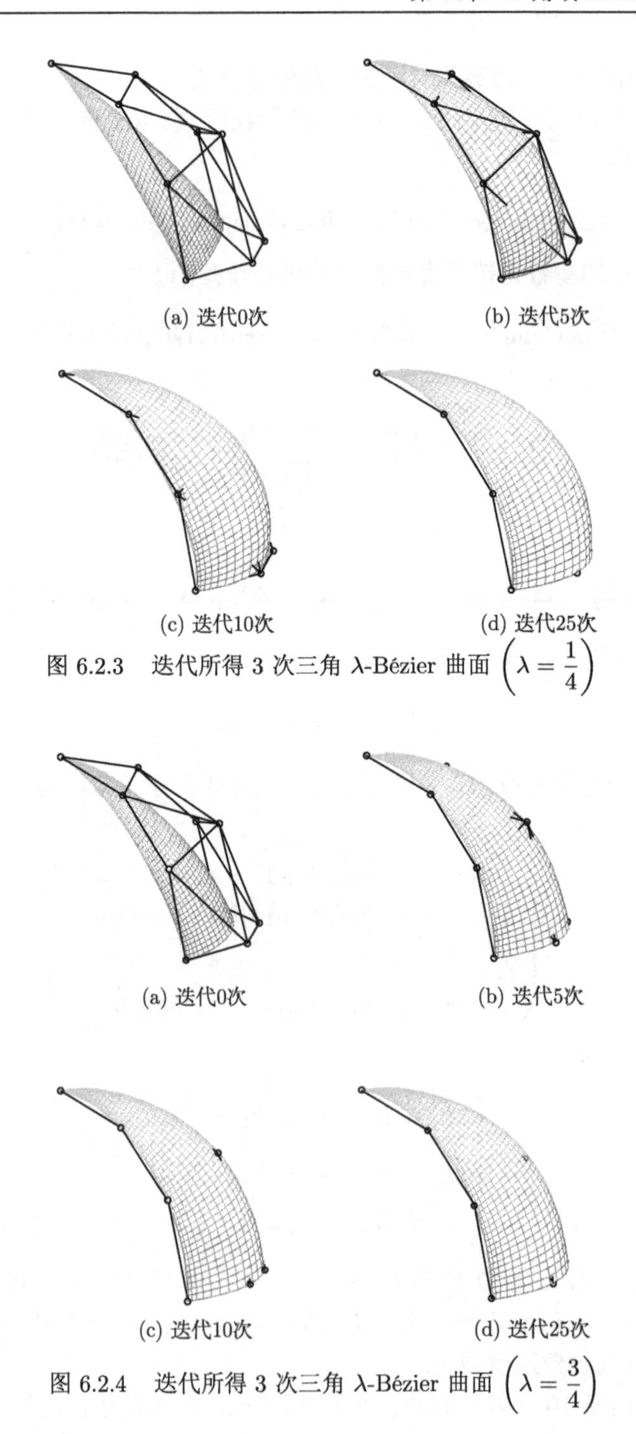

(a) 迭代0次　(b) 迭代5次

(c) 迭代10次　(d) 迭代25次

图 6.2.3　迭代所得 3 次三角 λ-Bézier 曲面 $\left(\lambda=\dfrac{1}{4}\right)$

(a) 迭代0次　(b) 迭代5次

(c) 迭代10次　(d) 迭代25次

图 6.2.4　迭代所得 3 次三角 λ-Bézier 曲面 $\left(\lambda=\dfrac{3}{4}\right)$

6.3 三次三角域 Bézier 曲面的第二类扩展

在 6.2 节中, 给出了一种含一个形状参数的 3 次三角域 Bézier 曲面, 即 3 次三角 λ-Bézier 曲面. 这一节, 将给出另外一种含三个形状参数的 3 次三角域 Bézier 曲面, 并给出其光滑拼接条件以及几何迭代算法.

首先, 根据预期性质, 通过在传统 3 次三角域 Bézier 曲面的控制顶点中引入参数来定义新曲面; 然后, 通过将新曲面转化为传统三角域 Bézier 曲面来分析其拼接条件. 新曲面包含传统的 3 次三角域 Bézier 曲面为特例; 在控制顶点给定的情况下, 新曲面中存在 3 个可用于调节其形状的自由参数; 新曲面的 G^1 光滑拼接条件具有明确的几何意义; 在均匀参数化下, 新曲面的几何迭代算法收敛, 参数越大收敛速度越快. 图例和表格数据显示了所给方法的正确性和有效性.

6.3.1 扩展曲面的构造原理

与 6.2.1 节所述相同, 给定三角域 $D = \{(u,v,w)\,|u,v,w \geqslant 0,\, u+v+w=1\}$, 以及呈三角阵列的控制顶点 $\boldsymbol{V}_{ijk}(i+j+k=3) \in \mathbb{R}^3$, 可以定义 3 次三角域 Bézier 曲面

$$\boldsymbol{r}(u,v,w) = \sum_{i+j+k=3} B_{ijk}(u,v,w)\boldsymbol{V}_{ijk}$$

其中, $B_{ijk}(u,v,w) = \dfrac{3!}{i!j!k!}u^i v^j w^k$, $u,v,w \in D$.

在控制顶点 $\boldsymbol{V}_{ijk}(i+j+k=3)$ 给定的情况下, 曲面 $\boldsymbol{r}(u,v,w)$ 的形状唯一确定. 下面分析如何在顶点 $\boldsymbol{V}_{ijk}$ 的基础上构造形状可调的三角域曲面 $\boldsymbol{r}^*(u,v,w)$, 同时保持曲面 $\boldsymbol{r}^*(u,v,w)$ 与 $\boldsymbol{r}(u,v,w)$ 具有相同的角点和角点切平面.

为此, 定义曲面 $\boldsymbol{r}^*(u,v,w)$ 如下:

$$\begin{aligned}\boldsymbol{r}^*(u,v,w) =& B_{300}\boldsymbol{V}_{300} + B_{030}\boldsymbol{V}_{030} + B_{003}\boldsymbol{V}_{003} + B_{111}\boldsymbol{V}_{111}\\ &+ B_{210}[\alpha\boldsymbol{V}_{210} + (1-\alpha)\boldsymbol{V}_{300}] + B_{120}[\alpha\boldsymbol{V}_{120} + (1-\alpha)\boldsymbol{V}_{030}]\\ &+ B_{021}[\beta\boldsymbol{V}_{021} + (1-\beta)\boldsymbol{V}_{030}] + B_{012}[\beta\boldsymbol{V}_{012} + (1-\beta)\boldsymbol{V}_{003}]\\ &+ B_{102}[\gamma\boldsymbol{V}_{102} + (1-\gamma)\boldsymbol{V}_{003}] + B_{201}[\gamma\boldsymbol{V}_{201} + (1-\gamma)\boldsymbol{V}_{300}]\end{aligned} \tag{6.3.1}$$

其中, $u,v,w \in D$, 参数 $\alpha,\beta,\gamma \in (0,1]$.

将 $\boldsymbol{r}^*(u,v,w)$ 记作

$$\boldsymbol{r}^*(u,v,w) = \sum_{i+j+k=3} B_{ijk}(u,v,w)\boldsymbol{V}^*_{ijk} \tag{6.3.2}$$

也就是将 $\boldsymbol{r}^*(u,v,w)$ 视为普通 3 次三角域 Bézier 曲面, 则其控制顶点为

$$\begin{cases} \boldsymbol{V}_{300}^* = \boldsymbol{V}_{300} \\ \boldsymbol{V}_{210}^* = \alpha\boldsymbol{V}_{210} + (1-\alpha)\boldsymbol{V}_{300} \\ \boldsymbol{V}_{120}^* = \alpha\boldsymbol{V}_{120} + (1-\alpha)\boldsymbol{V}_{030} \\ \boldsymbol{V}_{030}^* = \boldsymbol{V}_{030} \\ \boldsymbol{V}_{021}^* = \beta\boldsymbol{V}_{021} + (1-\beta)\boldsymbol{V}_{030} \\ \boldsymbol{V}_{012}^* = \beta\boldsymbol{V}_{012} + (1-\beta)\boldsymbol{V}_{003} \\ \boldsymbol{V}_{003}^* = \boldsymbol{V}_{003} \\ \boldsymbol{V}_{102}^* = \gamma\boldsymbol{V}_{102} + (1-\gamma)\boldsymbol{V}_{003} \\ \boldsymbol{V}_{201}^* = \gamma\boldsymbol{V}_{201} + (1-\gamma)\boldsymbol{V}_{300} \\ \boldsymbol{V}_{111}^* = \boldsymbol{V}_{111} \end{cases} \tag{6.3.3}$$

由式 (6.3.2) 以及式 (6.3.3) 可知, 当取不同的参数 α,β,γ 时, 真正定义曲面的控制顶点 $\boldsymbol{V}_{ijk}^*(i+j+k=3)$ 发生改变, 因此曲面形状必然变化.

由三角域 Bézier 曲面的性质, 并结合式 (6.3.3) 可知: 曲面 $\boldsymbol{r}^*(u,v,w)$ 插值于角点 $\boldsymbol{V}_{300}^*$(即 $\boldsymbol{V}_{300}$), $\boldsymbol{V}_{030}^*$(即 $\boldsymbol{V}_{030}$), $\boldsymbol{V}_{003}^*$(即 $\boldsymbol{V}_{003}$); 曲面在角点 $\boldsymbol{V}_{300}^*(\boldsymbol{V}_{300})$ 处的切平面由点 $\boldsymbol{V}_{300}^*$, $\boldsymbol{V}_{210}^*$ 和 $\boldsymbol{V}_{201}^*$ 张成, 该平面与由点 $\boldsymbol{V}_{300}$, $\boldsymbol{V}_{210}$ 和 $\boldsymbol{V}_{201}$ 张成的平面相同; 曲面在角点 $\boldsymbol{V}_{030}^*(\boldsymbol{V}_{030})$ 处的切平面由点 $\boldsymbol{V}_{030}^*$, $\boldsymbol{V}_{120}^*$ 和 $\boldsymbol{V}_{021}^*$ 张成, 该平面与由点 $\boldsymbol{V}_{030}$, $\boldsymbol{V}_{120}$ 和 $\boldsymbol{V}_{021}$ 张成的平面相同; 曲面在角点 $\boldsymbol{V}_{003}^*(\boldsymbol{V}_{003})$ 处的切平面由点 $\boldsymbol{V}_{003}^*$, $\boldsymbol{V}_{012}^*$ 和 $\boldsymbol{V}_{102}^*$ 张成, 该平面与由点 $\boldsymbol{V}_{003}$, $\boldsymbol{V}_{012}$ 和 $\boldsymbol{V}_{102}$ 张成的平面相同. 因此曲面 $\boldsymbol{r}^*(u,v,w)$ 不仅形状可调, 而且还达到了对角点的预期要求.

定义 6.3.1　将式 (6.3.1) 所给曲面称为由顶点 $\boldsymbol{V}_{ijk}(i+j+k=3)$ 构造的含 3 个形状参数 α, β 和 γ 的 3 次三角域 Bézier 曲面, 简称为 3 次三角 $\alpha\beta\gamma$-Bézier 曲面.

6.3.2　调配函数及其性质

在式 (6.3.2) 中, 形状可调曲面 $\boldsymbol{r}^*(u,v,w)$ 是由含参数的控制顶点 $\boldsymbol{V}_{ijk}^*$ 与不含参数的 Bernstein 基函数 B_{ijk} 的线性组合形式给出的. 而在已有文献中, 形状可调曲面通常由不含参数的控制顶点与含参数的调配函数的线性组合形式给出. 为了与文献中的常用形式保持一致, 将式 (6.3.1) 整理成

$$\boldsymbol{r}^*(u,v,w) = \sum_{i+j+k=3} b_{ijk}(u,v,w)\boldsymbol{V}_{ijk} \tag{6.3.4}$$

其中, 调配函数 $b_{ijk}(u,v,w)(i+j+k=3)$(简记为 b_{ijk}) 的表达式如下

$$\begin{cases} b_{300} = B_{300} + (1-\alpha)B_{210} + (1-\gamma)B_{201} \\ b_{210} = \alpha B_{210} \\ b_{120} = \alpha B_{120} \\ b_{030} = B_{030} + (1-\alpha)B_{120} + (1-\beta)B_{021} \\ b_{021} = \beta B_{021} \\ b_{012} = \beta B_{012} \\ b_{003} = B_{003} + (1-\beta)B_{012} + (1-\gamma)B_{102} \\ b_{102} = \gamma B_{102} \\ b_{201} = \gamma B_{201} \\ b_{111} = B_{111} \end{cases} \tag{6.3.5}$$

其中, 参数 $\alpha,\beta,\gamma \in (0,1]$.

定义 6.3.2 将式 (6.3.5) 所给函数 $b_{ijk}(i+j+k=3)$ 称为含 3 个参数 α、β 和 γ 的双变量 3 次调配函数, 简称为双变量 3 次 $\alpha\beta\gamma$ 函数.

当 u, v 和 w 这三个变量中有一个为零, 例如当 $w=0$ 时, 有 $v=1-u$, 此时 $b_{ijk}(i+j+k=3)$ 退化为单变量的调配函数

$$\begin{cases} b_0 = u^3 + 3(1-\alpha)u^2(1-u) \\ b_1 = 3\alpha u^2(1-u) \\ b_2 = 3\alpha u(1-u)^2 \\ b_3 = (1-u)^3 + 3(1-\alpha)u(1-u)^2 \end{cases} \tag{6.3.6}$$

借助单变量 3 次 Bernstein 基 $N_i^3 = C_3^i(1-u)^{3-i}u^i$, $i=0,1,2,3$, 式 (6.3.6) 所示函数组可以表示成

$$\begin{pmatrix} b_0 & b_1 & b_2 & b_3 \end{pmatrix} = \begin{pmatrix} N_0^3 & N_1^3 & N_2^3 & N_3^3 \end{pmatrix} \boldsymbol{H} \tag{6.3.7}$$

其中, 转换矩阵为

$$\boldsymbol{H} = \begin{pmatrix} 1 & 0 & 0 & 0 \\ 1-\alpha & \alpha & 0 & 0 \\ 0 & 0 & \alpha & 1-\alpha \\ 0 & 0 & 0 & 1 \end{pmatrix}$$

易知当 $\alpha \in (0,1]$ 时, $\boldsymbol{H}$ 为全正矩阵, 并且 $|\boldsymbol{H}| \neq 0$. 因此由 Bernstein 基函数的最优规范全正性, 并结合式 (6.3.7) 可知, 当 $\alpha \in (0,1]$ 时, 函数组 $b_i(i=0,1,2,3)$ 形成一组规范全正基.

由表达式 (6.3.5) 以及双变量 3 次 Bernstein 基函数的性质, 可以得到含参数的调配函数 $b_{ijk}(i+j+k=3)$ 具有下列性质:

性质 1　退化性. 即: 当 $\alpha=\beta=\gamma=1$ 时, 双变量 3 次 $\alpha\beta\gamma$ 函数成为双变量 3 次 Bernstein 基函数.

性质 2　非负性. 即: 当 $\alpha,\beta,\gamma\in(0,1]$ 时, $b_{ijk}\geqslant 0$, 其中, $i+j+k=3$.

性质 3　规范性. 即: $\sum\limits_{i+j+k=3} b_{ijk}=1$.

性质 4　轮换对称性. 即: 当 $\alpha=\beta=\gamma$ 时, 有

$$
\begin{aligned}
b_{ijk}(u,v,w)&=b_{jik}(v,u,w)=b_{jki}(v,w,u)=b_{ikj}(u,w,v)\\
&=b_{kij}(w,u,v)=b_{kji}(w,v,u)
\end{aligned}
$$

其中, $i+j+k=3$.

性质 5　角点性质. 即: 对 $i+j+k=3$, 有

$$
\left\{\begin{aligned}
&b_{ijk}(1,0,0)=\begin{cases}1, & i=3\\ 0, & i\neq 3\end{cases}\\
&b_{ijk}(0,1,0)=\begin{cases}1, & j=3\\ 0, & j\neq 3\end{cases}\\
&b_{ijk}(0,0,1)=\begin{cases}1, & k=3\\ 0, & k\neq 3\end{cases}
\end{aligned}\right.
$$

性质 6　角点导数. 即: 对 $i+j+k=3$, 有

$$
\left.\frac{\partial b_{ijk}(u,v,1-u-v)}{\partial u}\right|_{(1,0,0)}=\begin{cases}3\gamma, & (i,j,k)=(3,0,0)\\ -3\gamma, & (i,j,k)=(2,0,1)\\ 0, & \text{其他}\end{cases}
$$

$$
\left.\frac{\partial b_{ijk}(u,v,1-u-v)}{\partial v}\right|_{(1,0,0)}=\begin{cases}3(\gamma-\alpha), & (i,j,k)=(3,0,0)\\ 3\alpha, & (i,j,k)=(2,1,0)\\ -3\gamma, & (i,j,k)=(2,0,1)\\ 0, & \text{其他}\end{cases}
$$

$$
\left.\frac{\partial b_{ijk}(u,v,1-u-v)}{\partial u}\right|_{(0,1,0)}=\begin{cases}3(\beta-\alpha), & (i,j,k)=(0,3,0)\\ 3\alpha, & (i,j,k)=(1,2,0)\\ -3\beta, & (i,j,k)=(0,2,1)\\ 0, & \text{其他}\end{cases}
$$

$$\left.\frac{\partial b_{ijk}(u,v,1-u-v)}{\partial v}\right|_{(0,1,0)} = \begin{cases} 3\beta, & (i,j,k)=(0,3,0) \\ -3\beta, & (i,j,k)=(0,2,1) \\ 0, & \text{其他} \end{cases}$$

$$\left.\frac{\partial b_{ijk}(u,v,1-u-v)}{\partial u}\right|_{(0,0,1)} = \begin{cases} 3\gamma, & (i,j,k)=(1,0,2) \\ -3\gamma, & (i,j,k)=(0,0,3) \\ 0, & \text{其他} \end{cases}$$

$$\left.\frac{\partial b_{ijk}(u,v,1-u-v)}{\partial v}\right|_{(0,0,1)} = \begin{cases} 3\beta, & (i,j,k)=(0,1,2) \\ -3\beta, & (i,j,k)=(0,0,3) \\ 0, & \text{其他} \end{cases}$$

性质 7 线性无关性. 即: 当 $\alpha,\beta,\gamma\in(0,1]$ 时, 双变量 3 次 $\alpha\beta\gamma$ 函数线性无关.

证明 假设

$$\sum_{i+j+k=3} x_{ijk}b_{ijk}=0 \tag{6.3.8}$$

其中, $x_{ijk}\in\mathbb{R}$. 将式 (6.3.5) 代入式 (6.3.8) 并整理, 得到

$$\begin{aligned}
&x_{300}B_{300}+x_{030}B_{030}+x_{003}B_{003}+x_{111}B_{111}\\
&+[\alpha x_{210}+(1-\alpha)x_{300}]B_{210}+[\alpha x_{120}+(1-\alpha)x_{030}]B_{120}\\
&+[\beta x_{021}+(1-\beta)x_{030}]B_{021}+[\beta x_{012}+(1-\beta)x_{003}]B_{012}\\
&+[\gamma x_{102}+(1-\gamma)x_{003}]B_{102}+[\gamma x_{201}+(1-\gamma)x_{300}]B_{201}=0
\end{aligned}$$

由双变量 3 次 Bernstein 基函数的线性无关性, 可得

$$\begin{cases}
x_{300}=0, \quad x_{030}=0, \quad x_{003}=0, \quad x_{111}=0\\
\alpha x_{210}+(1-\alpha)x_{300}=0, \quad \alpha x_{120}+(1-\alpha)x_{030}=0\\
\beta x_{021}+(1-\beta)x_{030}=0, \quad \beta x_{012}+(1-\beta)x_{003}=0\\
\gamma x_{102}+(1-\gamma)x_{003}=0, \quad \gamma x_{201}+(1-\gamma)x_{300}=0
\end{cases}$$

注意到 $\alpha,\beta,\gamma\neq 0$, 故上面方程组的解为 $x_{ijk}=0$, 其中, $i+j+k=3$, 这表明双变量 3 次 $\alpha\beta\gamma$ 函数 $b_{ijk}(i+j+k=3)$ 线性无关.

6.3.3 扩展曲面的性质

由形状可调三角域曲面的表达式 (6.3.4), 并结合双变量 3 次 $\alpha\beta\gamma$ 函数的性质, 可以得到 3 次三角 $\alpha\beta\gamma$-Bézier 曲面 $\boldsymbol{r}^*(u,v,w)$ 的下列性质:

性质 1 凸包性. 即: 曲面 $\boldsymbol{r}^*(u,v,w)$ 位于由顶点为 $\boldsymbol{V}_{ijk}(i+j+k=3)$ 的控制网格形成的凸包内.

性质 2 几何不变性与仿射不变性. 即: 曲面 $\boldsymbol{r}^*(u,v,w)$ 的形状和位置只与控制顶点 $\boldsymbol{V}_{ijk}(i+j+k=3)$ 的相对位置以及选定的参数 α,β 和 γ 有关, 而与坐标系的选取无关; 对曲面作仿射变换, 与先对其控制网格作相同的变换, 再定义曲面所得到的结果一致.

性质 3 角点插值性. 即: 曲面插值于控制网格的 3 个角点, 也就是有

$$\boldsymbol{r}^*(1,0,0)=\boldsymbol{V}_{300},\quad \boldsymbol{r}^*(0,1,0)=\boldsymbol{V}_{030},\quad \boldsymbol{r}^*(0,0,1)=\boldsymbol{V}_{003}.$$

性质 4 角点切平面. 即: 曲面在角点 $(1,0,0)$ 处的切平面由点 $\boldsymbol{V}_{300}$, $\boldsymbol{V}_{210}$ 和 $\boldsymbol{V}_{201}$ 张成; 在角点 $(0,1,0)$ 处的切平面由点 $\boldsymbol{V}_{030}$, $\boldsymbol{V}_{120}$ 和 $\boldsymbol{V}_{021}$ 张成; 在角点 $(0,0,1)$ 处的切平面由点 $\boldsymbol{V}_{003}$, $\boldsymbol{V}_{012}$ 和 $\boldsymbol{V}_{102}$ 张成.

性质 5 边界曲线. 即: 曲面上对应于 $w=0$ 的边界曲线是由边界控制顶点 $\boldsymbol{V}_{ij0}(i+j=3)$ 与式 (6.3.6) 所示函数组定义的曲线; 对应于 $u=0$ 的边界曲线是由边界控制顶点 $\boldsymbol{V}_{0jk}(j+k=3)$ 与式 (6.3.6) 所示函数组 (将参数 α 改为 β) 定义的曲线; 对应于 $v=0$ 的边界曲线是由边界控制顶点 $\boldsymbol{V}_{i0k}(i+k=3)$ 与式 (6.3.6) 所示函数组 (将参数 α 改为 γ) 定义的曲线. 由函数组 $b_i(i=0,1,2,3)$ 的全正性可知, 边界曲线具有较好的保形性.

性质 6 形状可调性. 即: 在控制顶点 $\boldsymbol{V}_{ijk}(i+j+k=3)$ 给定的情况下, 可以通过改变参数 α,β 和 γ 的值来调整曲面 $\boldsymbol{r}^*(u,v,w)$ 的形状.

注释 6.3.1 由 6.3.1 节可知, 曲面 $\boldsymbol{r}^*(u,v,w)$ 除了可以用式 (6.3.4) 表示之外, 也可以用式 (6.3.2) 表示, 从式 (6.3.2) 的角度出发, 根据 3 次三角域 Bézier 曲面的性质, 同样可以得到曲面 $\boldsymbol{r}^*(u,v,w)$ 的上述性质.

6.3.4 参数对曲面形状的影响

首先, 由 3 次三角 $\alpha\beta\gamma$-Bézier 曲面的边界曲线性质可知, 当参数 α 保持不变时, 对应于 $w=0$ 的边界曲线固定不变 (比较图 6.3.1(a)~ 图 6.3.1(d)); 当 β 不变时, 对应于 $u=0$ 的边界曲线不变 (比较图 6.3.1(b), 图 6.3.1(c), 图 6.3.1(e) 和图 6.3.1(f) 或图 6.3.1(d) 和图 6.3.1(g)); 当 γ 不变时, 对应于 $v=0$ 的边界曲线不变 (比较图 6.3.1(b), 图 6.3.1(e) 和图 6.3.1(f) 或图 6.3.1(d) 和图 6.3.1(g)).

另外, 由表达式 (6.3.4) 可知, 3 次三角 $\alpha\beta\gamma$-Bézier 曲面 $\boldsymbol{r}^*(u,v,w)$ 为控制顶点 $\boldsymbol{V}_{ijk}(i+j+k=3)$ 的加权线性组合, 点 $\boldsymbol{V}_{ijk}$ 处的权重为 b_{ijk}. 而由式 (6.3.5) 可知, 函数 b_{300} 关于 α 和 γ 单调递减, b_{210} 和 b_{120} 关于 α 单调递增; 函数 b_{030} 关于 α 和 β 单调递减, b_{021} 和 b_{012} 关于 β 单调递增; 函数 b_{003} 关于 β 和 γ 单调递减, b_{102}

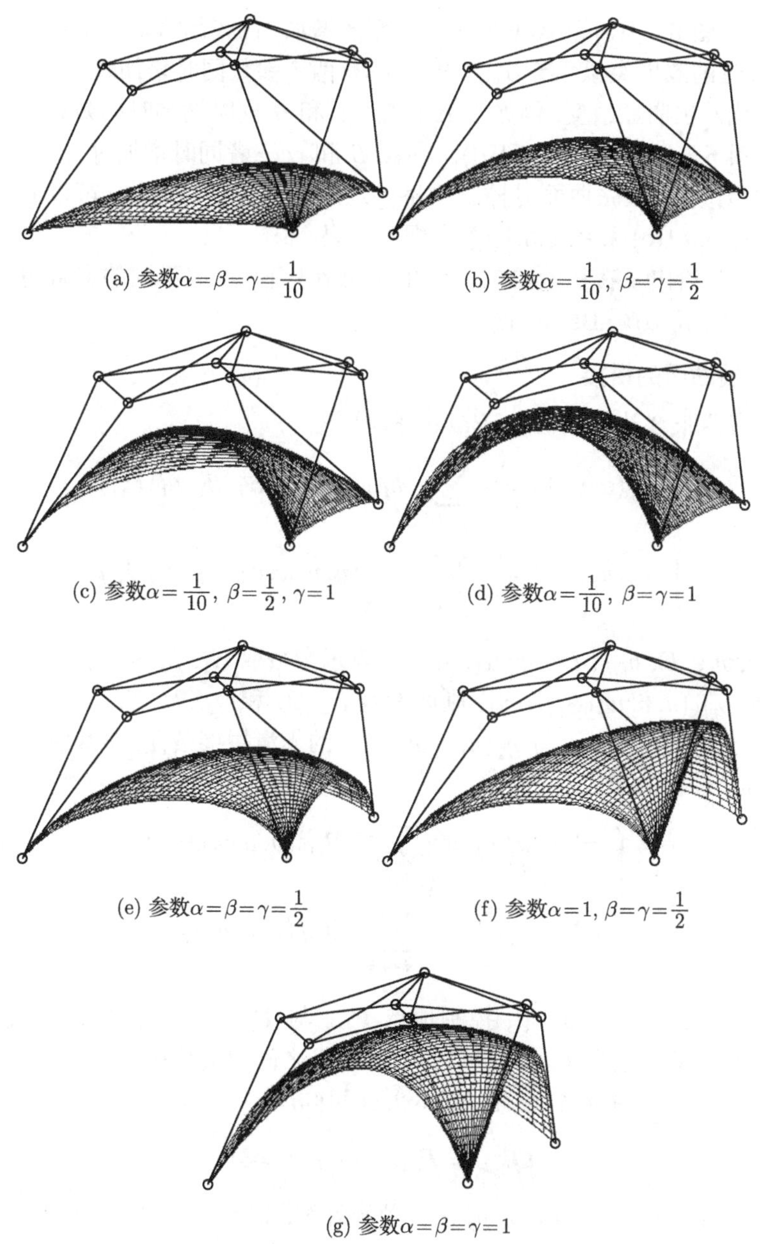

(a) 参数$\alpha=\beta=\gamma=\frac{1}{10}$ (b) 参数$\alpha=\frac{1}{10}$, $\beta=\gamma=\frac{1}{2}$

(c) 参数$\alpha=\frac{1}{10}$, $\beta=\frac{1}{2}$, $\gamma=1$ (d) 参数$\alpha=\frac{1}{10}$, $\beta=\gamma=1$

(e) 参数$\alpha=\beta=\gamma=\frac{1}{2}$ (f) 参数$\alpha=1$, $\beta=\gamma=\frac{1}{2}$

(g) 参数$\alpha=\beta=\gamma=1$

图 6.3.1 取不同参数的形状可调 3 次三角 $\alpha\beta\gamma$-Bézier 曲面

和 b_{201} 关于 γ 单调递增. 因此, 当 α 增加时, 点 $\boldsymbol{V}_{210}$ 和 $\boldsymbol{V}_{120}$ 的权重增加, 点 $\boldsymbol{V}_{300}$ 和 $\boldsymbol{V}_{030}$ 的权重减小, 曲面对应于 $w=0$ 的边界曲线随 α 的增加而逼近于由点 $\boldsymbol{V}_{210}$ 和 $\boldsymbol{V}_{120}$ 确定的线段, 整张曲面也会随着该边界曲线的变化而改变 (比较

图 6.3.1(b), 图 6.3.1(e) 和图 6.3.1(f)). 当 β 增加 (比较图 6.3.1(c) 和图 6.3.1(d)) 或 γ 增加时的效果类似. 当 α, β 和 γ 中有两个参数同时增加时, 就有对应的两条边界曲线发生明显改变, 例如当 α 固定, β 和 γ 同时增加时的效果可以比较图 6.3.1(a), 图 6.3.1(b) 和图 6.3.1(d). 当 α, β 和 γ 三者同时增加时, 三条边界曲线均发生明显改变, 整张曲面对控制网格的逼近程度会不断增加, 可以通过比较图 6.3.1(a), 图 6.3.1(e) 和图 6.3.1(g) 来观察效果.

图 6.3.1 给出了在初始控制顶点相同的情况下, 由取不同的参数得到的形状各异的 3 次三角 $\alpha\beta\gamma$-Bézier 曲面.

6.3.5 扩展曲面的拼接

假设有两张 3 次三角 $\alpha\beta\gamma$-Bézier 曲面

$$\begin{cases} \boldsymbol{r}_1^*(u,v,w) = \sum\limits_{i+j+k=3} b_{ijk}(u,v,w;\alpha_1,\beta_1,\gamma_1)\boldsymbol{P}_{ijk} \\ \boldsymbol{r}_2^*(u,v,w) = \sum\limits_{i+j+k=3} b_{ijk}(u,v,w;\alpha_2,\beta_2,\gamma_2)\boldsymbol{Q}_{ijk} \end{cases} \tag{6.3.9}$$

其中, $u,v,w \in D$, $b_{ijk}(u,v,w;\alpha_1,\beta_1,\gamma_1)$ 表示参数取 α_1, β_1 和 γ_1 的双变量 3 次 $\alpha\beta\gamma$ 函数, $b_{ijk}(u,v,w;\alpha_2,\beta_2,\gamma_2)$ 则取参数 α_2, β_2 和 γ_2.

为了分析 $\boldsymbol{r}_1^*(u,v,w)$ 与 $\boldsymbol{r}_2^*(u,v,w)$ 之间的光滑拼接条件, 将其转换成 3 次三角域 Bézier 曲面的形式

$$\begin{cases} \boldsymbol{r}_1^*(u,v,w) = \sum\limits_{i+j+k=3} B_{ijk}(u,v,w)\boldsymbol{P}_{ijk}^* \\ \boldsymbol{r}_2^*(u,v,w) = \sum\limits_{i+j+k=3} B_{ijk}(u,v,w)\boldsymbol{Q}_{ijk}^* \end{cases} \tag{6.3.10}$$

在式 (6.3.10) 与式 (6.3.9) 中, 控制顶点 $\boldsymbol{P}_{ijk}^*$ 与 $\boldsymbol{P}_{ijk}$ 之间的关系, 以及 $\boldsymbol{Q}_{ijk}^*$ 与 $\boldsymbol{Q}_{ijk}$ 之间的关系, 与式 (6.3.3) 中 $\boldsymbol{V}_{ijk}^*$ 与 $\boldsymbol{V}_{ijk}$ 之间的关系相同.

借助 6.2.4.1 节中的结论, 由式 (6.2.8) 可知, 当

$$\boldsymbol{Q}_{0jk}^* = \boldsymbol{P}_{0jk}^* \quad (j+k=3) \tag{6.3.11}$$

时, 曲面 $\boldsymbol{r}_1^*(u,v,w)$ 与 $\boldsymbol{r}_2^*(u,v,w)$ 之间位置连续. 根据式 (6.3.3), 条件 (6.3.11) 又可以转换成

$$\begin{cases} \boldsymbol{Q}_{030} = \boldsymbol{P}_{030} \\ \beta_2\boldsymbol{Q}_{021} + (1-\beta_2)\boldsymbol{Q}_{030} = \beta_1\boldsymbol{P}_{021} + (1-\beta_1)\boldsymbol{P}_{030} \\ \beta_2\boldsymbol{Q}_{012} + (1-\beta_2)\boldsymbol{Q}_{003} = \beta_1\boldsymbol{P}_{012} + (1-\beta_1)\boldsymbol{P}_{003} \\ \boldsymbol{Q}_{003} = \boldsymbol{P}_{003} \end{cases}$$

即

$$\begin{cases} \boldsymbol{Q}_{030}=\boldsymbol{P}_{030} \\ \boldsymbol{Q}_{021}=\dfrac{\beta_1}{\beta_2}\boldsymbol{P}_{021}+\left(1-\dfrac{\beta_1}{\beta_2}\right)\boldsymbol{P}_{030} \\ \boldsymbol{Q}_{012}=\dfrac{\beta_1}{\beta_2}\boldsymbol{P}_{012}+\left(1-\dfrac{\beta_1}{\beta_2}\right)\boldsymbol{P}_{003} \\ \boldsymbol{Q}_{003}=\boldsymbol{P}_{003} \end{cases} \tag{6.3.12}$$

式 (6.3.12) 即为曲面 $\boldsymbol{r}_1^*(u,v,w)$ 与 $\boldsymbol{r}_2^*(u,v,w)$ 之间的 G^0 连续条件.

进一步地, 由式 (6.2.10) 可知, 若

$$\begin{cases} \boldsymbol{Q}_{120}^*-\boldsymbol{Q}_{021}^*=\xi(\boldsymbol{P}_{030}^*-\boldsymbol{P}_{021}^*)+\eta(\boldsymbol{P}_{120}^*-\boldsymbol{P}_{021}^*) \\ \boldsymbol{Q}_{111}^*-\boldsymbol{Q}_{012}^*=\xi(\boldsymbol{P}_{021}^*-\boldsymbol{P}_{012}^*)+\eta(\boldsymbol{P}_{111}^*-\boldsymbol{P}_{012}^*) \\ \boldsymbol{Q}_{102}^*-\boldsymbol{Q}_{003}^*=\xi(\boldsymbol{P}_{012}^*-\boldsymbol{P}_{003}^*)+\eta(\boldsymbol{P}_{102}^*-\boldsymbol{P}_{003}^*) \end{cases} \tag{6.3.13}$$

则曲面 $\boldsymbol{r}_1^*(u,v,w)$ 与 $\boldsymbol{r}_2^*(u,v,w)$ 之间 G^1 连续. 根据式 (6.3.3), 条件 (6.3.13) 又可以转换成

$$\begin{cases} \alpha_2\boldsymbol{Q}_{120}+(1-\alpha_2)\boldsymbol{Q}_{030}-\beta_2\boldsymbol{Q}_{021}-(1-\beta_2)\boldsymbol{Q}_{030}=\xi[\boldsymbol{P}_{030}-\beta_1\boldsymbol{P}_{021} \\ -(1-\beta_1)\boldsymbol{P}_{030}]+\eta[\alpha_1\boldsymbol{P}_{120}+(1-\alpha_1)\boldsymbol{P}_{030}-\beta_1\boldsymbol{P}_{021}-(1-\beta_1)\boldsymbol{P}_{030}] \\ \boldsymbol{Q}_{111}-\beta_2\boldsymbol{Q}_{012}-(1-\beta_2)\boldsymbol{Q}_{003}=\xi[\beta_1\boldsymbol{P}_{021}+(1-\beta_1)\boldsymbol{P}_{030}-\beta_1\boldsymbol{P}_{012} \\ -(1-\beta_1)\boldsymbol{P}_{003}]+\eta[\boldsymbol{P}_{111}-\beta_1\boldsymbol{P}_{012}-(1-\beta_1)\boldsymbol{P}_{003}] \\ \gamma_2\boldsymbol{Q}_{102}+(1-\gamma_2)\boldsymbol{Q}_{003}-\boldsymbol{Q}_{003}=\xi[\beta_1\boldsymbol{P}_{012}+(1-\beta_1)\boldsymbol{P}_{003}-\boldsymbol{P}_{003}] \\ +\eta[\gamma_1\boldsymbol{P}_{102}+(1-\gamma_1)\boldsymbol{P}_{003}-\boldsymbol{P}_{003}] \end{cases} \tag{6.3.14}$$

将式 (6.3.12) 代入式 (6.3.14) 并整理, 可得

$$\begin{cases} \boldsymbol{Q}_{120}=\boldsymbol{P}_{030}+\dfrac{\alpha_1}{\alpha_2}\eta(\boldsymbol{P}_{120}-\boldsymbol{P}_{030})+\dfrac{\beta_1}{\alpha_2}(1-\xi-\eta)(\boldsymbol{P}_{021}-\boldsymbol{P}_{030}) \\ \boldsymbol{Q}_{111}=\boldsymbol{O}_1+\xi(\boldsymbol{O}_2-\boldsymbol{O}_1)+\eta(\boldsymbol{P}_{111}-\boldsymbol{O}_1) \\ \boldsymbol{Q}_{102}=\boldsymbol{P}_{003}+\dfrac{\gamma_1}{\gamma_2}\eta(\boldsymbol{P}_{102}-\boldsymbol{P}_{003})+\dfrac{\beta_1}{\gamma_2}\xi(\boldsymbol{P}_{012}-\boldsymbol{P}_{003}) \end{cases} \tag{6.3.15}$$

其中,

$$\begin{cases} \boldsymbol{O}_1=\beta_1\boldsymbol{P}_{012}+(1-\beta_1)\boldsymbol{P}_{003} \\ \boldsymbol{O}_2=\beta_1\boldsymbol{P}_{021}+(1-\beta_1)\boldsymbol{P}_{030} \end{cases}$$

由上述分析可知, 当式 (6.3.12) 以及式 (6.3.15) 中的关系同时满足时, 曲面 $\boldsymbol{r}_1^*(u,v,w)$ 与 $\boldsymbol{r}_2^*(u,v,w)$ 之间 G^1 连续.

式 (6.3.12) 和式 (6.3.15) 都具有明确的几何意义.

式 (6.3.12) 表明: 点 $\boldsymbol{Q}_{030}$ 和 $\boldsymbol{Q}_{003}$ 分别与点 $\boldsymbol{P}_{030}$ 和 $\boldsymbol{P}_{003}$ 重合; 点 $\boldsymbol{Q}_{021}$ 位于线段 $\boldsymbol{P}_{021}\boldsymbol{P}_{030}$ 上, 且分该线段的比例为 $1-\dfrac{\beta_1}{\beta_2}:\dfrac{\beta_1}{\beta_2}$, 对点 $\boldsymbol{Q}_{012}$ 具有类似的结论.

式 (6.3.15) 表明点 $\boldsymbol{Q}_{120}$ 可以这样确定: 以点 $\boldsymbol{P}_{030}$ 为起点, 先沿着矢量 $\boldsymbol{P}_{030}\boldsymbol{P}_{120}$ 的方向 (当 $\eta>0$ 时) 或沿其反方向 (当 $\eta<0$ 时) 移动该矢量长度的 $\left|\dfrac{\alpha_1}{\alpha_2}\eta\right|$ 倍, 再沿着矢量 $\boldsymbol{P}_{030}\boldsymbol{P}_{021}$ 的方向 (当 $\xi+\eta<1$ 时) 或其反方向 (当 $\xi+\eta>1$ 时) 移动该矢量长度的 $\left|\dfrac{\beta_1}{\alpha_2}(1-\xi-\eta)\right|$ 倍, 得到的即为点 $\boldsymbol{Q}_{120}$. 对点 $\boldsymbol{Q}_{111}$ 和 $\boldsymbol{Q}_{102}$ 具有类似的结论.

在实际应用中, 首先给定第一张曲面 $\boldsymbol{r}_1^*(u,v,w)$ 的控制顶点 $\boldsymbol{P}_{ijk}(i+j+k=3)$, 然后根据式 (6.3.12) 确定第二张曲面 $\boldsymbol{r}_2^*(u,v,w)$ 的第一排控制顶点 $\boldsymbol{Q}_{0jk}(j+k=3)$, 再根据式 (6.3.15) 确定其第二排控制顶点 $\boldsymbol{Q}_{1jk}(j+k=2)$, 而其余的 3 个控制顶点则可以随意确定, 这样所得曲面 $\boldsymbol{r}_2^*(u,v,w)$ 在对应于 $u=0$ 的边界曲线处与曲面 $\boldsymbol{r}_1^*(u,v,w)$ 之间 G^1 连续.

在图 6.3.2~ 图 6.3.4 中, 展示了根据上述方法构造的 G^1 连续的组合 3 次三角 $\alpha\beta\gamma$-Bézier 曲面. 其中 $\boldsymbol{r}_1^*(u,v,w)$ 用黄色曲面片显示, 其控制顶点用圆圈表示; $\boldsymbol{r}_2^*(u,v,w)$ 用绿色网格面显示, 其控制顶点用正方形表示. 为了更加清楚地看到控制网格的结构和曲面形状, 这里给出了两种不同视角下的曲面图形.

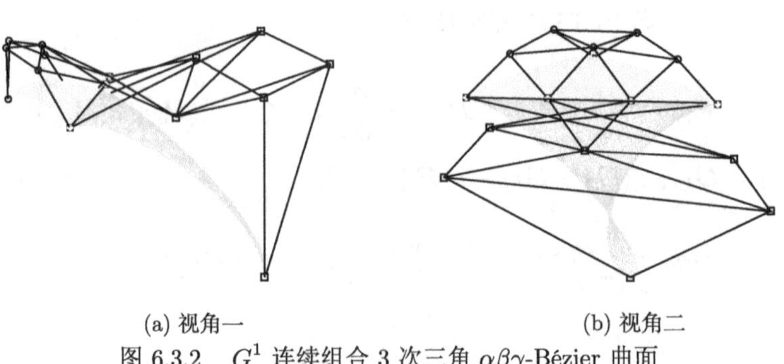

(a) 视角一　　(b) 视角二

图 6.3.2　G^1 连续组合 3 次三角 $\alpha\beta\gamma$-Bézier 曲面

$\left(\alpha_1=\dfrac{1}{3},\beta_1=1,\gamma_1=\dfrac{1}{4};\alpha_2=\dfrac{1}{4},\beta_2=1,\gamma_2=\dfrac{1}{3}\right)$

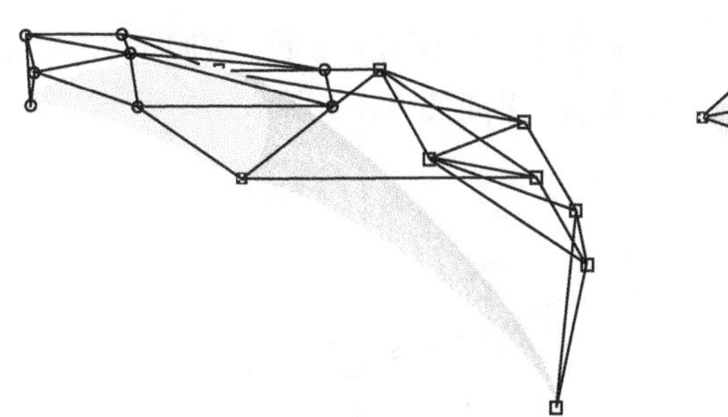

(a) 视角一

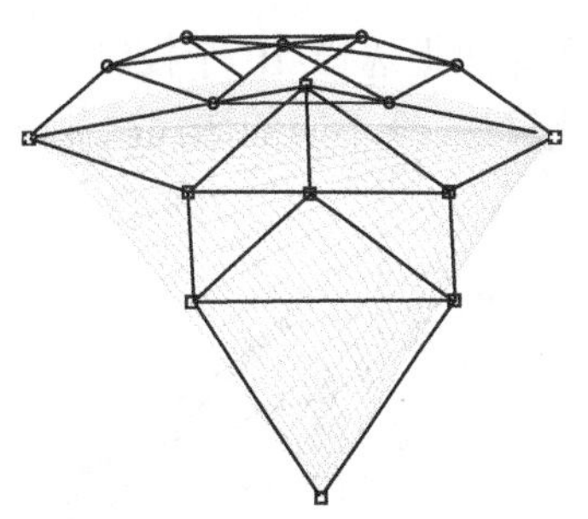

(b) 视角二

图 6.3.3 G^1 连续组合 3 次三角 $\alpha\beta\gamma$-Bézier 曲面 $\left(\alpha_1=\beta_1=\gamma_1=\dfrac{1}{2};\alpha_2=\beta_2=\gamma_2=\dfrac{1}{3}\right)$

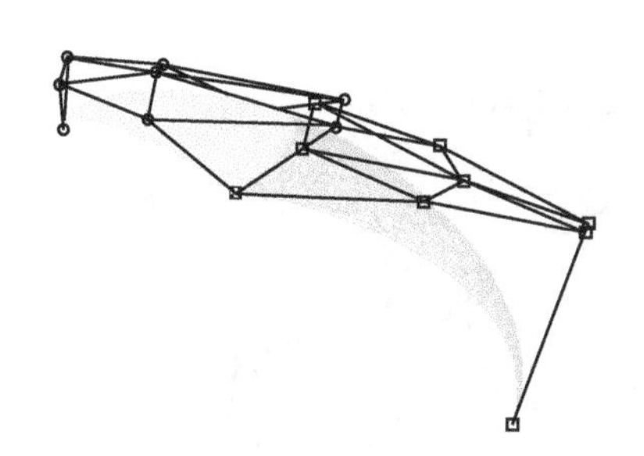

(a) 视角一

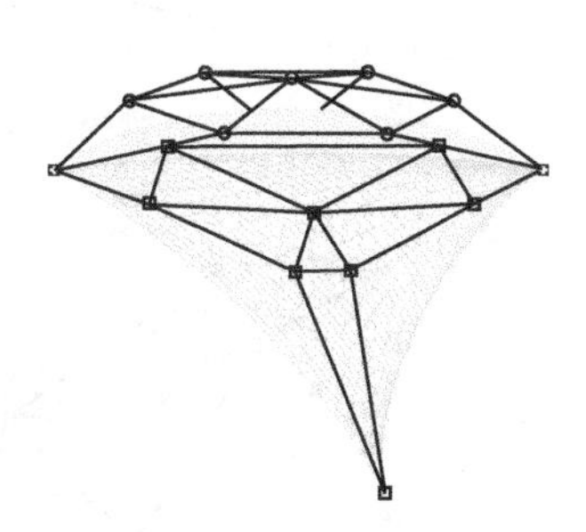

(b) 视角二

图 6.3.4 G^1 连续组合 3 次三角 $\alpha\beta\gamma$-Bézier 曲面 $\left(\alpha_1=\beta_1=\gamma_1=\dfrac{2}{3};\alpha_2=\gamma_2=\dfrac{2}{3},\beta_2=1\right)$

6.3.6 曲面的几何迭代算法

针对 3 次三角 $\alpha\beta\gamma$-Bézier 曲面的几何迭代算法描述与 6.2.5.1 节相同.

采用与 6.2.5.2 节相同的收敛性分析方法, 得到配置矩阵 $\boldsymbol{C}$ 的全部特征值为

$$\lambda_1=\frac{2}{9}\alpha,\quad \lambda_2=\frac{2}{9}\beta,\quad \lambda_3=\frac{2}{9}\gamma,\quad \lambda_4=\frac{2}{9},\quad \lambda_5=\frac{2}{3}\alpha,$$

$$\lambda_6=\frac{2}{3}\beta,\quad \lambda_7=\frac{2}{3}\gamma,\quad \lambda_8=\lambda_9=\lambda_{10}=1.$$

注意到 $\alpha,\beta,\gamma\in(0,1]$, 因此这些特征值的范围 $\lambda_i\in(0,1]$, 其中, $i=1,2,\cdots,10$. 进而可知谱半径 $0\leqslant\rho(\boldsymbol{I}-\boldsymbol{C})<1$, 这说明 3 次三角 $\alpha\beta\gamma$-Bézier 曲面的几何迭代算法是收敛的. 另外, 当参数 $\alpha=\beta=\gamma=1$ 时, 谱半径 $\rho(\boldsymbol{I}-\boldsymbol{C})$ 达到最小值, 此时迭代收敛的速度最快.

在球面上选择 10 个控制顶点, 分别取两组不同的参数, 按照 6.2.5.1 节中所给迭代算法, 在不同的迭代次数下得到的结果如图 6.3.5 所示.

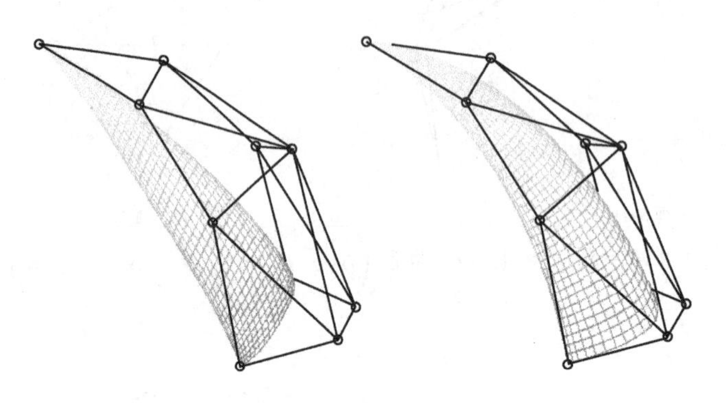

(a) 迭代0次：$\alpha=\beta=\gamma=\frac{1}{4}$(左)；$\alpha=\beta=\gamma=1$(右)

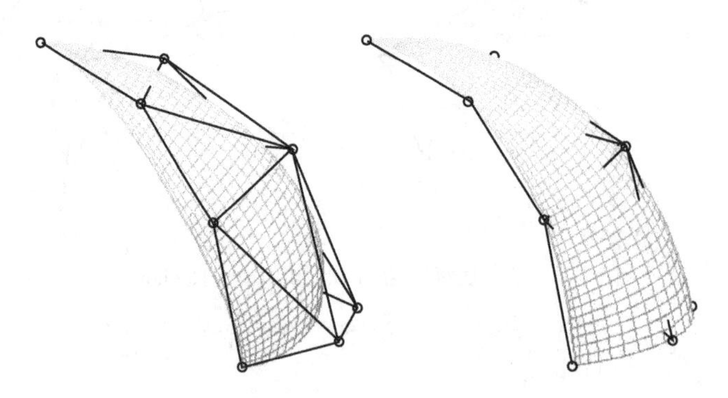

(b) 迭代3次：$\alpha=\beta=\gamma=\frac{1}{4}$(左)；$\alpha=\beta=\gamma=1$(右)

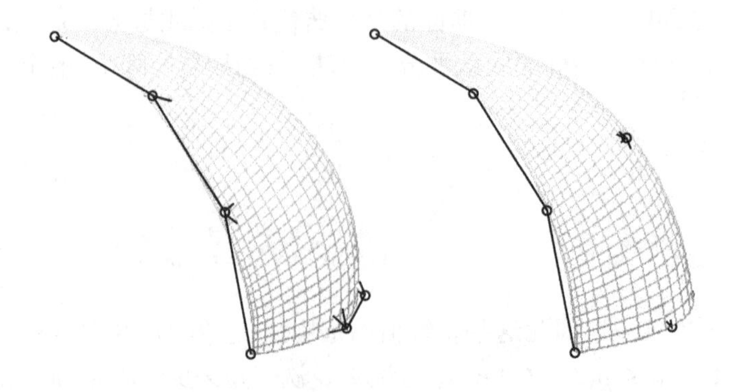

(c) 迭代10次：$\alpha=\beta=\gamma=\frac{1}{4}$(左)；$\alpha=\beta=\gamma=1$(右)

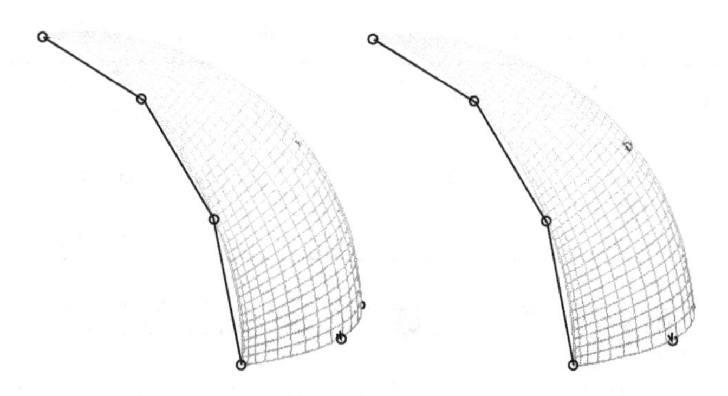

(d) 迭代20次：$\alpha=\beta=\gamma=\frac{1}{4}$(左)；$\alpha=\beta=\gamma=1$(右)

图 6.3.5 迭代生成的曲面

分别比较图 6.3.5 中左边和右边的 4 张曲面, 可以看出, 随着迭代次数的增加, 曲面逐渐变化到插值于给定点列的曲面. 分别比较图 6.3.5 中每一行的两张曲面, 可以看出, 参数越大, 曲面越接近极限状态下的插值曲面.

以最大欧氏距离作为误差, 即取 $\varepsilon=\max\limits_{i+j+k=3}\{\|\boldsymbol{r}^{*(n)}(t_{ijk})-\boldsymbol{V}_{ijk}\|_2\}$. 表 6.3.1～表 6.3.3 给出了取不同参数时, 在不同的迭代次数下的误差结果.

表 6.3.1～表 6.3.3 中的数据再一次验证了关于迭代算法收敛性和收敛速度分析结果的正确性.

表 6.3.1 参数 $\alpha=\beta=\gamma=\frac{1}{4}$ 时的迭代拟合误差

迭代次数	误差
0	5.540 4
3	3.951 4
10	1.287 5
20	0.337 5
40	0.062 7

表 6.3.2 参数 $\alpha=\beta=\gamma=\frac{1}{2}$ 时的迭代拟合误差

迭代次数	误差
0	4.538 2
3	2.199 0
10	0.425 5
20	0.058 9
40	0.005 4

表 6.3.3 参数 $\alpha = \beta = \gamma = 1$ 时的迭代拟合误差

迭代次数	误差
0	2.535 9
3	0.544 6
10	0.060 3
20	0.004 9
40	3.210 6e-005

6.4 四次三角域 Bézier 曲面的扩展

为了在控制顶点固定的前提下仍然能够调整 4 次三角域 Bézier 曲面的形状, 这一节构造了一组含两个参数的 4 次双变量调配函数, 由之定义了由 15 个控制顶点确定的三角域曲面片. 新曲面不仅具有 4 次三角域 Bézier 曲面的特性, 而且拥有两个可用于调整其形状的参数. 与现有文献中构造形状可调三角域 Bézier 曲面的方法相比, 这里是从纯几何而非代数角度出发来定义新曲面, 因此引入的参数具有明确的几何作用, 并且这里提供的方法并未提升基函数的次数. 为了方便应用, 给出了曲面片之间的 G^1 光滑拼接条件. 图例显示了所给方法的正确性和有效性.

6.4.1 扩展曲面的构造原理

给定三角域 $D = \{(u, v, w)\,|u, v, w \geqslant 0, u + v + w = 1\}$, 以及呈三角阵列的控制顶点 $\boldsymbol{V}_{ijk}(i + j + k = 4) \in \mathbb{R}^3$, 可以定义 4 次三角域 Bézier 曲面

$$\boldsymbol{r}(u, v, w) = \sum_{i+j+k=3} B_{ijk}(u, v, w)\boldsymbol{V}_{ijk}$$

其中, $B_{ijk}(u, v, w) = \dfrac{4!}{i!j!k!}u^i v^j w^k$, $u, v, w \in D$.

曲面 $\boldsymbol{r}(u, v, w)$ 具有轮换对称性、凸包性、角点插值性; 曲面的边界曲线为由边界控制顶点定义的 4 次 Bézier 曲线; 曲面在角点处的切平面为由角点和其所在的两条边上与之相邻的控制顶点张成的平面.

一旦控制顶点 $\boldsymbol{V}_{ijk}(i+j+k=4)$ 给定, 曲面 $\boldsymbol{r}(u, v, w)$ 的形状便被唯一确定. 为了由顶点 $\boldsymbol{V}_{ijk}$ 构造形状可调的三角域曲面, 同时保持新曲面的角点和角点切平面与原曲面 $\boldsymbol{r}(u, v, w)$ 相同, 现引入参数 $\alpha \in (0, 1]$ 和 $\beta \in (0, 1]$, 定义新曲面 $\boldsymbol{r}^*(u, v, w)$ 为

$$\begin{aligned}\boldsymbol{r}^*(u, v, w) =& B_{400}\boldsymbol{V}_{400} + B_{310}[(1-\alpha)\boldsymbol{V}_{400} + \alpha\boldsymbol{V}_{310}] + B_{220}\left[(1-\alpha)\frac{\boldsymbol{V}_{310} + \boldsymbol{V}_{130}}{2} + \alpha\boldsymbol{V}_{220}\right] \\ &+ B_{130}[(1-\alpha)\boldsymbol{V}_{040} + \alpha\boldsymbol{V}_{130}] + B_{040}\boldsymbol{V}_{040} + B_{031}[(1-\alpha)\boldsymbol{V}_{040} + \alpha\boldsymbol{V}_{031}] \\ &+ B_{022}\left[(1-\alpha)\frac{\boldsymbol{V}_{031} + \boldsymbol{V}_{013}}{2} + \alpha\boldsymbol{V}_{022}\right] \\ &+ B_{013}[(1-\alpha)\boldsymbol{V}_{004} + \alpha\boldsymbol{V}_{013}] + B_{004}\boldsymbol{V}_{004}\end{aligned}$$

$$+ B_{103}[(1-\alpha)\boldsymbol{V}_{004} + \alpha\boldsymbol{V}_{103}] + B_{202}\left[(1-\alpha)\frac{\boldsymbol{V}_{103}+\boldsymbol{V}_{301}}{2} + \alpha\boldsymbol{V}_{202}\right]$$
$$+ B_{301}[(1-\alpha)\boldsymbol{V}_{400} + \alpha\boldsymbol{V}_{301}] + B_{211}\left[(1-\beta)\frac{\boldsymbol{V}_{310}+\boldsymbol{V}_{301}}{2} + \beta\boldsymbol{V}_{211}\right]$$
$$+ B_{121}\left[(1-\beta)\frac{\boldsymbol{V}_{130}+\boldsymbol{V}_{031}}{2} + \beta\boldsymbol{V}_{121}\right] + B_{112}\left[(1-\beta)\frac{\boldsymbol{V}_{013}+\boldsymbol{V}_{103}}{2} + \beta\boldsymbol{V}_{112}\right] \tag{6.4.1}$$

其中, $u, v, w \in D$.

将曲面 $\boldsymbol{r}^*(u,v,w)$ 表示成 4 次三角域 Bézier 曲面, 记

$$\boldsymbol{r}^*(u,v,w) = \sum_{i+j+k=4} B_{ijk}(u,v,w)\boldsymbol{V}_{ijk}^* \tag{6.4.2}$$

其中, 控制顶点

$$\left\{\begin{array}{l}
\boldsymbol{V}_{400}^* = \boldsymbol{V}_{400}, \quad \boldsymbol{V}_{040}^* = \boldsymbol{V}_{040}, \quad \boldsymbol{V}_{004}^* = \boldsymbol{V}_{004} \\
\boldsymbol{V}_{310}^* = (1-\alpha)\boldsymbol{V}_{400} + \alpha\boldsymbol{V}_{310} \\
\boldsymbol{V}_{220}^* = (1-\alpha)\dfrac{\boldsymbol{V}_{310}+\boldsymbol{V}_{130}}{2} + \alpha\boldsymbol{V}_{220} \\
\boldsymbol{V}_{130}^* = (1-\alpha)\boldsymbol{V}_{040} + \alpha\boldsymbol{V}_{130} \\
\boldsymbol{V}_{031}^* = (1-\alpha)\boldsymbol{V}_{040} + \alpha\boldsymbol{V}_{031} \\
\boldsymbol{V}_{022}^* = (1-\alpha)\dfrac{\boldsymbol{V}_{031}+\boldsymbol{V}_{013}}{2} + \alpha\boldsymbol{V}_{022} \\
\boldsymbol{V}_{013}^* = (1-\alpha)\boldsymbol{V}_{004} + \alpha\boldsymbol{V}_{013} \\
\boldsymbol{V}_{103}^* = (1-\alpha)\boldsymbol{V}_{004} + \alpha\boldsymbol{V}_{103} \\
\boldsymbol{V}_{202}^* = (1-\alpha)\dfrac{\boldsymbol{V}_{103}+\boldsymbol{V}_{301}}{2} + \alpha\boldsymbol{V}_{202} \\
\boldsymbol{V}_{301}^* = (1-\alpha)\boldsymbol{V}_{400} + \alpha\boldsymbol{V}_{301} \\
\boldsymbol{V}_{211}^* = (1-\beta)\dfrac{\boldsymbol{V}_{310}+\boldsymbol{V}_{301}}{2} + \beta\boldsymbol{V}_{211} \\
\boldsymbol{V}_{121}^* = (1-\beta)\dfrac{\boldsymbol{V}_{130}+\boldsymbol{V}_{031}}{2} + \beta\boldsymbol{V}_{121} \\
\boldsymbol{V}_{112}^* = (1-\beta)\dfrac{\boldsymbol{V}_{013}+\boldsymbol{V}_{103}}{2} + \beta\boldsymbol{V}_{112}
\end{array}\right. \tag{6.4.3}$$

由式 (6.4.2)、式 (6.4.3) 可知, 当控制顶点 $\boldsymbol{V}_{ijk}(i+j+k=4)$ 给定时, 改变参数 α 和 β, 顶点 $\boldsymbol{V}_{ijk}^*(i+j+k=4)$ 的位置发生改变, 进而带动曲面 $\boldsymbol{r}^*(u,v,w)$ 的形状发生变化.

由三角域 Bézier 曲面的性质, 并结合式 (6.4.3) 可知: 曲面 $\boldsymbol{r}^*(u,v,w)$ 插值于角点 $\boldsymbol{V}_{400}^*$(即 $\boldsymbol{V}_{400}$), $\boldsymbol{V}_{040}^*$(即 $\boldsymbol{V}_{040}$), $\boldsymbol{V}_{004}^*$(即 $\boldsymbol{V}_{004}$); 在角点 $\boldsymbol{V}_{400}^*(\boldsymbol{V}_{400})$ 处的切平

面由点 $\boldsymbol{V}_{400}^*$, $\boldsymbol{V}_{310}^*$ 和 $\boldsymbol{V}_{301}^*$ 张成, 该平面与由 $\boldsymbol{V}_{400}$, $\boldsymbol{V}_{310}$ 和 $\boldsymbol{V}_{301}$ 张成的平面相同; 在角点 $\boldsymbol{V}_{040}^*(\boldsymbol{V}_{040})$ 处的切平面由 $\boldsymbol{V}_{040}^*$, $\boldsymbol{V}_{130}^*$ 和 $\boldsymbol{V}_{031}^*$ 张成, 该平面与由 $\boldsymbol{V}_{040}$, $\boldsymbol{V}_{130}$ 和 $\boldsymbol{V}_{031}$ 张成的平面相同; 在角点 $\boldsymbol{V}_{004}^*(\boldsymbol{V}_{004})$ 处的切平面由 $\boldsymbol{V}_{004}^*$, $\boldsymbol{V}_{013}^*$ 和 $\boldsymbol{V}_{103}^*$ 张成, 该平面与由 $\boldsymbol{V}_{004}$, $\boldsymbol{V}_{013}$ 和 $\boldsymbol{V}_{103}$ 张成的平面相同. 由此可知曲面 $\boldsymbol{r}^*(u,v,w)$ 不仅形状可调, 而且满足对角点的预期要求.

定义 6.4.1 称由式 (6.4.1) 构造的曲面为由顶点 $\boldsymbol{V}_{ijk}(i+j+k=4)$ 确定的含形状参数 α 和 β 的 4 次三角域 Bézier 曲面, 简称为 4 次三角 $\alpha\beta$-Bézier 曲面.

6.4.2 调配函数及其性质

上一节所给 4 次三角 $\alpha\beta$-Bézier 曲面由含参数的控制顶点 $\boldsymbol{V}_{ijk}^*$ 与 Bernstein 基函数的线性组合表达. 现有文献中, 形状可调曲面通常表示成固定控制顶点与含参数的调配函数的线性组合. 为了与文献中的惯用形式保持一致, 将式 (6.4.1) 整理成

$$\boldsymbol{r}^*(u,v,w)=\sum_{i+j+k=4} b_{ijk}(u,v,w)\boldsymbol{V}_{ijk}$$

其中, $b_{ijk}(u,v,w)$(简记为 b_{ijk}) 的表达式如下

$$\left\{\begin{array}{l}
b_{400}=B_{400}+(1-\alpha)(B_{310}+B_{301})\\
b_{040}=B_{040}+(1-\alpha)(B_{130}+B_{031})\\
b_{004}=B_{004}+(1-\alpha)(B_{013}+B_{103})\\
b_{310}=\alpha B_{310}+\dfrac{1-\alpha}{2}B_{220}+\dfrac{1-\beta}{2}B_{211}\\
b_{220}=\alpha B_{220},\quad b_{211}=\beta B_{211}\\
b_{130}=\alpha B_{130}+\dfrac{1-\alpha}{2}B_{220}+\dfrac{1-\beta}{2}B_{121}\\
b_{031}=\alpha B_{031}+\dfrac{1-\alpha}{2}B_{022}+\dfrac{1-\beta}{2}B_{121}\\
b_{022}=\alpha B_{022},\quad b_{121}=\beta B_{121}\\
b_{013}=\alpha B_{013}+\dfrac{1-\alpha}{2}B_{022}+\dfrac{1-\beta}{2}B_{112}\\
b_{103}=\alpha B_{103}+\dfrac{1-\alpha}{2}B_{202}+\dfrac{1-\beta}{2}B_{112}\\
b_{202}=\alpha B_{202},\quad b_{112}=\beta B_{112}\\
b_{301}=\alpha B_{301}+\dfrac{1-\alpha}{2}B_{202}+\dfrac{1-\beta}{2}B_{211}
\end{array}\right. \tag{6.4.4}$$

其中, 参数 $\alpha \in (0,1]$, $\beta \in (0,1]$.

定义 6.4.2 称式 (6.4.4) 所给函数组为含参数 α 和 β 的双变量 4 次调配函数, 简称为双变量 4 次 $\alpha\beta$ 函数.

由式 (6.4.4) 以及双变量 4 次 Bernstein 基函数的性质, 可得双变量 4 次 $\alpha\beta$ 函数的性质如下:

性质 1 退化性. 即: 当 $\alpha = \beta = 1$ 时, 双变量 4 次 $\alpha\beta$ 函数即为双变量 4 次 Bernstein 基函数.

性质 2 非负性. 即: 当 $\alpha \in (0,1]$, $\beta \in (0,1]$ 时, 对 $i+j+k=4$, 有 $b_{ijk} \geqslant 0$.

性质 3 规范性. 即: $\sum\limits_{i+j+k=4} b_{ijk} = 1$.

性质 4 轮换对称性. 即: 对 $i+j+k=4$, 有

$$
\begin{aligned}
b_{ijk}(u,v,w) &= b_{jik}(v,u,w) = b_{jki}(v,w,u) = b_{ikj}(u,w,v) \\
&= b_{kij}(w,u,v) = b_{kji}(w,v,u)
\end{aligned}
$$

性质 5 角点性质. 即: 对 $i+j+k=4$, 有

$$
b_{ijk}(1,0,0) = \begin{cases} 1, & i = 4 \\ 0, & i \neq 4 \end{cases}
$$

$$
b_{ijk}(0,1,0) = \begin{cases} 1, & j = 4 \\ 0, & j \neq 4 \end{cases}
$$

$$
b_{ijk}(0,0,1) = \begin{cases} 1, & k = 4 \\ 0, & k \neq 4 \end{cases}
$$

性质 6 角点导数. 即: 对 $i+j+k=4$, 有

$$
\left.\frac{\partial b_{ijk}(u,v,1-u-v)}{\partial u}\right|_{(1,0,0)} = \begin{cases} 4\alpha, & (i,j,k) = (4,0,0) \\ -4\alpha, & (i,j,k) = (3,0,1) \\ 0, & \text{其他} \end{cases}
$$

$$
\left.\frac{\partial b_{ijk}(u,v,1-u-v)}{\partial v}\right|_{(1,0,0)} = \begin{cases} 4\alpha, & (i,j,k) = (3,1,0) \\ -4\alpha, & (i,j,k) = (3,0,1) \\ 0, & \text{其他} \end{cases}
$$

$$
\left.\frac{\partial b_{ijk}(u,v,1-u-v)}{\partial u}\right|_{(0,1,0)} = \begin{cases} 4\alpha, & (i,j,k) = (1,3,0) \\ -4\alpha, & (i,j,k) = (0,3,1) \\ 0, & \text{其他} \end{cases}
$$

$$\left.\frac{\partial b_{ijk}(u,v,1-u-v)}{\partial v}\right|_{(0,1,0)}=\begin{cases}4\alpha, & (i,j,k)=(0,4,0)\\-4\alpha, & (i,j,k)=(0,3,1)\\0, & 其他\end{cases}$$

$$\left.\frac{\partial b_{ijk}(u,v,1-u-v)}{\partial u}\right|_{(0,0,1)}=\begin{cases}4\alpha, & (i,j,k)=(1,0,3)\\-4\alpha, & (i,j,k)=(0,0,4)\\0, & 其他\end{cases}$$

$$\left.\frac{\partial b_{ijk}(u,v,1-u-v)}{\partial v}\right|_{(0,0,1)}=\begin{cases}4\alpha, & (i,j,k)=(0,1,3)\\-4\alpha, & (i,j,k)=(0,0,4)\\0, & 其他\end{cases}$$

性质 7　线性无关性. 即: 当 $\alpha\in(0,1]$, $\beta\in(0,1]$ 时, 双变量 4 次 $\alpha\beta$ 函数线性无关.

证明　设

$$\sum_{i+j+k=4}x_{ijk}b_{ijk}=0 \tag{6.4.5}$$

其中, $x_{ijk}\in\mathbb{R}$. 将式 (6.4.4) 代入式 (6.4.5), 整理得到

$$\begin{aligned}&x_{400}B_{400}+[(1-\alpha)x_{400}+\alpha x_{310}]B_{310}+\left[(1-\alpha)\frac{x_{310}+x_{130}}{2}+\alpha x_{220}\right]B_{220}\\&+[(1-\alpha)x_{040}+\alpha x_{130}]B_{130}+x_{040}B_{040}+[(1-\alpha)x_{040}+\alpha x_{031}]B_{031}\\&+\left[(1-\alpha)\frac{x_{031}+x_{013}}{2}+\alpha x_{022}\right]B_{022}+[(1-\alpha)x_{004}+\alpha x_{013}]B_{013}\\&+x_{004}B_{004}+[(1-\alpha)x_{004}+\alpha x_{103}]B_{103}+\left[(1-\alpha)\frac{x_{103}+x_{301}}{2}+\alpha x_{202}\right]B_{202}\\&+[(1-\alpha)x_{400}+\alpha x_{301}]B_{301}+\left[(1-\beta)\frac{x_{310}+x_{301}}{2}+\beta x_{211}\right]B_{211}\\&+\left[(1-\beta)\frac{x_{130}+x_{031}}{2}+\beta x_{121}\right]B_{121}+\left[(1-\beta)\frac{x_{013}+x_{103}}{2}+\beta x_{112}\right]B_{112}=0\end{aligned}$$

因为双变量 4 次 Bernstein 基函数线性无关, 故

$$
\left\{\begin{array}{l}
x_{400}=0, \quad (1-\alpha)x_{400}+\alpha x_{310}=0 \\
(1-\alpha)\dfrac{x_{310}+x_{130}}{2}+\alpha x_{220}=0 \\
(1-\alpha)x_{040}+\alpha x_{130}=0 \\
x_{040}=0, \quad (1-\alpha)x_{040}+\alpha x_{031}=0 \\
(1-\alpha)\dfrac{x_{031}+x_{013}}{2}+\alpha x_{022}=0 \\
(1-\alpha)x_{004}+\alpha x_{013}=0 \\
x_{004}=0, \quad (1-\alpha)x_{004}+\alpha x_{103}=0 \\
(1-\alpha)\dfrac{x_{103}+x_{301}}{2}+\alpha x_{202}=0 \\
(1-\alpha)x_{400}+\alpha x_{301}=0 \\
(1-\beta)\dfrac{x_{310}+x_{301}}{2}+\beta x_{211}=0 \\
(1-\beta)\dfrac{x_{130}+x_{031}}{2}+\beta x_{121}=0 \\
(1-\beta)\dfrac{x_{013}+x_{103}}{2}+\beta x_{112}=0
\end{array}\right.
$$

注意到 $\alpha \neq 0$ 且 $\beta \neq 0$, 故上面方程组只有零解, 因此 $b_{ijk}(i+j+k=4)$ 线性无关.

6.4.3 扩展曲面的性质

根据双变量 4 次 $\alpha\beta$ 函数的性质, 可以推知 4 次三角 $\alpha\beta$-Bézier 曲面具备下列性质:

性质 1 退化性. 即: 当 $\alpha=\beta=1$ 时, 4 次三角 $\alpha\beta$-Bézier 曲面即为 4 次三角域 Bézier 曲面.

性质 2 凸包性. 即: 曲面位于由控制顶点 $\boldsymbol{V}_{ijk}(i+j+k=4)$ 所成控制网格的凸包内.

性质 3 几何不变性与仿射不变性. 即: 曲面的形状和位置只与参数 α 和 β 的取值以及控制顶点 $\boldsymbol{V}_{ijk}(i+j+k=4)$ 的相对位置有关, 与坐标系的选取无关; 对曲面作仿射变换, 与先对控制网格作相同变换, 再定义曲面所得结果一致.

性质 4 角点插值性. 即: 曲面经过控制网格的三个角点, 也就是有

$$
\boldsymbol{r}^*(1,0,0)=\boldsymbol{V}_{400}, \quad \boldsymbol{r}^*(0,1,0)=\boldsymbol{V}_{040}, \quad \boldsymbol{r}^*(0,0,1)=\boldsymbol{V}_{004}
$$

性质 5 角点切平面. 即: 曲面在角点 $(1,0,0)$ 处的切平面由 $\boldsymbol{V}_{400}$, $\boldsymbol{V}_{310}$ 和 $\boldsymbol{V}_{301}$ 张成; 在角点 $(0,1,0)$ 处的切平面由 $\boldsymbol{V}_{040}$, $\boldsymbol{V}_{130}$ 和 $\boldsymbol{V}_{031}$ 张成; 在角点 $(0,0,1)$ 处的切平面由 $\boldsymbol{V}_{004}$, $\boldsymbol{V}_{013}$ 和 $\boldsymbol{V}_{103}$ 张成.

性质 6　形状可调性. 即: 当控制顶点 $\boldsymbol{V}_{ijk}(i+j+k=4)$ 固定时, 亦可通过改变参数 α 和 β 的值来调整曲面形状.

图 6.4.1 和图 6.4.2 为当控制顶点 $\boldsymbol{V}_{ijk}(i+j+k=4)$ 保持不变时, 取不同参数所得到的 4 次三角 $\alpha\beta$-Bézier 曲面. 由图 6.4.1 可知, 当 β 固定时, 随着 α 的增加, 曲面边界曲线逐渐逼近边界控制网格, 进而带动整张曲面的形状和位置发生变化. 由图 6.4.2 可知, 当 α 固定时, 随着 β 的增加, 曲面逐渐逼近控制网格, 但曲面边界曲线保持不变. 实际上, 由式 (6.4.3) 可知, 参数 α 的改变仅引起边界顶点 $\boldsymbol{V}_{ijk}^*(i=0$ 或 $j=0$ 或 $k=0)$ 变化, 参数 β 的改变仅引起内部顶点 $\boldsymbol{V}_{ijk}^*(i\neq 0$ 且 $j\neq 0$ 且 $k\neq 0)$ 变化, 因此, 参数 α 的取值决定曲面边界曲线的形状和位置, 参数 β 的取值决定曲面中部的形状和位置, α 和 β 取值的变化都会带动整张曲面形状的改变.

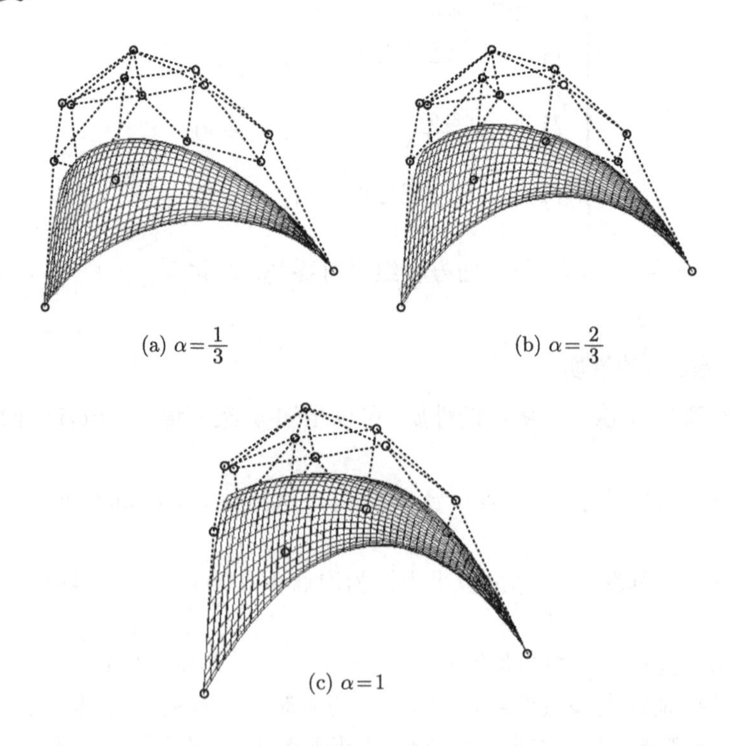

图 6.4.1　固定 $\beta=\dfrac{1}{2}$, 仅改变 α 所得曲面

6.4.4　扩展曲面的拼接

这一节讨论 4 次三角 $\alpha\beta$-Bézier 曲面的光滑拼接, 为了方便推导, 先分析 4 次三角域 Bézier 曲面的光滑拼接条件.

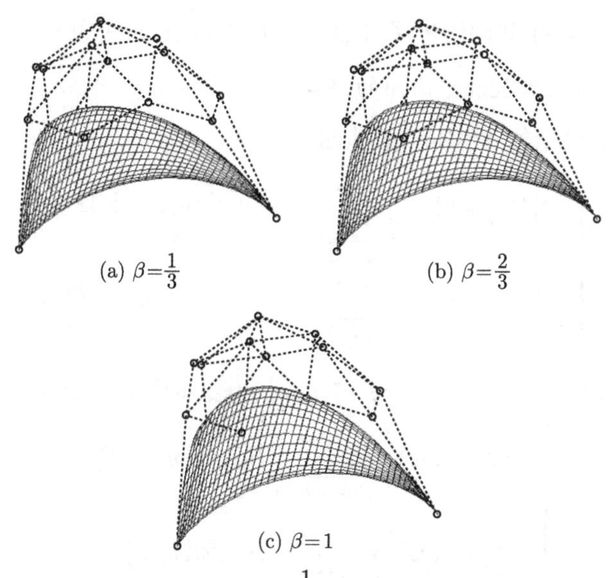

(a) $\beta=\frac{1}{3}$ (b) $\beta=\frac{2}{3}$

(c) $\beta=1$

图 6.4.2 固定 $\alpha=\frac{1}{4}$, 仅改变 β 所得曲面

6.4.4.1 四次三角域 Bézier 曲面的拼接

设有两张 4 次三角域 Bézier 曲面

$$\begin{cases} \boldsymbol{r}_1(u,v,w)=\sum\limits_{i+j+k=4} B_{ijk}(u,v,w)\boldsymbol{P}_{ijk} \\ \boldsymbol{r}_2(u,v,w)=\sum\limits_{i+j+k=4} B_{ijk}(u,v,w)\boldsymbol{Q}_{ijk} \end{cases}$$

其中, $u,v,w\in D$. 当

$$\boldsymbol{Q}_{0jk}=\boldsymbol{P}_{0jk}\quad (j+k=4) \tag{6.4.6}$$

时, $\boldsymbol{r}_1(0,v,w)=\boldsymbol{r}_2(0,v,w)$, 曲面具有公共的对应于 $u=0$ 的边界曲线, 即 G^0 连续. 为了使两曲面沿公共边界 G^1 连续, 还须满足

$$\left.\frac{\partial \boldsymbol{r}_2(u,v,1-u-v)}{\partial u}\right|_{u=0}=\xi\frac{d\boldsymbol{r}_1(0,v,1-v)}{dv}+\eta\left.\frac{\partial \boldsymbol{r}_1(u,v,1-u-v)}{\partial u}\right|_{u=0} \tag{6.4.7}$$

其中, ξ,η 为任意因子. 条件 (6.4.7) 可以转化为

$$\begin{cases} \boldsymbol{Q}_{130}-\boldsymbol{Q}_{031}=\xi(\boldsymbol{P}_{040}-\boldsymbol{P}_{031})+\eta(\boldsymbol{P}_{130}-\boldsymbol{P}_{031}) \\ \boldsymbol{Q}_{121}-\boldsymbol{Q}_{022}=\xi(\boldsymbol{P}_{031}-\boldsymbol{P}_{022})+\eta(\boldsymbol{P}_{121}-\boldsymbol{P}_{022}) \\ \boldsymbol{Q}_{112}-\boldsymbol{Q}_{013}=\xi(\boldsymbol{P}_{022}-\boldsymbol{P}_{013})+\eta(\boldsymbol{P}_{112}-\boldsymbol{P}_{013}) \\ \boldsymbol{Q}_{103}-\boldsymbol{Q}_{004}=\xi(\boldsymbol{P}_{013}-\boldsymbol{P}_{004})+\eta(\boldsymbol{P}_{103}-\boldsymbol{P}_{004}) \end{cases} \tag{6.4.8}$$

式 (6.4.6)、式 (6.4.8) 共同给出了 4 次三角域 Bézier 曲面的 G^1 光滑拼接条件.

6.4.4.2 四次三角 $\alpha\beta$-Bézier 曲面的拼接

设有两张 4 次三角 $\alpha\beta$-Bézier 曲面

$$\begin{cases} \boldsymbol{r}_1^*(u,v,w) = \sum\limits_{i+j+k=4} b_{ijk}(u,v,w;\alpha_1,\beta_1)\boldsymbol{P}_{ijk} \\ \boldsymbol{r}_2^*(u,v,w) = \sum\limits_{i+j+k=4} b_{ijk}(u,v,w;\alpha_2,\beta_2)\boldsymbol{Q}_{ijk} \end{cases} \tag{6.4.9}$$

其中, $u,v,w \in D$. 将 $\boldsymbol{r}_1^*(u,v,w)$ 与 $\boldsymbol{r}_2^*(u,v,w)$ 表示成 4 次三角域 Bézier 曲面

$$\begin{cases} \boldsymbol{r}_1^*(u,v,w) = \sum\limits_{i+j+k=4} B_{ijk}(u,v,w)\boldsymbol{P}_{ijk}^* \\ \boldsymbol{r}_2^*(u,v,w) = \sum\limits_{i+j+k=4} B_{ijk}(u,v,w)\boldsymbol{Q}_{ijk}^* \end{cases} \tag{6.4.10}$$

在式 (6.4.9) 与式 (6.4.10) 中, 顶点 $\boldsymbol{P}_{ijk}^*$ 与 $\boldsymbol{P}_{ijk}$, $\boldsymbol{Q}_{ijk}^*$ 与 $\boldsymbol{Q}_{ijk}$ 之间的关系, 与式 (6.4.3) 中 $\boldsymbol{V}_{ijk}^*$ 与 $\boldsymbol{V}_{ijk}$ 之间的关系相同.

由式 (6.4.6) 可知, 当

$$\boldsymbol{Q}_{0jk}^* = \boldsymbol{P}_{0jk}^* \quad (j+k=4) \tag{6.4.11}$$

时, 曲面 $\boldsymbol{r}_1^*(u,v,w)$ 与 $\boldsymbol{r}_2^*(u,v,w)$ 之间位置连续. 根据式 (6.4.3), 条件 (6.4.11) 又可以转换成

$$\begin{cases} \boldsymbol{Q}_{040} = \boldsymbol{P}_{040} \\ \boldsymbol{Q}_{031} = \dfrac{\alpha_1}{\alpha_2}\boldsymbol{P}_{031} + \left(1-\dfrac{\alpha_1}{\alpha_2}\right)\boldsymbol{P}_{040} \\ \boldsymbol{Q}_{022} = \dfrac{\alpha_1}{\alpha_2}\boldsymbol{P}_{022} + \dfrac{\alpha_2-\alpha_1}{2\alpha_2^2}(\boldsymbol{P}_{031}+\boldsymbol{P}_{013}) - \dfrac{(1-\alpha_2)(\alpha_2-\alpha_1)}{2\alpha_2^2}(\boldsymbol{P}_{004}+\boldsymbol{P}_{040}) \\ \boldsymbol{Q}_{013} = \dfrac{\alpha_1}{\alpha_2}\boldsymbol{P}_{013} + \left(1-\dfrac{\alpha_1}{\alpha_2}\right)\boldsymbol{P}_{004} \\ \boldsymbol{Q}_{004} = \boldsymbol{P}_{004} \end{cases} \tag{6.4.12}$$

式 (6.4.12) 即为曲面 $\boldsymbol{r}_1^*(u,v,w)$ 与 $\boldsymbol{r}_2^*(u,v,w)$ 之间的 G^0 连续条件. 为了方便应用, 建议让两张曲面的边界控制参数相同, 即取 $\alpha_1=\alpha_2 \triangleq \alpha$, 则 G^0 连续条件 (6.4.12) 可以精简为

$$\boldsymbol{Q}_{0jk} = \boldsymbol{P}_{0jk} \quad (j+k=4) \tag{6.4.13}$$

进一步地, 由式 (6.4.8) 可知, 若

$$\left\{\begin{array}{l}\boldsymbol{Q}_{130}^{*}-\boldsymbol{Q}_{031}^{*}=\xi(\boldsymbol{P}_{040}^{*}-\boldsymbol{P}_{031}^{*})+\eta(\boldsymbol{P}_{130}^{*}-\boldsymbol{P}_{031}^{*})\\ \boldsymbol{Q}_{121}^{*}-\boldsymbol{Q}_{022}^{*}=\xi(\boldsymbol{P}_{031}^{*}-\boldsymbol{P}_{022}^{*})+\eta(\boldsymbol{P}_{121}^{*}-\boldsymbol{P}_{022}^{*})\\ \boldsymbol{Q}_{112}^{*}-\boldsymbol{Q}_{013}^{*}=\xi(\boldsymbol{P}_{022}^{*}-\boldsymbol{P}_{013}^{*})+\eta(\boldsymbol{P}_{112}^{*}-\boldsymbol{P}_{013}^{*})\\ \boldsymbol{Q}_{103}^{*}-\boldsymbol{Q}_{004}^{*}=\xi(\boldsymbol{P}_{013}^{*}-\boldsymbol{P}_{004}^{*})+\eta(\boldsymbol{P}_{103}^{*}-\boldsymbol{P}_{004}^{*})\end{array}\right. \tag{6.4.14}$$

则曲面 $\boldsymbol{r}_1^*(u,v,w)$ 与 $\boldsymbol{r}_2^*(u,v,w)$ 之间 G^1 连续. 将式 (6.4.3)、式 (6.4.13) 代入式 (6.4.14) 并整理, 可得

$$\left\{\begin{array}{l}\boldsymbol{Q}_{130}=\boldsymbol{P}_{031}+\xi(\boldsymbol{P}_{040}-\boldsymbol{P}_{031})+\eta(\boldsymbol{P}_{130}-\boldsymbol{P}_{031})\\ \boldsymbol{Q}_{121}=\left(1-\dfrac{1}{\beta_2}\right)\left(\boldsymbol{P}_{031}+\xi\dfrac{\boldsymbol{P}_{040}-\boldsymbol{P}_{031}}{2}+\eta\dfrac{\boldsymbol{P}_{130}-\boldsymbol{P}_{031}}{2}\right)\\ \qquad+\dfrac{1}{\beta_2}\left\{\xi[\alpha\boldsymbol{P}_{031}+(1-\alpha)\boldsymbol{P}_{040}]\right.\\ \qquad+\eta\left[\beta_1\boldsymbol{P}_{121}+(1-\beta_1)\dfrac{\boldsymbol{P}_{130}+\boldsymbol{P}_{031}}{2}\right]\\ \qquad\left.+(1-\xi-\eta)\left[\alpha\boldsymbol{P}_{022}+(1-\alpha)\dfrac{\boldsymbol{P}_{031}+\boldsymbol{P}_{013}}{2}\right]\right\}\\ \boldsymbol{Q}_{112}=\left(1-\dfrac{1}{\beta_2}\right)\left(\dfrac{\boldsymbol{P}_{013}+\boldsymbol{P}_{004}}{2}+\xi\dfrac{\boldsymbol{P}_{013}-\boldsymbol{P}_{004}}{2}+\eta\dfrac{\boldsymbol{P}_{103}-\boldsymbol{P}_{004}}{2}\right)\\ \qquad+\dfrac{1}{\beta_2}\left\{\xi\left[\alpha\boldsymbol{P}_{022}+(1-\alpha)\dfrac{\boldsymbol{P}_{031}+\boldsymbol{P}_{013}}{2}\right]\right.\\ \qquad+\eta\left[\beta_1\boldsymbol{P}_{112}+(1-\beta_1)\dfrac{\boldsymbol{P}_{013}+\boldsymbol{P}_{103}}{2}\right]\\ \qquad\left.+(1-\xi-\eta)[\alpha\boldsymbol{P}_{013}+(1-\alpha)\boldsymbol{P}_{004}]\right\}\\ \boldsymbol{Q}_{103}=\boldsymbol{P}_{004}+\xi(\boldsymbol{P}_{013}-\boldsymbol{P}_{004})+\eta(\boldsymbol{P}_{103}-\boldsymbol{P}_{004})\end{array}\right. \tag{6.4.15}$$

综上可知, 当 $\alpha_1=\alpha_2$ 时, 若条件 (6.4.13) 与 (6.4.15) 同时满足, 则曲面 $\boldsymbol{r}_1^*(u,v,w)$ 与 $\boldsymbol{r}_2^*(u,v,w)$ 之间 G^1 连续.

图 6.4.3 为根据上述拼接条件构造的 G^1 连续组合 4 次三角 $\alpha\beta$-Bézier 曲面. 其中 $\boldsymbol{r}_1^*(u,v,w)$, $\boldsymbol{r}_2^*(u,v,w)$ 的控制顶点分别用圆圈、正方形表示. 从图中可以看

出, 在第一张曲面的控制顶点给定的情况下, 改变参数取值, 第二张曲面的控制顶点发生改变.

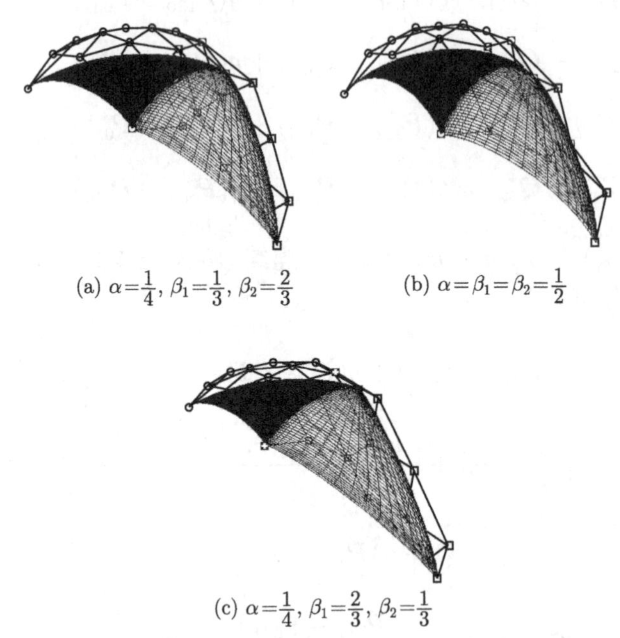

(a) $\alpha=\frac{1}{4}, \beta_1=\frac{1}{3}, \beta_2=\frac{2}{3}$ (b) $\alpha=\beta_1=\beta_2=\frac{1}{2}$

(c) $\alpha=\frac{1}{4}, \beta_1=\frac{2}{3}, \beta_2=\frac{1}{3}$

图 6.4.3 G^1 连续组合 4 次三角 $\alpha\beta$-Bézier 曲面

6.5 小 结

6.2 节、6.3 节对 3 次三角域 Bézier 曲面从形状表示的灵活性角度进行了扩展, 在赋予曲面形状可调性的同时, 既未改变基函数的函数类型 (与文献 [165-167] 相比), 也未提高基函数的多项式次数 (与文献 [154,155,157,158,161-163] 相比), 这些特点与文献 [156,159,160] 相同. 6.3 节给出的曲面包含 3 个形状参数, 与文献 [159] 以及 6.2 节给出的只包含 1 个形状参数的曲面相比, 其能构造出更加丰富的形状. 文献 [156] 中的曲面和文献 [160] 中 $n=3$ 时的曲面恰好一致, 虽然也包含 3 个形状参数, 但 6.3 节所给曲面中的 3 个参数分别控制曲面的 3 条边界, 参数的变化引起边界的变化, 进而带动曲面形状的改变, 文献 [156] 和 [160] 中的 3 个参数则没有这种直观的调控作用.

6.4 节对 4 次三角域 Bézier 曲面从形状表示的灵活性角度进行了扩展, 基于由可调控制顶点定义可调曲面的直观思想, 将初始控制顶点分为三类: 角点、非角点的边界点、内部点, 将角点固定, 在非角点的边界点中引入参数 α, 在内部点中引入参数 β, 得到可调控制顶点, 再与双变量 Bernstein 基函数作线性组合来定义曲面.

已有文献在构造形状可调三角域曲面时, 几乎都是直接给出含参数的调配函数, 再将其与控制顶点做线性组合, 当取不同参数时, 真正参与计算的调配函数发生改变, 从而带动曲面形状的变化. 本章是从纯几何的角度出发, 直接在控制顶点中引入参数, 再与传统的双变量 Bernstein 基函数做线性组合来定义曲面, 当参数改变时, 曲面潜在的控制顶点发生改变, 曲面形状随之变化. 本章给出的形状可调三角域曲面的构造方法不仅思想直观, 而且阐释了可调曲面形状可调的本质, 即控制顶点的改变引起曲面形状的改变. 所给曲面由含参数的控制顶点与不含参数的 Bernstein 基函数的线性组合形式表示, 通过整理, 也可以将其表示成已有文献中的常见形式.

为了降低形状可调三角域曲面拼接条件的分析难度, 首先分析了传统 3 次、4 次三角域 Bézier 曲面的拼接条件, 然后通过分析形状可调三角域曲面与 3 次、4 次三角域 Bézier 曲面之间的关系, 给出了扩展曲面的 G^1 光滑拼接条件, 条件的几何意义非常明确, 这有利于手工确定与已有曲面光滑拼接的曲面控制顶点.

为了构造视觉上插值于控制顶点的三角域曲面, 6.2 节、6.3 节还讨论了形状可调三角域曲面的几何迭代算法, 对其收敛性、收敛速度、拟合误差进行了分析, 为扩展曲面的应用提供了理论基础, 也为构造其他类型的形状可调曲线曲面提供了可以借鉴的思路和方法.

本章构造形状可调曲面的方法具有一般性, 按照该方法可以构造出一大批形状可调的曲线曲面, 而且扩展曲线曲面与经典曲线曲面之间的关系一目了然, 这种关系有助于由经典方法的性质推出扩展方法的性质.

第 7 章　三角域与四边域 Bézier 曲面的转换

7.1　引　　言

Bézier 曲面是 CAD/CAM 领域中最广泛使用的曲面之一. 两种基本类型的 Bézier 曲面是四边域 Bézier 曲面与三角域 Bézier 曲面, 前者属于张量积曲面, 其在两个参数方向上均采用单变量的 Bernstein 多项式作为基函数, 后者是采用双变量的 Bernstein 多项式作为基函数, 其不属于张量积曲面. 因为采用不同的基函数, 所以四边域 Bézier 曲面与三角域 Bézier 曲面具有本质上完全不同的几何性质. 当在同一个 CAD 系统中需要同时使用这两种 Bézier 曲面模型时, 二者的不相容性往往造成使用上的困难, 因此, 二者之间的相互转换问题引起了众多学者的关注和研究.

文献 [190] 首次研究了将一张三角域 Bézier 曲面片转换成一张修剪的四边域 Bézier 曲面片的问题. 文献 [191] 运用移位算子和辅助函数, 提出了三角域 Bézier 曲面与四边域 Bézier 曲面之间的两种转换关系和递推算法. 文献 [192] 给出了从 $m \times n$ 次的四边域 Bézier 曲面到 $m+n$ 次的三角域 Bézier 曲面的显式转换公式. 文献 [193] 运用提升算子和差分算子, 推导出了四边域 Bézier 曲面与三角域 Bézier 曲面之间的两种显式转换公式. 文献 [194] 讨论了两种类型的 Bézier 曲面片之间的转换条件以及转换关系. 文献 [195] 和 [196] 提出了将一张有理的三角域 Bézier 曲面片分解成三张同次的、非退化的有理四边域 Bézier 曲面片的显式转换公式. 文献 [197] 推导了四边域 Bézier 曲面与三角域 Bézier 曲面之间的两个显式转换公式. 文献 [198] 提供了将一张 $n \times m$ 次的四边域 Bézier 曲面转换成两张 $m+n$ 次的三角域 Bézier 曲面的算法. 文献 [199] 给出了将一张 n 次的三角域 Bézier 曲面转换成一张 $n \times n$ 次的退化的四边域 Bézier 曲面的公式和算法. 文献 [200] 通过重新参数化, 给出了将一张 n 次的三角域 Bézier 曲面片转换成一张 $n \times n$ 次的退化的四边域 Bézier 曲面片的显式公式.

本章详细讨论了在一般情况下, 三角域 Bézier 曲面与四边域 Bézier 曲面之间的转换问题, 推导了二者之间相互转换的两个显式计算公式. 运用该公式, 一张 n 次的三角域 Bézier 曲面片可以转换成一张 $n \times n$ 次的四边域 Bézier 曲面片, 一张 $m \times n$ 次的四边域 Bézier 曲面片可以转换成两张 $m+n$ 次的三角域 Bézier 曲面片. 另外, 还给出了与上述两个转换公式相对应的两个稳定的递归算法, 在该算法的作用下, 两种曲面之间的转换问题变得更加简单明了. 运用该递归算法, 在将三角域 Bézier 曲面片转换为四边域 Bézier 曲面片时, 可以基于 $n=1$ 时两种曲面片的控制顶点之间的关系式, 计算任何 $n \geqslant 2$ 时两种曲面片的控制顶点之间的关系; 在将四边域 Bézier 曲面片转换成三角域 Bézier 曲面片时, 可以基于 $m=n=1$ 时两种曲面片的控制顶点之间的关系式, 计算任何 $m \geqslant 2$、$n \in \mathbb{N}^+$ 以及 $n \geqslant 2$, $m \in \mathbb{N}^+$ 时两种曲面片的控制顶点之间的关系.

7.2 预 备 知 识

给定一个三角域 $\Omega = \{(u,v,w)|u,v,w \geqslant 0, u+v+w=1\}$, 以及 $(n+1)\cdot(n+2)/2$ 个呈三角阵列的控制顶点 $\boldsymbol{Q}_{i,j,k} \in \mathbb{R}^3 (i,j,k \in \mathbb{N}, i+j+k=n, n \in \mathbb{N}^+)$, 一张 n 次的三角域 Bézier 曲面片可以定义为

$$\boldsymbol{T}^n = \boldsymbol{T}^n(u,v,w) = \sum_{i+j+k=n} B_{i,j,k}^n(u,v,w)\boldsymbol{Q}_{i,j,k} \tag{7.2.1}$$

其中, $B_{i,j,k}^n(u,v,w) = \dfrac{n!}{i!j!k!}u^i v^j w^k$, $(u,v,w) \in D$, $i,j,k \in \mathbb{N}$, $i+j+k=n$.

给定一个四边域 $D = \{(u,v)|0 \leqslant u,v \leqslant 1\}$, 以及 $(m+1)\times(n+1)$ 个呈矩形阵列的控制顶点 $\boldsymbol{P}_{i,j}^{m\times n} \in \mathbb{R}^3 (i=0,1,\cdots,m; j=0,1,\cdots,n; m,n \in \mathbb{N}^+)$, 一张 $m \times n$ 次的四边域 Bézier 曲面可以定义为

$$\boldsymbol{R}^{m\times n} = \boldsymbol{R}^{m\times n}(u,v) = \sum_{i=0}^{m}\sum_{j=0}^{n} B_i^m(u)B_j^n(v)\boldsymbol{P}_{i,j}^{m\times n} \tag{7.2.2}$$

其中, $B_i^m(u) = C_m^i u^i(1-u)^{m-i}$, $0 \leqslant u \leqslant 1$, $B_j^n(v) = C_n^j v^j(1-v)^{n-j}$, $0 \leqslant v \leqslant 1$.

为了书写方便, 以及记号更加紧凑, 在不至于引起混淆时, 下文中将用 $\boldsymbol{Q}_{ij}^n$ 表示 $\boldsymbol{Q}_{i,j,n-i-j}$, 以及用 $\boldsymbol{P}_{ij}^{mn}$ 表示 $\boldsymbol{P}_{i,j}^{m\times n}$.

为了简化记号以及推导过程, 下文中将使用如下两种算子:

(1) 恒等算子 I, I_1, I_2. 具体定义为: 对任意的 $k \in \mathbb{N}^+$, 规定 $I^k\boldsymbol{Q}_{ij}^n = \boldsymbol{Q}_{ij}^{n+k} I_1^k \boldsymbol{P}_{ij}^{mn} = \boldsymbol{P}_{ij}^{(m+k)n}$, $I_2^k\boldsymbol{P}_{ij}^{mn} = \boldsymbol{P}_{ij}^{m(n+k)}$.

(2) 移位算子 E_1, E_2. 具体定义为: 对任意的 $k \in \mathbb{N}^+$, 规定 $E_1^k\boldsymbol{Q}_{ij}^n = \boldsymbol{Q}_{i+k,j}^{n+k}$, $E_2^k\boldsymbol{Q}_{ij}^n = \boldsymbol{Q}_{i,j+k}^{n+k}$, $E_1^k\boldsymbol{P}_{ij}^{mn} = \boldsymbol{P}_{i+k,j}^{(m+k)n}$, $E_2^k\boldsymbol{P}_{ij}^{mn} = \boldsymbol{P}_{i,j+k}^{m(n+k)}$.

注释 7.2.1 当恒等算子和移位算子同时作用在一个点上时, 有

$$\begin{cases} E_1^{k_1}E_2^{k_2}I^{k_3}\boldsymbol{Q}_{ij}^n = \boldsymbol{Q}_{i+k_1,j+k_2}^{n+k_1+k_2+k_3} \\ E_1^{k_1}I_1^{k_2}E_2^{k_3}I_2^{k_4}\boldsymbol{P}_{ij}^{mn} = \boldsymbol{P}_{i+k_1,j+k_3}^{(m+k_1+k_2)(n+k_3+k_4)} \end{cases}$$

其中, $k_1, k_2, k_3, k_4 \in \mathbb{N}^+$.

借助恒等算子和移位算子, 由式 (7.2.1) 定义的三角域 Bézier 曲面片可以等价地表示成

$$\boldsymbol{T}^n = [uE_1 + vE_2 + (1-u-v)I]^n \boldsymbol{Q}_{00}^0 \tag{7.2.3}$$

由式 (7.2.2) 定义的四边域 Bézier 曲面片可以等价地表示成

$$\boldsymbol{R}^{m\times n} = [uE_1 + (1-u)I_1]^m [vE_2 + (1-v)I_2]^n \boldsymbol{P}_{00}^{00} \tag{7.2.4}$$

注释 7.2.2　式 (7.2.3) 中的 $\boldsymbol{Q}_{00}^0$, 以及式 (7.2.4) 中的 $\boldsymbol{P}_{00}^{00}$, 都不是真正的控制顶点, 它们只是两个记号而已.

7.3　从三角域向四边域的转换

本节陈述如何将三角域 Bézier 曲面片转换成与其等价的四边域 Bézier 曲面片的表达形式.

定理 7.3.1　一张控制顶点为 $\boldsymbol{Q}_{ij}^n$ 的 n 次三角域 Bézier 曲面片 $\boldsymbol{T}^n$, 可以表示成一张 $n\times n$ 次的四边域 Bézier 曲面 $\boldsymbol{R}^{n\times n}$, 其控制顶点由下面的公式确定

$$\boldsymbol{P}_{ij}^{nn} = \sum_{k=\max\{0,j-i\}}^{\min\{j,n-i\}} \frac{\begin{pmatrix} n-i \\ k \end{pmatrix}\begin{pmatrix} i \\ j-k \end{pmatrix}}{\begin{pmatrix} n \\ j \end{pmatrix}} \boldsymbol{Q}_{ik}^n \tag{7.3.1}$$

其中, $i, j = 0, 1, \cdots, n$.

证明　设

$$\begin{cases} u = s \\ v = (1-s)t \end{cases} \tag{7.3.2}$$

则一个三角域 $\Omega = \{(u,v,w)|u,v,w \geqslant 0, u+v+w=1\}$ 便等价地转换成为一个四边域 $D = \{(u,v)|0 \leqslant u,v \leqslant 1\}$, 将式 (7.3.2) 代入式 (7.2.3), 可以得到

$$\begin{aligned} \boldsymbol{T}^n &= \{sE_1 + (1-s)tE_2 + [1-s-(1-s)t]I\}^n \boldsymbol{Q}_{00}^0 \\ &= [sE_1 + (1-s)tE_2 + (1-s)(1-t)I]^n \boldsymbol{Q}_{00}^0 \end{aligned}$$

$$
\begin{aligned}
&= \{sE_1 + (1-s)[tE_2 + (1-t)I]\}^n \boldsymbol{Q}_{00}^0 \\
&= \sum_{i=0}^{n} B_i^n(s) E_1^i [tE_2 + (1-t)I]^{n-i} \boldsymbol{Q}_{00}^0 \\
&= \sum_{i=0}^{n} B_i^n(s) E_1^i \sum_{k=0}^{n-i} \begin{pmatrix} n-i \\ k \end{pmatrix} t^k E_2^k (1-t)^{n-i-k} I^{n-i-k} \boldsymbol{Q}_{00}^0 \\
&= \sum_{i=0}^{n} B_i^n(s) \sum_{k=0}^{n-i} \begin{pmatrix} n-i \\ k \end{pmatrix} t^k (1-t)^{n-i-k} (t+1-t)^i \boldsymbol{Q}_{ik}^n \\
&= \sum_{i=0}^{n} B_i^n(s) \sum_{k=0}^{n-i} \begin{pmatrix} n-i \\ k \end{pmatrix} t^k (1-t)^{n-i-k} \sum_{l=0}^{i} \begin{pmatrix} i \\ l \end{pmatrix} t^l (1-t)^{i-l} \boldsymbol{Q}_{ik}^n \\
&= \sum_{i=0}^{n} \sum_{k=0}^{n-i} \sum_{l=0}^{i} B_i^n(s) \begin{pmatrix} n-i \\ k \end{pmatrix} \begin{pmatrix} i \\ l \end{pmatrix} t^{k+l} (1-t)^{n-(k+l)} \boldsymbol{Q}_{ik}^n
\end{aligned}
$$

设 $k+l=j$, 则有

$$
\begin{aligned}
\boldsymbol{T}^n &= \sum_{i=0}^{n} \sum_{k=0}^{n-i} \sum_{l=0}^{i} B_i^n(s) \begin{pmatrix} n-i \\ k \end{pmatrix} \begin{pmatrix} i \\ l \end{pmatrix} t^j (1-t)^{n-j} \boldsymbol{Q}_{ik}^n \\
&= \sum_{i=0}^{n} \sum_{k=0}^{n-i} \sum_{l=0}^{i} \frac{\begin{pmatrix} n-i \\ k \end{pmatrix} \begin{pmatrix} i \\ l \end{pmatrix}}{\begin{pmatrix} n \\ j \end{pmatrix}} B_i^n(s) B_j^n(t) \boldsymbol{Q}_{ik}^n
\end{aligned}
$$

设

$$
\boldsymbol{T}^n = \mathbf{R}^{n \times n} = \sum_{i=0}^{n} \sum_{j=0}^{n} B_i^n(s) B_j^n(t) \boldsymbol{P}_{ij}^{nn}
$$

则有

$$
\boldsymbol{P}_{ij}^{nn} = \sum_{\substack{k=0 \\ k+l=j}}^{n-i} \sum_{l=0}^{i} \frac{\begin{pmatrix} n-i \\ k \end{pmatrix} \begin{pmatrix} i \\ l \end{pmatrix}}{\begin{pmatrix} n \\ j \end{pmatrix}} \boldsymbol{Q}_{ik}^n
$$

$$= \sum_{k=\max\{0,j-i\}}^{\min\{j,n-i\}} \frac{\binom{n-i}{k}\binom{i}{j-k}}{\binom{n}{j}} \boldsymbol{Q}_{ik}^{n} \tag{7.3.3}$$

其中, $i,j=0,1,\cdots,n$. 证毕.

注释 7.3.1 根据式 (7.3.1), 我们可以得到表示同一张曲面的三角域与四边域 Bézier 曲面片的控制顶点之间具有如下特殊的关系式

(1) 当 $i=0$ 时, 有 $k=j$, 因此有

$$\boldsymbol{P}_{0j}^{nn} = \boldsymbol{Q}_{0j}^{n} \tag{7.3.4}$$

其中, $j=0,1,\cdots,n$.

(2) 当 $j=0$ 时, 有 $k=0$, 因此有

$$\boldsymbol{P}_{i0}^{nn} = \boldsymbol{Q}_{i0}^{n} \tag{7.3.5}$$

其中, $i=0,1,\cdots,n$.

(3) 当 $i=n$ 时, 有 $k=0$, 因此有

$$\boldsymbol{P}_{nj}^{nn} = \boldsymbol{Q}_{n0}^{n}$$

其中, $j=0,1,\cdots,n$.

(4) 当 $j=n$ 时, 有 $k=n-i$, 因此有

$$\boldsymbol{P}_{in}^{nn} = \boldsymbol{Q}_{i,n-i}^{n}$$

其中, $i=0,1,\cdots,n$.

注释 7.3.2 根据注释 7.3.1, 当将一张 n 次的三角域 Bézier 曲面片转换成一张 $n\times n$ 次的四边域 Bézier 曲面片时, 其所有的 $4(n+1)-4=4n$ 个边界控制顶点可以快速地由它们的下标来确定, 因此, 只有 $(n+1)^2-4(n+1)+4=(n-1)^2$ 个内部控制顶点需要单独通过公式 (7.3.1) 来确定.

当将一张 n 次的、控制顶点为 $\boldsymbol{Q}_{ij}^{n}$ 的三角域 Bézier 曲面片, 转换成一张 $n\times n$ 次的、控制顶点为 $\boldsymbol{P}_{ij}^{nn}$ 的四边域 Bézier 曲面片时, 我们需要由控制顶点 $\boldsymbol{Q}_{ij}^{n}$ 确定 $\boldsymbol{P}_{ij}^{nn}$. 当 $n=1$ 时, 根据式 (7.3.1) 以及注释 7.3.1, 容易得到

$$\begin{cases} \boldsymbol{P}_{00}^{11} = \boldsymbol{Q}_{00}^{1} \\ \boldsymbol{P}_{01}^{11} = \boldsymbol{Q}_{01}^{1} \\ \boldsymbol{P}_{10}^{11} = \boldsymbol{Q}_{10}^{1} \\ \boldsymbol{P}_{11}^{11} = \boldsymbol{Q}_{10}^{1} \end{cases} \tag{7.3.6}$$

当 $n \geqslant 2$ 时, 我们既可以通过公式 (7.3.1) 来确定控制顶点 $\boldsymbol{P}_{ij}^{nn}$, 也可以通过综合运用式 (7.3.4)、式 (7.3.5), 以及由下面定理中给出的递归公式来确定点 $\boldsymbol{P}_{ij}^{nn}$.

定理 7.3.2 在式 (7.3.6) 中所给关系的基础之上, 存在一个递归算法, 可用于计算 $\boldsymbol{P}_{ij}^{nn}$ 和 $\boldsymbol{Q}_{ij}^{n}$ 之间的关系, 具体为

$$\boldsymbol{P}_{ij}^{nn} = \frac{n-j}{n} E_1 \boldsymbol{P}_{i-1,j}^{(n-1)\times(n-1)} + \frac{j}{n} E_1 \boldsymbol{P}_{i-1,j-1}^{(n-1)\times(n-1)} \tag{7.3.7}$$

其中, $1 \leqslant i, j \leqslant n$, $n \geqslant 2$.

证明 根据式 (7.3.3), 我们有

$$\boldsymbol{P}_{ij}^{nn} = \sum_{l=0}^{i} \begin{pmatrix} i \\ l \end{pmatrix} \frac{\begin{pmatrix} n-i \\ j-l \end{pmatrix}}{\begin{pmatrix} n \\ j \end{pmatrix}} \boldsymbol{Q}_{i,j-l}^{n} \tag{7.3.8}$$

将恒等式

$$\begin{pmatrix} i \\ l \end{pmatrix} = \begin{pmatrix} i-1 \\ l \end{pmatrix} + \begin{pmatrix} i-1 \\ l-1 \end{pmatrix}$$

应用于式 (7.3.8), 可以得到

$$\begin{aligned}
\boldsymbol{P}_{ij}^{nn} &= \sum_{l=0}^{i} \begin{pmatrix} i-1 \\ l \end{pmatrix} \frac{\begin{pmatrix} n-i \\ j-l \end{pmatrix}}{\begin{pmatrix} n \\ j \end{pmatrix}} \boldsymbol{Q}_{i,j-l}^{n} + \sum_{l=0}^{i} \begin{pmatrix} i-1 \\ l-1 \end{pmatrix} \frac{\begin{pmatrix} n-i \\ j-l \end{pmatrix}}{\begin{pmatrix} n \\ j \end{pmatrix}} \boldsymbol{Q}_{i,j-l}^{n} \\
&= \sum_{l=0}^{i-1} \begin{pmatrix} i-1 \\ l \end{pmatrix} \frac{\begin{pmatrix} n-i \\ j-l \end{pmatrix}}{\begin{pmatrix} n \\ j \end{pmatrix}} \boldsymbol{Q}_{i,j-l}^{n} + \sum_{l=1}^{i} \begin{pmatrix} i-1 \\ l-1 \end{pmatrix} \frac{\begin{pmatrix} n-i \\ j-l \end{pmatrix}}{\begin{pmatrix} n \\ j \end{pmatrix}} \boldsymbol{Q}_{i,j-l}^{n} \\
&= \sum_{l=0}^{i-1} \begin{pmatrix} i-1 \\ l \end{pmatrix} \frac{\begin{pmatrix} n-i \\ j-l \end{pmatrix}}{\begin{pmatrix} n \\ j \end{pmatrix}} \boldsymbol{Q}_{i,j-l}^{n} + \sum_{l=0}^{i-1} \begin{pmatrix} i-1 \\ l \end{pmatrix} \frac{\begin{pmatrix} n-i \\ j-l-1 \end{pmatrix}}{\begin{pmatrix} n \\ j \end{pmatrix}} \boldsymbol{Q}_{i,j-l-1}^{n}
\end{aligned}$$

$$
= \frac{n-j}{n} E_1 \sum_{l=0}^{i-1} \begin{pmatrix} i-1 \\ l \end{pmatrix} \frac{\begin{pmatrix} (n-1)-(i-1) \\ j-l \end{pmatrix}}{\begin{pmatrix} n-1 \\ j \end{pmatrix}} \boldsymbol{Q}_{i-1,j-l}^{n-1}
$$

$$
+ \frac{j}{n} E_1 \sum_{l=0}^{i-1} \begin{pmatrix} i-1 \\ l \end{pmatrix} \frac{\begin{pmatrix} (n-1)-(i-1) \\ (j-1)-l \end{pmatrix}}{\begin{pmatrix} n-1 \\ j-1 \end{pmatrix}} \boldsymbol{Q}_{i-1,(j-1)-l}^{n-1}
$$

$$
= \frac{n-j}{n} E_1 \boldsymbol{P}_{i-1,j}^{(n-1)\times(n-1)} + \frac{j}{n} E_1 \boldsymbol{P}_{i-1,j-1}^{(n-1)\times(n-1)}
$$

证毕.

综合运用式 (7.3.4)∼ 式 (7.3.7), 我们就可以得到对于任意的 $n \in \mathbb{N}^+$, 控制顶点 $\boldsymbol{P}_{ij}^{nn}$ 和 $\boldsymbol{Q}_{ij}^{n}$ 之间的关系式. 考虑到低次曲面在工程实际中的应用最为广泛, 作为例子, 接下来给出 n 取几个比较小的值时, 相应的控制顶点之间的转换公式.

(1) 当 $n=2$ 时, 有

$$
\begin{cases}
\boldsymbol{P}_{00}^{22} = \boldsymbol{Q}_{00}^{2}, \quad \boldsymbol{P}_{01}^{22} = \boldsymbol{Q}_{01}^{2}, \quad \boldsymbol{P}_{02}^{22} = \boldsymbol{Q}_{02}^{2} \\
\boldsymbol{P}_{10}^{22} = \boldsymbol{Q}_{10}^{2}, \quad \boldsymbol{P}_{11}^{22} = \frac{1}{2}(\boldsymbol{Q}_{10}^{2} + \boldsymbol{Q}_{11}^{2}), \quad \boldsymbol{P}_{12}^{22} = \boldsymbol{Q}_{11}^{2} \\
\boldsymbol{P}_{20}^{22} = \boldsymbol{Q}_{20}^{2}, \quad \boldsymbol{P}_{21}^{22} = \boldsymbol{Q}_{20}^{2}, \quad \boldsymbol{P}_{22}^{22} = \boldsymbol{Q}_{20}^{2}
\end{cases}
$$

(2) 当 $n=3$ 时, 有

$$
\begin{cases}
\boldsymbol{P}_{00}^{33} = \boldsymbol{Q}_{00}^{3}, \quad \boldsymbol{P}_{01}^{33} = \boldsymbol{Q}_{01}^{3}, \quad \boldsymbol{P}_{02}^{33} = \boldsymbol{Q}_{02}^{3}, \quad \boldsymbol{P}_{03}^{33} = \boldsymbol{Q}_{03}^{3} \\
\boldsymbol{P}_{10}^{33} = \boldsymbol{Q}_{10}^{3}, \quad \boldsymbol{P}_{11}^{33} = \frac{1}{3}\boldsymbol{Q}_{10}^{3} + \frac{2}{3}\boldsymbol{Q}_{11}^{3}, \quad \boldsymbol{P}_{12}^{33} = \frac{2}{3}\boldsymbol{Q}_{11}^{3} + \frac{1}{3}\boldsymbol{Q}_{12}^{3}, \quad \boldsymbol{P}_{13}^{33} = \boldsymbol{Q}_{12}^{3} \\
\boldsymbol{P}_{20}^{33} = \boldsymbol{Q}_{20}^{3}, \quad \boldsymbol{P}_{21}^{33} = \frac{2}{3}\boldsymbol{Q}_{20}^{3} + \frac{1}{3}\boldsymbol{Q}_{21}^{3}, \quad \boldsymbol{P}_{22}^{33} = \frac{1}{3}\boldsymbol{Q}_{20}^{3} + \frac{2}{3}\boldsymbol{Q}_{21}^{3}, \quad \boldsymbol{P}_{23}^{33} = \boldsymbol{Q}_{21}^{3} \\
\boldsymbol{P}_{30}^{33} = \boldsymbol{Q}_{30}^{3}, \quad \boldsymbol{P}_{31}^{33} = \boldsymbol{Q}_{30}^{3}, \quad \boldsymbol{P}_{32}^{33} = \boldsymbol{Q}_{30}^{3}, \quad \boldsymbol{P}_{33}^{33} = \boldsymbol{Q}_{30}^{3}
\end{cases}
$$

(3) 当 $n=4$ 时, 有

$$\begin{cases} \boldsymbol{P}_{00}^{44} = \boldsymbol{Q}_{00}^{4}, \quad \boldsymbol{P}_{01}^{44} = \boldsymbol{Q}_{01}^{4}, \quad \boldsymbol{P}_{02}^{44} = \boldsymbol{Q}_{02}^{4}, \quad \boldsymbol{P}_{03}^{44} = \boldsymbol{Q}_{03}^{4}, \quad \boldsymbol{P}_{04}^{44} = \boldsymbol{Q}_{04}^{4} \\ \boldsymbol{P}_{10}^{44} = \boldsymbol{Q}_{10}^{4}, \quad \boldsymbol{P}_{11}^{44} = \dfrac{1}{4}\boldsymbol{Q}_{10}^{4} + \dfrac{3}{4}\boldsymbol{Q}_{11}^{4}, \quad \boldsymbol{P}_{12}^{44} = \dfrac{1}{2}(\boldsymbol{Q}_{11}^{4} + \boldsymbol{Q}_{12}^{4}) \\ \boldsymbol{P}_{13}^{44} = \dfrac{3}{4}\boldsymbol{Q}_{12}^{4} + \dfrac{1}{4}\boldsymbol{Q}_{13}^{4}, \quad \boldsymbol{P}_{14}^{44} = \boldsymbol{Q}_{13}^{4} \\ \boldsymbol{P}_{20}^{44} = \boldsymbol{Q}_{20}^{4}, \quad \boldsymbol{P}_{21}^{44} = \dfrac{1}{2}(\boldsymbol{Q}_{20}^{4} + \boldsymbol{Q}_{21}^{4}), \quad \boldsymbol{P}_{22}^{44} = \dfrac{1}{6}\boldsymbol{Q}_{20}^{4} + \dfrac{2}{3}\boldsymbol{Q}_{21}^{4} + \dfrac{1}{6}\boldsymbol{Q}_{22}^{4} \\ \boldsymbol{P}_{23}^{44} = \dfrac{1}{2}(\boldsymbol{Q}_{21}^{4} + \boldsymbol{Q}_{22}^{4}), \quad \boldsymbol{P}_{24}^{44} = \boldsymbol{Q}_{22}^{4} \\ \boldsymbol{P}_{30}^{44} = \boldsymbol{Q}_{30}^{4}, \quad \boldsymbol{P}_{31}^{44} = \dfrac{3}{4}\boldsymbol{Q}_{30}^{4} + \dfrac{1}{4}\boldsymbol{Q}_{31}^{4}, \quad \boldsymbol{P}_{32}^{44} = \dfrac{1}{2}(\boldsymbol{Q}_{30}^{4} + \boldsymbol{Q}_{31}^{4}) \\ \boldsymbol{P}_{33}^{44} = \dfrac{1}{4}\boldsymbol{Q}_{30}^{4} + \dfrac{3}{4}\boldsymbol{Q}_{31}^{4}, \quad \boldsymbol{P}_{34}^{44} = \boldsymbol{Q}_{31}^{4} \\ \boldsymbol{P}_{40}^{44} = \boldsymbol{Q}_{40}^{4}, \quad \boldsymbol{P}_{41}^{44} = \boldsymbol{Q}_{40}^{4}, \quad \boldsymbol{P}_{42}^{44} = \boldsymbol{Q}_{40}^{4}, \quad \boldsymbol{P}_{43}^{44} = \boldsymbol{Q}_{40}^{4}, \quad \boldsymbol{P}_{44}^{44} = \boldsymbol{Q}_{40}^{4} \end{cases}$$

7.4 从四边域向三角域的转换

一个四边域 $D = \{(u,v)|0 \leqslant u,v \leqslant 1\}$, 可以看作是由如下两个三角域所组成的, 即

$$\begin{cases} \Omega_1 = \{(u,v,w)|0 \leqslant u,v \leqslant 1, w = 1-u-v \geqslant 0\} \\ \Omega_2 = \{(u,v,w)|0 \leqslant u,v \leqslant 1, w = 1-u-v \leqslant 0\} \end{cases}$$

这样一来, 一张四边域 Bézier 曲面片就可以很自然地视为由相应的两张三角域 Bézier 曲面片所组成.

接下来, 陈述如何将四边域 Bézier 曲面片转换成与其等价的三角域 Bézier 曲面片的表达形式.

定理 7.4.1 一张定义于 $D: 0 \leqslant u,v \leqslant 1$ 上的控制顶点为 $\boldsymbol{P}_{ij}^{mn}$ 的 $m \times n$ 次四边域 Bézier 曲面片 $\boldsymbol{R}^{m\times n}$, 可以表示成两张次数为 $m+n$ 的三角域 Bézier 曲面 $\boldsymbol{T}_1^{m+n}$ 和 $\boldsymbol{T}_2^{m+n}$, 其中的曲面 $\boldsymbol{T}_1^{m+n}$ 定义于 $\Omega_1: 0 \leqslant u,v \leqslant 1, u+v \leqslant 1$, 控制顶点为 $\boldsymbol{Q}_{ijk}^{(1)}$, 曲面 $\boldsymbol{T}_2^{m+n}$ 定义于 $\Omega_2: 0 \leqslant u,v \leqslant 1, u+v \geqslant 1$, 控制顶点为 $\boldsymbol{Q}_{ijk}^{(2)}$, 两张三角域 Bézier 曲面 $\boldsymbol{T}_1^{m+n}$ 和 $\boldsymbol{T}_2^{m+n}$ 正好构成了四边域 Bézier 曲面 $\boldsymbol{R}^{m\times n}$. 控制顶点 $\boldsymbol{Q}_{ijk}^{(1)}$ 和 $\boldsymbol{Q}_{ijk}^{(2)}$ 由下面的公式确定

$$\boldsymbol{Q}_{ijk}^{(1)} := \boldsymbol{Q}_{ij}^{m+n(1)} = \sum_{a=\max\{0,i-n\}}^{\min\{i,m\}} \sum_{e=\max\{0,j-m+a\}}^{\min\{j,n-i+a\}} \frac{\begin{pmatrix} m \\ a, j-e \end{pmatrix}\begin{pmatrix} n \\ i-a, e \end{pmatrix}}{\begin{pmatrix} m+n \\ ij \end{pmatrix}} \boldsymbol{P}_{ae}^{mn} \tag{7.4.1}$$

以及

$$\boldsymbol{Q}_{ijk}^{(2)} := \boldsymbol{Q}_{ij}^{m+n(2)} = \sum_{a=\max\{0,i-n\}}^{\min\{i,m\}} \sum_{e=\max\{0,j-m+a\}}^{\min\{j,n-i+a\}} \frac{\begin{pmatrix} m \\ a, j-e \end{pmatrix}\begin{pmatrix} n \\ i-a, e \end{pmatrix}}{\begin{pmatrix} m+n \\ ij \end{pmatrix}} \boldsymbol{P}_{m-a,n-e}^{mn} \tag{7.4.2}$$

其中, $k = m+n-i-j$, $0 \leqslant i,j,k \leqslant m+n$.

证明　为了得到式 (7.4.1), 设

$$w = 1-u-v \geqslant 0 \tag{7.4.3}$$

则当 $(u,v) \in D$ 时, 我们有 $(u,v,w) \in \Omega_1$, 将式 (7.4.3) 代入式 (7.2.4), 可以得到

$$\begin{aligned}
\boldsymbol{R}^{m\times n} &= [(v+w)I + uE_1]^m[(u+w)I + vE_2]^n \boldsymbol{P}_{00}^{00} \\
&= (uE_1 + vI + wI)^m (uI + vE_2 + wI)^n \boldsymbol{P}_{00}^{00} \\
&= \sum_{a+b+c=m} \begin{pmatrix} m \\ abc \end{pmatrix} u^a v^b w^c E_1^a I_1^{b+c} \sum_{d+e+f=n} \begin{pmatrix} n \\ def \end{pmatrix} u^d v^e w^f E_2^e I_2^{d+f} \boldsymbol{P}_{00}^{00} \\
&= \sum_{a+b+c=m} \sum_{d+e+f=n} \begin{pmatrix} m \\ abc \end{pmatrix}\begin{pmatrix} n \\ def \end{pmatrix} u^{a+d} v^{b+e} w^{c+f} \boldsymbol{P}_{ae}^{mn} \\
&= \sum_{a+b+c=m} \sum_{d+e+f=n} \frac{\begin{pmatrix} m \\ abc \end{pmatrix}\begin{pmatrix} n \\ def \end{pmatrix}}{\begin{pmatrix} m+n \\ a+d, b+e, c+f \end{pmatrix}} B_{a+d,b+e,c+f}^{m+n}(u,v,w) \boldsymbol{P}_{ae}^{mn}
\end{aligned}$$

设 $a+d=i$, $b+e=j$, $c+f=k$, 则有

$$\boldsymbol{R}^{m\times n}=\sum_{a+b+c=m}\sum_{d+e+f=n}\frac{\begin{pmatrix} m \\ abc \end{pmatrix}\begin{pmatrix} n \\ def \end{pmatrix}}{\begin{pmatrix} m+n \\ ijk \end{pmatrix}}B_{ijk}^{m+n}(u,v,w)\boldsymbol{P}_{ae}^{mn}$$

设

$$\boldsymbol{R}^{m\times n}(u,v)=\boldsymbol{T}^{m+n}(u,v,w)=\sum_{i+j+k=m+n}B_{ijk}^{m+n}(u,v,w)\boldsymbol{Q}_{ijk}^{(1)}$$

则有

$$\boldsymbol{Q}_{ijk}^{(1)}=\sum_{\substack{a+b+c=m\\a+d=i,b+e=j,c+f=k}}\sum_{d+e+f=n}\frac{\begin{pmatrix} m \\ abc \end{pmatrix}\begin{pmatrix} n \\ def \end{pmatrix}}{\begin{pmatrix} m+n \\ ijk \end{pmatrix}}\boldsymbol{P}_{ae}^{mn} \tag{7.4.4}$$

记

$$\begin{pmatrix} l \\ rs \end{pmatrix}=\begin{pmatrix} l \\ r,s,l-r-s \end{pmatrix}$$

则可以得到

$$\boldsymbol{Q}_{ijk}^{(1)}\triangleq\boldsymbol{Q}_{ij}^{m+n(1)}=\sum_{a=\max\{0,i-n\}}^{\min\{i,m\}}\sum_{e=\max\{0,j-m+a\}}^{\min\{j,n-i+a\}}\frac{\begin{pmatrix} m \\ a,j-e \end{pmatrix}\begin{pmatrix} n \\ i-a,e \end{pmatrix}}{\begin{pmatrix} m+n \\ ij \end{pmatrix}}\boldsymbol{P}_{ae}^{mn}$$

为了得到式 (7.4.2), 设

$$\begin{cases} u_1=1-u \\ v_1=1-v \end{cases}$$

则当 $0\leqslant u,v\leqslant 1$ 并且 $u+v\geqslant 1$ 时, 我们有 $0\leqslant u_1,v_1\leqslant 1$ 以及 $u_1+v_1\leqslant 1$, 因此由式 (7.4.1) 可知, 如果设

$$\begin{aligned}\boldsymbol{R}^{m\times n}(u_1,v_1)&=\sum_{i=0}^{m}\sum_{j=0}^{n}B_i^m(u_1)B_j^n(u_1)\boldsymbol{P}_{ij}^{mn(*)}\\&=\sum_{i+j+k=m+n}B_{ijk}^{m+n}(u_1,v_1,w_1)\boldsymbol{Q}_{ijk}^{(2)}\end{aligned}$$

$$= \boldsymbol{T}^{m+n}(u_1, v_1, w_1) \tag{7.4.5}$$

则可以得到

$$\boldsymbol{Q}_{ijk}^{(2)} = \sum_{a=\max\{0,i-n\}}^{\min\{i,m\}} \sum_{e=\max\{0,j-m+a\}}^{\min\{j,n-i+a\}} \frac{\begin{pmatrix} m \\ a, j-e \end{pmatrix}\begin{pmatrix} n \\ i-a, e \end{pmatrix}}{\begin{pmatrix} m+n \\ ij \end{pmatrix}} \boldsymbol{P}_{ae}^{mn(*)} \tag{7.4.6}$$

因此有

$$\begin{aligned}
\boldsymbol{R}^{m\times n}(u,v) &= \sum_{i=0}^{m}\sum_{j=0}^{n} B_i^m(u) B_j^n(u) \boldsymbol{P}_{ij}^{mn} \\
&= \sum_{i=0}^{m}\sum_{j=0}^{n} \begin{pmatrix} m \\ i \end{pmatrix} u^i (1-u)^{m-i} \begin{pmatrix} n \\ j \end{pmatrix} v^j (1-v)^{n-j} \boldsymbol{P}_{ij}^{mn} \\
&= \sum_{i=0}^{m}\sum_{j=0}^{n} \begin{pmatrix} m \\ m-i \end{pmatrix} u_1^{m-i} (1-u_1)^i \begin{pmatrix} n \\ n-j \end{pmatrix} v_1^{n-j} (1-v_1)^j \boldsymbol{P}_{ij}^{mn} \\
&= \sum_{i=0}^{m}\sum_{j=0}^{n} \begin{pmatrix} m \\ i \end{pmatrix} u_1^i (1-u_1)^{m-i} \begin{pmatrix} n \\ j \end{pmatrix} v_1^j (1-v_1)^{n-j} \boldsymbol{P}_{m-i,n-j}^{mn} \\
&= \sum_{i=0}^{m}\sum_{j=0}^{n} B_i^m(u_1) B_j^n(v_1) \boldsymbol{P}_{m-i,n-j}^{mn} \\
&= \boldsymbol{R}^{m\times n}(u_1, v_1)
\end{aligned} \tag{7.4.7}$$

综合式 (7.4.5)~ 式 (7.4.7) 可知, 若令 $\boldsymbol{R}^{m\times n}(u,v) = \boldsymbol{T}^{m+n}(u_1,v_1,w_1)$, 则有

$$\boldsymbol{Q}_{ijk}^{(2)} \triangleq \boldsymbol{Q}_{ij}^{m+n(2)} = \sum_{a=\max\{0,i-n\}}^{\min\{i,m\}} \sum_{e=\max\{0,j-m+a\}}^{\min\{j,n-i+a\}} \frac{\begin{pmatrix} m \\ a, j-e \end{pmatrix}\begin{pmatrix} n \\ i-a, e \end{pmatrix}}{\begin{pmatrix} m+n \\ ij \end{pmatrix}} \boldsymbol{P}_{m-a,n-e}^{mn}$$

证毕.

注释 7.4.1　根据式 (7.4.1) 以及式 (7.4.2), 我们可以得到表示同一张曲面的四边域与三角域 Bézier 曲面片的控制顶点之间具有如下特殊的关系式.

(1) 当 $i=j=0$ 时, 有 $a=e=0$, 因此有 $\boldsymbol{Q}_{00}^{m+n(1)} = \boldsymbol{P}_{00}^{mn}$, $\boldsymbol{Q}_{00}^{m+n(2)} = \boldsymbol{P}_{mn}^{mn}$;

(2) 当 $i=k=0$ 时, 有 $a=0$ 以及 $e=n$, 因此有 $\boldsymbol{Q}_{0,m+n}^{m+n(1)}=\boldsymbol{P}_{0n}^{mn}$, $\boldsymbol{Q}_{0,m+n}^{m+n(2)}=\boldsymbol{P}_{m0}^{mn}$;

(3) 当 $j=k=0$ 时, 有 $a=m$ 以及 $e=0$, 因此有 $\boldsymbol{Q}_{m+n,0}^{m+n(1)}=\boldsymbol{P}_{m0}^{mn}$, $\boldsymbol{Q}_{m+n,0}^{m+n(2)}=\boldsymbol{P}_{0n}^{mn}$.

当将一张控制顶点为 $\boldsymbol{P}_{ij}^{mn}$ 的 $m\times n$ 次四边域 Bézier 曲面片, 转换成两张控制顶点分别为 $\boldsymbol{Q}_{ijk}^{(1)}$ 和 $\boldsymbol{Q}_{ijk}^{(2)}$ 的 $m+n$ 次三角域 Bézier 曲面片时, 需要通过控制顶点 $\boldsymbol{P}_{ij}^{mn}$ 确定 $\boldsymbol{Q}_{ijk}^{(1)}$ 与 $\boldsymbol{Q}_{ijk}^{(2)}$. 当 $m=n=1$ 时, 根据公式 (7.4.1) 以及注释 7.4.1, 我们可以得到

$$\left\{\begin{array}{l}\boldsymbol{Q}_{00}^{2(1)}=\boldsymbol{P}_{00}^{11},\quad \boldsymbol{Q}_{01}^{2(1)}=\dfrac{1}{2}(\boldsymbol{P}_{00}^{11}+\boldsymbol{P}_{01}^{11}),\quad \boldsymbol{Q}_{02}^{2(1)}=\boldsymbol{P}_{01}^{11}\\[2ex] \boldsymbol{Q}_{11}^{2(1)}=\dfrac{1}{2}(\boldsymbol{P}_{00}^{11}+\boldsymbol{P}_{11}^{11}),\quad \boldsymbol{Q}_{20}^{2(1)}=\boldsymbol{P}_{10}^{11},\quad \boldsymbol{Q}_{10}^{2(1)}=\dfrac{1}{2}(\boldsymbol{P}_{00}^{11}+\boldsymbol{P}_{10}^{11})\end{array}\right. \tag{7.4.8}$$

对照式 (7.4.1) 与式 (7.4.2), 易于确定控制顶点 $\boldsymbol{Q}_{ij}^{2(2)}$ 和 $\boldsymbol{P}_{ij}^{11}$ 之间的关系. 即

$$\left\{\begin{array}{l}\boldsymbol{Q}_{00}^{2(2)}=\boldsymbol{P}_{11}^{11},\quad \boldsymbol{Q}_{01}^{2(2)}=\dfrac{1}{2}(\boldsymbol{P}_{11}^{11}+\boldsymbol{P}_{10}^{11}),\quad \boldsymbol{Q}_{02}^{2(2)}=\boldsymbol{P}_{10}^{11}\\[2ex] \boldsymbol{Q}_{11}^{2(2)}=\dfrac{1}{2}(\boldsymbol{P}_{11}^{11}+\boldsymbol{P}_{00}^{11}),\quad \boldsymbol{Q}_{20}^{2(2)}=\boldsymbol{P}_{01}^{11},\quad \boldsymbol{Q}_{10}^{2(2)}=\dfrac{1}{2}(\boldsymbol{P}_{11}^{11}+\boldsymbol{P}_{01}^{11})\end{array}\right.$$

当 $m\geqslant 2$ 或者 $n\geqslant 2$ 时, 我们不仅可以通过公式 (7.4.1) 来确定控制顶点 $\boldsymbol{Q}_{ij}^{m+n(1)}$, 也可以通过由下面两个定理中给出的递归公式来确定点 $\boldsymbol{Q}_{ij}^{m+n(1)}$.

定理 7.4.2 在控制顶点 $\boldsymbol{Q}_{ij}^{m+n(1)}$ 与 $\boldsymbol{P}_{ij}^{mn}$ 之间的关系的基础之上, 存在一个递归算法, 可用于计算 $\boldsymbol{Q}_{ij}^{(m+1)+n(1)}$ 与 $\boldsymbol{P}_{ij}^{(m+1)n}$ 之间的关系, 具体为

$$\boldsymbol{Q}_{ij}^{(m+1)+n(1)}=\frac{i}{m+n+1}E_1\boldsymbol{Q}_{i-1,j}^{m+n(1)}+\frac{j}{m+n+1}I_1\boldsymbol{Q}_{i,j-1}^{m+n(1)}+\frac{k}{m+n+1}I_1\boldsymbol{Q}_{ij}^{m+n(1)} \tag{7.4.9}$$

其中, $k=m+n+1-i-j$, $m,n\geqslant 1$.

证明 根据式 (7.4.4), 我们有

$$\boldsymbol{Q}_{ijk}^{(1)}\triangleq\boldsymbol{Q}_{ij}^{(m+1)+n(1)}=\sum_{a+b+c=m+1}\begin{pmatrix}m+1\\abc\end{pmatrix}\frac{\begin{pmatrix}n\\i-a,j-b,k-c\end{pmatrix}}{\begin{pmatrix}m+n\\ijk\end{pmatrix}}\boldsymbol{P}_{ae}^{(m+1)n} \tag{7.4.10}$$

将恒等式

$$\begin{pmatrix} m+1 \\ abc \end{pmatrix} = \begin{pmatrix} m \\ a-1,b,c \end{pmatrix} + \begin{pmatrix} m \\ a,b-1,c \end{pmatrix} + \begin{pmatrix} m \\ a,b,c-1 \end{pmatrix}$$

应用于式 (7.4.10), 可以得到

$$\begin{aligned}
\boldsymbol{Q}_{ij}^{(m+1)+n(1)} = &\sum_{a+b+c=m+1} \frac{\begin{pmatrix} m \\ a-1,b,c \end{pmatrix}\begin{pmatrix} n \\ i-a,j-b,k-c \end{pmatrix}}{\begin{pmatrix} m+n+1 \\ ijk \end{pmatrix}} \boldsymbol{P}_{ae}^{(m+1)n} \\
&+ \sum_{a+b+c=m+1} \frac{\begin{pmatrix} m \\ a,b-1,c \end{pmatrix}\begin{pmatrix} n \\ i-a,j-b,k-c \end{pmatrix}}{\begin{pmatrix} m+n+1 \\ ijk \end{pmatrix}} \boldsymbol{P}_{ae}^{(m+1)n} \\
&+ \sum_{a+b+c=m+1} \frac{\begin{pmatrix} m \\ a,b,c-1 \end{pmatrix}\begin{pmatrix} n \\ i-a,j-b,k-c \end{pmatrix}}{\begin{pmatrix} m+n+1 \\ ijk \end{pmatrix}} \boldsymbol{P}_{ae}^{(m+1)n} \\
= &\sum_{a+b+c=m} \frac{\begin{pmatrix} m \\ abc \end{pmatrix}\begin{pmatrix} n \\ i-a-1,j-b,k-c \end{pmatrix}}{\begin{pmatrix} m+n+1 \\ ijk \end{pmatrix}} \boldsymbol{P}_{a+1,e}^{(m+1)n} \\
&+ \sum_{a+b+c=m} \frac{\begin{pmatrix} m \\ abc \end{pmatrix}\begin{pmatrix} n \\ i-a,j-b-1,k-c \end{pmatrix}}{\begin{pmatrix} m+n+1 \\ ijk \end{pmatrix}} \boldsymbol{P}_{ae}^{(m+1)n} \\
&+ \sum_{a+b+c=m} \frac{\begin{pmatrix} m \\ abc \end{pmatrix}\begin{pmatrix} n \\ i-a,j-b,k-c-1 \end{pmatrix}}{\begin{pmatrix} m+n+1 \\ ijk \end{pmatrix}} \boldsymbol{P}_{ae}^{(m+1)n}
\end{aligned}$$

$$
\begin{aligned}
=&\frac{i}{m+n+1}E_1\sum_{a+b+c=m}\frac{\begin{pmatrix} m\\ abc\end{pmatrix}\begin{pmatrix} n\\ (i-1)-a,j-b,k-c\end{pmatrix}}{\begin{pmatrix} m+n\\ i-1,j,k\end{pmatrix}}\boldsymbol{P}_{ae}^{mn}\\
&+\frac{j}{m+n+1}I_1\sum_{a+b+c=m}\frac{\begin{pmatrix} m\\ abc\end{pmatrix}\begin{pmatrix} n\\ i-a,(j-1)-b,k-c\end{pmatrix}}{\begin{pmatrix} m+n\\ i,j-1,k\end{pmatrix}}\boldsymbol{P}_{ae}^{mn}\\
&+\frac{k}{m+n+1}I_1\sum_{a+b+c=m}\frac{\begin{pmatrix} m\\ abc\end{pmatrix}\begin{pmatrix} n\\ i-a,j-b,k-c-1\end{pmatrix}}{\begin{pmatrix} m+n\\ i,j,k-1\end{pmatrix}}\boldsymbol{P}_{ae}^{mn}\\
=&\frac{i}{m+n+1}E_1\boldsymbol{Q}_{i-1,j}^{m+n(1)}+\frac{j}{m+n+1}I_1\boldsymbol{Q}_{i,j-1}^{m+n(1)}\\
&+\frac{k}{m+n+1}I_1\boldsymbol{Q}_{ij}^{m+n(1)}
\end{aligned}
$$

证毕.

定理 7.4.3 在控制顶点 $\boldsymbol{Q}_{ij}^{m+n(1)}$ 与 $\boldsymbol{P}_{ij}^{mn}$ 之间的关系的基础之上, 存在一个递归算法, 可用于计算 $\boldsymbol{Q}_{ij}^{m+(n+1)(1)}$ 和 $\boldsymbol{P}_{ij}^{m(n+1)}$ 之间的关系, 具体为

$$
\boldsymbol{Q}_{ij}^{m+(n+1)(1)}=\frac{i}{m+n+1}I_2\boldsymbol{Q}_{i-1,j}^{m+n(1)}+\frac{j}{m+n+1}E_2\boldsymbol{Q}_{i,j-1}^{m+n(1)}+\frac{k}{m+n+1}I_2\boldsymbol{Q}_{ij}^{m+n(1)} \tag{7.4.11}
$$

其中, $k=m+n+1-i-j$, $m,n\geqslant 1$.

证明 根据式 (7.4.4), 我们有

$$
\boldsymbol{Q}_{ijk}^{(1)}\triangleq\boldsymbol{Q}_{ij}^{m+(n+1)(1)}=\sum_{d+e+f=n+1}\begin{pmatrix} n+1\\ def\end{pmatrix}\frac{\begin{pmatrix} m\\ i-d,j-e,k-f\end{pmatrix}}{\begin{pmatrix} m+n+1\\ ijk\end{pmatrix}}\boldsymbol{P}_{ae}^{m(n+1)} \tag{7.4.12}
$$

将恒等式

$$\binom{n+1}{def} = \binom{n}{d-1,e,f} + \binom{n}{d,e-1,f} + \binom{n}{d,e,f-1}$$

应用于式 (7.4.12), 可以得到

$$\begin{aligned}
&\boldsymbol{Q}_{ij}^{m+(n+1)(1)} \\
&= \sum_{d+e+f=n+1} \frac{\binom{n}{d-1,e,f}\binom{m}{i-d,j-e,k-f}}{\binom{m+n+1}{ijk}} \boldsymbol{P}_{ae}^{m(n+1)} \\
&\quad + \sum_{d+e+f=n+1} \frac{\binom{n}{d,e-1,f}\binom{m}{i-d,j-e,k-f}}{\binom{m+n+1}{ijk}} \boldsymbol{P}_{ae}^{m(n+1)} \\
&\quad + \sum_{d+e+f=n+1} \frac{\binom{n}{d,e,f-1}\binom{m}{i-d,j-e,k-f}}{\binom{m+n+1}{ijk}} \boldsymbol{P}_{ae}^{m(n+1)} \\
&= \sum_{d+e+f=n} \frac{\binom{n}{def}\binom{m}{i-d-1,j-e,k-f}}{\binom{m+n+1}{ijk}} \boldsymbol{P}_{ae}^{m(n+1)} \\
&\quad + \sum_{d+e+f=n} \frac{\binom{n}{def}\binom{m}{i-d,j-e-1,k-f}}{\binom{m+n+1}{ijk}} \boldsymbol{P}_{a,e+1}^{m(n+1)} \\
&\quad + \sum_{d+e+f=n} \frac{\binom{n}{def}\binom{m}{i-d,j-e,k-f-1}}{\binom{m+n+1}{ijk}} \boldsymbol{P}_{ae}^{m(n+1)}
\end{aligned}$$

$$
\begin{aligned}
&=\frac{i}{m+n+1}I_2\sum_{d+e+f=n}\frac{\begin{pmatrix}n\\def\end{pmatrix}\begin{pmatrix}n\\(i-1)-d,j-e,k-f\end{pmatrix}}{\begin{pmatrix}m+n\\i-1,j,k\end{pmatrix}}\boldsymbol{P}_{ae}^{mn}\\
&\quad+\frac{j}{m+n+1}E_2\sum_{d+e+f=n}\frac{\begin{pmatrix}n\\def\end{pmatrix}\begin{pmatrix}n\\i-d,(j-1)-e,k-f\end{pmatrix}}{\begin{pmatrix}m+n\\i,j-1,k\end{pmatrix}}\boldsymbol{P}_{ae}^{mn}\\
&\quad+\frac{k}{m+n+1}I_2\sum_{d+e+f=n}\frac{\begin{pmatrix}n\\def\end{pmatrix}\begin{pmatrix}n\\i-d,j-e,(k-1)-f\end{pmatrix}}{\begin{pmatrix}m+n\\i,j,k-1\end{pmatrix}}\boldsymbol{P}_{ae}^{mn}\\
&=\frac{i}{m+n+1}I_2\boldsymbol{Q}_{i-1,j}^{m+n(1)}+\frac{j}{m+n+1}E_2\boldsymbol{Q}_{i,j-1}^{m+n(1)}+\frac{k}{m+n+1}I_2\boldsymbol{Q}_{ij}^{m+n(1)}
\end{aligned}
$$

证毕.

综合运用式 (7.4.8)~ 式 (7.4.11), 我们就可以得到对于任意的 $m,n\in\mathbb{N}^+$, 控制顶点 $\boldsymbol{Q}_{ij}^{m+n(1)}$ 与 $\boldsymbol{P}_{ij}^{mn}$ 之间的关系式. 作为例子, 我们给出如下几个结论.

(1) 当 $m=2$ 且 $n=1$ 时, 有

$$
\begin{cases}
\boldsymbol{Q}_{00}^{3(1)}=\boldsymbol{P}_{00}^{21}, & \boldsymbol{Q}_{01}^{3(1)}=\dfrac{2}{3}\boldsymbol{P}_{00}^{21}+\dfrac{1}{3}\boldsymbol{P}_{01}^{21}, \quad \boldsymbol{Q}_{02}^{3(1)}=\dfrac{1}{3}\boldsymbol{P}_{00}^{21}+\dfrac{2}{3}\boldsymbol{P}_{01}^{21}\\
\boldsymbol{Q}_{03}^{3(1)}=\boldsymbol{P}_{01}^{21}, & \boldsymbol{Q}_{12}^{3(1)}=\dfrac{1}{3}\boldsymbol{P}_{00}^{21}+\dfrac{2}{3}\boldsymbol{P}_{11}^{21}, \quad \boldsymbol{Q}_{21}^{3(1)}=\dfrac{2}{3}\boldsymbol{P}_{10}^{21}+\dfrac{1}{3}\boldsymbol{P}_{21}^{21}\\
\boldsymbol{Q}_{30}^{3(1)}=\boldsymbol{P}_{20}^{21}, & \boldsymbol{Q}_{20}^{3(1)}=\dfrac{2}{3}\boldsymbol{P}_{10}^{21}+\dfrac{1}{3}\boldsymbol{P}_{20}^{21}, \quad \boldsymbol{Q}_{10}^{3(1)}=\dfrac{1}{3}\boldsymbol{P}_{00}^{21}+\dfrac{2}{3}\boldsymbol{P}_{10}^{21}\\
\boldsymbol{Q}_{11}^{3(1)}=\dfrac{1}{3}(\boldsymbol{P}_{00}^{21}+\boldsymbol{P}_{10}^{21}+\boldsymbol{P}_{11}^{21})
\end{cases}
$$

(2) 当 $m=1$ 且 $n=2$ 时, 有

$$
\begin{cases}
\boldsymbol{Q}_{00}^{3(1)}=\boldsymbol{P}_{00}^{12}, \quad \boldsymbol{Q}_{01}^{3(1)}=\dfrac{1}{3}\boldsymbol{P}_{00}^{12}+\dfrac{2}{3}\boldsymbol{P}_{01}^{12}, \quad \boldsymbol{Q}_{02}^{3(1)}=\dfrac{2}{3}\boldsymbol{P}_{01}^{12}+\dfrac{1}{3}\boldsymbol{P}_{02}^{12}, \quad \boldsymbol{Q}_{03}^{3(1)}=\boldsymbol{P}_{02}^{12}\\
\boldsymbol{Q}_{12}^{3(1)}=\dfrac{2}{3}\boldsymbol{P}_{01}^{12}+\dfrac{1}{3}\boldsymbol{P}_{12}^{12}, \quad \boldsymbol{Q}_{21}^{3(1)}=\dfrac{1}{3}\boldsymbol{P}_{10}^{12}+\dfrac{2}{3}\boldsymbol{P}_{11}^{12}, \quad \boldsymbol{Q}_{30}^{3(1)}=\boldsymbol{P}_{10}^{12}\\
\boldsymbol{Q}_{20}^{3(1)}=\dfrac{1}{3}\boldsymbol{P}_{00}^{12}+\dfrac{2}{3}\boldsymbol{P}_{10}^{12}, \quad \boldsymbol{Q}_{10}^{3(1)}=\dfrac{2}{3}\boldsymbol{P}_{00}^{12}+\dfrac{1}{3}\boldsymbol{P}_{10}^{12}, \quad \boldsymbol{Q}_{11}^{3(1)}=\dfrac{1}{3}(\boldsymbol{P}_{00}^{12}+\boldsymbol{P}_{01}^{12}+\boldsymbol{P}_{11}^{12})
\end{cases}
$$

(3) 当 $m=n=2$ 时, 有

$$
\left\{
\begin{array}{l}
\boldsymbol{Q}_{00}^{4(1)}=\boldsymbol{P}_{00}^{22},\quad \boldsymbol{Q}_{01}^{4(1)}=\dfrac{1}{2}(\boldsymbol{P}_{00}^{22}+\boldsymbol{P}_{01}^{22}),\quad \boldsymbol{Q}_{02}^{4(1)}=\dfrac{1}{6}\boldsymbol{P}_{00}^{22}+\dfrac{2}{3}\boldsymbol{P}_{01}^{22}+\dfrac{1}{6}\boldsymbol{P}_{02}^{22}\\
\boldsymbol{Q}_{03}^{4(1)}=\dfrac{1}{2}(\boldsymbol{P}_{01}^{22}+\boldsymbol{P}_{02}^{22}),\quad \boldsymbol{Q}_{04}^{4(1)}=\boldsymbol{P}_{02}^{22}\\
\boldsymbol{Q}_{13}^{4(1)}=\dfrac{1}{2}(\boldsymbol{P}_{01}^{22}+\boldsymbol{P}_{12}^{22}),\quad \boldsymbol{Q}_{22}^{4(1)}=\dfrac{1}{6}\boldsymbol{P}_{00}^{22}+\dfrac{2}{3}\boldsymbol{P}_{11}^{22}+\dfrac{1}{6}\boldsymbol{P}_{22}^{22},\quad \boldsymbol{Q}_{31}^{4(1)}=\dfrac{1}{2}(\boldsymbol{P}_{10}^{22}+\boldsymbol{P}_{21}^{22})\\
\boldsymbol{Q}_{40}^{4(1)}=\boldsymbol{P}_{20}^{22},\quad \boldsymbol{Q}_{30}^{4(1)}=\dfrac{1}{2}(\boldsymbol{P}_{10}^{22}+\boldsymbol{P}_{20}^{22}),\quad \boldsymbol{Q}_{02}^{4(1)}=\dfrac{1}{6}\boldsymbol{P}_{00}^{22}+\dfrac{2}{3}\boldsymbol{P}_{10}^{22}+\dfrac{1}{6}\boldsymbol{P}_{20}^{22}\\
\boldsymbol{Q}_{10}^{4(1)}=\dfrac{1}{2}(\boldsymbol{P}_{00}^{22}+\boldsymbol{P}_{10}^{22}),\quad \boldsymbol{Q}_{11}^{4(1)}=\dfrac{1}{6}(\boldsymbol{P}_{01}^{22}+\boldsymbol{P}_{10}^{22})+\dfrac{1}{3}(\boldsymbol{P}_{00}^{22}+\boldsymbol{P}_{11}^{22})\\
\boldsymbol{Q}_{12}^{4(1)}=\dfrac{1}{6}(\boldsymbol{P}_{00}^{22}+\boldsymbol{P}_{12}^{22})+\dfrac{1}{3}(\boldsymbol{P}_{01}^{22}+\boldsymbol{P}_{11}^{22}),\quad \boldsymbol{Q}_{21}^{4(1)}=\dfrac{1}{6}(\boldsymbol{P}_{00}^{22}+\boldsymbol{P}_{21}^{22})+\dfrac{1}{3}(\boldsymbol{P}_{10}^{22}+\boldsymbol{P}_{11}^{22})
\end{array}
\right.
$$

(4) 当 $m=3$ 并且 $n=2$ 时, 有

$$
\left\{
\begin{array}{l}
\boldsymbol{Q}_{00}^{5(1)}=\boldsymbol{P}_{00}^{32},\quad \boldsymbol{Q}_{01}^{5(1)}=\dfrac{3}{5}\boldsymbol{P}_{00}^{32}+\dfrac{2}{5}\boldsymbol{P}_{01}^{32},\quad \boldsymbol{Q}_{02}^{5(1)}=\dfrac{3}{10}\boldsymbol{P}_{00}^{32}+\dfrac{6}{10}\boldsymbol{P}_{01}^{32}+\dfrac{1}{10}\boldsymbol{P}_{02}^{32}\\
\boldsymbol{Q}_{03}^{5(1)}=\dfrac{1}{10}\boldsymbol{P}_{00}^{32}+\dfrac{6}{10}\boldsymbol{P}_{01}^{32}+\dfrac{3}{10}\boldsymbol{P}_{02}^{32},\quad \boldsymbol{Q}_{04}^{5(1)}=\dfrac{2}{5}\boldsymbol{P}_{01}^{32}+\dfrac{3}{5}\boldsymbol{P}_{02}^{32},\quad \boldsymbol{Q}_{05}^{5(1)}=\boldsymbol{P}_{02}^{32}\\
\boldsymbol{Q}_{14}^{5(1)}=\dfrac{2}{5}\boldsymbol{P}_{01}^{32}+\dfrac{3}{5}\boldsymbol{P}_{12}^{32},\quad \boldsymbol{Q}_{23}^{5(1)}=\dfrac{1}{10}\boldsymbol{P}_{00}^{32}+\dfrac{6}{10}\boldsymbol{P}_{11}^{32}+\dfrac{3}{10}\boldsymbol{P}_{22}^{32}\\
\boldsymbol{Q}_{32}^{5(1)}=\dfrac{3}{10}\boldsymbol{P}_{10}^{32}+\dfrac{6}{10}\boldsymbol{P}_{21}^{32}+\dfrac{1}{10}\boldsymbol{P}_{32}^{32},\quad \boldsymbol{Q}_{41}^{5(1)}=\dfrac{3}{5}\boldsymbol{P}_{20}^{32}+\dfrac{2}{5}\boldsymbol{P}_{31}^{32}\\
\boldsymbol{Q}_{50}^{5(1)}=\boldsymbol{P}_{30}^{32},\quad \boldsymbol{Q}_{40}^{5(1)}=\dfrac{3}{5}\boldsymbol{P}_{20}^{32}+\dfrac{2}{5}\boldsymbol{P}_{30}^{32},\quad \boldsymbol{Q}_{30}^{5(1)}=\dfrac{3}{10}\boldsymbol{P}_{10}^{32}+\dfrac{6}{10}\boldsymbol{P}_{20}^{32}+\dfrac{1}{10}\boldsymbol{P}_{30}^{32}\\
\boldsymbol{Q}_{20}^{5(1)}=\dfrac{1}{10}\boldsymbol{P}_{00}^{32}+\dfrac{6}{10}\boldsymbol{P}_{10}^{32}+\dfrac{3}{10}\boldsymbol{P}_{20}^{32},\quad \boldsymbol{Q}_{10}^{5(1)}=\dfrac{2}{5}\boldsymbol{P}_{00}^{32}+\dfrac{3}{5}\boldsymbol{P}_{10}^{32}\\
\boldsymbol{Q}_{11}^{5(1)}=\dfrac{1}{10}\boldsymbol{P}_{01}^{32}+\dfrac{3}{10}(\boldsymbol{P}_{00}^{32}+\boldsymbol{P}_{10}^{32}+\boldsymbol{P}_{11}^{32})\\
\boldsymbol{Q}_{12}^{5(1)}=\dfrac{1}{5}(\boldsymbol{P}_{00}^{32}+\boldsymbol{P}_{01}^{32})+\dfrac{1}{10}(\boldsymbol{P}_{10}^{32}+\boldsymbol{P}_{12}^{32})+\dfrac{2}{5}\boldsymbol{P}_{11}^{32}\\
\boldsymbol{Q}_{13}^{5(1)}=\dfrac{1}{10}\boldsymbol{P}_{00}^{32}+\dfrac{3}{10}(\boldsymbol{P}_{01}^{32}+\boldsymbol{P}_{11}^{32}+\boldsymbol{P}_{12}^{32})\\
\boldsymbol{Q}_{22}^{5(1)}=\dfrac{1}{5}(\boldsymbol{P}_{10}^{32}+\boldsymbol{P}_{21}^{32})+\dfrac{1}{10}(\boldsymbol{P}_{00}^{32}+\boldsymbol{P}_{22}^{32})+\dfrac{2}{5}\boldsymbol{P}_{11}^{32}\\
\boldsymbol{Q}_{31}^{5(1)}=\dfrac{1}{10}\boldsymbol{P}_{31}^{32}+\dfrac{3}{10}(\boldsymbol{P}_{10}^{32}+\boldsymbol{P}_{20}^{32}+\boldsymbol{P}_{21}^{32})\\
\boldsymbol{Q}_{21}^{5(1)}=\dfrac{1}{5}(\boldsymbol{P}_{11}^{32}+\boldsymbol{P}_{21}^{32})+\dfrac{1}{10}(\boldsymbol{P}_{00}^{32}+\boldsymbol{P}_{20}^{32})+\dfrac{2}{5}\boldsymbol{P}_{10}^{32}
\end{array}
\right.
$$

7.5 小　结

本章借助恒等算子和移位算子, 很方便地将三角域 Bézier 曲面和四边域 Bézier 曲面的方程改写成新的形式. 根据新形式的方程, 通过参数变换, 我们推导出了三角域 Bézier 曲面片与四边域 Bézier 曲面片之间相互转换时, 二者的控制顶点之间的关系. 在转换关系的基础之上, 运用组合数恒等式, 我们给出了几个实用的递归公式, 运用这些公式, 可以从低次的两种曲面的控制顶点之间的关系, 推导高次的两种曲面的控制顶点之间的关系. 与已有文献中的转换算法相比, 本章所给算法更加简洁明了. 作为理论基础, 两种不同类型的 Bézier 曲面片之间的转换算法, 不仅可以解决二者之间的兼容性问题, 还可以解决很多其他相关问题, 例如三角域 Bézier 曲面片与四边域 Bézier 曲面片之间的拼接问题.

第 8 章　B 样条曲线在多项式空间上的扩展

8.1　引　　言

在前面几章中, 以 Bézier 方法作为研究对象进行了讨论, 本章将以 B 样条方法作为研究对象展开讨论. B 样条方法是在保留 Bézier 方法优点的同时, 克服其由于整体表示带来不具有局部性质的缺点, 以及解决在描述复杂形状时带来的连接问题下提出来的.

第 3 章至第 5 章, 虽然有各不相同的研究主题, 但这三章有一个共同的研究目标, 即增加 Bézier 曲线形状调整的自由度, 克服在控制顶点给定的情况下, Bézier 曲线的形状难以调整的问题. 虽然 B 样条方法在局部控制能力方面优于 Bézier 方法, 并且其可以自动实现参数连续, 但在形状调整方面, B 样条方法面临着和 Bézier 方法类似的问题. B 样条方法采用 B 样条作为基函数, 指定其次数, 再给定节点矢量 (其所含节点数量与基函数次数有关), B 样条基函数便随之确定. 因此, 对于 B 样条方法而言, 若控制顶点和节点矢量均给定, 则 B 样条曲线曲面的形状也被唯一确定. 另外, 在插值问题上, B 样条方法要通过解方程组反求控制顶点, 才能构造插值曲线曲面. 正因为存在上述不足或者不便之处, 所以 B 样条方法依然存在改进空间. 现有很多文献正是围绕上述问题, 以 B 样条方法为原型进行改进.

这一章以工程中最常用的 3 次 B 样条曲线作为研究对象, 在多项式空间上进行扩展. 扩展的主要目标是增加 B 样条曲线形状调整的自由度, 同时希望扩展模型能在插值问题上有所改进.

8.2　调配函数及其性质

由于 B 样条方法采用控制顶点与基函数的线性组合来定义曲线曲面, 因此 B 样条曲线曲面的性质主要取决于其所采用的 B 样条基函数的性质, 这样一来, 要改进 B 样条方法, 也就是要改造 B 样条基函数, 构造新的调配函数.

定义 8.2.1　对任意的 $t \in [0,1]$, 以及参数 $\lambda_i \in \mathbb{R}$, 其中, $i \in \mathbb{N}^+$, 称关于 t 的多项式

$$
\begin{cases}
b_{i0}(t) = \dfrac{1-\lambda_i}{8}(1-t)^4 - \dfrac{\lambda_i}{2}t(1-t)^3 \\
b_{i1}(t) = \dfrac{3+\lambda_i}{4}(1-t)^3(1+3t) + 3t^2(1-t)^2 + \dfrac{2-\lambda_{i+1}}{2}t^3(1-t) + \dfrac{1-\lambda_{i+1}}{8}t^4 \\
b_{i2}(t) = \dfrac{3+\lambda_{i+1}}{4}t^3(4-3t) + 3t^2(1-t)^2 + \dfrac{2-\lambda_i}{2}t(1-t)^3 + \dfrac{1-\lambda_i}{8}(1-t)^4 \\
b_{i3}(t) = \dfrac{1-\lambda_{i+1}}{8}t^4 - \dfrac{\lambda_{i+1}}{2}t^3(1-t)
\end{cases}
\tag{8.2.1}
$$

为带参数 λ_i 与 λ_{i+1} 的调配函数, 简称为 λB 函数.

λB 函数具有下列性质.

性质 1 单调性. 即: 对于固定的 $t\in[0,1]$, $b_{i0}(t)$ 关于 λ_i 单调递减, $b_{i3}(t)$ 关于 λ_{i+1} 单调递减; 对于固定的 $t\in[0,1]$, $\lambda_{i+1}\in\mathbb{R}$, $b_{i1}(t)$ 关于 λ_i 单调递增, $b_{i2}(t)$ 关于 λ_i 单调递减; 对于固定的 $t\in[0,1]$, $\lambda_i\in\mathbb{R}$, $b_{i1}(t)$ 关于 λ_{i+1} 单调递减, $b_{i2}(t)$ 关于 λ_{i+1} 单调递增.

性质 2 非负性. 即: 当 $-3\leqslant\lambda_i,\lambda_{i+1}\leqslant 0$ 时, 对任意的 $j=0,1,2,3$, 都有 $b_{ij}(t)\geqslant 0$.

证明: 用 $B_k(t)=C_4^k t^k(1-t)^{4-k}$ 表示 4 次 Bernstein 基函数, 其中, $k=0,1,\cdots,4$, 则式 (8.2.1) 可以整理成

$$
\begin{cases}
b_{i0}(t) = \dfrac{1-\lambda_i}{8}B_0(t) - \dfrac{\lambda_i}{8}B_1(t) \\
b_{i1}(t) = \dfrac{3+\lambda_i}{4}B_0(t) + \dfrac{3+\lambda_i}{4}B_1(t) + \dfrac{1}{2}B_2(t) + \dfrac{2-\lambda_{i+1}}{8}B_3(t) \\
\qquad\quad +\dfrac{1-\lambda_{i+1}}{8}B_4(t) \\
b_{i2}(t) = \dfrac{3+\lambda_{i+1}}{4}B_4(t) + \dfrac{3+\lambda_{i+1}}{4}B_3(t) + \dfrac{1}{2}B_2(t) + \dfrac{2-\lambda_i}{8}B_1(t) \\
\qquad\quad +\dfrac{1-\lambda_i}{8}B_0(t) \\
b_{i3}(t) = \dfrac{1-\lambda_{i+1}}{8}B_4(t) - \dfrac{\lambda_{i+1}}{8}B_3(t)
\end{cases}
\tag{8.2.2}
$$

由式 (8.2.2), 并结合 4 次 Bernstein 基函数的非负性, 可知对任意的 $j=0,1,2,3$, $b_{ij}(t)\geqslant 0$ 的充分条件是

$$\begin{cases} \dfrac{1-\lambda_i}{8} \geqslant 0 \\ -\dfrac{\lambda_i}{8} \geqslant 0 \\ \dfrac{3+\lambda_i}{4} \geqslant 0 \\ \dfrac{2-\lambda_i}{8} \geqslant 0 \\ \dfrac{1-\lambda_{i+1}}{8} \geqslant 0 \\ -\dfrac{\lambda_{i+1}}{8} \geqslant 0 \\ \dfrac{3+\lambda_{i+1}}{4} \geqslant 0 \\ \dfrac{2-\lambda_i}{8} \geqslant 0 \end{cases} \tag{8.2.3}$$

由不等式组 (8.2.3), 可以推出 $-3 \leqslant \lambda_i, \lambda_{i+1} \leqslant 0$. 证毕.

性质 3　规范性. 即: $\sum\limits_{j=0}^{3} b_{ij}(t) = 1$.

证明　将式 (8.2.2) 中各等式左右两边分别相加, 可得

$$\sum_{j=0}^{3} b_{ij}(t) = \sum_{k=0}^{4} B_k(t) = 1$$

证毕.

性质 4　对称性. 即: 当 $\lambda_i = \lambda_{i+1}$ 时, 对任意的 $j = 0, 1, 2, 3$, 都有 $b_{ij}(1-t) = b_{i(3-j)}(t)$.

证明　由 4 次 Bernstein 基函数的对称性, 即对任意的 $k = 0, 1, \cdots, 4$, 都有

$$B_k(1-t) = B_{4-k}(t)$$

并结合式 (8.2.2), 即得 λB 函数的对称性. 证毕.

性质 5　端点性质. 即: 在定义区间 $[0,1]$ 的左、右端点处, λB 函数的函数值, 以及一阶、二阶导数值结果如下:

$$\begin{cases} b_{i0}(0) = b_{i2}(0) = \dfrac{1-\lambda_i}{8}, \quad b_{i1}(0) = \dfrac{3+\lambda_i}{4}, \quad b_{i3}(0) = 0 \\ b_{i0}(1) = 0, \quad b_{i1}(1) = b_{i3}(1) = \dfrac{1-\lambda_{i+1}}{8}, \quad b_{i2}(1) = \dfrac{3+\lambda_{i+1}}{4} \end{cases} \tag{8.2.4}$$

$$\begin{cases} b'_{i0}(0) = -\dfrac{1}{2}, \quad b'_{i2}(0) = \dfrac{1}{2}, \quad b'_{i1}(0) = b'_{i3}(0) = 0 \\ b'_{i0}(1) = b'_{i2}(1) = 0, \quad b'_{i1}(1) = -\dfrac{1}{2}, \quad b'_{i3}(1) = \dfrac{1}{2} \end{cases} \tag{8.2.5}$$

$$\begin{cases} b''_{i0}(0) = b''_{i2}(0) = \dfrac{3}{2}(1+\lambda_i), \quad b''_{i1}(0) = -3(1+\lambda_i), \quad b''_{i3}(0) = 0 \\ b''_{i0}(1) = 0, \quad b''_{i1}(1) = b''_{i3}(1) = \dfrac{3}{2}(1+\lambda_{i+1}), \quad b''_{i2}(1) = -3(1+\lambda_{i+1}) \end{cases} \tag{8.2.6}$$

性质 6 退化性. 即: 当 $\lambda_i = \lambda_{i+1} = -\dfrac{1}{3}$ 时, λB 函数恰好为 3 次均匀 B 样条基函数.

定义 8.2.2 称当 $-3 \leqslant \lambda_i, \lambda_{i+1} \leqslant 0$ 时, 由式 (8.2.1) 所确定的函数为 λB 基.

8.3 扩展曲线及其性质

定义 8.3.1 给定 $n+1$ 个控制顶点 $\boldsymbol{Q}_i \in \mathbb{R}^d (d=2,3; i=0,1,\cdots,n)$, 以及节点 $u_0 < u_1 < \cdots < u_{n+4}$, 定义

$$\boldsymbol{p}_i(t) = \sum_{j=0}^{3} \boldsymbol{Q}_{i+j-1} b_{ij}(t) \tag{8.3.1}$$

为 λB 曲线段. 其中, $t \in [0,1]$, $i = 1,2,\cdots,n-2$, $b_{ij}(t)(j=0,1,2,3)$ 为式 (8.2.1) 中给出的 λB 函数. 由所有曲线段构成曲线

$$\boldsymbol{p}(u) = \boldsymbol{p}_i\left(\frac{u-u_i}{\Delta u_i}\right) \tag{8.3.2}$$

其中, $u \in [u_i, u_{i+1}] \subset [u_3, u_{n+1}]$, $\Delta u_i = u_{i+1} - u_i$, $i = 3,4,\cdots,n$. 称由式 (8.3.2) 定义的曲线为 λB 曲线, 当所有的 Δu_i 均相等时, 称对应的曲线为均匀 λB 曲线.

从 λB 函数的性质, 不难得出 λB 曲线具有下列性质:

性质 1 端点性质. 由式 (8.3.1) 以及式 (8.2.4)~ 式 (8.2.6) 可知, λB 曲线段的起、止点位置, 以及在起、止点处的一阶、二阶导矢如下:

$$\left\{\begin{aligned}
\boldsymbol{p}_i(0) &= \frac{1-\lambda_i}{8}\boldsymbol{Q}_{i-1} + \frac{3+\lambda_i}{4}\boldsymbol{Q}_i + \frac{1-\lambda_i}{8}\boldsymbol{Q}_{i+1} \\
\boldsymbol{p}_i(1) &= \frac{1-\lambda_{i+1}}{8}\boldsymbol{Q}_i + \frac{3+\lambda_{i+1}}{4}\boldsymbol{Q}_{i+1} + \frac{1-\lambda_i}{8}\boldsymbol{Q}_{i+2} \\
\boldsymbol{p}_i'(0) &= \frac{1}{2}(\boldsymbol{Q}_{i+1} - \boldsymbol{Q}_{i-1}) \\
\boldsymbol{p}_i'(1) &= \frac{1}{2}(\boldsymbol{Q}_{i+2} - \boldsymbol{Q}_i) \\
\boldsymbol{p}_i''(0) &= \frac{3(1+\lambda_i)}{2}(\boldsymbol{Q}_{i-1} - 2\boldsymbol{Q}_i + \boldsymbol{Q}_{i+1}) \\
\boldsymbol{p}_i''(1) &= \frac{3(1+\lambda_{i+1})}{2}(\boldsymbol{Q}_i - 2\boldsymbol{Q}_{i+1} + \boldsymbol{Q}_{i+2})
\end{aligned}\right. \tag{8.3.3}$$

该性质表明: λB 曲线的端点位置、端点切矢以及二阶导矢, 均与 3 次均匀 B 样条曲线的相应几何特征保持一致.

性质 2 对称性. 由 λB 函数的对称性可知, 当参数 $\lambda_i = \lambda_{i+1}$ 时, 对 $t \in [0,1]$, 以及 $i = 1, 2, \cdots, n-2$, 有

$$\boldsymbol{p}_i(t; \boldsymbol{Q}_{i-1}, \boldsymbol{Q}_i, \boldsymbol{Q}_{i+1}, \boldsymbol{Q}_{i+2}) = \boldsymbol{p}_i(1-t; \boldsymbol{Q}_{i+2}, \boldsymbol{Q}_{i+1}, \boldsymbol{Q}_i, \boldsymbol{Q}_{i-1})$$

因此, 当各条曲线段取相同的参数 λ_i 时, 由 $\langle \boldsymbol{Q}_0\boldsymbol{Q}_1\cdots\boldsymbol{Q}_n\rangle$ 和 $\langle \boldsymbol{Q}_n\boldsymbol{Q}_{n-1}\cdots\boldsymbol{Q}_0\rangle$ 所定义的两条 λB 曲线重合, 只是参数方向相反.

性质 3 几何不变性. 由 λB 函数的规范性可知, λB 曲线具有几何不变性.

性质 4 连续性. 由 λB 曲线段的端点性质可知

$$\boldsymbol{p}_{i-1}^{(k)}(1) = \boldsymbol{p}_i^{(k)}(0) \tag{8.3.4}$$

其中, $k = 0, 1, 2$. 又因为对 $u \in [u_i, u_{i+1}]$, $t = \dfrac{u - u_i}{h_i}$, 有

$$\boldsymbol{p}^{(k)}(u) = \left(\frac{1}{h_i}\right)^k \boldsymbol{p}_i^{(k)}(t)$$

由此可得

$$\left\{\begin{aligned}
\boldsymbol{p}^{(k)}(u_i-) &= \left(\frac{1}{h_{i-1}}\right)^k \boldsymbol{p}_{i-1}^{(k)}(1) \\
\boldsymbol{p}^{(k)}(u_i+) &= \left(\frac{1}{h_i}\right)^k \boldsymbol{p}_i^{(k)}(0)
\end{aligned}\right. \tag{8.3.5}$$

结合式 (8.3.4)、式 (8.3.5), 有

$$\boldsymbol{p}^{(k)}(u_i-) = \left(\frac{h_i}{h_{i-1}}\right)^k \boldsymbol{p}^{(k)}(u_i+)$$

其中, $k=0,1,2$. 这说明 λB 曲线 G^2 连续, 均匀 λB 曲线 C^2 连续.

性质 5 曲率. 由式 (8.3.3) 可知, λB 曲线段在首末端点处的曲率为

$$\begin{cases} \boldsymbol{k}_i(0)=\dfrac{12\left|1+\lambda_i\right|\left\|(\boldsymbol{Q}_i-\boldsymbol{Q}_{i-1})\times(\boldsymbol{Q}_{i+1}-\boldsymbol{Q}_i)\right\|}{\left\|\boldsymbol{Q}_{i+1}-\boldsymbol{Q}_{i-1}\right\|^3} \\ \boldsymbol{k}_i(1)=\dfrac{12\left|1+\lambda_{i+1}\right|\left\|(\boldsymbol{Q}_{i+1}-\boldsymbol{Q}_i)\times(\boldsymbol{Q}_{i+2}-\boldsymbol{Q}_{i+1})\right\|}{\left\|\boldsymbol{Q}_{i+2}-\boldsymbol{Q}_i\right\|^3} \end{cases} \tag{8.3.6}$$

由式 (8.3.6) 可知, 局部形状参数 λ_i 和 λ_{i+1} 分别控制曲线段 $\boldsymbol{p}_i(t)$ 在首、末端点处的曲率. 当 $\lambda_i,\lambda_{i+1}>-1$ 时, 曲线段 $\boldsymbol{p}_i(t)$ 在首、末端点处的曲率分别随着参数 λ_i,λ_{i+1} 的增大而增大; 当 $\lambda_i,\lambda_{i+1}<-1$ 时, 曲线段 $\boldsymbol{p}_i(t)$ 在首、末端点处的曲率分别随着参数 λ_i,λ_{i+1} 的减小而增大.

性质 6 凸包性. 由 λB 基的非负性和规范性可知, 当 λB 曲线段中的 λB 函数取 λB 基时, 曲线段 $\boldsymbol{p}_i(t)$ 位于其控制顶点 $\boldsymbol{Q}_{i-1},\boldsymbol{Q}_i,\boldsymbol{Q}_{i+1},\boldsymbol{Q}_{i+2}$ 生成的凸包内. 进一步地, 由于

$$\begin{aligned} \boldsymbol{p}_i(t)= & \left[(1-t)^4-\frac{4\lambda_i}{1-\lambda_i}t(1-t)^3\right]\boldsymbol{p}_i(0) \\ & +\left[\frac{3+\lambda_i}{1-\lambda_i}t(1-t)^3+3t^2(1-t)^2+t^3(1-t)\right]\boldsymbol{Q}_i \\ & +[\frac{3+\lambda_{i+1}}{1-\lambda_{i+1}}t^3(1-t)+3t^2(1-t)^2+t(1-t)^3]\boldsymbol{Q}_{i+1} \\ & +\left[t^4-\frac{4\lambda_{i+1}}{1-\lambda_{i+1}}t^3(1-t)\right]\boldsymbol{p}_i(1) \end{aligned} \tag{8.3.7}$$

而当 $-3\leqslant\lambda_i,\lambda_{i+1}\leqslant 0$ 时, 在式 (8.3.7) 的右端, $\boldsymbol{p}_i(0)$, $\boldsymbol{Q}_i$, $\boldsymbol{Q}_{i+1}$, $\boldsymbol{p}_i(1)$ 的系数均非负, 并且系数之和为 1, 因此当 λB 曲线段中的 λB 函数取 λB 基时, 曲线段 $\boldsymbol{p}_i(t)$ 位于由点 $\boldsymbol{p}_i(0)$, $\boldsymbol{Q}_i$, $\boldsymbol{Q}_{i+1}$, $\boldsymbol{p}_i(1)$ 所围成的凸多边形中.

性质 7 逼近性. 若记

$$\begin{cases} \Delta^2\boldsymbol{Q}_i=\boldsymbol{Q}_i-2\boldsymbol{Q}_{i+1}+\boldsymbol{Q}_{i+2} \\ \boldsymbol{Q}_{i,t}=(1-t)\boldsymbol{Q}_i+t\boldsymbol{Q}_{i+1} \\ f(t)=\dfrac{8b_{i0}(t)}{1-\lambda_i}+\dfrac{8b_{i3}(t)}{1-\lambda_{i+1}} \end{cases}$$

则由式 (8.3.1) 可知

$$\boldsymbol{p}_i(t)-\boldsymbol{Q}_{i,t}=b_{i0}(t)\Delta^2\boldsymbol{Q}_{i-1}+b_{i3}(t)\Delta^2\boldsymbol{Q}_i$$

$$= \frac{8b_{i0}(t)}{1-\lambda_i}(\boldsymbol{p}_i(0)-\boldsymbol{Q}_i) + \frac{8b_{i3}(t)}{1-\lambda_{i+1}}(\boldsymbol{p}_i(1)-\boldsymbol{Q}_{i+1})$$

而当 $-3 \leqslant \lambda_i, \lambda_{i+1} \leqslant 0$ 时,

$$\begin{aligned} 0 < f(t) &= (1-t)^4 - \frac{4\lambda_i}{1-\lambda_i}t(1-t)^3 + t^4 - \frac{4\lambda_{i+1}}{1-\lambda_{i+1}}t^3(1-t) \\ &= 1 - \frac{4}{1-\lambda_i}t(1-t)^3 - 6t^2(1-t)^2 - \frac{4}{1-\lambda_{i+1}}t^3(1-t) \leqslant 1 \end{aligned} \tag{8.3.8}$$

因此,

$$\|\boldsymbol{p}_i(t)-\boldsymbol{Q}_{i,t}\| \leqslant f(t)\max\{\|\boldsymbol{p}_i(0)-\boldsymbol{Q}_i\|, \|\boldsymbol{p}_i(1)-\boldsymbol{Q}_{i+1}\|\} \tag{8.3.9}$$

又因为

$$\begin{cases} \boldsymbol{p}_i(0)-\boldsymbol{Q}_i = \dfrac{1-\lambda_i}{8}(\boldsymbol{Q}_{i-1}-2\boldsymbol{Q}_i+\boldsymbol{Q}_{i+1}) \\ \boldsymbol{p}_i(1)-\boldsymbol{Q}_{i+1} = \dfrac{1-\lambda_{i+1}}{8}(\boldsymbol{Q}_i-2\boldsymbol{Q}_{i+1}+\boldsymbol{Q}_{i+2}) \end{cases} \tag{8.3.10}$$

由式 (8.3.8) 可知, 函数 $f(t)$ 关于参数 λ_i 和 λ_{i+1} 单调递减; 由式 (8.3.10) 可知, 矢量 $\boldsymbol{p}_i(0)-\boldsymbol{Q}_i$ 关于参数 λ_i 单调递减, 矢量 $\boldsymbol{p}_i(1)-\boldsymbol{Q}_{i+1}$ 关于参数 λ_{i+1} 单调递减. 因此, 由式 (8.3.9) 可知: 随着参数 λ_i 和 λ_{i+1} 的增大, 曲线段 $\boldsymbol{p}_i(t)$ 逐渐逼近其控制多边形的中间边 $\boldsymbol{Q}_i\boldsymbol{Q}_{i+1}$.

进一步地, 若记 $\boldsymbol{Q}_{i,\frac{1}{2}} = \dfrac{1}{2}(\boldsymbol{Q}_i+\boldsymbol{Q}_{i+2})$, 则由式 (8.3.3) 可知

$$\begin{cases} \boldsymbol{p}_i(0) = \dfrac{1-\lambda_i}{4}\dfrac{\boldsymbol{Q}_{i-1}+\boldsymbol{Q}_{i+1}}{2} + \dfrac{3+\lambda_i}{4}\boldsymbol{Q}_i = \dfrac{1-\lambda_i}{4}\boldsymbol{Q}_{i-1,\frac{1}{2}} + \dfrac{3+\lambda_i}{4}\boldsymbol{Q}_i \\ \boldsymbol{p}_i(1) = \dfrac{1-\lambda_{i+1}}{4}\dfrac{\boldsymbol{Q}_i+\boldsymbol{Q}_{i+2}}{2} + \dfrac{3+\lambda_{i+1}}{4}\boldsymbol{Q}_{i+1} = \dfrac{1-\lambda_{i+1}}{4}\boldsymbol{Q}_{i,\frac{1}{2}} + \dfrac{3+\lambda_{i+1}}{4}\boldsymbol{Q}_{i+1} \end{cases} \tag{8.3.11}$$

由式 (8.3.11) 可知: 曲线段的起点 $\boldsymbol{p}_i(0)$ 始终位于顶点 $\boldsymbol{Q}_i$ 与边 $\boldsymbol{Q}_{i-1}\boldsymbol{Q}_{i+1}$ 的中点 $\boldsymbol{Q}_{i-1,\frac{1}{2}}$ 的连线上, 并且点 $\boldsymbol{p}_i(0)$ 分边 $\boldsymbol{Q}_i\boldsymbol{Q}_{i-1,\frac{1}{2}}$ 的比例为 $1-\lambda_i : 3+\lambda_i$; 曲线段的终点 $\boldsymbol{p}_i(1)$ 始终位于顶点 $\boldsymbol{Q}_{i+1}$ 与边 $\boldsymbol{Q}_i\boldsymbol{Q}_{i+2}$ 的中点 $\boldsymbol{Q}_{i,\frac{1}{2}}$ 的连线上, 并且点 $\boldsymbol{p}_i(1)$ 分边 $\boldsymbol{Q}_{i+1}\boldsymbol{Q}_{i,\frac{1}{2}}$ 的比例为 $1-\lambda_{i+1} : 3+\lambda_{i+1}$. 因此, 随着参数 λ_i 的增大, 起点 $\boldsymbol{p}_i(0)$ 逐渐逼近于点 $\boldsymbol{Q}_i$; 随着参数 λ_{i+1} 的增大, 终点 $\boldsymbol{p}_i(1)$ 逐渐逼近于点 $\boldsymbol{Q}_{i+1}$.

性质 8 保形性. 由式 (8.3.1) 可知

$$\begin{cases} 2\boldsymbol{p}_i'(t) = [(1-t)^3 - 3\lambda_i t(1-t)^2](\boldsymbol{Q}_i - \boldsymbol{Q}_{i-1}) \\ \qquad +[(1-t)^3 + 3(2+\lambda_i)t(1-t)^2 + 3(2+\lambda_{i+1})t^2(1-t) + t^3](\boldsymbol{Q}_{i+1} - \boldsymbol{Q}_i) \\ \qquad + t^3 - 3\lambda_{i+1}t^2(1-t)](\boldsymbol{Q}_{i+2} - \boldsymbol{Q}_{i+1}) \\ 2\boldsymbol{p}_i''(t) = [3(1+\lambda_i)(1-t)^2 - 6\lambda_i t(1-t)](\boldsymbol{Q}_{i-1} - 2\boldsymbol{Q}_i + \boldsymbol{Q}_{i+1}) \\ \qquad +[3(1+\lambda_{i+1})t^2 - 6\lambda_{i+1}t(1-t)](\boldsymbol{Q}_i - 2\boldsymbol{Q}_{i+1} + \boldsymbol{Q}_{i+2}) \end{cases}$$

故当 $-1 \leqslant \lambda_i, \lambda_{i+1} \leqslant 0$ 时, 一阶导矢 $\boldsymbol{p}_i'(t)$ 为 $\{\boldsymbol{Q}_i - \boldsymbol{Q}_{i-1}\}$ 的非负线性组合, 二阶导矢 $\boldsymbol{p}_i''(t)$ 为 $\{\boldsymbol{Q}_{i-1} - 2\boldsymbol{Q}_i + \boldsymbol{Q}_{i+1}\}$ 的非负线性组合. 这表明当 $-1 \leqslant \lambda_i, \lambda_{i+1} \leqslant 0$ 时, 曲线段 $\boldsymbol{p}_i(t)$ 具有保形性.

性质 9 局部形状可调性. 由式 (8.3.2) 可知, 改变参数 λ_i 的值, 仅影响定义在区间 $u \in [u_{i-1}, u_{i+1}]$ 上的两条 λB 曲线段的形状.

图 8.3.1 为在相同的控制顶点下, 固定参数 $\lambda_1, \lambda_2, \lambda_3, \lambda_5$ 的值而改变 λ_2 的值时所得到的 λB 曲线. 其中, $\lambda_1 = \lambda_5 = 0$, $\lambda_2 = \lambda_3 = -1$, λ_2 分别取 -2(点划线)、-1(实线)、0(点线).

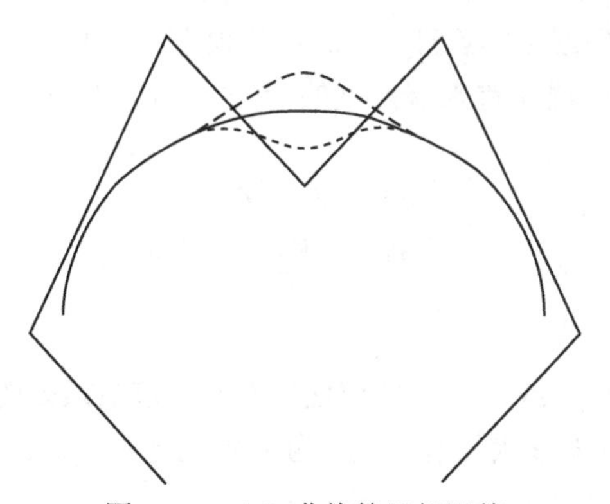

图 8.3.1 λB 曲线的局部调整

8.4 插值曲线的构造

记 $\tilde{b}_{ij}(t)(j = 0, 1, 2, 3)$ 为取参数 $\lambda_i = \lambda_{i+1} = 1$ 时的 λB 函数, 显然 $\tilde{b}_{ij}(t)$ 具备 λB 基的除正性以外的所有性质. 记基于 $\tilde{b}_{ij}(t)$ 按照式 (8.3.1)、式 (8.3.2) 所定义的曲线段、曲线分别为

$$\begin{cases} \tilde{p}_i(t) = \sum_{j=0}^{3} Q_{i+j-1}\tilde{b}_{ij}(t) \\ \tilde{p}(u) = \tilde{p}_i\left(\dfrac{u - u_i}{h_i}\right) \end{cases} \tag{8.4.1}$$

由式 (8.3.3) 可知:

$$\begin{cases} \tilde{\boldsymbol{p}}_i(0) = \boldsymbol{Q}_i \\ \tilde{\boldsymbol{p}}_i(1) = \boldsymbol{Q}_{i+1} \\ \tilde{\boldsymbol{p}}_i'(0) = \dfrac{1}{2}(\boldsymbol{Q}_{i+1} - \boldsymbol{Q}_{i-1}) \\ \tilde{\boldsymbol{p}}_i'(1) = \dfrac{1}{2}(\boldsymbol{Q}_{i+2} - \boldsymbol{Q}_i) \\ \tilde{\boldsymbol{p}}_i''(0) = 3(\boldsymbol{Q}_{i-1} - 2\boldsymbol{Q}_i + \boldsymbol{Q}_{i+1}) \\ \tilde{\boldsymbol{p}}_i''(1) = 3(\boldsymbol{Q}_i - 2\boldsymbol{Q}_{i+1} + \boldsymbol{Q}_{i+2}) \end{cases} \tag{8.4.2}$$

式 (8.4.2) 说明曲线段 $\tilde{\boldsymbol{p}}_i(t)$ 插值于其中间的两个控制顶点.

由曲线段 $\tilde{\boldsymbol{p}}_i(t)$ 的插值性可知, 为了构造插值于给定点列 $\boldsymbol{V}_1, \boldsymbol{V}_2, \cdots, \boldsymbol{V}_n$ 的曲线, 只需任意添加两个顶点 $\boldsymbol{V}_0$, $\boldsymbol{V}_{n+1}$, 再以 $\boldsymbol{V}_i(i = 0, 1, \cdots, n+1)$ 为控制顶点, 按照式 (8.4.1) 构造曲线即可.

由式 (8.4.2) 可知: 对于非均匀节点, 按照上述方式构造的插值曲线 G^2 连续; 对于均匀节点, 插值曲线 C^2 连续. 当添加的顶点改变时, 插值曲线的形状也会发生改变. 若给定插值曲线在首末端点处的切矢 $\boldsymbol{r}_1$, $\boldsymbol{r}_n$, 则只需按照

$$\begin{cases} \boldsymbol{V}_0 = \boldsymbol{V}_2 - 2\boldsymbol{r}_1 \\ \boldsymbol{V}_{n+1} = \boldsymbol{V}_{n-1} + 2\boldsymbol{r}_n \end{cases} \tag{8.4.3}$$

来确定添加点的坐标.

当添加的顶点固定, 或者给定插值曲线在首、末端点处的切矢时, 按照上面的方法所构造的插值曲线形状是确定的, 为了克服这一不足, 下面对插值曲线进行改进.

问题　给定一组有序的数据点 $\boldsymbol{V}_1, \boldsymbol{V}_2, \cdots, \boldsymbol{V}_n$, 要求构造一条形状可调的分段多项式样条曲线顺序通过这些数据点.

为了简单起见, 下面只讨论等距节点的情形. 首先, 取函数

$$f(t) = 10t^3 - 15t^4 + 6t^5$$

易知该函数的端点性质如下

$$\begin{cases} f(0) = 0 \\ f(1) = 1 \\ f'(0) = f'(1) = f''(0) = f''(1) = 0 \end{cases}$$

定义

$$\boldsymbol{l}_i(t) = (1 - f(t))\boldsymbol{V}_i + f(t)\boldsymbol{V}_{i+1}$$

其中, $t \in [0,1]$, $i = 1, 2, \cdots, n-1$, 则

$$\begin{cases} \boldsymbol{l}_i(0) = \boldsymbol{V}_i \\ \boldsymbol{l}_i(1) = \boldsymbol{V}_{i+1} \\ \boldsymbol{l}'_i(0) = \boldsymbol{l}'_i(1) = \boldsymbol{l}''_i(0) = \boldsymbol{l}''_i(1) = 0 \end{cases} \tag{8.4.4}$$

定义

$$\boldsymbol{c}_i(t) = (1 - \alpha_i)\tilde{\boldsymbol{p}}_i(t) + \alpha_i \boldsymbol{l}_i(t) \tag{8.4.5}$$

其中,

$$\tilde{\boldsymbol{p}}_i(t) = \sum_{j=0}^{3} \boldsymbol{V}_{i+j-1}\tilde{b}_{ij}(t) \tag{8.4.6}$$

其中, $t \in [0,1]$, $i = 1, 2, \cdots, n-1$, $\boldsymbol{V}_0$, $\boldsymbol{V}_{n+1}$ 为任意添加的辅助点, 或者在已知插值曲线首、末端切矢 $\boldsymbol{r}_1$, $\boldsymbol{r}_n$ 的条件下, 按照式 (8.4.3) 所确定的辅助点.

由式 (8.4.2)、式 (8.4.4)~ 式 (8.4.6) 可知

$$\begin{cases} \boldsymbol{c}_i(0) = \boldsymbol{V}_i \\ \boldsymbol{c}_i(1) = \boldsymbol{V}_{i+1} \\ \boldsymbol{c}'_i(0) = \dfrac{1 - \alpha_i}{2}(\boldsymbol{V}_{i+1} - \boldsymbol{V}_{i-1}) \\ \boldsymbol{c}'_i(1) = \dfrac{1 - \alpha_i}{2}(\boldsymbol{V}_{i+2} - \boldsymbol{V}_i) \\ \boldsymbol{c}''_i(0) = 3(1 - \alpha_i)(\boldsymbol{V}_{i-1} - 2\boldsymbol{V}_i + \boldsymbol{V}_{i+1}) \\ \boldsymbol{c}''_i(1) = 3(1 - \alpha_i)(\boldsymbol{V}_i - 2\boldsymbol{V}_{i+1} + \boldsymbol{V}_{i+2}) \end{cases} \tag{8.4.7}$$

式 (8.4.7) 表明: 由曲线段 $\boldsymbol{c}_i(t)(i = 1, 2, \cdots, n-1)$ 组合而成的曲线顺序插值于控制点列 $\boldsymbol{V}_1, \boldsymbol{V}_2, \cdots, \boldsymbol{V}_n$; 当所有的参数 α_i 均相同时, 插值曲线 C^2 连续, 改变参数 α_i 的值, 可以对插值曲线作整体调控; 当参数 α_i 取不同值时, 插值曲线 G^2 连续, 改变参数 α_i 的值, 可以对插值曲线作局部调控.

图 8.4.1 所示为在相同的待插值顶点 (圆圈表示的点) 和辅助顶点 (五角星表示的点) 下, 从 (a) 到 (d) 依次取 $\alpha_i(i = 1, 2, 3, 4)$ 为 $-2, -1, 0, 1$ 时的插值效果图.

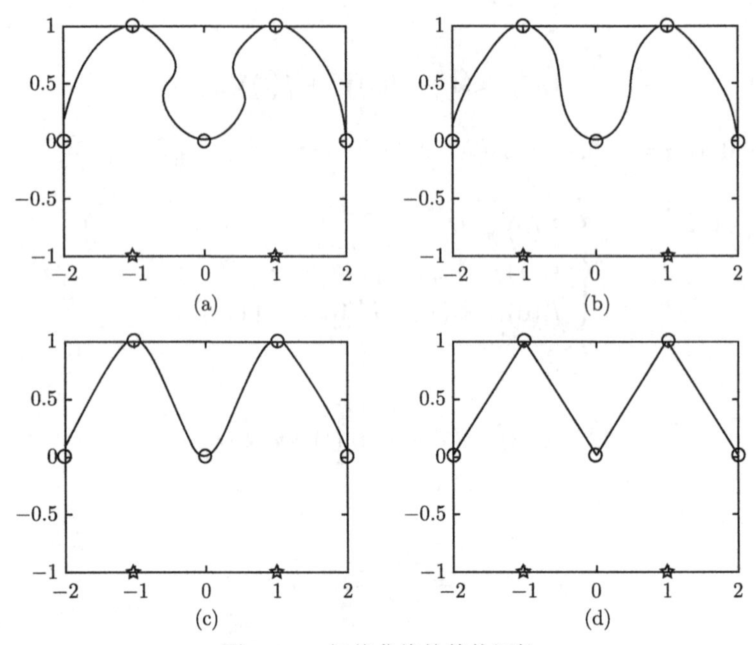

图 8.4.1　插值曲线的整体调控

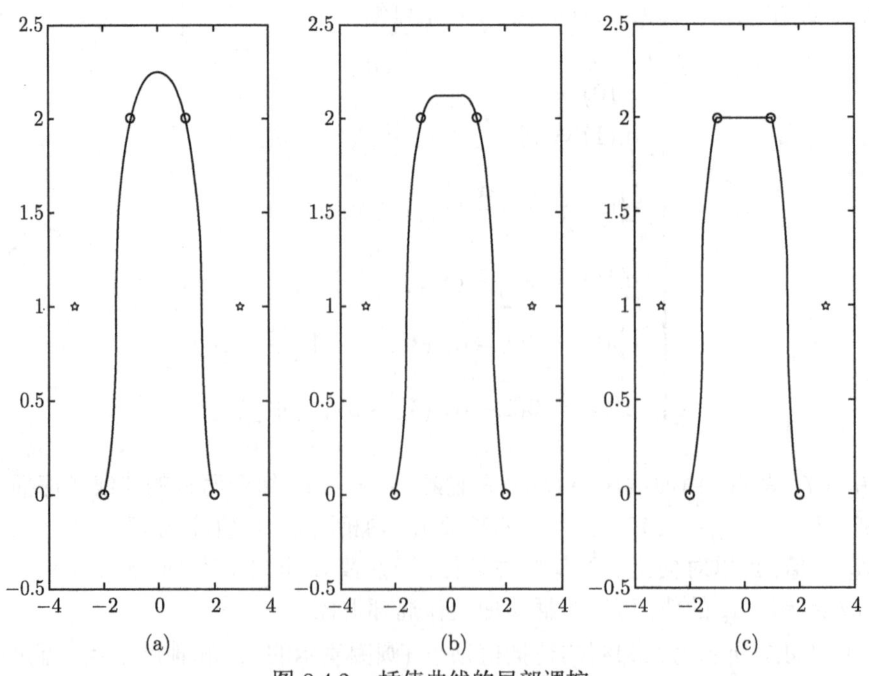

图 8.4.2　插值曲线的局部调控

图 8.4.2 所示为在相同的待插值顶点 (圆圈表示的点) 和辅助顶点 (五角星表示的点) 下, 从 (a) 到 (c) 均取 $\alpha_1 = \alpha_3 = -1$, α_2 依次取 $-1, 0, 1$ 时的插值效果图.

8.5 小　　结

本章给出的结构类似于 3 次 B 样条曲线的新曲线, 在保留 B 样条曲线主要优点的同时, 又具备一些新的性质. 新曲线的优点在于: 对于给定的控制顶点, 在不改变曲线 G^2 连续性的前提条件下, 可以通过改变形状参数的取值来对曲线形状进行调整, 而且改变一个形状参数的取值, 仅仅改变两条相邻曲线段的形状, 其余各段均不受影响. 另外, 当取特殊的形状参数时, 可以用新曲线来构造插值于给定点列的曲线, 但这样得到的插值曲线形状是固定的. 为了构造形状可调的插值曲线, 借助奇异混合的思想, 将形状固定的分段插值曲线与奇异多边形进行混合, 所得到的曲线不仅可以插值给定的点列, 而且具备形状可调性. 当插值曲线的各段取相同的调配参数时, 插值曲线 C^2 连续, 这时的形状参数为全局参数. 当插值曲线的各段取不同的调配参数时, 插值曲线 G^2 连续, 这时的形状参数为局部参数, 改变一个调配参数的取值, 仅仅改变相应一段插值曲线的形状, 因此局部调整的范围达到了极小.

第 9 章 B 样条曲线在三角函数空间上的扩展

9.1 引　言

本章以 2 次 ~4 次均匀 B 样条曲线作为研究对象进行扩展, 研究目标是希望新曲线保留 B 样条曲线的局部控制性、自动光滑性, 同时增强 B 样条曲线形状调整的灵活性, 提高 B 样条扩展曲线的连续性阶数.

9.2 二次均匀 B 样条曲线的第一类扩展

这一节在函数空间 $span\{1, \sin t, \cos t, \sin 2t, \cos 2t, \sin 3t, \cos 3t\}$ 上构造了三组带参数的三角样条基, 基于这三组基定义了三种三角样条曲线. 与 2 次 B 样条曲线类似, 所构造的三角样条曲线的每一段由相继的三个控制顶点确定. 这三种曲线具有许多与 2 次 B 样条曲线类似的性质, 但它们的连续性都比 2 次 B 样条曲线更好. 2 次均匀 B 样条曲线只能达到 C^1 连续, 而对于等距节点, 这里的曲线在一般情况下能达到 C^2 连续, 当形状参数取特殊值时能达到 C^3 连续. 由于带有形状参数, 所以可以在不改变控制顶点的情况下对曲线的形状进行调整. 另外, 当形状参数满足一定条件时, 这三种曲线都具有比 2 次 B 样条曲线更好的对控制多边形的逼近性.

9.2.1 扩展曲线的构造

定义 9.2.1 给定 $n+1$ 个控制顶点 $\boldsymbol{Q}_i \in \mathbb{R}^d (d=2,3; i=0,1,\cdots,n)$, 以及节点矢量 $\boldsymbol{U}=(u_0,u_1,\cdots,u_{n+3})$, 其中, $u_0<u_1<\cdots<u_{n+3}$. 对于 $t \in \left[0,\dfrac{\pi}{2}\right]$, 定义调配函数

$$
\begin{cases}
N_0(t) = \left(\dfrac{1}{4}+\alpha\right) - \left(\dfrac{1}{3}+\dfrac{11\alpha}{12}\right)\sin t + \left(\dfrac{1}{3}-\dfrac{4\alpha}{3}\right)\cos t + \left(\dfrac{2\alpha}{3}-\dfrac{1}{6}\right)\sin 2t \\
\qquad\quad + \left(\dfrac{\alpha}{3}-\dfrac{1}{12}\right)\cos 2t - \dfrac{\alpha}{4}\sin 3t \\
N_1(t) = \dfrac{1}{2} - 2\alpha + \dfrac{9\alpha}{4}(\sin t + \cos t) + \dfrac{1}{3}(1-4\alpha)\sin 2t + \dfrac{\alpha}{4}(\sin 3t - \cos 3t) \\
N_2(t) = \left(\dfrac{1}{4}+\alpha\right) - \left(\dfrac{1}{3}+\dfrac{11\alpha}{12}\right)\cos t + \left(\dfrac{1}{3}-\dfrac{4\alpha}{3}\right)\sin t + \left(\dfrac{2\alpha}{3}-\dfrac{1}{6}\right)\sin 2t \\
\qquad\quad + \left(\dfrac{1}{12}-\dfrac{\alpha}{3}\right)\cos 2t + \dfrac{\alpha}{4}\cos 3t
\end{cases}
\tag{9.2.1}
$$

其中, α 为参数, 并且 $\alpha \in \left[-1, \dfrac{1}{4}\right]$. 对于 $i = 1, 2, \cdots, n-1$, 定义三角样条曲线段

$$
\boldsymbol{p}_i(t) = \sum_{j=0}^{2} \boldsymbol{Q}_{i+j-1} N_j(t) \tag{9.2.2}
$$

其中, $t \in \left[0, \dfrac{\pi}{2}\right]$, 由所有 $n-1$ 条曲线段构成三角样条曲线

$$
\boldsymbol{p}(u) = \boldsymbol{p}_i\left(\frac{\pi}{2}\cdot\frac{u-u_i}{\Delta u_i}\right) \tag{9.2.3}
$$

其中, $u \in [u_i, u_{i+1}] \subset [u_2, u_{n+1}]$, $\Delta u_i = u_{i+1} - u_i$, $i = 2, 3, \cdots, n$. 称由式 (9.2.1) 给出的函数为第一类 2 次 α-B 基, 由式 (9.2.2) 给出的曲线为第一类 2 次 α-B 曲线段, 由式 (9.2.3) 给出的曲线为第一类 2 次 α-B 曲线. 当所有的 Δu_i 都相等时, $\boldsymbol{U}$ 为等距节点矢量, 称对应的曲线为第一类 2 次均匀 α-B 曲线.

定义 9.2.2 给定 $n+1$ 个控制顶点 $\boldsymbol{Q}_i \in \mathbb{R}^d (d = 2, 3; i = 0, 1, \cdots, n)$, 以及节点矢量 $\boldsymbol{U} = (u_0, u_1, \cdots, u_{n+3})$, 其中, $u_0 < u_1 < \cdots < u_{n+3}$. 对于 $t \in \left[0, \dfrac{\pi}{2}\right]$, 定义调配函数

$$
\begin{cases}
H_0(t) = \left(\dfrac{1}{4}-\beta\right) + \left(\dfrac{4\beta}{3}-\dfrac{1}{3}\right)\sin t + \left(\dfrac{1}{3}+\dfrac{11\beta}{12}\right)\cos t - \left(\dfrac{1}{6}+\dfrac{5\beta}{6}\right)\sin 2t \\
\qquad\quad + \left(\dfrac{\beta}{3}-\dfrac{1}{12}\right)\cos 2t - \dfrac{\beta}{4}\cos 3t \\
H_1(t) = \dfrac{1}{2} + 2\beta - \dfrac{9\beta}{4}(\sin t + \cos t) + \left(\dfrac{1}{3}+\dfrac{5\beta}{3}\right)\sin 2t - \dfrac{\beta}{4}(\sin 3t - \cos 3t) \\
H_2(t) = \left(\dfrac{1}{4}-\beta\right) + \left(\dfrac{4\beta}{3}-\dfrac{1}{3}\right)\cos t + \left(\dfrac{1}{3}+\dfrac{11\beta}{12}\right)\sin t - \left(\dfrac{1}{6}+\dfrac{5\beta}{6}\right)\sin 2t \\
\qquad\quad + \left(\dfrac{1}{12}-\dfrac{\beta}{3}\right)\cos 2t + \dfrac{\beta}{4}\sin 3t
\end{cases}
\tag{9.2.4}
$$

其中, β 为参数, 并且 $\beta \in [-1,1]$. 对于 $i=1,2,\cdots,n-1$, 定义三角样条曲线段

$$\boldsymbol{q}_i(t)=\sum_{j=0}^{2}\boldsymbol{Q}_{i+j-1}H_j(t) \tag{9.2.5}$$

其中, $t\in\left[0,\dfrac{\pi}{2}\right]$, 由所有 $n-1$ 条曲线段构成三角样条曲线

$$\boldsymbol{q}(u)=\boldsymbol{q}_i\left(\frac{\pi}{2}\cdot\frac{u-u_i}{\Delta u_i}\right) \tag{9.2.6}$$

其中, $u\in[u_i,u_{i+1}]\subset[u_2,u_{n+1}]$, $\Delta u_i=u_{i+1}-u_i$, $i=2,3,\cdots,n$. 称由式 (9.2.4) 给出的函数为第一类 2 次 β-B 基, 由式 (9.2.5) 给出的曲线为第一类 2 次 β-B 曲线段, 由式 (9.2.6) 给出的曲线为第一类 2 次 β-B 曲线. 当所有的 Δu_i 都相等时, $\boldsymbol{U}$ 为等距节点矢量, 称对应的曲线为第一类 2 次均匀 β-B 曲线.

定义 9.2.3　给定 $n+1$ 个控制顶点 $\boldsymbol{Q}_i\in\mathbb{R}^d(d=2,3;i=0,1,\cdots,n)$, 以及节点矢量 $\boldsymbol{U}=(u_0,u_1,\cdots,u_{n+3})$, 其中, $u_0<u_1<\cdots<u_{n+3}$. 对于 $t\in\left[0,\dfrac{\pi}{2}\right]$, 定义调配函数

$$\left\{\begin{aligned}
L_0(t)=&\left(\frac{1}{4}+2\gamma\right)-\left(\frac{1}{3}+\frac{9\gamma}{4}\right)\sin t+\left(\frac{1}{3}-\frac{9\gamma}{4}\right)\cos t+\left(\frac{3\gamma}{2}-\frac{1}{6}\right)\sin 2t\\
&-\frac{1}{12}\cos 2t-\frac{\gamma}{4}(\sin 3t-\cos 3t)\\
L_1(t)=&\frac{1}{2}-4\gamma+\frac{9\gamma}{2}(\sin t+\cos t)+\left(\frac{1}{3}-3\gamma\right)\sin 2t+\frac{\gamma}{2}(\sin 3t-\cos 3t)\\
L_2(t)=&\left(\frac{1}{4}+2\gamma\right)-\left(\frac{1}{3}+\frac{9\gamma}{4}\right)\cos t+\left(\frac{1}{3}-\frac{9\gamma}{4}\right)\sin t+\left(\frac{3\gamma}{2}-\frac{1}{6}\right)\sin 2t\\
&+\frac{1}{12}\cos 2t-\frac{\gamma}{4}(\sin 3t-\cos 3t)
\end{aligned}\right. \tag{9.2.7}$$

其中, γ 为参数, 并且 $\gamma\in\left[-1,\dfrac{1}{3}\right]$. 对于 $i=1,2,\cdots,n-1$, 定义三角样条曲线段

$$\boldsymbol{r}_i(t)=\sum_{j=0}^{2}\boldsymbol{Q}_{i+j-1}L_j(t) \tag{9.2.8}$$

其中, $t\in\left[0,\dfrac{\pi}{2}\right]$, 由所有 $n-1$ 条曲线段构成三角样条曲线

$$\boldsymbol{r}(u)=\boldsymbol{r}_i\left(\frac{\pi}{2}\cdot\frac{u-u_i}{\Delta u_i}\right) \tag{9.2.9}$$

其中, $u \in [u_i, u_{i+1}] \subset [u_2, u_{n+1}]$, $\Delta u_i = u_{i+1} - u_i$, $i = 2, 3, \cdots, n$. 称由式 (9.2.7) 给出的函数为第一类 2 次 γ-B 基, 由式 (9.2.8) 给出的曲线为第一类 2 次 γ-B 曲线段, 由式 (9.2.9) 给出的曲线为第一类 2 次 γ-B 曲线. 当所有的 Δu_i 都相等时, $\boldsymbol{U}$ 为等距节点矢量, 称对应的曲线为第一类 2 次均匀 γ-B 曲线.

9.2.2 调配函数的性质

第一类 2 次 α-B 基具有下列性质:

性质 1 非负性和规范性. 即: $N_i(t) \geqslant 0 (i = 0, 1, 2)$ 且 $N_0(t) + N_1(t) + N_2(t) = 1$.

性质 2 对称性. 即: $N_i\left(\frac{\pi}{2} - t\right) = N_{2-i}(t) (i = 0, 1, 2)$.

性质 3 端点性质. 即: 在定义区间的左、右端点处, 第一类 2 次 α-B 基的函数值, 以及从一阶至三阶的导数值结果如下:

$$\begin{cases} N_0(0) = N_1(0) = \dfrac{1}{2}, \quad N_2(0) = 0 \\ N_0\left(\dfrac{\pi}{2}\right) = 0, \quad N_1\left(\dfrac{\pi}{2}\right) = N_2\left(\dfrac{\pi}{2}\right) = \dfrac{1}{2} \end{cases} \tag{9.2.10}$$

$$\begin{cases} N_0'(0) = -\dfrac{2}{3} - \dfrac{\alpha}{3}, \quad N_1'(0) = \dfrac{2}{3} + \dfrac{\alpha}{3}, \quad N_2'(0) = 0 \\ N_0'\left(\dfrac{\pi}{2}\right) = 0, \quad N_1'\left(\dfrac{\pi}{2}\right) = -\dfrac{2}{3} - \dfrac{\alpha}{3}, \quad N_2'\left(\dfrac{\pi}{2}\right) = \dfrac{2}{3} + \dfrac{\alpha}{3} \end{cases} \tag{9.2.11}$$

$$\begin{cases} N_0''(0) = N_1''(0) = N_2''(0) = 0 \\ N_0''\left(\dfrac{\pi}{2}\right) = N_1''\left(\dfrac{\pi}{2}\right) = N_2''\left(\dfrac{\pi}{2}\right) = 0 \end{cases} \tag{9.2.12}$$

$$\begin{cases} N_0'''(0) = \dfrac{5}{3} + \dfrac{7\alpha}{3}, \quad N_1'''(0) = \dfrac{5\alpha}{3} - \dfrac{8}{3}, \quad N_2'''(0) = 1 - 4\alpha \\ N_0'''\left(\dfrac{\pi}{2}\right) = 4\alpha - 1, \quad N_1'''\left(\dfrac{\pi}{2}\right) = \dfrac{8}{3} - \dfrac{5\alpha}{3}, \quad N_2'''\left(\dfrac{\pi}{2}\right) = -\dfrac{5}{3} - \dfrac{7\alpha}{3} \end{cases} \tag{9.2.13}$$

性质 4 单调性. 即: 对于固定的 $t \in \left[0, \frac{\pi}{2}\right]$, $N_0(t)$ 与 $N_2(t)$ 是关于参数 α 的单调递减函数, $N_1(t)$ 是关于参数 α 的单调递增函数.

性质 5 最值性. 即: 第一类 2 次 α-B 基中的每个函数在区间 $\left[0, \frac{\pi}{2}\right]$ 上都存在唯一的最大值, $N_0(t)$, $N_1(t)$ 和 $N_2(t)$ 的最大值分别在 $t = 0$, $t = \frac{\pi}{4}$ 和 $t = \frac{\pi}{2}$ 处取得.

第一类 2 次 β-B 基、第一类 2 次 γ-B 基也具有非负性、规范性、对称性、单调性和最值性.

第一类 2 次 β-B 基的端点性质如下:

$$\begin{cases} H_0(0) = H_1(0) = \dfrac{1}{2}, \quad H_2(0) = 0 \\ H_0\left(\dfrac{\pi}{2}\right) = 0, \quad H_1\left(\dfrac{\pi}{2}\right) = H_2\left(\dfrac{\pi}{2}\right) = \dfrac{1}{2} \end{cases} \tag{9.2.14}$$

$$\begin{cases} H_0'(0) = -\dfrac{2}{3} - \dfrac{\beta}{3}, \quad H_1'(0) = \dfrac{2}{3} + \dfrac{\beta}{3}, \quad H_2'(0) = 0 \\ H_0'\left(\dfrac{\pi}{2}\right) = 0, \quad H_1'\left(\dfrac{\pi}{2}\right) = -\dfrac{2}{3} - \dfrac{\beta}{3}, \quad H_2'\left(\dfrac{\pi}{2}\right) = \dfrac{2}{3} + \dfrac{\beta}{3} \end{cases} \tag{9.2.15}$$

$$\begin{cases} H_0''(0) = H_1''(0) = H_2''(0) = 0 \\ H_0''\left(\dfrac{\pi}{2}\right) = H_1''\left(\dfrac{\pi}{2}\right) = H_2''\left(\dfrac{\pi}{2}\right) = 0 \end{cases} \tag{9.2.16}$$

$$\begin{cases} H_0'''(0) = \dfrac{5}{3} + \dfrac{16\beta}{3}, \quad H_1'''(0) = -\dfrac{8}{3} - \dfrac{13\beta}{3}, \quad H_2'''(0) = 1 - \beta \\ H_0'''\left(\dfrac{\pi}{2}\right) = \beta - 1, \quad H_1'''\left(\dfrac{\pi}{2}\right) = \dfrac{8}{3} + \dfrac{13\beta}{3}, \quad H_2'''\left(\dfrac{\pi}{2}\right) = -\dfrac{5}{3} - \dfrac{16\beta}{3} \end{cases} \tag{9.2.17}$$

第一类 2 次 γ-B 基的端点性质如下:

$$\begin{cases} L_0(0) = L_1(0) = \dfrac{1}{2}, \quad L_2(0) = 0 \\ L_0\left(\dfrac{\pi}{2}\right) = 0, \quad L_1\left(\dfrac{\pi}{2}\right) = L_2\left(\dfrac{\pi}{2}\right) = \dfrac{1}{2} \end{cases} \tag{9.2.18}$$

$$\begin{cases} L_0'(0) = -\dfrac{2}{3}, \quad L_1'(0) = \dfrac{2}{3}, \quad L_2'(0) = 0 \\ L_0'\left(\dfrac{\pi}{2}\right) = 0, \quad L_1'\left(\dfrac{\pi}{2}\right) = -\dfrac{2}{3}, \quad L_2'\left(\dfrac{\pi}{2}\right) = \dfrac{2}{3} \end{cases} \tag{9.2.19}$$

$$\begin{cases} L_0''(0) = L_1''(0) = L_2''(0) = 0 \\ L_0''\left(\dfrac{\pi}{2}\right) = L_1''\left(\dfrac{\pi}{2}\right) = L_2''\left(\dfrac{\pi}{2}\right) = 0 \end{cases} \tag{9.2.20}$$

$$\begin{cases} L_0'''(0)=\dfrac{5}{3}-3\gamma, \quad L_1'''(0)=6\gamma-\dfrac{8}{3}, \quad L_2'''(0)=1-3\gamma \\ L_0'''\left(\dfrac{\pi}{2}\right)=3\gamma-1, \quad L_1'''\left(\dfrac{\pi}{2}\right)=\dfrac{8}{3}-6\gamma, \quad L_2'''\left(\dfrac{\pi}{2}\right)=3\gamma-\dfrac{5}{3} \end{cases} \tag{9.2.21}$$

9.2.3 扩展曲线的连续性

由于三种扩展曲线的结构均与 2 次 B 样条曲线相同, 因此它们都具有局部控制性, 改变一个控制顶点, 至多只会影响相邻 3 条曲线段的形状. 因为三种扩展基都具有非负性、规范性以及对称性, 因此三种扩展曲线都拥有和 B 样条曲线一样的几何不变性、凸包性、对称性. 虽然在性质上有很多相似之处, 但因为端点性质的特殊性, 三种扩展曲线都具有比 2 次 B 样条曲线更好的连续性.

由第一类 2 次 α-B 基的端点性质, 即式 (9.2.10)~ 式 (9.2.13), 并结合第一类 2 次 α-B 曲线段的表达式, 即式 (9.2.2), 可以推出:

$$\begin{cases} \boldsymbol{p}_{i-1}\left(\dfrac{\pi}{2}\right)=\boldsymbol{p}_i(0)=\dfrac{\boldsymbol{Q}_{i-1}+\boldsymbol{Q}_i}{2} \\ \boldsymbol{p}_{i-1}'\left(\dfrac{\pi}{2}\right)=\boldsymbol{p}_i'(0)=\left(\dfrac{2}{3}+\dfrac{\alpha}{3}\right)(\boldsymbol{Q}_i-\boldsymbol{Q}_{i-1}) \\ \boldsymbol{p}_{i-1}''\left(\dfrac{\pi}{2}\right)=\boldsymbol{p}_i''(0)=0 \end{cases}$$

以及

$$\begin{cases} \boldsymbol{p}_{i-1}'''\left(\dfrac{\pi}{2}\right)=(4\alpha-1)\boldsymbol{Q}_{i-2}+\left(\dfrac{8}{3}-\dfrac{5\alpha}{3}\right)\boldsymbol{Q}_{i-1}-\left(\dfrac{5}{3}+\dfrac{7\alpha}{3}\right)\boldsymbol{Q}_i \\ \boldsymbol{p}_i'''(0)=\left(\dfrac{5}{3}+\dfrac{7\alpha}{3}\right)\boldsymbol{Q}_{i-1}-\left(\dfrac{8}{3}-\dfrac{5\alpha}{3}\right)\boldsymbol{Q}_i+(1-4\alpha)\boldsymbol{Q}_{i+1} \end{cases}$$

因此, 当参数 $\alpha \neq \dfrac{1}{4}$ 时, 有

$$\boldsymbol{p}_{i-1}^{(k)}\left(\frac{\pi}{2}\right)=\boldsymbol{p}_i^{(k)}(0) \tag{9.2.22a}$$

其中, $k=0,1,2$. 而当参数 $\alpha=\dfrac{1}{4}$ 时, 有

$$\boldsymbol{p}_{i-1}^{(k)}\left(\frac{\pi}{2}\right)=\boldsymbol{p}_i^{(k)}(0) \tag{9.2.22b}$$

其中, $k=0,1,2,3$.

又根据第一类 2 次 α-B 曲线的表达式, 即式 (9.2.3), 可知: 对 $u \in [u_i, u_{i+1}]$, $t = \frac{\pi}{2} \cdot \frac{u - u_i}{\Delta u_i}$, 有

$$\boldsymbol{p}^{(k)}(u) = \left(\frac{\pi}{2} \cdot \frac{1}{\Delta u_i}\right)^k \boldsymbol{p}_i^{(k)}(t)$$

由此可得

$$\begin{cases} \boldsymbol{p}^{(k)}(u_i-) = \left(\frac{\pi}{2} \cdot \frac{1}{\Delta u_{i-1}}\right)^k \boldsymbol{p}_{i-1}^{(k)}\left(\frac{\pi}{2}\right) \\ \boldsymbol{p}^{(k)}(u_i+) = \left(\frac{\pi}{2} \cdot \frac{1}{\Delta u_i}\right)^k \boldsymbol{p}_i^{(k)}(0) \end{cases} \tag{9.2.23}$$

综合式 (9.2.21)~ 式 (9.2.23), 可得

$$\boldsymbol{p}^{(k)}(u_i-) = \left(\frac{\Delta u_i}{\Delta u_{i-1}}\right)^k \boldsymbol{p}^{(k)}(u_i+)$$

其中, 当 $\alpha \neq \frac{1}{4}$ 时, $k = 0, 1, 2$; 当 $\alpha = \frac{1}{4}$ 时, $k = 0, 1, 2, 3$. 这说明第一类 2 次 α-B 曲线当 $\alpha \neq \frac{1}{4}$ 时 G^2 连续, 当 $\alpha = \frac{1}{4}$ 时 G^3 连续. 特别地, 对于第一类 2 次均匀 α-B 曲线而言, 当 $\alpha \neq \frac{1}{4}$ 时 C^2 连续, 当 $\alpha = \frac{1}{4}$ 时 C^3 连续.

采用与上面针对第一类 2 次 α-B 曲线完全相同的分析方法, 根据第一类 2 次 β-B 基的端点性质, 即式 (9.2.14)~ 式 (9.2.17), 同时结合第一类 2 次 β-B 曲线段, 以及第一类 2 次 β-B 曲线的表达式, 即式 (9.2.5)、式 (9.2.6), 可以推出: 第一类 2 次 β-B 曲线当 $\beta \neq 1$ 时 G^2 连续, 当 $\beta = 1$ 时 G^3 连续; 第一类 2 次均匀 β-B 曲线当 $\beta \neq 1$ 时 C^2 连续, 当 $\beta = 1$ 时 C^3 连续.

由同样的分析可知, 根据第一类 2 次 γ-B 基的端点性质, 即式 (9.2.18)~ 式 (9.2.21), 并结合第一类 2 次 γ-B 曲线段, 以及第一类 2 次 γ-B 曲线的表达式, 即式 (9.2.8)、式 (9.2.9), 可以推出: 第一类 2 次 γ-B 曲线当 $\gamma \neq \frac{1}{3}$ 时 G^2 连续, 当 $\gamma = \frac{1}{3}$ 时 G^3 连续; 第一类 2 次均匀 γ-B 曲线当 $\gamma \neq \frac{1}{3}$ 时 C^2 连续, 当 $\gamma = \frac{1}{3}$ 时 C^3 连续.

图 9.2.1~ 图 9.2.3 展示了取不同参数值时, 由相同的控制多边形定义的三种不同的扩展曲线. 在图 9.2.1 中, 红色、蓝色、绿色曲线分别为取参数 $\alpha = \frac{1}{4}, -\frac{3}{8}, -1$ 所得到的第一类 2 次 α-B 曲线. 在图 9.2.2 中, 红色、蓝色、绿色曲线

分别为取参数 $\beta=1,0,-1$ 所得到的第一类 2 次 β-B 曲线. 在图 9.2.3 中, 红色、蓝色、绿色曲线分别为取参数 $\gamma=\frac{1}{3},-\frac{1}{3},-1$ 所得到的第一类 2 次 γ-B 曲线. 三幅图中的红色曲线都为 C^3 连续, 蓝色、绿色曲线都为 C^2 连续.

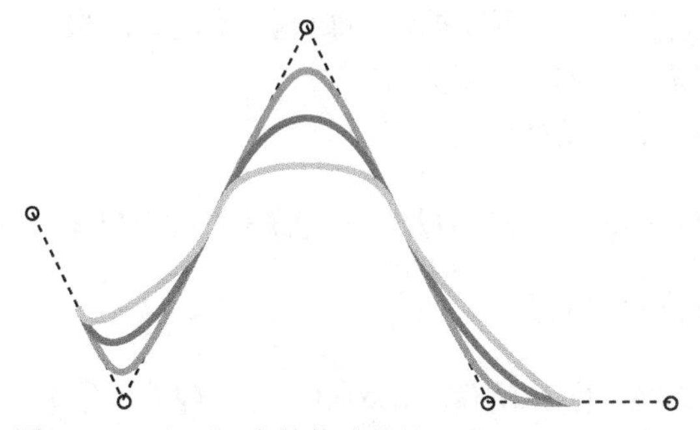

图 9.2.1 取不同参数值时的第一类 2 次 α-B 曲线

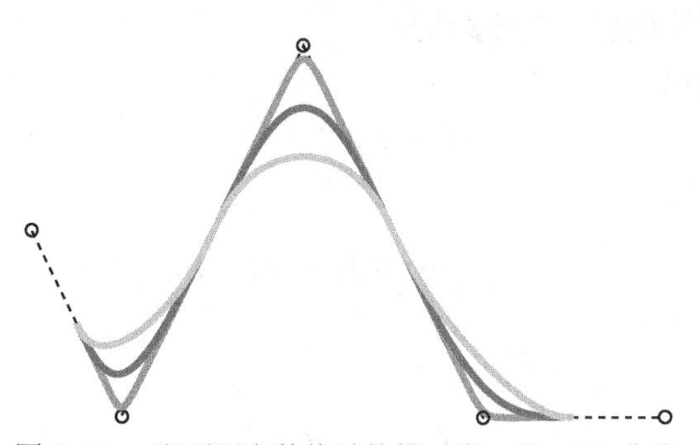

图 9.2.2 取不同参数值时的第一类 2 次 β-B 曲线

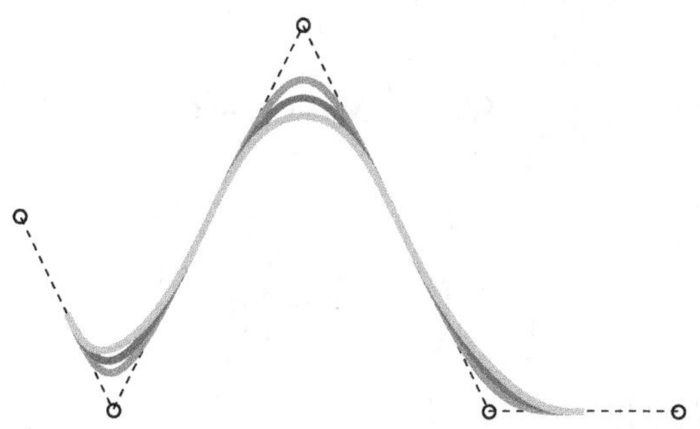

图 9.2.3 取不同参数值时的第一类 2 次 γ-B 曲线

9.2.4 扩展曲线的逼近性

下面分析在取不同的参数 α 时, 第一类 2 次 α-B 曲线对其控制多边形的逼近程度, 并与 2 次 B 样条曲线做比较.

由第一类 2 次 α-B 基的端点性质, 即式 (9.2.10), 并结合第一类 2 次 α-B 曲线段的表达式, 即式 (9.2.2), 可以推知, 每一段第一类 2 次 α-B 曲线的首、末端点始终位于其控制多边形首、末边的中点处.

又根据式 (9.2.2), 可以推出

$$\boldsymbol{p}_i(t)-\boldsymbol{Q}_i=N_0(t)(\boldsymbol{Q}_{i-1}-\boldsymbol{Q}_i)+N_2(t)(\boldsymbol{Q}_{i+1}-\boldsymbol{Q}_i)$$

在上式两端同时取范数, 可得

$$\|\boldsymbol{p}_i(t)-\boldsymbol{Q}_i\|\leqslant(N_0(t)+N_2(t))\max(\|\boldsymbol{Q}_{i-1}-\boldsymbol{Q}_i\|,\|\boldsymbol{Q}_{i+1}-\boldsymbol{Q}_i\|) \tag{9.2.24}$$

由于 $N_0(t)$ 与 $N_2(t)$ 关于参数 α 单调递减, 因此由式 (9.2.24) 可知, 参数 α 越大, 第一类 2 次 α-B 曲线段与点 $\boldsymbol{Q}_i$ 靠得越近. 因此, 随着参数 α 的增大, 第一类 2 次 α-B 曲线段逐渐靠近其控制多边形.

进一步地, 若记

$$g(t)=N_0(t)+N_2(t)$$

则有

$$\min_{0\leqslant t\leqslant\pi/2}g(t)=g\left(\frac{\pi}{4}\right)$$

又因为

$$\boldsymbol{p}_i\left(\frac{\pi}{4}\right)-\boldsymbol{Q}_i=\left[\frac{1}{12}+\left(\frac{5}{3}-\frac{5\sqrt{2}}{4}\right)\alpha\right](\boldsymbol{Q}_{i-1}-2\boldsymbol{Q}_i+\boldsymbol{Q}_{i+1})$$

而对于 2 次均匀 B 样条曲线段 $\boldsymbol{b}_i(t)$, 有

$$\boldsymbol{b}_i\left(\frac{1}{2}\right)-\boldsymbol{Q}_i=\frac{1}{8}(\boldsymbol{Q}_{i-1}-2\boldsymbol{Q}_i+\boldsymbol{Q}_{i+1})$$

令

$$\frac{1}{12}+\left(\frac{5}{3}-\frac{5\sqrt{2}}{4}\right)\alpha<\frac{1}{8}$$

通过解不等式, 可以推出

$$\alpha>-0.4121$$

而在第一类 2 次 α-B 曲线中, 参数 $\alpha \in \left[-1, \frac{1}{4}\right]$, 这说明只要在区间 $\left(-0.4121, \frac{1}{4}\right]$ 内取参数 α, 所得到的第一类 2 次 α-B 曲线对其控制多边形的逼近性就会比 2 次 B 样条曲线更好, 如图 9.2.4 所示.

在图 9.2.4 中, 红色点线为 2 次均匀 B 样条曲线段, 从上到下的黑色实曲线依次为取参数 $\alpha = \frac{1}{4}, 0, -\frac{3}{10}, -1$ 所得到的第一类 2 次 α-B 曲线段.

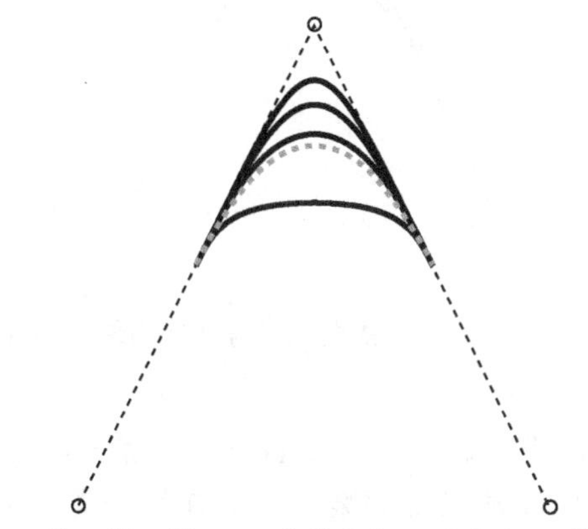

图 9.2.4 第一类 2 次 α-B 曲线段与 2 次均匀 B 样条曲线段

图 9.2.4 的作用有两个: 一是比较了第一类 2 次 α-B 曲线段与 2 次均匀 B 样条曲线段对同一个控制多边形的逼近能力; 二是展示了第一类 2 次 α-B 曲线段的调节能力与调节范围. 下面的图 9.2.5 和图 9.2.6 也存在类似的作用.

采用与上面针对第一类 2 次 α-B 曲线完全相同的分析方法, 可以推出: 当参数 $\beta > -0.6355$ 时, 第一类 2 次 β-B 曲线对控制多边形的逼近性比 2 次 B 样条曲线要好. 而在第一类 2 次 β-B 曲线中, 参数 $\beta \in [-1, 1]$, 这说明只要在区间 $(-0.6355,1]$ 内取参数 β, 所得到的第一类 2 次 β-B 曲线段就会比 2 次 B 样条曲线段更靠近控制多边形, 如图 9.2.5 所示.

在图 9.2.5 中, 红色点线为 2 次均匀 B 样条曲线段, 从上到下的黑色实曲线依次为取参数 $\beta = 1, \frac{1}{2}, 0, -\frac{1}{2}, -1$ 所得到的第一类 2 次 β-B 曲线段.

在图 9.2.5 中, 第一类 2 次 β-B 曲线段中的参数 β 的取值是均匀分布的, 从图中可以直观看出, 相应的第一类 2 次 β-B 曲线段的峰值点的间隔是等距的, 因此, 将曲线段峰值的增长与参数取值的增长作商, 所得到的比例是固定的, 该结论也可以通过观察图 9.2.2 得到.

虽然在上面的图 9.2.4 以及下面的图 9.2.6 中, 为了更好地比较扩展曲线与 B 样条曲线的逼近能力, 所以没有均匀地选取参数, 但实际上, 通过观察图 9.2.1、图

9.2.3 可知, 这两种扩展曲线中参数的改变对曲线段峰值的影响, 存在与第一类 2 次 β-B 曲线段相同的规律, 这种规律有助于我们事先预知取不同参数值时相应曲线段的位置.

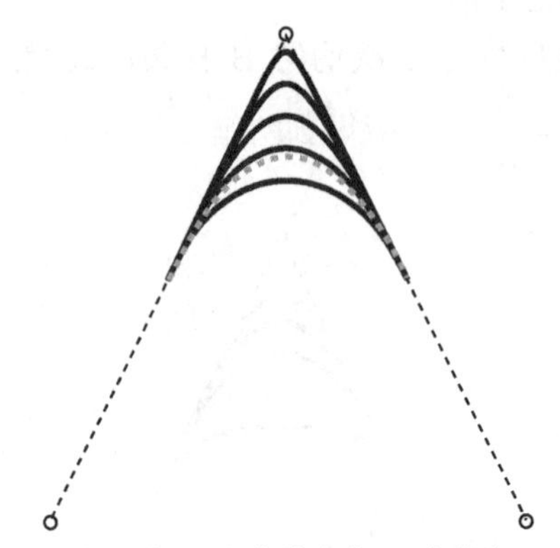

图 9.2.5　第一类 2 次 β-B 曲线段与 2 次均匀 B 样条曲线段

由同样的分析可知, 当参数 $\gamma > -1.1726$ 时, 第一类 2 次 γ-B 曲线对控制多边形的逼近性比 2 次 B 样条曲线要好. 而在第一类 2 次 γ-B 曲线中, 参数 $\gamma \in \left[-1, \frac{1}{3}\right]$, 这说明所有的第一类 2 次 γ-B 曲线段都会比 2 次 B 样条曲线段更靠近控制多边形, 如图 9.2.6 所示.

在图 9.2.6 中, 红色点线为 2 次均匀 B 样条曲线段, 从上到下的黑色实曲线依次为取参数 $\gamma = \frac{1}{3}, 0, -\frac{1}{2}, -1$ 所得到的第一类 2 次 γ-B 曲线段.

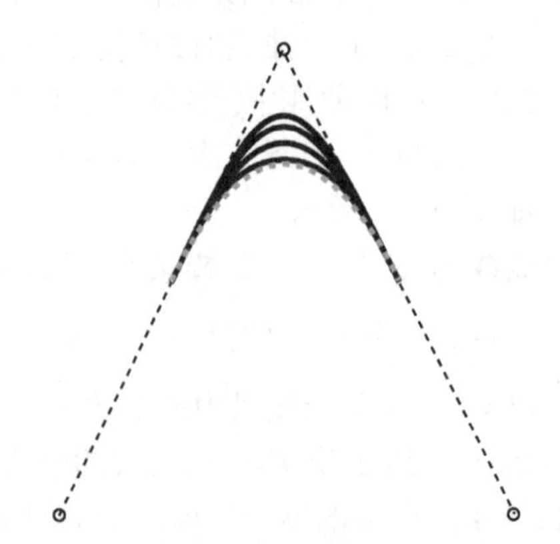

图 9.2.6　第一类 2 次 γ-B 曲线段与 2 次均匀 B 样条曲线段

上面用到了 "调节范围" 一词, 这里指的是在参数 (即 α、β 与 γ) 允许的取值范围内, 取最大值和取最小值时, 相应的两条扩展曲线所界定的范围. 比较图 9.2.4~ 图 9.2.6 可知, 三种扩展曲线的调节范围各不相同, 前两种的调节范围相当, 第三种的调节范围最小, 但第三种扩展曲线在整个范围内对控制多边形的逼近能力都超过了 2 次均匀 B 样条曲线. 在整个调节范围内, 从逼近能力超过 2 次 B 样条曲线所占的比例来看, 第二种曲线优于第一种曲线. 然而, 从曲线段的形状来看, 第二种曲线当中对控制多边形逼近能力越强的, 其形状越接近折线, 因此不够圆润.

通过上述比较分析可见, 虽然三种曲线都定义在相同的函数空间上, 具有相似的性质, 但三者都有其存在的价值, 在实际应用中, 可根据需求确定哪种模型最合适. 例如: 若综合考虑形状和调节范围, 选第一种; 若考虑最佳逼近性, 选第二种; 若考虑在调节范围内任选一条, 其逼近能力超过 2 次 B 样条曲线的概率, 则选第三种.

9.2.5 扩展曲面及其性质

定义 9.2.4 给定 $(m+1)\times(n+1)$ 个控制顶点 $\boldsymbol{Q}_{ij}(i=0,1,\cdots,m;j=0,1,\cdots,n)$, 以及两个节点矢量 $\boldsymbol{U}=(u_0,u_1,\cdots,u_{m+3})$ 与 $\boldsymbol{V}=(v_0,v_1,\cdots,v_{n+3})$, 其中 $u_0<u_1<\cdots<u_{m+3}$, $v_0<v_1<\cdots<v_{n+3}$, 运用张量积方法, 对 $i=0,1,\cdots,m-1$, $j=0,1,\cdots,n-1$, 以及 $0\leqslant u,v\leqslant\dfrac{\pi}{2}$, 可以定义三种三角样条曲面片

$$\boldsymbol{p}_{ij}(u,v)=\sum_{k=0}^{2}\sum_{l=0}^{2}\boldsymbol{Q}_{i+k-1,j+l-1}N_k(\alpha_1,u)N_l(\alpha_2,v)$$

$$\boldsymbol{q}_{ij}(u,v)=\sum_{k=0}^{2}\sum_{l=0}^{2}\boldsymbol{Q}_{i+k-1,j+l-1}H_k(\beta_1,u)H_l(\beta_2,v)$$

$$\boldsymbol{r}_{ij}(u,v)=\sum_{k=0}^{2}\sum_{l=0}^{2}\boldsymbol{Q}_{i+k-1,j+l-1}L_k(\gamma_1,u)L_l(\gamma_2,v)$$

其中, $N_k(\alpha_1,u)$ 和 $N_l(\alpha_2,v)$ 分别为带参数 α_1 和 α_2 的第一类 2 次 α-B 基, $H_k(\beta_1,u)$ 和 $H_l(\beta_2,v)$ 分别为带参数 β_1 和 β_2 的第一类 2 次 β-B 基, $L_k(\gamma_1,u)$ 和 $L_l(\gamma_2,v)$ 分别为带参数 γ_1 和 γ_2 的第一类 2 次 γ-B 基. 所有上述三种曲面片可以构成三种样条曲面

$$\boldsymbol{p}(u,v)=\boldsymbol{p}_{ij}\left(\frac{\pi}{2}\cdot\frac{u-u_i}{\Delta u_i},\frac{\pi}{2}\cdot\frac{v-v_j}{\Delta v_j}\right)\tag{9.2.25}$$

$$\boldsymbol{q}(u,v)=\boldsymbol{q}_{ij}\left(\frac{\pi}{2}\cdot\frac{u-u_i}{\Delta u_i},\frac{\pi}{2}\cdot\frac{v-v_j}{\Delta v_j}\right)\tag{9.2.26}$$

$$\boldsymbol{r}(u,v)=\boldsymbol{r}_{ij}\left(\frac{\pi}{2}\cdot\frac{u-u_i}{\Delta u_i},\frac{\pi}{2}\cdot\frac{v-v_j}{\Delta v_j}\right) \tag{9.2.27}$$

其中, $u\in[u_i,u_{i+1}]\subset[u_2,u_{m+1}]$, $v\in[v_i,v_{i+1}]\subset[v_2,v_{n+1}]$, $\Delta u_i=u_{i+1}-u_i$, $i=2,3,\cdots,m$, $\Delta v_j=v_{j+1}-v_j$, $j=2,3,\cdots,n$. 称由式 (9.2.25) 定义的曲面为第一类 2 次 α-B 曲面, 由式 (9.2.26) 定义的曲面为第一类 2 次 β-B 曲面, 由式 (9.2.27) 定义的曲面为第一类 2 次 γ-B 曲面.

显然, 上述三种曲面都具有与相应的三种曲线类似的性质. 例如: 第一类 2 次均匀 α-B 曲面当 $\alpha_1=\alpha_2=\dfrac{1}{4}$ 时 C^3 连续; 第一类 2 次均匀 β-B 曲面当 $\beta_1=\beta_2=1$ 时 C^3 连续; 第一类 2 次均匀 γ-B 曲面当 $\gamma_1=\gamma_2=\dfrac{1}{3}$ 时 C^3 连续. 另外, 由于三种扩展曲面在两个不同的参数方向上可以选择不同的形状参数, 因此相比于 2 次 B 样条曲面而言, 它们在形状调整上更加方便、灵活.

图 9.2.7～ 图 9.2.9 展示了取不同参数值时, 由相同的控制网格定义的三种不同的扩展曲面. 在图 9.2.7 中, 左边、中间、右边的曲面分别为取参数 $\alpha_1=\alpha_2=\dfrac{1}{4}$、$\alpha_1=\alpha_2=-1$、$\alpha_1=-1,\alpha_2=\dfrac{1}{4}$ 所得到的第一类 2 次 α-B 曲面. 在图 9.2.8 中, 左边、中间、右边的曲面分别为取参数 $\beta_1=\beta_2=1$, $\beta_1=\beta_2=-1$, $\beta_1=-1,\beta_2=1$ 所得到的第一类 2 次 β-B 曲面. 在图 9.2.9 中, 左边、中间、右边的曲面分别为取参数 $\gamma_1=\gamma_2=\dfrac{1}{3}$, $\gamma_1=\gamma_2=-1$, $\gamma_1=-1,\gamma_2=\dfrac{1}{3}$ 所得到的第一类 2 次 γ-B 曲面. 三幅图中, 左边的曲面都为 C^3 连续, 中间和右边的曲面都为 C^2 连续.

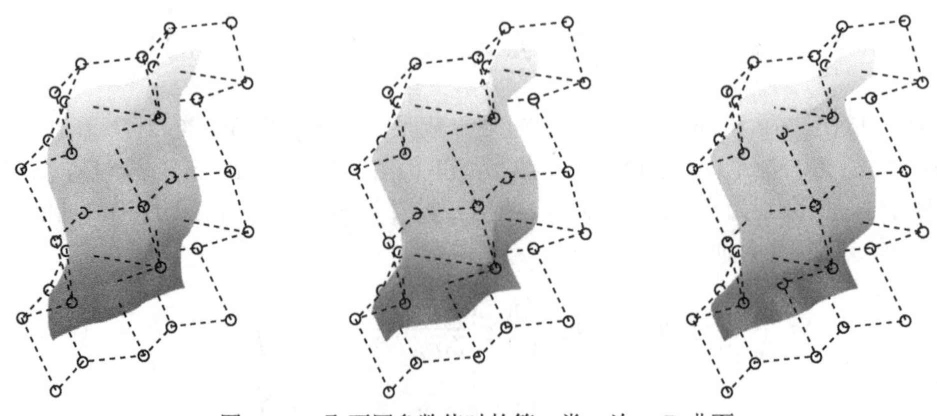

图 9.2.7　取不同参数值时的第一类 2 次 α-B 曲面

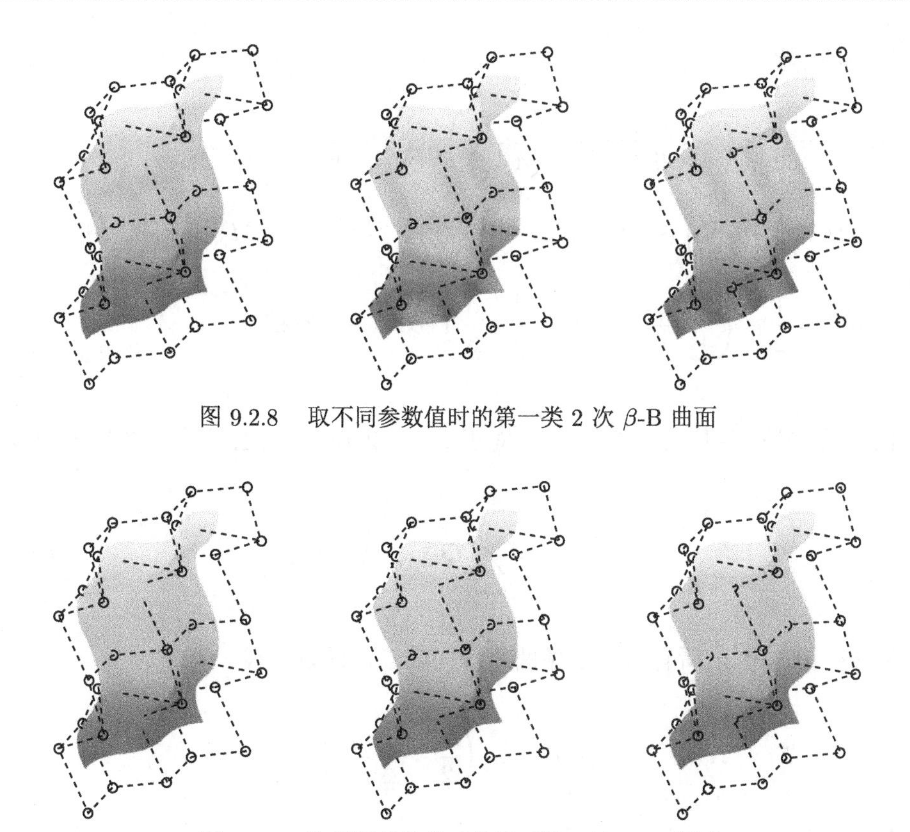

图 9.2.8 取不同参数值时的第一类 2 次 β-B 曲面

图 9.2.9 取不同参数值时的第一类 2 次 γ-B 曲面

9.3 二次均匀 B 样条曲线的第二类扩展

在 9.2 节中给出的三种扩展曲线, 虽然连续性都优于与其结构相同的 2 次 B 样条曲线, 但这些扩展曲线在一般情况下都只能达到二阶连续, 只有当参数取特殊值时才能达到三阶连续. 为了进一步提高扩展曲线的连续阶, 满足工程中对连续性更高的要求, 本节选择函数空间 $\mathrm{span}\{1,\sin t,\cos t,\ \sin^3 t,\cos^3 t,\sin^5 t,\cos^5 t\}$ 以及 $\mathrm{span}\{1,\sin t,\cos t,\sin 3t,\cos 3t,\sin 5t,\cos 5t\}$, 在两个空间上各构造了一组带参数的三角样条基, 基于这两组基定义了两种三角样条曲线, 它们具有与 9.2 节中所给曲线相似的性质, 但它们的连续性更佳. 对于等距节点, 在一般情况下, 这两种曲线都整体 C^3 连续, 在特殊条件下, 它们都可以达到 C^5 连续.

9.3.1 扩展曲线的构造

定义 9.3.1 给定 $n+1$ 个控制顶点 $\boldsymbol{Q}_i \in \mathbb{R}^d(d=2,3;i=0,1,\cdots,n)$, 以及节点矢量 $\boldsymbol{U}=(u_0,u_1,\cdots,u_{n+3})$, 其中, $u_0<u_1<\cdots<u_{n+3}$. 对于 $t\in\left[0,\dfrac{\pi}{2}\right]$,

定义调配函数

$$
\begin{cases}
N_0(t)=\dfrac{1}{2}-\left(\dfrac{3}{4}+\dfrac{\alpha}{6}\right)\sin t+\left(\dfrac{1}{4}+\dfrac{\alpha}{3}\right)\sin^3 t-\dfrac{\alpha}{6}\sin^5 t\\
N_1(t)=\left(\dfrac{3}{4}+\dfrac{\alpha}{6}\right)(\sin t+\cos t)-\left(\dfrac{1}{4}+\dfrac{\alpha}{3}\right)(\sin^3 t+\cos^3 t)+\dfrac{\alpha}{6}(\sin^5 t+\cos^5 t)\\
N_2(t)=\dfrac{1}{2}-\left(\dfrac{3}{4}+\dfrac{\alpha}{6}\right)\cos t+\left(\dfrac{1}{4}+\dfrac{\alpha}{3}\right)\cos^3 t-\dfrac{\alpha}{6}\cos^5 t
\end{cases}
\tag{9.3.1}
$$

其中, α 为参数, 并且 $\alpha\in\left[-4,\dfrac{9}{8}\right]$. 对于 $i=1,2,\cdots,n-1$, 定义三角样条曲线段

$$
\boldsymbol{p}_i(t)=\sum_{j=0}^{2}\boldsymbol{Q}_{i+j-1}N_j(t) \tag{9.3.2}
$$

其中, $t\in\left[0,\dfrac{\pi}{2}\right]$, 由所有 $n-1$ 条曲线段构成三角样条曲线

$$
\boldsymbol{p}(u)=\boldsymbol{p}_i\left(\frac{\pi}{2}\cdot\frac{u-u_i}{\Delta u_i}\right) \tag{9.3.3}
$$

其中, $u\in[u_i,u_{i+1}]\subset[u_2,u_{n+1}]$, $\Delta u_i=u_{i+1}-u_i$, $i=2,3,\cdots,n$. 称由式 (9.3.1) 给出的函数为第二类 2 次 α-B 基, 由式 (9.3.2) 给出的曲线为第二类 2 次 α-B 曲线段, 由式 (9.3.3) 给出的曲线为第二类 2 次 α-B 曲线. 当所有的 Δu_i 都相等时, $\boldsymbol{U}$ 为等距节点矢量, 称对应的曲线为第二类 2 次均匀 α-B 曲线.

定义 9.3.2 给定 $n+1$ 个控制顶点 $\boldsymbol{Q}_i\in\mathbb{R}^d(d=2,3;i=0,1,\cdots,n)$, 以及节点矢量 $\boldsymbol{U}=(u_0,u_1,\cdots,u_{n+3})$, 其中, $u_0<u_1<\cdots<u_{n+3}$. 对于 $t\in\left[0,\dfrac{\pi}{2}\right]$, 定义调配函数

$$
\begin{cases}
H_0(t)=\dfrac{1}{2}-\left(\dfrac{9}{16}+\dfrac{\beta}{16}\right)\sin t-\left(\dfrac{1}{16}+\dfrac{3\beta}{32}\right)\sin 3t-\dfrac{\beta}{32}\sin 5t\\
H_1(t)=\left(\dfrac{9}{16}+\dfrac{\beta}{16}\right)(\sin t+\cos t)+\left(\dfrac{1}{16}+\dfrac{3\beta}{32}\right)(\sin 3t-\cos 3t)\\
\qquad\quad+\dfrac{\beta}{32}(\sin 5t+\cos 5t)\\
H_2(t)=\dfrac{1}{2}-\left(\dfrac{9}{16}+\dfrac{\beta}{16}\right)\cos t+\left(\dfrac{1}{16}+\dfrac{3\beta}{32}\right)\cos 3t-\dfrac{\beta}{32}\cos 5t
\end{cases}
\tag{9.3.4}
$$

其中, β 为参数, 并且 $\beta \in \left[-1, \frac{3}{8}\right]$. 对于 $i = 1, 2, \cdots, n-1$, 定义三角样条曲线段

$$\boldsymbol{q}_i(t) = \sum_{j=0}^{2} \boldsymbol{Q}_{i+j-1} H_j(t) \tag{9.3.5}$$

其中, $t \in \left[0, \frac{\pi}{2}\right]$, 由所有 $n-1$ 条曲线段构成三角样条曲线

$$\boldsymbol{q}(u) = \boldsymbol{q}_i \left(\frac{\pi}{2} \cdot \frac{u - u_i}{\Delta u_i}\right) \tag{9.3.6}$$

其中, $u \in [u_i, u_{i+1}] \subset [u_2, u_{n+1}]$, $\Delta u_i = u_{i+1} - u_i$, $i = 2, 3, \cdots, n$. 称由式 (9.3.4) 给出的函数为第二类 2 次 β-B 基, 由式 (9.3.5) 给出的曲线为第二类 2 次 β-B 曲线段, 由式 (9.3.6) 给出的曲线为第二类 2 次 β-B 曲线. 当所有的 Δu_i 都相等时, $\boldsymbol{U}$ 为等距节点矢量, 称对应的曲线为第二类 2 次均匀 β-B 曲线.

9.3.2　调配函数的性质

第二类 2 次 α-B 基具有下列性质.

性质 1　非负性和规范性. 即: $N_i(t) \geqslant 0 (i = 0, 1, 2)$ 且 $N_0(t) + N_1(t) + N_2(t) = 1$.

性质 2　对称性. 即: $N_i\left(\frac{\pi}{2} - t\right) = N_{2-i}(t) (i = 0, 1, 2)$.

性质 3　端点性质. 即: 在定义区间的左、右端点处, 第二类 2 次 α-B 基的函数值, 以及从一阶至五阶的导数值结果如下:

$$\begin{cases} N_0(0) = N_1(0) = \dfrac{1}{2}, N_2(0) = 0 \\ N_0\left(\dfrac{\pi}{2}\right) = 0, N_1\left(\dfrac{\pi}{2}\right) = N_2\left(\dfrac{\pi}{2}\right) = \dfrac{1}{2} \end{cases} \tag{9.3.7}$$

$$\begin{cases} N_0'(0) = -\left(\dfrac{3}{4} + \dfrac{\alpha}{6}\right), N_1'(0) = \dfrac{3}{4} + \dfrac{\alpha}{6}, N_2'(0) = 0 \\ N_0'\left(\dfrac{\pi}{2}\right) = 0, N_1'\left(\dfrac{\pi}{2}\right) = -\left(\dfrac{3}{4} + \dfrac{\alpha}{6}\right), N_2'\left(\dfrac{\pi}{2}\right) = \dfrac{3}{4} + \dfrac{\alpha}{6} \end{cases} \tag{9.3.8}$$

$$\begin{cases} N_0''(0) = N_1''(0) = N_2''(0) = 0 \\ N_0''\left(\dfrac{\pi}{2}\right) = N_1''\left(\dfrac{\pi}{2}\right) = N_2''\left(\dfrac{\pi}{2}\right) = 0 \end{cases} \tag{9.3.9}$$

$$\begin{cases} N_0'''(0) = \dfrac{9}{4} + \dfrac{13\alpha}{6}, N_1'''(0) = -\left(\dfrac{9}{4} + \dfrac{13\alpha}{6}\right), N_2'''(0) = 0 \\ N_0'''\left(\dfrac{\pi}{2}\right) = 0, N_1'''\left(\dfrac{\pi}{2}\right) = \dfrac{9}{4} + \dfrac{13\alpha}{6}, N_2'''\left(\dfrac{\pi}{2}\right) = -\left(\dfrac{9}{4} + \dfrac{13\alpha}{6}\right) \end{cases} \tag{9.3.10}$$

$$\begin{cases} N_0^{(4)}(0) = 0, N_1^{(4)}(0) = 4\alpha - \dfrac{9}{2}, N_2^{(4)}(0) = \dfrac{9}{2} - 4\alpha \\ N_0^{(4)}\left(\dfrac{\pi}{2}\right) = \dfrac{9}{2} - 4\alpha, N_1^{(4)}\left(\dfrac{\pi}{2}\right) = 4\alpha - \dfrac{9}{2}, N_2^{(4)}\left(\dfrac{\pi}{2}\right) = 0 \end{cases} \tag{9.3.11}$$

$$\begin{cases} N_0^{(5)}(0) = -\dfrac{63}{4} - \dfrac{241\alpha}{6}, N_1^{(5)}(0) = \dfrac{63}{4} + \dfrac{241\alpha}{6}, N_2^{(5)}(0) = 0 \\ N_0^{(5)}\left(\dfrac{\pi}{2}\right) = 0, N_1^{(5)}\left(\dfrac{\pi}{2}\right) = -\dfrac{63}{4} - \dfrac{241\alpha}{6}, N_2^{(5)}\left(\dfrac{\pi}{2}\right) = \dfrac{63}{4} + \dfrac{241\alpha}{6} \end{cases} \tag{9.3.12}$$

性质 4 单调性. 即: 对于固定的 $t \in \left[0, \dfrac{\pi}{2}\right]$, $N_0(t)$ 与 $N_2(t)$ 是关于参数 α 的单调递减函数, $N_1(t)$ 是关于参数 α 的单调递增函数.

性质 5 最值性. 即: 第二类 2 次 α-B 基中的每个函数在区间 $\left[0, \dfrac{\pi}{2}\right]$ 上都存在唯一的最大值, $N_0(t)$, $N_1(t)$ 和 $N_2(t)$ 的最大值分别在 $t = 0$、$t = \dfrac{\pi}{4}$ 和 $t = \dfrac{\pi}{2}$ 处取得.

第二类 2 次 β-B 基也具有非负性、规范性、对称性、单调性和最值性.

第二类 2 次 β-B 基的端点性质如下:

$$\begin{cases} H_0(0) = H_1(0) = \dfrac{1}{2}, H_2(0) = 0 \\ H_0\left(\dfrac{\pi}{2}\right) = 0, H_1\left(\dfrac{\pi}{2}\right) = H_2\left(\dfrac{\pi}{2}\right) = \dfrac{1}{2} \end{cases} \tag{9.3.13}$$

$$\begin{cases} H_0'(0) = -\left(\dfrac{3}{4} + \dfrac{\beta}{2}\right), H_1'(0) = \dfrac{3}{4} + \dfrac{\beta}{2}, H_2'(0) = 0 \\ H_0'\left(\dfrac{\pi}{2}\right) = 0, H_1'\left(\dfrac{\pi}{2}\right) = -\left(\dfrac{3}{4} + \dfrac{\beta}{2}\right), H_2'\left(\dfrac{\pi}{2}\right) = \dfrac{3}{4} + \dfrac{\beta}{2} \end{cases} \tag{9.3.14}$$

$$\begin{cases} H_0''(0) = H_1''(0) = H_2''(0) = 0 \\ H_0''\left(\dfrac{\pi}{2}\right) = H_1''\left(\dfrac{\pi}{2}\right) = H_2''\left(\dfrac{\pi}{2}\right) = 0 \end{cases} \tag{9.3.15}$$

$$\begin{cases} H_0'''(0)=\dfrac{9}{4}+\dfrac{13\beta}{2}, H_1'''(0)=-\left(\dfrac{9}{4}+\dfrac{13\beta}{2}\right), H_2'''(0)=0 \\ H_0'''\left(\dfrac{\pi}{2}\right)=0, H_1'''\left(\dfrac{\pi}{2}\right)=\dfrac{9}{4}+\dfrac{13\beta}{2}, H_2'''\left(\dfrac{\pi}{2}\right)=-\left(\dfrac{9}{4}+\dfrac{13\beta}{2}\right) \end{cases} \tag{9.3.16}$$

$$\begin{cases} H_0^{(4)}(0)=0, H_1^{(4)}(0)=12\beta-\dfrac{9}{2}, H_2^{(4)}(0)=\dfrac{9}{2}-12\beta \\ H_0^{(4)}\left(\dfrac{\pi}{2}\right)=\dfrac{9}{2}-12\beta, H_1^{(4)}\left(\dfrac{\pi}{2}\right)=12\beta-\dfrac{9}{2}, H_2^{(4)}\left(\dfrac{\pi}{2}\right)=0 \end{cases} \tag{9.3.17}$$

$$\begin{cases} H_0^{(5)}(0)=-\dfrac{63}{4}-\dfrac{241\beta}{2}, H_1^{(5)}(0)=\dfrac{63}{4}+\dfrac{241\beta}{2}, H_2^{(5)}(0)=0 \\ H_0^{(5)}\left(\dfrac{\pi}{2}\right)=0, H_1^{(5)}\left(\dfrac{\pi}{2}\right)=-\dfrac{63}{4}-\dfrac{241\beta}{2}, H_2^{(5)}\left(\dfrac{\pi}{2}\right)=\dfrac{63}{4}+\dfrac{241\beta}{2} \end{cases} \tag{9.3.18}$$

9.3.3 扩展曲线的连续性

与 9.2 节中给出的扩展曲线一样, 本节所给扩展曲线也具有局部控制性、几何不变性、凸包性、对称性. 本节主要讨论扩展曲线的连续性.

由第二类 2 次 α-B 基的端点性质, 即式 (9.3.7)~ 式 (9.3.12), 并结合第二类 2 次 α-B 曲线段的表达式, 即式 (9.3.2), 可以推出

$$\begin{cases} \boldsymbol{p}_{i-1}\left(\dfrac{\pi}{2}\right)=\boldsymbol{p}_i(0)=\dfrac{\boldsymbol{Q}_{i-1}+\boldsymbol{Q}_i}{2} \\ \boldsymbol{p}_{i-1}'\left(\dfrac{\pi}{2}\right)=\boldsymbol{p}_i'(0)=\left(\dfrac{3}{4}+\dfrac{\alpha}{6}\right)(\boldsymbol{Q}_i-\boldsymbol{Q}_{i-1}) \\ \boldsymbol{p}_{i-1}''\left(\dfrac{\pi}{2}\right)=\boldsymbol{p}_i''(0)=0 \\ \boldsymbol{p}_{i-1}'''\left(\dfrac{\pi}{2}\right)=\boldsymbol{p}_i'''(0)=-\left(\dfrac{9}{4}+\dfrac{13\alpha}{6}\right)(\boldsymbol{Q}_i-\boldsymbol{Q}_{i-1}) \\ \boldsymbol{p}_{i-1}^{(5)}\left(\dfrac{\pi}{2}\right)=\boldsymbol{p}_i^{(5)}(0)=\left(\dfrac{63}{4}+\dfrac{241\alpha}{6}\right)(\boldsymbol{Q}_i-\boldsymbol{Q}_{i-1}) \end{cases}$$

以及

$$\begin{cases} \boldsymbol{p}_{i-1}^{(4)}\left(\dfrac{\pi}{2}\right)=\left(4\alpha-\dfrac{9}{2}\right)(\boldsymbol{Q}_{i-1}-\boldsymbol{Q}_{i-2}) \\ \boldsymbol{p}_i^{(4)}(0)=\left(\dfrac{9}{2}-4\alpha\right)(\boldsymbol{Q}_{i+1}-\boldsymbol{Q}_i) \end{cases}$$

因此, 当参数 $\alpha \neq \dfrac{9}{8}$ 时, 有

$$\boldsymbol{p}_{i-1}^{(k)}\left(\frac{\pi}{2}\right) = \boldsymbol{p}_i^{(k)}(0) \tag{9.3.19}$$

其中, $k = 0, 1, 2, 3, 5$. 而当参数 $\alpha = \dfrac{9}{8}$ 时, 有

$$\boldsymbol{p}_{i-1}^{(k)}\left(\frac{\pi}{2}\right) = \boldsymbol{p}_i^{(k)}(0) \tag{9.3.20}$$

其中, $k = 0, 1, 2, 3, 4, 5$.

又根据第二类 2 次 α-B 曲线的表达式, 即式 (9.3.3) 可知: 对 $u \in [u_i, u_{i+1}]$, $t = \dfrac{\pi}{2} \cdot \dfrac{u - u_i}{\Delta u_i}$, 有

$$\boldsymbol{p}^{(k)}(u) = \left(\frac{\pi}{2} \cdot \frac{1}{\Delta u_i}\right)^k \boldsymbol{p}_i^{(k)}(t)$$

由此可得

$$\begin{cases} \boldsymbol{p}^{(k)}(u_i-) = \left(\dfrac{\pi}{2} \cdot \dfrac{1}{\Delta u_{i-1}}\right)^k \boldsymbol{p}_{i-1}^{(k)}\left(\dfrac{\pi}{2}\right) \\ \boldsymbol{p}^{(k)}(u_i+) = \left(\dfrac{\pi}{2} \cdot \dfrac{1}{\Delta u_i}\right)^k \boldsymbol{p}_i^{(k)}(0) \end{cases} \tag{9.3.21}$$

综合式 (9.3.19)~ 式 (9.3.21), 可得

$$\boldsymbol{p}^{(k)}(u_i-) = \left(\frac{\Delta u_i}{\Delta u_{i-1}}\right)^k \boldsymbol{p}^{(k)}(u_i+)$$

其中, 当参数 $\alpha \neq \dfrac{9}{8}$ 时, $k = 0, 1, 2, 3, 5$; 当参数 $\alpha = \dfrac{9}{8}$ 时, $k = 0, 1, 2, 3, 4, 5$. 这说明第二类 2 次 α-B 曲线当参数 $\alpha \neq \dfrac{9}{8}$ 时 G^3 连续, 当参数 $\alpha = \dfrac{9}{8}$ 时 G^5 连续. 特别地, 对于第二类 2 次均匀 α-B 曲线而言, 当参数 $\alpha \neq \dfrac{9}{8}$ 时 C^3 连续, 当参数 $\alpha = \dfrac{9}{8}$ 时 C^5 连续.

由第二类 2 次 β-B 基的端点性质, 即式 (9.3.13)~ 式 (9.3.18), 并结合第二类 2 次 β-B 曲线段的表达式, 即式 (9.3.5), 可以推出

$$\begin{cases} \boldsymbol{q}_{i-1}\left(\dfrac{\pi}{2}\right)=\boldsymbol{q}_i(0)=\dfrac{\boldsymbol{Q}_{i-1}+\boldsymbol{Q}_i}{2} \\ \boldsymbol{q}'_{i-1}\left(\dfrac{\pi}{2}\right)=\boldsymbol{q}'_i(0)=\left(\dfrac{3}{4}+\dfrac{\beta}{2}\right)(\boldsymbol{Q}_i-\boldsymbol{Q}_{i-1}) \\ \boldsymbol{q}''_{i-1}\left(\dfrac{\pi}{2}\right)=\boldsymbol{q}''_i(0)=0 \\ \boldsymbol{q}'''_{i-1}\left(\dfrac{\pi}{2}\right)=\boldsymbol{q}'''_i(0)=\left(\dfrac{9}{4}+\dfrac{13\beta}{2}\right)(\boldsymbol{Q}_{i-1}-\boldsymbol{Q}_i) \\ \boldsymbol{q}^{(5)}_{i-1}\left(\dfrac{\pi}{2}\right)=\boldsymbol{q}^{(5)}_i(0)=\left(\dfrac{63}{4}+\dfrac{241\beta}{2}\right)(\boldsymbol{Q}_i-\boldsymbol{Q}_{i-1}) \end{cases}$$

以及

$$\begin{cases} \boldsymbol{q}^{(4)}_{i-1}\left(\dfrac{\pi}{2}\right)=\left(\dfrac{9}{2}-12\beta\right)(\boldsymbol{Q}_{i-2}-\boldsymbol{Q}_{i-1}) \\ \boldsymbol{q}^{(4)}_i(0)=\left(\dfrac{9}{2}-12\beta\right)(\boldsymbol{Q}_{i+1}-\boldsymbol{Q}_i) \end{cases}$$

采用与上面针对第二类 2 次 α-B 曲线完全相同的分析方法, 可以推出: 第二类 2 次 β-B 曲线当参数 $\beta\neq\dfrac{3}{8}$ 时 G^3 连续, 当参数 $\beta=\dfrac{3}{8}$ 时 G^5 连续. 第二类 2 次均匀 β-B 曲线当参数 $\beta\neq\dfrac{3}{8}$ 时 C^3 连续, 当参数 $\beta=\dfrac{3}{8}$ 时 C^5 连续.

图 9.3.1、图 9.3.2 展示了取不同参数值时, 由相同的控制多边形定义的两种不同的扩展曲线. 在图 9.3.1 中, 红色、蓝色、绿色曲线分别为取参数 $\alpha=\dfrac{9}{8},-\dfrac{23}{16},-4$ 所得到的第二类 2 次 α-B 曲线. 在图 9.3.2 中, 红色、蓝色、绿色曲线分别为取参数 $\beta=\dfrac{3}{8},-\dfrac{5}{16},-1$ 所得到的第二类 2 次 β-B 曲线. 两幅图中的红色曲线都为 C^5 连续, 蓝色、绿色曲线都为 C^3 连续.

9.3.4 扩展曲线的逼近性

下面分析在取不同的参数 α 时, 第二类 2 次 α-B 曲线对其控制多边形的逼近程度, 并与 2 次 B 样条曲线做比较.

由第二类 2 次 α-B 基的端点性质, 即式 (9.3.7), 并结合第二类 2 次 α-B 曲线段的表达式, 即式 (9.3.2), 可以推知, 每一段第二类 2 次 α-B 曲线的首、末端点始终位于其控制多边形首、末边的中点处.

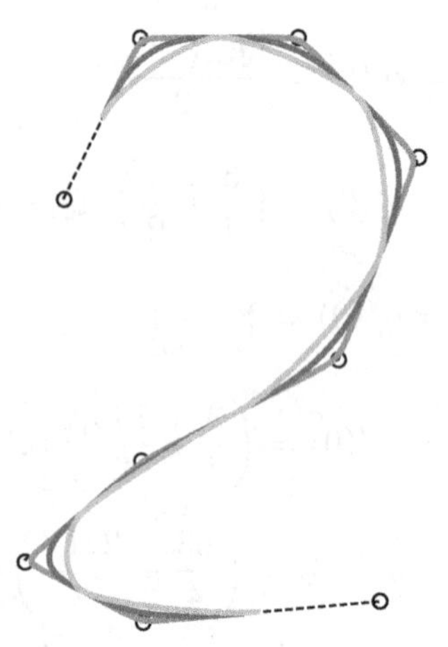

图 9.3.1　取不同参数值时的第二类 2 次 α-B 曲线

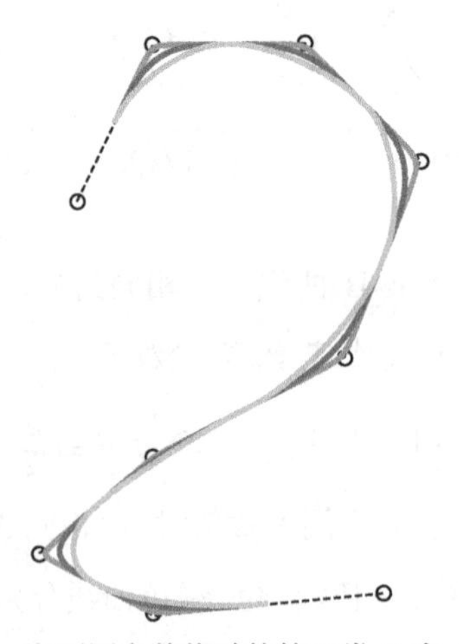

图 9.3.2　取不同参数值时的第二类 2 次 β-B 曲线

又根据式 (9.3.2), 可以推出

$$\boldsymbol{p}_i(t)-\boldsymbol{Q}_i=N_0(t)\left(\boldsymbol{Q}_{i-1}-\boldsymbol{Q}_i\right)+N_2(t)\left(\boldsymbol{Q}_{i+1}-\boldsymbol{Q}_i\right)$$

在上式两端同时取范数, 可得

$$\|\boldsymbol{p}_i(t)-\boldsymbol{Q}_i\|\leqslant(N_0(t)+N_2(t))\max(\|\boldsymbol{Q}_{i-1}-\boldsymbol{Q}_i\|,\|\boldsymbol{Q}_{i+1}-\boldsymbol{Q}_i\|) \tag{9.3.22}$$

由于 $N_0(t)$ 与 $N_2(t)$ 关于参数 α 单调递减, 因此由式 (9.3.22) 可知, 参数 α 越大, 第二类 2 次 α-B 曲线段与点 $\boldsymbol{Q}_i$ 靠得越近. 因此, 随着参数 α 的增大, 第二类 2 次 α-B 曲线段逐渐靠近其控制多边形.

进一步地, 若记

$$g(t) = N_0(t) + N_2(t)$$

则有

$$\min_{0 \leqslant t \leqslant \pi/2} g(t) = g\left(\frac{\pi}{4}\right)$$

又因为

$$\boldsymbol{p}_i\left(\frac{\pi}{4}\right) - \boldsymbol{Q}_i = \left(\frac{1}{2} - \frac{5\sqrt{2}}{16} - \frac{\sqrt{2}}{48}\alpha\right)(\boldsymbol{Q}_{i-1} - 2\boldsymbol{Q}_i + \boldsymbol{Q}_{i+1})$$

而对于 2 次均匀 B 样条曲线段 $\boldsymbol{b}_i(t)$, 有

$$\boldsymbol{b}_i\left(\frac{1}{2}\right) - \boldsymbol{Q}_i = \frac{1}{8}(\boldsymbol{Q}_{i-1} - 2\boldsymbol{Q}_i + \boldsymbol{Q}_{i+1})$$

令

$$\frac{1}{2} - \frac{5\sqrt{2}}{16} - \frac{\sqrt{2}}{48}\alpha < \frac{1}{8}$$

通过解不等式, 可以推出

$$\alpha > -2.2721$$

而在第二类 2 次 α-B 曲线中, 参数 $\alpha \in \left[-4, \frac{9}{8}\right]$, 这说明只要在区间 $\left(-2.2721, \frac{9}{8}\right]$ 内取参数 α, 所得到的第二类 2 次 α-B 曲线对其控制多边形的逼近性就会比 2 次 B 样条曲线更好, 如图 9.3.3 所示.

在图 9.3.3 中, 红色点线为 2 次均匀 B 样条曲线段, 从上到下的黑色实曲线依次为取参数 $\alpha = \frac{9}{8}, -\frac{5}{32}, -\frac{23}{16}, -\frac{87}{32}, -4$ 所得到的第二类 2 次 α-B 曲线段.

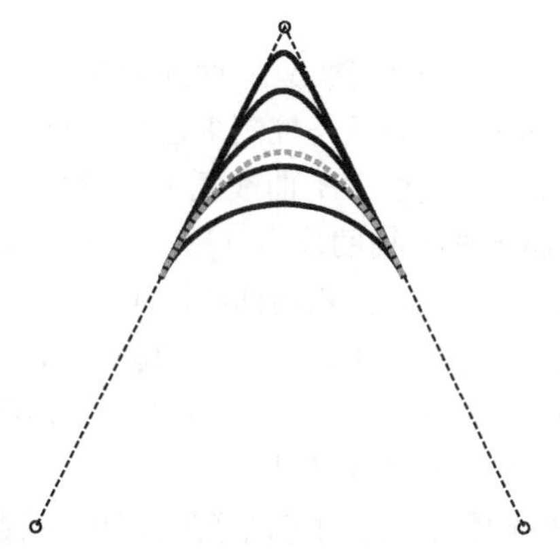

图 9.3.3 第二类 2 次 α-B 曲线段与 2 次均匀 B 样条曲线段

采用与上面针对第二类 2 次 α-B 曲线完全相同的分析方法, 可以推出: 当参数 $\beta > -0.7574$ 时, 第二类 2 次 β-B 曲线对控制多边形的逼近性比 2 次 B 样条曲线要好. 而在第二类 2 次 β-B 曲线中, 参数 $\beta \in \left[-1, \dfrac{3}{8}\right]$, 这说明只要在区间 $\left(-0.7574, \dfrac{3}{8}\right]$ 内取参数 β, 所得到的第二类 2 次 β-B 曲线对其控制多边形的逼近性就会比 2 次 B 样条曲线更好, 如图 9.3.4 所示.

在图 9.3.4 中, 红色点线为 2 次均匀 B 样条曲线段, 从上到下的黑色实曲线依次为取参数 $\beta = \dfrac{3}{8}, \dfrac{1}{32}, -\dfrac{5}{16}, -\dfrac{21}{32}, -1$ 所得到的第二类 2 次 β-B 曲线段.

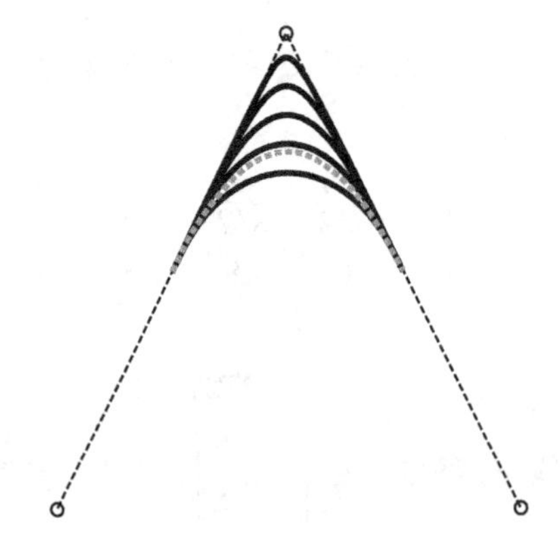

图 9.3.4　第二类 2 次 β-B 曲线段与 2 次均匀 B 样条曲线段

9.3.5　扩展曲线的应用

在曲线设计中, 人们往往需要了解开曲线的端点性质, 以及如何构造封闭的曲线.

对于开的控制点列, 第二类 2 次 α-B 曲线和第二类 2 次 β-B 曲线均插值于控制多边形首、末边的中点, 并且与控制多边形的首、末边相切. 若希望第二类 2 次 α-B 曲线和第二类 2 次 β-B 曲线插值于给定点列 $\boldsymbol{Q}_i(i = 0, 1, \cdots, n)$ 的起点和终点, 只需要添加两个辅助顶点 $\boldsymbol{Q}_{-1} = \boldsymbol{Q}_0$, $\boldsymbol{Q}_{n+1} = \boldsymbol{Q}_n$, 再以点列 $\boldsymbol{Q}_i(i = -1, 0, \cdots, n+1)$ 为控制顶点构造曲线即可.

对于封闭的控制点列 $\boldsymbol{Q}_i(i = 0, 1, \cdots, n)$, 其中, $\boldsymbol{Q}_0 = \boldsymbol{Q}_n$, 只要令 $\boldsymbol{Q}_{n+1} = \boldsymbol{Q}_1$, 再以点列 $\boldsymbol{Q}_i(i = 0, 1, \cdots, n+1)$ 为控制顶点构造曲线, 便可得到封闭的第二类 2 次 α-B 曲线和第二类 2 次 β-B 曲线.

不管是开曲线还是封闭的曲线, 均可以通过改变形状参数 α 和 β 的取值来调整第二类 2 次 α-B 曲线和第二类 2 次 β-B 曲线的形状.

图 9.3.5 所示为由开的控制点列按照上面所介绍的方法, 构造而成的插值于首、末控制顶点的第二类 2 次 α-B 开曲线, 其中红色、蓝色、绿色曲线的参数分别取 $\alpha = \frac{9}{8}, -\frac{23}{16}, -4$.

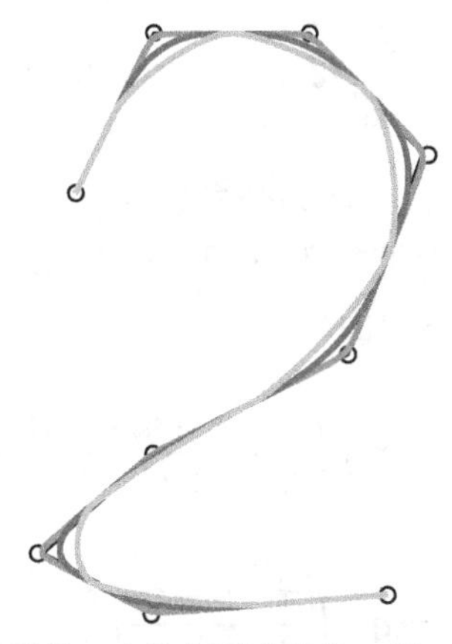

图 9.3.5 插值于首、末控制顶点的第二类 2 次 α-B 开曲线

图 9.3.6 所示为由封闭的控制点列按照上面所介绍的方法, 构造而成的封闭的第二类 2 次 β-B 曲线, 其中红色、蓝色、绿色曲线的参数分别取 $\beta = \frac{3}{8}, -\frac{5}{16}, -1$.

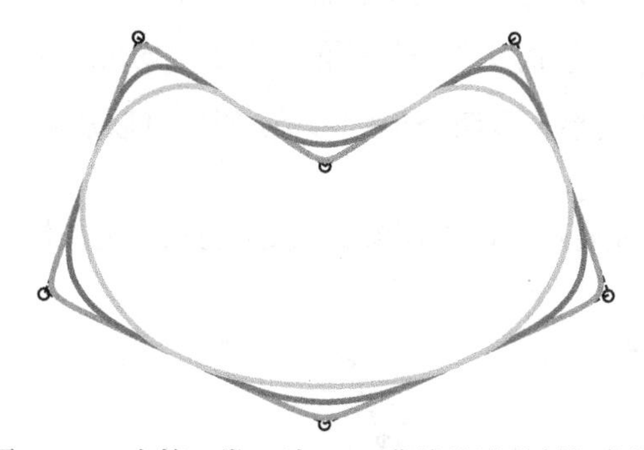

图 9.3.6 由第二类 2 次 β-B 曲线构造的封闭曲线

9.3.6 扩展曲面及其性质

定义 9.3.3 给定 $(m+1)\times(n+1)$ 个控制顶点 $\boldsymbol{Q}_{ij}(i=0,1,\cdots,m;j=0,1,\cdots,n)$, 以及两个节点矢量 $\boldsymbol{U}=(u_0,u_1,\cdots,u_{m+3})$ 与 $\boldsymbol{V}=(v_0,v_1,\cdots,v_{n+3})$, 其中 $u_0<u_1<\cdots<u_{m+3}$, $v_0<v_1<\cdots<v_{n+3}$, 运用张量积方法, 对 $i=0,1,\cdots,m-1$, $j=0,1,\cdots,n-1$, 以及 $0\leqslant u,v\leqslant\frac{\pi}{2}$, 可以定义两种三角样条

曲面片

$$\boldsymbol{p}_{ij}(u,v)=\sum_{k=0}^{2}\sum_{l=0}^{2}\boldsymbol{Q}_{i+k-1,j+l-1}N_k(\alpha_1,u)N_l(\alpha_2,v)$$

$$\boldsymbol{q}_{ij}(u,v)=\sum_{k=0}^{2}\sum_{l=0}^{2}\boldsymbol{Q}_{i+k-1,j+l-1}H_k(\beta_1,u)H_l(\beta_2,v)$$

其中, $N_k(\alpha_1,u)$ 和 $N_l(\alpha_2,v)$ 分别为带参数 α_1 和 α_2 的第二类 2 次 α-B 基, $H_k(\beta_1,u)$ 和 $H_l(\beta_2,v)$ 分别为带参数 β_1 和 β_2 的第二类 2 次 β-B 基. 所有上述两种曲面片可以构成两种样条曲面

$$\boldsymbol{p}(u,v)=\boldsymbol{p}_{ij}\left(\frac{\pi}{2}\cdot\frac{u-u_i}{\Delta u_i},\frac{\pi}{2}\cdot\frac{v-v_j}{\Delta v_j}\right) \tag{9.3.23}$$

$$\boldsymbol{q}(u,v)=\boldsymbol{q}_{ij}\left(\frac{\pi}{2}\cdot\frac{u-u_i}{\Delta u_i},\frac{\pi}{2}\cdot\frac{v-v_j}{\Delta v_j}\right) \tag{9.3.24}$$

其中, $u\in[u_i,u_{i+1}]\subset[u_2,u_{m+1}]$, $v\in[v_i,v_{i+1}]\subset[v_2,v_{n+1}]$, $\Delta u_i=u_{i+1}-u_i$, $i=2,3,\cdots,m$, $\Delta v_j=v_{j+1}-v_j$, $j=2,3,\cdots,n$. 称由式 (9.3.23) 定义的曲面为第二类 2 次 α-B 曲面, 由式 (9.3.24) 定义的曲面为第二类 2 次 β-B 曲面.

上述两种曲面都具有与相应的两种曲线类似的性质. 例如: 第二类 2 次均匀 α-B 曲面当 $\alpha_1=\alpha_2=\dfrac{9}{8}$ 时 C^5 连续; 第二类 2 次均匀 β-B 曲面当 $\beta_1=\beta_2=\dfrac{3}{8}$ 时 C^5 连续. 由于曲面都带有两个形状参数, 所以可以从两个方向上调节其形状, 更加方便于外形设计.

图 9.3.7、图 9.3.8 展示了取不同参数值时, 由相同的控制网格定义的两种不同

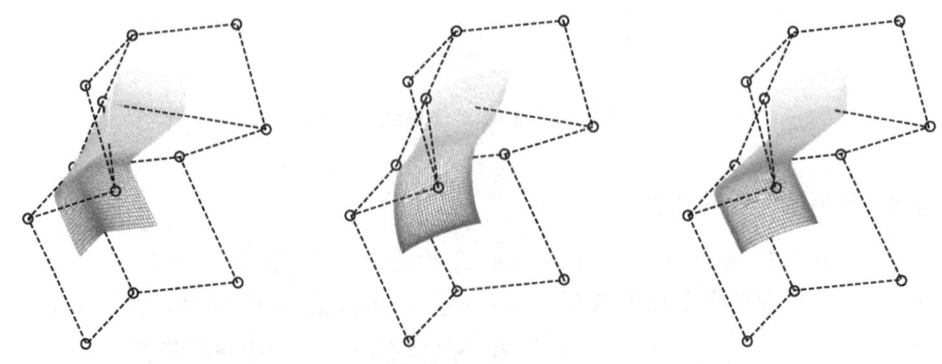

图 9.3.7　取不同参数值时的第二类 2 次 α-B 曲面

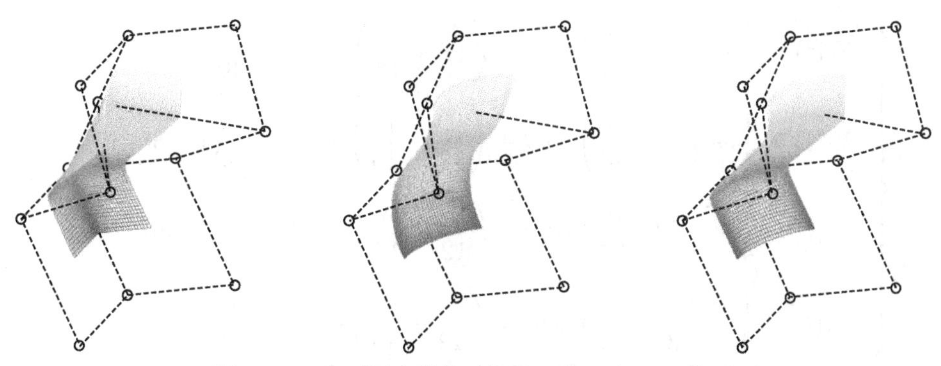

图 9.3.8 取不同参数值时的第二类 2 次 β-B 曲面

的扩展曲面. 在图 9.3.7 中, 左边、中间、右边的曲面分别为取参数 $\alpha_1=\alpha_2=\dfrac{9}{8}$, $\alpha_1=\alpha_2=-4, \alpha_1=-4, \alpha_2=\dfrac{9}{8}$ 所得到的第二类 2 次 α-B 曲面. 在图 9.3.8 中, 左边、中间、右边的曲面分别为取参数 $\beta_1=\beta_2=\dfrac{3}{8}, \beta_1=\beta_2=-1, \beta_1=-1, \beta_2=\dfrac{3}{8}$ 所得到的第二类 2 次 β-B 曲面. 两幅图中, 左边的曲面都为 C^5 连续, 中间和右边的曲面都为 C^3 连续.

9.4 三次均匀 B 样条曲线的扩展

这一节针对 3 次 B 样条曲线相对于其控制多边形形状固定, 以及不能描述除抛物线以外的圆锥曲线的不足进行改进. 将形状参数与三角函数进行有机结合, 在函数空间 $\text{span}\{1, \sin t, \cos t, \cos 2t, \sin 3t, \cos 3t\}$ 上构造了一组含参数的三角样条基, 基于这组基定义了一种结构类似于 3 次 B 样条曲线的带形状参数的三角样条曲线. 新曲线在继承 B 样条曲线主要优点的同时, 既具有形状可调性, 又能精确表示椭圆, 而且其连续性和对控制多边形的逼近性也都优于 3 次 B 样条曲线. 对于等距节点, 在一般情况下, 该曲线整体 C^3 连续, 在特殊条件下可达 C^5 连续. 运用张量积方法, 将曲线推广后所得到的曲面具有与曲线类似的性质, 给出了用曲面表示椭球面的方法.

9.4.1 调配函数的性质

定义 9.4.1 给定 $n+1$ 个控制顶点 $\boldsymbol{Q}_i \in \mathbb{R}^d (d=2,3; i=0,1,\cdots,n)$, 以及节点矢量 $\boldsymbol{U}=(u_0, u_1, \cdots, u_{n+4})$, 其中, $u_0 < u_1 < \cdots < u_{n+4}$. 对于 $t \in \left[0, \dfrac{\pi}{2}\right]$, 定义调配函数

$$\begin{cases} N_0(t)=\dfrac{1}{4}-\left(\dfrac{1}{3}+\dfrac{\alpha}{24}\right)\sin t-\left(\dfrac{1}{12}+\dfrac{\alpha}{15}\right)\cos 2t+\dfrac{\alpha}{40}\sin 3t \\ N_1(t)=\dfrac{1}{4}+\left(\dfrac{1}{3}+\dfrac{\alpha}{24}\right)\cos t+\left(\dfrac{1}{12}+\dfrac{\alpha}{15}\right)\cos 2t+\dfrac{\alpha}{40}\cos 3t \\ N_2(t)=\dfrac{1}{4}+\left(\dfrac{1}{3}+\dfrac{\alpha}{24}\right)\sin t-\left(\dfrac{1}{12}+\dfrac{\alpha}{15}\right)\cos 2t-\dfrac{\alpha}{40}\sin 3t \\ N_3(t)=\dfrac{1}{4}-\left(\dfrac{1}{3}+\dfrac{\alpha}{24}\right)\cos t+\left(\dfrac{1}{12}+\dfrac{\alpha}{15}\right)\cos 2t-\dfrac{\alpha}{40}\cos 3t \end{cases} \tag{9.4.1}$$

其中, α 为参数, 并且 $\alpha\in[-1,1]$. 对于 $i=1,2,\cdots,n-2$, 定义三角样条曲线段

$$\boldsymbol{p}_i(t)=\sum_{j=0}^{3}\boldsymbol{Q}_{i+j-1}N_j(t) \tag{9.4.2}$$

其中, $t\in\left[0,\dfrac{\pi}{2}\right]$, 由所有 $n-2$ 条曲线段构成三角样条曲线

$$\boldsymbol{p}(u)=\boldsymbol{p}_i\left(\frac{\pi}{2}\cdot\frac{u-u_i}{\Delta u_i}\right) \tag{9.4.3}$$

其中, $u\in[u_i,u_{i+1}]\subset[u_3,u_{n+1}]$, $\Delta u_i=u_{i+1}-u_i$, $i=3,4,\cdots,n$. 称由式 (9.4.1) 给出的函数为 3 次 α-B 基, 由式 (9.4.2) 给出的曲线为 3 次 α-B 曲线段, 由式 (9.4.3) 给出的曲线为 3 次 α 曲线. 当所有的 Δu_i 都相等时, $\boldsymbol{U}$ 为等距节点矢量, 称对应的曲线为 3 次均匀 α-B 曲线.

3 次 α-B 基具有下列性质:

性质 1 非负性. 即: $N_i(t)\geqslant 0(i=0,1,2,3)$.

性质 2 规范性. 即: $N_0(t)+N_1(t)+N_2(t)+N_3(t)=1$.

性质 3 对称性. 即: $N_i\left(\dfrac{\pi}{2}-t\right)=N_{3-i}(t)(i=0,1,2,3)$.

性质 4 单调性. 即: 对于固定的 $t\in\left[0,\dfrac{\pi}{2}\right]$, $N_0(t)$ 与 $N_3(t)$ 是关于参数 α 的单调递减函数.

性质 5 端点性质: 即: 在定义区间的左、右端点处, 第二类 α-B 基的函数值, 以及从一阶至五阶的导数值结果如下:

$$\begin{cases} N_0(0)=N_2(0)=\dfrac{1}{6}-\dfrac{\alpha}{15}, N_1(0)=\dfrac{2}{3}+\dfrac{2\alpha}{15}, N_3(0)=0 \\ N_0\left(\dfrac{\pi}{2}\right)=0, N_1\left(\dfrac{\pi}{2}\right)=N_3\left(\dfrac{\pi}{2}\right)=\dfrac{1}{6}-\dfrac{\alpha}{15}, N_2\left(\dfrac{\pi}{2}\right)=\dfrac{2}{3}+\dfrac{2\alpha}{15} \end{cases} \tag{9.4.4}$$

$$\begin{cases} N_0'(0)=\dfrac{\alpha}{30}-\dfrac{1}{3}, N_2'(0)=\dfrac{1}{3}-\dfrac{\alpha}{30}, N_1'(0)=N_3'(0)=0 \\ N_0'\left(\dfrac{\pi}{2}\right)=N_2'\left(\dfrac{\pi}{2}\right)=0, N_1'\left(\dfrac{\pi}{2}\right)=\dfrac{\alpha}{30}-\dfrac{1}{3}, N_3'\left(\dfrac{\pi}{2}\right)=\dfrac{1}{3}-\dfrac{\alpha}{30} \end{cases} \tag{9.4.5}$$

$$\begin{cases} N_0''(0)=N_2''(0)=\dfrac{1}{3}+\dfrac{4\alpha}{15}, N_1''(0)=-\dfrac{2}{3}-\dfrac{8\alpha}{15}, N_3''(0)=0 \\ N_0''\left(\dfrac{\pi}{2}\right)=0, N_1''\left(\dfrac{\pi}{2}\right)=N_3''\left(\dfrac{\pi}{2}\right)=\dfrac{1}{3}+\dfrac{4\alpha}{15}, N_2''\left(\dfrac{\pi}{2}\right)=-\dfrac{2}{3}-\dfrac{8\alpha}{15} \end{cases} \tag{9.4.6}$$

$$\begin{cases} N_0'''(0)=\dfrac{1}{3}-\dfrac{19\alpha}{30}, N_2'''(0)=\dfrac{19\alpha}{30}-\dfrac{1}{3}, N_1'''(0)=N_3'''(0)=0 \\ N_0'''\left(\dfrac{\pi}{2}\right)=N_2'''\left(\dfrac{\pi}{2}\right)=0, N_1'''\left(\dfrac{\pi}{2}\right)=\dfrac{1}{3}-\dfrac{19\alpha}{30}, N_3'''\left(\dfrac{\pi}{2}\right)=\dfrac{19\alpha}{30}-\dfrac{1}{3} \end{cases} \tag{9.4.7}$$

$$\begin{cases} N_0^{(4)}(0)=-\dfrac{4}{3}-\dfrac{16\alpha}{15}, N_1^{(4)}(0)=\dfrac{5}{3}+\dfrac{47\alpha}{15}, N_2^{(4)}(0)=-\dfrac{4}{3}-\dfrac{16\alpha}{15}, \\ N_3^{(4)}(0)=1-\alpha \\ N_0^{(4)}\left(\dfrac{\pi}{2}\right)=1-\alpha, N_1^{(4)}\left(\dfrac{\pi}{2}\right)=-\dfrac{4}{3}-\dfrac{16\alpha}{15}, N_2^{(4)}\left(\dfrac{\pi}{2}\right)=\dfrac{5}{3}+\dfrac{47\alpha}{15}, \\ N_3^{(4)}\left(\dfrac{\pi}{2}\right)=-\dfrac{4}{3}-\dfrac{16\alpha}{15} \end{cases} \tag{9.4.8}$$

$$\begin{cases} N_0^{(5)}(0)=\dfrac{181\alpha}{30}-\dfrac{1}{3}, N_2^{(5)}(0)=\dfrac{1}{3}-\dfrac{181\alpha}{30}, N_1^{(5)}(0)=N_3^{(5)}(0)=0 \\ N_0^{(5)}\left(\dfrac{\pi}{2}\right)=N_2^{(5)}\left(\dfrac{\pi}{2}\right)=0, N_1^{(5)}\left(\dfrac{\pi}{2}\right)=\dfrac{181\alpha}{30}-\dfrac{1}{3}, N_3^{(5)}\left(\dfrac{\pi}{2}\right)=\dfrac{1}{3}-\dfrac{181\alpha}{30} \end{cases} \tag{9.4.9}$$

9.4.2 扩展曲线的连续性

表达式 (9.4.2) 完全类似于 3 次 B 样条曲线的分段表达, 因而 3 次 α-B 曲线具有许多与 3 次 B 样条曲线相同的性质. 例如: 局部控制性、几何不变性、凸包性、对称性等. 但因为端点性质的特殊性, 3 次 α-B 曲线具有比 3 次 B 样条曲线更好的连续性.

由 3 次 α-B 基的端点性质, 即式 (9.4.4)$\sim$ 式 (9.4.9), 并结合 3 次 α-B 曲线段的表达式, 即式 (9.4.2), 可以推出

$$\boldsymbol{p}_{i-1}\left(\frac{\pi}{2}\right)=\boldsymbol{p}_i(0)=\left(\frac{1}{6}-\frac{\alpha}{15}\right)\boldsymbol{Q}_{i-1}+\left(\frac{2}{3}+\frac{2\alpha}{15}\right)\boldsymbol{Q}_i+\left(\frac{1}{6}-\frac{\alpha}{15}\right)\boldsymbol{Q}_{i+1}$$

$$\boldsymbol{p}'_{i-1}\left(\frac{\pi}{2}\right)=\boldsymbol{p}'_i(0)=\left(\frac{1}{3}-\frac{\alpha}{30}\right)(\boldsymbol{Q}_{i+1}-\boldsymbol{Q}_{i-1})$$

$$\boldsymbol{p}''_{i-1}\left(\frac{\pi}{2}\right)=\boldsymbol{p}''_i(0)=\left(\frac{1}{3}+\frac{4\alpha}{15}\right)\boldsymbol{Q}_{i-1}-\left(\frac{2}{3}+\frac{8\alpha}{15}\right)\boldsymbol{Q}_i+\left(\frac{1}{3}+\frac{4\alpha}{15}\right)\boldsymbol{Q}_{i+1}$$

$$\boldsymbol{p}'''_{i-1}\left(\frac{\pi}{2}\right)=\boldsymbol{p}'''_i(0)=\left(\frac{19\alpha}{30}-\frac{1}{3}\right)(\boldsymbol{Q}_{i+1}-\boldsymbol{Q}_{i-1})$$

$$\times\begin{cases}\boldsymbol{p}^{(4)}_{(i-1)}\left(\dfrac{\pi}{2}\right)=(1-\alpha)\boldsymbol{Q}_{i-2}-\left(\dfrac{4}{3}+\dfrac{16\alpha}{15}\right)\boldsymbol{Q}_{i-1}+\left(\dfrac{5}{3}+\dfrac{47\alpha}{15}\right)\boldsymbol{Q}_i\\-\left(\dfrac{4}{3}+\dfrac{16\alpha}{15}\right)\boldsymbol{Q}_{i+1}\\\boldsymbol{p}^{(4)}_i(0)=-\left(\dfrac{4}{3}+\dfrac{16\alpha}{15}\right)\boldsymbol{Q}_{i-1}+\left(\dfrac{5}{3}+\dfrac{47\alpha}{15}\right)\boldsymbol{Q}_i-\left(\dfrac{4}{3}+\dfrac{16\alpha}{15}\right)\boldsymbol{Q}_{i+1}\\+(1-\alpha)\boldsymbol{Q}_{i+2}\end{cases}$$

$$\boldsymbol{p}^{(5)}_{(i-1)}\left(\frac{\pi}{2}\right)=\boldsymbol{p}^{(5)}_i(0)=\left(\frac{1}{3}-\frac{181\alpha}{30}\right)(\boldsymbol{Q}_{i+1}-\boldsymbol{Q}_{i-1})$$

因此有

$$\boldsymbol{p}^{(k)}_{i-1}\left(\frac{\pi}{2}\right)=\boldsymbol{p}^{(k)}_i(0)\tag{9.4.10}$$

其中, 当 $\alpha\neq 1$ 时, $k=0,1,2,3,5$; 当 $\alpha=1$ 时, $k=0,1,2,3,4,5$.

又根据 3 次 α-B 曲线的表达式, 即式 (9.4.3), 可知: 对 $u\in[u_i,u_{i+1}]$, $t=\dfrac{\pi}{2}\cdot\dfrac{u-u_i}{\Delta u_i}$, 有

$$\boldsymbol{p}^{(k)}(u)=\left(\frac{\pi}{2}\cdot\frac{1}{\Delta u_i}\right)^k\boldsymbol{p}^{(k)}_i(t)$$

由此可得

$$\begin{cases}\boldsymbol{p}^{(k)}(u_i-)=\left(\dfrac{\pi}{2}\cdot\dfrac{1}{\Delta u_{i-1}}\right)^k\boldsymbol{p}^{(k)}_{i-1}\left(\dfrac{\pi}{2}\right)\\\boldsymbol{p}^{(k)}(u_i+)=\left(\dfrac{\pi}{2}\cdot\dfrac{1}{\Delta u_i}\right)^k\boldsymbol{p}^{(k)}_i(0)\end{cases}\tag{9.4.11}$$

综合式 (9.4.10)、式 (9.4.11), 可得

$$\boldsymbol{p}^{(k)}(u_i-)=\left(\frac{\Delta u_i}{\Delta u_{i-1}}\right)^k\boldsymbol{p}^{(k)}(u_i+)$$

其中, 当 $\alpha \neq 1$ 时, $k = 0,1,2,3,5$; 当 $\alpha = 1$ 时, $k = 0,1,2,3,4,5$. 这说明 3 次 α-B 曲线当 $\alpha \neq 1$ 时 G^3 连续, 当 $\alpha = 1$ 时 G^5 连续. 特别地, 对于 3 次均匀 α-B 曲线而言, 当 $\alpha \neq 1$ 时 C^3 连续, 当 $\alpha = 1$ 时 C^5 连续.

图 9.4.1 展示了取不同参数值时, 由相同的控制多边形定义的三条不同的 3 次均匀 α-B 曲线, 图中红色、蓝色、绿色曲线分别取参数 $\alpha = 1,0,-1$, 其中的红色曲线 C^5 连续, 蓝色、绿色曲线 C^3 连续.

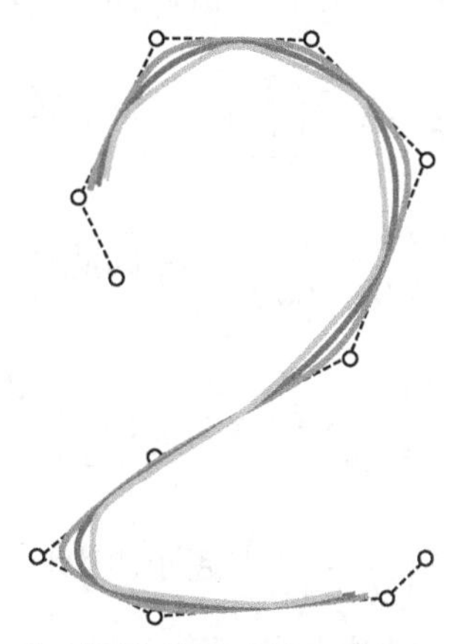

图 9.4.1 取不同参数值时的 3 次均匀 α-B 曲线

9.4.3 扩展曲线的逼近性

下面分析当取不同的参数 α 时, 3 次 α-B 曲线对其控制多边形的逼近程度, 并与 3 次 B 样条曲线做比较.

由 3 次 α-B 基的端点性质, 即式 (9.4.4), 并结合 3 次 α-B 曲线段的表达式, 即式 (9.4.2), 可以推出

$$\begin{cases} \boldsymbol{p}_i(0) - \boldsymbol{Q}_i = \left(\dfrac{1}{6} - \dfrac{\alpha}{15}\right)(\boldsymbol{Q}_{i-1} - 2\boldsymbol{Q}_i + \boldsymbol{Q}_{i+1}) \\ \boldsymbol{p}_i\left(\dfrac{\pi}{2}\right) - \boldsymbol{Q}_{i+1} = \left(\dfrac{1}{6} - \dfrac{\alpha}{15}\right)(\boldsymbol{Q}_i - 2\boldsymbol{Q}_{i+1} + \boldsymbol{Q}_{i+2}) \end{cases}$$

在上式两端同时取范数, 可得

$$\begin{cases} \|\boldsymbol{p}_i(0) - \boldsymbol{Q}_i\| = \left(\dfrac{1}{6} - \dfrac{\alpha}{15}\right)\|\boldsymbol{Q}_{i-1} - 2\boldsymbol{Q}_i + \boldsymbol{Q}_{i+1}\| \\ \left\|\boldsymbol{p}_i\left(\dfrac{\pi}{2}\right) - \boldsymbol{Q}_{i+1}\right\| = \left(\dfrac{1}{6} - \dfrac{\alpha}{15}\right)\|\boldsymbol{Q}_i - 2\boldsymbol{Q}_{i+1} + \boldsymbol{Q}_{i+2}\| \end{cases} \tag{9.4.12}$$

由式 (9.4.12) 可知: 参数 α 越大, 每一段 3 次 α-B 曲线的起点 $\boldsymbol{p}_i(0)$ 与控制顶点 $\boldsymbol{Q}_i$ 的距离就越小, 同样地, 每一段 3 次 α-B 曲线的终点 $\boldsymbol{p}_i\left(\frac{\pi}{2}\right)$ 与控制顶点 $\boldsymbol{Q}_{i+1}$ 的距离也越小.

接下来, 分析 3 次 α-B 曲线段的中点 $\boldsymbol{p}_i\left(\frac{\pi}{4}\right)$ 与其控制多边形中间边的中点之间的距离.

直接对式 (9.4.1)、式 (9.4.2) 进行赋值计算, 可以推出:

$$\boldsymbol{p}_i\left(\frac{\pi}{4}\right)-\frac{\boldsymbol{Q}_i+\boldsymbol{Q}_{i+1}}{2}=\left[\frac{1}{2}-\sqrt{2}\left(\frac{1}{3}+\frac{\alpha}{60}\right)\right]\left(\frac{\boldsymbol{Q}_{i-1}+\boldsymbol{Q}_{i+2}}{2}-\frac{\boldsymbol{Q}_i+\boldsymbol{Q}_{i+1}}{2}\right)$$

注意到 $\forall\alpha\in[-1,1]$, $\frac{1}{2}-\sqrt{2}\left(\frac{1}{3}+\frac{\alpha}{60}\right)>0$, 因此在上式两端同时取范数, 可得

$$\left\|\boldsymbol{p}_i\left(\frac{\pi}{4}\right)-\frac{\boldsymbol{Q}_i+\boldsymbol{Q}_{i+1}}{2}\right\|=\left[\frac{1}{2}-\sqrt{2}\left(\frac{1}{3}+\frac{\alpha}{60}\right)\right]\left\|\frac{\boldsymbol{Q}_{i-1}+\boldsymbol{Q}_{i+2}}{2}-\frac{\boldsymbol{Q}_i+\boldsymbol{Q}_{i+1}}{2}\right\|$$

由于参数 α 越大, 值 $\frac{1}{2}-\sqrt{2}\left(\frac{1}{3}+\frac{\alpha}{60}\right)$ 越小, 因此相应地, 3 次 α-B 曲线段的中点与其控制多边形中间边的中点之间的距离也越小.

综上可知: 随着参数 α 的增大, 3 次 α-B 曲线将逐渐靠近其控制多边形.

另外, 对于 3 次均匀 B 样条曲线段 $\boldsymbol{b}_i(t)$ 而言, 有

$$\begin{cases}\|\boldsymbol{b}_i(0)-\boldsymbol{Q}_i\|=\dfrac{1}{6}\|\boldsymbol{Q}_{i-1}-2\boldsymbol{Q}_i+\boldsymbol{Q}_{i+1}\|\\[2ex]\left\|\boldsymbol{b}_i\left(\dfrac{1}{2}\right)-\dfrac{\boldsymbol{Q}_i+\boldsymbol{Q}_{i+1}}{2}\right\|=\dfrac{1}{24}\left\|\dfrac{\boldsymbol{Q}_{i-1}+\boldsymbol{Q}_{i+2}}{2}-\dfrac{\boldsymbol{Q}_i+\boldsymbol{Q}_{i+1}}{2}\right\|\\[2ex]\|\boldsymbol{b}_i(1)-\boldsymbol{Q}_{i+1}\|=\dfrac{1}{6}\|\boldsymbol{Q}_i-2\boldsymbol{Q}_{i+1}+\boldsymbol{Q}_{i+2}\|\end{cases}$$

注意到当 $\alpha\in[0,1]$ 时, $\frac{1}{6}-\frac{\alpha}{15}\leqslant\frac{1}{6}$, 该等号在 $\alpha=0$ 时成立, 这表明当 $\alpha=0$ 时 3 次 α-B 曲线段与 3 次均匀 B 样条曲线段的起、止点重合, 当 $\alpha\in(0,1]$ 时, 前者的起、止点更靠近控制顶点 $\boldsymbol{Q}_i$, $\boldsymbol{Q}_{i+1}$, 又因当 $\alpha\in[0,1]$ 时, $\frac{1}{2}-\sqrt{2}\left(\frac{1}{3}+\frac{\alpha}{60}\right)<\frac{1}{24}$, 因此, 只要在区间 $[0,1]$ 内取参数 α, 所得到的 3 次 α-B 曲线对控制多边形的逼近性就会比 3 次 B 样条曲线更好, 如图 9.4.2 所示.

在图 9.4.2 中, 红色点线为 3 次均匀 B 样条曲线段, 从上到下的黑色实曲线依次为取参数 $\alpha=1,0,-1$ 所得到的 3 次 α-B 曲线段.

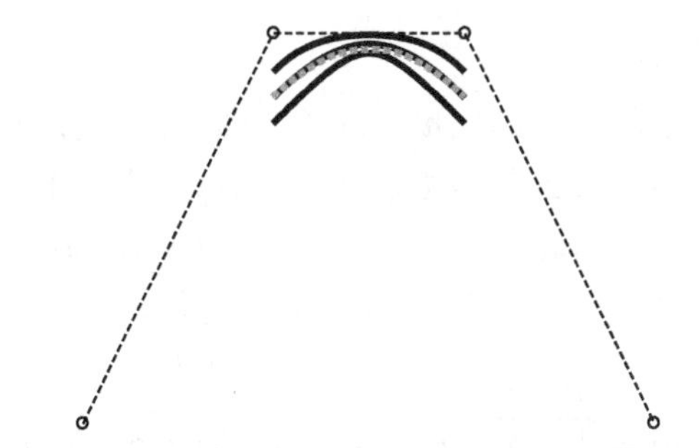

图 9.4.2　3 次 α-B 曲线段与 3 次均匀 B 样条曲线段

9.4.4　椭圆的表示

当取参数 $\alpha = 0$ 时, 若给定控制顶点 $\boldsymbol{Q}_{i-1}(-a, 0)$, $\boldsymbol{Q}_i(0, b)$, $\boldsymbol{Q}_{i+1}(a, 0)$ 以及 $\boldsymbol{Q}_{i+2}(0, -b)$, 其中, $a, b > 0$, 则由式 (9.4.2) 经计算可得

$$\begin{cases} x = \dfrac{2a}{3}\sin t \\[2ex] y = \dfrac{2b}{3}\cos t \end{cases}$$

这是椭圆的参数方程, 表明此时的 $\boldsymbol{p}_i(t)$ 为一段椭圆弧.

如果增加控制顶点, 则可以表示整个椭圆. 具体的方法是: 给定控制顶点 $\boldsymbol{Q}_0(-a, 0)$, $\boldsymbol{Q}_1(0, b)$, $\boldsymbol{Q}_2(a, 0)$, $\boldsymbol{Q}_3(0, -b)$, $\boldsymbol{Q}_4(-a, 0)$, $\boldsymbol{Q}_5(0, b)$ 以及 $\boldsymbol{Q}_6(a, 0)$, 其中, $a, b > 0$, 则当参数 $\alpha = 0$ 时, $\boldsymbol{p}(t)$ 表示一个完整的椭圆, 如图 9.4.3 所示.

在图 9.4.3 中, 取 $a = 2$, $b = 1$, 圆圈表示控制顶点, 红色曲线为椭圆.

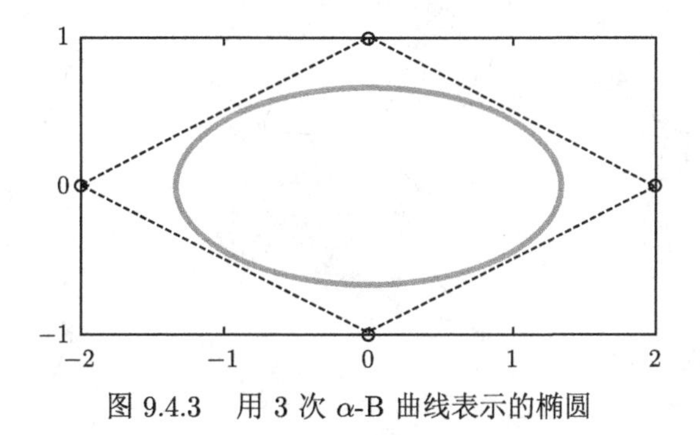

图 9.4.3　用 3 次 α-B 曲线表示的椭圆

显然, 在上述方法中, 当取 $a = b$ 时, 对应的 $\boldsymbol{p}(t)$ 表示一个完整的圆.

9.4.5　扩展曲面及其性质

定义 9.4.2　给定 $(m+1)\times(n+1)$ 个控制顶点 $\boldsymbol{Q}_{ij}(i=0,1,\cdots,m;j=0,1,\cdots,n)$, 以及两个节点矢量 $\boldsymbol{U}=(u_0,u_1,\cdots,u_{m+4})$ 与 $\boldsymbol{V}=(v_0,v_1,\cdots,v_{n+4})$, 其中 $u_0<u_1<\cdots<u_{m+4}$, $v_0<v_1<\cdots<v_{n+4}$, 运用张量积方法, 对 $i=0,1,\cdots,m-2$, $j=0,1,\cdots,n-2$, 以及 $0\leqslant u,v\leqslant\dfrac{\pi}{2}$, 可以定义三角样条曲面片

$$\boldsymbol{p}_{ij}(u,v)=\sum_{k=0}^{3}\sum_{l=0}^{3}\boldsymbol{Q}_{i+k-1,j+l-1}N_k(u,\alpha_1)N_l(v,\alpha_2)$$

其中, $N_k(u,\alpha_1)$ 和 $N_l(v,\alpha_2)$ 分别为带参数 α_1 和 α_2 的 3 次 α-B 基, 所有曲面片构成样条曲面

$$\boldsymbol{p}(u,v)=\boldsymbol{p}_{ij}\left(\frac{\pi}{2}\cdot\frac{u-u_i}{\Delta u_i},\frac{\pi}{2}\cdot\frac{v-v_j}{\Delta v_j}\right) \tag{9.4.13}$$

其中, $u\in[u_i,u_{i+1}]\subset[u_3,u_{m+1}]$, $v\in[v_i,v_{i+1}]\subset[v_3,v_{n+1}]$, $\Delta u_i=u_{i+1}-u_i$, $i=3,4,\cdots,m$, $\Delta v_j=v_{j+1}-v_j, j=3,4,\cdots,n$. 称由式 (9.4.13) 定义的曲面为 3 次 α-B 曲面.

由于 3 次 α-B 曲面在两个不同的参数方向上可以取不同的形状参数, 因此其在形状调整上比 3 次 B 样条曲面更加方便、灵活.

3 次 α-B 曲面具有与 3 次 α-B 曲线类似的性质. 例如: 在一般情况下, 3 次均匀 α-B 曲面 C^3 连续; 当 $\alpha_1=\alpha_2=1$ 时, 3 次均匀 α-B 曲面 C^5 连续.

图 9.4.4 展示了取不同参数值时, 由相同的控制网格定义的 3 张不同的 3 次均匀 α-B 曲面, 每一张曲面都由两张曲面片组成. 左边、中间、右边的曲面分别

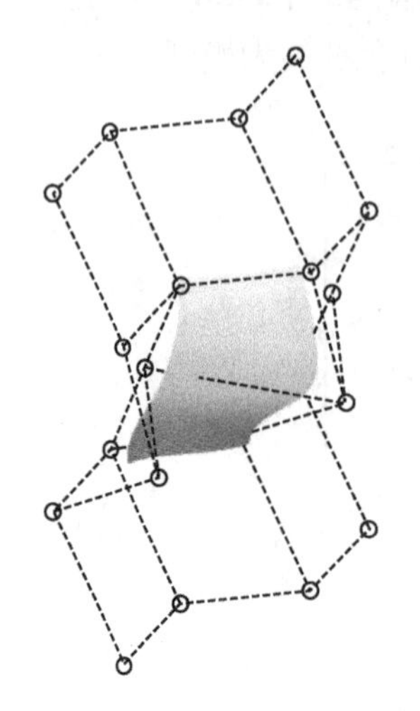
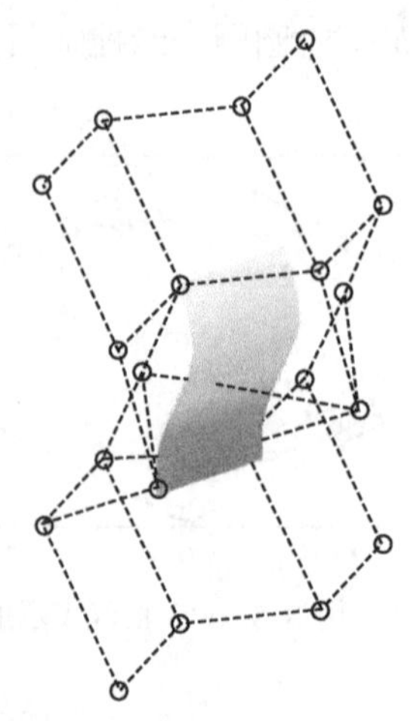
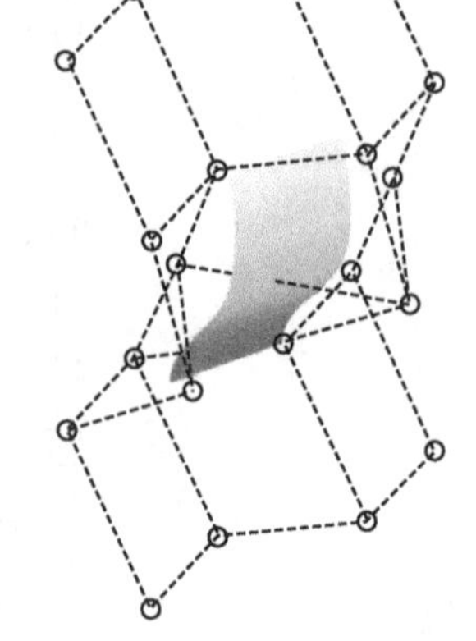

图 9.4.4　3 次均匀 α-B 曲面

取参数 $\alpha_1=\alpha_2=1$, $\alpha_1=\alpha_2=-1$, $\alpha_1=-1,\alpha_2=1$. 其中, 左边的曲面在公共边界处 C^5 连续, 中间和右边的曲面在公共边界处都为 C^3 连续.

9.4.6 椭球面的表示

运用 3 次 α-B 曲面可以精确表示椭球面.

具体地, 当 $\alpha_1=\alpha_2=0$ 时, 若选择控制顶点

$$(\boldsymbol{Q}_{ij})_{4\times4}=\begin{pmatrix}(0,b,0) & (-a,0,0) & (0,-b,0) & (a,0,0)\\(0,0,c) & (0,0,c) & (0,0,c) & (0,0,c)\\(0,-b,0) & (a,0,0) & (0,b,0) & (-a,0,0)\\(0,0,-c) & (0,0,-c) & (0,0,-c) & (0,0,-c)\end{pmatrix}$$

其中, $a,b,c>0$, 则由式 (9.4.13) 经计算可得

$$\begin{cases}x=\dfrac{4}{9}a\sin u\cos v\\[2mm] y=\dfrac{4}{9}b\sin u\sin v\\[2mm] z=\dfrac{2}{3}c\cos u\end{cases}$$

这是椭球面的参数方程, 表明此时的 $\boldsymbol{p}(u,v)$ 为一片椭球面.

若给定控制顶点

$$(\boldsymbol{Q}_{ij})_{5\times7}$$
$$=\begin{pmatrix}(0,b,0) & (-a,0,0) & (0,-b,0) & (a,0,0) & (0,b,0) & (-a,0,0) & (0,-b,0)\\(0,0,c) & (0,0,c) & (0,0,c) & (0,0,c) & (0,0,c) & (0,0,c) & (0,0,c)\\(0,-b,0) & (a,0,0) & (0,b,0) & (-a,0,0) & (0,-b,0) & (a,0,0) & (0,b,0)\\(0,0,-c) & (0,0,-c) & (0,0,-c) & (0,0,-c) & (0,0,-c) & (0,0,-c) & (0,0,-c)\\(0,b,0) & (-a,0,0) & (0,-b,0) & (a,0,0) & (0,b,0) & (-a,0,0) & (0,-b,0)\end{pmatrix}$$

其中, $a,b,c>0$, 则当 $\alpha_1=\alpha_2=0$ 时, $\boldsymbol{p}(u,v)$ 表示一个完整的椭球面. 当 $a=b=\dfrac{3}{2}c$ 时, $\boldsymbol{p}(u,v)$ 表示一个完整的球面.

图 9.4.5 为用 3 次 α-B 曲面表示的整个椭球面的四分之一, 它由 v 向的两张曲面片构成, 图中取 $a=1$, $b=2$, $c=3$.

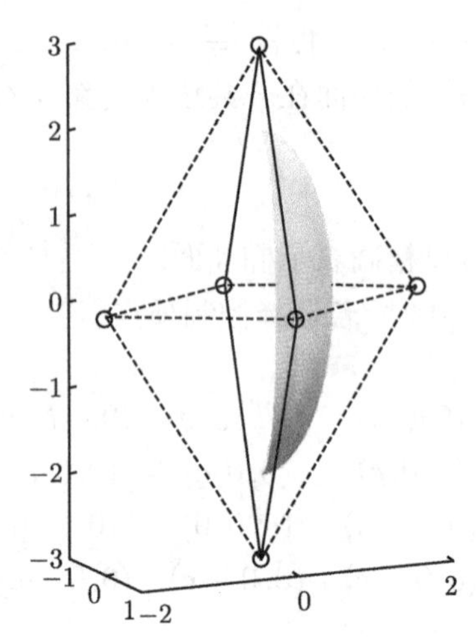

图 9.4.5　用 3 次均匀 α-B 曲面表示的椭球面片

9.5　四次均匀 B 样条曲线的扩展

这一节针对 4 次 B 样条曲线相对于其控制多边形形状固定, 以及不能描述除抛物线以外的圆锥曲线的不足进行改进, 选择的函数空间为 $\mathrm{span}\{1, \sin t, \cos t, \sin^2 t, \sin^3 t, \cos^3 t\}$.

9.5.1　调配函数的性质

定义 9.5.1　给定 $n+1$ 个控制顶点 $\boldsymbol{Q}_i \in \mathbb{R}^d(d=2,3; i=0,1,\cdots,n)$, 以及节点矢量 $\boldsymbol{U}=(u_0, u_1, \cdots, u_{n+5})$, 其中, $u_0 < u_1 < \cdots < u_{n+5}$. 对于 $t \in \left[0, \dfrac{\pi}{2}\right]$, 定义调配函数

$$
\begin{cases}
N_0(t) = \dfrac{1}{12+8\alpha}(1-\sin t)^2(1-\alpha \sin t) \\
N_1(t) = \dfrac{1}{4} + \dfrac{2+\alpha}{12+8\alpha}(\cos t - \sin t) - \dfrac{\alpha}{12+8\alpha}(\sin^3 t - \cos^3 t) \\
N_2(t) = \dfrac{1}{4} + \dfrac{2+\alpha}{12+8\alpha}(\sin t + \cos t) + \dfrac{\alpha}{12+8\alpha}(\sin^3 t + \cos^3 t) \\
N_3(t) = \dfrac{1}{4} + \dfrac{2+\alpha}{12+8\alpha}(\sin t - \cos t) - \dfrac{\alpha}{12+8\alpha}(\cos^3 t - \sin^3 t) \\
N_4(t) = \dfrac{1}{12+8\alpha}(1-\cos t)^2(1-\alpha \cos t)
\end{cases}
\tag{9.5.1}
$$

其中, α 为参数, 并且 $\alpha \in \left[-\dfrac{4}{5}, 1\right]$. 对于 $i = 1, 2, \cdots, n-3$, 定义三角样条曲线段

$$\boldsymbol{p}_i(t) = \sum_{j=0}^{4} \boldsymbol{Q}_{i+j-1} N_j(t) \tag{9.5.2}$$

其中, $t \in \left[0, \dfrac{\pi}{2}\right]$, 由所有 $n-2$ 条曲线段构成三角样条曲线

$$\boldsymbol{p}(u) = \boldsymbol{p}_i\left(\frac{\pi}{2} \cdot \frac{u - u_i}{\Delta u_i}\right) \tag{9.5.3}$$

其中, $u \in [u_i, u_{i+1}] \subset [u_4, u_{n+1}]$, $\Delta u_i = u_{i+1} - u_i$, $i = 4, 5, \cdots, n$. 称由式 (9.5.1) 给出的函数为 4 次 α-B 基, 由式 (9.5.2) 给出的曲线为 4 次 α-B 曲线段, 由式 (9.5.3) 给出的曲线为 4 次 α-B 曲线. 当所有的 Δu_i 都相等时, $\boldsymbol{U}$ 为等距节点矢量, 称对应的曲线为 4 次均匀 α-B 曲线.

4 次 α-B 基具有下列性质:

性质 1 非负性. 即: $N_i(t) \geqslant 0 (i = 0, 1, \cdots, 4)$.

性质 2 规范性. 即: $N_0(t) + N_1(t) + \cdots + N_4(t) = 1$.

性质 3 对称性. 即: $N_i\left(\dfrac{\pi}{2} - t\right) = N_{4-i}(t) (i = 0, 1, \cdots, 4)$.

性质 4 单调性. 即: 对于固定的 $t \in \left[0, \dfrac{\pi}{2}\right]$, $N_0(t)$ 与 $N_4(t)$ 是关于参数 α 的单调递减函数, $N_2(t)$ 是关于参数 α 的单调递增函数.

性质 5 端点性质: 即: 在定义区间的左、右端点处, 4 次 α-B 基的函数值, 以及从一阶至五阶的导数值结果如下:

$$\begin{cases} N_0(0) = N_3(0) = \dfrac{1}{12+8\alpha}, \quad N_1(0) = N_2(0) = \dfrac{5+4\alpha}{12+8\alpha}, \quad N_4(0) = 0 \\ N_0\left(\dfrac{\pi}{2}\right) = 0, \quad N_1\left(\dfrac{\pi}{2}\right) = N_4\left(\dfrac{\pi}{2}\right) = \dfrac{1}{12+8\alpha}, \quad N_2\left(\dfrac{\pi}{2}\right) = N_3\left(\dfrac{\pi}{2}\right) = \dfrac{5+4\alpha}{12+8\alpha} \end{cases} \tag{9.5.4}$$

$$\begin{cases} N_0'(0) = N_1'(0) = -\dfrac{2+\alpha}{12+8\alpha}, \quad N_2'(0) = N_3'(0) = \dfrac{2+\alpha}{12+8\alpha}, \quad N_4'(0) = 0 \\ N_0'\left(\dfrac{\pi}{2}\right) = 0, \quad N_1'\left(\dfrac{\pi}{2}\right) = N_2'\left(\dfrac{\pi}{2}\right) = -\dfrac{2+\alpha}{12+8\alpha}, \quad N_3'\left(\dfrac{\pi}{2}\right) = N_4'\left(\dfrac{\pi}{2}\right) = \dfrac{2+\alpha}{12+8\alpha} \end{cases} \tag{9.5.5}$$

$$\begin{cases} N_0''(0) = N_3''(0) = \dfrac{1+2\alpha}{6+4\alpha}, \quad N_1''(0) = N_2''(0) = -\dfrac{1+2\alpha}{6+4\alpha}, \quad N_4''(0) = 0 \\ N_0''\left(\dfrac{\pi}{2}\right)=0, \quad N_1''\left(\dfrac{\pi}{2}\right)=N_4''\left(\dfrac{\pi}{2}\right)=\dfrac{1+2\alpha}{6+4\alpha}, \quad N_2''\left(\dfrac{\pi}{2}\right)=N_3''\left(\dfrac{\pi}{2}\right)=-\dfrac{1+2\alpha}{6+4\alpha} \end{cases} \tag{9.5.6}$$

$$\begin{cases} N_0'''(0) = N_1'''(0) = \dfrac{2-5\alpha}{12+8\alpha}, \quad N_2'''(0) = N_3'''(0) = \dfrac{5\alpha-2}{12+8\alpha}, \quad N_4'''(0) = 0 \\ N_0'''\left(\dfrac{\pi}{2}\right) = 0, \quad N_1'''\left(\dfrac{\pi}{2}\right) = N_2'''\left(\dfrac{\pi}{2}\right) = \dfrac{2-5\alpha}{12+8\alpha}, \\ N_3'''\left(\dfrac{\pi}{2}\right) = N_4'''\left(\dfrac{\pi}{2}\right) = \dfrac{5\alpha-2}{12+8\alpha} \end{cases} \tag{9.5.7}$$

$$\begin{cases} N_0^{(4)}(0) = -\dfrac{2+4\alpha}{3+2\alpha}, \quad N_1^{(4)}(0) = N_2^{(4)}(0) = \dfrac{1+11\alpha}{6+4\alpha}, \quad N_3^{(4)}(0) = -\dfrac{1+11\alpha}{6+4\alpha}, \\ N_4^{(4)}(0) = \dfrac{3-3\alpha}{6+4\alpha} \\ N_0^{(4)}\left(\dfrac{\pi}{2}\right) = \dfrac{3-3\alpha}{6+4\alpha}, \quad N_1^{(4)}\left(\dfrac{\pi}{2}\right) = -\dfrac{1+11\alpha}{6+4\alpha}, \\ N_2^{(4)}\left(\dfrac{\pi}{2}\right) = N_3^{(4)}\left(\dfrac{\pi}{2}\right) = \dfrac{1+11\alpha}{6+4\alpha}, \quad N_4^{(4)}\left(\dfrac{\pi}{2}\right) = -\dfrac{2+4\alpha}{3+2\alpha} \end{cases} \tag{9.5.8}$$

$$\begin{cases} N_0^{(5)}(0) = N_1^{(5)}(0) = \dfrac{59\alpha-2}{12+8\alpha}, \quad N_2^{(5)}(0) = N_3^{(5)}(0) = \dfrac{2-59\alpha}{12+8\alpha}, \quad N_4^{(5)}(0) = 0 \\ N_0^{(5)}\left(\dfrac{\pi}{2}\right) = 0, \quad N_1^{(5)}\left(\dfrac{\pi}{2}\right) = N_2^{(5)}\left(\dfrac{\pi}{2}\right) = \dfrac{59\alpha-2}{12+8\alpha}, \\ N_3^{(5)}\left(\dfrac{\pi}{2}\right) = N_4^{(5)}\left(\dfrac{\pi}{2}\right) = \dfrac{2-59\alpha}{12+8\alpha} \end{cases} \tag{9.5.9}$$

图 9.5.1 所示为分别取参数 $\alpha = -0.5$(点线)、$\alpha = 0$(实线)、$\alpha = 1$(虚线) 时所得到的 4 次 α-B 基的图形.

9.5.2 扩展曲线的连续性

表达式 (9.5.2) 完全类似于 4 次 B 样条曲线的分段表达, 因而 4 次 α-B 曲线具有许多与 4 次 B 样条曲线相同的性质. 例如: 局部控制性、几何不变性、凸包性、对称性等. 但因为端点性质的特殊性, 4 次 α-B 曲线具有比 4 次 B 样条曲线更好的连续性.

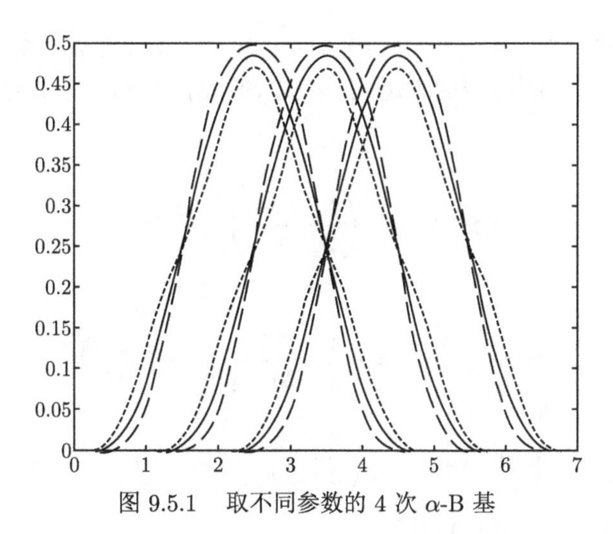

图 9.5.1　取不同参数的 4 次 α-B 基

由 4 次 α-B 基的端点性质, 即式 (9.5.4)~ 式 (9.5.9), 并结合 4 次 α-B 曲线段的表达式, 即式 (9.5.2), 可以推出

$$\boldsymbol{p}_{i-1}\left(\frac{\pi}{2}\right)=\boldsymbol{p}_i(0)=\frac{1}{12+8\alpha}[\boldsymbol{Q}_{i-1}+(5+4\alpha)\boldsymbol{Q}_i+(5+4\alpha)\boldsymbol{Q}_{i+1}+\boldsymbol{Q}_{i+2}]$$

$$\boldsymbol{p}'_{i-1}\left(\frac{\pi}{2}\right)=\boldsymbol{p}'_i(0)=-\frac{2+\alpha}{12+8\alpha}(\boldsymbol{Q}_{i-1}+\boldsymbol{Q}_i-\boldsymbol{Q}_{i+1}-\boldsymbol{Q}_{i+2})$$

$$\boldsymbol{p}''_{i-1}\left(\frac{\pi}{2}\right)=\boldsymbol{p}''_i(0)=\frac{1+2\alpha}{6+4\alpha}(\boldsymbol{Q}_{i-1}-\boldsymbol{Q}_i-\boldsymbol{Q}_{i+1}+\boldsymbol{Q}_{i+2})$$

$$\boldsymbol{p}'''_{i-1}\left(\frac{\pi}{2}\right)=\boldsymbol{p}'''_i(0)=\frac{2-5\alpha}{12+8\alpha}(\boldsymbol{Q}_{i-1}+\boldsymbol{Q}_i-\boldsymbol{Q}_{i+1}-\boldsymbol{Q}_{i+2})$$

$$\begin{cases}\boldsymbol{p}^{(4)}_{(i-1)}\left(\dfrac{\pi}{2}\right)=\dfrac{1}{6+4\alpha}[3(1-\alpha)\boldsymbol{Q}_{i-2}-(1+11\alpha)\boldsymbol{Q}_{i-1}\\ \qquad\qquad +(1+11\alpha)\boldsymbol{Q}_i+(1+11\alpha)\boldsymbol{Q}_{i+1}-(4+8\alpha)\boldsymbol{Q}_{i+2}]\\ \boldsymbol{p}^{(4)}_i(0)=\dfrac{1}{6+4\alpha}[-(4+8\alpha)\boldsymbol{Q}_{i-1}+(1+11\alpha)\boldsymbol{Q}_i\\ \qquad\qquad +(1+11\alpha)\boldsymbol{Q}_{i+1}-(1+11\alpha)\boldsymbol{Q}_{i+2}+3(1-\alpha)\boldsymbol{Q}_{i+3}]\end{cases}$$

$$\boldsymbol{p}^{(5)}_{(i-1)}\left(\frac{\pi}{2}\right)=\boldsymbol{p}^{(5)}_i(0)=\frac{59\alpha-2}{12+8\alpha}(\boldsymbol{Q}_{i-1}+\boldsymbol{Q}_i-\boldsymbol{Q}_{i+1}-\boldsymbol{Q}_{i+2})$$

因此有

$$\boldsymbol{p}^{(k)}_{i-1}\left(\frac{\pi}{2}\right)=\boldsymbol{p}^{(k)}_i(0) \tag{9.5.10}$$

其中, 当 $\alpha \neq 1$ 时, $k=0,1,2,3,5$; 当 $\alpha=1$ 时, $k=0,1,2,3,4,5$.

又根据 4 次 α-B 曲线的表达式, 即式 (9.5.3), 可知: 对 $u \in [u_i, u_{i+1}]$, $t=\dfrac{\pi}{2}\cdot\dfrac{u-u_i}{\Delta u_i}$, 有

$$\boldsymbol{p}^{(k)}(u)=\left(\frac{\pi}{2}\cdot\frac{1}{\Delta u_i}\right)^k \boldsymbol{p}_i^{(k)}(t)$$

由此可得

$$\begin{cases}\boldsymbol{p}^{(k)}(u_i-)=\left(\dfrac{\pi}{2}\cdot\dfrac{1}{\Delta u_{i-1}}\right)^k \boldsymbol{p}_{i-1}^{(k)}\left(\dfrac{\pi}{2}\right)\\[2ex] \boldsymbol{p}^{(k)}(u_i+)=\left(\dfrac{\pi}{2}\cdot\dfrac{1}{\Delta u_i}\right)^k \boldsymbol{p}_i^{(k)}(0)\end{cases} \tag{9.5.11}$$

综合式 (9.5.10)、式 (9.5.11), 可得

$$\boldsymbol{p}^{(k)}(u_i-)=\left(\frac{\Delta u_i}{\Delta u_{i-1}}\right)^k \boldsymbol{p}^{(k)}(u_i+)$$

其中, 当 $\alpha \neq 1$ 时, $k=0,1,2,3,5$; 当 $\alpha=1$ 时, $k=0,1,2,3,5$. 这说明 4 次 α-B 曲线当 $\alpha \neq 1$ 时 G^3 连续, 当 $\alpha=1$ 时 G^5 连续. 特别地, 对于 4 次均匀 α-B 曲线而言, 当 $\alpha \neq 1$ 时 C^3 连连续, 当 $\alpha=1$ 时 C^5 连续.

9.5.3 扩展曲线的几何特征

由 9.5.2 节中的分析可知

$$\begin{cases}\boldsymbol{p}_i(0)=\dfrac{\boldsymbol{Q}_i+\boldsymbol{Q}_{i+1}}{2}+\dfrac{1}{6+4\alpha}\left(\dfrac{\boldsymbol{Q}_{i-1}+\boldsymbol{Q}_{i+2}}{2}-\dfrac{\boldsymbol{Q}_i+\boldsymbol{Q}_{i+1}}{2}\right)\\[2ex] \boldsymbol{p}_i\left(\dfrac{\pi}{2}\right)=\dfrac{\boldsymbol{Q}_{i+1}+\boldsymbol{Q}_{i+2}}{2}+\dfrac{1}{6+4\alpha}\left(\dfrac{\boldsymbol{Q}_i+\boldsymbol{Q}_{i+3}}{2}-\dfrac{\boldsymbol{Q}_{i+1}+\boldsymbol{Q}_{i+2}}{2}\right)\end{cases} \tag{9.5.12}$$

$$\begin{cases}\boldsymbol{p}_i'(0)=\dfrac{2+\alpha}{6+4\alpha}\left(\dfrac{\boldsymbol{Q}_{i+1}+\boldsymbol{Q}_{i+2}}{2}-\dfrac{\boldsymbol{Q}_{i-1}+\boldsymbol{Q}_i}{2}\right)\\[2ex] \boldsymbol{p}_i'\left(\dfrac{\pi}{2}\right)=\dfrac{2+\alpha}{6+4\alpha}\left(\dfrac{\boldsymbol{Q}_{i+2}+\boldsymbol{Q}_{i+3}}{2}-\dfrac{\boldsymbol{Q}_i+\boldsymbol{Q}_{i+1}}{2}\right)\end{cases} \tag{9.5.13}$$

$$\begin{cases}\boldsymbol{p}_i''(0)=\dfrac{1+2\alpha}{3+2\alpha}\left(\dfrac{\boldsymbol{Q}_{i-1}+\boldsymbol{Q}_{i+2}}{2}-\dfrac{\boldsymbol{Q}_i+\boldsymbol{Q}_{i+1}}{2}\right)\\[2ex] \boldsymbol{p}_i''\left(\dfrac{\pi}{2}\right)=\dfrac{1+2\alpha}{3+2\alpha}\left(\dfrac{\boldsymbol{Q}_i+\boldsymbol{Q}_{i+3}}{2}-\dfrac{\boldsymbol{Q}_{i+1}+\boldsymbol{Q}_{i+2}}{2}\right)\end{cases} \tag{9.5.14}$$

由式 (9.5.12) 可知: 4 次 α-B 曲线段的起点位于边 $\boldsymbol{Q}_i\boldsymbol{Q}_{i+1}$ 和 $\boldsymbol{Q}_{i-1}\boldsymbol{Q}_{i+2}$ 中点连线的 $\dfrac{1}{6+4\alpha}$ 处 (从边 $\boldsymbol{Q}_i\boldsymbol{Q}_{i+1}$ 的中点出发). 由式 (9.5.13) 可知: 4 次 α-B 曲线段在起点处的切矢与从边 $\boldsymbol{Q}_{i-1}\boldsymbol{Q}_i$ 的中点向边 $\boldsymbol{Q}_{i-1}\boldsymbol{Q}_{i+2}$ 的中点所引的矢量平行, 模为其长度的 $\dfrac{2+\alpha}{6+4\alpha}$ 倍. 由式 (9.5.14) 可知: 4 次 α-B 曲线段在起点处的二阶导矢与从边 $\boldsymbol{Q}_i\boldsymbol{Q}_{i+1}$ 的中点向边 $\boldsymbol{Q}_{i-1}\boldsymbol{Q}_{i+2}$ 的中点所引的矢量平行, 模为其长度的 $\dfrac{1+2\alpha}{3+2\alpha}$ 倍. 对于终点也存在类似的结论.

图 9.5.2 描述了取参数 $\alpha=0$ 时 4 次 α-B 曲线段的几何特征.

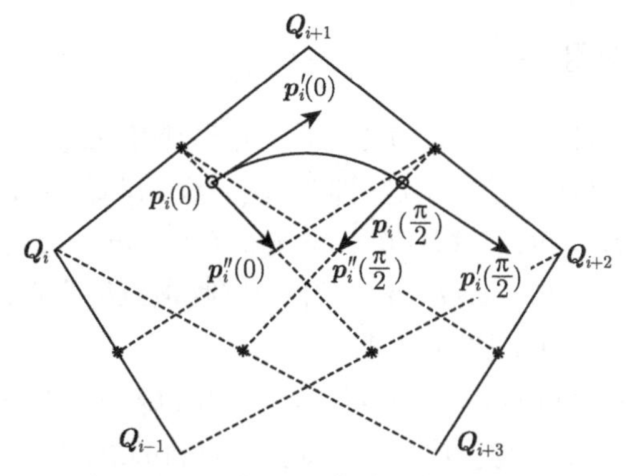

图 9.5.2 4 次 α-B 曲线段的几何特征

9.5.4 椭圆的表示

当参数 $\alpha=0$ 时, 若给定控制顶点 $\boldsymbol{Q}_{i-1}(0,-b)$, $\boldsymbol{Q}_i(-a,0)$, $\boldsymbol{Q}_{i+1}(0,b)$, $\boldsymbol{Q}_{i+2}$ $(a,0)$ 和 $\boldsymbol{Q}_{i+3}(0,-b)$, 其中, $a,b>0$, 则由式 (9.5.2) 经计算可得

$$\begin{cases} x=\dfrac{a}{3}(\sin t-\cos t) \\ y=\dfrac{b}{3}(\sin t+\cos t) \end{cases}$$

这是椭圆的参数方程, 表明此时的 $\boldsymbol{p}_i(t)$ 为一段椭圆弧.

若增加控制顶点, 则可以表示整个椭圆. 具体是: 给定控制顶点 $\boldsymbol{Q}_0(0,-b)$, $\boldsymbol{Q}_1(-a,0)$, $\boldsymbol{Q}_2(0,b)$, $\boldsymbol{Q}_3(a,0)$, $\boldsymbol{Q}_4(0,-b)$, $\boldsymbol{Q}_5(-a,0)$, $\boldsymbol{Q}_6(0,b)$ 和 $\boldsymbol{Q}_7(a,0)$, 其中, $a,b>0$, 则当参数 $\alpha=0$ 时, $\boldsymbol{p}(t)$ 表示一个完整的椭圆, 如图 9.5.3 所示.

在图 9.5.3 中, 取 $a=3$, $b=2$, 圆圈表示控制顶点, 红色曲线为椭圆.

显然, 在上述方法中, 当取 $a=b$ 时, 对应的 $\boldsymbol{p}(t)$ 表示一个完整的圆.

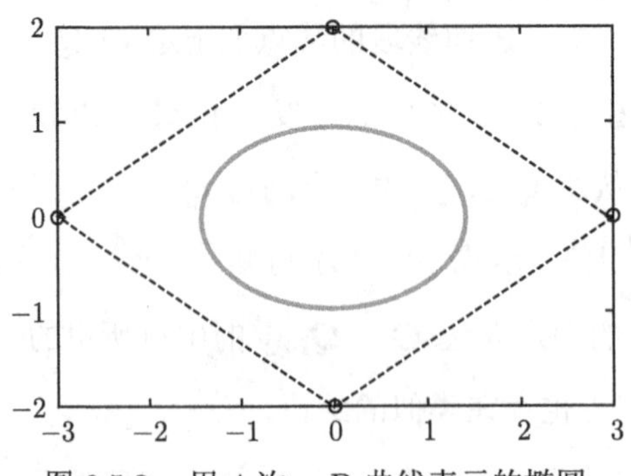

图 9.5.3 用 4 次 α-B 曲线表示的椭圆

9.5.5 扩展曲线的应用

对于给定的开的点列 $\boldsymbol{Q}_i(i=0,1,\cdots,n)$, 若希望 4 次 α-B 曲线插值于其起点 $\boldsymbol{Q}_0$ 以及终点 $\boldsymbol{Q}_n$, 并且与首、末边, 即与 $\boldsymbol{Q}_1-\boldsymbol{Q}_0$ 和 $\boldsymbol{Q}_n-\boldsymbol{Q}_{n-1}$ 相切, 只需要添加四个辅助顶点 $\boldsymbol{Q}_{-2}=2\boldsymbol{Q}_0-\boldsymbol{Q}_1$, $\boldsymbol{Q}_{-1}=\boldsymbol{Q}_0$, $\boldsymbol{Q}_{n+1}=\boldsymbol{Q}_n$, $\boldsymbol{Q}_{n+2}=2\boldsymbol{Q}_n-\boldsymbol{Q}_{n-1}$, 再以新的点列 $\boldsymbol{Q}_i(i=-2,-1,\cdots,n+2)$ 为控制顶点构造曲线, 便可以得到一条具备预期端点几何特征的 4 次 α-B 曲线.

对于给定的封闭点列 $\boldsymbol{Q}_i(i=0,1,\cdots,n)$, 其中, $\boldsymbol{Q}_n=\boldsymbol{Q}_0$, 只需要添加三个辅助顶点 $\boldsymbol{Q}_{n+1}=\boldsymbol{Q}_1$, $\boldsymbol{Q}_{n+2}=\boldsymbol{Q}_2$, $\boldsymbol{Q}_{n+3}=\boldsymbol{Q}_3$, 再以新的点列 $\boldsymbol{Q}_i(i=0,1,\cdots,n+3)$ 为控制顶点构造曲线, 便可以得到一条封闭的 4 次 α-B 曲线.

不管 4 次 α-B 曲线是开的还是封闭的, 均可以通过改变形状参数 α 的取值来调整其形状.

图 9.5.4 为由开的控制点列 $\boldsymbol{Q}_i(i=0,1,\cdots,4)$, 按照上面的方法所构造的插值于该点列的起点和终点, 并且与首、末边相切的 4 次 α-B 曲线.

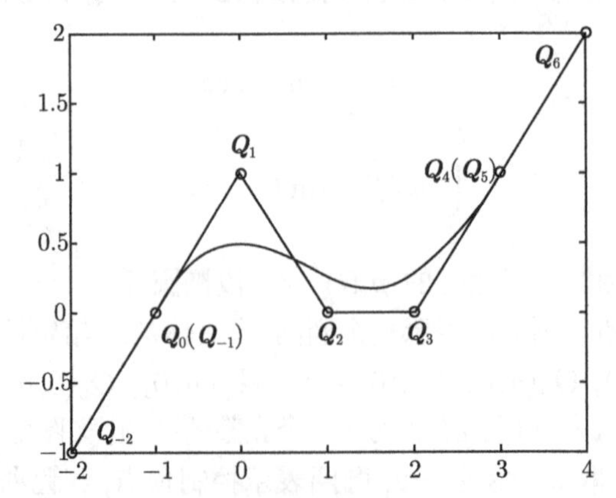

图 9.5.4 插值于给定点列起止点的 4 次 α-B 曲线

图 9.5.5 为由封闭的控制点列按照上面的方法所生成的封闭的 4 次 α-B 曲线, 其中从外向内依次取参数 $\alpha = 1, 0, -0.5, -0.8$.

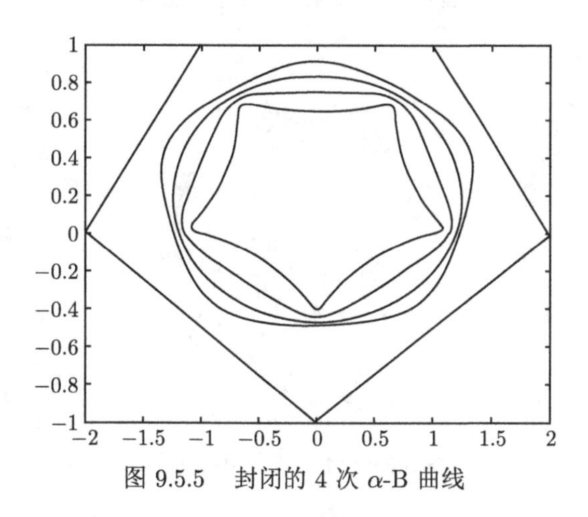

图 9.5.5 封闭的 4 次 α-B 曲线

9.5.6 扩展曲面及其性质

定义 9.5.2 给定 $(m+1)\times(n+1)$ 个控制顶点 $\boldsymbol{Q}_{ij}(i=0,1,\cdots,m;j=0,1,\cdots,n)$, 以及两个节点矢量 $\boldsymbol{U}=(u_0,u_1,\cdots,u_{m+5})$ 与 $\boldsymbol{V}=(v_0,v_1,\cdots,v_{n+5})$, 其中 $u_0<u_1<\cdots<u_{m+5}$, $v_0<v_1<\cdots<v_{n+5}$, 运用张量积方法, 对 $i=0,1,\cdots,m-3$, $j=0,1,\cdots,n-3$, 以及 $0\leqslant u,v\leqslant\dfrac{\pi}{2}$, 可以定义三角样条曲面片

$$\boldsymbol{p}_{ij}(u,v)=\sum_{k=0}^{4}\sum_{l=0}^{4}\boldsymbol{Q}_{i+k-1,j+l-1}N_k(u,\alpha_1)N_l(v,\alpha_2)$$

其中, $N_k(u,\alpha_1)$ 和 $N_l(v,\alpha_2)$ 分别为带参数 α_1 和 α_2 的 4 次 α-B 基, 所有曲面片构成样条曲面

$$\boldsymbol{p}(u,v)=\boldsymbol{p}_{ij}\left(\frac{\pi}{2}\cdot\frac{u-u_i}{\Delta u_i},\frac{\pi}{2}\cdot\frac{v-v_j}{\Delta v_j}\right)\tag{9.5.15}$$

其中, $u\in[u_i,u_{i+1}]\subset[u_4,u_{m+1}]$, $v\in[v_i,v_{i+1}]\subset[v_4,v_{n+1}]$, $\Delta u_i=u_{i+1}-u_i$, $i=4,5,\cdots,m$, $\Delta v_j=v_{j+1}-v_j, j=4,5,\cdots,n$. 称由式 (9.5.15) 定义的曲面为 4 次 α-B 曲面.

4 次 α-B 曲面具有与 4 次 α-B 曲线类似的性质. 例如: 在一般情况下, 4 次均匀 α-B 曲面 C^3 连续; 当 $\alpha_1=\alpha_2=1$ 时, 4 次均匀 α-B 曲面 C^5 连续.

图 9.5.6 展示了取不同参数值时, 由相同的控制网格定义的 3 张不同的 4 次均匀 α-B 曲面, 每一张曲面都由两张曲面片组成. 左边、中间、右边的曲面分别

取参数 $\alpha_1=\alpha_2=1$、$\alpha_1=\alpha_2=-\dfrac{4}{5}$、$\alpha_1=-\dfrac{4}{5},\alpha_2=0$. 其中, 左边的曲面在公共边界处 C^5 连续, 中间和右边的曲面在公共边界处都为 C^3 连续.

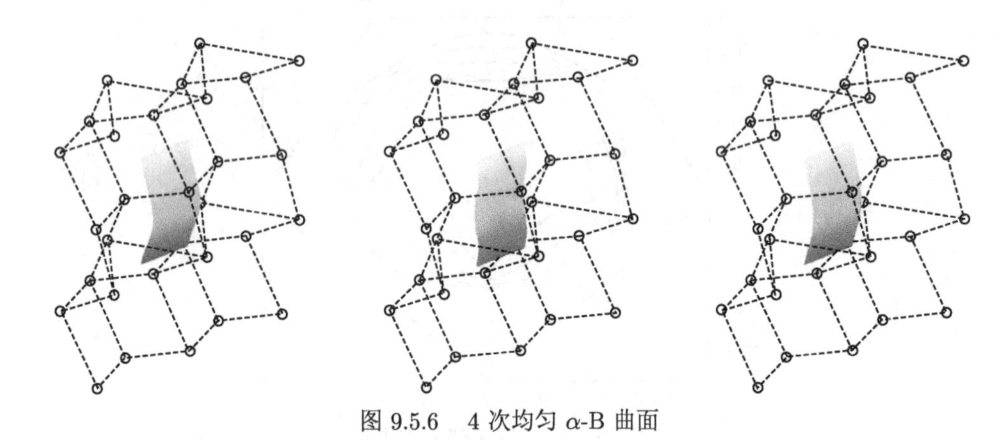

图 9.5.6　4 次均匀 α-B 曲面

9.5.7　椭球面的表示

运用 4 次 α-B 曲面可以精确表示椭球面.

具体地, 当 $\alpha_1=\alpha_2=0$ 时, 若选择控制顶点

$$(\boldsymbol{Q}_{ij})_{5\times5}=\begin{pmatrix}(0,0,-c)&(0,0,-c)&(0,0,-c)&(0,0,-c)&(0,0,-c)\\(a,0,c)&(-a,b,c)&(0,-b,c)&(0,0,c)&(a,0,c)\\(-a,0,0)&(a,-b,0)&(0,b,0)&(0,0,0)&(-a,0,0)\\(0,0,0)&(0,0,0)&(0,0,0)&(0,0,0)&(0,0,0)\\(0,0,-c)&(0,0,-c)&(0,0,-c)&(0,0,-c)&(0,0,-c)\end{pmatrix}$$

其中, $a,b,c>0$, 则由式 (9.5.15) 经计算可得:

$$\begin{cases}x=\dfrac{1}{9}a\sin u\cos v\\[2mm]y=\dfrac{1}{9}b\sin u\sin v\\[2mm]z=\dfrac{1}{3}c\cos u\end{cases}$$

这是椭球面的参数方程, 表明此时的 $\boldsymbol{p}(u,v)$ 为一片椭球面.

若给定控制顶点

$$(\boldsymbol{Q}_{ij})_{6\times 8}=\begin{pmatrix}(0,0,-c) & (0,0,-c) & (0,0,-c) & (0,0,-c) & (0,0,-c) & (0,0,-c) & (0,0,-c) & (0,0,-c)\\ (a,0,c) & (-a,b,c) & (0,-b,c) & (0,0,c) & (a,0,c) & (-a,b,c) & (0,-b,c) & (0,0,c)\\ (-a,0,0) & (a,-b,0) & (0,b,0) & (0,0,0) & (-a,0,0) & (a,-b,0) & (0,b,0) & (0,0,0)\\ (0,0,0) & (0,0,0) & (0,0,0) & (0,0,0) & (0,0,0) & (0,0,0) & (0,0,0) & (0,0,0)\\ (0,0,-c) & (0,0,-c) & (0,0,-c) & (0,0,-c) & (0,0,-c) & (0,0,-c) & (0,0,-c) & (0,0,-c)\\ (a,0,c) & (-a,b,c) & (0,-b,c) & (0,0,c) & (a,0,c) & (-a,b,c) & (0,-b,c) & (0,0,c)\end{pmatrix}$$

其中, $a,b,c>0$, 则当 $\alpha_1=\alpha_2=0$ 时, $\boldsymbol{p}(u,v)$ 表示一个完整的椭球面. 当 $a=b=3c$ 时, $\boldsymbol{p}(u,v)$ 表示一个完整的球面.

在图 9.5.7 中, 给出了用 4 次 α-B 曲面表示的整个椭球面的八分之一, 图中取 $a=b=9$, $c=3$. 左边的子图显示了控制网格, 因为相比控制网格而言, 椭球面片的尺寸较小, 所以其中的椭球面片不是很清晰. 为了更加清楚地显示设计结果, 右边的子图隐去了控制网格, 突出显示了椭球面片.

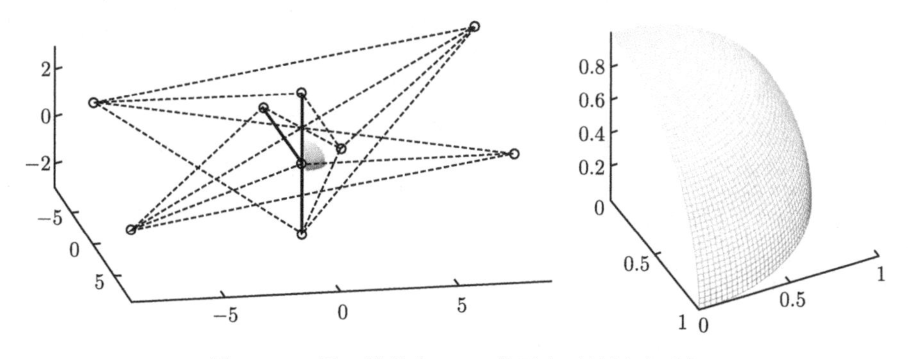

图 9.5.7　用 4 次均匀 α-B 曲面表示的椭球面片

9.6 小　结

本章对工程中较常用的低次 B 样条曲线进行扩展. 针对 2 次 B 样条曲线, 9.2 节、9.3 节在三种不同的三角函数空间上, 给出了五种扩展曲线, 它们具有相似但又不完全相同的性质. 从 9.2 节可见, 在同一个函数空间上可以构造多种不同的扩展曲线, 虽然它们的连续阶相同, 但它们具有不同的调节范围. 从 9.3 节可见, 在不同的函数空间上可以构造性质相似的扩展曲线, 它们具有相同的连续阶, 以及相似的调节范围. 综合 9.2 节、9.3 节可见, 对同一种原型, 存在多种不同的扩展, 可根据实际需求选择最合适的. 9.4 节、9.5 节分别针对 3 次、4 次 B 样条曲线进行扩展, 并定义了相应的曲面, 它们在继承 B 样条曲线曲面主要优点的同时, 既具有形状可调性, 又能精确表示椭圆和椭球面, 而且还具有比 B 样条曲线曲面更好的连续性和逼近性, 从而为曲线曲面造型系统提供了新的有效模型. 当然, 本章定义的扩展曲线曲面依然存在一些不足. 例如: 由于曲线中的参数是全局参数, 因此无法对曲线的形状进行局部调控; 又如只有当参数取特殊值时才能表示椭圆或椭球面, 因此其形状相对于控制多边形是固定的; 另外, 本章没有从理论上讨论曲线的保凸性. 这些问题还有待进一步研究和改进.

第 10 章 易于拼接的曲线曲面

10.1 引 言

在第 4 章中, 给出了形状可调 Bézier 曲线的构造方法, 解决了 Bézier 曲线相对于控制顶点形状固定的问题. 除了这个问题以外, Bézier 曲线在实际应用中还存在其他一些不便, 因此这一章继续围绕 Bézier 方法展开研究.

虽然 Bézier 曲线、曲面具有很多优点, 但由于单一的 Bézier 曲线段、曲面片无法表示复杂的形状, 所以为了满足实际工程的需求, 往往需要构造组合 Bézier 曲线、曲面. 而为了保证组合曲线、曲面的光滑性, 相邻曲线段、曲面片的控制顶点之间必须满足一定的连续性条件. 通常情况下, 对光滑性的要求越高, 条件就会越复杂, 从而难以实现. 形状可调 Bézier 曲线虽然可以在不改变控制顶点的情况下, 通过改变形状参数的取值自由调整形状, 但是却面临着和 Bézier 曲线一样的光滑拼接问题.

在工程实际中, 低次 Bézier 方法最常用, 在描述复杂形状时, G^2 与 G^3 光滑拼接可以满足大多数的需求. 考虑到这些因素, 这一章分别在多项式空间、三角函数空间、双曲函数空间上给出一些与低次 Bézier 曲线、曲面结构相同的曲线、曲面, 使它们可以在相对简单的条件下实现 G^2 或 G^3 光滑拼接.

10.2 多项式型拟 Bézier 曲线曲面

10.2.1 调配函数及其性质

经典的 Bézier 曲线是多项式曲线, 其采用的基函数是 Bernstein 多项式, 构造一条 n 次的 Bézier 曲线需要 $n+1$ 个控制顶点, 以及一组由 $n+1$ 个 n 次多项式函数形成的 Bernstein 基函数.

本节的目标是给出结构分别与 2 次、3 次、4 次 Bézier 曲线、曲面相同的多项式型拟 Bézier 曲线、曲面的调配函数. 具体方法是统一将 2 次、3 次、4 次 Bernstein 多项式的次数升高两次, 即分别提升至 4 次、5 次、6 次, 同时在多项式中设置形状参数, 从而得到分别由 3 个、4 个、5 个多项式函数形成的函数组, 即文献中通常所说的调配函数.

定义 10.2.1　设自变量 $t\in[0,1]$, 参数 $\lambda\in(0,1]$, 将下面由 3 个关于 t 的 4 次多项式函数构成的函数组

$$\begin{cases} a_{2,0}(t)=(1-t)^3[1+(3-4\lambda)t] \\ a_{2,1}(t)=2t(1-t)[2\lambda+(3-4\lambda)t+(4\lambda-3)t^2] \\ a_{2,2}(t)=t^3[4(1-\lambda)+(4\lambda-3)t] \end{cases} \tag{10.2.1}$$

称为带参数 λ 的 2 阶多项式型拟 Bernstein 基函数, 简称 2 阶 P-Bernstein 基; 将下面由 4 个关于 t 的 5 次多项式函数构成的函数组

$$\begin{cases} a_{3,0}(t)=(1-t)^4[1+(4-5\lambda)t] \\ a_{3,1}(t)=5t(1-t)^3[\lambda+(2-\lambda)t] \\ a_{3,2}(t)=5t^3(1-t)[2+(\lambda-2)t] \\ a_{3,3}(t)=t^4[5(1-\lambda)+(5\lambda-4)t] \end{cases} \tag{10.2.2}$$

称为带参数 λ 的 3 阶多项式型拟 Bernstein 基函数, 简称 3 阶 P-Bernstein 基; 将下面由 5 个关于 t 的 6 次多项式函数构成的函数组

$$\begin{cases} a_{4,0}(t)=(1-t)^5[1+(5-6\lambda)t] \\ a_{4,1}(t)=3t(1-t)^3[2\lambda+(5-4\lambda)t-3t^2] \\ a_{4,2}(t)=(8+12\lambda)t^3(1-t)^3 \\ a_{4,3}(t)=3t^3(1-t)[2(1-\lambda)+(1+4\lambda)t-3t^2] \\ a_{4,4}(t)=t^5[6(1-\lambda)+(6\lambda-5)t] \end{cases} \tag{10.2.3}$$

称为带参数 λ 的 4 阶多项式型拟 Bernstein 基函数, 简称 4 阶 P-Bernstein 基.

注释 10.2.1　为了书写简单, 在下文中不至于引起混淆处, 将 P-Bernstein 基的记号 $a_{n,i}(t)$ 简写为 $a_{ni}(t)$, 这里 $n=2,3,4,\ 0\leqslant i\leqslant n$.

在图 10.2.1～ 图 10.2.3 中, 分别给出了取不同参数 λ 的 2 阶、3 阶、4 阶 P-Bernstein 基函数的图形. 图中实线、虚线、点线分别对应参数 $\lambda=0.01$、$\lambda=0.5$、$\lambda=1$.

从图 10.2.1 中可以看出: 当自变量 $t\in[0,1]$ 时, 函数 $a_{20}(t)$ 和 $a_{22}(t)$ 关于参数 λ 单调递减, 函数 $a_{21}(t)$ 关于参数 λ 单调递增.

从图 10.2.2 中可以看出: 当自变量 $t\in[0,1]$ 时, 函数 $a_{30}(t)$ 和 $a_{33}(t)$ 关于参数 λ 单调递减, 函数 $a_{31}(t)$ 和 $a_{32}(t)$ 关于参数 λ 单调递增.

从图 10.2.3 中可以看出: 当自变量 $t\in[0,1]$ 时, 函数 $a_{40}(t)$ 和 $a_{44}(t)$ 关于参数 λ 单调递减, 函数 $a_{42}(t)$ 关于参数 λ 单调递增; 当自变量 $t\in\left[0,\dfrac{1}{2}\right]$ 时, 函数 $a_{41}(t)$

关于参数 λ 单调递增, 函数 $a_{43}(t)$ 关于参数 λ 单调递减; 当自变量 $t \in \left[\frac{1}{2}, 1\right]$ 时, 函数 $a_{41}(t)$ 关于参数 λ 单调递减, 函数 $a_{43}(t)$ 关于参数 λ 单调递增.

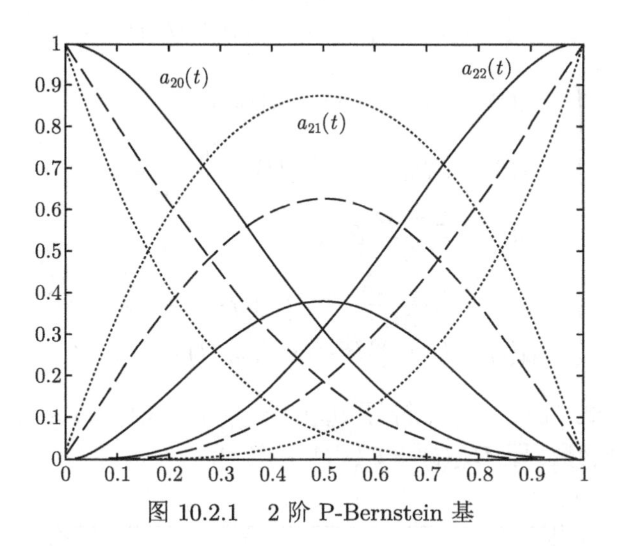

图 10.2.1　2 阶 P-Bernstein 基

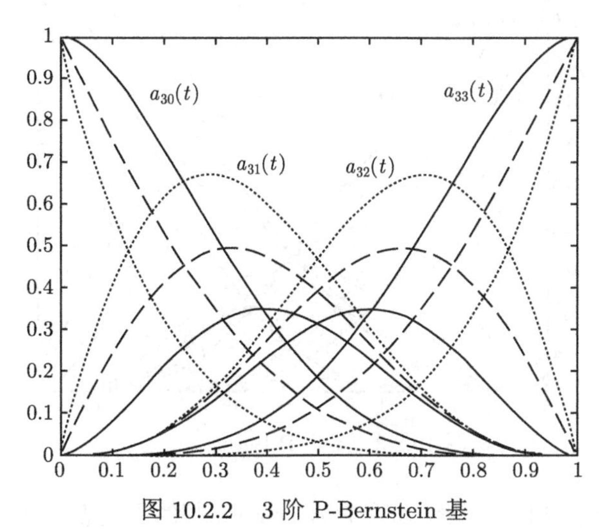

图 10.2.2　3 阶 P-Bernstein 基

由式 (10.2.1)~ 式 (10.2.3) 给出的 2 阶、3 阶、4 阶 P-Bernstein 基都可以由经典 Bernstein 基函数的线性组合来表示, 具体结果为:

$$\begin{cases} a_{20}(t) = B_{40}(t) + (1-\lambda)B_{41}(t) \\ a_{21}(t) = \lambda B_{41}(t) + B_{42}(t) + \lambda B_{43}(t) \\ a_{22}(t) = (1-\lambda)B_{43}(t) + B_{44}(t) \end{cases} \tag{10.2.4}$$

$$\begin{cases} a_{30}(t) = B_{50}(t) + (1-\lambda)B_{51}(t) \\ a_{31}(t) = \lambda B_{51}(t) + B_{52}(t) \\ a_{32}(t) = B_{53}(t) + \lambda B_{54}(t) \\ a_{33}(t) = (1-\lambda)B_{54}(t) + B_{55}(t) \end{cases} \tag{10.2.5}$$

$$\begin{cases} a_{40}(t) = B_{60}(t) + (1-\lambda)B_{61}(t) \\ a_{41}(t) = \lambda B_{61}(t) + B_{62}(t) + \dfrac{3(1-\lambda)}{10}B_{63}(t) \\ a_{42}(t) = \dfrac{2+3\lambda}{5}B_{63}(t) \\ a_{43}(t) = \dfrac{3(1-\lambda)}{10}B_{63}(t) + B_{64}(t) + \lambda B_{65}(t) \\ a_{44}(t) = (1-\lambda)B_{65}(t) + B_{66}(t) \end{cases} \tag{10.2.6}$$

在式 (10.2.4)~ 式 (10.2.6) 中, 符号 $B_{ni}(t)(n=4,5,6;0 \leqslant i \leqslant n)$ 表示经典的 n 次 Bernstein 基函数, 即 $B_{ni}(t) = C_n^i t^i (1-t)^{n-i}$.

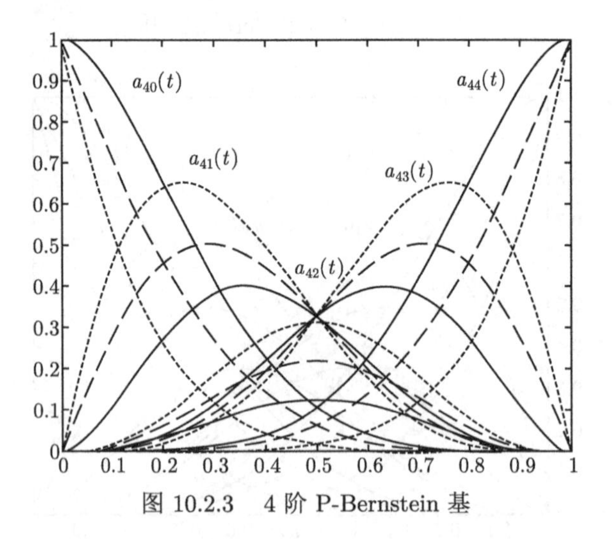

图 10.2.3　4 阶 P-Bernstein 基

上面既给出了 2 阶、3 阶、4 阶 P-Bernstein 基的显式表达式, 即式 (10.2.1)~ 式 (10.2.3), 又给出了它们的 Bernstein 基表示式, 即式 (10.2.4)~ 式 (10.2.6), 不管通过哪种表达形式, 都可以很容易地得出 P-Bernstein 基的下列性质.

性质 1　非负性. 当 $t \in [0,1]$ 时, 对任意的参数 $\lambda \in (0,1]$, 都有 $a_{ni}(t) \geqslant 0$, 其中, $n = 2,3,4$, $0 \leqslant i \leqslant n$.

证明　注意参数 λ 的取值范围是 $\lambda \in (0,1]$, 直接根据式 (10.2.4)~ 式 (10.2.6), 并结合 Bernstein 基函数的非负性便可得到.

性质 2 规范性. 对 $n=2,3,4$, 有 $\sum\limits_{i=0}^{n} a_{ni}(t)=1$.

证明 直接根据式 (10.2.4)~ 式 (10.2.6), 并结合 Bernstein 基函数的规范性便可得到.

性质 3 对称性. 当 $t\in[0,1]$ 时, 对 $n=2,3,4$, $0\leqslant i\leqslant n$, 有 $a_{n,i}(t)=a_{n,n-i}(1-t)$.

证明 直接根据式 (10.2.4)~ 式 (10.2.6), 并结合 Bernstein 基函数的对称性便可得到.

性质 4 端点性质. 对于 $n=2,3,4$, $0\leqslant i\leqslant n$, 以及任意的参数 $\lambda\in(0,1]$, 都有

$$\left\{\begin{array}{l}
a_{ni}(0)=\begin{cases}1, & i=0\\ 0, & \text{其他}\end{cases}\\
a'_{ni}(0)=\begin{cases}-(n+2)\lambda, & i=0\\ (n+2)\lambda, & i=1\\ 0, & \text{其他}\end{cases}\\
a''_{ni}(0)=\begin{cases}(n+2)(n+1)(2\lambda-1), & i=0\\ (n+2)(n+1)(1-2\lambda), & i=1\\ 0, & \text{其他}\end{cases}\\
a_{ni}(1)=\begin{cases}1, & i=n\\ 0, & \text{其他}\end{cases}\\
a'_{ni}(1)=\begin{cases}-(n+2)\lambda, & i=n-1\\ (n+2)\lambda, & i=n\\ 0, & \text{其他}\end{cases}\\
a''_{ni}(1)=\begin{cases}(n+2)(n+1)(1-2\lambda), & i=n-1\\ (n+2)(n+1)(2\lambda-1), & i=n\\ 0, & \text{其他}\end{cases}
\end{array}\right. \tag{10.2.7}$$

特别地, 当 $\lambda=1$ 时, 有

$$\left\{\begin{array}{l}
a'''_{20}(0)=-24,\quad a'''_{21}(0)=24,\quad a'''_{22}(0)=0\\
a'''_{20}(1)=0,\quad a'''_{21}(1)=-24,\quad a'''_{22}(1)=24
\end{array}\right. \tag{10.2.8}$$

证明 直接根据式 (10.2.1)~ 式 (10.2.3), 经过简单的函数求值以及求导数的运算, 便可以得到上述结果.

性质 5 线性无关性. 构成 2 阶、3 阶、4 阶 P-Bernstein 基的函数组都是线性无关的, 即 $\sum\limits_{i=0}^{n} k_i a_{ni}=0$ 当且仅当系数 $k_i=0$ $(0\leqslant i\leqslant n; n=2,3,4)$.

证明 首先对 2 阶 P-Bernstein 基的线性无关性进行证明. 充分性是显然的, 下面给出必要性的证明. 假设

$$\sum_{i=0}^{2} k_i a_{2i} = 0$$

其中的系数 $k_i \in \mathbb{R}$ $(i = 0, 1, 2)$, 将式 (10.2.4) 代入上面的和式并整理, 可以得到

$$k_0 B_{40} + [k_0(1-\lambda) + k_1\lambda]B_{41} + k_1 B_{42} + [k_1\lambda + k_2(1-\lambda)]B_{43} + k_2 B_{44} = 0$$

注意到 4 次的 Bernstein 基函数是线性无关的, 因此上面表达式中的系数全为零, 即有

$$\begin{cases} k_0 = 0 \\ k_0(1-\lambda) + k_1\lambda = 0 \\ k_1 = 0 \\ k_1\lambda + k_2(1-\lambda) = 0 \\ k_2 = 0 \end{cases}$$

很明显, 上面这个方程组的解为 $k_i = 0 \ (i = 0, 1, 2)$, 这就意味着 2 阶 P-Bernstein 基是线性无关的. 3 阶、4 阶 P-Bernstein 基的线性无关性类似可证. 证毕.

10.2.2 曲线及其性质

构造了 2 阶、3 阶、4 阶 P-Bernstein 基以后, 就可以按照 Bézier 曲线的定义方式, 由 P-Bernstein 基和控制顶点的线性组合来构造曲线.

定义 10.2.2 给定 $n+1$ $(n = 2, 3, 4)$ 个控制顶点 $\boldsymbol{V}_i \in \mathbb{R}^d (d = 2, 3; 0 \leqslant i \leqslant n)$, 并且给定参数 $\lambda \in (0, 1]$, 称下面的曲线

$$\boldsymbol{a}(t) = \sum_{i=0}^{n} a_{ni}(t)\boldsymbol{V}_i, \quad t \in [0, 1] \tag{10.2.9}$$

为带参数 λ 的 n $(n = 2, 3, 4)$ 阶多项式型拟 Bézier 曲线, 简称 n $(n = 2, 3, 4)$ 阶 P-Bézier 曲线. 式 (10.2.9) 中的 $a_{ni}(t)$ $(0 \leqslant i \leqslant n)$ 为定义 10.2.1 中给出的 n $(n = 2, 3, 4)$ 阶 P-Bernstein 基.

由 P-Bernstein 基的性质, 不难得出 P-Bézier 曲线具有下列性质:

性质 1 凸包性. 当参数 $\lambda \in (0, 1]$ 时, 由于 n $(n = 2, 3, 4)$ 阶 P-Bernstein 基既是非负的又是规范的, 所以 n $(n = 2, 3, 4)$ 阶 P-Bézier 曲线始终落在由控制顶点 $\boldsymbol{V}_i$ $(0 \leqslant i \leqslant n)$ 形成的凸包之中.

性质 2 几何不变性与仿射不变性. 由于 n $(n = 2, 3, 4)$ 阶 P-Bernstein 基是规范的, 所以 n $(n = 2, 3, 4)$ 阶 P-Bézier 曲线的形状总是独立于坐标系的选取; 要

想获得经过仿射变换以后的 P-Bézier 曲线, 只需要将相同的变换作用于曲线的控制多边形就可以.

性质 3 对称性. 由于 n $(n=2,3,4)$ 阶 P-Bernstein 基具有对称性, 所以当将控制顶点的顺序取为倒序时, n $(n=2,3,4)$ 阶 P-Bézier 曲线的形状并不会发生改变, 唯一变化的只是曲线的参数方向变成相反的.

性质 4 端点性质. 根据式 (10.2.7)~ 式 (10.2.9) 可知, 在 n $(n=2,3,4)$ 阶 P-Bézier 曲线的起点和终点处, 有

$$\begin{cases}\boldsymbol{a}(0)=\boldsymbol{V}_0\\ \boldsymbol{a}'(0)=(n+2)\lambda(\boldsymbol{V}_1-\boldsymbol{V}_0)\\ \boldsymbol{a}''(0)=(n+2)(n+1)(1-2\lambda)(\boldsymbol{V}_1-\boldsymbol{V}_0)\\ \boldsymbol{a}(1)=\boldsymbol{V}_n\\ \boldsymbol{a}'(1)=(n+2)\lambda(\boldsymbol{V}_n-\boldsymbol{V}_{n-1})\\ \boldsymbol{a}''(1)=(n+2)(n+1)(2\lambda-1)(\boldsymbol{V}_n-\boldsymbol{V}_{n-1})\end{cases}\tag{10.2.10}$$

其中 $n=2,3,4$. 特别地, 当 $n=2$, 并且 $\lambda=1$ 时, 还有

$$\begin{cases}\boldsymbol{a}'''(0)=24(\boldsymbol{V}_1-\boldsymbol{V}_0)\\ \boldsymbol{a}'''(1)=24(\boldsymbol{V}_2-\boldsymbol{V}_1)\end{cases}\tag{10.2.11}$$

由式 (10.2.10) 可知, n $(n=2,3,4)$ 阶 P-Bézier 曲线都具有和 Bézier 曲线一样的端点插值、端边相切性质.

性质 5 形状可调性. 由于 n $(n=2,3,4)$ 阶 P-Bernstein 基中存在参数 λ, 改变 λ 的值, 真正参与计算的 P-Bernstein 基发生改变, 因此即使不改变控制顶点, 也可以通过调整参数 λ 的取值来修改 n $(n=2,3,4)$ 阶 P-Bézier 曲线的形状.

在图 10.2.4~ 图 10.2.6 中, 分别给出了由相同的控制顶点和取不同参数值时

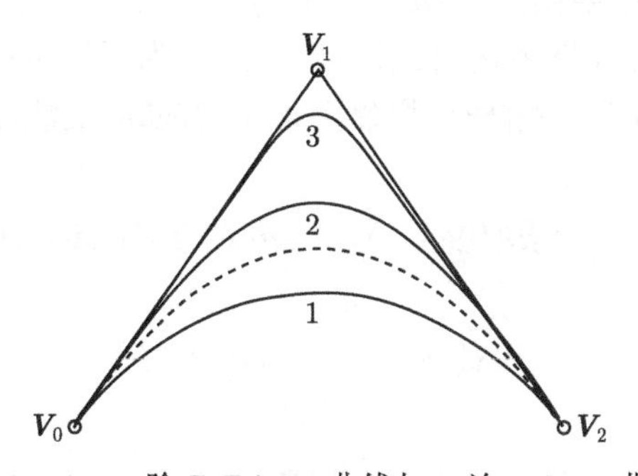

图 10.2.4 2 阶 P-Bézier 曲线与 2 次 Bézier 曲线

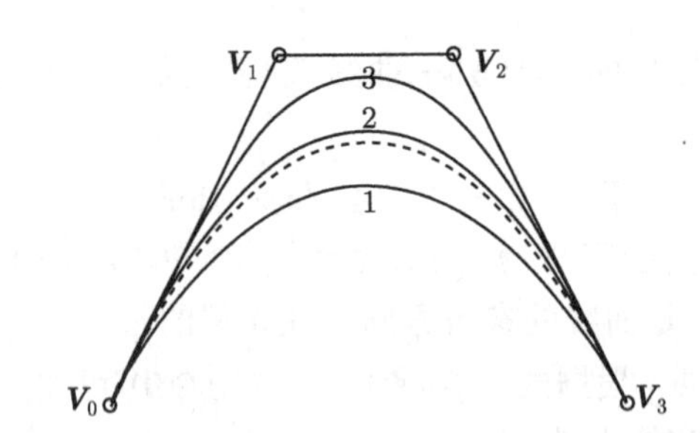

图 10.2.5　3 阶 P-Bézier 曲线与 3 次 Bézier 曲线

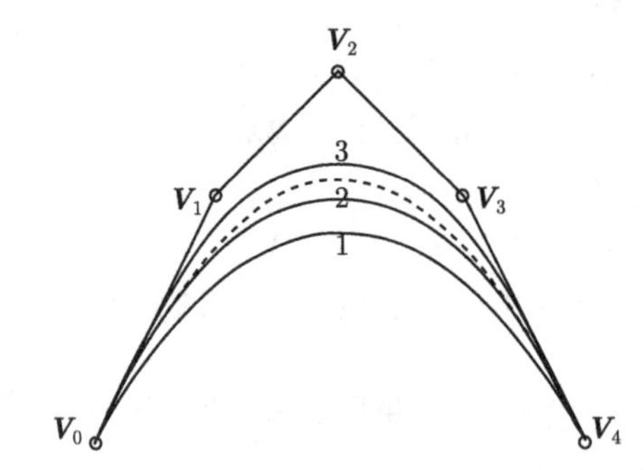

图 10.2.6　4 阶 P-Bézier 曲线与 4 次 Bézier 曲线

得到的 2 阶、3 阶、4 阶 P-Bézier 曲线, 以及 2 次、3 次、4 次 Bézier 曲线. 其中的 P-Bézier 曲线用实曲线表示, Bézier 曲线用点线表示.

在图 10.2.4~ 图 10.2.6 中, 实曲线 1-3 所取的参数分别为 $\lambda = 0.01$, $\lambda = 0.5$, $\lambda = 1$. 图中的结果直观告诉我们, 参数 λ 的值取得越大, 所得到的 P-Bézier 曲线就会越靠近其控制多边形. 另外, 当参数 λ 的值落在一定的范围之中时, 与普通的 Bézier 曲线相比, P-Bézier 曲线对控制多边形的逼近性会更好.

10.2.3　曲线拼接条件

由于定义 10.2.2 中给出的 $n\ (n = 2, 3, 4)$ 阶 P-Bézier 曲线均为单段曲线, 所以在描述复杂形状时, 必须将多条曲线拼接在一起, 为了使拼接以后的组合 P-Bézier 曲线具备一定的光滑度, 下面分析相邻两条 P-Bézier 曲线的控制顶点之间应该满足的条件.

定理 10.2.1　设有一条取参数 λ_1 的 m 阶 P-Bézier 曲线

$$\boldsymbol{a}_1(t) = \sum_{i=0}^{m} a_{mi}(t, \lambda_1)\boldsymbol{V}_i$$

以及一条取参数 λ_2 的 n 阶 P-Bézier 曲线

$$\boldsymbol{a}_2(t)=\sum_{i=0}^{n}a_{ni}(t,\lambda_2)\boldsymbol{R}_i$$

其中, $t\in[0,1]$, m 和 n 为 2, 3, 4 中的任意值. 若曲线 $\boldsymbol{a}_1(t)$ 和 $\boldsymbol{a}_2(t)$ 的控制顶点之间满足下面的约束条件

$$\begin{cases}\boldsymbol{R}_0=\boldsymbol{V}_m\\ \boldsymbol{R}_1=\boldsymbol{R}_0+C(\boldsymbol{V}_m-\boldsymbol{V}_{m-1})\end{cases}\tag{10.2.12}$$

其中, $C>0$, 则 P-Bézier 曲线 $\boldsymbol{a}_1(t)$ 和 $\boldsymbol{a}_2(t)$ 在公共连接点处具有二阶几何连续性, 即 G^2 连续; 另外, 当 $m=n=2$ 时, 若取参数 $\lambda_1=\lambda_2=1$, 则当条件 (10.2.12) 满足时, 两条曲线之间具有 G^3 连续性.

证明 先证 G^2 连续性. 由式 (10.2.10) 可知

$$\begin{cases}\boldsymbol{a}_2(0)=\boldsymbol{R}_0\\ \boldsymbol{a}_1(1)=\boldsymbol{V}_m\\ \boldsymbol{a}_2'(0)=(n+2)\lambda_2(\boldsymbol{R}_1-\boldsymbol{R}_0)\\ \boldsymbol{a}_1'(1)=(m+2)\lambda_1(\boldsymbol{V}_m-\boldsymbol{V}_{m-1})\\ \boldsymbol{a}_2''(0)=(n+2)(n+1)(1-2\lambda_2)(\boldsymbol{R}_1-\boldsymbol{R}_0)\\ \boldsymbol{a}_1''(1)=(m+2)(m+1)(2\lambda_1-1)(\boldsymbol{V}_m-\boldsymbol{V}_{m-1})\end{cases}$$

由此可知, 在式 (10.2.12) 给出的条件下, 有

$$\begin{cases}\boldsymbol{a}_2(0)=\boldsymbol{a}_1(1)\\ \boldsymbol{a}_2'(0)=\alpha_1\boldsymbol{a}_1'(1)\\ \boldsymbol{a}_2''(0)=\alpha_1^2\boldsymbol{a}_1''(1)+\alpha_2\boldsymbol{a}_1'(1)\end{cases}\tag{10.2.13}$$

其中

$$\begin{cases}\alpha_1=\dfrac{(n+2)\lambda_2}{(m+2)\lambda_1}C>0\\[2ex] \alpha_2=\dfrac{(n+2)(n+1)(1-2\lambda_2)}{(m+2)\lambda_1}C-\dfrac{(n+2)^2(m+1)(2\lambda_1-1)\lambda_2^2}{(m+2)^2\lambda_1^3}\end{cases}$$

因此由式 (10.2.13) 可知, P-Bézier 曲线 $\boldsymbol{a}_1(t)$ 和 $\boldsymbol{a}_2(t)$ 在公共连接点处 G^2 连续.

接下来证明 G^3 连续性. 由式 (10.2.10)、式 (10.2.11) 可知, 当 $m = n = 2$, 并且 $\lambda_1 = \lambda_2 = 1$ 时, 有

$$\begin{cases} \boldsymbol{a}_2(0) = \boldsymbol{R}_0 \\ \boldsymbol{a}_1(1) = \boldsymbol{V}_2 \\ \boldsymbol{a}_2'(0) = 4(\boldsymbol{R}_1 - \boldsymbol{R}_0) \\ \boldsymbol{a}_1'(1) = 4(\boldsymbol{V}_2 - \boldsymbol{V}_1) \\ \boldsymbol{a}_2''(0) = 12(\boldsymbol{R}_0 - \boldsymbol{R}_1) \\ \boldsymbol{a}_1''(1) = 12(\boldsymbol{V}_2 - \boldsymbol{V}_1) \\ \boldsymbol{a}_2'''(0) = 24(\boldsymbol{R}_1 - \boldsymbol{R}_0) \\ \boldsymbol{a}_1'''(1) = 24(\boldsymbol{V}_2 - \boldsymbol{V}_1) \end{cases}$$

由此可知, 在式 (10.2.12) 给出的条件下, 有

$$\begin{cases} \boldsymbol{a}_2(0) = \boldsymbol{a}_1(1) \\ \boldsymbol{a}_2'(0) = \beta_1 \boldsymbol{a}_1'(1) \\ \boldsymbol{a}_2''(0) = \beta_1^2 \boldsymbol{a}_1''(1) + \beta_2 \boldsymbol{a}_1'(1) \\ \boldsymbol{a}_2'''(0) = \beta_1^3 \boldsymbol{a}_1'''(1) + 3\beta_1\beta_2 \boldsymbol{a}_1''(1) + \beta_3 \boldsymbol{a}_1'(1) \end{cases} \tag{10.2.14}$$

其中

$$\begin{cases} \beta_1 = C > 0 \\ \beta_2 = -3C(1+C) \\ \beta_3 = 3C(1+C)(2+7C) \end{cases}$$

因此由式 (10.2.14) 可知, P-Bézier 曲线 $\boldsymbol{a}_1(t)$ 和 $\boldsymbol{a}_2(t)$ 在公共连接点处 G^3 连续. 证毕.

注释 10.2.2 对于普通的 Bézier 曲线而言, 当式 (10.2.12) 中给出的条件满足时, 相邻两条曲线之间只能达到 G^1 光滑拼接, 而 P-Bézier 曲线之间却可以达到 G^2 甚至 G^3 光滑拼接. 另外, 由于约束条件式 (10.2.12) 是独立于参数 λ 的, 所以当定理 10.2.1 中给出的光滑拼接条件满足时, 我们可以通过改变参数 λ_1 和 λ_2 的取值, 来调整组合 P-Bézier 曲线的形状, 而不至于破坏 P-Bézier 曲线之间的光滑性.

在图 10.2.7～图 10.2.10 中, 展示了当控制顶点满足 P-Bézier 曲线的光滑拼接条件, 即式 (10.2.12) 中给出的关系时, 通过选取不同的参数值 λ_1 和 λ_2, 得到的相异的组合 P-Bézier 曲线. 在图 10.2.7 中, 曲线段 1 取参数 $\lambda_1 = 0.5$, 曲线段 2-4 分别取参数 $\lambda_2 = 0.01, 0.5, 1$. 在图 10.2.8 中, 参数 $\lambda_1 = \lambda_2 = 1$. 在图 10.2.9 中, 曲线段 1 取参数 $\lambda_1 = 0.5$, 曲线段 2 取参数 $\lambda_2 = 0.01$, 曲线段 3 取参数 $\lambda_2 = 1$. 在图 10.2.10 中, 参数 $\lambda_1 = \lambda_2 = 0.5$.

图 10.2.7∼ 图 10.2.10 中给出的都是同阶 P-Bézier 曲线拼接的图例. 在图 10.2.11 中, 则给出了混合使用不同阶的 P-Bézier 曲线形成的组合曲线. 从左往右看, 图中曲线依次由 2 阶、4 阶、3 阶 P-Bézier 曲线拼接而成, 左图中三段曲线分别取参数 $\lambda = 0.1, 0.8, 1$, 右图中三段曲线分别取参数 $\lambda = 0.8, 1, 0.5$, 左图和右图中的曲线均整体 G^2 连续.

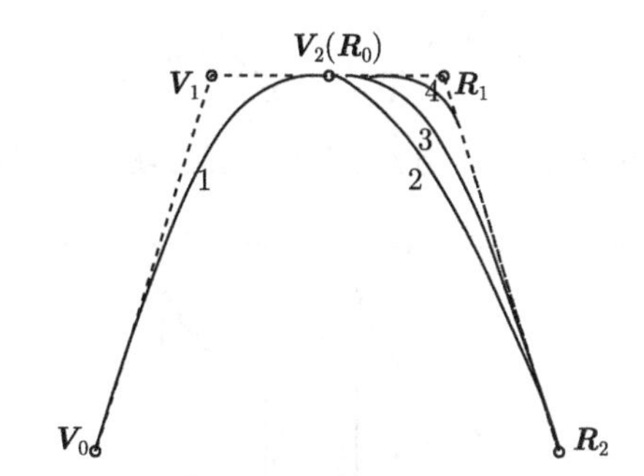

图 10.2.7　G^2 连续的组合 2 阶 P-Bézier 曲线

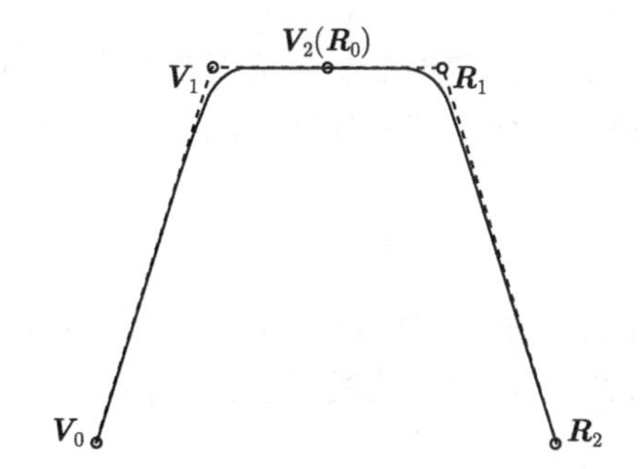

图 10.2.8　G^3 连续的组合 2 阶 P-Bézier 曲线

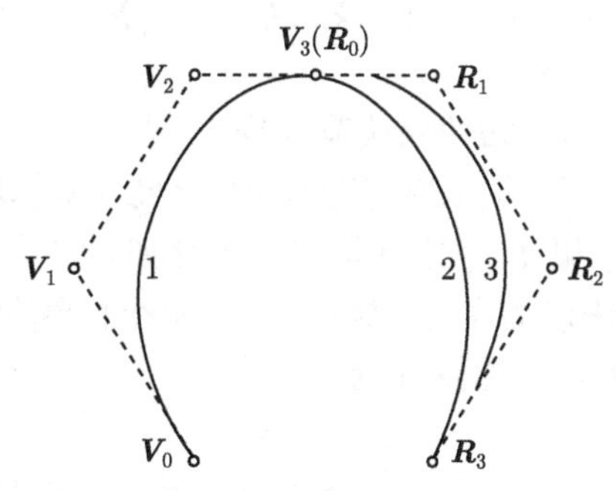

图 10.2.9　G^2 连续的组合 3 阶 P-Bézier 曲线

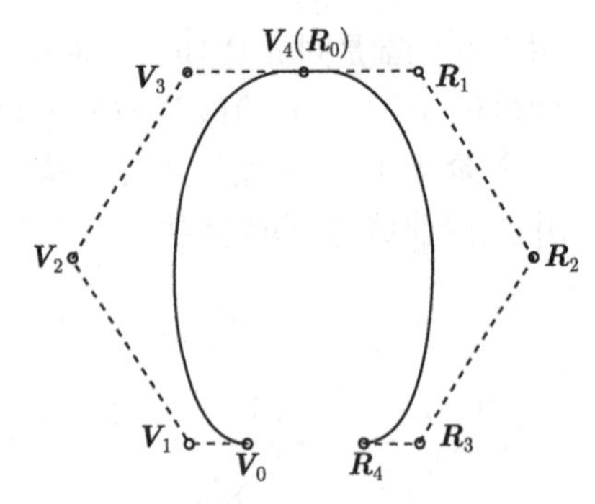

图 10.2.10　G^2 连续的组合 4 阶 P-Bézier 曲线

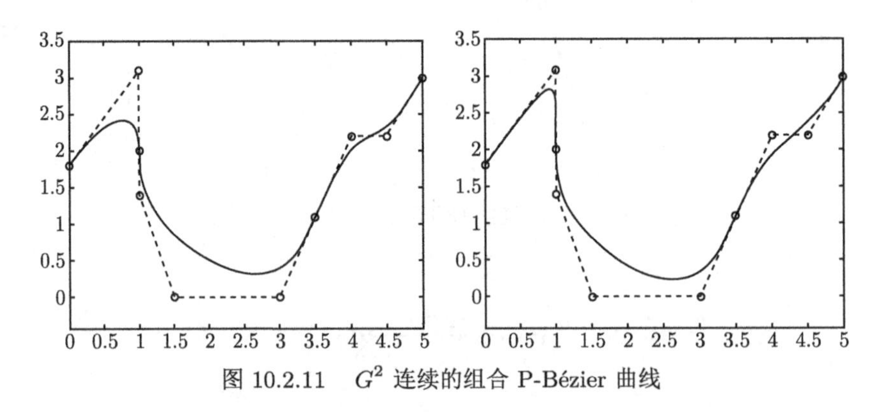

图 10.2.11　G^2 连续的组合 P-Bézier 曲线

10.2.4　曲线的应用

给定一个封闭的控制多边形 $\langle \boldsymbol{P}_0, \boldsymbol{P}_1, \cdots, \boldsymbol{P}_n \rangle$, 其中 $\boldsymbol{P}_0 = \boldsymbol{P}_n$, 下面分析怎样构造一条封闭的组合 2 阶 P-Bézier 曲线, 使之与所给封闭多边形的每一条边都相切于指定的切点.

假设在封闭多边形的第 i 条边上, P-Bézier 曲线的切点为

$$\boldsymbol{T}_i = (1 - k_i)\boldsymbol{P}_{i-1} + k_i \boldsymbol{P}_i \tag{10.2.15}$$

其中, $k_i \in (0, 1)$ $(1 \leqslant i \leqslant n)$ 为切点调节参数.

为了实现上面所述的目标, 首先需要增加一个虚拟的切点 $\boldsymbol{T}_{n+1} = \boldsymbol{T}_1$, 然后再在每两个相邻的切点 $\boldsymbol{T}_i$ 和 $\boldsymbol{T}_{i+1}$ 之间构造一条 2 阶的 P-Bézier 曲线 $\boldsymbol{a}_{2i}(t)$, 这里 $i = 1, 2, \cdots, n$, 代表曲线段的序号. 这样一来, 整个曲线包含 n 条 2 阶 P-Bézier 曲线段. 其中, 第 i 段 2 阶 P-Bézier 曲线

$$\boldsymbol{a}_{2i}(t) = \sum_{j=0}^{2} a_{2j}(t, \lambda_i) \boldsymbol{V}_{ij}, \quad t \in [0, 1] \tag{10.2.16}$$

的控制顶点为

$$\begin{cases} \boldsymbol{V}_{i0} = \boldsymbol{T}_i \\ \boldsymbol{V}_{i1} = \boldsymbol{P}_i \\ \boldsymbol{V}_{i2} = \boldsymbol{T}_{i+1} \end{cases} \tag{10.2.17}$$

由式 (10.2.10)、式 (10.2.15)~ 式 (10.2.17) 可知

$$\begin{cases} \boldsymbol{a}_{2i}(0) = \boldsymbol{T}_i \\ \boldsymbol{a}'_{2i}(0) = 4\lambda_i(1-k_i)(\boldsymbol{P}_i - \boldsymbol{P}_{i-1}) \\ \boldsymbol{a}_{2i}(1) = \boldsymbol{T}_{i+1} \\ \boldsymbol{a}'_{2i}(1) = 4\lambda_i k_{i+1}(\boldsymbol{P}_{i+1} - \boldsymbol{P}_i) \end{cases} \tag{10.2.18}$$

从式 (10.2.18) 可以看出, 第 i 段 2 阶 P-Bézier 曲线在点 $\boldsymbol{T}_i$ 和 $\boldsymbol{T}_{i+1}$ 处与给定的封闭多边形相切. 另外, 由定理 3.1 可知: 在一般条件下, 相邻的两段 2 阶 P-Bézier 曲线在连接点处具有 G^2 连续性; 当相邻的两条 2 阶 P-Bézier 曲线都取参数 $\lambda = 1$ 时, 它们在连接点处具有 G^3 连续性.

和现有文献中一些与给定多边形相切的曲线构造方法相比, 这里提供的方法具有以下优点:

(1) 曲线的全部控制顶点都可以直接由所给切线多边形的顶点和切点来确定, 不需要进行额外的运算;

(2) 相邻的 P-Bézier 曲线段在连接点处具有 G^2 或者 G^3 连续性, 可以满足工程上的大多数需求;

(3) 在不破坏相邻曲线段之间连续性的前提下, 与给定封闭多边形相切的整条组合 P-Bézier 曲线的形状既可以整体 (各曲线段取相同的参数) 调整, 又可以局部 (各曲线段的参数不全相同) 调整;

(4) 由于 2 阶 P-Bézier 曲线中不存在拐点, 并且曲线保持与控制多边形一致的凹凸性, 因此整条组合 P-Bézier 曲线对于给定的切线多边形是保形的.

图 10.2.12 所示为与相同的封闭多边形相切于相同点的两条相异的组合 2

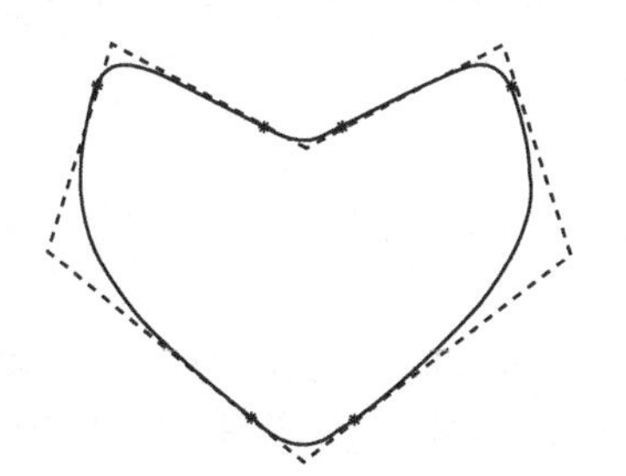

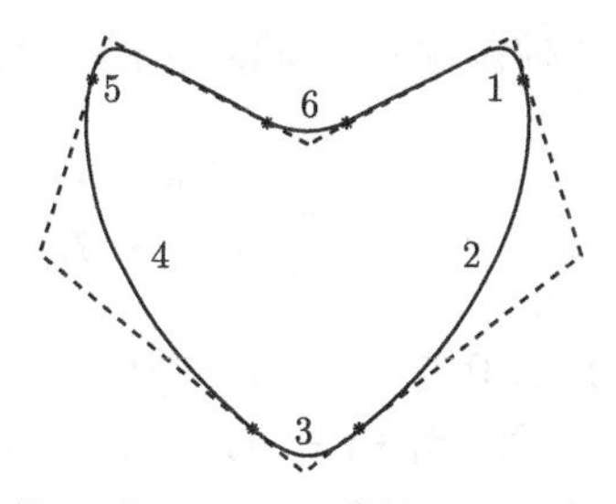

图 10.2.12 与给定多边形相切的 2 阶 P-Bézier 曲线

阶 P-Bézier 曲线. 图中点线表示给定的切线多边形, 打星号的点表示给定的切点, 实曲线为 2 阶 P-Bézier 曲线. 在左边的曲线中, 所有曲线段取相同的参数 $\lambda_i = 0.5$, 其中, $i = 1, 2, \cdots, 6$. 在右边的曲线中, 曲线段 1-6 依次取参数 $0.8, 0.1, 0.4, 0.1, 0.8, 0.1$.

10.2.5 曲面及其性质

采用张量积方法, 可以构造与 P-Bézier 曲线相对应的四边域曲面.

定义 10.2.3 给定 $(m+1)\times(n+1)$ 个控制顶点 $\boldsymbol{V}_{i,j} \in \mathbb{R}^3$, 其中, $0 \leqslant i \leqslant m$, $0 \leqslant j \leqslant n$, $m, n = 2, 3, 4$, 这些顶点呈拓扑矩形列阵, 给定参数 $\lambda_u, \lambda_v \in (0, 1]$, 将下面的曲面

$$\boldsymbol{a}(u,v) = \sum_{i=0}^{m}\sum_{j=0}^{n} a_{m,i}(u,\lambda_u)a_{n,j}(v,\lambda_v)\boldsymbol{V}_{i,j}, \quad 0 \leqslant u, v \leqslant 1$$

称为带参数的 $m \times n$ 阶多项式型拟 Bézier 曲面, 简称 $m \times n\ (m, n = 2, 3, 4)$ 阶 P-Bézier 曲面. 在曲面表达式中, $a_{m,i}(u, \lambda_u)\ (m = 2, 3, 4; 0 \leqslant i \leqslant m)$ 为定义 10.2.1 中给出的取参数 λ_u 的 m 阶 P-Bernstein 基, $a_{n,j}(v, \lambda_v)\ (n = 2, 3, 4; 0 \leqslant j \leqslant n)$ 为取参数 λ_v 的 n 阶 P-Bernstein 基.

P-Bézier 曲线的很多性质都可以直接推广至 P-Bézier 曲面, 例如凸包性、几何不变性、对称性、形状可调性等.

下面分析 P-Bézier 曲面的光滑拼接条件.

定理 10.2.2 设有一张带参数 λ_0 和 λ_1 的 $m \times n_1$ 阶 P-Bézier 曲面, 以及一张带参数 λ_0 和 λ_2 的 $m \times n_2$ 阶 P-Bézier 曲面, 它们的表达式为

$$\begin{cases} \boldsymbol{a}_1(u,v) = \displaystyle\sum_{i=0}^{m}\sum_{j=0}^{n_1} a_{m,i}(u,\lambda_0)a_{n_1,j}(v,\lambda_1)\boldsymbol{V}_{i,j} \\ \boldsymbol{a}_2(u,v) = \displaystyle\sum_{i=0}^{m}\sum_{j=0}^{n_2} a_{m,i}(u,\lambda_0)a_{n_2,j}(v,\lambda_2)\boldsymbol{R}_{i,j} \end{cases} \tag{10.2.19}$$

其中, $0 \leqslant u, v \leqslant 1$, $m, n_1, n_2 = 2, 3, 4$, $\lambda_0, \lambda_1, \lambda_2 \in (0, 1]$, 若曲面 $\boldsymbol{a}_1(u, v)$ 和 $\boldsymbol{a}_2(u, v)$ 的控制顶点之间满足下面的约束条件

$$\begin{cases} \boldsymbol{R}_{i,0} = \boldsymbol{V}_{i,n_1} \\ \boldsymbol{R}_{i,1} = \boldsymbol{R}_{i,0} + C(\boldsymbol{V}_{i,n_1} - \boldsymbol{V}_{i,n_1-1}) \end{cases} \tag{10.2.20}$$

其中, $C > 0$, $0 \leqslant i \leqslant m$, 则 P-Bézier 曲面 $\boldsymbol{a}_1(u, v)$ 和 $\boldsymbol{a}_2(u, v)$ 在公共连接边处 G^2 连续; 另外, 当 $n_1 = n_2 = 2$ 时, 若取 $\lambda_1 = \lambda_2 = 1$, 则当条件 (10.2.20) 满足时, 两张曲面之间 G^3 连续.

证明 这里只给出 G^3 连续性的证明, 对于 G^2 连续性则类似可证. 综合式 (10.2.7)、式 (10.2.8), 以及式 (10.2.19), 可以得到

$$\begin{cases} \boldsymbol{a}_2(u,0)=\sum_{i=0}^{m} b_{m,i}(u,\lambda_0)\boldsymbol{R}_{i,0} \\ \boldsymbol{a}_1(u,1)=\sum_{i=0}^{m} b_{m,i}(u,\lambda_0)\boldsymbol{V}_{i,2} \end{cases}$$

$$\begin{cases} \dfrac{\partial}{\partial v}\boldsymbol{a}_2(u,0)=4\sum_{i=0}^{m} b_{m,i}(u,\lambda_0)(\boldsymbol{R}_{i,1}-\boldsymbol{R}_{i,0}) \\ \dfrac{\partial}{\partial v}\boldsymbol{a}_1(u,1)=4\sum_{i=0}^{m} b_{m,i}(u,\lambda_0)(\boldsymbol{V}_{i,2}-\boldsymbol{V}_{i,1}) \end{cases}$$

$$\begin{cases} \dfrac{\partial^2}{\partial u\partial v}\boldsymbol{a}_2(u,0)=4\sum_{i=0}^{m} \dfrac{\partial}{\partial u}b_{m,i}(u,\lambda_0)(\boldsymbol{R}_{i,1}-\boldsymbol{R}_{i,0}) \\ \dfrac{\partial^2}{\partial u\partial v}\boldsymbol{a}_1(u,1)=4\sum_{i=0}^{m} \dfrac{\partial}{\partial u}b_{mi}(u,\lambda_0)(\boldsymbol{V}_{i,2}-\boldsymbol{V}_{i,1}) \\ \dfrac{\partial^2}{\partial v^2}\boldsymbol{a}_2(u,0)=12\sum_{i=0}^{m} b_{m,i}(u,\lambda_0)(\boldsymbol{R}_{i,0}-\boldsymbol{R}_{i,1}) \\ \dfrac{\partial^2}{\partial v^2}\boldsymbol{a}_1(u,1)=12\sum_{i=0}^{m} b_{m,i}(u,\lambda_0)(\boldsymbol{V}_{i,2}-\boldsymbol{V}_{i,1}) \end{cases}$$

$$\begin{cases} \dfrac{\partial^3}{\partial u^2\partial v}\boldsymbol{a}_2(u,0)=4\sum_{i=0}^{m} \dfrac{\partial^2}{\partial u^2}b_{m,i}(u,\lambda_0)(\boldsymbol{R}_{i,1}-\boldsymbol{R}_{i,0}) \\ \dfrac{\partial^3}{\partial u^2\partial v}\boldsymbol{a}_1(u,1)=4\sum_{i=0}^{m} \dfrac{\partial^2}{\partial u^2}b_{m,i}(u,\lambda_0)(\boldsymbol{V}_{i,2}-\boldsymbol{V}_{i,1}) \\ \dfrac{\partial^3}{\partial u\partial v^2}\boldsymbol{a}_2(u,0)=12\sum_{i=0}^{m} \dfrac{\partial}{\partial u}b_{m,i}(u,\lambda_0)(\boldsymbol{R}_{i,0}-\boldsymbol{R}_{i,1}) \\ \dfrac{\partial^3}{\partial u\partial v^2}\boldsymbol{a}_1(u,1)=12\sum_{i=0}^{m} \dfrac{\partial}{\partial u}b_{m,i}(u,\lambda_0)(\boldsymbol{V}_{i,2}-\boldsymbol{V}_{i,1}) \\ \dfrac{\partial^3}{\partial v^3}\boldsymbol{a}_2(u,0)=24\sum_{i=0}^{m} b_{m,i}(u,\lambda_0)(\boldsymbol{R}_{i,1}-\boldsymbol{R}_{i,0}) \\ \dfrac{\partial^3}{\partial v^3}\boldsymbol{a}_1(u,1)=24\sum_{i=0}^{m} b_{m,i}(u,\lambda_0)(\boldsymbol{V}_{i,2}-\boldsymbol{V}_{i,1}) \end{cases}$$

因此在式 (10.2.20) 所给条件下, 有

$$\begin{cases} \boldsymbol{a}_2(u,0)=\boldsymbol{a}_1(u,1) \\ \dfrac{\partial}{\partial v}\boldsymbol{a}_2(u,0)=\beta_1\dfrac{\partial}{\partial v}\boldsymbol{a}_1(u,1) \\ \dfrac{\partial^2}{\partial u\partial v}\boldsymbol{a}_2(u,0)=\beta_1\dfrac{\partial^2}{\partial u\partial v}\boldsymbol{a}_1(u,1) \\ \dfrac{\partial^2}{\partial v^2}\boldsymbol{a}_2(u,0)=\beta_1^2\dfrac{\partial^2}{\partial v^2}\boldsymbol{a}_1(u,1)+\beta_2\dfrac{\partial}{\partial v}\boldsymbol{a}_1(u,1) \\ \dfrac{\partial^3}{\partial u^2\partial v}\boldsymbol{a}_2(u,0)=\beta_1\dfrac{\partial^3}{\partial u^2\partial v}\boldsymbol{a}_1(u,1) \\ \dfrac{\partial^3}{\partial u\partial v^2}\boldsymbol{a}_2(u,0)=\beta_1^2\dfrac{\partial^3}{\partial u\partial v^2}\boldsymbol{a}_1(u,1)+\beta_2\dfrac{\partial^2}{\partial u\partial v}\boldsymbol{a}_1(u,1) \\ \dfrac{\partial^3}{\partial v^3}\boldsymbol{a}_2(u,0)=\beta_1^3\dfrac{\partial^3}{\partial v^3}\boldsymbol{a}_1(u,1)+3\beta_1\beta_2\dfrac{\partial^2}{\partial v^2}\boldsymbol{a}_1(u,1)+\beta_3\dfrac{\partial}{\partial v}\boldsymbol{a}_1(u,1) \end{cases}$$

其中

$$\begin{cases} \beta_1=C>0 \\ \beta_2=-3C(1+C) \\ \beta_3=3C(1+C)(2+7C) \end{cases}$$

这表明 P-Bézier 曲面 $\boldsymbol{a}_1(u,v)$ 和 $\boldsymbol{a}_2(u,v)$ 在公共连接边处 G^3 连续. 证毕.

注释 10.2.3 在定理 10.2.2 所述条件下, 两张曲面的公共边位于参数 u 方向. 对称地, 也可以给出公共边位于参数 v 方向的光滑拼接条件, 见定理 10.2.3.

定理 10.2.3 设有一张带参数 λ_1 和 λ_0 的 $m_1\times n$ 阶 P-Bézier 曲面, 以及一张带参数 λ_2 和 λ_0 的 $m_2\times n$ 阶 P-Bézier 曲面, 它们的表达式为

$$\begin{cases} \boldsymbol{a}_1(u,v)=\displaystyle\sum_{i=0}^{m_1}\sum_{j=0}^{n}a_{m_1,i}(u,\lambda_1)a_{n,j}(v,\lambda_0)\boldsymbol{V}_{i,j} \\ \boldsymbol{a}_2(u,v)=\displaystyle\sum_{i=0}^{m_2}\sum_{j=0}^{n}a_{m_2,i}(u,\lambda_2)a_{n,j}(v,\lambda_0)\boldsymbol{R}_{i,j} \end{cases}$$

其中, $0\leqslant u,v\leqslant 1$, $m_1,m_2,n=2,3,4$, $\lambda_0,\lambda_1,\lambda_2\in(0,1]$, 若曲面 $\boldsymbol{a}_1(u,v)$ 和 $\boldsymbol{a}_2(u,v)$ 的控制顶点之间满足下面的约束条件

$$\begin{cases} \boldsymbol{R}_{0,j}=\boldsymbol{V}_{m_1,j} \\ \boldsymbol{R}_{1,j}=\boldsymbol{R}_{0,j}+C(\boldsymbol{V}_{m_1,j}-\boldsymbol{V}_{m_1-1,j}) \end{cases}$$

其中, $C > 0$, $0 \leqslant j \leqslant n$, 则 P-Bézier 曲面 $\boldsymbol{a}_1(u,v)$ 和 $\boldsymbol{a}_2(u,v)$ 在公共连接边处 G^2 连续; 另外, 当 $m_1 = m_2 = 2$ 时, 若取 $\lambda_1 = \lambda_2 = 1$, 则两张曲面之间 G^3 连续.

在图 10.2.13 中, 显示的是由相同的控制网格, 以及不同的参数所定义的由 2×3 阶和 3×3 阶 P-Bézier 曲面拼接而成的两张组合曲面. 左边的曲面取 $\lambda_i = 1$, 右边的曲面取 $\lambda_i = 0.1$, 其中, $i = 0,1,2$, 两张曲面均整体 G^2 连续.

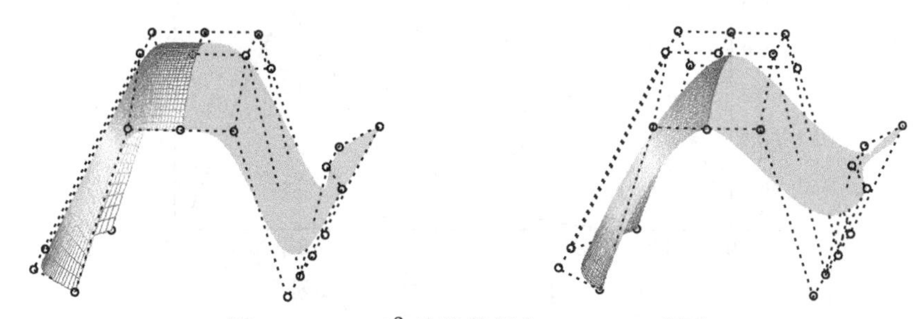

图 10.2.13　G^2 连续的组合 P-Bézier 曲面

10.3　三角型拟 Bézier 曲线曲面

在 10.2 节中构造的多项式型的拟 Bézier 曲线, 虽然可以在普通 Bézier 曲线的 G^1 光滑拼接条件下实现 G^2 或 G^3 光滑拼接, 但是这些曲线所采用的调配函数, 即 P-Bernstein 基的次数却比相应 Bernstein 基函数的次数要高, 因此增加了计算复杂度. 为了使用次数相对较低的调配函数来定义易于拼接的拟 Bézier 曲线曲面, 这一节选择在三角函数空间上来构造符合要求的调配函数, 并定义相应的三角型拟 Bézier 曲线曲面.

10.3.1　调配函数及其性质

10.3.1.1　二阶调配函数

定义 10.3.1　设自变量 $t \in \left[0, \dfrac{\pi}{2}\right]$, 将下面由 3 个关于 t 的三角多项式函数构成的函数组

$$\begin{cases} b_{2,0}(t) = (1-\sin t)^2 \\ b_{2,1}(t) = 2(\sin t + \cos t - 1) \\ b_{2,2}(t) = (1-\cos t)^2 \end{cases} \tag{10.3.1}$$

称为 2 阶三角拟 Bernstein 基函数, 简称 2 阶 T-Bernstein 基.

注释 10.3.1　为了书写简单, 在下文中不至于引起混淆处, 将 2 阶 T-Bernstein 基的记号 $b_{2,i}(t)$ 简写为 $b_{2i}(t)$, 这里 $i = 0,1,2$.

在图 10.3.1 中, 给出了 2 阶 T-Bernstein 基函数的图形.

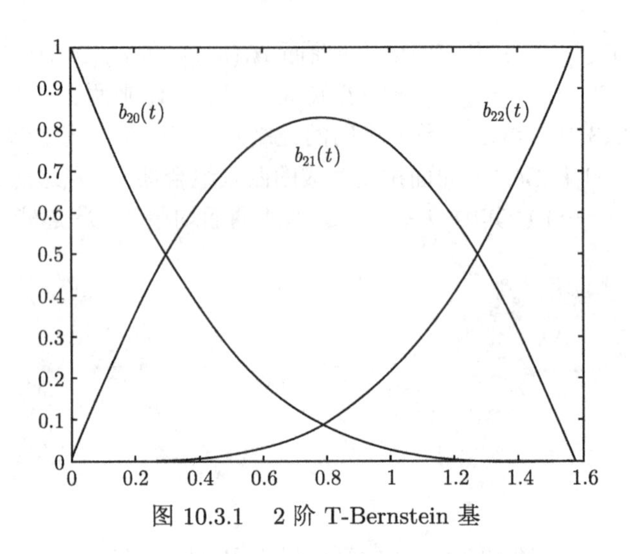

图 10.3.1　2 阶 T-Bernstein 基

直接对表达式 (10.3.1) 进行计算, 可以得到 2 阶 T-Bernstein 基的一些性质.

性质 1　非负性. 对任意的 $t\in\left[0,\dfrac{\pi}{2}\right]$, 都有 $b_{2i}(t)\geqslant 0\ (i=0,1,2)$.

性质 2　规范性. 即 $\sum\limits_{i=0}^{2} b_{2i}(t)=1$.

性质 3　对称性. 对任意的 $t\in\left[0,\dfrac{\pi}{2}\right]$, 都有 $b_{2,i}(t)=b_{2,2-i}\left(\dfrac{\pi}{2}-t\right)\ (i=0,1,2)$.

性质 4　端点性质. 在参数区间的左、右端点处, 对 $i=0,1,2$, 有

$$\left\{\begin{aligned} &b_{2i}(0)=\begin{cases}1, & i=0\\ 0, & \text{其他}\end{cases}\\ &b_{2i}\left(\frac{\pi}{2}\right)=\begin{cases}1, & i=2\\ 0, & \text{其他}\end{cases}\end{aligned}\right. \tag{10.3.2}$$

$$\left\{\begin{aligned} &b'_{2i}(0)=\begin{cases}-2, & i=0\\ 2, & i=1\\ 0, & i=2\end{cases}\\ &b'_{2i}\left(\frac{\pi}{2}\right)=\begin{cases}-2, & i=1\\ 2, & i=2\\ 0, & i=0\end{cases}\end{aligned}\right. \tag{10.3.3}$$

$$\begin{cases} b''_{2i}(0) = \begin{cases} 2, & i=0 \\ -2, & i=1 \\ 0, & i=2 \end{cases} \\ b''_{2i}\left(\dfrac{\pi}{2}\right) = \begin{cases} -2, & i=1 \\ 2, & i=2 \\ 0, & i=0 \end{cases} \end{cases} \tag{10.3.4}$$

$$\begin{cases} b''_{2i}(0) \begin{cases} 2, & i=0 \\ -2, & i=1 \\ 0, & i=2 \end{cases} \\ b'''_{2i}\left(\dfrac{\pi}{2}\right) = \begin{cases} 2 & i=1 \\ -2, & i=2 \\ 0, & i=0 \end{cases} \end{cases} \tag{10.3.5}$$

10.3.1.2 三阶调配函数

定义 10.3.2 设自变量 $t \in \left[0, \dfrac{\pi}{2}\right]$, 将下面由 4 个关于 t 的三角多项式函数构成的函数组

$$\begin{cases} b_{3,0}(t) = (1-\sin t)^2 \\ b_{3,1}(t) = 2(\sin t + \cos t - 1)\cos^2 t \\ b_{3,2}(t) = 2(\sin t + \cos t - 1)\sin^2 t \\ b_{3,3}(t) = (1-\cos t)^2 \end{cases} \tag{10.3.6}$$

称为 3 阶三角拟 Bernstein 基函数, 简称 3 阶 T-Bernstein 基.

注释 10.3.2 为了书写简单, 在下文中不至于引起混淆处, 将 3 阶 T-Bernstein 基的记号 $b_{3,i}(t)$ 简写为 $b_{3i}(t)$, 这里 $i = 0, 1, 2, 3$.

在图 10.3.2 中, 给出了 3 阶 T-Bernstein 基函数的图形.

直接对表达式 (10.3.6) 进行计算, 可以得到 3 阶 T-Bernstein 基的一些性质.

性质 1 非负性. 对任意的 $t \in \left[0, \dfrac{\pi}{2}\right]$, 都有 $b_{3i}(t) \geqslant 0$ $(i = 0, 1, 2, 3)$.

性质 2 规范性. 即 $\sum\limits_{i=0}^{3} b_{3i}(t) = 1$.

性质 3 对称性. 对任意的 $t \in \left[0, \dfrac{\pi}{2}\right]$, 都有 $b_{3,i}(t) = b_{3,3-i}\left(\dfrac{\pi}{2} - t\right)$ $(i = 0, 1, 2, 3)$.

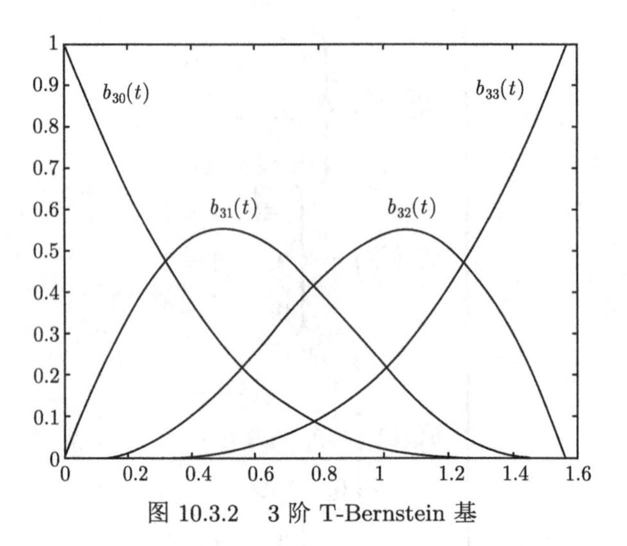

图 10.3.2　3 阶 T-Bernstein 基

性质 4　端点性质. 在参数区间的左、右端点处, 对 $i=0,1,2,3$, 有

$$\begin{cases} b_{3i}(0)=\begin{cases} 1, & i=0 \\ 0, & \text{其他} \end{cases} \\ b_{3i}\left(\dfrac{\pi}{2}\right)=\begin{cases} 1, & i=3 \\ 0, & \text{其他} \end{cases} \end{cases} \tag{10.3.7}$$

$$\begin{cases} b'_{3i}(0)=\begin{cases} -2, & i=0 \\ 2, & i=1 \\ 0, & \text{其他} \end{cases} \\ b'_{3i}\left(\dfrac{\pi}{2}\right)=\begin{cases} -2, & i=2 \\ 2, & i=3 \\ 0, & \text{其他} \end{cases} \end{cases} \tag{10.3.8}$$

$$\begin{cases} b''_{3i}(0)=\begin{cases} 2, & i=0 \\ -2, & i=1 \\ 0, & \text{其他} \end{cases} \\ b''_{3i}\left(\dfrac{\pi}{2}\right)=\begin{cases} -2, & i=2 \\ 2, & i=3 \\ 0, & \text{其他} \end{cases} \end{cases} \tag{10.3.9}$$

10.3.2　曲线及其性质

定义了 T-Bernstein 基以后, 就可以按照 Bézier 曲线的定义方式, 由 T-Bernstein 基和控制顶点的线性组合来构造曲线.

10.3.2.1 二阶曲线

定义 10.3.3 给定三个控制顶点 $\boldsymbol{V}_i \in \mathbb{R}^d$ $(d = 2,3; i = 0,1,2)$, 称下面的曲线

$$\boldsymbol{b}(t) = \sum_{i=0}^{2} b_{2i}(t)\boldsymbol{V}_i, \quad t \in \left[0, \frac{\pi}{2}\right] \tag{10.3.10}$$

为 2 阶三角型拟 Bézier 曲线, 简称 2 阶 T-Bézier 曲线. 式 (10.3.10) 中的 $b_{2i}(t)$ $(i = 0,1,2)$ 为定义 10.3.1 中给出的 2 阶 T-Bernstein 基.

由 2 阶 T-Bernstein 基的性质, 不难得出 2 阶 T-Bézier 曲线具有凸包性、几何不变性与仿射不变性、对称性. 另外, 由式 (10.3.2)~ 式 (10.3.5), 以及式 (10.3.10) 可知, 在 2 阶 T-Bézier 曲线的起点和终点处, 有

$$\begin{cases} \boldsymbol{b}(0) = \boldsymbol{V}_0 \\ \boldsymbol{b}'(0) = 2(\boldsymbol{V}_1 - \boldsymbol{V}_0) \\ \boldsymbol{b}''(0) = 2(\boldsymbol{V}_0 - \boldsymbol{V}_1) \\ \boldsymbol{b}'''(0) = 2(\boldsymbol{V}_0 - \boldsymbol{V}_1) \\ \boldsymbol{b}\left(\dfrac{\pi}{2}\right) = \boldsymbol{V}_2 \\ \boldsymbol{b}'\left(\dfrac{\pi}{2}\right) = 2(\boldsymbol{V}_2 - \boldsymbol{V}_1) \\ \boldsymbol{b}''\left(\dfrac{\pi}{2}\right) = 2(\boldsymbol{V}_2 - \boldsymbol{V}_1) \\ \boldsymbol{b}'''\left(\dfrac{\pi}{2}\right) = 2(\boldsymbol{V}_1 - \boldsymbol{V}_2) \end{cases} \tag{10.3.11}$$

由式 (10.3.11) 可知, 2 阶 T-Bézier 曲线具有和 Bézier 曲线一样的端点插值、端边相切性质. 另外, 2 阶 T-Bézier 曲线在起点处的一阶、二阶、三阶导矢共线, 在终点处亦是如此.

在图 10.3.3 中, 给出了由相同的控制顶点定义的 2 阶 T-Bézier 曲线和 2 次 Bézier 曲线. 其中的 T-Bézier 曲线用实线表示, Bézier 曲线用虚线表示. 从图中可以直观看出, 2 阶 T-Bézier 曲线对控制多边形的逼近性明显优于 2 次 Bézier 曲线.

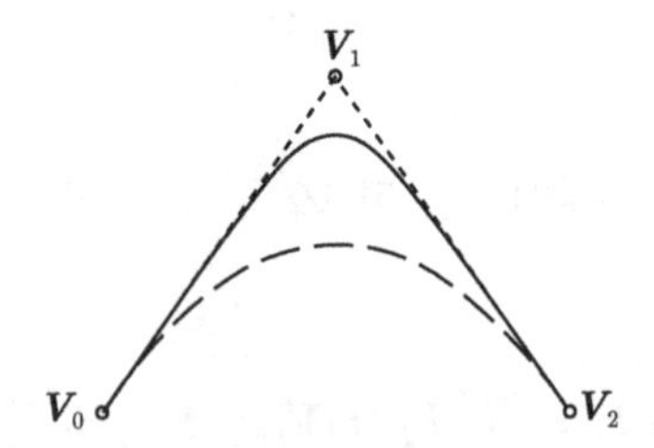

图 10.3.3 2 阶 T-Bézier 曲线与 2 次 Bézier 曲线

10.3.2.2 三阶曲线

定义 10.3.4 给定四个控制顶点 $\boldsymbol{V}_i \in \mathbb{R}^d$ $(d = 2,3; i = 0,1,2,3)$, 称下面的曲线

$$\boldsymbol{b}(t) = \sum_{i=0}^{3} b_{3i}(t)\boldsymbol{V}_i, \quad t \in \left[0, \frac{\pi}{2}\right] \tag{10.3.12}$$

为 3 阶三角型拟 Bézier 曲线, 简称 3 阶 T-Bézier 曲线. 式 (10.3.12) 中的 $b_{3i}(t)$ $(i = 0,1,2,3)$ 为定义 10.3.2 中给出的 3 阶 T-Bernstein 基.

由 3 阶 T-Bernstein 基的性质, 不难得出 3 阶 T-Bézier 曲线具有凸包性、几何不变性与仿射不变性、对称性. 另外, 由式 (10.3.7)~ 式 (10.3.9), 以及式 (10.3.12) 可知, 在 3 阶 T-Bézier 曲线的起点和终点处, 有

$$\begin{cases} \boldsymbol{b}(0) = \boldsymbol{V}_0 \\ \boldsymbol{b}'(0) = 2(\boldsymbol{V}_1 - \boldsymbol{V}_0) \\ \boldsymbol{b}''(0) = 2(\boldsymbol{V}_0 - \boldsymbol{V}_1) \\ \boldsymbol{b}\left(\dfrac{\pi}{2}\right) = \boldsymbol{V}_3 \\ \boldsymbol{b}'\left(\dfrac{\pi}{2}\right) = 2(\boldsymbol{V}_3 - \boldsymbol{V}_2) \\ \boldsymbol{b}''\left(\dfrac{\pi}{2}\right) = 2(\boldsymbol{V}_3 - \boldsymbol{V}_2) \end{cases} \tag{10.3.13}$$

由式 (10.3.13) 可知, 3 阶 T-Bézier 曲线具有和 Bézier 曲线一样的端点插值、端边相切性质. 另外, 3 阶 T-Bézier 曲线在起点处的一阶、二阶导矢共线, 在终点处亦是如此.

在图 10.3.4 中, 给出了由相同的控制顶点定义的 3 阶 T-Bézier 曲线和 3 次 Bézier 曲线. 其中的 T-Bézier 曲线用实线表示, Bézier 曲线用虚线表示. 从图中可以直观看出, 3 阶 T-Bézier 曲线对控制多边形的逼近性明显优于 3 次 Bézier 曲线.

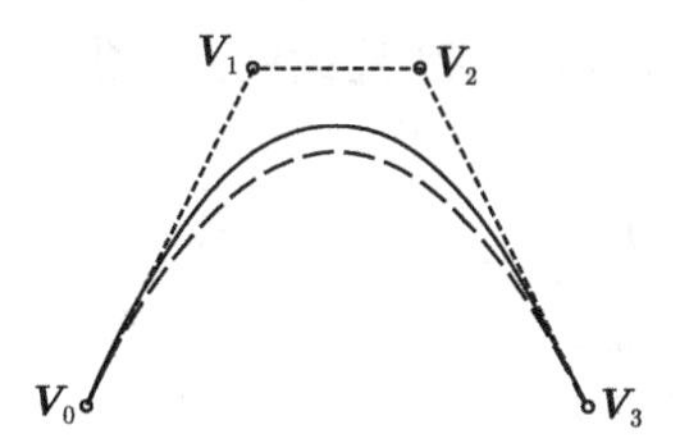

图 10.3.4 3 阶 T-Bézier 曲线与 3 次 Bézier 曲线

10.3.3 曲线拼接条件

下面对 2 阶、3 阶 T-Bézier 曲线的光滑拼接条件进行分析.

定理 10.3.1 设有两条 2 阶 T-Bézier 曲线, 它们的表达式为

$$\begin{cases} \boldsymbol{b}_1(t) = \sum_{i=0}^{2} b_{2i}(t)\boldsymbol{V}_i \\ \boldsymbol{b}_2(t) = \sum_{i=0}^{2} b_{2i}(t)\boldsymbol{R}_i \end{cases}$$

其中, $t \in \left[0, \frac{\pi}{2}\right]$, 若曲线 $\boldsymbol{b}_1(t)$ 和 $\boldsymbol{b}_2(t)$ 的控制顶点之间满足下面的约束条件

$$\begin{cases} \boldsymbol{R}_0 = \boldsymbol{V}_2 \\ \boldsymbol{R}_1 = \boldsymbol{R}_0 + C(\boldsymbol{V}_2 - \boldsymbol{V}_1) \end{cases} \tag{10.3.14}$$

其中, $C > 0$, 则 2 阶 T-Bézier 曲线 $\boldsymbol{b}_1(t)$ 和 $\boldsymbol{b}_2(t)$ 在公共连接点处 G^3 连续.

证明 由式 (10.3.11) 可知

$$\begin{cases} \boldsymbol{b}_2(0) = \boldsymbol{R}_0 \\ \boldsymbol{b}_1\left(\frac{\pi}{2}\right) = \boldsymbol{V}_2 \\ \boldsymbol{b}_2'(0) = 2(\boldsymbol{R}_1 - \boldsymbol{R}_0) \\ \boldsymbol{b}_1'\left(\frac{\pi}{2}\right) = 2(\boldsymbol{V}_2 - \boldsymbol{V}_1) \\ \boldsymbol{b}_2''(0) = 2(\boldsymbol{R}_0 - \boldsymbol{R}_1) \\ \boldsymbol{b}_1''\left(\frac{\pi}{2}\right) = 2(\boldsymbol{V}_2 - \boldsymbol{V}_1) \\ \boldsymbol{b}_2'''(0) = 2(\boldsymbol{R}_0 - \boldsymbol{R}_1) \\ \boldsymbol{b}_1'''\left(\frac{\pi}{2}\right) = 2(\boldsymbol{V}_1 - \boldsymbol{V}_2) \end{cases} \tag{10.3.15}$$

要使曲线 $\boldsymbol{b}_1(t)$ 和 $\boldsymbol{b}_2(t)$ 之间具有 G^3 连续性, 必须

$$\begin{cases} \boldsymbol{b}_2(0)=\boldsymbol{b}_1\left(\dfrac{\pi}{2}\right) \\ \boldsymbol{b}_2'(0)=\beta_1\boldsymbol{b}_1'\left(\dfrac{\pi}{2}\right) \\ \boldsymbol{b}_2''(0)=\beta_1^2\boldsymbol{b}_1''\left(\dfrac{\pi}{2}\right)+\beta_2\boldsymbol{b}_1'\left(\dfrac{\pi}{2}\right) \\ \boldsymbol{b}_2'''(0)=\beta_1^3\boldsymbol{b}_1'''\left(\dfrac{\pi}{2}\right)+3\beta_1\beta_2\boldsymbol{b}_1''\left(\dfrac{\pi}{2}\right)+\beta_3\boldsymbol{b}_1'\left(\dfrac{\pi}{2}\right) \end{cases} \tag{10.3.16}$$

其中, β_1,β_2,β_3 为参数, 且 $\beta_1>0$. 将式 (10.3.15) 代入式 (10.3.16) 并稍作整理, 可以得到

$$\begin{cases} \boldsymbol{R}_0=\boldsymbol{V}_2 & \text{(a)} \\ \boldsymbol{R}_1=\boldsymbol{R}_0+\beta_1(\boldsymbol{V}_2-\boldsymbol{V}_1) & \text{(b)} \\ \boldsymbol{R}_1=\boldsymbol{R}_0-(\beta_1^2+\beta_2)(\boldsymbol{V}_2-\boldsymbol{V}_1) & \text{(c)} \\ \boldsymbol{R}_1=\boldsymbol{R}_0+(\beta_1^3-3\beta_1\beta_2-\beta_3)(\boldsymbol{V}_2-\boldsymbol{V}_1) & \text{(d)} \end{cases} \tag{10.3.17}$$

为了让式 (10.3.17) 中的关系 (b)~(d) 同时满足, 只需取

$$\begin{cases} \beta_2=-(\beta_1+\beta_1^2) \\ \beta_3=4\beta_1^3+3\beta_1^2-\beta_1 \end{cases}$$

即可. 记 $C=\beta_1$, 则当条件 (10.3.14) 满足时, 两条曲线 $\boldsymbol{b}_1(t)$ 和 $\boldsymbol{b}_2(t)$ 之间具有 G^3 连续性. 证毕.

注释 10.3.3　定理 10.3.1 也可以采用和定理 10.2.1 相同的方式来证明. 定理 10.2.1 采用的是验证式的证明方法, 定理 10.3.1 采用的是分析式的证明方法.

注释 10.3.4　对于普通的 Bézier 曲线而言, 当式 (10.3.14) 中给出的条件满足时, 相邻两条曲线之间只能达到 G^1 光滑拼接, 而 2 阶 T-Béizer 曲线之间却可以达到 G^3 光滑拼接.

在图 10.3.5 中, 给出了由两条 2 阶 T-Bézier 曲线拼接而成的 G^3 连续组合曲线.

定理 10.3.2　设有两条 3 阶 T-Bézier 曲线, 它们的表达式为

$$\begin{cases} \boldsymbol{b}_1(t)=\displaystyle\sum_{i=0}^{3}b_{3i}(t)\boldsymbol{V}_i \\ \boldsymbol{b}_2(t)=\displaystyle\sum_{i=0}^{3}b_{3i}(t)\boldsymbol{R}_i \end{cases}$$

其中, $t \in \left[0, \dfrac{\pi}{2}\right]$, 若曲线 $\boldsymbol{b}_1(t)$ 和 $\boldsymbol{b}_2(t)$ 的控制顶点之间满足下面的约束条件

$$\begin{cases} \boldsymbol{R}_0 = \boldsymbol{V}_3 \\ \boldsymbol{R}_1 = \boldsymbol{R}_0 + C(\boldsymbol{V}_3 - \boldsymbol{V}_2) \end{cases} \tag{10.3.18}$$

其中, $C > 0$, 则 3 阶 T-Bézier 曲线 $\boldsymbol{b}_1(t)$ 和 $\boldsymbol{b}_2(t)$ 在公共连接点处 G^2 连续.

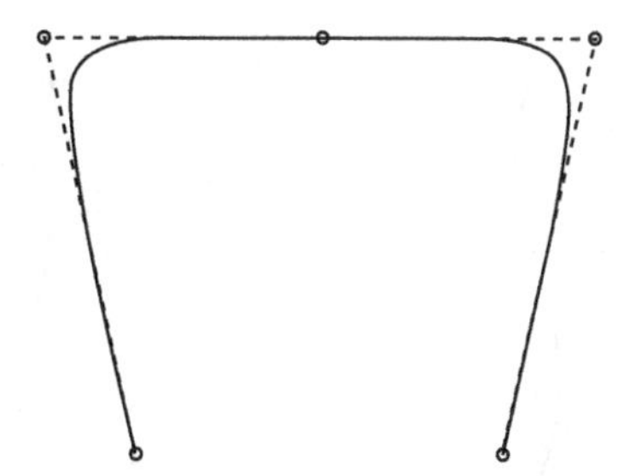

图 10.3.5　G^3 连续的组合 2 阶 T-Bézier 曲线

注释 10.3.5　该定理既可以采用定理 10.2.1 的方法, 亦可以采用定理 10.3.1 的方法来证明, 这里将其省略.

在图 10.3.6 中, 给出了由两条 3 阶 T-Bézier 曲线拼接而成的 G^2 连续的组合曲线.

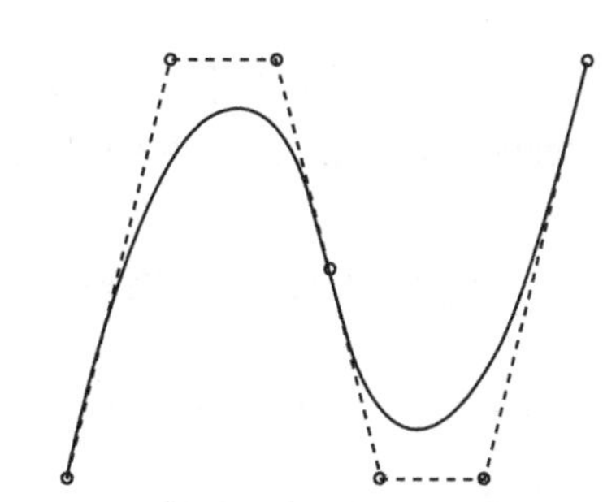

图 10.3.6　G^2 连续的组合 3 阶 T-Bézier 曲线

注释 10.3.6　定理 10.3.1 和定理 10.3.2 分别给出了 2 阶、3 阶 T-Bézier 曲线的光滑拼接条件, 从式 (10.3.14)、式 (10.3.18) 可以看出, 它们的拼接条件从本质上讲是一样的, 就是要求后一段曲线以前一段曲线的末控制点为首控制点, 且前一段曲线的后两个控制顶点与后一段曲线的前两个控制顶点共线 (即三点共线, 因为这四个点中有两点是重合的). 实际上, 我们也可以证明, 对于一段 2 阶 T-Bézier 曲线和一段 3 阶 T-Bézier 曲线而言, 当它们的控制顶点满足上面所述的要

求时, 它们之间 G^2 连续. 因此在构造组合曲线时, 不一定要限制不同曲线段必须同阶, 不同阶也是可行的.

在图 10.3.7 中, 给出了混合使用不同阶的 T-Bézier 曲线形成的组合曲线. 图中曲线由两条 2 阶 T-Bézier 曲线段 (首尾两段) 和 3 条 3 阶 T-Bézier 曲线段 (中间三段) 拼接而成, 曲线整体 G^2 连续.

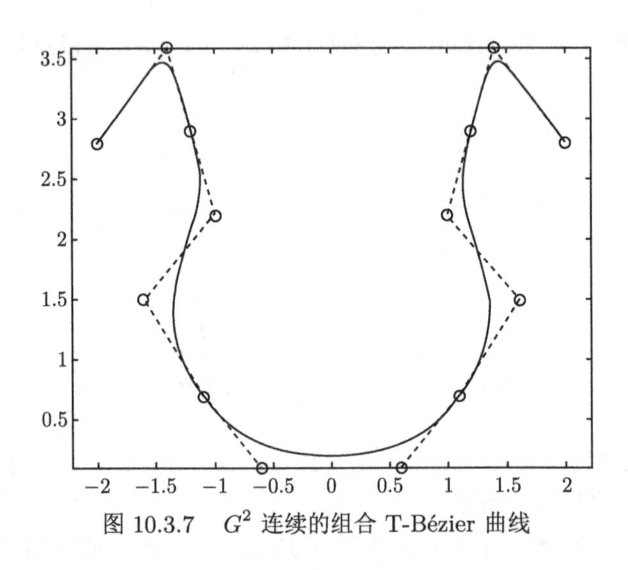

图 10.3.7 G^2 连续的组合 T-Bézier 曲线

10.3.4 曲线的应用

给定一个封闭的控制多边形 $\langle \boldsymbol{P}_0\boldsymbol{P}_1\cdots\boldsymbol{P}_n\rangle$, 其中 $\boldsymbol{P}_0 = \boldsymbol{P}_n$, 下面分析怎样构造一条封闭的组合 2 阶 T-Bézier 曲线, 使之与所给封闭多边形的每一条边都相切于指定的切点.

假设在封闭多边形的第 i 条边上, T-Bézier 曲线的切点为

$$\boldsymbol{T}_i = (1-k_i)\boldsymbol{P}_{i-1} + k_i\boldsymbol{P}_i \tag{10.3.19}$$

其中, $k_i \in (0,1)$ $(i=1,2,\cdots,n)$ 为切点调节参数.

为了实现上面所述的目标, 首先需要增加一个虚拟的切点 $\boldsymbol{T}_{n+1} = \boldsymbol{T}_1$, 然后再在每两个相邻的切点 $\boldsymbol{T}_i$ 和 $\boldsymbol{T}_{i+1}$ 之间构造一条 2 阶的 T-Bézier 曲线 $\boldsymbol{b}_{2i}(t)$, 这里 $i=1,2,\cdots,n$, 代表曲线段的序号. 这样一来, 整个曲线包含 n 条 2 阶 T-Bézier 曲线段. 其中, 第 i 段 2 阶 T-Bézier 曲线

$$\boldsymbol{b}_{2i}(t) = \sum_{j=0}^{2} b_{2j}(t)\boldsymbol{V}_{ij}, \quad t \in \left[0, \frac{\pi}{2}\right] \tag{10.3.20}$$

的控制顶点为

$$\begin{cases} \boldsymbol{V}_{i0} = \boldsymbol{T}_i \\ \boldsymbol{V}_{i1} = \boldsymbol{P}_i \\ \boldsymbol{V}_{i2} = \boldsymbol{T}_{i+1} \end{cases} \tag{10.3.21}$$

由式 (10.3.11), 以及式 (10.3.19)~ 式 (10.3.21), 可知

$$\begin{cases} \boldsymbol{b}_{2i}(0) = \boldsymbol{T}_i \\ \boldsymbol{a}_i'(0) = 2(1-k_i)(\boldsymbol{P}_i - \boldsymbol{P}_{i-1}) \\ \boldsymbol{b}_{2i}\left(\dfrac{\pi}{2}\right) = \boldsymbol{T}_{i+1} \\ \boldsymbol{a}_i'\left(\dfrac{\pi}{2}\right) = 2k_{i+1}(\boldsymbol{P}_{i+1} - \boldsymbol{P}_i) \end{cases} \tag{10.3.22}$$

从式 (10.3.22) 可以看出, 第 i 段 2 阶 T-Bézier 曲线在点 $\boldsymbol{T}_i$ 和 $\boldsymbol{T}_{i+1}$ 处与给定的封闭多边形相切. 另外, 由定理 10.3.3 可知: 相邻的两段 2 阶 T-Bézier 曲线在连接点处具有 G^3 连续性.

采用 2 阶 T-Bézier 曲线来构造与给定多边形相切的曲线, 具有下列优点:

(1) 直接根据给定切线多边形的顶点和切点, 即可确定曲线的全部控制顶点;

(2) 整条曲线具有 G^3 连续性, 对于工程中大多数的需求是可以满足的;

(3) 由于 2 阶 T-Bézier 曲线段与普通 2 次 Bézier 曲线一样, 不存在拐点, 并且曲线保持与控制多边形一致的凹凸性, 因此整条组合 T-Bézier 曲线对于给定的切线多边形是保形的.

在图 10.3.8 中, 显示了与给定的封闭多边形相切于指定点的组合 2 阶 T-Bézier 曲线. 图中点线表示给定的切线多边形, 打星号的点表示给定的切点, 实曲线为 2 阶 T-Bézier 曲线.

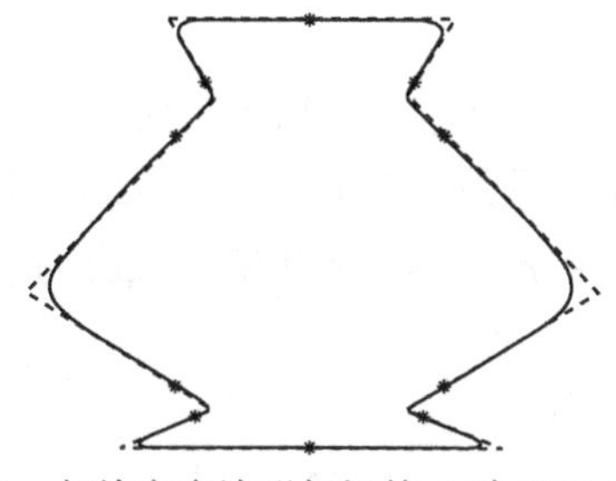

图 10.3.8 与给定多边形相切的 2 阶 T-Bézier 曲线

10.3.5 曲面及其性质

采用张量积方法, 可以构造与 T-Bézier 曲线相对应的四边域曲面.

定义 10.3.5 给定 $(m+1)\times(n+1)$ 个控制顶点 $\boldsymbol{V}_{i,j}\in\mathbb{R}^3$, 其中, $0\leqslant i\leqslant m$, $0\leqslant j\leqslant n$, $m,n=2,3$, 这些顶点呈拓扑矩形列阵, 将下面的曲面

$$\boldsymbol{b}(u,v)=\sum_{i=0}^{m}\sum_{j=0}^{n}b_{m,i}(u)b_{n,j}(v)\boldsymbol{V}_{i,j},\quad 0\leqslant u,v\leqslant\frac{\pi}{2}$$

称为 $m\times n$ 阶三角型拟 Bézier 曲面, 简称 $m\times n$ $(m,n=2,3)$ 阶 T-Bézier 曲面. 在曲面表达式中, $b_{mi}(u)$ 和 $b_{nj}(v)$ 为定义 10.3.1 中给出的 2 阶 T-Bernstein 基或者定义 10.3.2 中给出的 3 阶 T-Bernstein 基, 视 m 和 n 的取值而定.

T-Bézier 曲线的很多性质都可以直接推广至 T-Bézier 曲面, 例如凸包性、几何不变性、对称性等.

下面给出 T-Bézier 曲面的光滑拼接条件.

定理 10.3.3 设有一张 $m\times n_1$ 阶的 T-Bézier 曲面, 以及一张 $m\times n_2$ 阶的 T-Bézier 曲面, 它们的表达式为

$$\begin{cases}\boldsymbol{b}_1(u,v)=\displaystyle\sum_{i=0}^{m}\sum_{j=0}^{n_1}b_{m,i}(u)b_{n_1,j}(v)\boldsymbol{V}_{i,j}\\ \boldsymbol{b}_2(u,v)=\displaystyle\sum_{i=0}^{m}\sum_{j=0}^{n_2}b_{m,i}(u)b_{n_2,j}(v)\boldsymbol{R}_{i,j}\end{cases}$$

其中, $0\leqslant u,v\leqslant\dfrac{\pi}{2}$, $m,n_1,n_2=2,3$, 若曲面 $\boldsymbol{b}_1(u,v)$ 和 $\boldsymbol{b}_2(u,v)$ 的控制顶点之间满足下面的约束条件

$$\begin{cases}\boldsymbol{R}_{i,0}=\boldsymbol{V}_{i,n_1}\\ \boldsymbol{R}_{i,1}=\boldsymbol{R}_{i,0}+C(\boldsymbol{V}_{i,n_1}-\boldsymbol{V}_{i,n_1-1})\end{cases}$$

其中, $C>0$, $0\leqslant i\leqslant m$, 则 T-Bézier 曲面 $\boldsymbol{b}_1(u,v)$ 和 $\boldsymbol{b}_2(u,v)$ 在公共连接边处 (位于参数 u 方向) G^2 连续; 另外, 当 $n_1=n_2=2$ 时, 两张曲面沿 u 向 G^3 连续.

定理 10.3.4 设有一张 $m_1\times n$ 阶的 T-Bézier 曲面, 以及一张 $m_2\times n$ 阶的 T-Bézier 曲面, 它们的表达式为

$$\begin{cases}\boldsymbol{b}_1(u,v)=\displaystyle\sum_{i=0}^{m_1}\sum_{j=0}^{n}b_{m_1,i}(u)b_{n,j}(v)\boldsymbol{V}_{i,j}\\ \boldsymbol{b}_2(u,v)=\displaystyle\sum_{i=0}^{m_2}\sum_{j=0}^{n}b_{m_2,i}(u)b_{n,j}(v)\boldsymbol{R}_{i,j}\end{cases}$$

其中, $0 \leqslant u, v \leqslant \dfrac{\pi}{2}$, $m_1, m_2, n = 2, 3$, 若曲面 $\boldsymbol{b}_1(u,v)$ 和 $\boldsymbol{b}_2(u,v)$ 的控制顶点之间满足下面的约束条件

$$\begin{cases} \boldsymbol{R}_{0,j} = \boldsymbol{V}_{m_1,j} \\ \boldsymbol{R}_{1,j} = \boldsymbol{R}_{0,j} + C(\boldsymbol{V}_{m_1,j} - \boldsymbol{V}_{m_1-1,j}) \end{cases}$$

其中, $C > 0$, $0 \leqslant j \leqslant n$, 则 T-Bézier 曲面 $\boldsymbol{b}_1(u,v)$ 和 $\boldsymbol{b}_2(u,v)$ 在公共连接边处 (位于参数 v 方向) G^2 连续; 另外, 当 $m_1 = m_2 = 2$ 时, 两张曲面沿 v 向 G^3 连续.

注释 10.3.7 定理 10.3.3 和定理 10.3.4 的证明方法与定理 10.2.2 相同, 这里将其省略.

在图 10.3.9 中, 给出了两张整体 G^2 连续的组合 T-Bézier 曲面. 左边的组合曲面由一张 3×3 阶和一张 2×3 阶的 T-Bézier 曲面拼接而成, 右边的组合曲面由两张 3×3 阶的 T-Bézier 曲面拼接而成. 两张曲面均通过设置重顶点生成了一个尖角.

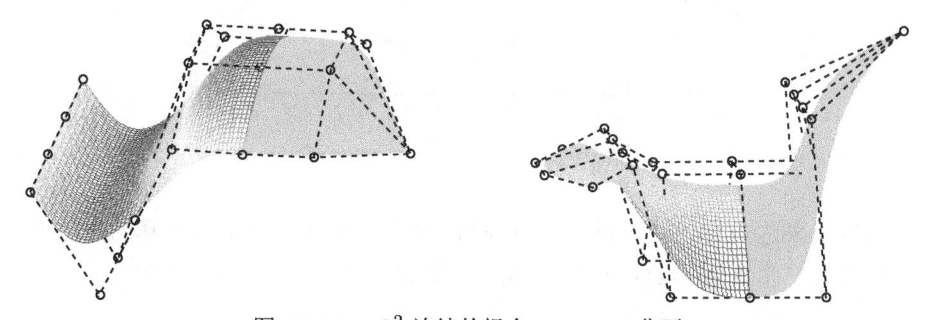

图 10.3.9 G^2 连续的组合 T-Bézier 曲面

10.4 双曲型拟 Bézier 曲线曲面

10.4.1 调配函数及其性质

定义 10.4.1 记 $k = \ln(2+\sqrt{3})$, 设自变量 $t \in [0,1]$, 参数 $\lambda \in [1,2]$, 将下面由 3 个关于 t 的双曲多项式函数构成的函数组

$$\begin{cases} c_{2,0}(t) = [\cosh k(1-t) - 1]^{\lambda} \\ c_{2,1}(t) = 1 - c_{20}(t) - c_{22}(t) \\ c_{2,2}(t) = (\cosh kt - 1)^{\lambda} \end{cases} \tag{10.4.1}$$

称为带参数 λ 的 2 阶双曲型拟 Bernstein 基函数, 简称 2 阶 H-Bernstein 基.

注释 10.4.1 在下文中, 均取 $k = \ln(2+\sqrt{3})$.

注释 10.4.2　为了书写简单, 在下文中不至于引起混淆处, 将 2 阶 H-Bernstein 基的记号 $c_{2,i}(t)$ 简写为 $c_{2i}(t)$, 这里 $i=0,1,2$.

在图 10.4.1 中, 给出了取不同参数 λ 的 2 阶 H-Bernstein 基函数的图形. 图中实线、虚线、点线分别对应参数 $\lambda=1$, $\lambda=1.5$, $\lambda=2$. 从图 10.4.1 中可以看出: 当 $t\in[0,1]$ 时, $c_{20}(t)$ 和 $c_{22}(t)$ 关于 λ 单调递减, $c_{21}(t)$ 关于 λ 单调递增.

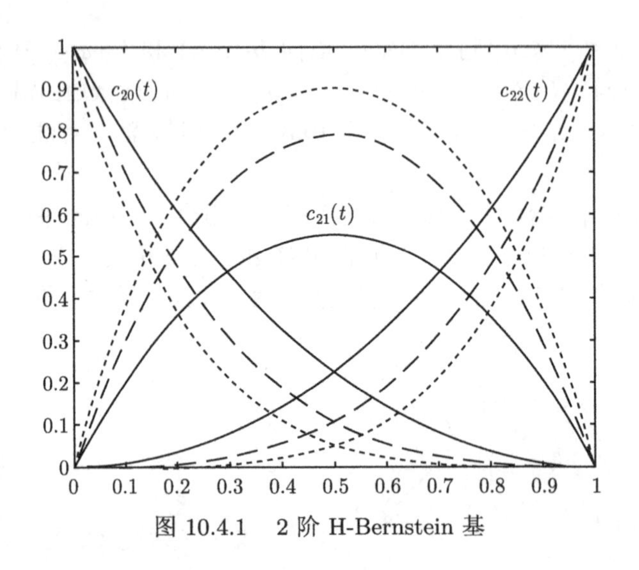

图 10.4.1　2 阶 H-Bernstein 基

直接对表达式 (10.4.1) 进行计算, 可以得到 2 阶 H-Bernstein 基的一些性质.

性质 1　非负性. 对任意的 $t\in[0,1]$, 都有 $c_{2i}(t)\geqslant 0$ $(i=0,1,2)$.

性质 2　规范性. 即 $\sum\limits_{i=0}^{2} c_{2i}(t)=1$.

性质 3　对称性. 对任意的 $t\in[0,1]$, 都有 $c_{2,i}(t)=c_{2,2-i}(1-t)$ $(i=0,1,2)$.

性质 4　端点性质. 在参数区间的左、右端点处, 对任意的 $\lambda\in[1,2]$, 都有

$$\left\{\begin{array}{llll} c_{20}(0)=1, & c_{21}(0)=0, & c_{22}(0)=0, & \text{(a)} \\ c_{20}(1)=0, & c_{21}(1)=0, & c_{22}(1)=1. & \text{(b)} \end{array}\right. \tag{10.4.2}$$

当 $\lambda\in[1,2)$ 时, 有

$$\left\{\begin{array}{l} c_{20}'(0)=-\sqrt{3}k\lambda, \quad c_{21}'(0)=\sqrt{3}k\lambda, \quad c_{22}'(0)=0 \\ c_{20}'(1)=0, \quad c_{21}'(1)=-\sqrt{3}k\lambda, \quad c_{22}'(1)=\sqrt{3}k\lambda \end{array}\right. \tag{10.4.3}$$

当 $\lambda=2$ 时, 有

$$
\begin{cases}
c'_{20}(0) = -2\sqrt{3}k, \quad c'_{21}(0) = 2\sqrt{3}k, \quad c'_{22}(0) = 0 & \text{(a)} \\
c'_{20}(1) = 0, \quad c'_{21}(1) = -2\sqrt{3}k, \quad c'_{22}(1) = 2\sqrt{3}k & \text{(b)}
\end{cases}
$$
$$
\begin{cases}
c''_{20}(0) = 10k^2, \quad c''_{21}(0) = -10k^2, c''_{22}(0) = 0 & \text{(c)} \\
c''_{20}(1) = 0, \quad c''_{21}(1) = -10k^2, \quad c''_{22}(1) = 10k^2 & \text{(d)}
\end{cases} \tag{10.4.4}
$$
$$
\begin{cases}
c'''_{20}(0) = -14\sqrt{3}k^3, \quad c'''_{21}(0) = 14\sqrt{3}k^3, \quad c'''_{22}(0) = 0 & \text{(e)} \\
c'''_{20}(1) = 0, \quad c'''_{21}(1) = -14\sqrt{3}k^3, \quad c'''_{22}(1) = 14\sqrt{3}k^3 & \text{(f)}
\end{cases}
$$

证明 这里只证式 (10.4.2) 和式 (10.4.4) 中的结论, 式 (10.4.3) 中的结论则类似可证. 首先, 由简单的计算可得

$$
\cosh k = 2, \quad \sinh k = \sqrt{3}, \quad \cosh 0 = 1, \quad \sinh 0 = 0
$$

因此由式 (10.4.1) 可得, 对任意的参数 $\lambda \in [1,2]$, 都有

$$
\begin{cases}
c_{20}(0) = (\cosh k - 1)^{\lambda} = 1 \\
c_{22}(0) = (\cosh 0 - 1)^{\lambda} = 0
\end{cases}
$$

又由规范性

$$
c_{20}(0) + c_{21}(0) + c_{22}(0) = 1
$$

可得 $c_{21}(0) = 0$, 于是式 (10.4.2) 中的结论 (a) 得证. 再由对称性

$$
c_{2,i}(t) = c_{2,2-i}(1-t) \quad (i = 0,1,2)
$$

可知

$$
c_{2,i}(1) = c_{2,2-i}(0) \tag{10.4.5}
$$

其中, $i = 0,1,2$. 再根据式 (10.4.5) 和式 (10.4.2) 中的 (a) 式, 便可以得到式 (10.4.2) 中的结论 (b).

当 $\lambda = 2$ 时, 对式 (10.4.1) 进行求导运算, 可得

$$
\begin{cases}
c'_{20}(t) = -2k[\cosh k(1-t) - 1]\sinh k(1-t) \\
c''_{20}(t) = 2k^2\{[\sinh k(1-t)]^2 + [\cosh k(1-t) - 1]\cosh k(1-t)\} \\
c'''_{20}(t) = -2k^3 \sinh k(1-t)[4\cosh k(1-t) - 1] \\
c'_{22}(t) = 2k(\cosh kt - 1)\sinh kt \\
c''_{22}(t) = 2k^2[(\sinh kt)^2 + (\cosh kt - 1)\cosh kt] \\
c'''_{22}(t) = 2k^3 \sinh kt(4\cosh kt - 1)
\end{cases}
$$

在上面的式子中取 $t=0$, 可得

$$\begin{cases} c_{20}'(0)=-2\sqrt{3}k, \quad c_{20}''(0)=10k^2, \quad c_{20}'''(0)=-14\sqrt{3}k^3 \\ c_{22}'(0)=0, \quad c_{22}''(0)=0, \quad c_{22}'''(0)=0 \end{cases} \tag{10.4.6}$$

又因 $c_{20}(0)+c_{21}(0)+c_{22}(0)=1$, 故有

$$c_{21}^{(l)}(0)=-c_{20}^{(l)}(0)-c_{22}^{(l)}(0) \tag{10.4.7}$$

其中, $l=1,2,3$, 根据式 (10.4.6)、式 (10.4.7), 可得

$$\begin{cases} c_{21}'(0)=2\sqrt{3}k \\ c_{21}''(0)=-10k^2 \\ c_{21}'''(0)=14\sqrt{3}k^3 \end{cases}$$

因此式 (10.4.4) 中的结论 (a)、(c)、(e) 正确. 又根据对称性

$$c_{2,i}(t)=c_{2,2-i}(1-t) \quad (i=0,1,2)$$

可得

$$c_{2,i}^{(l)}(1)=(-1)^l c_{2,2-i}^{(l)}(0) \tag{10.4.8}$$

其中, $i=0,1,2$, $l=1,2,3$, 结合式 (10.4.8) 以及式 (10.4.4) 中的结论 (a)、(c)、(e), 便可得到式 (10.4.4) 中的结论 (b)、(d)、(f). 证毕.

10.4.2　曲线及其性质

定义了 H-Bernstein 基以后, 就可以按照 Bézier 曲线的定义方式, 由 H-Bernstein 基和控制顶点的线性组合来构造曲线.

定义 10.4.2　给定三个控制顶点 $\boldsymbol{V}_i\in\mathbb{R}^d$ $(d=2,3; i=0,1,2)$, 并且给定参数 $\lambda\in[1,2]$, 称下面的曲线

$$\boldsymbol{c}(t)=\sum_{i=0}^{2} c_{2i}(t)\boldsymbol{V}_i, \quad t\in[0,1] \tag{10.4.9}$$

为带参数 λ 的 2 阶双曲型拟 Bézier 曲线, 简称 2 阶 H-Bézier 曲线. 式 (10.4.9) 中的 $c_{2i}(t)$ $(i=0,1,2)$ 为定义 10.4.1 中给出的 2 阶 H-Bernstein 基.

由 2 阶 H-Bernstein 基的性质, 不难得出 2 阶 H-Bézier 曲线具有凸包性、几何不变性与仿射不变性、对称性. 另外, 由式 (10.4.2)∼ 式 (10.4.4), 以及式 (10.4.9) 可知, 在 2 阶 H-Bézier 曲线的起点和终点处, 有

$$\begin{cases} \boldsymbol{c}(0)=\boldsymbol{V}_0 \\ \boldsymbol{c}(1)=\boldsymbol{V}_2 \end{cases} \tag{10.4.10}$$

当 $\lambda \in [1,2)$ 时, 有

$$\begin{cases} \boldsymbol{c}'(0) = \sqrt{3}k\lambda(\boldsymbol{V}_1 - \boldsymbol{V}_0) \\ \boldsymbol{c}'(1) = \sqrt{3}k\lambda(\boldsymbol{V}_2 - \boldsymbol{V}_1) \end{cases} \tag{10.4.11}$$

当 $\lambda = 2$ 时, 有

$$\begin{cases} \boldsymbol{c}'(0) = 2\sqrt{3}k(\boldsymbol{V}_1 - \boldsymbol{V}_0) \\ \boldsymbol{c}'(1) = 2\sqrt{3}k(\boldsymbol{V}_2 - \boldsymbol{V}_1) \\ \boldsymbol{c}''(0) = 10k^2(\boldsymbol{V}_0 - \boldsymbol{V}_1) \\ \boldsymbol{c}''(1) = 10k^2(\boldsymbol{V}_2 - \boldsymbol{V}_1) \\ \boldsymbol{c}'''(0) = 14\sqrt{3}k^3(\boldsymbol{V}_1 - \boldsymbol{V}_0) \\ \boldsymbol{c}'''(1) = 14\sqrt{3}k^3(\boldsymbol{V}_2 - \boldsymbol{V}_1) \end{cases} \tag{10.4.12}$$

由式 (10.4.10)、式 (10.4.11) 可知, 2 阶 H-Bézier 曲线具有和 Bézier 曲线一样的端点插值、端边相切性质. 另外, 当 $\lambda = 2$ 时, 2 阶 H-Bézier 曲线在起点处的一阶、二阶、三阶导矢共线, 在终点处亦是如此.

除了上面所述的性质以外, H-Bézier 曲线还具有形状可调性.

在图 10.4.2 中, 给出了由相同的控制顶点和取不同参数值时得到的 2 阶 H-Bézier 曲线, 以及 2 次 Bézier 曲线. 其中的 H-Bézier 曲线用实线表示, Bézier 曲线用虚线表示. 从上到下的 H-Bézier 曲线依次取参数 $\lambda = 2$, $\lambda = 1.3$, $\lambda = 1$. 图中的结果直观告诉我们, 参数 λ 的值取得越大, 所得到的 H-Bézier 曲线就会越靠近其控制多边形. 另外, 不管参数 λ 在给定的范围取何值, 与普通 Bézier 曲线相比, H-Bézier 曲线对控制多边形的逼近性始终更优.

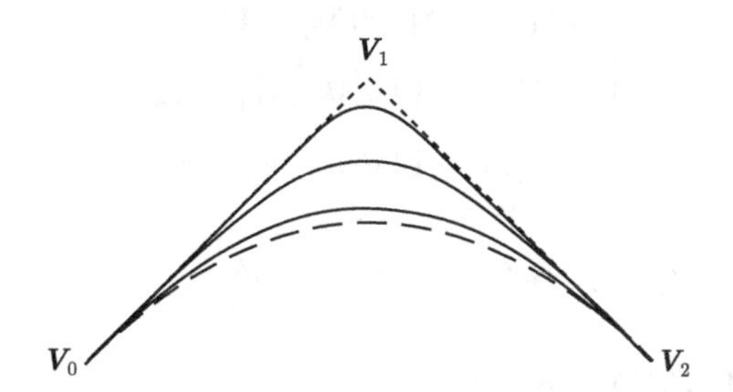

图 10.4.2 2 阶 H-Bézier 曲线与 2 次 Bézier 曲线

10.4.3 曲线拼接条件

定理 10.4.1 设有一条取参数 λ_1 的 2 阶 H-Bézier 曲线

$$\boldsymbol{c}_1(t) = \sum_{i=0}^{2} c_{2i}(t, \lambda_1)\boldsymbol{V}_i$$

以及一条取参数 λ_2 的 2 阶 H-Bézier 曲线

$$\boldsymbol{c}_2(t)=\sum_{i=0}^{2}c_{2i}(t,\lambda_2)\boldsymbol{R}_i$$

其中, $t\in[0,1]$. 若曲线 $\boldsymbol{c}_1(t)$ 和 $\boldsymbol{c}_2(t)$ 的控制顶点之间满足下面的约束条件

$$\begin{cases}\boldsymbol{R}_0=\boldsymbol{V}_2\\ \boldsymbol{R}_1=\boldsymbol{R}_0+C(\boldsymbol{V}_2-\boldsymbol{V}_1)\end{cases}\tag{10.4.13}$$

其中的常数 $C>0$, 则 H-Bézier 曲线 $\boldsymbol{c}_1(t)$ 和 $\boldsymbol{c}_2(t)$ 在公共连接点处 G^1 连续; 另外, 当取参数 $\lambda_1=\lambda_2=2$ 时, 若条件 (10.4.13) 满足, 则两条曲线之间具有 G^3 连续性.

证明 只证 G^3 连续性的结论, G^1 连续性则类似可证. 采用与定理 10.3.1 类似的分析式证明方法. 当 $\lambda_1=\lambda_2=2$ 时, 由式 (10.4.10)、式 (10.4.12), 可得

$$\begin{cases}\boldsymbol{c}_2(0)=\boldsymbol{R}_0\\ \boldsymbol{c}_1(1)=\boldsymbol{V}_2\\ \boldsymbol{c}_2'(0)=2\sqrt{3}k(\boldsymbol{R}_1-\boldsymbol{R}_0)\\ \boldsymbol{c}_1'(1)=2\sqrt{3}k(\boldsymbol{V}_2-\boldsymbol{V}_1)\\ \boldsymbol{c}_2''(0)=10k^2(\boldsymbol{R}_0-\boldsymbol{R}_1)\\ \boldsymbol{c}_1''(1)=10k^2(\boldsymbol{V}_2-\boldsymbol{V}_1)\\ \boldsymbol{c}_2'''(0)=14\sqrt{3}k^3(\boldsymbol{R}_1-\boldsymbol{R}_0)\\ \boldsymbol{c}_1'''(1)=14\sqrt{3}k^3(\boldsymbol{V}_2-\boldsymbol{V}_1)\end{cases}\tag{10.4.14}$$

要使曲线 $\boldsymbol{c}_1(t)$ 和 $\boldsymbol{c}_2(t)$ 之间具有 G^3 连续性, 必须

$$\begin{cases}\boldsymbol{c}_2(0)=\boldsymbol{c}_1(1)\\ \boldsymbol{c}_2'(0)=\beta_1\boldsymbol{c}_1'(1)\\ \boldsymbol{c}_2''(0)=\beta_1^2\boldsymbol{c}_1''(1)+\beta_2\boldsymbol{c}_1'(1)\\ \boldsymbol{c}_2'''(0)=\beta_1^3\boldsymbol{c}_1'''(1)+3\beta_1\beta_2\boldsymbol{c}_1''(1)+\beta_3\boldsymbol{c}_1'(1)\end{cases}\tag{10.4.15}$$

其中, β_1,β_2,β_3 为参数, 且 $\beta_1>0$. 将式 (10.4.14) 代入式 (10.4.15) 并稍作整理, 可以得到

$$\begin{cases} \boldsymbol{R}_0 = \boldsymbol{V}_2 & \text{(a)} \\ \boldsymbol{R}_1 = \boldsymbol{R}_0 + \beta_1(\boldsymbol{V}_2 - \boldsymbol{V}_1) & \text{(b)} \\ \boldsymbol{R}_1 = \boldsymbol{R}_0 - \left(\beta_1^2 + \dfrac{\sqrt{3}}{5}\beta_2\right)(\boldsymbol{V}_2 - \boldsymbol{V}_1) & \text{(c)} \\ \boldsymbol{R}_1 = \boldsymbol{R}_0 + \left(\beta_1^3 + \dfrac{15\beta_1\beta_2}{7\sqrt{3}} + \dfrac{\beta_3}{7}\right)(\boldsymbol{V}_2 - \boldsymbol{V}_1) & \text{(d)} \end{cases} \tag{10.4.16}$$

为了让式 (10.4.16) 中的关系 (b)~(d) 同时满足, 只要取

$$\begin{cases} \beta_2 = -\dfrac{5}{\sqrt{3}}(\beta_1 + \beta_1^2) \\ \beta_3 = 7\beta_1 + 25\beta_1^2 + 18\beta_1^3 \end{cases}$$

就可以. 记 $C = \beta_1$, 则当条件 (10.4.13) 满足时, 若 $\lambda_1 = \lambda_2 = 2$, 则两条曲线 $\boldsymbol{c}_1(t)$ 和 $\boldsymbol{c}_2(t)$ 之间具有 G^3 连续性. 证毕.

注释 10.4.3 对于普通的 Bézier 曲线而言, 当式 (10.4.13) 中给出的条件满足时, 相邻两条曲线之间只能实现 G^1 光滑拼接, 而当取特殊参数时, 2 阶 H-Bézier 曲线之间却可以实现 G^3 光滑拼接.

在图 10.4.3 中, 给出了由两条 2 阶 H-Bézier 曲线拼接而成的 G^3 连续组合曲线.

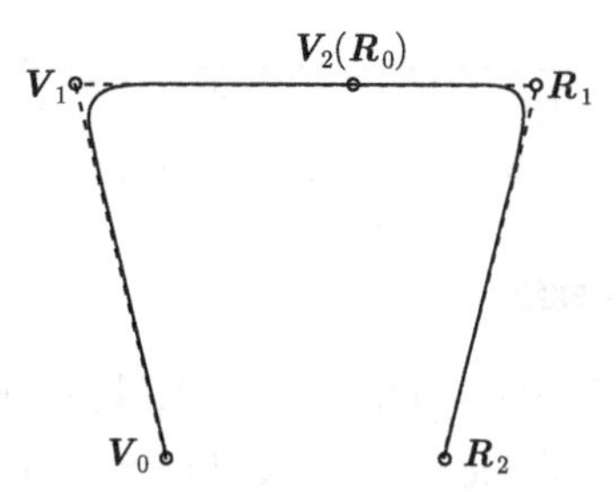

图 10.4.3 G^3 连续的组: 2 阶 H-Bézier 曲线

10.4.4 曲线的应用

10.4.4.1 双曲线的表示

圆锥曲线包括抛物线、圆、椭圆、双曲线, 它们都是工程中常用的曲线. 然而除了抛物线以外, 普通 Bézier 曲线无法表示其他的圆锥曲线. 通过选择合适的控制顶点, 并且取特定的参数 λ, 这里定义的 2 阶 H-Bézier 曲线可以精确表示双曲线. 下面对具体的表示方法进行介绍.

当取参数 $\lambda=1$ 时, 若将控制顶点取为 (a,b), $(a,\bar{b})$, $(\bar{a},3\bar{b}-2b)$, 其中, $a\neq\bar{a}$, $b\neq\bar{b}$, 则相应的 2 阶 H-Bézier 曲线恰好为一条双曲线段, 其参数方程为

$$\begin{cases} x(t)=(2a-\bar{a})+(\bar{a}-a)\cosh ct \\ y(t)=b+\sqrt{3}(\bar{b}-b)\sinh ct \end{cases}$$

在图 10.4.4 中, 给出了取参数 $\lambda=1$ 时, 由控制顶点 $(1,0)$, $(1,\sqrt{3})$, $(2,3\sqrt{3})$ 所定义的一条双曲线段 (图中用粗实线表示), 其位于双曲线 $x^2-\dfrac{1}{9}y^2=1$ 的右半支 (图中用细虚线表示) 上.

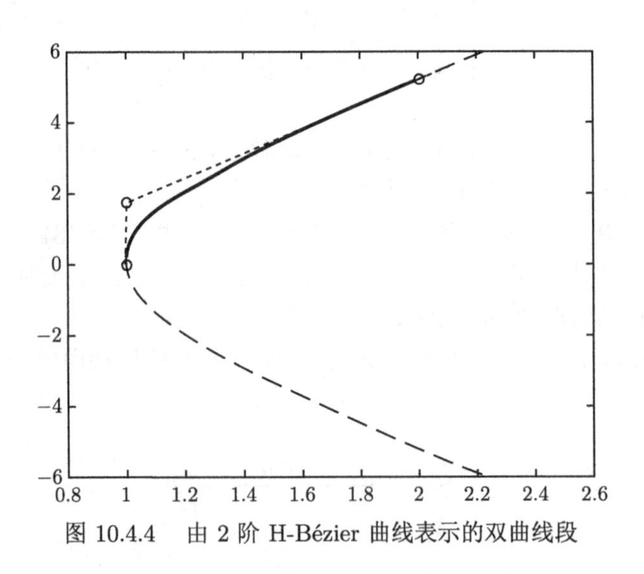

图 10.4.4 由 2 阶 H-Bézier 曲线表示的双曲线段

10.4.4.2 与多边形相切的曲线

给定一个封闭的控制多边形 $\langle \boldsymbol{P}_0\boldsymbol{P}_1\cdots\boldsymbol{P}_n\rangle$, 其中 $\boldsymbol{P}_0=\boldsymbol{P}_n$, 下面分析怎样构造一条封闭的组合 2 阶 H-Bézier 曲线, 使之与所给封闭多边形的每一条边都相切于指定的切点.

假设在封闭多边形的第 i 条边上, H-Bézier 曲线的切点为

$$\boldsymbol{T}_i=(1-l_i)\boldsymbol{P}_{i-1}+l_i\boldsymbol{P}_i \tag{10.4.17}$$

其中, $l_i\in(0,1)(i=1,2,\cdots,n)$ 为切点调节参数.

为了实现上面所述目标, 首先需要增加一个虚拟的切点 $\boldsymbol{T}_{n+1}=\boldsymbol{T}_1$, 然后再在每两个相邻的切点 $\boldsymbol{T}_i$ 和 $\boldsymbol{T}_{i+1}$ 之间构造一条 2 阶的 H-Bézier 曲线 $\boldsymbol{c}_{2i}(t)$, 这里 $i=1,2,\cdots,n$, 代表曲线段的序号. 这样一来, 整个曲线包含 n 条 2 阶 H-Bézier

曲线段. 其中, 第 i 段 2 阶 H-Bézier 曲线

$$\boldsymbol{c}_{2i}(t) = \sum_{j=0}^{2} c_{2j}(t, \lambda_i)\boldsymbol{V}_{ij}, \quad t \in [0,1] \tag{10.4.18}$$

的控制顶点为

$$\begin{cases} \boldsymbol{V}_{i0} = \boldsymbol{T}_i \\ \boldsymbol{V}_{i1} = \boldsymbol{P}_i \\ \boldsymbol{V}_{i2} = \boldsymbol{T}_{i+1} \end{cases} \tag{10.4.19}$$

由式 (10.4.10)~ 式 (10.4.12), 以及式 (10.4.17)~ 式 (10.4.19), 可知

$$\begin{cases} \boldsymbol{c}_{2i}(0) = \boldsymbol{T}_i \\ \boldsymbol{c}'_{2i}(0) = \sqrt{3}k\lambda_i(1-l_i)(\boldsymbol{P}_i - \boldsymbol{P}_{i-1}) \\ \boldsymbol{c}_{2i}(1) = \boldsymbol{T}_{i+1} \\ \boldsymbol{c}'_{2i}(1) = \sqrt{3}k\lambda_i l_{i+1}(\boldsymbol{P}_{i+1} - \boldsymbol{P}_i) \end{cases} \tag{10.4.20}$$

从式 (10.4.20) 可以看出, 第 i 段 2 阶 H-Bézier 曲线在点 $\boldsymbol{T}_i$ 和 $\boldsymbol{T}_{i+1}$ 处与给定的封闭多边形相切. 另外, 由定理 10.4.1 可知: 当各段参数 $\lambda_i \in [1,2)$ 时, 相邻的两段 2 阶 H-Bézier 曲线在连接点处具有 G^1 连续性; 当各段参数 $\lambda_i = 2$ 时, 相邻的两段 2 阶 H-Bézier 曲线在连接点处具有 G^3 连续性.

采用 2 阶 H-Bézier 曲线来构造与给定多边形相切的曲线, 具有下列优点:

(1) 直接根据给定切线多边形的顶点和切点, 即可确定曲线的全部控制顶点;

(2) 整条曲线具有 G^1 或 G^3 连续性, 可根据实际需要进行选择;

(3) 在不破坏相邻曲线段之间连续性的前提下, 与给定封闭多边形相切的整条组合 H-Bézier 曲线的形状既可以整体 (各曲线段取相同的参数) 调整, 又可以局部 (各曲线段的参数不全相同) 调整;

(4) 由于 2 阶 H-Bézier 曲线段与普通 2 次 Bézier 曲线一样, 不存在拐点, 并且曲线保持与控制多边形一致的凹凸性, 因此整条组合 H-Bézier 曲线对于给定的切线多边形是保形的.

图 10.4.5 所示为与相同的封闭多边形相切于相同点的两条相异的组合 2 阶 H-Bézier 曲线. 图中点线表示给定的切线多边形, 打星号的点表示给定的切点, 实曲线为 2 阶 H-Bézier 曲线. 在左边的曲线中, 所有曲线段取相同的参数 $\lambda_i = 1$. 在右边的曲线中, 所有曲线段取相同的参数 $\lambda_i = 2$.

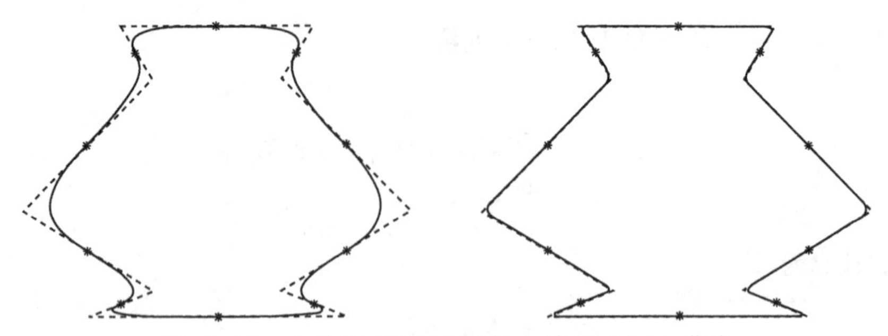

图 10.4.5　与给定多边形相切的 2 阶 H-Bézier 曲线

10.4.5　曲面及其性质

采用张量积方法, 可以构造与 H-Bézier 曲线相对应的四边域曲面.

定义 10.4.3　给定 3×3 个控制顶点 $\boldsymbol{V}_{i,j}\in\mathbb{R}^3(i,j=0,1,2)$, 这些顶点呈拓扑矩形列阵, 给定参数 $\lambda_u,\lambda_v\in[1,2]$, 将下面的曲面

$$\boldsymbol{c}(u,v)=\sum_{i=0}^{2}\sum_{j=0}^{2}c_{2,i}(u,\lambda_u)c_{2,j}(v,\lambda_v)\boldsymbol{V}_{i,j},\quad 0\leqslant u,v\leqslant 1$$

称为 2×2 阶双曲型拟 Bézier 曲面, 简称 2×2 阶 H-Bézier 曲面. 其中的 $c_{2,i}(u,\lambda_u)$ $(i=0,1,2)$ 和 $c_{2,j}(v,\lambda_v)$ $(j=0,1,2)$ 为定义 10.4.1 中给出的分别取参数 λ_u 和 λ_v 的 2 阶 H-Bernstein 基.

H-Bézier 曲线的很多性质都可以直接推广至 H-Bézier 曲面, 例如凸包性、几何不变性、对称性、形状可调性等.

下面给出 H-Bézier 曲面的光滑拼接条件.

定理 10.4.2　设有一张带参数 λ_0 和 λ_1 的 2×2 阶 H-Bézier 曲面, 以及一张带参数 λ_0 和 λ_2 的 2×2 阶 H-Bézier 曲面, 它们的表达式为

$$\begin{cases}\boldsymbol{c}_1(u,v)=\displaystyle\sum_{i=0}^{2}\sum_{j=0}^{2}c_{2,i}(u,\lambda_0)c_{2,j}(v,\lambda_1)\boldsymbol{V}_{i,j}\\ \boldsymbol{c}_2(u,v)=\displaystyle\sum_{i=0}^{2}\sum_{j=0}^{2}c_{2,i}(u,\lambda_0)c_{2,j}(v,\lambda_2)\boldsymbol{R}_{i,j}\end{cases}$$

其中, $0\leqslant u,v\leqslant 1$, $\lambda_0,\lambda_1,\lambda_2\in[1,2]$, 若曲面 $\boldsymbol{c}_1(u,v)$ 和 $\boldsymbol{c}_2(u,v)$ 的控制顶点之间满足下面的约束条件

$$\begin{cases}\boldsymbol{R}_{i,0}=\boldsymbol{V}_{i,2}\\ \boldsymbol{R}_{i,1}=\boldsymbol{R}_{i,0}+C(\boldsymbol{V}_{i,2}-\boldsymbol{V}_{i,1})\end{cases}$$

其中, $C>0, i=0,1,2$, 则 H-Bézier 曲面 $\boldsymbol{c}_1(u,v)$ 和 $\boldsymbol{c}_2(u,v)$ 在公共连接边处 (位于参数 u 方向) G^1 连续; 另外, 当 $\lambda_1=\lambda_2=2$ 时, 两张曲面沿 u 向 G^3 连续.

定理 10.4.3 设有一张带参数 λ_1 和 λ_0 的 2×2 阶 H-Bézier 曲面, 以及一张带参数 λ_2 和 λ_0 的 2×2 阶 H-Bézier 曲面, 它们的表达式为

$$\begin{cases} \boldsymbol{c}_1(u,v)=\displaystyle\sum_{i=0}^{2}\sum_{j=0}^{2}c_{2,i}(u,\lambda_1)c_{2,j}(v,\lambda_0)\boldsymbol{V}_{i,j} \\ \boldsymbol{c}_2(u,v)=\displaystyle\sum_{i=0}^{2}\sum_{j=0}^{2}c_{2,i}(u,\lambda_2)c_{2,j}(v,\lambda_0)\boldsymbol{R}_{i,j} \end{cases}$$

其中, $0\leqslant u,v\leqslant 1$, $\lambda_0,\lambda_1,\lambda_2\in[1,2]$, 若曲面 $\boldsymbol{c}_1(u,v)$ 和 $\boldsymbol{c}_2(u,v)$ 的控制顶点之间满足下面的约束条件

$$\begin{cases} \boldsymbol{R}_{0,j}=\boldsymbol{V}_{2,j} \\ \boldsymbol{R}_{1,j}=\boldsymbol{R}_{0,j}+C(\boldsymbol{V}_{2,j}-\boldsymbol{V}_{1,j}) \end{cases}$$

其中, $C>0$, $j=0,1,2$, 则 H-Bézier 曲面 $\boldsymbol{c}_1(u,v)$ 和 $\boldsymbol{c}_2(u,v)$ 在公共连接边处 (位于参数 v 方向) G^1 连续; 另外, 当 $\lambda_1=\lambda_2=2$ 时, 两张曲面沿 v 向 G^3 连续.

注释 10.4.4 定理 10.4.2 和定理 10.4.3 的证明方法与定理 10.2.2 相同, 这里将其省略.

在图 10.4.6 中, 显示的是由相同的控制网格, 以及不同的参数所定义的由两张 2×2 阶 H-Bézier 曲面拼接而成的组合曲面. 左边的曲面取 $\lambda_i=1$ $(i=0,1,2)$, 曲面整体 G^1 连续. 右边的曲面取 $\lambda_i=2$ $(i=0,1,2)$, 曲面整体 G^3 连续.

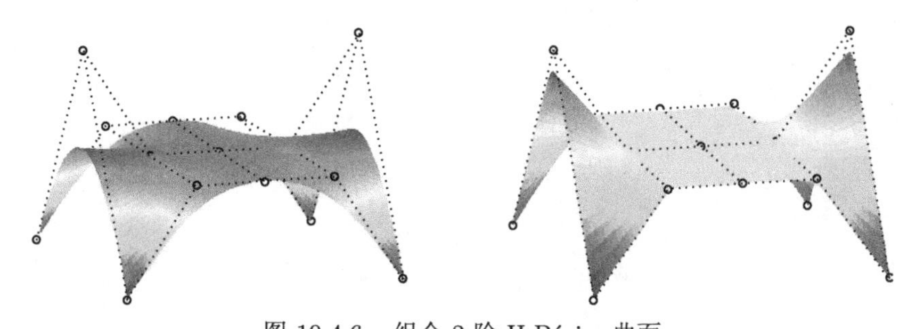

图 10.4.6　组合 2 阶 H-Bézier 曲面

10.5 小　结

这一章给出了三种多项式型的 P-Bézier 曲线曲面, 两种三角型的 T-Bézier 曲线曲面, 以及一种双曲型的 H-Bézier 曲线曲面. 它们的共同之处是, 可以在普通

Bézier 曲线曲面的 G^1 光滑拼接条件下, 实现 G^2 或 G^3 光滑拼接, 因此当用于表示复杂形状时, 这些方法比传统的 Bézier 方法更加方便. 此外, P-Bézier 曲线曲面、H-Bézier 曲线曲面都具有形状可调性, 而且 H-Bézier 曲线还可以精确表示双曲线. 这些优点为本章所提供的曲线曲面造型方法的应用奠定了基础.

第 11 章　形状和光滑度均可调的组合曲线曲面

11.1　引　　言

第 10 章中给出了一些易于拼接的曲线曲面模型, 这些模型可以在普通 Bézier 曲线曲面的 G^1 光滑拼接条件下实现 G^2 或 G^3 光滑拼接. 这些模型有的相对于控制顶点形状固定, 有的在控制顶点固定的情况下依然形状可调. 对于那些形状可调的易拼接曲线曲面而言, 当拼接条件满足时, 不管形状参数取什么值, 它们在拼接时能达到的光滑度总是确定的, 无法任意指定.

在第 10 章的基础上, 这一章进一步研究易于拼接的曲线曲面, 使其不仅容易拼接, 而且形状可调, 更重要的是, 当拼接条件满足时, 通过改变形状参数的取值, 可以使拼接光滑度为任意指定的阶. 基于拼接条件, 我们采用与 B 样条方法相同的组合思想, 但是不同的组合方式, 定义了由这些易拼接的曲线曲面形成的组合曲线曲面. 不需要对控制顶点施加任何条件, 这些组合曲线曲面自动光滑, 并且它们的形状, 以及光滑度, 既可以整体调整, 又可以局部调整.

11.2　改进的可调控 Bézier 曲线

在文献 [33] 中, 作者给出了一种由 $n+1$ 个控制顶点定义的可调控 Bézier 曲线. 与普通的 Bézier 曲线相比, 该曲线对控制多边形的保形性更好. 可调控 Bézier 曲线中含有附加参数 l, 改变其值, 就能调整曲线的形状. 另外, 当参数 l 无限增大时, 曲线整体一致逼近于其控制多边形.

这一节的目标是对文献中的 “可调控 Bézier 曲线” 进行改进, 以期构造具有多种优点的自动光滑分段组合曲线.

11.2.1　可调控 Bézier 基

首先给出文献 [33] 中构造的基函数. 在文献 [33] 中, 基函数并未命名, 但这里为了方便叙述, 将其称为可调控 Bézier 基, 并且为了明确体现基函数中含有参数 l, 将其用符号 $\sigma_i(t;l)$ 来表示.

定义 11.2.1　设整数 $n \geqslant 2$, 参数 $l \in \mathbb{N}^+$, 自变量 $t \in [0,1]$, 将下面由 $n+1$ 个函数构成的函数组

$$
\begin{cases}
\sigma_0(t;l) = B_{m,0}(t) \\
\sigma_i(t;l) = \displaystyle\sum_{k=(i-1)l+1}^{il} B_{m,k}(t), \quad 1 \leqslant i \leqslant n-1 \\
\sigma_n(t;l) = B_{m,m}(t)
\end{cases}
\tag{11.2.1}
$$

称为带参数 l 的 n 阶可调控 Bézier 基, 其中符号 $B_{m,k}(t)$ 表示第 k 个 m 次的 Bernstein 基函数, 即 $B_{m,k}(t) = C_m^k t^k (1-t)^{m-k}$, 这里 $m = l(n-1)+1$.

下面列举由式 (11.2.1) 中给出的可调控 Bézier 基的一些性质, 并给出其在定义区间端点处的导数值, 同时给出证明.

性质 1　退化性. 当取参数 $l=1$ 时, 有 $m=n$, 此时得到的 n 阶可调控 Bézier 基恰好为 n 次的 Bernstein 基函数.

性质 2　非负性. 当 $t \in [0,1]$ 时, 对所有的 $0 \leqslant i \leqslant n$, 均有 $\sigma_i(t;l) \geqslant 0$.

性质 3　规范性. 对所有的正整数 $n \geqslant 2$, 均有 $\sum\limits_{i=0}^{n} \sigma_i(t;l) = 1$.

性质 4　对称性. 当 $t \in [0,1]$ 时, 对所有的 $0 \leqslant i \leqslant n$, 均有 $\sigma_i(t;l) = \sigma_{n-i}(1-t;l)$.

性质 5　端点函数值. 对所有的正整数 $n \geqslant 2$, 以及 $0 \leqslant i \leqslant n$, 均有

$$
\begin{cases}
\sigma_0(0;l) = \begin{cases} 1, & i=0 \\ 0, & i \neq 0 \end{cases} \\
\sigma_0(1;l) = \begin{cases} 0, & i \neq n \\ 1, & i=n \end{cases}
\end{cases}
\tag{11.2.2}
$$

性质 6　端点导数值. 当 $1 \leqslant j \leqslant l$ 时, 对所有的正整数 $n \geqslant 2$, 以及 $0 \leqslant i \leqslant n$, 均有

$$
\begin{cases}
\sigma_i^{(j)}(0;l) = \begin{cases} (-1)^j \dfrac{m!}{(m-j)!}, & i=0 \\ (-1)^{j-1} \dfrac{m!}{(m-j)!}, & i=1 \\ 0, & i \neq 0,1 \end{cases} \\
\sigma_i^{(j)}(1;l) = \begin{cases} 0, & i \neq n-1, n \\ -\dfrac{m!}{(m-j)!}, & i=n-1 \\ \dfrac{m!}{(m-j)!}, & i=n \end{cases}
\end{cases}
\tag{11.2.3}
$$

证明 从式 (11.2.1) 可以看出, 对所有的 $2 \leqslant i \leqslant n$, $\sigma_i(t;l)$ 都可写成

$$\sigma_i(t;l) = f(t)g(t)$$

的形式, 其中, $f(t) = t^{l+1}$, $g(t)$ 为多项式函数. 由于对所有的 $0 \leqslant j \leqslant l$, 均有 $f^{(j)}(0) = 0$, 因此由莱布尼茨公式可知, 当 $1 \leqslant j \leqslant l$ 时, 对于所有的 $2 \leqslant i \leqslant n$, 均有

$$\sigma_i^{(j)}(0;l) = 0 \tag{11.2.4}$$

又根据 Bernstein 基函数的性质, 有

$$\sigma_0^{(j)}(0;l) = B_{m,0}^{(j)}(0) = (-1)^j \frac{m!}{(m-j)!} \tag{11.2.5}$$

再由规范性 $\sum\limits_{i=0}^{n} \sigma_i(t;l) = 1$, 可知

$$\sum_{i=0}^{n} \sigma_i^{(j)}(0;l) = 0 \tag{11.2.6}$$

因此, 由式 (11.2.4)、式 (11.2.6) 可得

$$\sigma_1^{(j)}(0;l) = -\sigma_0^{(j)}(0;l) = (-1)^{j-1} \frac{m!}{(m-j)!} \tag{11.2.7}$$

式 (11.2.4)、式 (11.2.5), 以及式 (11.2.7) 即为式 (11.2.3) 中当 $t=0$ 时的结论. 再根据对称性 $\sigma_i(t;l) = \sigma_{n-i}(1-t;l)$, 可得 $\sigma_i^{(j)}(t;l) = (-1)^j \sigma_{n-i}^{(j)}(1-t;l)$, 因此

$$\sigma_i^{(j)}(1;l) = (-1)^j \sigma_{n-i}^{(j)}(0;l) \tag{11.2.8}$$

综合式 (11.2.4)、式 (11.2.5)、式 (11.2.7), 以及式 (11.2.8), 便可以得到式 (11.2.3) 中当 $t=1$ 时的结论. 证毕.

11.2.2 可调控 Bézier 曲线

11.2.2.1 曲线及其性质

有了可调控 Bézier 基以后, 就可以按照 Bézier 曲线的定义方式, 由可调控 Bézier 基和控制顶点的线性组合来定义曲线.

定义 11.2.2 给定 $n+1$ 个控制顶点 $\boldsymbol{V}_i \in \mathbb{R}^d$ $(d=2,3; i=0,1,\cdots,n; n \geqslant 2)$, 以及参数 $l \in \mathbb{N}^+$, 将下面的曲线

$$\boldsymbol{a}(t) = \sum_{i=0}^{n} \sigma_i(t;l) \boldsymbol{V}_i, \quad t \in [0,1]$$

称为含参数 l 的 n 阶可调控 Bézier 曲线, 其中的 $\sigma_i(t;l)$ 为式 (11.2.1) 中给出的含参数 l 的 n 阶可调控 Bézier 基.

由可调控 Bézier 基的性质可知, 可调控 Bézier 曲线具有凸包性、几何不变性与仿射不变性、对称性. 另外, 在曲线的端点处有

$$\begin{cases} \boldsymbol{a}(0) = \boldsymbol{V}_0 \\ \boldsymbol{a}(1) = \boldsymbol{V}_n \end{cases} \tag{11.2.9}$$

当 $1 \leqslant j \leqslant l$ 时, 有

$$\begin{cases} \boldsymbol{a}^{(j)}(0) = (-1)^{j-1}\dfrac{m!}{(m-j)!}(\boldsymbol{V}_1 - \boldsymbol{V}_0) \\ \boldsymbol{a}^{(j)}(1) = \dfrac{m!}{(m-j)!}(\boldsymbol{V}_n - \boldsymbol{V}_{n-1}) \end{cases} \tag{11.2.10}$$

11.2.2.2 曲线拼接条件

下面分析并证明可调控 Bézier 曲线的光滑拼接条件. 在此之前, 首先介绍下面的引理.

引理 11.2.1 假设有两条曲线 $\boldsymbol{f}(t)$ 与 $\boldsymbol{g}(t)$, 均定义在 $t \in [0,1]$ 上, 且二者具有公共连接点 $\boldsymbol{f}(1) = \boldsymbol{g}(0)$, 若对于所有的 $1 \leqslant j \leqslant l$, 均有

$$\begin{cases} \boldsymbol{f}^{(j)}(1) = F_j(\boldsymbol{V}_b - \boldsymbol{V}_a) \\ \boldsymbol{g}^{(j)}(0) = (-1)^{j-1}G_j(\boldsymbol{V}_b - \boldsymbol{V}_a) \end{cases} \tag{11.2.11}$$

其中, F_j 和 G_j 都是与 j 有关的常数, 并且 $F_1G_1 > 0$, 则曲线 $\boldsymbol{f}(t)$ 与 $\boldsymbol{g}(t)$ 在公共连接点处具有 G^l 连续性.

证明 由文献 [32] 可知, 为了使曲线 $\boldsymbol{f}(t)$ 与 $\boldsymbol{g}(t)$ 在公共连接点处具有 G^l 连续性, 必须有

$$\begin{pmatrix} \boldsymbol{g}'(0) \\ \boldsymbol{g}''(0) \\ \boldsymbol{g}'''(0) \\ \boldsymbol{g}^{(4)}(0) \\ \vdots \\ \boldsymbol{g}^{(l)}(0) \end{pmatrix} = \boldsymbol{B} \begin{pmatrix} \boldsymbol{f}'(1) \\ \boldsymbol{f}''(1) \\ \boldsymbol{f}'''(1) \\ \boldsymbol{f}^{(4)}(1) \\ \vdots \\ \boldsymbol{f}^{(l)}(1) \end{pmatrix} \tag{11.2.12}$$

在式 (11.2.12) 中, 关联矩阵的具体表达式为

$$
\boldsymbol{B}=\begin{pmatrix}
\beta_1 & & & & & \\
\beta_2 & \beta_1^2 & & & & \\
\beta_3 & 3\beta_1\beta_2 & \beta_1^3 & & & \\
\beta_4 & 4\beta_1\beta_3+3\beta_2^2 & 6\beta_1^2\beta_2 & \beta_1^4 & & \\
\vdots & \vdots & \vdots & \vdots & \ddots & \\
\beta_l & \cdots & & & & \beta_1^l
\end{pmatrix}
$$

其中, 元素 $\beta_1>0$. 先将式 (11.2.11) 代入式 (11.2.12), 然后再约去等式两边的公共因子 $\boldsymbol{V}_b-\boldsymbol{V}_a$, 即可得到

$$
\begin{pmatrix} G_1 \\ -G_2 \\ G_3 \\ -G_4 \\ \vdots \\ (-1)^{l-1}G_l \end{pmatrix}=\boldsymbol{B}\begin{pmatrix} F_1 \\ F_2 \\ F_3 \\ F_4 \\ \vdots \\ F_l \end{pmatrix} \tag{11.2.13}
$$

显而易见, 从式 (11.2.13) 中可以求出 $\beta_i(1\leqslant i\leqslant l)$ 的唯一解, 并且得到的 $\beta_1=\dfrac{G_1}{F_1}>0$, 这就表明两条曲线 $\boldsymbol{f}(t)$ 与 $\boldsymbol{g}(t)$ 在公共连接点处 G^l 连续. 证毕.

综合式 (11.2.9)、式 (11.2.10), 以及引理 11.2.1, 便可以得到下面的结论.

定理 11.2.1 设有一条含参数 l_1 的 n_1 阶可调控 Bézier 曲线

$$
\boldsymbol{a}_1(t)=\sum_{i=0}^{n_1}\sigma_i(t;l_1)\boldsymbol{V}_i,\quad t\in[0,1] \tag{11.2.14}
$$

以及一条含参数 l_2 的 n_2 阶可调控 Bézier 曲线

$$
\boldsymbol{a}_2(t)=\sum_{i=0}^{n_2}\sigma_i(t;l_2)\boldsymbol{V}_i^*,\quad t\in[0,1] \tag{11.2.15}
$$

若两条曲线的控制顶点之间满足关系式

$$
\begin{cases} \boldsymbol{V}_0^*=\boldsymbol{V}_{n_1} & \text{(a)} \\ \boldsymbol{V}_1^*-\boldsymbol{V}_0^*=C(\boldsymbol{V}_{n_1}-\boldsymbol{V}_{n_1-1})(C>0) & \text{(b)} \end{cases} \tag{11.2.16}
$$

则曲线 $\boldsymbol{a}_1(t)$ 与 $\boldsymbol{a}_2(t)$ 在公共连接点处 G^l 连续, 其中, $l=\min\{l_1,l_2\}$.

证明 综合式 (11.2.9)、式 (11.2.14), 以及式 (11.2.15), 可得

$$\begin{cases} \boldsymbol{a}_1(1) = \boldsymbol{V}_{n_1} \\ \boldsymbol{a}_2(0) = \boldsymbol{V}_0^* \end{cases}$$

结合式 (11.2.16) 中的条件 (a), 有

$$\boldsymbol{a}_1(1) = \boldsymbol{a}_2(0) \tag{11.2.17}$$

这表明两条曲线 $\boldsymbol{a}_1(t)$ 与 $\boldsymbol{a}_2(t)$ 之间位置连续. 又根据式 (11.2.10)、式 (11.2.14), 以及式 (11.2.15), 可以得到当 $1 \leqslant j \leqslant l_1$ 时, 有

$$\boldsymbol{a}_1^{(j)}(1) = \frac{m_1!}{(m_1-j)!}(\boldsymbol{V}_{n_1} - \boldsymbol{V}_{n_1-1}) \tag{11.2.18}$$

以及当 $1 \leqslant j \leqslant l_2$ 时, 有

$$\boldsymbol{a}_2^{(j)}(0) = (-1)^{j-1}\frac{m_2!}{(m_2-j)!}(\boldsymbol{V}_1^* - \boldsymbol{V}_0^*)$$

其中, $m_i = l_i(n_i - 1) + 1\ (i = 1, 2)$, 结合式 (11.2.16) 中的条件 (b), 有

$$\boldsymbol{a}_2^{(j)}(0) = (-1)^{j-1}\frac{m_2!}{(m_2-j)!}C(\boldsymbol{V}_{n_1} - \boldsymbol{V}_{n_1-1}) \tag{11.2.19}$$

记 $l = \min\{l_1, l_2\}$, 则当 $1 \leqslant j \leqslant l$ 时, 式 (11.2.18)、式 (11.2.19) 同时成立. 记

$$\begin{cases} F_j = \dfrac{m_1!}{(m_1-j)!} \\ G_j = \dfrac{m_2!}{(m_2-j)!}C \end{cases}$$

则当 $1 \leqslant j \leqslant l$ 时, 有

$$\begin{cases} \boldsymbol{a}_1^{(j)}(1) = F_j(\boldsymbol{V}_{n_1} - \boldsymbol{V}_{n_1-1}) \\ \boldsymbol{a}_2^{(j)}(0) = (-1)^{j-1}G_j(\boldsymbol{V}_{n_1} - \boldsymbol{V}_{n_1-1}) \end{cases} \tag{11.2.20}$$

另外, 注意到 $F_1G_1 = m_1m_2C > 0$, 因此在式 (11.2.16) 所给的条件下, 由式 (11.2.17)、式 (11.2.20) 可知曲线 $\boldsymbol{a}_1(t)$ 与 $\boldsymbol{a}_2(t)$ 满足引理 11.2.1 中的条件, 故这两条曲线在公共连接点处具有 G^l 连续性. 证毕.

注意到定理 11.2.1 中的 l 可以取任意的正整数, 因此, 只要式 (11.2.16) 中所给的条件满足, 那么就总可以通过选择合适的 l 值, 来使相邻曲线之间达到任意阶指定的几何连续性.

11.2.2.3 曲线设计

对于一条给定的控制多边形, 下面将分析, 怎样构造一条组合可调控 Bézier 曲线, 使其不仅光滑, 而且经过控制多边形的首末顶点.

首先讨论最简单的一种情况, 假设控制多边形边的数量为 $L = d(n-1)+1$ 条, 其中 $d \geqslant 2$, 控制顶点记为 $\boldsymbol{V}_0, \boldsymbol{V}_1, \cdots, \boldsymbol{V}_L$, 现在要定义一条包含 d 段 n 阶可调控 Bézier 曲线的组合曲线.

为了实现上述目标, 可以先在第 $i(n-1)+1$ 条边上任意选择一点, 最特殊的, 可以取每条边的中点, 记作 $\boldsymbol{M}_i$, 这里 $i = 1, 2, \cdots, d-1$. 此外, 记 $\boldsymbol{M}_0 = \boldsymbol{V}_0$, $\boldsymbol{M}_d = \boldsymbol{V}_L$. 之后再用多边形 $\boldsymbol{M}_{i-1}\boldsymbol{V}_{(i-1)(n-1)+1}\cdots\boldsymbol{V}_{i(n-1)}\boldsymbol{M}_i$ 定义第 i 段可调控 Bézier 曲线, 其中 $i = 1, 2, \cdots, d$. 这样构造的组合曲线至少整体 G^1 连续, 如果希望达到更高阶的光滑度, 可通过改变每条曲线段中参数 l_i $(i = 1, 2, \cdots, d)$ 的值来获得.

注释 11.2.1 采用上面的方法得到的组合曲线, 其中的每一段都是由相同数量的控制边来定义的, 或者说每一段都有相同的阶, 但实际上, 该限制是可以去掉的.

现在假设控制多边形边的数量为 $L = \sum\limits_{i=1}^{d} n_i - d + 1$ 条, 其中, $d, n_i \geqslant 2$, 希望定义一条包含 d 段可调控 Bézier 曲线的组合曲线, 其中的第 i 段为一条 n_i 阶的可调控 Bézier 曲线.

为此, 可以先选出第 $\sum\limits_{s=1}^{i} n_s - i + 1$ 条边的中点, 记作 $\boldsymbol{M}_i$, 这里 $i = 1, 2, \cdots, d-1$, 同时记 $\boldsymbol{M}_0 = \boldsymbol{V}_0$, $\boldsymbol{M}_d = \boldsymbol{V}_L$. 然后由控制多边形

$$\left\langle \boldsymbol{M}_{i-1}\boldsymbol{V}_{\sum\limits_{s=1}^{i-1}(n_s-1)+1}\cdots\boldsymbol{V}_{\sum\limits_{s=1}^{i}(n_s-1)}\boldsymbol{M}_i \right\rangle$$

定义第 i 条曲线段即可, 这里 $i = 1, 2, \cdots, d$.

注释 11.2.2 在上述方法中, 当 $i = 1$ 时, 需取 $\sum\limits_{s=1}^{i-1}(n_s - 1) = 0$.

在图 11.2.1 和图 11.2.2 中, 展示的是由相同的控制多边形按照上面所述方法构造的不同的组合曲线, 图中的 $\boldsymbol{V}_0, \boldsymbol{V}_1, \cdots, \boldsymbol{V}_9$ 表示初始的控制顶点. 图 11.2.1 所

示为由 4 段 3 阶可调控 Bézier 曲线形成的组合曲线, 图中的 $\boldsymbol{M}_1, \boldsymbol{M}_2, \boldsymbol{M}_3$ 表示新增的控制顶点. 图 11.2.2 所示为由 3 段阶分别取 3、4、3 的可调控 Bézier 曲线形成的组合曲线, 图中的 $\boldsymbol{M}_1, \boldsymbol{M}_2$ 表示新增的控制顶点.

在图 11.2.1 和图 11.2.2 中: 左边的组合曲线中的每一段都取相同的参数 $l=1$, 对应的每一条曲线段均为普通的 Bézier 曲线, 整条组合曲线整体 G^1 连续; 右边的组合曲线中的每一段都取相同的参数 $l=2$, 整条组合曲线整体 G^2 连续.

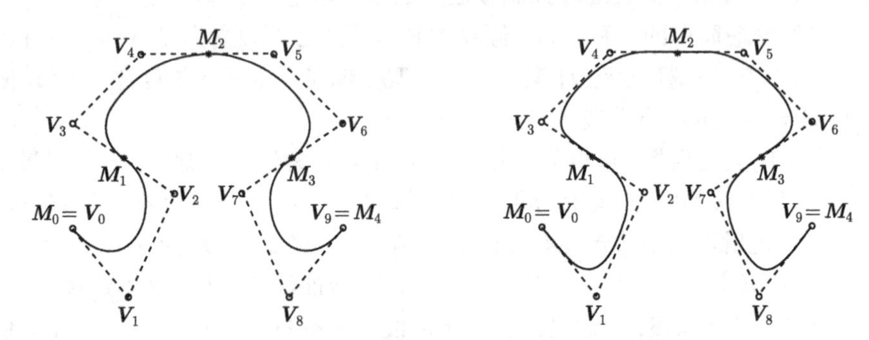

图 11.2.1　各段阶相等的组合可调控 Bézier 曲线

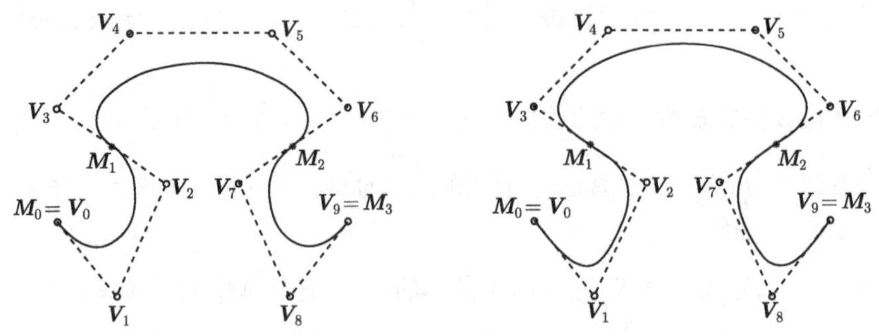

图 11.2.2　各段阶不全相等的组合可调控 Bézier 曲线

11.2.3　可调控 Bézier 基的改进

由 11.2.2.3 节中给出的曲线设计方法可知, 对于一组给定的控制顶点而言, 若希望由之定义一条光滑的组合可调控 Bézier 曲线, 首先需要添加一些辅助的控制顶点. 据此思索: 是否可以跳过这一过程, 能否像 B 样条方法那样, 不需要对控制顶点进行任何的预处理, 便可以构造出自动光滑的组合曲线呢?

对于由基函数和控制顶点的线性组合定义的曲线而言, 曲线的性质主要依赖于其使用的基函数的性质, 因此为了实现上述目标, 我们首先需要对可调控 Bézier 基作出改进.

定义 11.2.3 设整数 $n \geqslant 2$, 参数 $l \in \mathbb{N}^+$, 自变量 $t \in [0,1]$, 定义

$$\begin{pmatrix} b_0(t;l) \\ b_1(t;l) \\ \vdots \\ b_n(t;l) \end{pmatrix} = \boldsymbol{A}_{(n+1)\times(n+1)} \begin{pmatrix} \sigma_0(t;l) \\ \sigma_1(t;l) \\ \vdots \\ \sigma_n(t;l) \end{pmatrix} \tag{11.2.21}$$

其中的 $\sigma_i(t;l)$ $(i = 0, 1, \cdots, n)$ 为定义 11.2.1 中给出的含参数 l 的 n 阶可调控 Bézier 基, 转换矩阵的表达式为

$$\begin{cases} \boldsymbol{A}_{3\times 3} = \begin{pmatrix} \frac{1}{2} & 0 & 0 \\ \frac{1}{2} & 1 & \frac{1}{2} \\ 0 & 0 & \frac{1}{2} \end{pmatrix} \\ \boldsymbol{A}_{(n+1)\times(n+1)} = \begin{pmatrix} \frac{1}{2} & 0 & 0 & \cdots & 0 & 0 & 0 \\ \frac{1}{2} & 1 & 0 & \cdots & 0 & 0 & 0 \\ 0 & 0 & 1 & \cdots & 0 & 0 & 0 \\ \vdots & \vdots & \vdots & \ddots & \vdots & \vdots & \vdots \\ 0 & 0 & 0 & \cdots & 1 & 0 & 0 \\ 0 & 0 & 0 & \cdots & 0 & 1 & \frac{1}{2} \\ 0 & 0 & 0 & \cdots & 0 & 0 & \frac{1}{2} \end{pmatrix} \end{cases} \tag{11.2.22}$$

其中, $n \geqslant 3$. 将由 $n+1$ 个函数 $b_i(t;l)$, 其中 $i = 0, 1, \cdots, n$, 构成的函数组称为改进的含参数 l 的 n 阶可调控 Bézier 基.

综合式 (11.2.21)、式 (11.2.22), 以及可调控 Bézier 基的性质, 可以知道改进的可调控 Bézier 基也具有非负性、规范性、对称性. 此外, 对于所有的正整数 $n \geqslant 2$, 以及 $0 \leqslant i \leqslant n$, 均有

$$\begin{cases} b_i(0;l) = \begin{cases} \frac{1}{2}, & i = 0, 1 \\ 0, & i \neq 0, 1 \end{cases} \\ b_i(1;l) = \begin{cases} 0, & i \neq n-1, n \\ \frac{1}{2}, & i = n-1, n \end{cases} \end{cases}$$

并且对于所有的 $1 \leqslant j \leqslant l$ 时, 均有

$$\begin{cases} b_i^{(j)}(0;l) = \begin{cases} (-1)^j \dfrac{m!}{2(m-j)!}, & i=0 \\ (-1)^{j-1} \dfrac{m!}{2(m-j)!}, & i=1 \\ 0, & i \neq 0,1 \end{cases} \\ b_i^{(j)}(1;l) = \begin{cases} 0, & i \neq n-1,n \\ -\dfrac{m!}{2(m-j)!}, & i=n-1 \\ \dfrac{m!}{2(m-j)!}, & i=n \end{cases} \end{cases}$$

11.2.4 可调控 Bézier 曲线的改进

11.2.4.1 曲线及其性质

定义 11.2.4 给定 $n+1$ 个控制顶点 $\boldsymbol{V}_i \in \mathbb{R}^d$ $(d=2,3; i=0,1,\cdots,n; n \geqslant 2)$, 以及参数 $l \in \mathbb{N}^+$, 将下面的曲线

$$\boldsymbol{b}(t) = \sum_{i=0}^{n} b_i(t;l)\boldsymbol{V}_i, \quad t \in [0,1]$$

称为改进的含参数 l 的 n 阶可调控 Bézier 曲线, 其中的 $b_i(t;l)$ 为定义 11.2.3 中给出的改进的含参数 l 的 n 阶可调控 Bézier 基.

由改进的可调控 Bézier 基的性质可知, 改进的可调控 Bézier 曲线具备凸包性、几何不变性与仿射不变性、对称性. 此外, 曲线在端点处有

$$\begin{cases} \boldsymbol{b}(0) = \dfrac{1}{2}(\boldsymbol{V}_0 + \boldsymbol{V}_1) \\ \boldsymbol{b}(1) = \dfrac{1}{2}(\boldsymbol{V}_{n-1} + \boldsymbol{V}_n) \end{cases} \tag{11.2.23}$$

这表明曲线插值于控制多边形首末边的中点. 另外, 对任意的 $1 \leqslant j \leqslant l$ 时, 有

$$\begin{cases} \boldsymbol{b}^{(j)}(0) = (-1)^{j-1} \dfrac{m!}{2(m-j)!}(\boldsymbol{V}_1 - \boldsymbol{V}_0) \\ \boldsymbol{b}^{(j)}(1) = \dfrac{m!}{2(m-j)!}(\boldsymbol{V}_n - \boldsymbol{V}_{n-1}) \end{cases} \tag{11.2.24}$$

这表明曲线在首、末端点处的一阶至 l 阶导矢分别共线.

11.2.4.2 曲线的拼接条件

对于改进的可调控 Bézier 曲线而言, 根据式 (11.2.23)、式 (11.2.24), 同时使用与定理 11.2.1 类似的证明方法, 可以得到下面有关曲线拼接条件的结论.

定理 11.2.2 设有一条改进的含参数 l_1 的 n_1 阶可调控 Bézier 曲线

$$\boldsymbol{b}_1(t)=\sum_{i=0}^{n_1} b_i(t;l_1)\boldsymbol{V}_i, \quad t\in[0,1]$$

以及一条改进的含参数 l_2 的 n_2 阶可调控 Bézier 曲线

$$\boldsymbol{b}_2(t)=\sum_{i=0}^{n_2} b_i(t;l_2)\boldsymbol{V}_i^*, \quad t\in[0,1]$$

若这两条曲线的控制顶点之间满足关系

$$\begin{cases} \boldsymbol{V}_0^*=\boldsymbol{V}_{n_1-1} \\ \boldsymbol{V}_1^*=\boldsymbol{V}_{n_1} \end{cases} \tag{11.2.25}$$

则曲线 $\boldsymbol{b}_1(t)$ 和 $\boldsymbol{b}_2(t)$ 在连接点处具有 G^l 连续性, 其中 $l=\min\{l_1,l_2\}$.

11.2.4.3 曲线设计

由定理 11.2.2 中的关系式 (11.2.25) 可知: 对于两条改进的可调控 Bézier 曲线而言, 若前一条曲线控制多边形的最后一条边与后一条曲线控制多边形的第一条边完全一致, 则这两条曲线在公共连接点处具有 G^l 连续性. 充分利用这一特点, 当任意给定一组控制顶点的时候, 只要将曲线间的拼接条件考虑在组合曲线的定义中, 用特殊的方式来构造由改进的可调控 Bézier 曲线形成的组合曲线, 就可以使其具备传统 B 样条曲线的特征, 即在分段连接点处自动光滑.

定义 11.2.5 给定 2 维或 3 维空间中的控制顶点 $\boldsymbol{V}_k$, 其中 $k=0,1,\cdots,\sum\limits_{i=1}^{d} n_i-d+1$, $d\geqslant 1$, $n_i\geqslant 2$, 并给定参数 $l_i\in\mathbb{N}^+$, 其中 $i=1,2,\cdots,d$, 可以定义一条包含 d 段改进的可调控 Bézier 曲线的分段组合曲线, 其中的第 i 段曲线定义如下

$$\boldsymbol{b}_i(t)=\sum_{j=0}^{n_i} b_j(t;l_i)\boldsymbol{V}_{j+\sum\limits_{s=1}^{i-1}(n_s-1)}, \quad t\in[0,1]$$

其中, $i=1,2,\cdots,d$, 当 $i=1$ 时, 需取 $\sum\limits_{s=1}^{i-1}(n_s-1)=0$.

观察到定义 11.2.5 中相邻两条曲线段的控制顶点之间的关系, 结合定理 11.2.2 的内容, 不难得出组合曲线的第 i 段与第 $i+1$ 段在公共连接点处具有 $G^{\min\{l_i,l_{i+1}\}}$ 连续性.

注释 11.2.3 在定义 11.2.5 中, 分段曲线的组合方式与传统 B 样条曲线相似, 但并不相同.

下面详细分析定义 11.2.5 中由改进的可调控 Bézier 曲线形成的组合曲线与 B 样条曲线的异同.

(1) 对于 B 样条曲线而言, 相邻两段曲线之间只有一条控制边不同, 或者说只有一个控制顶点不一样; 但在定义 11.2.5 中, 相邻两段曲线之间只有一条控制边相同, 或者说只有两个控制顶点相同.

(2) 局部控制性是 B 样条曲线占支配地位的性质之一. 虽然定义方式有差异, 但是和 B 样条曲线一样, 定义 11.2.5 中给出的分段组合曲线同样具备局部控制性.

(3) B 样条曲线的局部控制能力, 也就是改变一个控制顶点时, 受到影响的曲线段的数量, 与 B 样条曲线的次数有关. 次数越高的 B 样条曲线, 局部控制能力越弱. 归功于定义方式的差异, 在定义 11.2.5 中, 不管组合曲线的阶是多少, 当移动一个控制顶点的时候, 总是至多只有两段相邻曲线的形状会发生改变. 因此可以说, 与传统 B 样条曲线相比, 定义 11.2.5 中所给组合曲线的局部控制能力更强.

(4) 对于给定的控制顶点和节点矢量而言, B 样条曲线的形状是唯一确定的. 对于定义 11.2.5 中给出的组合曲线而言, 由于其中含有参数, 所以即使控制顶点固定, 其形状依然可以通过改变参数值的方式来调整. 另外, 由于定义 11.2.5 中组合曲线所含的参数为局部参数, 所以改变参数值时, 仅会影响小范围内的曲线形状. 具体地, 调整参数 l_i 的值, 只会改变组合曲线中第 i 条曲线段的形状.

(5) 对于 B 样条曲线而言, 光滑度与其次数密切相关, 一旦次数选定, 光滑度便随之确定. 而对于定义 11.2.5 中所给组合曲线而言, 即使各段的阶均确定, 依然可以通过参数值的改变来调整其在连接点处的光滑度. 具体地, 调整参数 l_i 的值, 第 i 条曲线段与其前后段之间的光滑度会发生改变.

在图 11.2.3 和图 11.2.4 中, 展示的是由相同的控制多边形按照定义 11.2.5 中所述方法构造的不同的组合曲线. 图 11.2.3 中的曲线由 4 段改进的 3 阶可调控 Bézier 曲线组合而成; 图 11.2.4 中的曲线由 3 段改进的阶分别取 3, 4, 3 的可调控 Bézier 曲线组合而成.

在图 11.2.3 和图 11.2.4 中, 左边的组合曲线中的每一段都取相同的参数 $l=1$, 整条组合曲线整体 G^1 连续; 右边的组合曲线中的每一段都取相同的参数 $l=2$, 整条组合曲线整体 G^2 连续.

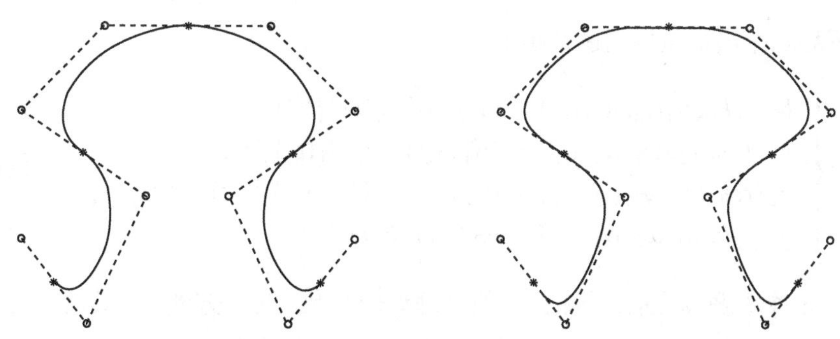

图 11.2.3 由同阶的改进可调控 Bézier 曲线形成的组合曲线

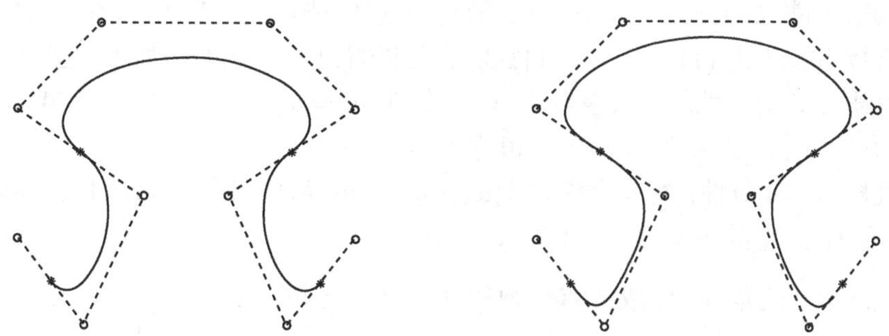

图 11.2.4 由不同阶的改进可调控 Bézier 曲线形成的组合曲线

由式 (11.2.23) 可知, 不同于可调控 Bézier 曲线插值于首末控制顶点, 改进的可调控 Bézier 曲线经过控制多边形首末边的中点, 这一特征也可以从图 11.2.3 和图 11.2.4 中直观看出. 然而在工程设计中, 往往希望曲线插值于首末控制顶点, 为此, 只要将控制多边形的首末顶点设置成重复的就可以.

11.3 组合有理多项式曲线曲面

11.3.1 调配函数及其性质

定义 11.3.1 设整数 $k \geqslant 1$, 实数 $\omega_1, \omega_2 > 0$, 参数 $\alpha_1 \in [0,1)$, $\alpha_2 \in (0,1]$, 自变量 $t \in [0,1]$, 记函数

$$\begin{cases} f_0(t) = (1-t)^{k+1} \\ f_1(t) = (1-t)^{k+1}t \\ f_2(t) = t^{k+1}(1-t) \\ f_3(t) = t^{k+1} \end{cases} \tag{11.3.1}$$

以及

$$R(t) = f_0(t) + \omega_1 f_1(t) + \omega_2 f_2(t) + f_3(t) \tag{11.3.2}$$

将下面由 4 个函数构成的函数组

$$\begin{cases} b_0\left(t;k,\omega_1,\omega_2,\alpha_1,\alpha_2\right) = \left(1-\alpha_1\right)f_0(t)/R(t) \\ b_1\left(t;k,\omega_1,\omega_2,\alpha_1,\alpha_2\right) = \left(\alpha_1 f_0(t)+\omega_1 f_1(t)\right)/R(t) \\ b_2\left(t;k,\omega_1,\omega_2,\alpha_1,\alpha_2\right) = \left(\omega_2 f_2(t)+\left(1-\alpha_2\right)f_3(t)\right)/R(t) \\ b_3\left(t;k,\omega_1,\omega_2,\alpha_1,\alpha_2\right) = \alpha_2 f_3(t)/R(t) \end{cases} \tag{11.3.3}$$

称为带 5 个参数 $k,\omega_1,\omega_2,\alpha_1,\alpha_2$ 的有理调配函数, 为了方便, 将其简称为 5 参函数.

为了书写简洁, 在下文中不至于引起混淆之处, 将函数 $f_i(t)$, $R(t)$ 简记为 f_i, R, 将调配函数 $b_i(t;k,\omega_1,\omega_2,\alpha_1,\alpha_2)$ 简写为 $b_i(t)$ 或者 b_i, 其中 $i=0,1,2,3$.

直接由表达式 (11.3.1)~ 式 (11.3.3), 可以得出 5 参函数的如下一些性质.

性质 1　退化性. 当取整数 $k=1$, 实数 $\omega_1=\omega_2=2$, 参数 $\alpha_1=0$, $\alpha_2=1$ 时, 5 参函数恰好为经典的 3 次 Ball 基函数.

性质 2　非负性. 当 5 个参数 $k,\omega_1,\omega_2,\alpha_1,\alpha_2$ 都按照定义 11.3.1 中的要求取值时, 有 $b_i \geqslant 0$, 其中 $i=0,1,2,3$.

性质 3　规范性. 组成 5 参函数的 4 个函数之和为 1, 即 $\sum\limits_{i=0}^{3} b_i = 1$.

性质 4　对称性. 当参数 $\omega_1=\omega_2$, 并且 $\alpha_1+\alpha_2=1$ 时, 有 $b_i(t)=b_{3-i}(1-t)$, 其中, $i=0,1,2,3$.

性质 5　端点性质. 在定义区间的左、右端点处, 有

$$\begin{cases} b_0(0) = 1-\alpha_1 \\ b_1(0) = \alpha_1 \\ b_2(0) = b_3(0) = 0 \\ b_0(1) = b_1(1) = 0 \\ b_2(1) = 1-\alpha_2 \\ b_3(1) = \alpha_2 \end{cases} \tag{11.3.4}$$

对所有的 $1 \leqslant n \leqslant k$, 有

$$\begin{cases} b_0^{(n)}(0) = (-1)^n A_n \\ b_1^{(n)}(0) = (-1)^{n-1} A_n \\ b_2^{(n)}(0) = b_3^{(n)}(0) = 0 \\ b_0^{(n)}(1) = b_1^{(n)}(1) = 0 \\ b_2^{(n)}(1) = -B_n \\ b_3^{(n)}(1) = B_n \end{cases} \tag{11.3.5}$$

其中的常数 A_n 只与参数 n, ω_1, α_1 有关, 而常数 B_n 则只与 n, ω_2, α_2 有关. 更具体的,

$$\begin{cases} A_1 = \omega_1(1-\alpha_1) \\ A_2 = 2\omega_1^2(1-\alpha_1) \\ A_3 = 6\omega_1^3(1-\alpha_1) \\ A_4 = 24\omega_1^4(1-\alpha_1) \\ B_1 = \omega_2\alpha_2 \\ B_2 = 2\omega_2^2\alpha_2 \\ B_3 = 6\omega_2^3\alpha_2 \\ B_4 = 24\omega_2^4\alpha_2 \end{cases} \tag{11.3.6}$$

证明 直接对式 (11.3.1) 进行计算, 可以得出

$$\begin{cases} f_0(0) = 1 \\ f_i(0) = 0, \quad i = 1, 2, 3 \\ f_i(1) = 0, \quad i = 0, 1, 2 \\ f_3(1) = 1 \end{cases} \tag{11.3.7}$$

先将式 (11.3.7) 中的结论代入式 (11.3.2), 可得

$$R(0) = R(1) = 1 \tag{11.3.8}$$

再将式 (11.3.7)、式 (11.3.8) 中的结论代入式 (11.3.3), 便可得出式 (11.3.4) 中的结论. 又直接由式 (11.3.1) 可知, 对所有的 $1 \leqslant n \leqslant k$, 均有

$$\begin{cases} f_2^{(n)}(0) = f_3^{(n)}(0) = 0 \\ f_0^{(n)}(1) = f_1^{(n)}(1) = 0 \end{cases} \tag{11.3.9}$$

再根据莱布尼茨公式

$$(uv)^{(n)}|_{t=t_0} = \sum_{i=0}^{n} C_n^i u^{(i)}|_{t=t_0} v^{(n-i)}|_{t=t_0}$$

可以得出结论: 当函数 $b(t)$ 可以表示成某两个函数 u 与 v 的乘积时, 若其中的某一个, 比如说 u, 不仅在 $t = t_0$ 处的函数值为零, 而且在该点处的一阶至 n 阶的导数值也都为零, 则无论另一个函数 v 在 $t = t_0$ 处的取值情况如何, 都可以推出函数 $b(t)$ 在 $t = t_0$ 处的导数值一定等于零. 这样一来, 由式 (11.3.3)、式 (11.3.7), 以及式 (11.3.9), 便可得出

$$b_2^{(n)}(0) = b_3^{(n)}(0) = b_0^{(n)}(1) = b_1^{(n)}(1) = 0 \tag{11.3.10}$$

其中, $1 \leqslant n \leqslant k$. 再根据规范性 $\sum\limits_{i=0}^{3} b_i = 1$, 可得

$$\sum_{i=0}^{3} b_i^{(n)} = 0 \tag{11.3.11}$$

因此, 如果假设

$$\begin{cases} b_0^{(n)}(0) = (-1)^n A_n \\ b_3^{(n)}(1) = B_n \end{cases} \tag{11.3.12}$$

那么综合式 (11.3.10)~ 式 (11.3.12), 便有

$$\begin{cases} b_1^{(n)}(0) = (-1)^{n-1} A_n \\ b_2^{(n)}(1) = -B_n \end{cases} \tag{11.3.13}$$

归纳式 (11.3.10)~ 式 (11.3.13), 即可得出式 (11.3.5) 中的结论. 为了验证式 (11.3.6) 中结论的正确性, 先求出函数 f_0 和 $\dfrac{1}{R}$ 在 $t=0$ 处的函数值以及一至四阶的导数值, 结果如下:

$$\begin{cases} f_0(0) = 1, f_0'(0) = -(k+1), \quad f_0''(0) = (k+1)k, \quad f_0'''(0) = -(k+1)k(k-1) \\ f_0^{(4)}(0) = (k+1)k(k-1)(k-2) \\ \left.\dfrac{1}{R}\right|_{t=0} = 1, \quad \left.\left(\dfrac{1}{R}\right)'\right|_{t=0} = k+1-\omega_1, \quad \left.\left(\dfrac{1}{R}\right)''\right|_{t=0} = 2\left(k+1-\omega_1\right)^2 \\ \qquad -(k+1)\left(k-2\omega_1\right) \\ \left.\left(\dfrac{1}{R}\right)'''\right|_{t=0} = 6\left(k+1-\omega_1\right)^3 - 6\left(k+1-\omega_1\right)(k+1)\left(k-2\omega_1\right) \\ \qquad +(k+1)k\left(k-1-3\omega_1\right) \\ \left.\left(\dfrac{1}{R}\right)^{(4)}\right|_{t=0} = 24\left(k+1-\omega_1\right)^4 + 8\left(k+1-\omega_1\right)(k+1)k\left(k-1-3\omega_1\right) \\ \qquad -36\left(k+1-\omega_1\right)^2(k+1)\left(k-2\omega_1\right) \\ \qquad +6(k+1)^2\left(k-2\omega_1\right)^2 - (k+1)k(k-1)\left(k-2-4\omega_1\right) \end{cases}$$

将以上结果代入下面的公式

$$b_0^{(n)}(0) = (1-\alpha_1)\sum_{i=0}^{n} C_n^i f_0^{(i)}(0)\left.\left(\frac{1}{R}\right)^{(n-i)}\right|_{t=0}$$

便可以计算出

$$\begin{cases} b_0'(0) = -\omega_1(1-\alpha_1) \\ b_0''(0) = 2\omega_1^2(1-\alpha_1) \\ b_0'''(0) = -6\omega_1^3(1-\alpha_1) \\ b_0^{(4)}(0) = 24\omega_1^4(1-\alpha_1) \end{cases}$$

这就表明式 (11.3.6) 中 $A_i\ (i=1,2,3,4)$ 的表达式是正确的, 再根据对称性便可验证表达式 $B_i\ (i=1,2,3,4)$ 的正确性. 此外, 从 $b_0^{(n)}(0)$ 的计算过程可以看出, 在计算时, 含 k 的项全部被抵消掉, 因而 A_n 的表达式中不含 k, 同理可知 B_n 的表达式中也不含 k. 证毕.

11.3.2 有理曲线及其性质

构造了 5 参函数以后, 就可以由其与控制顶点的线性组合来定义曲线.

定义 11.3.2 给定 2 维或 3 维空间中的 4 个控制顶点 $\boldsymbol{V}_i(i=0,1,2,3)$, 将下面的曲线

$$\boldsymbol{b}(t) = \sum_{i=0}^{3} b_i(t;k,\omega_1,\omega_2,\alpha_1,\alpha_2)\boldsymbol{V}_i, \quad t\in[0,1]$$

称为带 5 个参数的有理多项式曲线, 简称为 5 参曲线, 其中的 $b_i\ (t;k,\omega_1,\omega_2,\alpha_1,\alpha_2)$ 为定义 11.3.1 中给出的 5 参函数.

根据 5 参函数的性质, 不难得出 5 参曲线的如下一些性质.

性质 1 凸包性. 根据 5 参函数的非负性和规范性可得, 5 参曲线始终位于由其控制顶点形成的凸包之中.

性质 2 几何不变性与仿射不变性. 根据 5 参函数的规范性可得, 5 参曲线的形状只取决于控制顶点之间的相对位置, 进行旋转与平移变换时曲线形状保持不变; 此外, 当对控制多边形执行缩放或错切等仿射变换时, 所得 5 参曲线与原曲线经过相同仿射变换后得到的曲线完全一致.

性质 3 对称性. 根据 5 参函数的对称性可得, 如果参数 $\omega_1=\omega_2$, 并且 $\alpha_1+\alpha_2=1$, 则由控制多边形 $\boldsymbol{V}_0\boldsymbol{V}_1\boldsymbol{V}_2\boldsymbol{V}_3$ 与 $\boldsymbol{V}_3\boldsymbol{V}_2\boldsymbol{V}_1\boldsymbol{V}_0$ 定义的两条 5 参曲线具有相同的形状, 不同的是它们的参数方向相反.

性质 4 端点性质. 根据 5 参函数在参数区间端点处的取值情况可得, 在 5 参曲线的起、止点处, 有

$$\begin{cases} \boldsymbol{b}(0) = \boldsymbol{V}_0 + \alpha_1(\boldsymbol{V}_1 - \boldsymbol{V}_0) \\ \boldsymbol{b}(1) = \boldsymbol{V}_2 + \alpha_2(\boldsymbol{V}_3 - \boldsymbol{V}_2) \\ \boldsymbol{b}^{(n)}(0) = (-1)^{n-1}A_n(\boldsymbol{V}_1 - \boldsymbol{V}_0) \\ \boldsymbol{b}^{(n)}(1) = B_n(\boldsymbol{V}_3 - \boldsymbol{V}_2) \end{cases} \tag{11.3.14}$$

其中, $1 \leqslant n \leqslant k$.

性质 5　形状可调性. 由于 5 参函数中含有 5 个参数, 所以即使控制顶点保持不变, 依然可以通过改变这 5 个参数中的一个或多个参数值, 来改变 5 参曲线的形状.

在图 11.3.1~ 图 11.3.5 中, 给出的是由相同的控制顶点, 以及不同的参数所定义的 5 参曲线. 在图 11.3.1 中, 参数 $\omega_1, \omega_2, \alpha_1, \alpha_2$ 保持不变, 仅调整参数 k, 从下到上的曲线依次取 $k=1, k=2, k=5$. 在图 11.3.2 中, 参数 $k, \omega_2, \alpha_1, \alpha_2$ 保持不变, 仅调整参数 ω_1, 曲线 1-4 依次取 $\omega_1=1, \omega_1=5, \omega_1=25, \omega_1=125$. 在图 11.3.3 中, 参数 $k, \omega_1, \alpha_1, \alpha_2$ 保持不变, 仅调整参数 ω_2, 曲线 1-4 依次取 $\omega_2=1$, $\omega_2=5, \omega_2=25, \omega_2=125$. 在图 11.3.4 中, 参数 $k, \omega_1, \omega_2, \alpha_2$ 保持不变, 仅调整参数 α_1, 从下到上的曲线依次取 $\alpha_1=0, \alpha_1=\dfrac{1}{3}, \alpha_1=\dfrac{2}{3}$. 在图 11.3.5 中, 参数 $k, \omega_1, \omega_2, \alpha_1$ 保持不变, 仅调整参数 α_2, 从下到上的曲线依次取 $\alpha_2=1, \alpha_2=\dfrac{2}{3}$, $\alpha_2=\dfrac{1}{3}$. 在图 11.3.1~ 图 11.3.5 中, 那些保持不变的参数的取值情况为 $k=2$, $\omega_1=\omega_2=5, \alpha_1=0, \alpha_2=1$.

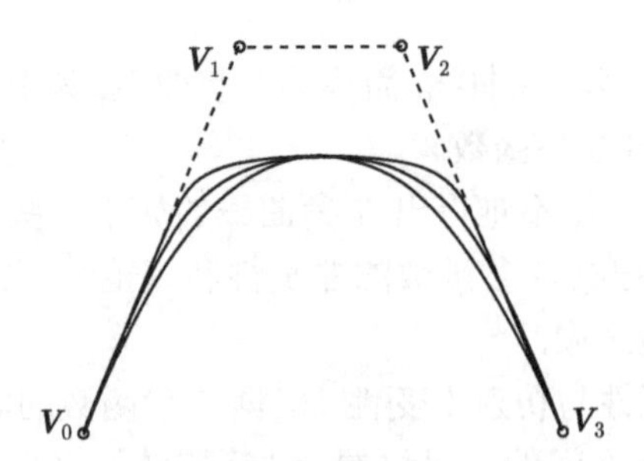

图 11.3.1　由相同控制顶点和不同参数 k 所定义的 5 参曲线

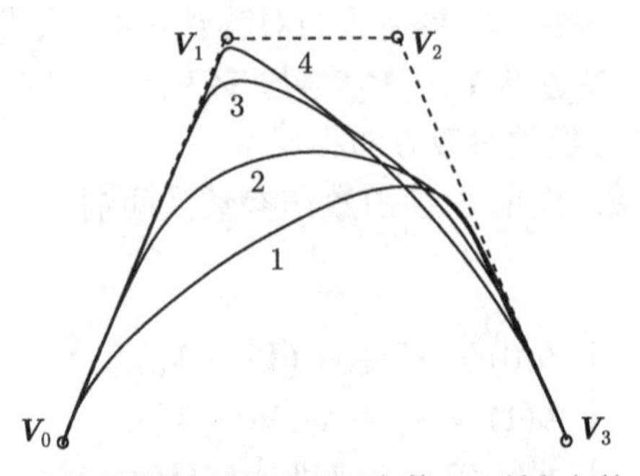

图 11.3.2　由相同控制顶点和不同参数 ω_1 所定义的 5 参曲线

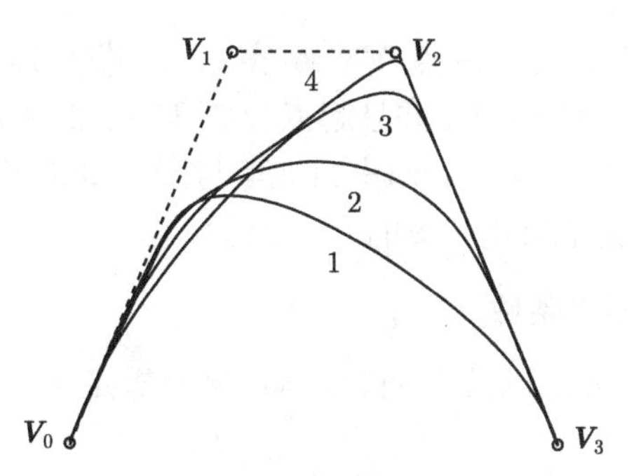

图 11.3.3 由相同控制顶点和不同参数 ω_2 所定义的 5 参曲线

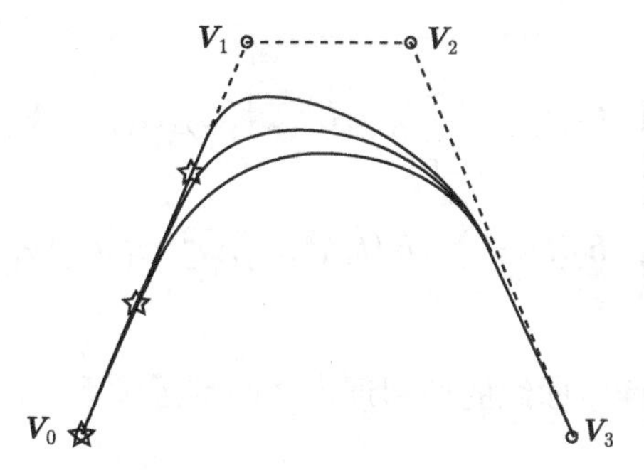

图 11.3.4 由相同控制顶点和不同参数 α_1 所定义的 5 参曲线

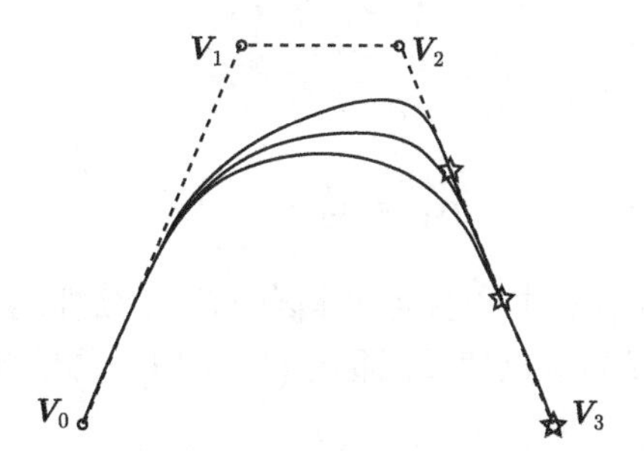

图 11.3.5 由相同控制顶点和不同参数 α_2 所定义的 5 参曲线

图 11.3.1 直观告诉我们: 仅调整参数 k 的值时, 曲线的中心位置保持不变, 但伴随着 k 值的增长, 曲线由"窄"变"宽", 或者说由"瘦"变"胖". 图 11.3.2 直观告诉我们: 仅调整参数 ω_1 时, ω_1 的值越大, 曲线越接近控制点 $\boldsymbol{V}_1$. 图 11.3.3 直观告诉我们: 仅调整参数 ω_2 时, ω_2 的值越大, 曲线越接近控制点 $\boldsymbol{V}_2$. 图 11.3.4 直观告诉我们: 参数 α_1 的调整会改变曲线的起点位置, 即图中被标成五角星的点, α_1 的值越大, 曲线的起点越靠近点 $\boldsymbol{V}_1$ 同时远离点 $\boldsymbol{V}_0$. 图 11.3.5 直观告诉我们: 参数 α_2 的调整会改变曲线的终点位置, 即图中被标成五角星的点, α_2 的值越大, 曲

线的终点越靠近点 $\boldsymbol{V}_3$ 同时远离点 $\boldsymbol{V}_2$. 事实上, 由式 (11.3.14) 可知: 曲线的起、止点分别位于边 $\boldsymbol{V}_0\boldsymbol{V}_1$, $\boldsymbol{V}_2\boldsymbol{V}_3$ 上, 并且起点分边 $\boldsymbol{V}_0\boldsymbol{V}_1$ 的比为 $\alpha_1 : 1-\alpha_1$, 终点分边 $\boldsymbol{V}_2\boldsymbol{V}_3$ 的比为 $\alpha_2 : 1-\alpha_2$. 可见图 11.3.4 与图 11.3.5 中给出的直观结果与式 (11.3.14) 中给出的理论结果是一致的.

11.3.3 有理曲线的拼接条件

下面根据引理 11.2.1, 以及式 (11.3.14), 来分析定义 11.3.2 中给出的 5 参曲线的光滑拼接条件.

定理 11.3.1 假设有两条 5 参曲线, 分别含参数 $k^1,\omega_1^1,\omega_2^1,\alpha_1^1,\alpha_2^1$ 和 k^2, ω_1^2, ω_2^2, α_1^2, α_2^2, 它们的表达式为

$$\begin{cases} \boldsymbol{b}_1(t)=\displaystyle\sum_{i=0}^{3} b_i(t;k^1,\omega_1^1,\omega_2^1,\alpha_1^1,\alpha_2^1)\boldsymbol{V}_i \\ \boldsymbol{b}_2(t)=\displaystyle\sum_{i=0}^{3} b_i(t;k^2,\omega_1^2,\omega_2^2,\alpha_1^2,\alpha_2^2)\boldsymbol{V}_i^* \end{cases} \tag{11.3.15}$$

其中, $t\in[0,1]$. 如果两条曲线的控制顶点之间满足关系

$$\begin{cases} \boldsymbol{V}_0^*=\boldsymbol{V}_2 \\ \boldsymbol{V}_1^*=\boldsymbol{V}_3 \end{cases} \tag{11.3.16}$$

那么当参数

$$\alpha_1^2=\alpha_2^1\in(0,1) \tag{11.3.17}$$

时, 曲线 $\boldsymbol{b}_1(t)$ 与 $\boldsymbol{b}_2(t)$ 在公共连接点处具有 G^k 连续性, 其中, $k=\min\{k^1,k^2\}$.

证明 由 5 参曲线的端点性质, 即式 (11.3.14), 再结合曲线表达式 (11.3.15), 可得

$$\begin{cases} \boldsymbol{b}_1(1)=\boldsymbol{V}_2+\alpha_2^1(\boldsymbol{V}_3-\boldsymbol{V}_2) \\ \boldsymbol{b}_2(0)=\boldsymbol{V}_0^*+\alpha_1^2(\boldsymbol{V}_1^*-\boldsymbol{V}_0^*) \end{cases}$$

记 $k=\min\{k^1,k^2\}$, 则当 $1\leqslant n\leqslant k$ 时, 有

$$\begin{cases} \boldsymbol{b}_1^{(n)}(1)=B_n(\boldsymbol{V}_3-\boldsymbol{V}_2) \\ \boldsymbol{b}_2^{(n)}(0)=(-1)^{n-1}A_n(\boldsymbol{V}_1^*-\boldsymbol{V}_0^*) \end{cases}$$

因此当式 (11.3.16)、式 (11.3.17) 中所给条件满足时, 有结论

$$\begin{cases} \boldsymbol{b}_1(1) = \boldsymbol{b}_2(0) \\ \boldsymbol{b}_1^{(n)}(1) = B_n(\boldsymbol{V}_3 - \boldsymbol{V}_2) \\ \boldsymbol{b}_2^{(n)}(0) = (-1)^{n-1}A_n(\boldsymbol{V}_3 - \boldsymbol{V}_2) \end{cases} \tag{11.3.18}$$

从式 (11.3.18) 可以看出, 曲线 $\boldsymbol{b}_1(t)$ 与 $\boldsymbol{b}_2(t)$ 符合引理 11.2.1 中的条件, 因而两条曲线在公共连接点处 G^k 连续. 证毕.

注释 11.3.1 注意到定理 11.3.1 中的参数 k 可以是任意的正整数, 因此只要式 (11.3.16)、式 (11.3.17) 中所给条件符合, 就可以通过设置恰当的参数 k, 来保证相邻两段曲线之间满足指定的连续阶要求.

11.3.4 组合有理多项式曲线

11.3.4.1 曲线及其特点

从定理 11.3.1 可以看出: 要使两条 5 参曲线在连接点处实现光滑拼接, 必须要求后一条曲线控制多边形的首边恰好与前一条曲线控制多边形的末边保持一致, 同时后一条曲线的第一个参数 α 必须与前一条曲线的第二个参数 α 保持相等. 只要充分利用这些约束条件, 将它们直接考虑进组合曲线的定义中, 就可以构造出在公共连接点处自动实现光滑拼接的分段组合曲线.

定义 11.3.3 给定 $2l+2$ 个 2 维或 3 维空间中的控制顶点 $\boldsymbol{V}_j$ $(j = 0, 1, \cdots, 2l+1)$, 其中, $l \geqslant 1$, 并且给定四组参数 $k = \{k^i\}_{i=1}^l$, $\omega_1 = \{\omega_1^i\}_{i=1}^l$, $\omega_2 = \{\omega_2^i\}_{i=1}^l$, $\alpha = \{\alpha_i\}_{i=1}^{l+1}$, 便可以构造出一条包含 l 段 5 参曲线的分段组合曲线, 将其称之为组合 5 参曲线. 其中, 第 i 段曲线的定义式为

$$\boldsymbol{b}_i(t) = \sum_{j=0}^{3} b_j(t; k^i, \omega_1^i, \omega_2^i, \alpha_i, \alpha_{i+1})\boldsymbol{V}_{j+2(i-1)}$$

其中, $t \in [0, 1]$, $i = 1, 2, \cdots, l$, 参数 $k^i \geqslant 1$, $\omega_1^i, \omega_2^i > 0$, $\alpha_1 \in [0, 1)$, $\alpha_2, \alpha_3, \cdots, \alpha_l \in (0, 1)$, $\alpha_{l+1} \in (0, 1]$.

注意到定义 11.3.3 中组合 5 参曲线相邻段控制顶点之间的关系, 再根据定理 11.3.1 可知, 如果记 $k_i = \min\{k^i, k^{i+1}\}$, 那么在组合 5 参曲线中, 第 i 段与第 $i+1$ 段在连接点处具有 G^{k_i} 连续性.

从组合方式上看, 组合 5 参曲线与传统的 3 次 B 样条曲线有一些相似之处, 但也有明显的不同. 下面将二者的相同点和不同点分别列出.

相同点主要有如下 3 个:

(1) 每一条曲线段的控制顶点数量都是 4 个.

(2) 不需要对控制顶点限定任何约束条件, 相邻曲线段之间即可以自动实现光滑连接.

(3) 两种曲线都具备局部控制性.

不同点主要有如下 5 个:

(1) 在分段连接点处, 传统 3 次 B 样条曲线至多只能达到 C^2 连续, 而组合 5 参曲线却可以达到指定的任意阶几何连续, 故而在工程实际中一些对光滑性有较高需求的场合, 用组合 5 参曲线替代传统的 3 次 B 样条曲线, 更能符合特定的要求.

(2) 对于 3 次 B 样条曲线而言, 相邻两段曲线的控制顶点只有一个不一样, 或者说只有一条控制边不相同; 对于组合 5 参曲线而言, 相邻两段曲线的控制顶点只有两个是一样的, 或者说只有一条控制边是相同的. 这种控制顶点、控制边重合数量的差异, 决定了当控制顶点数量相同时, 选择用组合 5 参曲线来替代传统的 3 次 B 样条曲线, 能够达到用更少的曲线段来表达类似信息的效果.

(3) 对于 3 次 B 样条曲线而言, 当移动一个控制顶点的时候, 至多有 4 条曲线段的形状会受到影响; 对于组合 5 参曲线而言, 当移动一个控制顶点的时候, 至多只有 2 条曲线段的形状会受到影响. 这种差异说明与传统 3 次 B 样条曲线相比, 组合 5 参曲线的局部控制能力更强, 这也使得当采用修改控制顶点的方法来调整曲线形状的时候, 组合 5 参曲线在控制与操作上更加方便.

(4) 对于 3 次 B 样条曲线而言, 一旦控制顶点给定, 曲线形状便随之确定; 而对于组合 5 参曲线而言, 因为其中含有形状参数, 所以即使控制顶点给定, 其形状依然可以通过修改参数值的方式来进行调整. 而且因为组合 5 参曲线中的形状参数较多, 因此对其形状进行调整的方式也是多样的.

(5) 在通常条件下, 3 次 B 样条曲线不具有端点插值性; 虽然组合 5 参曲线一般情况下也不插值于首末控制顶点, 但是只要将其中的第一个与最后一个参数 α 取成特定的值, 便能够轻而易举地使组合 5 参曲线具备端点插值性.

为了更加直观地展示组合 5 参曲线与传统 3 次 B 样条曲线的差异, 在图 11.3.6 和图 11.3.7 中, 给出了由相同的控制多边形定义的组合 5 参曲线 (见图 11.3.6) 与 3 次 B 样条曲线 (见图 11.3.7).

图 11.3.6 中的曲线由 3 条 5 参曲线段组合而成, 其中的 5 组参数分别为 $k=\{2,2,2\}$, $\omega_1=\omega_2=\{5,5,5\}$, $\alpha=\left\{\frac{1}{2},\frac{1}{2},\frac{1}{2},\frac{1}{2}\right\}$, 在两个公共连接点处, 曲线具有 G^2 连续性. 图 11.3.7 中的曲线由 5 条 3 次均匀 B 样条曲线段组合而成, 在四个公共连接点处, 曲线具有 C^2 连续性.

在图 11.3.6 和图 11.3.7 中, 圆圈所示为控制顶点, 虚线所示为控制多边形, 五角星所示为曲线段的起点与终点. 黑色部分表示初始的控制多边形及其定义的曲线, 红色部分则表示调整了第四个控制顶点之后所得到的控制多边形及其定义的曲线.

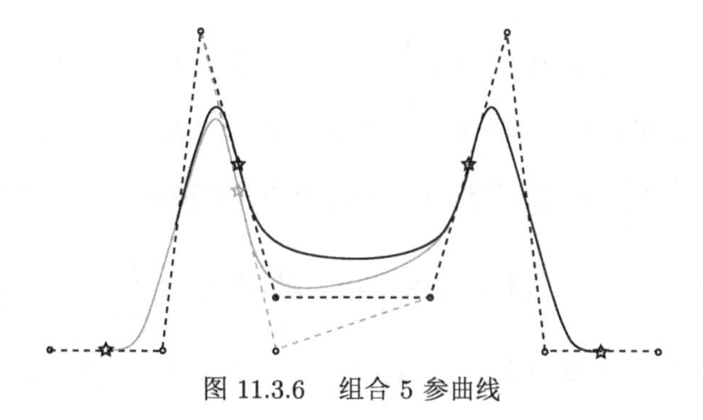

图 11.3.6 组合 5 参曲线

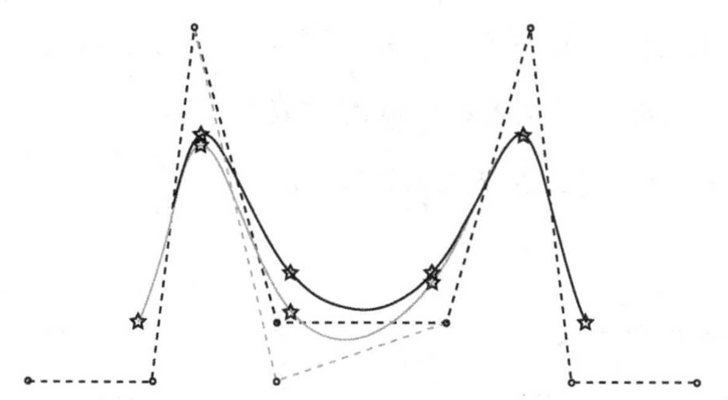

图 11.3.7 由图 11.3.6 中的控制顶点定义的 3 次均匀 B 样条曲线

11.3.4.2 曲线设计

当控制顶点的数量为偶数个, 且大于等于 4 时, 由定义 11.3.3 中的方式可以定义出具有自动光滑性的分段组合曲线. 若组合 5 参曲线中所含的曲线段数为 l, 则其所含的参数一个有 $4l+1$ 个. 在这些参数中, k^i 不仅控制着第 i 段曲线的形状, 而且控制着第 i 段与其前后两段之间的光滑度; 参数 ω_1^i 与 ω_2^i 共同控制着第 i 段曲线的形状; 参数 α_i 控制着第 i 段曲线的起点位置, 而参数 α_{i+1} 则控制着第 i 段曲线的终点位置; 这里的下标 $i=1,2,\cdots,l$.

前面曾经提到过, 一般情况下, 组合 5 参曲线不具备端点插值性, 如果希望其插值于首末控制顶点, 则只需要设置 $\alpha_1=0, \alpha_{l+1}=1$ 就可以 (见图 11.3.8(b)). 当控制顶点首末相重, 即 $\boldsymbol{V}_0=\boldsymbol{V}_{2l+1}$, 也就是控制多边形封闭的时候, 虽然取 $\alpha_1=0$, $\alpha_{l+1}=1$ 可以得到一条封闭的曲线, 但是该曲线在闭合点处通常只满足位置连续性, 并不光滑 (见图 11.3.9(b)). 如果希望由封闭的控制多边形定义出既封闭又光滑的曲线, 可以通过设置控制顶点让 $\boldsymbol{V}_0\boldsymbol{V}_1=\boldsymbol{V}_{2l}\boldsymbol{V}_{2l+1}$, 同时取 $\alpha_1=\alpha_{l+1}\in(0,1)$ 来实现 (见图 11.3.10).

在图 11.3.8~ 图 11.3.10 中, 分别展示了由相同的控制顶点设计出的相异组合 5 参曲线. 在图 11.3.8 中, 左边的曲线所取的参数为 $k=\{1,1,1,1\}$, $\omega_1=$

$\{2,2,2,5\}$, $\omega_2=\{2,2,5,2\}$, $\alpha=\left\{\frac{1}{2},\frac{1}{2},\frac{1}{2},\frac{1}{2},\frac{1}{2}\right\}$, 该曲线不经过控制多边形的首末顶点; 右边的曲线所取的参数分别为 $k=\{2,2,2,2\}$, $\omega_1=\omega_2=\{5,5,10,10\}$, $\alpha=\left\{0,\frac{3}{4},\frac{3}{4},\frac{3}{4},1\right\}$, 该曲线经过控制多边形的首末顶点. 在图 11.3.9 中, 左边的曲线所取的参数为 $k=\{1,1\}$, $\omega_1=\omega_2=\{2,2\}$, $\alpha=\left\{\frac{1}{2},\frac{1}{2},\frac{1}{2}\right\}$, 该曲线不封闭; 右边曲线所取的参数为 $k=\{2,2\}$, $\omega_1=\{5,2\}$, $\omega_2=\{2,5\}$, $\alpha=\left\{0,\frac{1}{2},1\right\}$, 该曲线虽然封闭, 但在闭合点处却并不光滑. 在图 11.3.10 中, 左边的曲线所取的参数为 $k^i=1$, $\omega_1^i=\omega_2^i=2$, $\alpha_j=\frac{1}{2}$, 其中 $i=1,2,\cdots,7$, $j=1,2,\cdots,8$, 该曲线整体 G^1 连续; 右边的曲线所取的参数为 $k^i=2$, $i=1,2,\cdots,7$, $\omega_1=\{1,2,2,5,2,2,10\}$, $\omega_2=\{10,2,2,5,2,2,1\}$, $\alpha=\left\{\frac{1}{2},\frac{2}{3},\frac{1}{3},\frac{3}{4},\frac{1}{4},\frac{2}{3},\frac{1}{3},\frac{1}{2}\right\}$, 该曲线整体 G^2 连续.

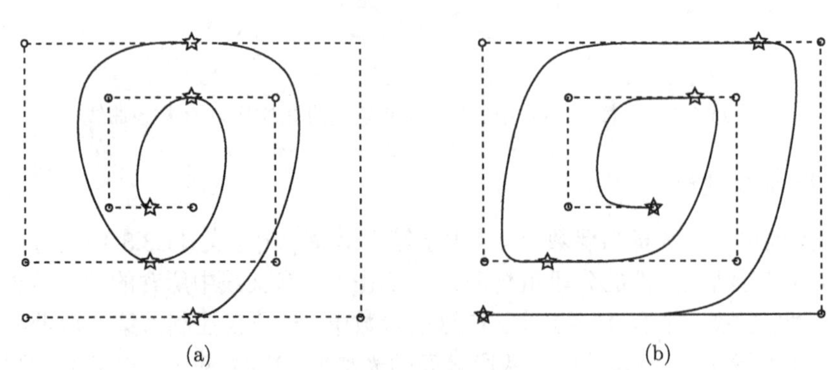

图 11.3.8　由开多边形定义的组合 5 参曲线

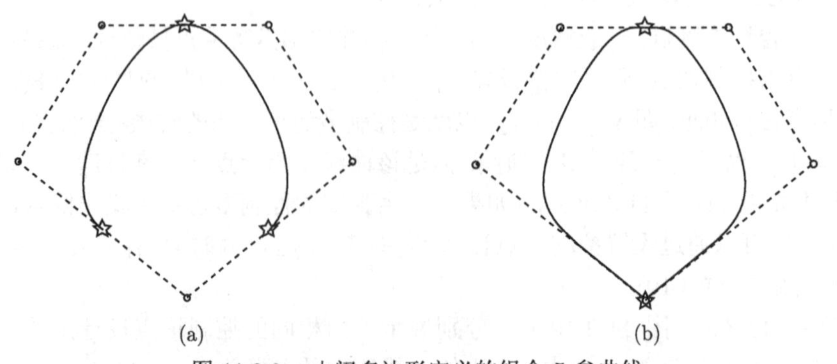

图 11.3.9　由闭多边形定义的组合 5 参曲线

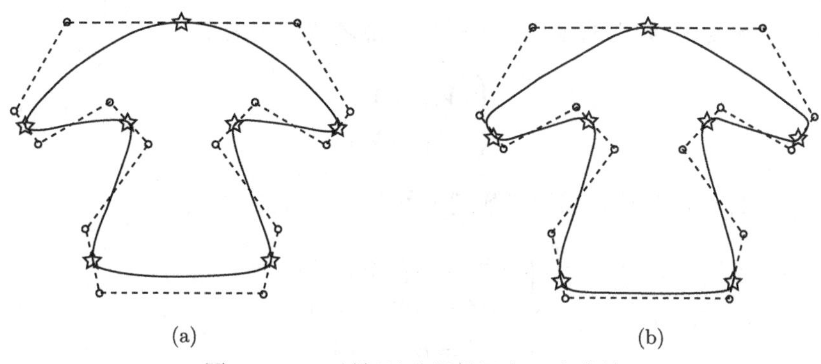

图 11.3.10 封闭且光滑的组合 5 参曲线

11.3.5 组合有理多项式曲面

定义 11.3.4 给定 3 维空间中的 16 个控制顶点 $\boldsymbol{V}_{ij}$ $(i,j=0,1,2,3)$, 构造曲面

$$\boldsymbol{b}(u,v)=\sum_{i=0}^{3}\sum_{j=0}^{3}b_i(u;k^u,\omega_1^u,\omega_2^u,\alpha_1^u,\alpha_2^u)b_j(v;k^v,\omega_1^v,\omega_2^v,\alpha_1^v,\alpha_2^v)\boldsymbol{V}_{ij}$$

其中, $0\leqslant u,v\leqslant 1$, 称 $\boldsymbol{b}(u,v)$ 为带 5 个参数的曲面, 简称 5 参曲面, 其中的 b_i 和 b_j 为定义 11.3.1 中给出的 5 参函数.

在 5 参曲面中, 两个参数方向的参数取值可以不相同, 这样一来, 一张曲面片中就存在 10 个参数, 其中的参数 k^u 和 k^v 分别决定 u 向和 v 向调配函数的次数, 也决定着对曲面进行计算时的难易程度. 为了计算方便, 也为了使问题简单化, 在没有特定需求时, 建议将 u 向和 v 向的参数 k 取成相等的值, 即记 $k^u=k^v=k$.

5 参曲线的很多性质可以直接推广至 5 参曲面, 例如几何不变性与仿射不变性、凸包性、形状可调性等.

接下来分析并证明 5 参曲面的光滑拼接条件.

定理 11.3.2 设有两张 5 参曲面, 它们的表达式为

$$\begin{cases}\boldsymbol{b}_1(u,v)=\displaystyle\sum_{i=0}^{3}\sum_{j=0}^{3}b_i(u;k,\omega_1^u,\omega_2^u,\alpha_1^{u1},\alpha_2^{u1})b_j(v;k,\omega_1^v,\omega_2^v,\alpha_1^{v1},\alpha_2^{v1})\boldsymbol{V}_{ij}\\ \boldsymbol{b}_2(u,v)=\displaystyle\sum_{i=0}^{3}\sum_{j=0}^{3}b_i(u;k,\omega_1^u,\omega_2^u,\alpha_1^{u2},\alpha_2^{u2})b_j(v;k,\omega_1^v,\omega_2^v,\alpha_1^{v2},\alpha_2^{v2})\boldsymbol{V}_{ij}^*\end{cases}\tag{11.3.19}$$

其中, $0 \leqslant u, v \leqslant 1$. 如果两张曲面的控制顶点之间满足关系

$$\begin{cases} \boldsymbol{V}_{i0}^{*} = \boldsymbol{V}_{i2} \\ \boldsymbol{V}_{i1}^{*} = \boldsymbol{V}_{i3} \end{cases} \tag{11.3.20}$$

其中, $i = 0, 1, 2, 3$, 并且它们的参数满足条件

$$\begin{cases} \alpha_1^{u2} = \alpha_1^{u1} \in [0, 1) \\ \alpha_2^{u2} = \alpha_2^{u1} \in (0, 1] \\ \alpha_1^{v2} = \alpha_2^{v1} \in (0, 1) \end{cases} \tag{11.3.21}$$

则曲面 $\boldsymbol{b}_1(u, v)$ 与 $\boldsymbol{b}_2(u, v)$ 在 u 向具有 G^k 连续性; 同理, 如果两张曲面的控制顶点之间满足关系

$$\begin{cases} \boldsymbol{V}_{0j}^{*} = \boldsymbol{V}_{2j} \\ \boldsymbol{V}_{1j}^{*} = \boldsymbol{V}_{3j} \end{cases} \tag{11.3.22}$$

其中, $j = 0, 1, 2, 3$, 并且它们的参数满足条件

$$\begin{cases} \alpha_1^{v2} = \alpha_1^{v1} \in [0, 1) \\ \alpha_2^{v2} = \alpha_2^{v1} \in (0, 1] \\ \alpha_1^{u2} = \alpha_2^{u1} \in (0, 1) \end{cases} \tag{11.3.23}$$

则曲面 $\boldsymbol{b}_1(u, v)$ 与 $\boldsymbol{b}_2(u, v)$ 在 v 向具有 G^k 连续性.

证明 先对当 $k = 2$ 时的情况做出详细证明, 再对 k 取一般值时的情况做出说明. 当参数 $k = 2$ 时, 综合式 (11.3.4)、式 (11.3.5), 以及式 (11.3.19), 可以得到如下信息

① 位置矢量

$$\begin{cases} \boldsymbol{b}_2(u, 0) = \displaystyle\sum_{i=0}^{3} b_i(u; k, \omega_1^u, \omega_2^u, \alpha_1^{u2}, \alpha_2^{u2})[\boldsymbol{V}_{i0}^{*} + \alpha_1^{v2}(\boldsymbol{V}_{i1}^{*} - \boldsymbol{V}_{i0}^{*})] \\ \boldsymbol{b}_1(u, 1) = \displaystyle\sum_{i=0}^{3} b_i(u; k, \omega_1^u, \omega_2^u, \alpha_1^{u1}, \alpha_2^{u1})[\boldsymbol{V}_{i2} + \alpha_2^{v1}(\boldsymbol{V}_{i3} - \boldsymbol{V}_{i2})] \end{cases}$$

② 一阶导矢

$$\begin{cases} \dfrac{\partial}{\partial v}\boldsymbol{b}_2(u, 0) = \displaystyle\sum_{i=0}^{3} b_i(u; k, \omega_1^u, \omega_2^u, \alpha_1^{u2}, \alpha_2^{u2}) A_1(\boldsymbol{V}_{i1}^{*} - \boldsymbol{V}_{i0}^{*}) \\ \dfrac{\partial}{\partial v}\boldsymbol{b}_1(u, 1) = \displaystyle\sum_{i=0}^{3} b_i(u; k, \omega_1^u, \omega_2^u, \alpha_1^{u1}, \alpha_2^{u1}) B_1(\boldsymbol{V}_{i3} - \boldsymbol{V}_{i2}) \end{cases}$$

③ 二阶导矢

$$\begin{cases}\dfrac{\partial^2}{\partial u\partial v}\boldsymbol{b}_2(u,0)=\displaystyle\sum_{i=0}^{3}\frac{\partial}{\partial u}b_i(u;k,\omega_1^u,\omega_2^u,\alpha_1^{u2},\alpha_2^{u2})A_1(\boldsymbol{V}_{i1}^*-\boldsymbol{V}_{i0}^*)\\ \dfrac{\partial^2}{\partial u\partial v}\boldsymbol{b}_1(u,1)=\displaystyle\sum_{i=0}^{3}\frac{\partial}{\partial u}b_i(u;k,\omega_1^u,\omega_2^u,\alpha_1^{u1},\alpha_2^{u1})B_1(\boldsymbol{V}_{i3}-\boldsymbol{V}_{i2})\\ \dfrac{\partial^2}{\partial v^2}\boldsymbol{b}_2(u,0)=\displaystyle\sum_{i=0}^{3}b_i(u;k,\omega_1^u,\omega_2^u,\alpha_1^{u2},\alpha_2^{u2})(-A_2)(\boldsymbol{V}_{i1}^*-\boldsymbol{V}_{i0}^*)\\ \dfrac{\partial^2}{\partial v^2}\boldsymbol{b}_1(u,1)=\displaystyle\sum_{i=0}^{3}b_i(u;k,\omega_1^u,\omega_2^u,\alpha_1^{u1},\alpha_2^{u1})B_2(\boldsymbol{V}_{i3}-\boldsymbol{V}_{i2})\end{cases}$$

因此, 当式 (11.3.20)、式 (11.3.21) 中所给的条件满足时, 有结论

$$\begin{cases}\boldsymbol{b}_2(u,0)=\boldsymbol{b}_1(u,1)\\ \dfrac{\partial}{\partial v}\boldsymbol{b}_2(u,0)=\gamma_1\dfrac{\partial}{\partial v}\boldsymbol{b}_1(u,1)\\ \dfrac{\partial^2}{\partial u\partial v}\boldsymbol{b}_2(u,0)=\gamma_1\dfrac{\partial^2}{\partial u\partial v}\boldsymbol{b}_1(u,1)\\ \dfrac{\partial^2}{\partial v^2}\boldsymbol{b}_2(u,0)=\gamma_1^2\dfrac{\partial^2}{\partial v^2}\boldsymbol{b}_1(u,1)+\gamma_2\dfrac{\partial}{\partial v}\boldsymbol{b}_1(u,1)\end{cases}$$

其中的系数 $\gamma_1=\dfrac{A_1}{B_1}>0$, $\gamma_2=-\dfrac{A_2+\gamma_1^2B_2}{B_1}$, 这就表明曲面 $\boldsymbol{b}_1(u,v)$ 与 $\boldsymbol{b}_2(u,v)$ 在 u 向具有 G^2 连续性. 对于更一般的情形, 设 k 为任意的正整数, 且 $k\geqslant 1$, 则当 $1\leqslant n\leqslant k$ 时, 有

$$\begin{cases}\dfrac{\partial^n}{\partial v^n}\boldsymbol{b}_2(u,0)=\displaystyle\sum_{i=0}^{3}b_i(u;k,\omega_1^u,\omega_2^u,\alpha_1^{u2},\alpha_2^{u2})(-1)^{n-1}A_n(\boldsymbol{V}_{i1}^*-\boldsymbol{V}_{i0}^*)\\ \dfrac{\partial^n}{\partial v^n}\boldsymbol{b}_1(u,1)=\displaystyle\sum_{i=0}^{3}b_i(u;k,\omega_1^u,\omega_2^u,\alpha_1^{u1},\alpha_2^{u1})B_n(\boldsymbol{V}_{i3}-\boldsymbol{V}_{i2})\end{cases}\tag{11.3.24}$$

当式 (11.3.20)、式 (11.3.21) 中所给的条件满足时, 根据式 (11.3.24) 可以得出

$$
\begin{pmatrix} \dfrac{\partial}{\partial v}\boldsymbol{b}_2(u,0) \\ \dfrac{\partial^2}{\partial v^2}\boldsymbol{b}_2(u,0) \\ \dfrac{\partial^3}{\partial v^3}\boldsymbol{b}_2(u,0) \\ \dfrac{\partial^4}{\partial v^4}\boldsymbol{b}_2(u,0) \\ \vdots \\ \dfrac{\partial^k}{\partial v^k}\boldsymbol{b}_2(u,0) \end{pmatrix} = \begin{pmatrix} \gamma_1 & & & & & \\ \gamma_2 & \gamma_1^2 & & & & \\ \gamma_3 & 3\gamma_1\gamma_2 & \gamma_1^3 & & & \\ \gamma_4 & 4\gamma_1\gamma_3+3\gamma_2^2 & 6\gamma_1^2\gamma_2 & \gamma_1^4 & & \\ \vdots & \vdots & \vdots & \vdots & \ddots & \\ \gamma_k & \cdots & & & & \gamma_1^k \end{pmatrix} \begin{pmatrix} \dfrac{\partial}{\partial v}\boldsymbol{b}_1(u,1) \\ \dfrac{\partial^2}{\partial v^2}\boldsymbol{b}_1(u,1) \\ \dfrac{\partial^3}{\partial v^3}\boldsymbol{b}_1(u,1) \\ \dfrac{\partial^4}{\partial v^4}\boldsymbol{b}_1(u,1) \\ \vdots \\ \dfrac{\partial^k}{\partial v^k}\boldsymbol{b}_1(u,1) \end{pmatrix} \tag{11.3.25}
$$

将式 (11.3.24) 中的关系代入式 (11.3.25), 并稍作整理, 即可得出

$$
\begin{pmatrix} A_1 \\ -A_2 \\ A_3 \\ -A_4 \\ \vdots \\ (-1)^{k-1}A_k \end{pmatrix} = \begin{pmatrix} \gamma_1 & & & & & \\ \gamma_2 & \gamma_1^2 & & & & \\ \gamma_3 & 3\gamma_1\gamma_2 & \gamma_1^3 & & & \\ \gamma_4 & 4\gamma_1\gamma_3+3\gamma_2^2 & 6\gamma_1^2\gamma_2 & \gamma_1^4 & & \\ \vdots & \vdots & \vdots & \vdots & \ddots & \\ \gamma_k & \cdots & & & & \gamma_1^k \end{pmatrix} \begin{pmatrix} B_1 \\ B_2 \\ B_3 \\ B_4 \\ \vdots \\ B_k \end{pmatrix} \tag{11.3.26}
$$

从式 (11.3.26) 中即可确定出 $\gamma_i\ (1 \leqslant i \leqslant k)$ 的值, 同时因为 $\boldsymbol{b}_2(u,0) = \boldsymbol{b}_1(u,1)$, 所以 $\gamma_1 > 0$, 因此由式 (11.3.25) 可以看出曲面 $\boldsymbol{b}_1(u,v)$ 与 $\boldsymbol{b}_2(u,v)$ 在 u 向具有 G^k 连续性. 采用相同的方法可以证明, 当式 (11.3.22)、式 (11.3.23) 中所给的条件满足时, 曲面 $\boldsymbol{b}_1(u,v)$ 与 $\boldsymbol{b}_2(u,v)$ 在 v 向具有 G^k 连续性. 证毕.

下面根据定理 11.3.2 中给出的拼接条件来定义由 5 参曲面形成的组合曲面.

定义 11.3.5 给定 3 维空间中的 $(2l_1+2)\times(2l_2+2)$ 个控制顶点 $\boldsymbol{V}_{ij}$, 其中, $i = 0,1,\cdots, 2l_1+1$, $j = 0,1,\cdots,2l_2+1$, 并且 $l_1, l_2 \geqslant 1$, 同时给定参数 $k \geqslant 1$, $\omega_1^u, \omega_2^u, \omega_1^v, \omega_2^v > 0$, 以及参数组 $\alpha^u = \{\alpha_i^u\}_{i=1}^{l_1+1}$, $\alpha^v = \{\alpha_i^v\}_{i=1}^{l_2+1}$, 便可构造一张包含 $l_1 \times l_2$ 个 5 参曲面片的分片组合曲面, 将其称为组合 5 参曲面, 其中的第 (i,j) 个曲面片的定义式为

$$
\begin{aligned}
\boldsymbol{b}_{ij}(u,v) = &\sum_{k=0}^{3}\sum_{l=0}^{3} b_k(u;k,\omega_1^u,\omega_2^u,\alpha_i^u,\alpha_{i+1}^u) \\
&\times b_l(v;k,\omega_1^v,\omega_2^v,\alpha_j^v,\alpha_{j+1}^v)\boldsymbol{V}_{k+2(i-1),l+2(j-1)}
\end{aligned}
$$

其中, $0 \leqslant u, v \leqslant 1$, $i = 1, 2, \cdots, l_1$, $j = 1, 2, \cdots, l_2$, 参数 $\alpha_1^u, \alpha_1^v \in [0, 1)$, $\alpha_a^u, \alpha_b^v \in (0, 1)$, 这里 $a = 2, \cdots, l_1$, $b = 2, \cdots, l_2$, 参数 $\alpha_{l_1+1}^u, \alpha_{l_2+1}^v \in (0, 1]$.

由定理 11.3.2 和定义 11.3.5 可知, 组合 5 参曲面中的相邻两张曲面片在公共连接边处具有 G^k 连续性.

定义 11.3.5 中给出了组合 5 参曲面的构造方式, 为了更加直观明了地显示这种特殊的曲面组合方法, 我们借助图 11.3.11 展示了组合 5 参曲面中前后左右相邻的四张曲面片的控制顶点之间的关系. 在该图中, 被标示成不同颜色, 以及不同形状的控制顶点, 分别属于不同的曲面片. 从图 11.3.11 中可以清楚地看出, 当调整一个控制顶点时, 至多只有 4 张曲面片的形状会发生改变.

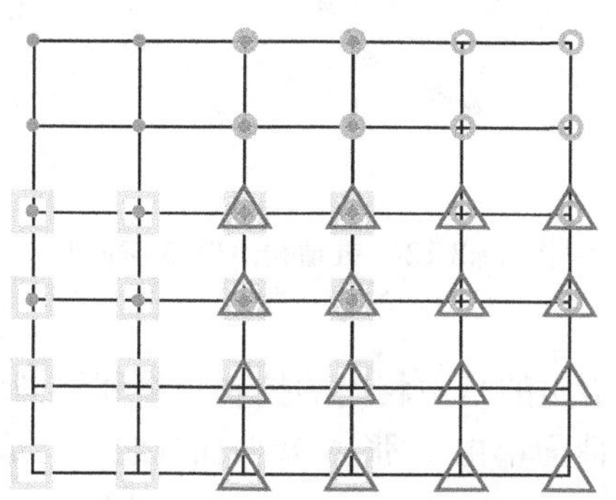

图 11.3.11　相邻曲面片控制顶点间的关系

对于组合 5 参曲面而言, 一般情况下, 它是不经过控制网格的 4 个角点的. 但在某些工程实际中, 会要求曲面具备角点插值性, 为此, 只需要让参数 $\alpha_1^u = \alpha_1^v = 0$, 并且 $\alpha_{l_1+1}^u = \alpha_{l_2+1}^v = 1$ 就可以 (见图 11.3.12).

如果控制网格在某个参数方向上封闭, 以 v 方向为例, 也就是控制顶点满足条件 $\boldsymbol{V}_{mj} = \boldsymbol{V}_{0j}$ $(m = 2l_1 + 1; j = 0, 1, \cdots, 2l_2 + 1)$, 那么此时取 $\alpha_1^u = \alpha_1^v = 0$, $\alpha_{l_1+1}^u = \alpha_{l_2+1}^v = 1$, 所得到的曲面在 v 方向上是封闭的, 然而该类曲面在闭合边处通常只能达到位置连续, 一般不能保证光滑性 (见图 11.3.12(b)).

如果要求由封闭的控制网格设计出不仅封闭而且光滑的曲面, 则需要先让控制顶点满足条件 $\boldsymbol{V}_{0j}\boldsymbol{V}_{1j} = \boldsymbol{V}_{m-1,j}\boldsymbol{V}_{m,j}$ $(m = 2l_1 + 1; j = 0, 1, \cdots, 2l_2 + 1)$, 然后取参数 $\alpha_1^u = \alpha_{l_1+1}^u \in (0, 1)$ 才可以 (见图 11.3.13).

由于组合 5 参曲面中含有多个形状参数, 所以即便保持控制网格不变, 我们依旧可以通过选取不同的参数来构造形状各异的曲面, 从图 11.3.13 中可以看出这一特点.

在图 11.3.12 中, 左边的开曲面由两张 5 参曲面片组合而成, 其中的参数依次为 $k = 2$, $\omega_1^u = \omega_2^u = 2$, $\omega_1^v = \omega_2^v = 5$, $\alpha^u = [0, 1]$, $\alpha^v = \left[0, \dfrac{1}{2}, 1\right]$; 右边的闭曲面

只包含 1 张 5 参曲面片, 其中的参数依次为 $k=3$, $\omega_1^u=10$, $\omega_2^u=\omega_1^v=\omega_2^v=2$, $\alpha^u=\alpha^v=[0,1]$.

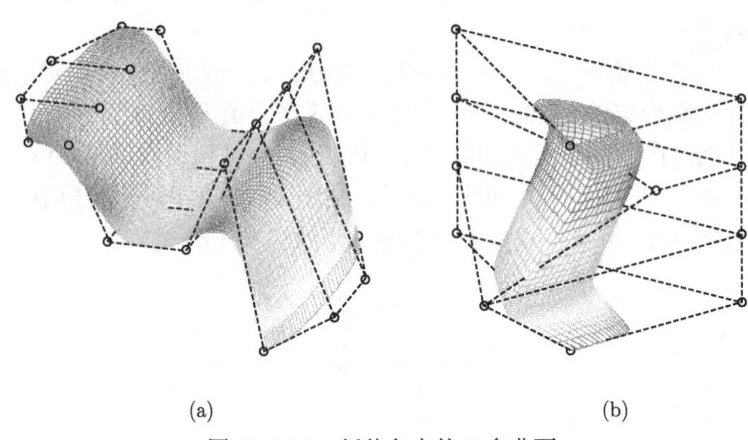

图 11.3.12 插值角点的 5 参曲面

在图 11.3.13 中, 给出的是由相同的控制网格和不同的参数定义出的相异组合曲面, 其中的每一张曲面都由 6 张 5 参曲面片组合而成. 在左边的曲面中, 参数依次取 $k=1$, $\omega_1^u=\omega_2^u=\omega_1^v=\omega_2^v=5$, $\alpha^u=\left[\frac{1}{2},\frac{1}{10},\frac{1}{2}\right]$, $\alpha^v=\left[\frac{1}{2},\frac{1}{10},\frac{1}{10},\frac{1}{2}\right]$, 该曲面整体 G^1 连续; 在中间的曲面中, 参数依次取 $k=2$, $\omega_1^u=\omega_2^u=10$, $\omega_1^v=\omega_2^v=1$, $\alpha^u=\left[\frac{1}{2},\frac{1}{2},\frac{1}{2}\right]$, $\alpha^v=\left[\frac{1}{2},\frac{1}{2},\frac{1}{2},\frac{1}{2}\right]$, 该曲面整体 G^2 连续; 在右边的曲面中, 参数依次取 $k=3$, $\omega_1^u=\omega_2^u=\omega_1^v=\omega_2^v=2$, $\alpha^u=\left[\frac{1}{2},\frac{7}{10},\frac{1}{2}\right]$,

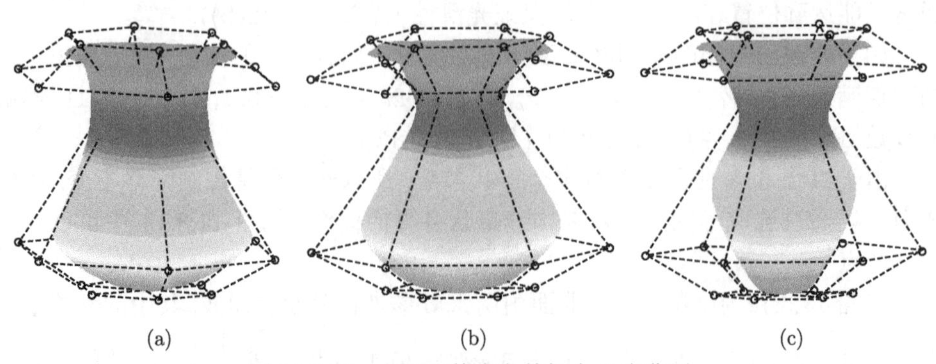

图 11.3.13 相同网格定义的组合 5 参曲面

$\alpha^v = \left[\frac{1}{2}, \frac{7}{10}, \frac{7}{10}, \frac{1}{2}\right]$, 该曲面整体 G^3 连续.

11.4 小　结

在引理 11.2.1 中, 给出了位置连续的曲线 G^l 连续的一个充分条件, 由该条件可知, 只要曲线在首、末端点处的前 l 阶导矢分别共线, 即满足式 (11.2.11) 所示关系, 曲线的 G^l 光滑拼接条件就和普通 Bézier 曲线的 G^1 光滑拼接条件完全一样. 而对于组成调配函数的多个函数而言, 只要满足条件: 前两个在定义区间左端点处的前 l 阶导数不为零, 其他全为零; 后两个在定义区间右端点处的前 l 阶导数不为零, 其他全为零, 则由之定义的曲线一定具备式 (11.2.11) 所述的端点特征. 因此, 这一章实际上提供了构造易于拼接的曲线的一种通用方法, 就是寻找具备式 (11.2.3) 所述条件的调配函数. 如果调配函数在定义区间端点处的函数值还满足式 (11.2.2) 所述的特征, 就可以采用 11.2.2.3 节提供的方法来构造通过首末控制顶点的光滑组合曲线, 但该方法需要额外添加一些辅助控制顶点. 如果希望不对控制顶点做任何预处理, 就能构造自动光滑的组合曲线, 则只需要根据式 (11.2.21) 所示的关系, 借助转换矩阵对调配函数稍加改造即可.

第 12 章 基于全正基的曲线曲面

12.1 引 言

目前有很多文献研究 Bézier 曲线、B 样条曲线的形状调整问题, 这些文献中提供的方法在继承 Bézier 方法或 B 样条方法基本性质的同时, 还具备了形状可调性, 但是注意到大多数文献并未讨论其构造的曲线是否具有变差缩减性. 变差缩减性是 Bézier 曲线、B 样条曲线的重要性质之一, 由于具有变差缩减性的曲线一定具备保凸性, 而由具有全正性的调配函数所定义的曲线一定具备变差缩减性, 因此可以说是否具有全正性是衡量一组调配函数是否适合于保形设计的标准之一.

由于 3 次 Bézier 曲线、3 次 B 样条曲线结构简单而又不失灵活度, 因此在工程实际中使用频率最高, 从而在文献中也讨论最多. 这一章的主要目标是给出两种基于全正基的分段曲线曲面, 其结构与 3 次均匀 B 样条曲线曲面相同, 具有独立于控制顶点和节点矢量的形状可调性, 具备 B 样条方法的局部控制性, 而重要的是, 其中的曲线具有变差缩减性和保凸性.

12.2 预 备 知 识

为了更好地理解本章内容, 首先介绍完备扩展切比雪夫空间 (Extended Completed Chebyshev space, ECC 空间), 以及拟扩展切比雪夫空间 (Quasi Extended Chebyshev space, QEC 空间) 的相关知识.

首先将任意给定的一个闭区间 $[a,b]$ 记作 I, 下面分别介绍 ECC 空间和 QEC 空间的定义.

定义 12.2.1 (ECC 空间) 假若存在 $n+1$ 个正的权函数 $w_i \in C^{n-i}(I)$ $(i=0,1,\cdots,n)$, 它们符合下面的规范表达形式

$$\begin{cases} u_0(t)=w_0(t) \\ u_1(t)=w_0(t)\displaystyle\int_a^t w_1(t_1)\,dt_1 \\ u_2(t)=w_0(t)\displaystyle\int_a^t w_1(t_1)\int_a^{t_1} w_2(t_2)\,dt_2dt_1 \\ \qquad\vdots \\ u_n(t)=w_0(t)\displaystyle\int_a^t w_1(t_1)\int_a^{t_1} w_2(t_2)\ldots\int_a^{t_{n-1}} w_n(t_n)\,dt_n\ldots dt_1 \end{cases}$$

便可将函数空间 $(u_0, u_1, \cdots, u_n)$ 称为一个 $n+1$ 维的完备扩展切比雪夫空间.

一个 $n+1$ 维的函数空间 $(u_0, u_1, \cdots, u_n) \subset C^n(I)$ 为闭区间 I 上的一个 ECC 空间的充要条件是: 对于任意的整数 k $(0 \leqslant k \leqslant n)$, 其子函数空间 $(u_0, u_1, \cdots, u_k)$ 中的任意一个线性组合在 I 上至多只有 k 个零点 (包括重根).

定义 12.2.2 (QEC 空间) 假若函数空间 $(u_0, u_1, \cdots, u_n) \subset C^{n-1}(I)$ 中的任意一个线性组合在闭区间 I 上至多只存在 n 个零点 (作为函数空间 $C^{n-1}(I)$ 中的元素, 其重根至多计算至 n 重), 则称 $n+1$ 维函数空间 $(u_0, u_1, \cdots, u_n)$ 为 I 上的一个拟扩展切比雪夫空间.

定义 12.2.3 (全正矩阵) 假若矩阵 $\boldsymbol{H}$ 的任意一个子矩阵行列式都非负, 则称 $\boldsymbol{H}$ 为全正矩阵.

定义 12.2.4 (全正基) 设 $(u_0, u_1, \cdots, u_n)$ 为定义在闭区间 $[a, b]$ 上的基函数组, 假若对于任意的一组节点序列 $a \leqslant t_0 < t_1 < \cdots < t_n \leqslant b$, 该基函数组的配置矩阵

$$(u_j(t_i))_{0 \leqslant i,j \leqslant n} = \begin{pmatrix} u_0(t_0) & u_1(t_0) & \cdots & u_n(t_0) \\ u_0(t_1) & u_1(t_1) & \cdots & u_n(t_1) \\ \vdots & \vdots & \ddots & \vdots \\ u_0(t_n) & u_1(t_n) & \cdots & u_n(t_n) \end{pmatrix}$$

都为全正矩阵, 则称 $(u_0, u_1, \cdots, u_n)$ 为全正基.

当一组基函数为全正基时, 由其与控制顶点的线性组合定义的曲线具有变差缩减性, 因而具有保凸性, 即当控制多边形为凸时, 生成的曲线也为凸, 因此可以说由全正基定义的曲线具有保形性.

对于一个具有全正基的函数空间而言, 其中的最优规范全正基, 也就是规范 B 基, 是唯一的. 在规范 B 基的基础上乘以全正的转换矩阵, 可以生成其余的全正基. 在所有的全正基中, 规范 B 基具有最优的保形性, 即由之定义的曲线能够最好地模拟控制多边形的形态.

12.3 多项式型分段曲线曲面

在众多类型的函数中, 多项式函数是最简单的. 这一节选择在多项式函数空间上构造基于全正基的分段曲线曲面.

12.3.1 最优规范全正基

在文献 [61] 中, 作者提出了一种带两个形状参数的拟 3 次 Bézier 曲线, 其调配函数的定义如下.

定义 12.3.1　设自变量 $t \in [0,1]$, 参数 $\lambda, \mu \in [-3,1]$, 将下面由 4 个关于 t 的多项式函数构成的函数组

$$\begin{cases} A_0(t;\lambda) = (1-\lambda t)(1-t)^3 \\ A_1(t;\lambda) = (3+\lambda-\lambda t)(1-t)^2 t \\ A_2(t;\mu) = (3+\mu t)(1-t)t^2 \\ A_3(t;\mu) = (1-\mu+\mu t)t^3 \end{cases} \tag{12.3.1}$$

称为带两个形状参数 λ 和 μ 的 4 次多项式调配函数.

由该调配函数定义的曲线结构与 3 次 Bézier 曲线相同, 性质与 3 次 Bézier 曲线相似. 当参数 $\lambda = \mu = 0$ 时, 该调配函数即为经典的 3 次 Bernstein 基函数. 因此式 (12.3.1) 实际上给出了 3 次 Bernstein 基函数的一种双参数扩展. 为了叙述方便, 在下文中将式 (12.3.1) 中给出的多项式调配函数简称为 $\lambda\mu$-Bernstein 基.

直接由表达式 (12.3.1), 可以验证 $\lambda\mu$-Bernstein 基具有规范性和线性无关性. 此外, $A_1(t;\lambda)$ 和 $A_2(t;\mu)$ 的表达式可以改写成如下形式:

$$\begin{cases} A_1(t;\lambda) = 1-3t^2+2t^3-(1-\lambda t)(1-t)^3 \\ A_2(t;\mu) = 3t^2-2t^3-(1-\mu+\mu t)t^3 \end{cases}$$

因此 $\lambda\mu$-Bernstein 基可视为函数空间

$$S_{\lambda\mu} =: \operatorname{span}\left\{1, 3t^2-2t^3, (1-\lambda t)(1-t)^3, (1-\mu+\mu t)t^3\right\}$$

中的一组基.

文献中给出的 $\lambda\mu$-Bernstein 基中形状参数的取值范围是 $\lambda, \mu \in [-3,1]$. 下面将利用拟扩展函数空间的相关知识证明: 当参数 $\lambda, \mu \in (-3,1]$ 时, 函数空间 $S_{\lambda\mu}$ 适合于构造保形曲线. 为此, 我们先证明函数空间 $S_{\lambda\mu}$ 的微分空间

$$DS_{\lambda\mu} =: span\left\{6t(1-t), -(1-t)^2(\lambda+3-4\lambda t), t^2(3-3\mu+4\mu t)\right\}$$

为区间 $[0,1]$ 上的 3 维 QEC 空间.

定理 12.3.1　当参数 $\lambda, \mu \in (-3,1]$ 时, 函数空间 $DS_{\lambda\mu}$ 形成区间 $[0,1]$ 上的一个 3 维拟扩展切比雪夫空间.

证明　首先考虑下面的线性组合

$$\xi_0[6t(1-t)] + \xi_1[-(1-t)^2(\lambda+3-4\lambda t)] + \xi_2[t^2(3-3\mu+4\mu t)] = 0 \tag{12.3.2}$$

其中, $t \in [0,1]$, 系数 ξ_i $(i=0,1,2)$ 为任意实数. 在式 (12.3.2) 中设自变量 $t=0$, 得系数 $\xi_1 = 0$; 设自变量 $t=1$, 得系数 $\xi_2 = 0$; 进而得系数 $\xi_0 = 0$. 因此, $DS_{\lambda\mu}$ 为区间 $[0,1]$ 上的 3 维函数空间.

现在进一步证明 $DS_{\lambda\mu}$ 为开区间 $(0,1)$ 上的 3 维 ECC 空间. 设参数 $\lambda,\mu\in(-3,1]$, 自变量 $t\in[a,b]\subset(0,1)$, 记

$$\begin{cases} u(t)=\left[\dfrac{-(1-t)^2(\lambda+3-4\lambda t)}{6t(1-t)}\right]'=\dfrac{\lambda+3-4\lambda t^2}{6t^2} \\ v(t)=\left[\dfrac{t^2(3-3\mu+4\mu t)}{6t(1-t)}\right]'=\dfrac{3-3\mu+8\mu t-4\mu t^2}{6(1-t)^2} \end{cases}$$

不难验证函数 $u(t)>0$, $v(t)>0$. 经过简单地计算可以得到

$$\begin{cases} u'(t)=-\dfrac{\lambda+3}{3t^3}<0 \\ v'(t)=\dfrac{\mu+3}{3(1-t)^3}>0 \end{cases}$$

因而由函数 $u(t)$ 和 $v(t)$ 形成的朗斯基行列式

$$W(u,v)(t)=\begin{vmatrix} u(t) & u'(t) \\ v(t) & v'(t) \end{vmatrix}>0$$

对自变量 $t\in[a,b]$, 构造如下 3 个权函数

$$\begin{cases} w_0(t)=6t(1-t) \\ w_1(t)=\eta_1u(t)+\eta_2v(t) \\ w_2(t)=\eta_3\dfrac{W(u,v)(t)}{[\eta_1u(t)+\eta_2v(t)]^2} \end{cases}$$

其中, 系数 $\eta_i>0$ $(i=1,2,3)$. 不难看出权函数 $w_i(t)$ $(i=0,1,2)$ 都是闭区间 $[a,b]$ 上无限光滑并且恒大于零的有界函数. 由这 3 个权函数形成的 ECC 空间为

$$\begin{cases} u_0(t)=w_0(t) \\ u_1(t)=w_0(t)\displaystyle\int_a^t w_1(t_1)dt_1 \\ u_2(t)=w_0(t)\displaystyle\int_a^t w_1(t_1)\int_a^{t_1} w_2(t_2)dt_2dt_1 \end{cases}$$

由积分的相关知识可以看出, 函数 $u_i(t)(i=0,1,2)$ 都可以用 $6t(1-t)$, $-(1-t)^2(\lambda+3-4\lambda t)$ 与 $t^2(3-3\mu+4\mu t)$ 的线性组合来表示, 因此 $DS_{\lambda\mu}$ 为区间 $[a,b]$

上的 ECC 空间. 又因为 $[a,b]$ 为 $(0,1)$ 上任意的一个子区间, 所以 $DS_{\lambda\mu}$ 为区间 $(0,1)$ 上的一个 ECC 空间.

下面再更进一步地证明: $DS_{\lambda\mu}$ 为闭区间 $[0,1]$ 上的一个 QEC 空间. 为此, 首先需要说明空间 $DS_{\lambda\mu}$ 中的任意一个非零元素在 $[0,1]$ 上至多只有两个零点 (注意重根至多算至 2 重). 下面考虑空间 $DS_{\lambda\mu}$ 中的任意一个非零函数

$$F(t)=C_0\left[6\,(1-t)\,t\right]+C_1\left[-(1-t)^2(\lambda+3-4\lambda t)\right]+C_2\left[t^2(3-3\mu+4\mu t)\right],$$

由于前面已经证明了 $DS_{\lambda\mu}$ 为区间 $(0,1)$ 上的 ECC 空间, 因此函数 $F(t)$ 在 $(0,1)$ 上至多只有两个零点.

现在假设 $t=0$ 为函数 $F(t)$ 的一个零点, 则可推出系数 $C_1=0$. 在这种情况下, 如果系数 $C_2=0$, 则 $t=0$ 和 $t=1$ 都是函数 $F(t)$ 的单根. 如果系数 $C_0=0$, 则 $t=0$ 至多为函数 $F(t)$ 的 2 重根 (注意重根至多算至 2 重). 如果 $C_0C_2>0$, 则 $t=0$ 为函数 $F(t)$ 的单根, 并且 $F(t)$ 在区间 $(0,1]$ 上恒为正或者恒为负. 如果 $C_0C_2<0$, 则 $t=0$ 为函数 $F(t)$ 的单根, 并且 $t=1$ 不是函数 $F(t)$ 的根, 另外讨论函数

$$G(t)=C_0\left[6\,(1-t)\right]+C_2\left[t(3-3\mu+4\mu t)\right]$$

显然, $G(t)$ 在 $[0,1]$ 上连续, 并且 $G(0)G(1)=6(3+\mu)C_0C_2<0$, 因此由零点定理可知函数 $G(t)$ 在 $(0,1)$ 内至少有一个零点. 又因为当 $\mu\neq 0$ 时, $G(t)$ 是关于 t 的 2 次函数, 此时若假设 $G(t)$ 在 $(0,1)$ 内存在两个零点 t_1 和 t_2, 则其可表示成 $G(t)=4\mu C_2(t-t_1)(t-t_2)$, 进而可知 $G(0)G(1)>0$, 与前述矛盾, 因此假设不成立. 当 $\mu=0$ 时, $G(t)$ 退化为关于 t 的一次函数, 显然它只有一个零点. 综上可知函数 $G(t)$ 在区间 $(0,1)$ 内恰有一个零点, 进而推知函数 $F(t)=tG(t)$(注意此时 $C_1=0$) 在 $(0,1)$ 内也恰有一个零点.

上面的分析表明当 $t=0$ 为 $F(t)$ 的一个零点时, 函数 $F(t)$ 在区间 $[0,1]$ 上至多只有两个零点. 遵循相同的思路, 可以分析出当 $t=1$ 为 $F(t)$ 的一个零点时, 函数 $F(t)$ 在区间 $[0,1]$ 上也至多只有两个零点. 证毕.

注释 12.3.1　由于 $DS_{\lambda\mu}$ 为 $[0,1]$ 上的一个 3 维 QEC 空间, 因此根据文献 [201] 中的定理 3.1 可知, 函数空间 $S_{\lambda\mu}$ 中存在开花, 因此当参数 $\lambda,\mu\in(-3,1]$ 时, 空间 $S_{\lambda\mu}$ 适合于构造保形曲线. 另外, 根据文献 [201] 中的定理 2.13 和定理 2.18 可知, 空间 $S_{\lambda\mu}$ 在闭区间 $[0,1]$ 上存在规范 B 基.

注释 12.3.2　当参数 $\lambda=-3$ 或者 $\mu=-3$ 时, 函数 $F(t)$ 在区间 $[0,1]$ 上可能存在 3 个不同的零点. 例如当 $\lambda=-3$, $C_0=2$, $C_1=-1$, $C_2=0$ 时, 可以推出 $t=0$、$t=1$、$t=2$ 都是函数 $F(t)$ 的零点. 这就说明当参数 $\lambda=-3$ 或者 $\mu=-3$ 时, 空间 $DS_{\lambda\mu}$ 并不是区间 $[0,1]$ 上的 QEC 空间. 所以从开花的角度来看, 当参数 $\lambda=-3$ 或者 $\mu=-3$ 时, 空间 $S_{\lambda\mu}$ 不适合于设计保形曲线.

定理 12.3.2 当参数 $\lambda, \mu \in (-3, 1]$ 时, 由式 (12.3.1) 给出的 $\lambda\mu$-Bernstein 基恰好为函数空间 $S_{\lambda\mu}$ 上的最优规范全正基.

证明 当参数 $\lambda, \mu \in (-3, 1]$ 时, 直接对表达式 (12.3.1) 进行计算, 可以得出 $\lambda\mu$-Bernstein 基在其定义区间的端点处拥有下面的一些性质:

(1) $A_0(0;\lambda)=1$, 并且 $t=1$ 为函数 $A_0(t;\lambda)$ 的 3 重根 (注意重根至多算至 3 重);

(2) $A_3(1;\mu)=1$, 并且 $t=0$ 为函数 $A_3(t;\mu)$ 的 3 重根 (注意重根至多算至 3 重);

(3) $t=0$ 为函数 $A_1(t;\lambda)$ 的单根, $t=1$ 为函数 $A_1(t;\lambda)$ 的 2 重根;

(4) $t=0$ 为函数 $A_2(t;\mu)$ 的 2 重根, $t=1$ 为函数 $A_2(t;\mu)$ 的单根.

另外, 易知当 $t \in (0,1)$ 时, 函数 $A_0(t;\lambda)$, $A_1(t;\lambda)$, $A_2(t;\mu)$, $A_3(t;\mu)$ 均严格大于零. 因此, 根据文献 [201] 中的定理 2.18 可知, 由式 (12.3.1) 定义的 $\lambda\mu$-Bernstein 基即为函数空间 $S_{\lambda\mu}$ 中的最优规范全正基. 证毕.

12.3.2 全正基及其性质

12.3.2.1 全正基的构造

当参数 $\lambda, \mu \in (-3, 1]$ 时, $\lambda\mu$-Bernstein 基是函数空间 $S_{\lambda\mu}$ 中的规范 B 基, 相应的曲线具有最佳的保形性. 但由 $\lambda\mu$-Bernstein 基定义的曲线因为性质与 Bézier 曲线类似, 所以在表示复杂形状时需要考虑光滑拼接条件. 鉴于此, 这一节希望在这组规范 B 基的基础上构造一组全正基, 使得由之定义的曲线可以自动实现光滑拼接条件, 从而在表示复杂形状时更为方便.

下面开始分析如何构造满足要求的全正基.

对任意的正整数 i, 首先将欲构造的基函数设为已有规范 B 基的线性组合, 其具体表达如下:

$$
\begin{cases}
N_{i,0}(t) = a_i A_0(t;\lambda_i) \\
N_{i,1}(t) = b_{i,0}A_0(t;\lambda_i) + b_{i,1}A_1(t;\lambda_i) + b_{i,2}A_2(t;\lambda_{i+1}) + b_{i,3}A_3(t;\lambda_{i+1}) \\
N_{i,2}(t) = c_{i,0}A_0(t;\lambda_i) + c_{i,1}A_1(t;\lambda_i) + c_{i,2}A_2(t;\lambda_{i+1}) + c_{i,3}A_3(t;\lambda_{i+1}) \\
N_{i,3}(t) = d_i A_3(t;\lambda_{i+1})
\end{cases}
\tag{12.3.3}
$$

其中的 A_k $(k=0,1,2,3)$ 为已证明具有最优规范全正性的 $\lambda\mu$-Bernstein 基, a_i, $b_{i,j}$, $c_{i,j}$, d_i 为待定系数, 这里 $j=0,1,2,3$.

为了确定上面这些待定系数的值, 首先设定由式 (12.3.3) 定义的与 3 次均匀 B 样条曲线结构相同的分段组合曲线拥有凸包性, 以及至少 C^2 连续性, 据此可以推知由式 (12.3.3) 给出的函数组必须满足规范性

$$
\sum_{j=0}^{3} N_{i,j}(t) = 1 \tag{12.3.4}
$$

同时具备端点特征

$$\begin{cases} N_{i,0}^{(k)}(1) = N_{i+1,3}^{(k)}(0) = 0 \\ N_{i,j}^{(k)}(1) = N_{i+1,j-1}^{(k)}(0) \end{cases} \tag{12.3.5}$$

其中, $k = 0, 1, 2$, $j = 1, 2, 3$.

根据式 (12.3.3)~ 式 (12.3.5), 经由一系列计算、整理, 即可得出式 (12.3.3) 中的系数如下:

$$\begin{cases} a_i = \dfrac{g_{i-1}}{2f_{i-1}}, \quad b_{i,0} = 1 - a_i - d_{i-1}, \quad b_{i,1} = 1 - 2d_{i-1} \\ b_{i,2} = 2a_{i+1}, \quad b_{i,3} = a_{i+1}, \quad c_{i,0} = d_{i-1}, \quad c_{i,1} = 2d_{i-1} \\ c_{i,2} = 1 - 2a_{i+1}, \quad c_{i,3} = 1 - a_{i+1} - d_i, \quad d_i = \dfrac{g_{i+2}}{2f_{i+1}} \end{cases} \tag{12.3.6}$$

其中,

$$\begin{cases} f_i = 3 + 2\lambda_i + 2\lambda_{i+1} + \lambda_i\lambda_{i+1} \\ g_i = 1 + \lambda_i \end{cases} \tag{12.3.7}$$

从式 (12.3.6)、式 (12.3.7) 可以看出, 对于给定的下标 i, 式 (12.3.3) 中的系数与 4 个参数有关, 它们分别是 λ_{i-1}, λ_i, λ_{i+1}, λ_{i+2}.

表达式 (12.3.3) 亦可用如下的矩阵形式来表示:

$$\begin{aligned} &(N_{i,0}(t) \;\; N_{i,1}(t) \;\; N_{i,2}(t) \;\; N_{i,3}(t)) \\ &= (A_0(t;\lambda_i) \;\; A_1(t;\lambda_i) \;\; A_2(t;\lambda_{i+1}) \;\; A_3(t;\lambda_{i+1}))\,\boldsymbol{H} \end{aligned}$$

其中的转换矩阵 $\boldsymbol{H}$ 具体为

$$\boldsymbol{H} = \begin{pmatrix} a_i & b_{i,0} & c_{i,0} & 0 \\ 0 & b_{i,1} & c_{i,1} & 0 \\ 0 & b_{i,2} & c_{i,2} & 0 \\ 0 & b_{i,3} & c_{i,3} & d_i \end{pmatrix} \tag{12.3.8}$$

下面开始分析: 当参数 λ_{i-1}, λ_i, λ_{i+1}, λ_{i+2} 在什么范围中取值时, 由式 (12.3.8) 给出的转换矩阵 $\boldsymbol{H}$ 为全正矩阵.

定理 12.3.3 对任意给定的正整数 i, 当参数 $\lambda_{i-1}, \lambda_i, \lambda_{i+1}, \lambda_{i+2} \in (-1, 1]$ 时, 式 (12.3.8) 中所给的矩阵 $\boldsymbol{H}$ 是一个全正矩阵.

证明 直接从式 (12.3.6) 可以看出, 当参数 $\lambda_{i-1}, \lambda_i, \lambda_{i+1}, \lambda_{i+2} \in (-1, 1]$ 时, 有 $f_{i-1}, f_i, f_{i+1} > 0$, 以及 $g_{i-1}, g_i, g_{i+1}, g_{i+2} > 0$, 并且有 $0 < a_i, a_{i+1}, d_{i-1}, d_i < \dfrac{1}{2}$,

进而可以推出 $b_{ij}, d_{ij} > 0$, 其中 $j = 0,1,2,3$, 因此矩阵 $\boldsymbol{H}$ 的所有 1 阶子式都非负.

此外, 直接计算可得矩阵 $\boldsymbol{H}$ 的部分 2 阶子式如下:

$$
\left\{
\begin{aligned}
&\begin{vmatrix} b_{i,0} & c_{i,0} \\ b_{i,1} & c_{i,1} \end{vmatrix} = (1-2a_i)d_{i-1} > 0 \\
&\begin{vmatrix} b_{i,0} & c_{i,0} \\ b_{i,2} & c_{i,2} \end{vmatrix} = \frac{g_i g_{i+1}(1+2f_{i-1})}{2f_{i-1}f_i} > 0 \\
&\begin{vmatrix} b_{i,0} & c_{i,0} \\ b_{i,3} & c_{i,3} \end{vmatrix} = \frac{g_i^2 g_{i+1}(1+g_{i-1})(1+2f_{i+1})}{2f_{i-1}f_i f_{i+1}} + \frac{g_i g_{i+1}^2(1+2g_{i-1})(1+g_{i+2})}{2f_{i-1}f_i f_{i+1}} \\
&\qquad\qquad + \frac{g_i g_{i+1}(g_{i-1}+g_{i+2}+3g_{i-1}g_{i+2})}{4f_{i-1}f_i f_{i+1}} > 0 \\
&\begin{vmatrix} b_{i,1} & c_{i,1} \\ b_{i,2} & c_{i,2} \end{vmatrix} = \frac{g_i g_{i+1}}{f_i} > 0 \\
&\begin{vmatrix} b_{i,1} & c_{i,1} \\ b_{i,3} & c_{i,3} \end{vmatrix} = \frac{g_i g_{i+1}(1+2f_{i+1})}{2f_i f_{i+1}} > 0 \\
&\begin{vmatrix} b_{i,2} & c_{i,2} \\ b_{i,3} & c_{i,3} \end{vmatrix} = (1-2d_i)a_{i+1} > 0
\end{aligned}
\right.
$$

而矩阵 $\boldsymbol{H}$ 的其他 2 阶子式很容易看出来都是非负的.

对于矩阵 $\boldsymbol{H}$ 的 3 阶子式, 要么为零, 要么可以用上面 6 个 2 阶子式的正数倍来表示, 因此矩阵 $\boldsymbol{H}$ 的 3 阶子式也都是非负的.

而矩阵 $\boldsymbol{H}$ 的四阶子式, 也就是

$$
|\boldsymbol{H}| = a_i d_i \begin{vmatrix} b_{i,1} & c_{i,1} \\ b_{i,2} & c_{i,2} \end{vmatrix} > 0
$$

综上可知, 在定理所给条件下, $\boldsymbol{H}$ 是一个全正矩阵. 证毕.

定理 12.3.4 当参数 $\lambda_{i-1}, \lambda_i, \lambda_{i+1}, \lambda_{i+2} \in (-1,1]$ 时, 由式 (12.3.3)、(12.3.6)、(12.3.7)、(12.3.1) 共同确定的函数组 $N_{i,j}(t)$ $(j=0,1,2,3)$ 为空间 $S_{\lambda_i,\lambda_{i+1}}$ 中的一组全正基.

证明 因为 $\lambda\mu$-Bernstein 基 $A_k(k=0,1,2,3)$ 是函数空间 $S_{\lambda_i,\lambda_{i+1}}$ 中的最优规范全正基, 而 $N_{i,j}(t)$ $(j=0,1,2,3)$ 可以表示成这组最优规范全正基与转换矩阵 $\boldsymbol{H}$ 的乘积, 且矩阵 $\boldsymbol{H}$ 又是全正矩阵, 因此 $N_{i,j}(t)$ $(j=0,1,2,3)$ 为全正基. 证毕.

定义 12.3.2 设自变量 $t \in [0,1]$, 对任意的正整数 i, 以及参数 λ_{i-1}, λ_i, λ_{i+1}, $\lambda_{i+2} \in (-1,1]$, 称由式 (12.3.3)、式 (12.3.6)、式 (12.3.7), 以及式 (12.3.1) 共同确

定的函数组 $N_{i,j}(t)$ $(j=0,1,2,3)$ 为带参数 λ 的扩展的 3 次均匀 B 样条基, 简称 3 次 λ-B 样条基.

12.3.2.2　全正基的性质

根据上文的分析, 可以知道 3 次 λ-B 样条基具有下面这些性质.

性质 1　退化性. 当参数 $\lambda_{i-1},\lambda_i,\lambda_{i+1},\lambda_{i+2}=0$ 时, 3 次 λ-B 样条基成为传统的 3 次均匀 B 样条基.

性质 2　非负性. 当参数 $\lambda_{i-1},\lambda_i,\lambda_{i+1},\lambda_{i+2}\in(-1,1]$ 时, 对任意的自变量 $t\in[0,1]$, 均有 $N_{i,j}(t)\geqslant 0$ $(j=0,1,2,3)$.

性质 3　规范性. 即有 $\sum\limits_{j=0}^{3}N_{i,j}(t)=1$.

证明　从式 (12.3.6) 可以得出式 (12.3.3) 中的系数之间满足如下关系

$$a_i+b_{i,0}+c_{i,0}=1,\quad b_{i,1}+c_{i,1}=1,\quad b_{i,2}+c_{i,2}=1,\quad b_{i,3}+c_{i,3}+d_i=1$$

因此由式 (12.3.3) 以及 $\lambda\mu$-Bernstein 基的规范性, 可以得出 3 次 λ-B 样条基也具有规范性.

性质 4　对称性. 若参数满足条件 $\lambda_{i-1}=\lambda_i=\lambda_{i+1}=\lambda_{i+2}$, 则对所有的 $t\in[0,1]$, 均有 $N_{i,j}(1-t)=N_{3-i,j}(t)$, 其中 $j=0,1,2,3$.

性质 5　端点性质. 在定义区间的端点处, 对任意的参数 $\lambda_{i-1},\lambda_i,\lambda_{i+1},\lambda_{i+2}\in(-1,1]$, 均有

$$\left\{\begin{array}{l}
N_{i,0}(0)=a_i,\quad N_{i,1}(0)=1-a_i-d_{i-1},\quad N_{i,2}(0)=d_{i-1}\\
N_{i,1}(1)=a_{i+1},\quad N_{i,2}(1)=1-a_{i+1}-d_i,\quad N_{i,3}(1)=d_i\\
N_{i,3}(0)=N_{i,0}(1)=0\\
N'_{i,0}(0)=-a_i(3+\lambda_i),\quad N'_{i,2}(0)=d_{i-1}(3+\lambda_i)\\
N'_{i,1}(0)=(a_i-d_{i-1})(3+\lambda_i)\\
N'_{i,1}(1)=-a_{i+1}(3+\lambda_{i+1}),\quad N'_{i,3}(1)=d_i(3+\lambda_{i+1})\\
N'_{i,2}(1)=(a_{i+1}-d_i)(3+\lambda_{i+1})\\
N'_{i,3}(0)=N'_{i,0}(1)=0\\
N''_{i,0}(0)=6a_i(1+\lambda_i),\quad N''_{i,2}(0)=6d_{i-1}(1+\lambda_i)\\
N''_{i,1}(0)=-6(a_i+d_{i-1})(1+\lambda_i)\\
N''_{i,1}(1)=6a_{i+1}(1+\lambda_{i+1}),\quad N''_{i,3}(1)=6d_i(1+\lambda_{i+1})\\
N''_{i,2}(1)=-6(a_{i+1}+d_i)(1+\lambda_{i+1})\\
N''_{i,3}(0)=N''_{i,0}(1)=0
\end{array}\right.\tag{12.3.9}$$

性质 6 全正性. 当参数 $\lambda_{i-1}, \lambda_i, \lambda_{i+1}, \lambda_{i+2} \in (-1,1]$ 时, 3 次 λ-B 样条基为函数空间 $S_{\lambda_i,\lambda_{i+1}}$ 中的一组规范全正基.

12.3.3 分段曲线

12.3.3.1 曲线及其性质

下面用 3 次 λ-B 样条基来构造结构与 3 次 B 样条曲线相同的分段组合曲线.

定义 12.3.3 给定 2 维或 3 维空间中的 $n+1$ 个控制顶点 $\boldsymbol{P}_i$ $(i=0,1,\cdots,n)$, 给定节点矢量 $\boldsymbol{U}=(u_1,u_2,\cdots,u_{n-1})$, 满足 $u_1<u_2<\cdots<u_{n-1}$, 以及 $n+1$ 个参数 $\lambda_i \in (-1,1]$ $(i=0,1,\cdots,n)$. 对 $i=1,2,\cdots,n-2$, 将下面由 4 个控制顶点定义的曲线

$$\boldsymbol{p}_i(t)=\sum_{j=0}^{3}\boldsymbol{P}_{i+j-1}N_{i,j}(t) \tag{12.3.10}$$

称为 3 次 λ-B 曲线段, 其中局部参数 $t\in[0,1]$, $N_{i,j}(t)$ $(j=0,1,2,3)$ 为定义 12.3.2 中给出的 3 次 λ-B 样条基. 由所有 $n-2$ 条曲线段可以形成一条组合曲线, 定义为

$$\boldsymbol{q}(u)=\boldsymbol{p}_i\left(\frac{u-u_i}{\Delta u_i}\right)$$

其中, 全局参数 $u\in[u_i,u_{i+1}]\subset[u_1,u_{n-1}]$, $\Delta u_i=u_{i+1}-u_i$, $i=1,2,\cdots,n-2$, 将 $\boldsymbol{q}(u)$ 称为 3 次 λ-B 样条曲线. 当所有的步长 Δu_i 都相等时, $\boldsymbol{U}$ 为等距节点矢量, 将对应的曲线称为 3 次均匀 λ-B 样条曲线.

根据 3 次 λ-B 样条基的性质, 可以推知 3 次 λ-B 样条曲线具有下面这些性质.

性质 1 几何不变性与仿射不变性. 由于 3 次 λ-B 样条基具有规范性, 因此 3 次 λ-B 样条曲线的形状只依赖于控制顶点之间的相互位置关系, 而与坐标系的选取无关; 要想获得经过仿射变换以后的 3 次 λ-B 样条曲线, 只需要先对控制多边形执行相同的变换, 再定义曲线即可.

性质 2 凸包性. 由于 3 次 λ-B 样条基具有非负性和规范性, 因此 3 次 λ-B 样条曲线段 $\boldsymbol{p}_i(t)$ 必定位于由控制顶点 $\boldsymbol{P}_{i-1},\boldsymbol{P}_i,\boldsymbol{P}_{i+1},\boldsymbol{P}_{i+2}$ 形成的凸包 H_i 之中, 而整条 3 次 λ-B 样条曲线 $\boldsymbol{q}(u)$ 则位于所有凸包 H_i 的并集之中.

性质 3 连续性. 对于普通节点, 3 次 λ-B 样条曲线在节点处 G^2 连续; 当节点等距时, 3 次 λ-B 样条曲线在节点处 C^2 连续.

证明 根据式 (12.3.9)、式 (12.3.10) 可以推出, 对 $i=1,2,\cdots,n-2$, 有

$$\begin{cases}\boldsymbol{q}(u_i^+)=a_i\boldsymbol{P}_{i-1}+(1-a_i-d_{i-1})\boldsymbol{P}_i+d_{i-1}\boldsymbol{P}_{i+1}\\ \boldsymbol{q}(u_{i+1}^-)=a_{i+1}\boldsymbol{P}_i+(1-a_{i+1}-d_i)\boldsymbol{P}_{i+1}+d_i\boldsymbol{P}_{i+2}\end{cases} \tag{12.3.11}$$

$$
\begin{cases}
\boldsymbol{q}'(u_i^+) = \dfrac{1}{h_i}[a_i(3+\lambda_i)(\boldsymbol{P}_i - \boldsymbol{P}_{i-1}) + d_{i-1}(3+\lambda_i)(\boldsymbol{P}_{i+1} - \boldsymbol{P}_i)] \\
\boldsymbol{q}'(u_{i+1}^-) = \dfrac{1}{h_i}[a_{i+1}(3+\lambda_{i+1})(\boldsymbol{P}_{i+1} - \boldsymbol{P}_i) + d_i(3+\lambda_{i+1})(\boldsymbol{P}_{i+2} - \boldsymbol{P}_{i+1})]
\end{cases}
$$

$$
\begin{cases}
\boldsymbol{q}''(u_i^+) = \dfrac{1}{h_i^2}[6a_i(1+\lambda_i)(\boldsymbol{P}_{i-1} - \boldsymbol{P}_i) + 6d_{i-1}(1+\lambda_i)(\boldsymbol{P}_{i+1} - \boldsymbol{P}_i)] \\
\boldsymbol{q}''(u_{i+1}^-) = \dfrac{1}{h_i^2}[6a_{i+1}(1+\lambda_{i+1})(\boldsymbol{P}_i - \boldsymbol{P}_{i+1}) + 6d_i(1+\lambda_{i+1})(\boldsymbol{P}_{i+2} - \boldsymbol{P}_{i+1})]
\end{cases}
$$

进而可得

$$
\boldsymbol{q}^{(k)}(u_i^+) = \left(\frac{h_{i-1}}{h_i}\right)^k \boldsymbol{q}^{(k)}(u_i^-) \tag{12.3.12}
$$

其中, $k=0,1,2$, 从式 (12.3.12) 即可看出, 3 次 λ-B 样条曲线在一般情况下具有 G^2 连续性, 当节点等距时具有 C^2 连续性.

性质 4 变差缩减性. 由于 3 次 λ-B 样条基是规范全正基, 因此由之定义的 3 次 λ-B 样条曲线具有变差缩减性, 所以 3 次 λ-B 样条曲线适合于保形曲线设计.

性质 5 保凸性. 由于 3 次 λ-B 样条曲线具有变差缩减性, 所以当其控制多边形为凸时, 直线与曲线的交点个数不会超过两个, 因为直线与控制多边形的交点个数至多为两个, 因此 3 次 λ-B 样条曲线可以保持控制多边形的凸性.

性质 6 局部控制性. 由 3 次 λ-B 样条曲线的结构可知, 当调整一个控制顶点时, 至多只有 4 条曲线段的形状会受到影响.

在 3 次 $\alpha\beta$ 调配函数中, 包含两组形状参数 $\{\alpha_k\}$ 和 $\{\beta_k\}$, 因此不需要改变控制顶点, 仅通过调整参数组 $\{\alpha_k\}$ 与 $\{\beta_k\}$ 的取值, 即可修改 3 次 $\alpha\beta$ 曲线的形状 (见图 12.3.1).

性质 7 形状可调性. 由于 3 次 λ-B 样条基中包含形状参数, 改变参数的值, 真正参与计算的基函数发生改变, 因此即便控制顶点和节点矢量都保持不变, 3 次 λ-B 样条曲线的形状依然会产生变化. 此外, 由 3 次 λ-B 样条基的表达式可知, 第 i 段 3 次 λ-B 样条曲线的形状与 4 个参数 $\lambda_{i-1}, \lambda_i, \lambda_{i+1}, \lambda_{i+2}$ 有关, 因此, 当调整一个参数的取值时, 至多只有 4 条曲线段的形状会发生改变.

在图 12.3.1 中, 实曲线所示为取参数 $\lambda_i = 0\ (i=0,1,\cdots,7)$ 时的 3 次 λ-B 样条曲线, 点线所示为将第 4 个参数调整为 $\lambda_3 = 1$, 而其他参数均保持不变时, 得到的 3 次 λ-B 样条曲线.

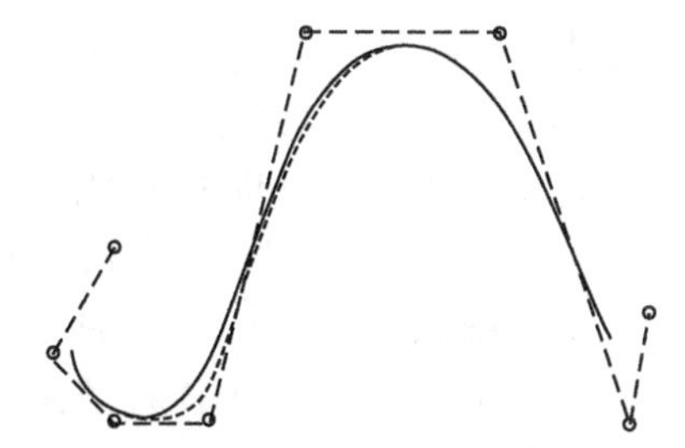

图 12.3.1 对 3 次 λ-B 样条曲线形状的局部调整

12.3.3.2 曲线设计

在实际应用中, 通常希望设计出的曲线以控制多边形的首末端点为起止点, 当控制多边形封闭时, 希望设计出的曲线是封闭光滑的.

给定一个开的控制多边形 $\langle \boldsymbol{P}_0\boldsymbol{P}_1\cdots\boldsymbol{P}_n\rangle$, 节点 $u_1<u_2<\cdots<u_{n-1}$, 参数 $\lambda_i\ (i=0,1,\cdots,n)$, 要想设计出一条分别以点 $\boldsymbol{P}_0$、$\boldsymbol{P}_n$ 为起点、终点的 3 次 λ-B 样条曲线, 可以先添加两个节点 u_0 与 u_n, 使之满足条件 $u_0<u_1$, $u_{n-1}<u_n$, 同时增加两个参数 λ_{-1} 与 λ_{n+1}, 然后根据公式

$$\begin{cases} \boldsymbol{P}_{-1}=\left(1+\dfrac{d_{-1}}{a_0}\right)\boldsymbol{P}_0-\dfrac{d_{-1}}{a_0}\boldsymbol{P}_1 \\ \boldsymbol{P}_{n+1}=\left(1+\dfrac{a_n}{d_{n-1}}\right)\boldsymbol{P}_n-\dfrac{a_n}{d_{n-1}}\boldsymbol{P}_{n-1} \end{cases}$$

确定辅助点 $\boldsymbol{P}_{-1}$ 与 $\boldsymbol{P}_{n+1}$, 再以新的控制多边形 $\boldsymbol{P}_{-1}\boldsymbol{P}_0\cdots\boldsymbol{P}_{n+1}$, 节点 $u_0<u_1<\cdots<u_n$, 以及参数 $\lambda_i\ (i=1,2,\cdots,n+1)$ 定义 3 次 λ-B 样条曲线即可. 从式 (12.3.11) 可以看出, 此时 $\boldsymbol{q}(u_0)=\boldsymbol{P}_0$, $\boldsymbol{q}(u_n)=\boldsymbol{P}_n$.

在图 12.3.2 中, 给出的是由上述方法得到的插值于控制多边形首末端点的 3 次 λ-B 样条曲线. 图中的圆圈代表初始控制顶点, 方形代表添加的辅助顶点, 图中曲线取参数 $\lambda_i=-\dfrac{1}{3}\ (i=-1,0,\cdots,8)$.

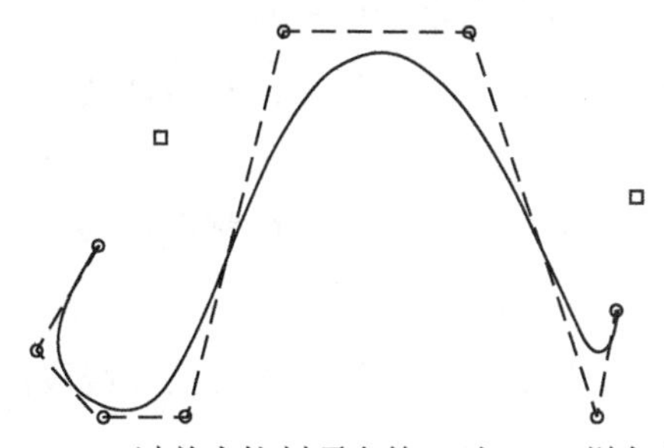

图 12.3.2 过首末控制顶点的 3 次 λ-B 样条曲线

给定一个封闭的控制多边形 $\langle \boldsymbol{P}_0\boldsymbol{P}_1\cdots\boldsymbol{P}_n\rangle$, 满足 $\boldsymbol{P}_0=\boldsymbol{P}_n$, 节点 $u_1<u_2<\cdots<u_{n-1}$, 以及参数 $\lambda_i\ (i=0,1,\cdots,n)$, 满足 $\lambda_0=\lambda_n$, 要想设计一条封闭并且光滑的 3 次 λ-B 样条曲线, 只需添加两个辅助顶点 $\boldsymbol{P}_{n+1}=\boldsymbol{P}_1$, $\boldsymbol{P}_{n+2}=\boldsymbol{P}_2$, 两个节点 u_n 与 u_{n+1}, 满足 $u_{n-1}<u_n<u_{n+1}$, 同时增加两个参数 λ_{n+1} 与 λ_{n+2}, 使 $\lambda_{n+1}=\lambda_1$, $\lambda_{n+2}=\lambda_2$. 然后以控制多边形 $\boldsymbol{P}_0\boldsymbol{P}_1\cdots\boldsymbol{P}_{n+2}$, 节点 $u_0<u_1<\cdots<u_{n+1}$, 参数 $\lambda_i\ (i=0,1,\cdots,n+2)$ 定义 3 次 λ-B 样条曲线即可.

在图 12.3.3 中, 给出的是由上述方法得到的封闭并且光滑的 3 次 λ-B 样条曲线. 图中曲线取参数 $\lambda_0=\lambda_2=\lambda_4=\lambda_6=1$, $\lambda_1=\lambda_5=0$, $\lambda_3=\dfrac{1}{2}$.

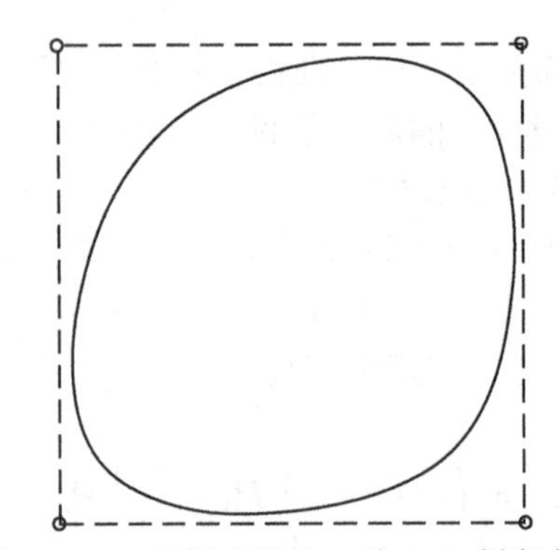

图 12.3.3　封闭光滑的 3 次 λ-B 样条曲线

12.3.3.3　曲线图例

由于不需要考虑光滑拼接问题, 所以用 λ-B 样条曲线可以较方便地进行曲线设计. 在本节, 给出用 3 次 λ-B 样条曲线表示的生活中一些常见的图案.

首先我们在纸上随手绘制了几个形状, 然后大致给出它们的控制多边形, 量出其顶点坐标, 再借助 MATLAB 软件绘制曲线, 观察形状是否满意, 若不满意则对控制顶点进行微调, 同时通过调整形状参数得到视觉上最光顺的结果.

在图 12.3.4 和图 12.3.5 中给出的以首、末控制顶点为起、止点的 3 次 λ-B 样条曲线 (开曲线), 以及在图 12.3.6 和图 12.3.7 中给出的封闭光滑的 3 次 λ-B 样条曲线, 都是按照 12.3.3.2 节中的方法得到的.

图 12.3.4 中的曲线包含 17 条 3 次 λ-B 样条曲线段, 参数为 $\lambda_i=-\dfrac{1}{3}\ (i=-1,0,\cdots,18)$.

图 12.3.5 中的曲线包含 15 条 3 次 λ-B 样条曲线段, 参数取为 $\lambda_i=0\ (i=-1,0,\cdots,16)$.

图 12.3.6 中的曲线包含 14 条 3 次 λ-B 样条曲线段, 参数取为 $\lambda_i=\dfrac{1}{3}\ (i=0,1,\cdots,16)$.

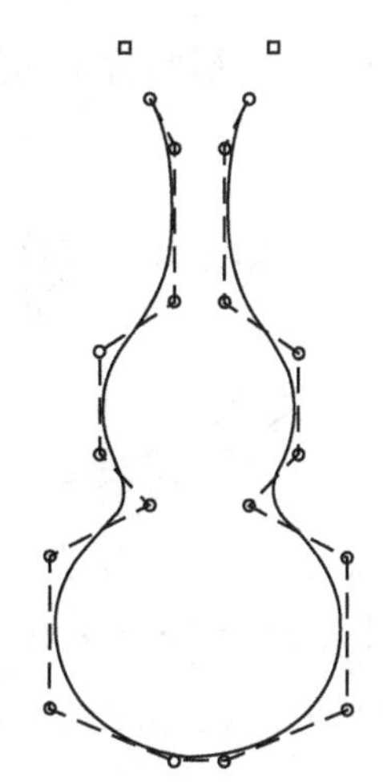

图 12.3.4 用 3 次 λ-B 样条曲线表示的“葫芦”图案

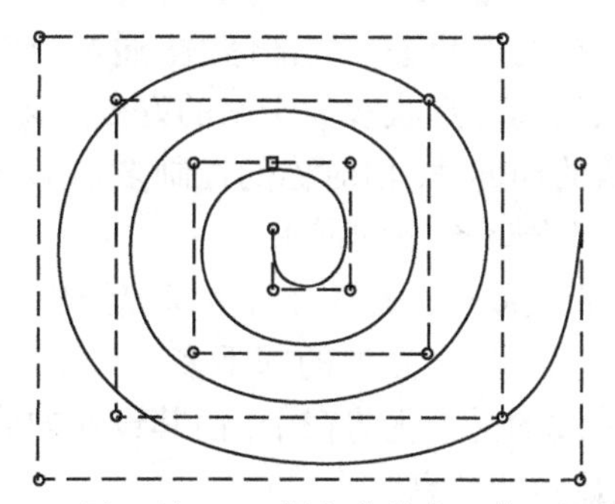

图 12.3.5 用 3 次 λ-B 样条曲线表示的“蚊香”图案

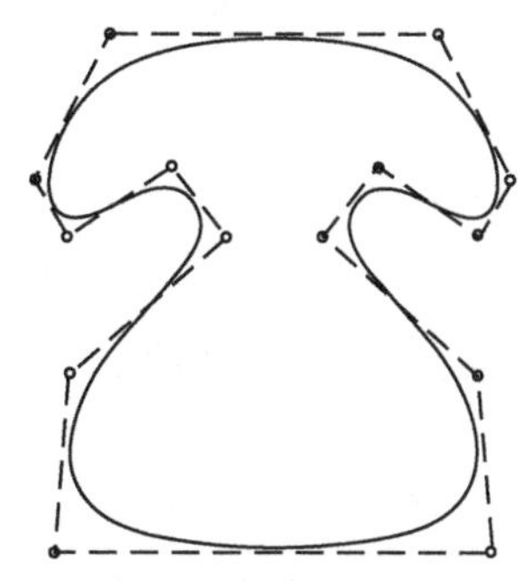

图 12.3.6 用 3 次 λ-B 样条曲线表示的“衣服”图案

图 12.3.7 中的曲线包含 20 条 3 次 λ-B 样条曲线段, 参数取为 $\lambda_i = 0$ $(i = 0, 1, \cdots, 22)$.

图 12.3.4∼ 图 12.3.7 中的圆圈代表初始给定的控制顶点, 图 12.3.4 和图 12.3.5 中的方形点代表添加的辅助顶点.

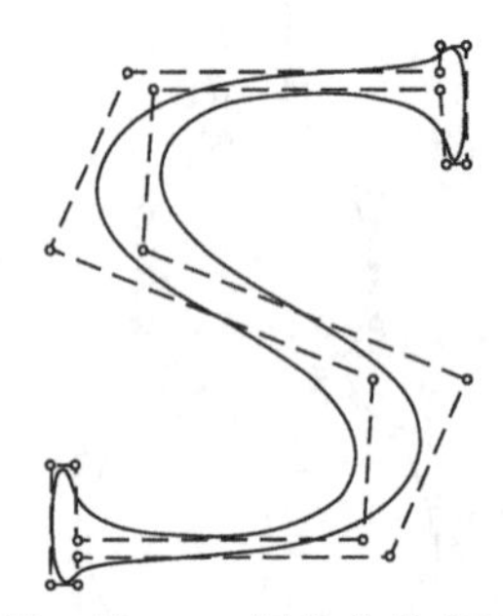

图 12.3.7　用 3 次 λ-B 样条曲线表示的 “S” 形状

注释 12.3.3　在图 12.3.4 ∼ 图 12.3.7 中, 为了简单, 每一条曲线段都取了相同的参数, 但事实上, 正如图 12.3.1 中所显示的那样, 其中任意一段的参数都可以进行局部调整, 从而对曲线的形状进行局部修改, 通过一步一步地微调, 最终设计出理想的形状, 这就是采用局部形状参数带来的好处. 又如图 12.3.3 所显示的那样, 还可以利用形状参数的局部性, 由对称的控制多边形设计出不对称的形状, 达到特殊的造型效果, 满足不同场合下的需求.

注释 12.3.4　在现有文献中, 虽然有众多研究给出了 3 次均匀 B 样条曲线的含参数扩展, 但讨论了基函数全正性的却不多. 与没有考虑基函数全正性的曲线相比, 3 次 λ-B 样条曲线的另一优势在于, 由其设计的曲线一定具备保形性, 正如图 12.3.8 中对照曲线显示的信息.

在图 12.3.8 中, 给出的是由相同的控制顶点和不同的形状参数设计出的形状

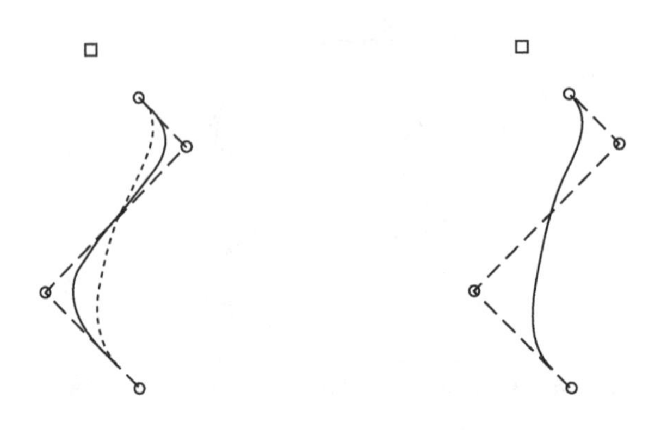

图 12.3.8　取不同参数得到的保形及不保形的曲线

相异的曲线. 在左子图中, 实线为取所有参数 $\lambda_i = 1$ 时的 3 次 λ-B 样条曲线, 点线为取所有参数 $\lambda_i = -0.9$ 时的 3 次 λ-B 样条曲线, 这两个参数值均属于范围 $(-1, 1]$, 从图中可以直观看出对应的曲线的确保持了控制多边形的凹凸性. 右子图则是取所有参数 $\lambda_i = -1.1$ 时得到的曲线, 该参数值落在范围 $(-1, 1]$ 之外, 而从图形中也可以直观看出该曲线不具备保形性.

12.3.4 分片曲面

下面给出由 3 次 λ-B 样条基定义的基于 16 点分片的组合曲面.

定义 12.3.4 给定 3 维空间中的 $(m+1)\times(n+1)$ 个控制点 $\boldsymbol{P}_{ij}$ $(i = 0, 1, \cdots, m;\ j = 0, 1, \cdots, n)$, 以及两组节点矢量 $\boldsymbol{U} = (u_1, u_2, \cdots, u_{m-1})$ 和 $\boldsymbol{V} = (v_1, v_2, \cdots, v_{n-1})$, 满足 $u_1 < u_2 < \cdots < u_{m-1}$, 与 $v_1 < v_2 < \cdots < v_{n-1}$, 给定两组参数 $\lambda_u = \{\lambda_{ui}\}_{i=0}^{m}$, $\lambda_v = \{\lambda_{vj}\}_{j=0}^{n}$, 其中所有 $\lambda_{ui}, \lambda_{vj} \in (-1, 1]$. 对 $i = 1, 2, \cdots, m-2$, $j = 1, 2, \cdots, n-2$, 将下面由 16 个控制顶点定义的曲面

$$\boldsymbol{p}_{ij}(u, v) = \sum_{k=0}^{3}\sum_{l=0}^{3} \boldsymbol{P}_{i+k-1, j+l-1} N_{ik}(u) N_{jl}(v)$$

称为 3 次 λ-B 样条曲面片, 其中局部参数 $u, v \in [0, 1]$, $N_{ik}(u)$ 和 $N_{jl}(v)$ 为参数分别取自 λ_u 和 λ_v 的 3 次 λ-B 样条基. 所有 $(m-2)\times(n-2)$ 张曲面片形成一张组合曲面, 定义为

$$\boldsymbol{q}(u, v) = \boldsymbol{p}_{ij}\left(\frac{u - u_i}{\Delta u_i}, \frac{v - v_j}{\Delta v_j}\right)$$

其中, 参数 $u \in [u_i, u_{i+1}] \subset [u_1, u_{m-1}]$, $\Delta u_i = u_{i+1} - u_i$, $i = 1, 2, \cdots, m-2$; $v \in [v_j, v_{j+1}] \subset [v_1, v_{n-1}]$, $\Delta v_j = v_{j+1} - v_j$, $j = 1, 2, \cdots, n-2$, 将 $\boldsymbol{p}(u, v)$ 称为 3 次 λ-B 样条曲面. 若 $\boldsymbol{U}$ 和 $\boldsymbol{V}$ 均为等距节点矢量, 则称 $\boldsymbol{p}(u, v)$ 为 3 次均匀 λ-B 样条曲面.

因为是张量积曲面, 所以 3 次 λ-B 样条曲面的很多性质与 3 次 λ-B 样条曲线类似. 例如几何不变性与仿射不变性, 凸包性, 局部控制性, 形状可调性, 以及取任意节点时的 G^2 连续性, 取均匀节点时的 C^2 连续性.

在图 12.3.9 中, 给出的是由相同控制网格, 以及不同形状参数所定义的开的 3 次 λ-B 样条曲面, 它们都包含 5 张曲面片. 图 12.3.9(a) 中的曲面取参数 $\lambda_{u0} = -\frac{1}{2}$, $\lambda_{vj} = \frac{1}{2}$ $(j = 0, 1, \cdots, 4)$; 图 12.3.9(b) 中的曲面取参数 $\lambda_{u0} = -\frac{9}{10}$, $\lambda_{vj} = 1$ $(j = 0, 1, \cdots, 4)$; 图 12.3.9(c) 中的曲面取参数 $\lambda_{u0} = \lambda_{vj} = 0$ $(j = 0, 1, \cdots, 4)$.

若控制网格在某个参数方向上封闭, 以 v 向为例, 即满足 $\boldsymbol{P}_{mj} = \boldsymbol{P}_{0j}$ $(j = 0, 1, \cdots, n)$, 要想设计封闭光滑的曲面, 只需添加两列辅助点 $\boldsymbol{P}_{m+k,j} = \boldsymbol{P}_{k,j}$ $(k =$

$1, 2;\ j = 0, 1, \cdots, n$), 两个节点 u_m 与 u_{m+1}, 满足 $u_{m-1} < u_m < u_{m+1}$, 两个参数 $\lambda_{u,m+k} = \lambda_{u,k}\ (k = 1, 2)$. 再以新的控制网格 $\boldsymbol{P}_{ij}\ (i = 0, 1, \cdots, m;\ j = 0, 1, \cdots, n)$, 节点矢量 $\boldsymbol{U}^* = (u_1, u_2, \cdots, u_{m+1})$ 和 $\boldsymbol{V} = (v_1, v_2, \cdots, v_{n-1})$, 参数 $\lambda_u^* = \{\lambda_{ui}\}_{i=0}^{m+2}$, $\lambda_v = \{\lambda_{vj}\}_{j=0}^{n}$ 定义 3 次 λ-B 样条曲面即可.

在图 12.3.10 中, 给出的是由相同的控制网格, 以及不同形状参数所定义的

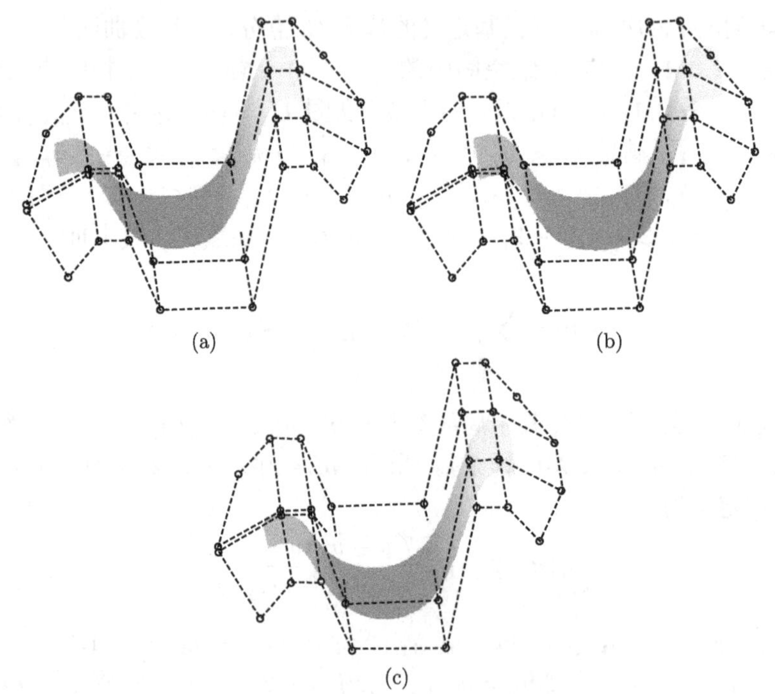

图 12.3.9　开的 3 次 λ-B 样条曲面

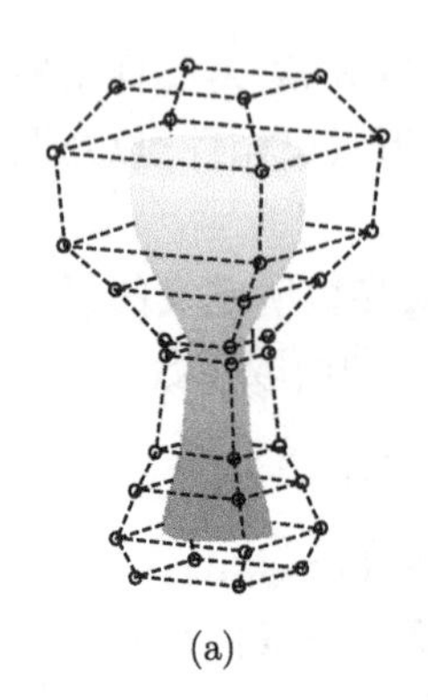

(a)

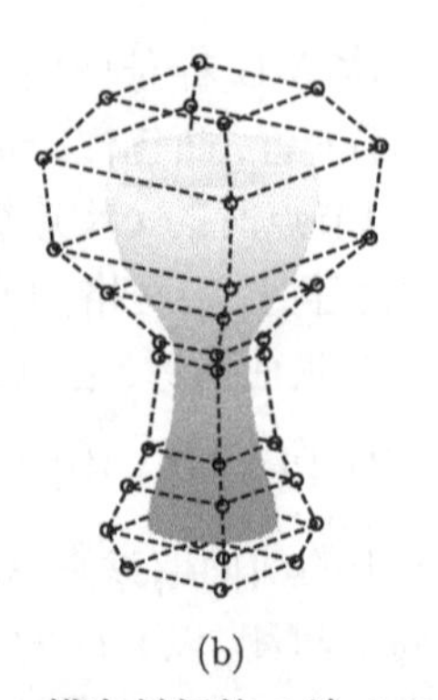

(b)

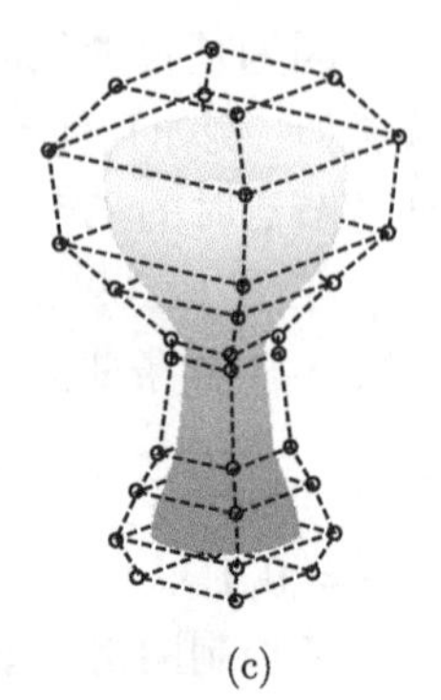

(c)

图 12.3.10　横向封闭的 3 次 λ-B 样条曲面

在横向封闭的 3 次 λ-B 样条曲面, 它们都包含 7×4 张曲面片. 左边的曲面取 $\lambda_{ui} = 1\ (i = 0, 1, \cdots, 9)$, $\lambda_{vj} = -\dfrac{9}{10}\ (j = 0, 1, \cdots, 6)$; 中间的曲面取 $\lambda_{ui} = -\dfrac{9}{10}\ (i = 0, 1, \cdots, 9)$, $\lambda_{vj} = 0\ (j = 0, 1, \cdots, 6)$; 右边的曲面取 $\lambda_{ui} = \lambda_{vj} = \dfrac{1}{2}\ (i = 0, 1, \cdots, 9; j = 0, 1, \cdots, 6)$.

12.4 三角型分段曲线曲面

在 12.3 节中给出的多项式型的分段曲线曲面, 虽然是由全正基定义的, 具备很多优良性质, 但却不能精确表示椭圆、椭球面等, 因此这一节准备变换函数空间, 定义基于全正基的三角型分段曲线曲面.

在文献 [142] 中, 作者证明了当参数 $\lambda, \mu \in (-2, 1]$ 时, 由下面 4 个三角多项式函数形成的函数组

$$\begin{cases} T_0(t) = (1-s)^2(1-\lambda s) \\ T_1(t) = s(1-s)(2+\lambda-\lambda s) \\ T_2(t) = c(1-c)(2+\mu-\mu c) \\ T_3(t) = (1-c)^2(1-\mu c) \end{cases} \tag{12.4.1}$$

是三角函数空间 $\boldsymbol{T}_{\lambda,\mu} := \text{span}\{1, s^2, (1-s)^2(1-\lambda s), (1-c)^2(1-\mu c)\}$ 中的最优规范全正基, 也就是规范 B 基, 其中 $s := \sin(t)$, $c := \cos(t)$, $t \in \left[0, \dfrac{\pi}{2}\right]$.

将由式 (12.4.1) 给出的基函数称为 3 次 T-Bernstein 基. 考虑到由 3 次 T-Bernstein 基定义的拟 Bézier 曲线不具备局部控制性, 并且在描述复杂形状时需要解决光滑拼接问题, 所以本节想在 3 次 T-Bernstein 基的基础上构造一组 3 次 T-B 样条基, 进而定义结构类似于 3 次 B 样条曲线的分段组合曲线.

12.4.1 全正基及其性质

12.4.1.1 全正基的构造

下面介绍 3 次 T-B 样条基的构造过程.

为使最终定义的 3 次 T-B 样条基在一般情况下具有对称性, 首先在式 (12.4.1) 中取 $\mu = \lambda$, 则

$$\begin{cases} T_0(t) = (1-s)^2(1-\lambda s) \\ T_1(t) = s(1-s)(2+\lambda-\lambda s) \\ T_2(t) = c(1-c)(2+\lambda-\lambda c) \\ T_3(t) = (1-c)^2(1-\lambda c) \end{cases} \tag{12.4.2}$$

在此基础上, 令欲构造的 3 次 T-B 样条基为

$$\begin{cases} N_0(t) = a_0 T_0(t) \\ N_1(t) = a_1 T_0(t) + a_2 T_1(t) + a_3 T_2(t) + a_4 T_3(t) \\ N_2(t) = a_4 T_0(t) + a_3 T_1(t) + a_2 T_2(t) + a_1 T_3(t) \\ N_3(t) = a_0 T_3(t) \end{cases} \tag{12.4.3}$$

其中, $T_i(t)(i=0,1,2,3)$ 为式 (12.4.2) 给出的 3 次 T-Bernstein 基, $a_i\,(i=0,1,\cdots,4)$ 为待定系数.

为了确定待定系数的值, 我们先预设由式 (12.4.3) 定义的结构与三次均匀 B 样条曲线相同的分段曲线具有凸包性、C^2 连续性, 由此反推出由式 (12.4.3) 给出的函数组必须具有规范性

$$\sum_{i=0}^{3} N_i(t) = 1 \tag{12.4.4}$$

以及端点特征

$$\begin{cases} N_3^{(k)}(0) = N_0^{(k)}\left(\dfrac{\pi}{2}\right) = 0 \\ N_i^{(k)}(0) = N_{i+1}^{(k)}\left(\dfrac{\pi}{2}\right) \end{cases} \tag{12.4.5}$$

其中, $k=0,1,2$, $i=0,1,2$.

由式 (12.4.2)~ 式 (12.4.5) 经过一系列计算, 可求出式 (12.4.3) 中的系数为

$$a_0 = a_4 = \frac{1}{6+4\lambda},\quad a_1 = a_2 = \frac{2+2\lambda}{3+2\lambda},\quad a_3 = \frac{1}{3+2\lambda} \tag{12.4.6}$$

由式 (12.4.3) 和式 (12.4.6) 可得

$$(N_0(t)\quad N_1(t)\quad N_2(t)\quad N_3(t)) = (T_0(t)\quad T_1(t)\quad T_2(t)\quad T_3(t))\,\boldsymbol{H} \tag{12.4.7}$$

其中转换矩阵为

$$\boldsymbol{H} = \begin{pmatrix} \dfrac{1}{6+4\lambda} & \dfrac{2+2\lambda}{3+2\lambda} & \dfrac{1}{6+4\lambda} & 0 \\ 0 & \dfrac{2+2\lambda}{3+2\lambda} & \dfrac{1}{3+2\lambda} & 0 \\ 0 & \dfrac{1}{3+2\lambda} & \dfrac{2+2\lambda}{3+2\lambda} & 0 \\ 0 & \dfrac{1}{6+4\lambda} & \dfrac{2+2\lambda}{3+2\lambda} & \dfrac{1}{6+4\lambda} \end{pmatrix} \tag{12.4.8}$$

下面讨论矩阵 $\boldsymbol{H}$ 的全正性.

定理 12.4.1 当 $\lambda \in \left[-\dfrac{1}{2}, 1\right]$ 时, 由式 (12.4.8) 给出的矩阵 $\boldsymbol{H}$ 为全正矩阵.

证明 由式 (12.4.8) 可知 $\boldsymbol{H} = \dfrac{1}{6+4\lambda}\boldsymbol{J}$, 其中

$$\boldsymbol{J} = \begin{pmatrix} 1 & 4+4\lambda & 1 & 0 \\ 0 & 4+4\lambda & 2 & 0 \\ 0 & 2 & 4+4\lambda & 0 \\ 0 & 1 & 4+4\lambda & 1 \end{pmatrix}$$

而当 $\lambda \in \left[-\dfrac{1}{2}, 1\right]$ 时, $\dfrac{1}{6+4\lambda} > 0$, 故 $\boldsymbol{H}$ 为全正矩阵当且仅当 $\boldsymbol{J}$ 为全正矩阵. 显然当 $\lambda \in \left[-\dfrac{1}{2}, 1\right]$ 时, $\boldsymbol{J}$ 的所有元素非负, 且 $|\boldsymbol{J}| = 16\lambda^2 + 32\lambda + 12 \geqslant 0$. 又 $\boldsymbol{J}$ 的 36 个二阶子式分别为

$$\begin{aligned}
&\boldsymbol{J}_{12,12} = \boldsymbol{J}_{12,23} = \boldsymbol{J}_{13,13} = \boldsymbol{J}_{14,13} = \boldsymbol{J}_{14,24} = \boldsymbol{J}_{24,24} \\
&\qquad = \boldsymbol{J}_{34,23} = \boldsymbol{J}_{34,34} = 4+4\lambda > 0 \\
&\boldsymbol{J}_{12,13} = \boldsymbol{J}_{13,12} = \boldsymbol{J}_{24,34} = \boldsymbol{J}_{34,24} = 2 \\
&\boldsymbol{J}_{13,23} = \boldsymbol{J}_{24,23} = 16\lambda^2 + 32\lambda + 14 > 0 \\
&\boldsymbol{J}_{14,12} = \boldsymbol{J}_{14,14} = \boldsymbol{J}_{14,34} = 1, \quad \boldsymbol{J}_{14,23} = 16\lambda^2 + 32\lambda + 15 > 0 \\
&\boldsymbol{J}_{23,23} = 16\lambda^2 + 32\lambda + 12 \geqslant 0
\end{aligned}$$

其余全为 0, 其中记号 $\boldsymbol{J}_{ij,kl}$ 表示由矩阵 $\boldsymbol{J}$ 的 i 与 j 行, k 与 l 列形成的子式. $\boldsymbol{J}$ 的 16 个三阶子式分别为

$$\begin{gathered}
\boldsymbol{J}_{123,123} = \boldsymbol{J}_{234,234} = 16\lambda^2 + 32\lambda + 12 \geqslant 0 \\
\boldsymbol{J}_{124,123} = \boldsymbol{J}_{134,234} = 16\lambda^2 + 32\lambda + 14 > 0 \\
\boldsymbol{J}_{124,124} = \boldsymbol{J}_{124,234} = \boldsymbol{J}_{134,123} = \boldsymbol{J}_{134,134} = 4+4\lambda > 0 \\
\boldsymbol{J}_{124,134} = \boldsymbol{J}_{134,124} = 2
\end{gathered}$$

其余全为 0, 其中记号 $\boldsymbol{J}_{ijk,lmn}$ 表示由矩阵 $\boldsymbol{J}$ 的 i, j, k 行, l, m, n 列形成的子式. 故 $\boldsymbol{J}$ 为全正矩阵, 从而 $\boldsymbol{H}$ 为全正矩阵. 证毕.

由 3 次 T-Bernstein 基 $T_i(t)$ $(i = 0, 1, 2, 3)$ 的最优规范全正性, 以及转换矩阵 $\boldsymbol{H}$ 的全正性可知, $N_i(t)$ $(i = 0, 1, 2, 3)$ 形成函数空间

$$\boldsymbol{T}_\lambda := \text{span}\{1, s^2, (1-s)^2(1-\lambda s), (1-c)^2(1-\lambda c)\}$$

中的一组全正基.

现在将式 (12.4.2) 和式 (12.4.6) 代入式 (12.4.3) 并整理, 便可得出 3 次 T-B 样条基的表达式, 从而给出如下定义.

定义 12.4.1　对 $s:=\sin(t)$, $c:=\cos(t)$, $t\in\left[0,\dfrac{\pi}{2}\right]$, $\lambda\in\left[-\dfrac{1}{2},1\right]$, 称函数组

$$\begin{cases} N_0(t)=\dfrac{1}{6+4\lambda}(1-s)^2(1-\lambda s)\\ N_1(t)=\dfrac{1}{6+4\lambda}(1+c)^2(1+\lambda c)\\ N_2(t)=\dfrac{1}{6+4\lambda}(1+s)^2(1+\lambda s)\\ N_3(t)=\dfrac{1}{6+4\lambda}(1-c)^2(1-\lambda c)\end{cases}\tag{12.4.9}$$

为带一个形状参数的 3 次三角 B 样条基, 简称 3 次 T-B 样条基.

传统的 3 次 B 样条基为分段函数, 这里定义的 3 次 T-B 样条基也可以用分段函数的形式来给出. 设 $\boldsymbol{U}=(u_0,u_1,\cdots,u_{n+4})$ 为均匀节点矢量, $u_{j+1}-u_j=h>0\ (j=0,1,\cdots,n+3)$, 即所有节点区间长度都为 h, 则 3 次 T-B 样条基的另一种表达形式为

$$B_i(u)=\begin{cases} N_3\left(\dfrac{\pi}{2}\cdot\dfrac{u-u_i}{h}\right), & u\in[u_i,u_{i+1})\\ N_2\left(\dfrac{\pi}{2}\cdot\dfrac{u-u_{i+1}}{h}\right), & u\in[u_{i+1},u_{i+2})\\ N_1\left(\dfrac{\pi}{2}\cdot\dfrac{u-u_{i+2}}{h}\right), & u\in[u_{i+2},u_{i+3})\\ N_0\left(\dfrac{\pi}{2}\cdot\dfrac{u-u_{i+3}}{h}\right), & u\in[u_{i+3},u_{i+4})\\ 0, & u\notin[u_i,u_{i+4})\end{cases}\tag{12.4.10}$$

其中, $i=0,1,\cdots,n$, u 为整体参数.

由于使用均匀节点矢量, 所以由式 (12.4.10) 给出的 3 次 T-B 样条基 $B_i(u)$ $(i=0,1,\cdots,n)$ 在 $[u_3,u_{n+1}]$ 内的各个节点区间上都具有相同的图形, 其中任一节点区间上的 3 次 T-B 样条基都可以由另一节点区间上的 3 次 T-B 样条基经平移得到, 但在整体参数下它们却具有不同的表达式. 为此, 可以将定义在每个节点区间 $[u_i,u_{i+1}]$ $(i=3,4,\cdots,n)$ 上用整体参数 u 表示的 3 次 T-B 样条基换成用局部参数 $t\in\left[0,\dfrac{\pi}{2}\right]$ 来表示, 只需作参数变换

$$u = u(t) = \left(1 - \frac{2}{\pi}t\right)u_i + \frac{2}{\pi}tu_{i+1}$$

即可. 这样一来,

$$t = \frac{\pi}{2} \cdot \frac{u - u_i}{h}$$

则定义在任一区间 $[u_i, u_{i+1}](i = 3, 4, \cdots, n)$ 上的 3 次 T-B 样条基 (注: 取值非零的只有 4 个样条 $B_{i-3}(u), B_{i-2}(u), B_{i-1}(u), B_i(u)$) 都具有式 (12.4.9) 给出的形式.

式 (12.4.10) 与式 (12.4.9) 的区别在于: 一方面, 式 (12.4.10) 中的 u 为整体参数, 式 (12.4.9) 中的 t 为局部参数; 另一方面, 式 (12.4.10) 给出的是一个完整的 3 次 T-B 样条在整个参数域上的表达式, 而式 (12.4.9) 给出的是在 $[u_3, u_{n+1}]$ 内的一个节点区间上由取值非零的 4 个 3 次 T-B 样条形成的函数组.

图 12.4.1 所示分别为取参数 $\lambda = 1, 0, -\dfrac{1}{2}$ 的 3 次 T-B 样条基 $B_0(u), B_1(u), B_2(u)$.

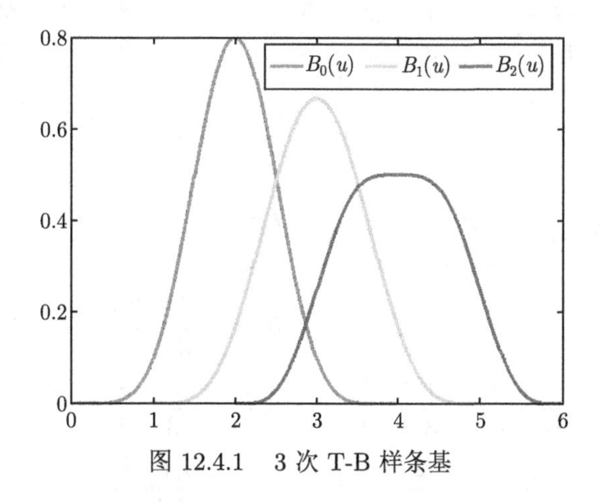

图 12.4.1 3 次 T-B 样条基

12.4.1.2 全正基的性质

由于使用局部参数以后, 每一节点区间上的 3 次 T-B 样条基都具有相同的表达式, 且后文中用 3 次 T-B 样条基定义的分段曲线曲面的每一段或每一片的性质都与函数组 $N_i(t)$ $(i = 0, 1, 2, 3)$ 的性质密切相关, 所以这里主要陈述由式 (12.4.9) 给出的 3 次 T-B 样条基的性质.

性质 1 退化性. 当 $\lambda = 1$ 时, 3 次 T-B 样条基即文献 [128] 中当 $m = 3$ 时的调配函数; 当 $\lambda = 0$ 时, 3 次 T-B 样条基即文献 [128] 中当 $m = 2$ 时的调配函数.

性质 2　非负性. 当 $\lambda \in \left[-\frac{1}{2}, 1\right]$ 时, 对任意的 $t \in \left[0, \frac{\pi}{2}\right]$, 有 $N_i(t) \geqslant 0$ $(i = 0, 1, 2, 3)$.

性质 3　规范性. 即 $\sum\limits_{i=0}^{3} N_i(t) = 1$.

性质 4　对称性. $N_i\left(\frac{\pi}{2} - t\right) = N_{3-i}(t)$, 其中 $i = 0, 1, 2, 3$.

性质 5　端点性质. 记 $\boldsymbol{N}^{(k)}(t) = (N_0^{(k)}(t) \quad N_1^{(k)}(t) \quad N_2^{(k)}(t) \quad N_3^{(k)}(t))^{\mathrm{T}} (k = 0, 1, \cdots, 5)$, 其中当 $k = 0$ 时, $N_i^{(0)}(t) = N_i(t)$ $(i = 0, 1, 2, 3)$, 则有

$$
\begin{aligned}
&\left(\boldsymbol{N}^{(0)}(0) \quad \boldsymbol{N}^{(1)}(0) \quad \cdots \quad \boldsymbol{N}^{(5)}(0)\right) \\
&= \begin{pmatrix}
\frac{1}{6+4\lambda} & -\frac{2+\lambda}{6+4\lambda} & \frac{1+2\lambda}{3+2\lambda} & \frac{2-5\lambda}{6+4\lambda} & -\frac{4+8\lambda}{3+2\lambda} & \frac{59\lambda-2}{6+4\lambda} \\
\frac{2+2\lambda}{3+2\lambda} & 0 & -\frac{2+4\lambda}{3+2\lambda} & 0 & \frac{5+19\lambda}{3+2\lambda} & 0 \\
\frac{1}{6+4\lambda} & \frac{2+\lambda}{6+4\lambda} & \frac{1+2\lambda}{3+2\lambda} & \frac{5\lambda-2}{6+4\lambda} & -\frac{4+8\lambda}{3+2\lambda} & \frac{2-59\lambda}{6+4\lambda} \\
0 & 0 & 0 & 0 & \frac{3-3\lambda}{3+2\lambda} & 0
\end{pmatrix}
\end{aligned} \tag{12.4.11}
$$

$$
\begin{aligned}
&\left(\boldsymbol{N}^{(0)}\left(\frac{\pi}{2}\right) \quad \boldsymbol{N}^{(1)}\left(\frac{\pi}{2}\right) \quad \cdots \quad \boldsymbol{N}^{(5)}\left(\frac{\pi}{2}\right)\right) \\
&= \begin{pmatrix}
0 & 0 & 0 & 0 & \frac{3-3\lambda}{3+2\lambda} & 0 \\
\frac{1}{6+4\lambda} & -\frac{2+\lambda}{6+4\lambda} & \frac{1+2\lambda}{3+2\lambda} & \frac{2-5\lambda}{6+4\lambda} & -\frac{4+8\lambda}{3+2\lambda} & \frac{59\lambda-2}{6+4\lambda} \\
\frac{2+2\lambda}{3+2\lambda} & 0 & -\frac{2+4\lambda}{3+2\lambda} & 0 & \frac{5+19\lambda}{3+2\lambda} & 0 \\
\frac{1}{6+4\lambda} & \frac{2+\lambda}{6+4\lambda} & \frac{1+2\lambda}{3+2\lambda} & \frac{5\lambda-2}{6+4\lambda} & -\frac{4+8\lambda}{3+2\lambda} & \frac{2-59\lambda}{6+4\lambda}
\end{pmatrix}
\end{aligned} \tag{12.4.12}
$$

性质 6　全正性. 对于任意的 $\lambda \in \left[-\frac{1}{2}, 1\right]$, 3 次 T-B 样条基 $N_i(t)$ $(i = 0, 1, 2, 3)$ 为三角函数空间 $\boldsymbol{T}_\lambda$ 中的一组规范全正基.

证明　性质 1～性质 4 可以直接从式 (12.4.9) 看出; 性质 5 可以通过对式 (12.4.9) 进行简单的计算得出; 性质 6 可以由式 (12.4.7)、定理 12.4.1, 以及 3 次 T-Bernstein 基的最优规范全正性得出. 证毕.

12.4.2 分段曲线

12.4.2.1 曲线及其性质

定义 12.4.2 给定 2 维或 3 维空间中的 $n+1$ 个控制顶点 $\boldsymbol{P}_i\ (i=0,1,\cdots,n)$, 均匀节点矢量 $\boldsymbol{U}=(u_0,u_1,\cdots,u_{n+4})$, 参数 $\lambda\in\left[-\dfrac{1}{2},1\right]$, 可以定义一条分段曲线

$$\boldsymbol{q}(u)=\sum_{i=0}^{n}\boldsymbol{P}_iB_i(u),\quad u\in[u_3,u_{n+1}]$$

其中, $B_i(u)\ (i=0,1,\cdots,n)$ 由式 (12.4.10) 给出. 曲线 $\boldsymbol{q}(u)$ 定义在区间 $u\in[u_i,u_{i+1}]\subset[u_3,u_{n+1}]$ 上的那一段可以表示成

$$\boldsymbol{q}(u)=\sum_{j=i-3}^{i}\boldsymbol{P}_jB_j(u)$$

也可以用局部参数表示成

$$\boldsymbol{p}_i(t)=\boldsymbol{q}(u(t))=\sum_{k=0}^{3}\boldsymbol{P}_{i+k-3}N_k(t)\tag{12.4.13}$$

其中, $u=u(t)=\left(1-\dfrac{2}{\pi}t\right)u_i+\dfrac{2}{\pi}tu_{i+1}$, $t=\dfrac{\pi}{2}\cdot\dfrac{u-u_i}{h}\in\left[0,\dfrac{\pi}{2}\right]$, $i=3,4,\cdots,n$, $h>0$ 为节点区间长度, 基函数 $N_k(t)\ (k=0,1,2,3)$ 由式 (12.4.9) 给出. 称 $\boldsymbol{q}(u)$ 为 3 次 T-B 样条曲线, $\boldsymbol{p}_i(t)$ 为 3 次 T-B 样条曲线段.

由 3 次 T-B 样条基的性质, 可以得到 3 次 T-B 样条曲线 (段) 的下列性质.

性质 1 几何不变性与仿射不变性. 由于 3 次 T-B 样条基具有规范性, 故 3 次 T-B 样条曲线的形状与坐标系的选取无关; 欲获得经仿射变换后的 3 次 T-B 样条曲线, 只需对控制多边形执行相同的变换再定义曲线即可.

性质 2 对称性. 由于 3 次 T-B 样条基具有对称性, 故当不改变参数 λ 的取值时, 由控制多边形 $\boldsymbol{P}_0\boldsymbol{P}_1\cdots\boldsymbol{P}_n$ 和 $\boldsymbol{P}_n\boldsymbol{P}_{n-1}\cdots\boldsymbol{P}_0$ 定义的 3 次 T-B 样条曲线形状相同, 只是方向相反.

性质 3 局部控制性. 由于 3 次 T-B 样条曲线具有与 3 次 B 样条曲线相同的结构, 故改变一个控制顶点, 至多只有 4 条曲线段的形状会发生改变.

性质 4 形状可调性. 由于 3 次 T-B 样条曲线中含参数 λ, 改变 λ 的值, 真正参与计算的 3 次 T-B 样条基发生改变, 因此即使控制顶点和节点固定, 相应 3 次 T-B 样条曲线的形状依然会发生改变.

性质 5　端点性质. 由式 (12.4.11)~ 式 (12.4.13) 可以推出 3 次 T-B 样条曲线段具有如下端点性质

$$
\begin{cases}
\boldsymbol{p}_i(0) = \dfrac{1}{6+4\lambda}\boldsymbol{P}_{i-3} + \dfrac{2+2\lambda}{3+2\lambda}\boldsymbol{P}_{i-2} + \dfrac{1}{6+4\lambda}\boldsymbol{P}_{i-1} \\
\boldsymbol{p}_i\left(\dfrac{\pi}{2}\right) = \dfrac{1}{6+4\lambda}\boldsymbol{P}_{i-2} + \dfrac{2+2\lambda}{3+2\lambda}\boldsymbol{P}_{i-1} + \dfrac{1}{6+4\lambda}\boldsymbol{P}_{i} \\
\boldsymbol{p}'_i(0) = \dfrac{2+\lambda}{6+4\lambda}(\boldsymbol{P}_{i-1} - \boldsymbol{P}_{i-3}) \\
\boldsymbol{p}'_i\left(\dfrac{\pi}{2}\right) = \dfrac{2+\lambda}{6+4\lambda}(\boldsymbol{P}_{i} - \boldsymbol{P}_{i-2}) \\
\boldsymbol{p}''_0(0) = \dfrac{1+2\lambda}{3+2\lambda}\boldsymbol{P}_{i-3} - \dfrac{2+4\lambda}{3+2\lambda}\boldsymbol{P}_{i-2} + \dfrac{1+2\lambda}{3+2\lambda}\boldsymbol{P}_{i-1} \\
\boldsymbol{p}''_0\left(\dfrac{\pi}{2}\right) = \dfrac{1+2\lambda}{3+2\lambda}\boldsymbol{P}_{i-2} - \dfrac{2+4\lambda}{3+2\lambda}\boldsymbol{P}_{i-1} + \dfrac{1+2\lambda}{3+2\lambda}\boldsymbol{P}_{i} \\
\boldsymbol{p}'''_0(0) = \dfrac{5\lambda-2}{6+4\lambda}(\boldsymbol{P}_{i-1} - \boldsymbol{P}_{i-3}) \\
\boldsymbol{p}'''_0\left(\dfrac{\pi}{2}\right) = \dfrac{5\lambda-2}{6+4\lambda}(\boldsymbol{P}_{i} - \boldsymbol{P}_{i-2}) \\
\boldsymbol{p}^{(4)}_0(0) = -\dfrac{4+8\lambda}{3+2\lambda}\boldsymbol{P}_{i-3} + \dfrac{5+19\lambda}{3+2\lambda}\boldsymbol{P}_{i-2} - \dfrac{4+8\lambda}{3+2\lambda}\boldsymbol{P}_{i-1} + \dfrac{3-3\lambda}{3+2\lambda}\boldsymbol{P}_{i} \\
\boldsymbol{p}^{(4)}_0\left(\dfrac{\pi}{2}\right) = \dfrac{3-3\lambda}{3+2\lambda}\boldsymbol{P}_{i-3} - \dfrac{4+8\lambda}{3+2\lambda}\boldsymbol{P}_{i-2} + \dfrac{5+19\lambda}{3+2\lambda}\boldsymbol{P}_{i-1} - \dfrac{4+8\lambda}{3+2\lambda}\boldsymbol{P}_{i} \\
\boldsymbol{p}^{(5)}_0(0) = \dfrac{2-59\lambda}{6+4\lambda}(\boldsymbol{P}_{i-1} - \boldsymbol{P}_{i-3}) \\
\boldsymbol{p}^{(5)}_0\left(\dfrac{\pi}{2}\right) = \dfrac{2-59\lambda}{6+4\lambda}(\boldsymbol{P}_{i} - \boldsymbol{P}_{i-2})
\end{cases}
\tag{12.4.14}
$$

性质 6　连续性. 由式 (12.4.14) 可以看出

$$
\boldsymbol{p}^{(k)}_i(0) = \boldsymbol{p}^{(k)}_{i-1}\left(\frac{\pi}{2}\right) \tag{12.4.15}
$$

其中, 当 $\lambda \neq 1$ 时, $k = 0,1,2,3,5$; 当 $\lambda = 1$ 时, $k = 0,1,\cdots,5$. 又因为对参数 $u \in [u_i, u_{i+1}]$, 以及 $t = \dfrac{\pi}{2}\cdot\dfrac{u-u_i}{h}$, 有

$$
\boldsymbol{q}^{(k)}(u) = \left(\frac{\pi}{2}\cdot\frac{1}{h}\right)^k \boldsymbol{p}^{(k)}_i(t)
$$

因此

$$
\begin{cases}
\boldsymbol{q}_{+}^{(k)}(u_i)=\left(\dfrac{\pi}{2}\cdot\dfrac{1}{h}\right)^k\boldsymbol{p}_i^{(k)}(0)\\
\boldsymbol{q}_{-}^{(k)}(u_i)=\left(\dfrac{\pi}{2}\cdot\dfrac{1}{h}\right)^k\boldsymbol{p}_{i-1}^{(k)}\left(\dfrac{\pi}{2}\right)
\end{cases}
\tag{12.4.16}
$$

结合式 (12.4.15) 与式 (12.4.16), 有

$$
\boldsymbol{q}_{+}^{(k)}(u_i)=\boldsymbol{q}_{-}^{(k)}(u_i)
$$

其中, 当 $\lambda\neq 1$ 时, $k=0,1,2,3,5$; 当 $\lambda=1$ 时, $k=0,1,\cdots,5$. 这表明当 $\lambda\neq 1$ 时, 3 次 T-B 样条曲线在分段连接点处 C^3 连续, 当 $\lambda=1$ 时 C^5 连续.

性质 7 凸包性. 由于 3 次 T-B 样条基具有非负性与规范性, 故 3 次 T-B 样条曲线段 $\boldsymbol{p}_i(t)$ 位于控制顶点 $\boldsymbol{P}_{i-3},\boldsymbol{P}_{i-2},\boldsymbol{P}_{i-1},\boldsymbol{P}_i$ 的凸包 H_i 内, 整条 3 次 T-B 样条曲线 $\boldsymbol{q}(u)$ 位于所有凸包 H_i 的并集内.

性质 8 变差缩减性. 由于 3 次 T-B 样条基是规范全正基, 故 3 次 T-B 样条曲线具有变差缩减性, 这意味着 3 次 T-B 样条曲线适用于保形曲线设计.

性质 9 保凸性. 由变差缩减性可知, 当控制多边形为凸时, 直线与 3 次 T-B 样条曲线的交点个数不超过两个, 因为直线与控制多边形的交点个数至多为两个, 因此 3 次 T-B 样条曲线能够保持控制多边形的凸性.

12.4.2.2 曲线设计

为了用 3 次 T-B 样条曲线设计出满意的形状, 首先要知道形状参数 λ 对曲线形状的影响.

由式 (12.4.14) 可得

$$
\begin{cases}
\boldsymbol{p}_i(0)=\boldsymbol{P}_{i-2}+\dfrac{1}{6+4\lambda}[(\boldsymbol{P}_{i-3}-\boldsymbol{P}_{i-2})+(\boldsymbol{P}_{i-1}-\boldsymbol{P}_{i-2})]\\
\boldsymbol{p}_i\left(\dfrac{\pi}{2}\right)=\boldsymbol{P}_{i-1}+\dfrac{1}{6+4\lambda}[(\boldsymbol{P}_{i-2}-\boldsymbol{P}_{i-1})+(\boldsymbol{P}_i-\boldsymbol{P}_{i-1})]
\end{cases}
\tag{12.4.17}
$$

从式 (12.4.17) 可以看出, 当控制顶点固定时, 3 次 T-B 样条曲线段的起止点位置取决于参数 λ 的值. 具体地, 第 i 条曲线段的起点位于以边 $\boldsymbol{P}_{i-2}\boldsymbol{P}_{i-3}$ 和 $\boldsymbol{P}_{i-2}\boldsymbol{P}_{i-1}$ 为邻边形成的平行四边形的对角线 (起点为 $\boldsymbol{P}_{i-2}$) 上, 起点与 $\boldsymbol{P}_{i-2}$ 的距离为该对角线长度的 $\dfrac{1}{6+4\lambda}$ 倍. 对曲线段的终点也有类似结论. 因此 λ 的值越大, 曲线段的起点越接近点 $\boldsymbol{P}_{i-2}$, 终点越接近点 $\boldsymbol{P}_{i-1}$, 所以增加 λ 值的作用是将曲线段拉向中间的控制边, 如图 12.4.2 所示.

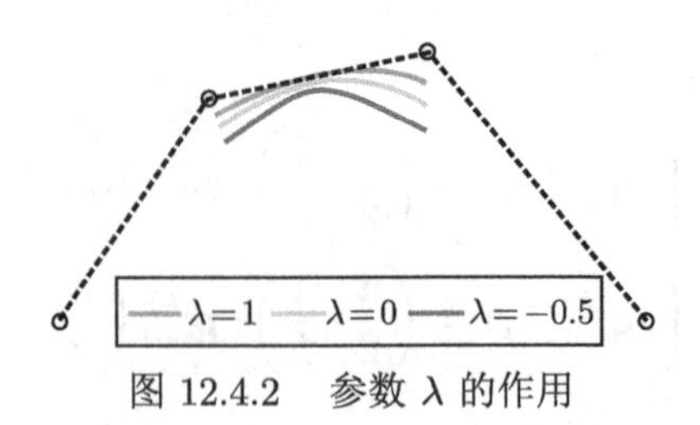

图 12.4.2　参数 λ 的作用

从式 (12.4.17) 还可以看出, 若 3 次 T-B 样条曲线的控制顶点满足条件

$$\begin{cases} \boldsymbol{P}_1 = \dfrac{1}{2}(\boldsymbol{P}_0 + \boldsymbol{P}_2) \\ \boldsymbol{P}_{n-1} = \dfrac{1}{2}(\boldsymbol{P}_{n-2} + \boldsymbol{P}_n) \end{cases}$$

则无论参数 λ 取何值, 均有 $\boldsymbol{q}(u_1) = \boldsymbol{P}_1$, $\boldsymbol{q}(u_{n-1}) = \boldsymbol{P}_{n-1}$. 因此, 要想使 3 次 T-B 样条曲线经过控制多边形 $\boldsymbol{P}_0\boldsymbol{P}_1\cdots\boldsymbol{P}_n$ 的首末顶点, 只需增加两个辅助点

$$\begin{cases} \boldsymbol{P}_{-1} = 2\boldsymbol{P}_0 - \boldsymbol{P}_1 \\ \boldsymbol{P}_{n+1} = 2\boldsymbol{P}_n - \boldsymbol{P}_{n-1} \end{cases}$$

再由新的控制多边形 $\boldsymbol{P}_{-1}\boldsymbol{P}_0\cdots\boldsymbol{P}_{n+1}$ 定义曲线即可. 若原始控制多边形封闭, 即 $\boldsymbol{P}_0 = \boldsymbol{P}_n$, 则该方法将产生一条封闭的曲线, 但一般情况下该曲线在闭合点处仅位置连续, 并不光滑. 若希望由封闭的控制多边形生成封闭且光滑的曲线, 只需增加 2 个辅助顶点

$$\begin{cases} \boldsymbol{P}_{n+1} = \boldsymbol{P}_1 \\ \boldsymbol{P}_{n+2} = \boldsymbol{P}_2 \end{cases}$$

然后由新的控制多边形 $\boldsymbol{P}_0\boldsymbol{P}_1\cdots\boldsymbol{P}_{n+2}$ 定义曲线即可.

对于按这种方式得到的封闭曲线而言, 闭合点是第一段 (控制顶点为 $\boldsymbol{P}_0$, $\boldsymbol{P}_1$, $\boldsymbol{P}_2, \boldsymbol{P}_3$) 的起点和最后一段 (控制顶点为 $\boldsymbol{P}_{n-1}$, $\boldsymbol{P}_n(\boldsymbol{P}_0)$, $\boldsymbol{P}_{n+1}(\boldsymbol{P}_1)$, $\boldsymbol{P}_{n+2}(\boldsymbol{P}_2)$) 的终点. 由于控制顶点的循环关系, 最后一段也可以看作是第一段的前一段. 这样一来, 闭合点也可以看作是曲线内部的分段连接点. 因此, 按上述方法得到的封闭曲线在闭合点处的光滑度与在其他分段连接点处的光滑度是一样的, 即当 $\lambda \neq 1$ 时 C^3 连续, 当 $\lambda = 1$ 时 C^5 连续.

图 12.4.3 中左侧过首末控制顶点的开曲线, 以及右侧的封闭光滑曲线就是用上述方式得到的. 图中圆点所示为初始控制顶点, 方形点所示为辅助点, 图 12.4.3 中曲线均取 $\lambda = 0$.

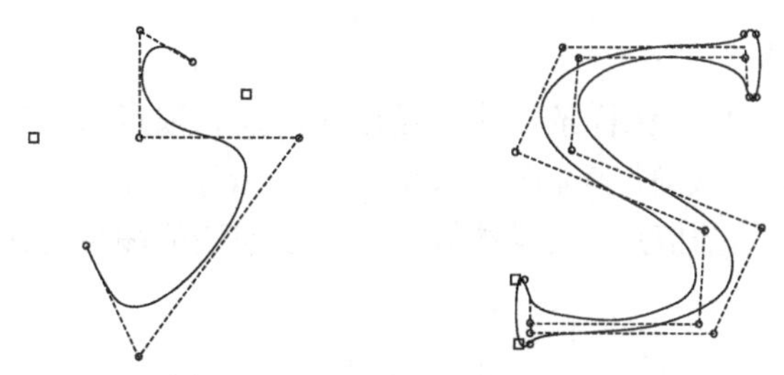

图 12.4.3 3 次 T-B 样条曲线

12.4.2.3 椭圆的表示

3 次 B 样条曲线不能表示除抛物线以外的圆锥曲线, 但是 3 次 T-B 样条曲线却可以精确表示椭圆.

当参数 $\lambda = 0$ 时, 取控制顶点 $\boldsymbol{P}_{i-3} = \left(\dfrac{x_1 + x_2}{2}, y_1\right)$, $\boldsymbol{P}_{i-2} = \left(x_1, \dfrac{y_1 + y_2}{2}\right)$, $\boldsymbol{P}_{i-1} = \left(\dfrac{x_1 + x_2}{2}, y_2\right)$, $\boldsymbol{P}_i = \left(x_2, \dfrac{y_1 + y_2}{2}\right)$, 其中 $x_1 \neq x_2$, $y_1 \neq y_2$, 则由式 (12.4.9) 和式 (13.4.13) 计算可得

$$\boldsymbol{p}_i(t) = \begin{pmatrix} x(t) \\ y(t) \end{pmatrix} = \begin{pmatrix} \dfrac{x_1 + x_2}{2} + \dfrac{x_1 - x_2}{3}\cos(t) \\ \dfrac{y_1 + y_2}{2} + \dfrac{y_2 - y_1}{3}\sin(t) \end{pmatrix}$$

其中, $t \in \left[0, \dfrac{\pi}{2}\right]$, 这表明此时的 3 次 T-B 样条曲线段 $\boldsymbol{p}_i(t)$ 为一段椭圆弧.

若所给控制顶点为 $\boldsymbol{P}_0 = \left(\dfrac{x_1 + x_2}{2}, y_1\right)$, $\boldsymbol{P}_1 = \left(x_1, \dfrac{y_1 + y_2}{2}\right)$, $\boldsymbol{P}_2 = \left(\dfrac{x_1 + x_2}{2}, y_2\right)$, $\boldsymbol{P}_3 = \left(x_2, \dfrac{y_1 + y_2}{2}\right)$, $\boldsymbol{P}_4 = \boldsymbol{P}_0$, $\boldsymbol{P}_5 = \boldsymbol{P}_1$, $\boldsymbol{P}_6 = \boldsymbol{P}_2$, 其中 $x_1 \neq x_2$, $y_1 \neq y_2$, 则当 $\lambda = 0$ 时, 等距节点的 3 次 T-B 样条曲线 $\boldsymbol{q}(u)$ 表示一个完整的椭圆, 当 $|x_1 - x_2| = |y_2 - y_1|$ 时为整圆, 如图 12.4.4 所示.

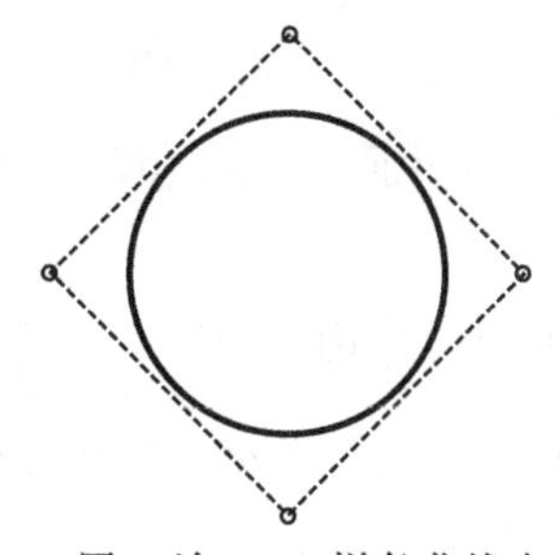

图 12.4.4 用 3 次 T-B 样条曲线表示的整圆

12.4.2.4　插值曲线

一般情况下, 3 次 T-B 样条曲线不经过任何控制顶点. 现给定数据点 $\boldsymbol{Q}_1, \boldsymbol{Q}_2, \cdots, \boldsymbol{Q}_n$, 这里 $n \geqslant 2$, 欲确定控制顶点 $\boldsymbol{P}_0, \boldsymbol{P}_1, \cdots, \boldsymbol{P}_{n+1}$, 使得由之定义的 3 次 T-B 样条曲线经过所有的插值点. 假设插值点与分段曲线的端点对应, 则由式 (12.4.2) 可得

$$\frac{1}{6+4\lambda}\boldsymbol{P}_{i-1} + \frac{2+2\lambda}{3+2\lambda}\boldsymbol{P}_i + \frac{1}{6+4\lambda}\boldsymbol{P}_{i+1} = \boldsymbol{Q}_i, \quad i = 1, 2, \cdots, n \tag{12.4.18}$$

式 (12.4.18) 包含 n 个方程, 但未知量有 $n+2$ 个, 所以还需增加两个条件, 这里取

$$\begin{cases} \boldsymbol{P}_1 = \boldsymbol{Q}_1 \\ \boldsymbol{P}_n = \boldsymbol{Q}_n \end{cases} \tag{12.4.19}$$

式 (12.4.18)、(12.4.19) 可以等价的表示成矩阵形式

$$\boldsymbol{A}_{(n+2)\times(n+2)}\boldsymbol{K}_1 = \boldsymbol{C}_1 \tag{12.4.20}$$

其中,

$$\begin{cases} \boldsymbol{A}_{(n+2)\times(n+2)} = \begin{pmatrix} 0 & 1 & 0 & \cdots & 0 & 0 \\ 1 & 4(1+\lambda) & 1 & \cdots & 0 & 0 \\ 0 & 1 & 4(1+\lambda) & \cdots & 0 & 0 \\ \vdots & \vdots & \vdots & \ddots & \vdots & \vdots \\ 0 & 0 & 0 & \cdots & 4(1+\lambda) & 1 \\ 0 & 0 & 0 & \cdots & 1 & 0 \end{pmatrix} \\ \boldsymbol{K}_1 = \begin{pmatrix} \boldsymbol{P}_0 \\ \boldsymbol{P}_1 \\ \vdots \\ \boldsymbol{P}_{n+1} \end{pmatrix}, \quad \boldsymbol{C}_1 = \begin{pmatrix} \boldsymbol{Q}_1 \\ (6+4\lambda)\boldsymbol{Q}_1 \\ (6+4\lambda)\boldsymbol{Q}_2 \\ \vdots \\ (6+4\lambda)\boldsymbol{Q}_n \\ \boldsymbol{Q}_n \end{pmatrix} \end{cases}$$

方阵 $\boldsymbol{A}$ 是一个比较特殊的三对角矩阵. 由式 (32) 可知 $\boldsymbol{K}_1 = \boldsymbol{A}_{(n+2)\times(n+2)}^{-1}\boldsymbol{C}_1$, 由此便可解出控制顶点.

注释 12.4.1　记 $\varphi = 4(1+\lambda)$, 由于 $\lambda \in \left[-\frac{1}{2}, 1\right]$, 故 $\varphi \in [2, 8]$. 由行列式的知识可知, 当 $n = 2$ 时, $|\boldsymbol{A}_{4\times4}| = 1$, 当 $n = 3$ 时, $|\boldsymbol{A}_{5\times5}| = \varphi$, 当 $n > 3$ 时,

$$|\boldsymbol{A}_{(n+2)\times(n+2)}| = \varphi|\boldsymbol{A}_{(n+1)\times(n+1)}| - |\boldsymbol{A}_{n\times n}|$$

由此便可用递推方式求出行列式 $|\boldsymbol{A}_{(n+2)\times(n+2)}|$ 的结果, 这是一个关于参数 λ 的多项式, 得出其表达式以后, 即可求出其零点. 在选择参数 λ 的值时, 只要避开 $|\boldsymbol{A}_{(n+2)\times(n+2)}|$ 的零点, 就可以保证控制顶点有解. 实际操作中, 也可以先选定一个 λ 值, 看看程序是否会因为逆矩阵不存在而报错, 如果报错, 就调整 λ 的值, 因为落在范围 $\left[-\dfrac{1}{2},1\right]$ 中的零点个数毕竟有限, 所以这种方式更方便.

当插值数据点封闭, 即 $\boldsymbol{Q}_n = \boldsymbol{Q}_1$ 时, 用上述方法将产生一条封闭但在闭合点处不光滑的插值曲线. 若希望构造一条封闭且光滑的插值曲线, 可先设定控制顶点

$$\begin{cases} \boldsymbol{P}_{n-1} = \boldsymbol{P}_0 \\ \boldsymbol{P}_n = \boldsymbol{P}_1 \\ \boldsymbol{P}_{n+1} = \boldsymbol{P}_2 \end{cases}$$

然后同样假设插值点与分段曲线的端点对应, 则由式 (12.4.14) 可得

$$\frac{1}{6+4\lambda}\boldsymbol{P}_{i-1} + \frac{2+2\lambda}{3+2\lambda}\boldsymbol{P}_i + \frac{1}{6+4\lambda}\boldsymbol{P}_{i+1} = \boldsymbol{Q}_i, \quad i = 1,2,\cdots,n-1 \tag{12.4.21}$$

式 (12.4.21) 包含 $n-1$ 个方程, 可唯一的解出 $n-1$ 个互不重复的控制顶点. 式 (12.4.21) 可等价的表示成矩阵形式

$$\boldsymbol{B}_{(n-1)\times(n-1)}\boldsymbol{K}_2 = \boldsymbol{C}_2 \tag{12.4.22}$$

其中,

$$\begin{cases} \boldsymbol{B}_{(n-1)\times(n-1)} = \begin{pmatrix} 1 & 4(1+\lambda) & 1 & \cdots & 0 & 0 \\ 0 & 1 & 4(1+\lambda) & \cdots & 0 & 0 \\ 0 & 0 & 1 & \cdots & 0 & 0 \\ \vdots & \vdots & \vdots & \vdots & \vdots & \vdots \\ 1 & 0 & 0 & \cdots & 1 & 4(1+\lambda) \\ 4(1+\lambda) & 1 & 0 & \cdots & 0 & 1 \end{pmatrix} \\ \boldsymbol{K}_2 = \begin{pmatrix} \boldsymbol{P}_0 \\ \boldsymbol{P}_1 \\ \vdots \\ \boldsymbol{P}_{n-2} \end{pmatrix}, \quad \boldsymbol{C}_2 = (6+4\lambda)\begin{pmatrix} \boldsymbol{Q}_1 \\ \boldsymbol{Q}_2 \\ \vdots \\ \boldsymbol{Q}_{n-1} \end{pmatrix} \end{cases}$$

由式 (12.4.22) 可知 $\boldsymbol{K}_2=\boldsymbol{B}_{(n-1)\times(n-1)}^{-1}\boldsymbol{C}_2$, 由此便可解出控制顶点.

图 12.4.5 所示为用上述方法构造的 3 次 T-B 样条插值曲线. 图 (a) 为取 $\lambda=0$ 的开的插值曲线, 图 (b) 为取 $\lambda=0.2$ 的封闭光滑的插值曲线.

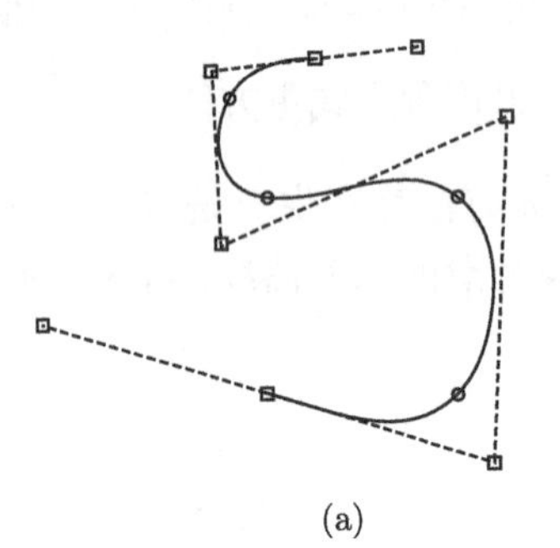
(a)

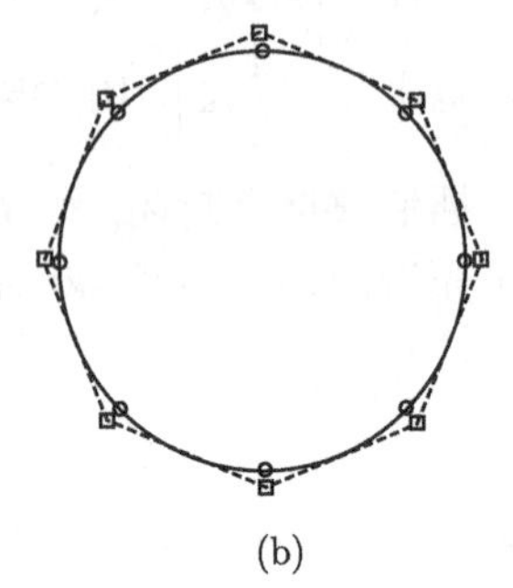
(b)

图 12.4.5 3 次 T-B 样条曲线的插值

12.4.3 分片曲面

12.4.3.1 曲面及图例

利用张量积方法, 可以将 3 次 T-B 样条曲线推广至四边域曲面, 从而得到与三次均匀 B 样条曲面结构相同的分片组合曲面.

定义 12.4.3 给定 3 维空间中的 $(m+1)\times(n+1)$ 个控制点 $\boldsymbol{P}_{ij}(i=0,1,\cdots,m;\ j=0,1,\cdots,n)$, 两组节点矢量 $\boldsymbol{U}=(u_0,u_1,\cdots,u_{m+4})$ 与 $\boldsymbol{V}=(v_0,v_1,\cdots,v_{n+4})$, 以及参数 $\lambda_1,\lambda_2\in\left[-\dfrac{1}{2},1\right]$, 可以定义一张分片曲面

$$\boldsymbol{q}(u,v)=\sum_{i=0}^{m}\sum_{j=0}^{n}\boldsymbol{P}_{i,j}B_i(u;\lambda_1)B_j(v;\lambda_2)$$

其中, $u\in[u_3,u_{m+1}]$, $v\in[v_3,v_{n+1}]$, $B_i(u;\lambda_1)$ 和 $B_j(v;\lambda_2)$ 为由式 (12.4.10) 给出的分别带参数 λ_1 和 λ_2 的 3 次 T-B 样条基. 定义在子矩形域 $u\in[u_i,u_{i+1}]\subset[u_3,u_{m+1}]$, $v\in[v_j,v_{j+1}]\subset[v_3,v_{n+1}]$ 上的那张子曲面片可以表示成

$$\boldsymbol{q}(u,v)=\sum_{k=i-3}^{i}\sum_{l=j-3}^{j}\boldsymbol{P}_{k,l}B_k(u;\lambda_1)B_l(v;\lambda_2)$$

也可以用局部参数表示成

$$\boldsymbol{p}_{ij}(t,r)=\boldsymbol{q}(u(t),v(r))=\sum_{k=0}^{3}\sum_{l=0}^{3}\boldsymbol{P}_{i+k-3,j+l-3}N_k(t;\lambda_1)N_l(r;\lambda_2)\qquad(12.4.23)$$

其中, $u=u(t)=\left(1-\dfrac{2}{\pi}t\right)u_i+\dfrac{2}{\pi}tu_{i+1}$, $t=\dfrac{\pi}{2}\cdot\dfrac{u-u_i}{h_u}\in\left[0,\dfrac{\pi}{2}\right]$, $i=3,4,\cdots,m$, $h_u>0$ 为 u 向的节点区间长度, $v=v(r)=\left(1-\dfrac{2}{\pi}r\right)v_j+\dfrac{2}{\pi}rv_{j+1}$, $r=\dfrac{\pi}{2}\cdot\dfrac{v-v_j}{h_v}\in\left[0,\dfrac{\pi}{2}\right]$, $j=3,4,\cdots,n$, $h_v>0$ 为 v 向的节点区间长度. $N_k(t;\lambda_1)$ 和 $N_l(r;\lambda_2)$ 为由式 (12.4.9) 给出的分别带参数 λ_1 和 λ_2 的 3 次 T-B 样条基. 称 $\boldsymbol{q}(u,v)$ 为 3 次 T-B 样条曲面, $\boldsymbol{p}_{ij}(t,r)$ 为 3 次 T-B 样条曲面片.

除了变差缩减性以外, 3 次 T-B 样条曲线的其他性质都可以推广到 3 次 T-B 样条曲面. 例如: 在一般情况下, 3 次 T-B 样条曲面关于 u、v 方向均 C^3 连续; 当 $\lambda_1=\lambda_2=1$ 时, 关于 u, v 方向均 C^5 连续.

图 12.4.6 给出了由相同控制网格和不同参数定义的开的 3 次 T-B 样条曲面, 图中参数依次取: (a) $\lambda_1=-\dfrac{1}{2}$, $\lambda_2=1$; (b) $\lambda_1=\lambda_2=0$; (c) $\lambda_1=1$, $\lambda_2=\dfrac{1}{2}$.

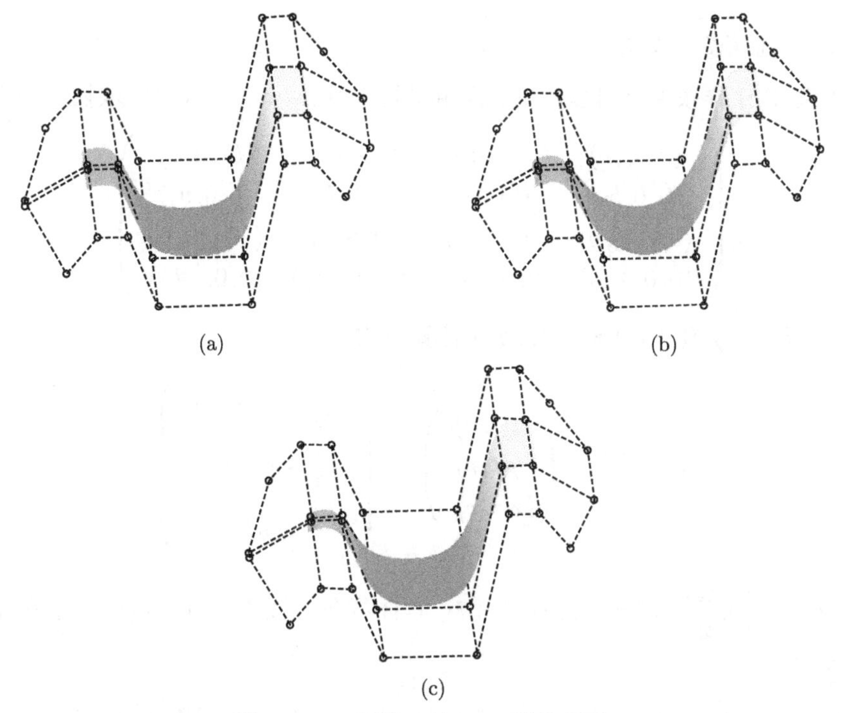

(a)　(b)　(c)

图 12.4.6　开的 3 次 T-B 样条曲面

图 12.4.7 给出了由相同控制网格和不同参数定义的在横向封闭的 3 次 T-B 样条曲面, 图中参数依次取: (a) $\lambda_1=-\dfrac{1}{2}$, $\lambda_2=1$; (b) $\lambda_1=\lambda_2=0$; (c)

$\lambda_1 = \lambda_2 = \dfrac{1}{2}$.

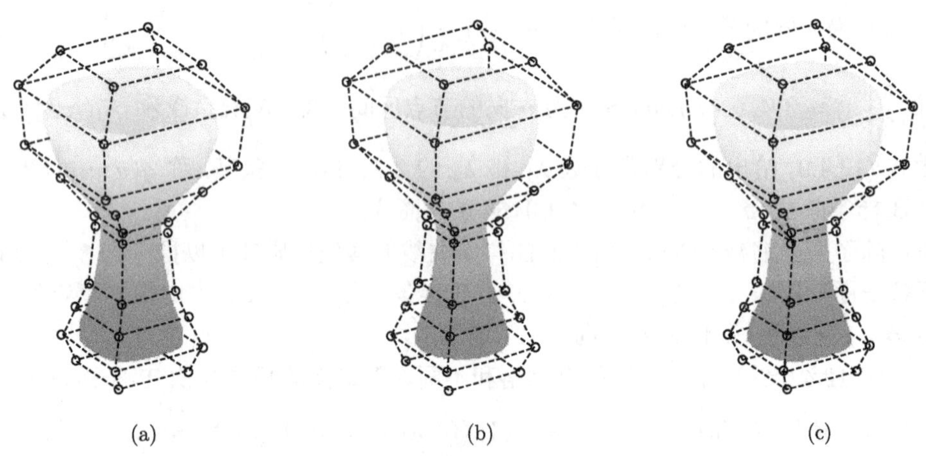

(a)　　(b)　　(c)

图 12.4.7　横向封闭的 3 次 T-B 样条曲面

12.4.3.2　椭球面的表示

3 次 T-B 样条曲面可以精确表示椭球面. 当 $\lambda_1 = \lambda_2 = 0$ 时, 取控制顶点

$$\begin{pmatrix} (0,b_2,0) & (-b_1,0,0) & (0,-b_2,0) & (b_1,0,0) \\ (0,0,b_3) & (0,0,b_3) & (0,0,b_3) & (0,0,b_3) \\ (0,-b_2,0) & (b_1,0,0) & (0,b_2,0) & (-b_1,0,0) \\ (0,0,-b_3) & (0,0,-b_3) & (0,0,-b_3) & (0,0,-b_3) \end{pmatrix}$$

其中, $b_1, b_2, b_3 \neq 0$, 则由式 (12.4.23) 计算可得

$$\boldsymbol{p}_{ij}(t,r) = \begin{pmatrix} x(t,r) \\ y(t,r) \\ z(t,r) \end{pmatrix} = \begin{pmatrix} \dfrac{4b_1}{9}\sin t\cos r \\ \dfrac{4b_2}{9}\sin t\sin r \\ \dfrac{2b_3}{3}\cos t \end{pmatrix}$$

其中, $t, r \in \left[0, \dfrac{\pi}{2}\right]$, 这表明此时的 3 次 T-B 样条曲面为一片椭球面. 若增加控制顶点至

$$\begin{pmatrix} (0,b_2,0) & (-b_1,0,0) & (0,-b_2,0) & (b_1,0,0) & (0,b_2,0) & (-b_1,0,0) & (0,-b_2,0) \\ (0,0,b_3) & (0,0,b_3) & (0,0,b_3) & (0,0,b_3) & (0,0,b_3) & (0,0,b_3) & (0,0,b_3) \\ (0,-b_2,0) & (b_1,0,0) & (0,b_2,0) & (-b_1,0,0) & (0,-b_2,0) & (b_1,0,0) & (0,b_2,0) \\ (0,0,-b_3) & (0,0,-b_3) & (0,0,-b_3) & (0,0,-b_3) & (0,0,-b_3) & (0,0,-b_3) & (0,0,-b_3) \\ (0,b,0) & (-b_1,0,0) & (0,-b_2,0) & (b_1,0,0) & (0,b_2,0) & (-b_1,0,0) & (0,-b_2,0) \end{pmatrix}$$

则可得整个椭球面, 当 $|b_1| = |b_2| = \left|\frac{3}{2}b_3\right|$ 时则为球面.

图 12.4.8 给出了四分之一的椭球面, 它由 2 张曲面片组成, 图中取 $b_1 = b_2 = b_3 = 1$.

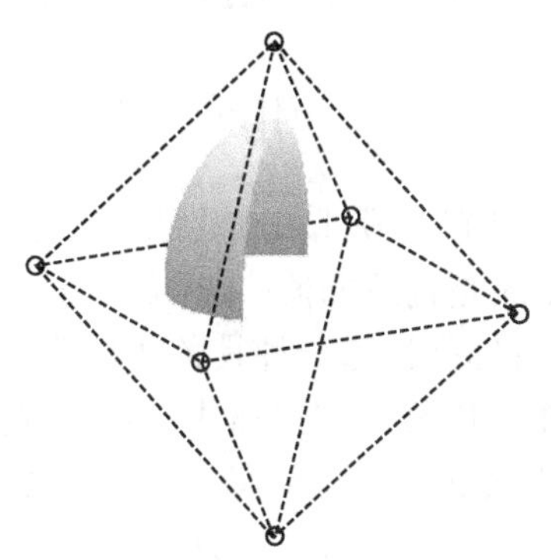

图 12.4.8　用 3 次 T-B 样条曲面表示的椭球面片

12.5　小　　结

对 Bézier、B 样条曲线进行含参数的扩展, 使之形状可调, 是研究已久的主题, 产生了大批文献成果. 现有文献在展开研究时往往只注重在基函数中引入参数, 从基函数非负的角度来确定参数取值范围. 由这类基函数定义的与 Bézier 或 B 样条曲线结构类似的曲线, 一般具备凸包性、几何不变性, 但对于它们是否像 Bézier、B 样条曲线一样, 具有变差缩减性、保凸性却讨论很少. 保凸性是几何设计中的重要性质之一, 曲线是否保凸与基函数是否全正密切相关, 因此讨论已有扩展曲线基函数的全正性, 或构造新的全正基是有意义的. 这一章正是基于这种思想的一次尝试, 不仅给出了文献 [61] 中的扩展基全正时的参数取值范围, 而且构造了两种全正扩展基, 定义了具有保凸性且含形状参数的 3 次均匀 B 样条扩展曲线, 对现有文献进行了有益补充.

第 13 章　保形逼近与保形插值曲线

13.1　引　　言

拟合问题是 CAGD 中具有一般性和广泛性的问题, 其包括逼近和插值两类问题. 不管是构造逼近曲线, 还是构造插值曲线, 都希望曲线能够保持数据点的内在几何特征. 这一章的主要目标是构造一种具备凸包性、保单调性、保凸性、变差缩减性的形状可调 3 次均匀 B 样条扩展曲线, 以及一种含形状调整参数的分段 3 次多项式插值曲线, 并给出其保正、保单调、保凸的充分条件.

13.2　保形逼近曲线

13.2.1　调配函数及其性质

13.2.1.1　调配函数的构造

对于由调配函数和控制顶点作线性组合生成的参数曲线而言, 曲线的性质很大程度上取决于调配函数的性质. 在构造调配函数时, 可以先选定其函数类型, 如多项式函数、三角函数、指数函数等, 以及具体的函数空间, 进而写出调配函数的初步表达式, 其中含待定系数. 然后设定曲线的性质, 由曲线性质反推调配函数的性质, 进而确定待定系数之间的关系, 得出调配函数的表达式.

在所有的函数类型中, 多项式属于最简单的. 这里选择用 3 次多项式来表达调配函数, 并预定由之定义的结构与 3 次均匀 B 样条曲线相同的分段组合曲线具有对称性、凸包性, 以及 C^1 连续性. 根据这些条件, 经过一系列的计算、整理, 就可以得出调配函数的表达式.

定义 13.2.1　设自变量 $t \in [0,1]$, 将下面由 4 个函数构成的函数组

$$\begin{cases} N_0(t) = \dfrac{1}{6}(1-t)^2[1-\beta-(1+2\beta)t] \\ N_1(t) = \dfrac{2+\beta}{3} - \left(1+\dfrac{3}{2}\beta\right)t^2 + \left(\dfrac{1}{2}+\beta\right)t^3 \\ N_2(t) = \dfrac{1-\beta}{6} + \dfrac{1}{2}t + \dfrac{1+3\beta}{2}t^2 - \left(\dfrac{1}{2}+\beta\right)t^3 \\ N_3(t) = \dfrac{1}{6}t^2[-3\beta+(1+2\beta)t] \end{cases} \tag{13.2.1}$$

称为带形状参数 β 的 3 次多项式调配函数, 简称 β 函数.

借助 3 次 Bernstein 基函数 $B_{3,i}(t) = C_3^i t^i (1-t)^{3-i}$, $i = 0,1,2,3$, β 函数可以表示成

$$(N_0(t) \quad N_1(t) \quad N_2(t) \quad N_3(t)) = (B_{3,0}(t) \quad B_{3,1}(t) \quad B_{3,2}(t) \quad B_{3,3}(t))\,\boldsymbol{H} \tag{13.2.2}$$

其中的转换矩阵为

$$\boldsymbol{H} = \begin{pmatrix} \dfrac{1-\beta}{6} & \dfrac{2+\beta}{3} & \dfrac{1-\beta}{6} & 0 \\ -\dfrac{\beta}{6} & \dfrac{2+\beta}{3} & \dfrac{2-\beta}{6} & 0 \\ 0 & \dfrac{2-\beta}{6} & \dfrac{2+\beta}{3} & -\dfrac{\beta}{6} \\ 0 & \dfrac{1-\beta}{6} & \dfrac{2+\beta}{3} & \dfrac{1-\beta}{6} \end{pmatrix} \tag{13.2.3}$$

13.2.1.2 调配函数的性质

由 β 函数的定义式 (13.2.1), 以及 β 函数与 Bernstein 基函数之间的关系, 即式 (13.2.2)、式 (13.2.3), 容易推出 β 函数具有下列性质.

性质 1 退化性. 当 $\beta = 0$ 时, β 函数即 3 次均匀 B 样条基函数.

性质 2 非负性. 当 $\beta \in [-2, 0]$ 时, 对任意的 $t \in [0,1]$, 有 $N_i(t) \geqslant 0 (i = 0,1,2,3)$.

性质 3 规范性. 即有 $\sum\limits_{i=0}^{3} N_i(t) = 1$.

性质 4 对称性. 对任意的 $t \in [0,1]$, 有 $N_i(1-t) = N_{3-i}(t) (i = 0,1,2,3)$.

性质 5 导函数. β 函数的导函数及其 Bernstein 基表示式如下

$$\begin{cases} N_0'(t) = -\dfrac{1}{2} + (1+\beta)t - \left(\dfrac{1}{2} + \beta\right)t^2 = -\dfrac{1}{2}B_{2,0}(t) + \dfrac{\beta}{2}B_{2,1}(t) \\ N_1'(t) = -(2+3\beta)t + \left(\dfrac{3}{2} + 3\beta\right)t^2 = -\left(1 + \dfrac{3}{2}\beta\right)B_{2,1}(t) - \dfrac{1}{2}B_{2,2}(t) \\ N_2'(t) = \dfrac{1}{2} + (1+3\beta)t - \left(\dfrac{3}{2} + 3\beta\right)t^2 = \dfrac{1}{2}B_{2,0}(t) + \left(1 + \dfrac{3}{2}\beta\right)B_{2,1}(t) \\ N_3'(t) = -\beta t + \left(\dfrac{1}{2} + \beta\right)t^2 = -\dfrac{\beta}{2}B_{2,1}(t) + \dfrac{1}{2}B_{2,2}(t) \end{cases} \tag{13.2.4}$$

$$\begin{cases} N_0''(t) = 1+\beta-(1+2\beta)t = (1+\beta)B_{1,0}(t) - \beta B_{1,1}(t) \\ N_1''(t) = -(2+3\beta)+3(1+2\beta)t = -(2+3\beta)B_{1,0}(t)+(1+3\beta)B_{1,1}(t) \\ N_2''(t) = 1+3\beta-3(1+2\beta)t = (1+3\beta)B_{1,0}(t)-(2+3\beta)B_{1,1}(t) \\ N_3''(t) = -\beta+(1+2\beta)t = -\beta B_{1,0}(t)+(1+\beta)B_{1,1}(t) \end{cases} \tag{13.2.5}$$

其中, $B_{n,i}(t) = C_n^i t^i (1-t)^{n-i} (n=1,2; i=0,1,\cdots,n)$.

性质 6　端点性质. 记

$$\boldsymbol{N}^{(k)}(t) = (N_0^{(k)}(t), N_1^{(k)}(t), N_2^{(k)}(t), N_3^{(k)}(t))^{\mathrm{T}}$$

其中, $k=0,1,2$, 当 $k=0$ 时, $N_i^{(0)}(t) = N_i(t)$, 这里 $i=0,1,2,3$, 则有

$$\begin{pmatrix} \boldsymbol{N}^{(0)}(0) & \boldsymbol{N}^{(1)}(0) & \boldsymbol{N}^{(2)}(0) \end{pmatrix} = \begin{pmatrix} \dfrac{1-\beta}{6} & -\dfrac{1}{2} & 1+\beta \\ \dfrac{2+\beta}{3} & 0 & -2-3\beta \\ \dfrac{1-\beta}{6} & \dfrac{1}{2} & 1+3\beta \\ 0 & 0 & -\beta \end{pmatrix} \tag{13.2.6}$$

$$\begin{pmatrix} \boldsymbol{N}^{(0)}(1) & \boldsymbol{N}^{(1)}(1) & \boldsymbol{N}^{(2)}(1) \end{pmatrix} = \begin{pmatrix} 0 & 0 & -\beta \\ \dfrac{1-\beta}{6} & -\dfrac{1}{2} & 1+3\beta \\ \dfrac{2+\beta}{3} & 0 & -2-3\beta \\ \dfrac{1-\beta}{6} & \dfrac{1}{2} & 1+\beta \end{pmatrix} \tag{13.2.7}$$

13.2.2　曲线及其性质

下面用 β 函数来构造结构与 3 次 B 样条曲线相同的分段组合曲线.

定义 13.2.2　给定 2 维或 3 维空间中的 $n+1$ 个控制顶点 $\boldsymbol{P}_i (i=0,1,\cdots,n)$, 给定节点矢量 $\boldsymbol{U} = (u_1, u_2, \cdots, u_{n-1})$, 满足 $u_1 < u_2 < \cdots < u_{n-1}$. 对 $i = 1,2,\cdots,n-2$, 将下面由 4 个控制顶点定义的曲线

$$\boldsymbol{p}_i(t) = \sum_{j=0}^{3} \boldsymbol{P}_{i+j-1} N_j(t) \tag{13.2.8}$$

称为 β 曲线段, 其中局部参数 $t \in [0,1]$, $N_j(t)(j=0,1,2,3)$ 为定义 13.2.1 中给出的 β 函数, 由所有 $n-2$ 条曲线段可以形成一条组合曲线, 定义为

$$\boldsymbol{q}(u) = \boldsymbol{p}_i\left(\frac{u-u_i}{\Delta u_i}\right)$$

其中, 全局参数 $u \in [u_i, u_{i+1}] \subset [u_1, u_{n-1}]$, $\Delta u_i = u_{i+1} - u_i$, $i = 1, 2, \cdots, n-2$, 将 $\boldsymbol{q}(u)$ 称为 β 曲线. 当所有的步长 Δu_i 都相等时, $\boldsymbol{U}$ 为等距节点矢量, 将对应的曲线称为均匀 β 曲线.

由 β 函数的性质, 可得 β 曲线 (段) 的下列性质.

性质 1 几何不变性与仿射不变性. 由于 β 函数具有规范性, 故 β 曲线的形状与坐标系的选取无关; 欲获得经仿射变换后的 β 曲线, 只需对控制多边形执行相同变换再定义曲线.

性质 2 对称性. 由于 β 函数具有对称性, 故当不改变参数 β 的值时, 由控制多边形 $\boldsymbol{P}_0\boldsymbol{P}_1\cdots\boldsymbol{P}_n$ 和 $\boldsymbol{P}_n\boldsymbol{P}_{n-1}\cdots\boldsymbol{P}_0$ 定义的 β 曲线形状相同, 只是参数方向相反.

性质 3 局部控制性. 由于 β 曲线具有与 3 次 B 样条曲线相同的结构, 故改变一个控制顶点, 至多只有 4 条曲线段的形状会发生改变.

性质 4 形状可调性. 由于 β 曲线中含参数 β, 改变 β 的值, 真正参与计算的 β 函数发生改变, 因此即使控制顶点和节点固定, 相应 β 曲线的形状依然会发生改变.

性质 5 连续性. 由式 (13.2.6)~ 式 (13.2.8), 容易推出

$$\boldsymbol{p}_i^{(k)}(0) = \boldsymbol{p}_{i-1}^{(k)}(1) \tag{13.2.9}$$

其中, 当 $\beta \neq 0$ 时, $k = 0, 1$; 当 $\beta = 0$ 时, $k = 0, 1, 2$. 又因为对 $u \in [u_i, u_{i+1}]$, $t = \dfrac{u-u_i}{h_i}$, 有

$$\boldsymbol{q}^{(k)}(u) = \left(\frac{1}{h_i}\right)^k \boldsymbol{p}_i^{(k)}(t)$$

故

$$\begin{cases} \boldsymbol{q}_+^{(k)}(u_i) = \left(\dfrac{1}{h_i}\right)^k \boldsymbol{p}_i^{(k)}(0) \\ \boldsymbol{q}_-^{(k)}(u_i) = \left(\dfrac{1}{h_{i-1}}\right)^k \boldsymbol{p}_{i-1}^{(k)}(1) \end{cases} \tag{13.2.10}$$

结合式 (13.2.9)、式 (13.2.10), 有

$$\boldsymbol{q}_+^{(k)}(u_i) = \left(\frac{h_{i-1}}{h_i}\right)^k \boldsymbol{q}_-^{(k)}(u_i)$$

其中, 当 $\beta \neq 0$ 时, $k=0,1$; 当 $\beta=0$ 时, $k=0,1,2$. 这表明 β 曲线在一般情况下 G^1 连续, 当节点等距时 C^1 连续; 当 $\beta=0$ 时 G^2 连续, 节点等距时 C^2 连续.

性质 6 凸包性. 当 $\beta \in [-2,0]$ 时, β 函数具有非负性与规范性, 故此时 β 曲线段 $\boldsymbol{p}_i(t)$ 一定位于控制顶点 $\boldsymbol{P}_{i-1}, \boldsymbol{P}_i, \boldsymbol{P}_{i+1}, \boldsymbol{P}_{i+2}$ 的凸包 H_i 内, 整条 β 曲线 $\boldsymbol{q}(u)$ 则位于所有凸包 H_i 的并集内.

图 13.2.1 为取不同的参数 β 时, 由相同的一组控制顶点 $(-4,1)$, $\left(-\dfrac{1}{2},\dfrac{3}{2}\right)$, $(0,4)$, $(1,3)$, $(0,0)$ 定义的 β 曲线, 图中红、黑、蓝、绿色曲线依次取 $\beta=-3,-2,0,1$. 从图中可以看出, 当 $\beta=-2,0$ 时, 曲线位于控制顶点的凸包内, 而当 $\beta=-3,1 \notin [-2,0]$ 时, 曲线不具备凸包性.

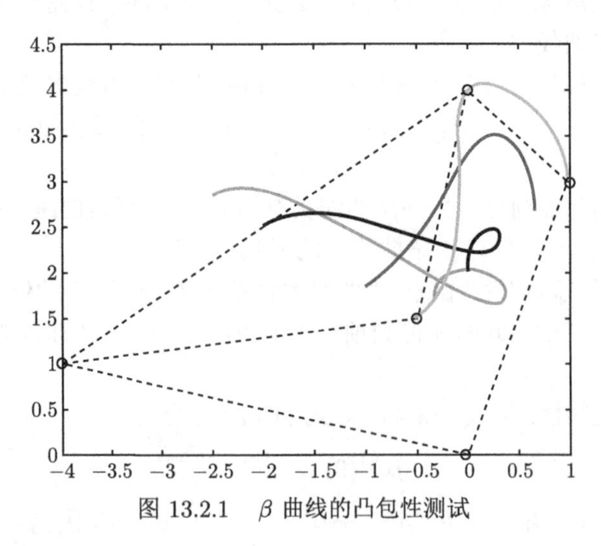

图 13.2.1 β 曲线的凸包性测试

13.2.3 曲线的保形分析与设计

在进行曲线设计时, 保形性是很常见的要求, 这一节讨论 β 曲线的保形条件.

当 $\beta \in [-2,0]$ 时, β 函数具有非负性, 相应的 β 曲线具有凸包性, 但对于 β 曲线是否具有保单调性、保凸性、变差缩减性则未知. 下面将分析当 β 曲线具备这些性质时, 参数 β 的取值范围.

13.2.3.1 保单调性

当控制顶点单调时, 若由之定义的曲线也单调, 并且曲线的单调性与控制顶点的单调性完全一致, 则称该曲线具有保单调性. 曲线 $\boldsymbol{q}(u)$ 保单调的条件是: 切矢 $\boldsymbol{q}'(u)$ 是所有边矢量 $\{\boldsymbol{P}_{i+1}-\boldsymbol{P}_i\}$ 的非负线性组合.

考察一条 β 曲线段 $\boldsymbol{p}_i(t)$, 由式 (13.2.4)、式 (13.2.8) 可得

$$\boldsymbol{p}_i'(t) = N_0'(t)\boldsymbol{P}_{i-1} + N_1'(t)\boldsymbol{P}_i + N_2'(t)\boldsymbol{P}_{i+1} + N_3'(t)\boldsymbol{P}_{i+2}$$

$$
\begin{aligned}
&= -N_0'(t)(\boldsymbol{P}_i - \boldsymbol{P}_{i-1}) + [N_2'(t) + N_3'(t)](\boldsymbol{P}_{i+1} - \boldsymbol{P}_i) + N_3'(t)(\boldsymbol{P}_{i+2} - \boldsymbol{P}_{i+1}) \\
&= \left[\frac{1}{2}B_{2,0}(t) - \frac{\beta}{2}B_{2,1}(t)\right](\boldsymbol{P}_i - \boldsymbol{P}_{i-1}) \\
&\quad + \left[\frac{1}{2}B_{2,0}(t) + (1+\beta)B_{2,1}(t) + \frac{1}{2}B_{2,2}(t)\right](\boldsymbol{P}_{i+1} - \boldsymbol{P}_i) \\
&\quad + \left[-\frac{\beta}{2}B_{2,1}(t) + \frac{1}{2}B_{2,2}(t)\right](\boldsymbol{P}_{i+2} - \boldsymbol{P}_{i+1})
\end{aligned}
\tag{13.2.11}
$$

由式 (13.2.11) 可知, 当 $\beta \in [-1,0]$ 时, β 曲线具有保单调性.

下面用图例来直观验证 β 曲线保单调性条件的正确性.

图 13.2.2 为取不同参数 β 时, 由相同的一组单调递增的控制顶点 $\left(1,\dfrac{4}{5}\right)$, $(2,1)$, $(3,1)$, $(4,5)$, $(5,5)$, $\left(6,\dfrac{17}{2}\right)$ 定义的 β 曲线, 从左到右曲线依次取 $\beta = -2,-1,0,1$. 从图中可以看出, 当 $\beta = -1, 0$ 时, 曲线保持了控制顶点的递增性, 而当 $\beta = -2, 1 \notin [-1,0]$ 时, 曲线不具备保单调性.

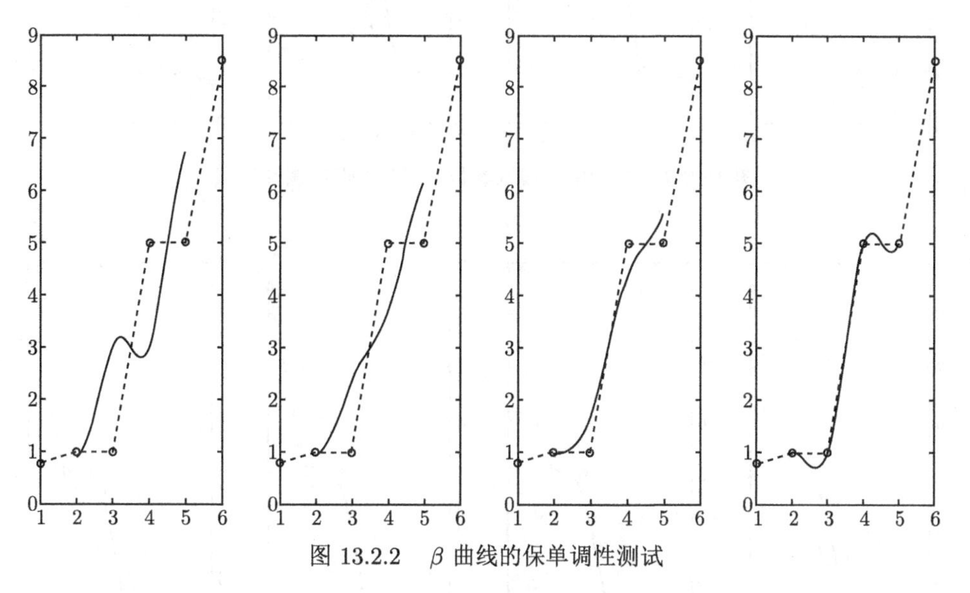

图 13.2.2 β 曲线的保单调性测试

为了将 β 曲线造型方法与已有的一些类似方法进行比较, 这里选择文献 [93, 94, 102] 和文献 [202] 中的方法作为比较对象, β 曲线与这些方法的共同之处是只含单参数.

注意到文献 [94] 中的 4 阶带参数均匀 B 样条基函数, 以及文献 [102] 中的 4 次混合函数, 都与文献 [93] 中带参数 λ 的调配函数相同, 下文用 “方法一” 来指代这三者对应的曲线设计方法. 文献 [94] 中由 5 次、6 次调配函数确定的曲线设计方法分别称为方法二、方法三, 文献 [202] 中的方法称为方法四.

方法一 ~ 方法四中参数取值范围分别为 $[-8,1]$, $[-15,1]$, $[-24,1]$, $\left[-1,\frac{4}{5}\right]$, 图 13.2.3 所示为由图 13.2.2 中控制顶点定义的取各自范围下限的方法一至方法四 (从左往右) 中的曲线, 图 13.2.4 则是取各自范围上限所得曲线.

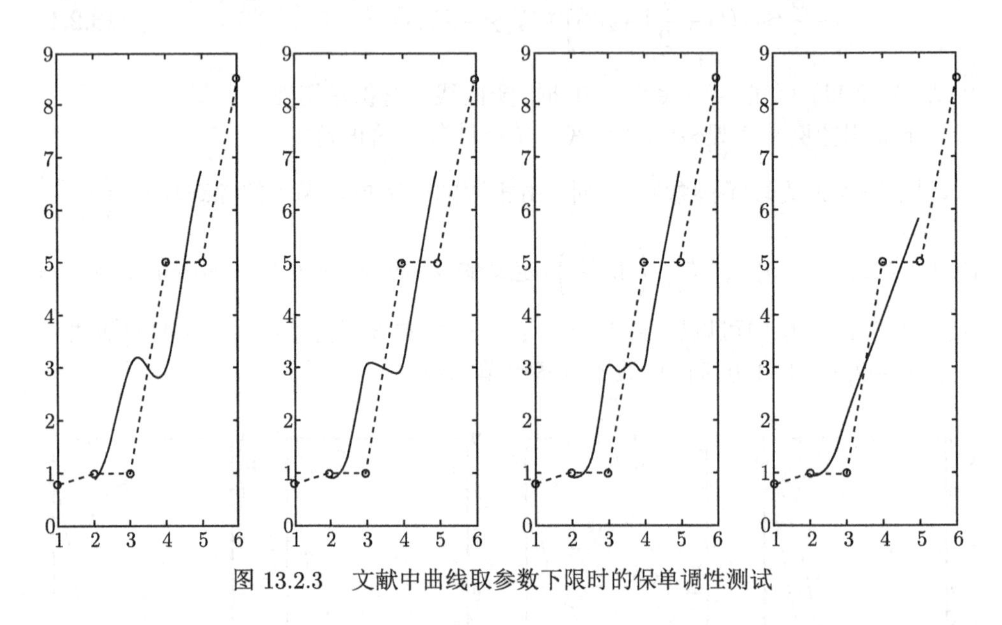

图 13.2.3　文献中曲线取参数下限时的保单调性测试

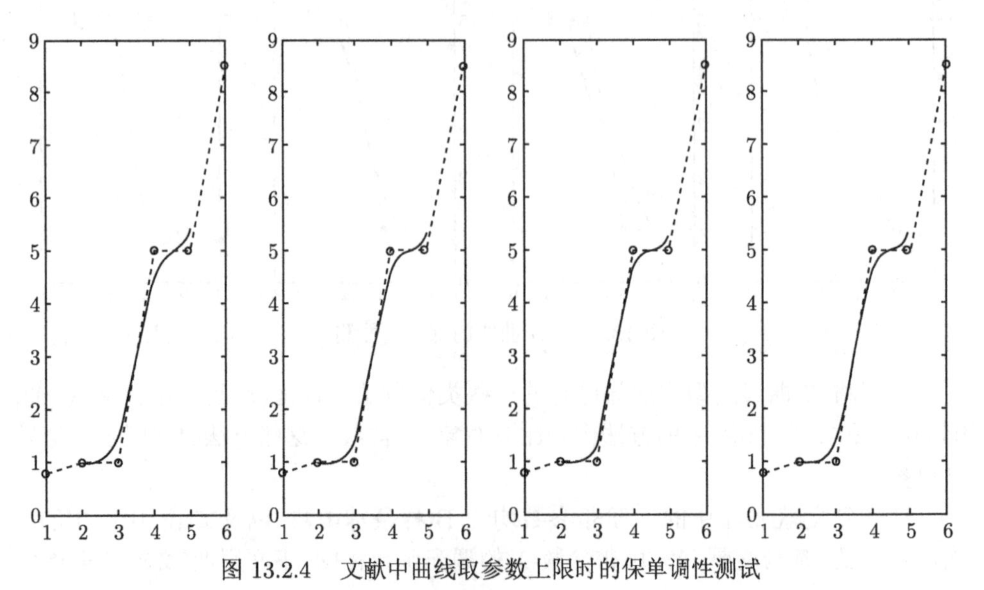

图 13.2.4　文献中曲线取参数上限时的保单调性测试

由图 13.2.3、图 13.2.4 可知, 方法一 ~ 方法三中的范围不能确保曲线的保单调性, 因为至少在取下限时, 曲线不保单调, 而方法四对这一组控制顶点是保单调的, 但是否对所有单调顶点都具有保单调性, 则需要从理论上进行分析.

13.2.3.2　保凸性

称曲线 $\boldsymbol{q}(u)$ 具有保凸性, 如果矢量 $\boldsymbol{q}''(u)$ 是所有矢量 $\{\boldsymbol{P}_{i+1}-2\boldsymbol{P}_i+\boldsymbol{P}_{i-1}\}$ 的非负线性组合.

考察一条 β 曲线段 $\boldsymbol{p}_i(t)$, 由式 (13.2.5)、式 (13.2.8) 可得

$$\begin{aligned}
\boldsymbol{p}_i''(t) &= N_0''(t)\boldsymbol{P}_{i-1}+N_1''(t)\boldsymbol{P}_i+N_2''(t)\boldsymbol{P}_{i+1}+N_3''(t)\boldsymbol{P}_{i+2}\\
&= -N_0''(t)(\boldsymbol{P}_i-\boldsymbol{P}_{i-1})+[N_2''(t)+N_3''(t)](\boldsymbol{P}_{i+1}-\boldsymbol{P}_i)+N_3''(t)(\boldsymbol{P}_{i+2}-\boldsymbol{P}_{i+1})\\
&= N_0''(t)(\boldsymbol{P}_{i+1}-2\boldsymbol{P}_i+\boldsymbol{P}_{i-1})+[N_2''(t)+2N_3''(t)-N_0''(t)](\boldsymbol{P}_{i+1}-\boldsymbol{P}_i)\\
&\quad +N_3''(t)(\boldsymbol{P}_{i+2}-2\boldsymbol{P}_{i+1}+\boldsymbol{P}_i)\\
&= N_0''(t)(\boldsymbol{P}_{i+1}-2\boldsymbol{P}_i+\boldsymbol{P}_{i-1})+N_3''(t)(\boldsymbol{P}_{i+2}-2\boldsymbol{P}_{i+1}+\boldsymbol{P}_i)\\
&= [(1+\beta)B_{1,0}(t)-\beta B_{1,1}(t)](\boldsymbol{P}_{i+1}-2\boldsymbol{P}_i+\boldsymbol{P}_{i-1})\\
&\quad +[-\beta B_{1,0}(t)+(1+\beta)B_{1,1}(t)](\boldsymbol{P}_{i+2}-2\boldsymbol{P}_{i+1}+\boldsymbol{P}_i)
\end{aligned} \tag{13.2.12}$$

由式 (13.2.12) 可知, 当 $\beta\in[-1,0]$ 时, β 曲线具有保凸性.

下面用图例来直观验证 β 曲线保凸条件的正确性.

图 13.2.5 所示为取不同参数 β 时, 由相同的一组凸控制点数据 $(0,0)$, $\left(-2,\dfrac{9}{5}\right)$,

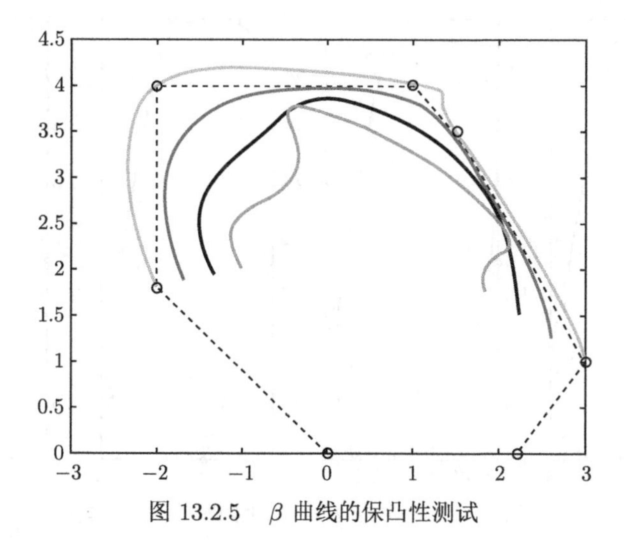

图 13.2.5　β 曲线的保凸性测试

$(-2,4), (1,4), \left(\dfrac{3}{2},\dfrac{7}{2}\right), (3,1), \left(\dfrac{11}{5},0\right)$ 定义的 β 曲线, 图中红、黑、蓝、绿色的曲线依次取参数 $\beta=-2,-1,0,1$

从图 13.2.5 中可以看出, 当 $\beta=-1,0$ 时, 曲线保持了控制多边形的凸性, 而当参数 $\beta=-2,1\notin[-1,0]$ 时, 曲线不具备保凸性.

下面用图 13.2.5 中的凸数据点对方法一 $\sim$ 方法四的保凸性进行测试.

图 13.2.6 为取各自范围下限的方法一 $\sim$ 方法四 (从左往右) 中的曲线, 图 13.2.7 则是取各自范围上限所得曲线.

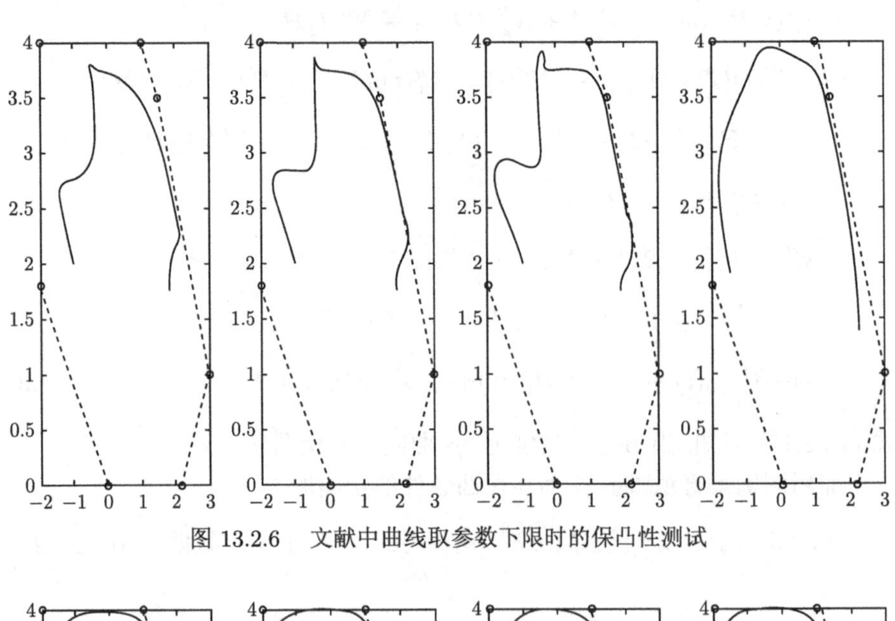

图 13.2.6　文献中曲线取参数下限时的保凸性测试

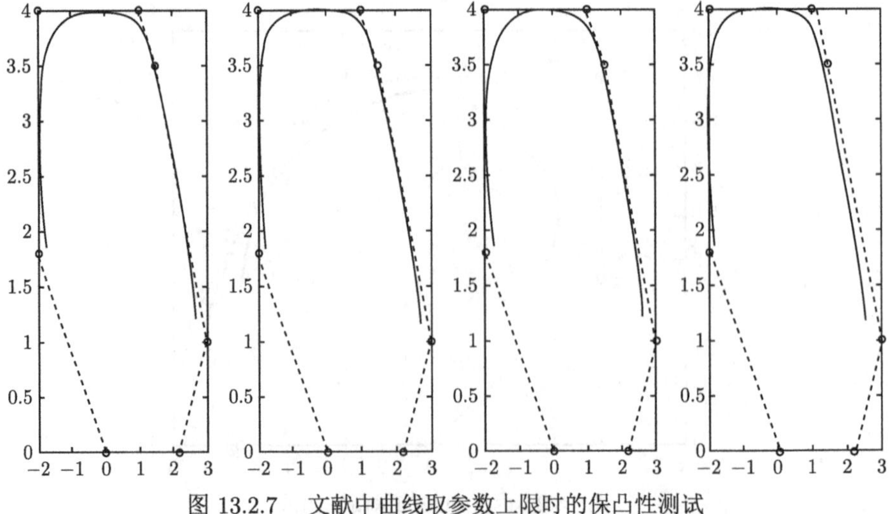

图 13.2.7　文献中曲线取参数上限时的保凸性测试

由图 13.2.6、图 13.2.7 可知, 方法一 ~ 方法三中的范围都不能确保曲线的保凸性, 因为至少在取下限时, 曲线不保凸, 而方法四对这一组凸数据点是保凸的, 但是否对所有凸的控制顶点都具有保凸性, 则需从理论上进行分析.

13.2.3.3 变差缩减性

Bernstein 基函数是多项式函数空间上的最优规范全正基, 由最优规范全正基乘以非奇异全正转换矩阵生成的基函数是全正基, 由全正基定义的曲线一定具有变差缩减性. 因此, 由式 (13.2.2) 可知, β 曲线是否具有变差缩减性取决于转换矩阵 $\boldsymbol{H}$ 是否是非奇异全正矩阵.

定理 13.2.1 当 $\beta \in \left(-\frac{1}{2}, 0\right]$ 时, 由式 (13.2.3) 给出的矩阵 $\boldsymbol{H}$ 为非奇异全正矩阵.

证明 由式 (13.2.3) 可知, 当 $\beta \in \left(-\frac{1}{2}, 0\right]$ 时, $|\boldsymbol{H}| = \frac{1+2\beta}{108} \neq 0$, 故 $\boldsymbol{H}$ 为非奇异矩阵. 下面考察 $\boldsymbol{H}$ 是否为全正矩阵. $\boldsymbol{H}$ 的 36 个 2 阶子式如表 13.2.1 所示.

表 13.2.1 矩阵 $\boldsymbol{H}$ 的 2 阶子式

列	行					
	1,2	1,3	1,4	2,3	2,4	3,4
1,2	$\frac{2+\beta}{18}$	$\frac{1-\beta}{18}$	0	$\frac{2+\beta}{18}$	0	0
1,3	$\frac{(1-\beta)(2-\beta)}{36}$	$\frac{(1-\beta)(2+\beta)}{18}$	$\frac{-\beta(1-\beta)}{36}$	$\frac{14+19\beta+3\beta^2}{36}$	$\frac{-\beta(2+\beta)}{18}$	$\frac{-\beta(1-\beta)}{36}$
1,4	$\frac{(1-\beta)^2}{36}$	$\frac{(1-\beta)(2+\beta)}{18}$	$\frac{(1-\beta)^2}{36}$	$\frac{(1+\beta)(5+\beta)}{12}$	$\frac{(1-\beta)(2+\beta)}{18}$	$\frac{(1-\beta)^2}{36}$
2,3	$\frac{-\beta(2-\beta)}{36}$	$\frac{-\beta(2+\beta)}{18}$	$\frac{\beta^2}{36}$	$\frac{(2+3\beta)(6+\beta)}{36}$	$\frac{-\beta(2+\beta)}{18}$	$\frac{-\beta(2-\beta)}{36}$
2,4	$\frac{-\beta(1-\beta)}{36}$	$\frac{-\beta(2+\beta)}{18}$	$\frac{-\beta(1-\beta)}{36}$	$\frac{14+19\beta+3\beta^2}{36}$	$\frac{(1-\beta)(2+\beta)}{18}$	$\frac{(1-\beta)(2-\beta)}{36}$
3,4	0	0	0	$\frac{2+\beta}{18}$	$\frac{1-\beta}{18}$	$\frac{2+\beta}{18}$

$\boldsymbol{H}$ 的 16 个 3 阶子式如表 13.2.2 所示.

易知当 $\beta \in \left(-\frac{1}{2}, 0\right]$ 时, $\boldsymbol{H}$ 的所有元素, 即 1 阶子式非负, 且 $\boldsymbol{H}$ 的所有 2 阶、3 阶子式非负, 又 $|\boldsymbol{H}|$, 即 4 阶子式也非负, 故 $\boldsymbol{H}$ 为全正矩阵. 证毕.

定理 13.2.2 当 $\beta \in \left(-\frac{1}{2}, 0\right]$ 时, 由式 (13.2.1) 给出的 β 函数为全正基.

表 13.2.2 矩阵 H 的 3 阶子式

列	行			
	1,2,3	1,2,4	1,3,4	2,3,4
1,2,3	$\dfrac{6+11\beta+\beta^2}{108}$	$\dfrac{-\beta(2+\beta)}{108}$	$\dfrac{-\beta(1-\beta)}{108}$	$\dfrac{-\beta(2+\beta)}{108}$
1,2,4	$\dfrac{7+10\beta+\beta^2}{108}$	$\dfrac{(1-\beta)(2+\beta)}{108}$	$\dfrac{(1-\beta)^2}{108}$	$\dfrac{(1-\beta)(2+\beta)}{108}$
1,3,4	$\dfrac{(1-\beta)(2+\beta)}{108}$	$\dfrac{(1-\beta)^2}{108}$	$\dfrac{(1-\beta)(2+\beta)}{108}$	$\dfrac{7+10\beta+\beta^2}{108}$
2,3,4	$\dfrac{-\beta(2+\beta)}{108}$	$\dfrac{-\beta(1-\beta)}{108}$	$\dfrac{-\beta(2+\beta)}{108}$	$\dfrac{6+11\beta+\beta^2}{108}$

注释 13.2.1 由定理 13.2.2 可知, 当 $\beta \in \left(-\dfrac{1}{2}, 0\right]$ 时, β 曲线具有变差缩减性.

下面用图例来直观验证 β 曲线变差缩减性条件的正确性.

图 13.2.8 为取不同的参数 β 时, 由相同的一组控制顶点 $(0,0)$, $\left(-2, \dfrac{9}{5}\right)$, $(0,1)$, $(1,4)$, $\left(\dfrac{3}{2}, 2\right)$, $\left(\dfrac{5}{2}, \dfrac{1}{2}\right)$, $\left(\dfrac{11}{5}, 0\right)$, $(1,0)$ 定义的 β 曲线. (a) 中曲线取 $\beta = -1$,

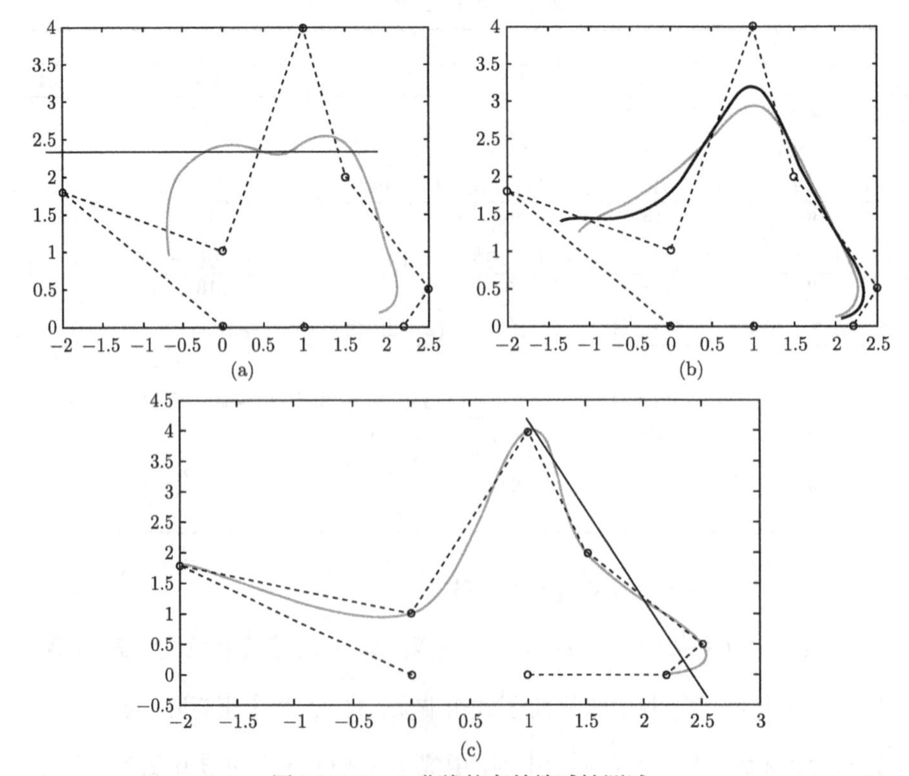

图 13.2.8 β 曲线的变差缩减性测试

(b) 中红色、黑色曲线依次取 $\beta=-\dfrac{1}{3},0$, (c) 中的曲线取 $\beta=1$. 从图中可以看出, 当 $\beta=-\dfrac{1}{3},0$ 时, 曲线具有变差缩减性, 而当 $\beta=-1,1\notin\left(-\dfrac{1}{2},0\right]$ 时, 可以找出与曲线交点个数多于与控制多边形交点个数的直线, 即此时的曲线不具备变差缩减性.

下面用图 13.2.8 中的数据点对方法一 ~ 方法四的变差缩减性进行测试.

图 13.2.9 所示为取各自范围下限的方法一 ~ 方法四 (从左往右) 中的曲线, 图 13.2.10 则是取各自范围上限所得曲线.

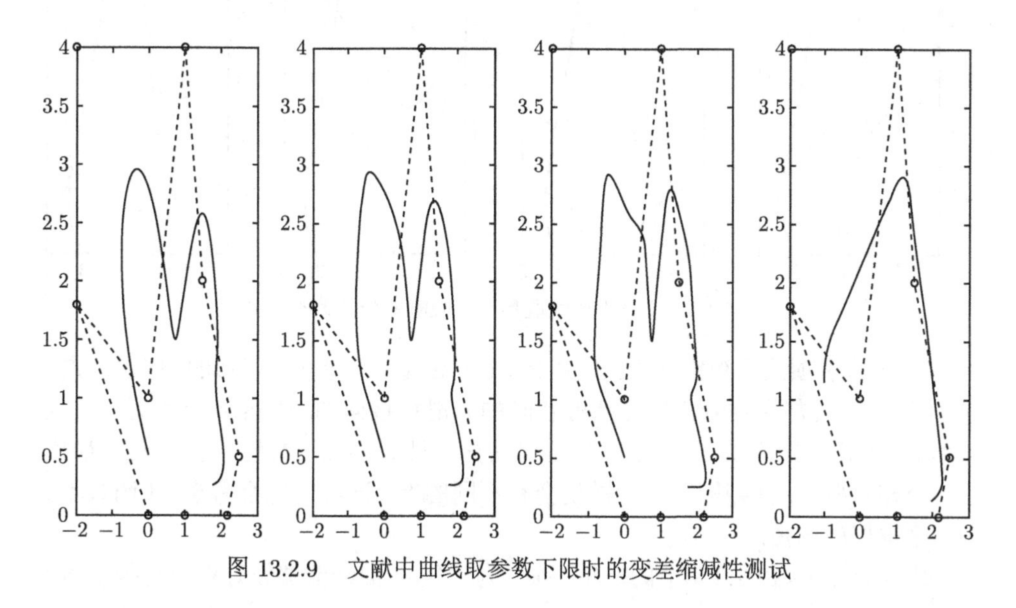

图 13.2.9 文献中曲线取参数下限时的变差缩减性测试

由图 13.2.9、图 13.2.10 可知, 方法一 ~ 方法三中的范围都不能确保曲线的变差缩减性, 因为至少在取下限时, 曲线不具备变差缩减性, 而方法四对这一组数据点是具有变差缩减性的, 但是否对所有的控制顶点都具有该性质, 则同样需要从理论上进行分析.

13.2.3.4 曲线设计

对于一个具有全正基的函数空间而言, 最优规范全正基是唯一的, 且具有最优的保形性, 即由该基函数定义的曲线能够最好地模拟控制多边形的形态. 对于上文中给出的 β 函数所在的 3 次多项式函数空间而言, 最优规范全正基为 3 次 Bernstein 基函数. 当 $\beta\in\left(-\dfrac{1}{2},0\right]$ 时, β 函数都是全正基, 对应的曲线具有变差缩减性, 因此能够较好地保持控制多边形的特征. 鉴于此, 在范围 $\left(-\dfrac{1}{2},0\right]$ 内选

择控制参数 β 都是较优的. 由于 β 函数无法退化为 3 次 Bernstein 基函数, 所以从保形性这一角度来讲, 控制参数的 "最优" 选取是达不到的.

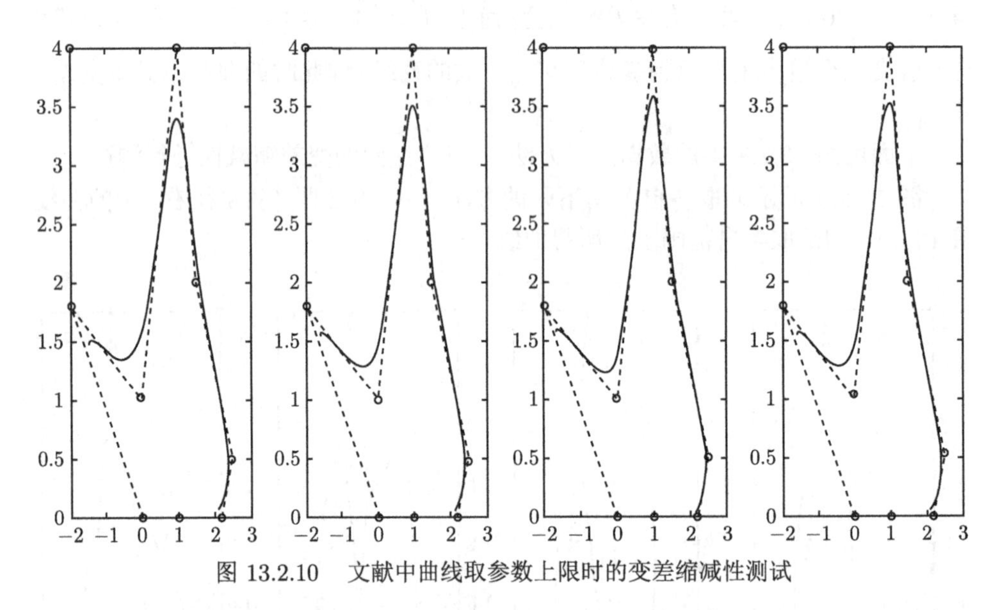

图 13.2.10 文献中曲线取参数上限时的变差缩减性测试

在 3 次多项式函数空间上, 3 次 Bernstein 基是 "最优" 保形的, 但由之定义的 Bézier 曲线却面临着描述复杂形状时的光滑拼接问题; 虽然 β 函数是 "较优" 保形的, 但由之定义的 β 曲线却具有自动光滑性和局部控制性. 事实上, "最优" 是一个相对概念, 评判标准不一样就会有不同的 "入选者", 综合考虑, β 函数不失为一个很好的选择.

由 13.2.3.1~13.2.3.3 节的分析可知, 为了使 β 曲线能够较好地保持控制多边形的形状, 建议在设计曲线时限制参数的取值范围为 $\beta \in \left(-\frac{1}{2}, 0\right]$.

下面考察参数 β 对曲线形状的影响.

由式 (13.2.6)~ 式 (13.2.8) 可得

$$\begin{cases} \boldsymbol{p}_i(0) = \boldsymbol{P}_i + \dfrac{1-\beta}{6}[(\boldsymbol{P}_{i-1} - \boldsymbol{P}_i) + (\boldsymbol{P}_{i+1} - \boldsymbol{P}_i)] \\ \boldsymbol{p}_i'(0) = \dfrac{1}{2}(\boldsymbol{P}_{i+1} - \boldsymbol{P}_{i-1}) \\ \boldsymbol{p}_i(1) = \boldsymbol{P}_{i+1} + \dfrac{1-\beta}{6}[(\boldsymbol{P}_i - \boldsymbol{P}_{i+1}) + (\boldsymbol{P}_{i+2} - \boldsymbol{P}_{i+1})] \\ \boldsymbol{p}_i'(0) = \dfrac{1}{2}(\boldsymbol{P}_{i+2} - \boldsymbol{P}_i) \end{cases} \tag{13.2.13}$$

从式 (13.2.13) 可以看出, 当控制顶点固定时, β 曲线段的起止点位置取决于参数

β 的值. 具体的, 第 i 条曲线段的起点位于以边 $\boldsymbol{P}_i\boldsymbol{P}_{i-1}$ 和 $\boldsymbol{P}_i\boldsymbol{P}_{i+1}$ 为邻边形成的平行四边形的对角线 (起点为 $\boldsymbol{P}_i$) 上, 起点与 $\boldsymbol{P}_i$ 的距离为该对角线长度的 $\dfrac{1-\beta}{6}$ 倍. 对曲线段的终点也有类似结论. 因此 β 的值越大, 曲线段的起点越接近点 $\boldsymbol{P}_i$, 终点越接近点 $\boldsymbol{P}_{i+1}$. 而曲线段在起止点的切矢则与 β 的取值无关, 因此取不同 β 时的曲线是 "平行" 的, 增加 β 值的作用是将曲线段 "均匀" 地拉向中间的控制边, 如图 13.2.11 所示. 图中红、黑、蓝、绿色曲线依次取 $\beta=-\dfrac{3}{4},-\dfrac{1}{2},-\dfrac{1}{4},0$.

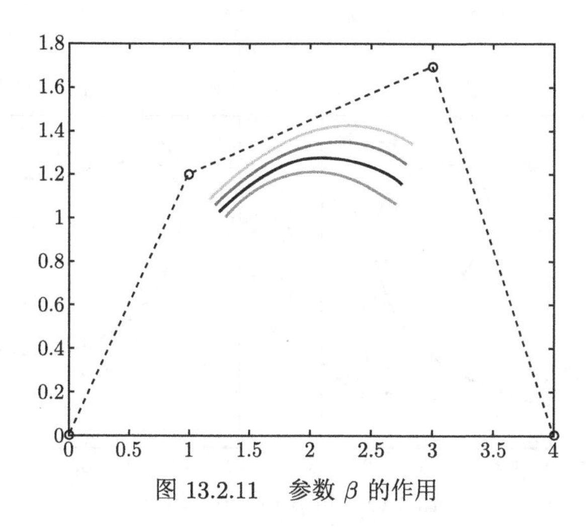

图 13.2.11 参数 β 的作用

从式 (13.2.13) 还可以看出, 若 β 曲线的控制顶点满足条件

$$\begin{cases}\boldsymbol{P}_1=\dfrac{1}{2}(\boldsymbol{P}_0+\boldsymbol{P}_2)\\[2ex]\boldsymbol{P}_{n-1}=\dfrac{1}{2}(\boldsymbol{P}_{n-2}+\boldsymbol{P}_n)\end{cases}$$

则无论 β 取何值, 均有 $\boldsymbol{q}(u_1)=\boldsymbol{P}_1$, $\boldsymbol{q}(u_{n-1})=\boldsymbol{P}_{n-1}$, 即 β 曲线经过顺序第 2 个和倒序第 2 个控制顶点. 因此, 要想使 β 曲线经过控制多边形 $\langle\boldsymbol{P}_0\boldsymbol{P}_1\cdots\boldsymbol{P}_n\rangle$ 的首末顶点, 只需增加两个辅助点

$$\begin{cases}\boldsymbol{P}_{-1}=2\boldsymbol{P}_0-\boldsymbol{P}_1\\ \boldsymbol{P}_{n+1}=2\boldsymbol{P}_n-\boldsymbol{P}_{n-1}\end{cases}$$

再由新的控制多边形 $\boldsymbol{P}_{-1}\boldsymbol{P}_0\cdots\boldsymbol{P}_{n+1}$ 定义曲线即可.

若原始控制多边形封闭, 即 $\boldsymbol{P}_0=\boldsymbol{P}_n$, 则该方法将产生一条封闭的曲线, 但一般情况下该曲线在闭合点处仅位置连续, 并不光滑.

若希望由封闭的控制多边形生成封闭且光滑的曲线, 只需增加 2 个辅助点

$$\begin{cases} \boldsymbol{P}_{n+1} = \boldsymbol{P}_1 \\ \boldsymbol{P}_{n+2} = \boldsymbol{P}_2 \end{cases}$$

再由新的控制多边形 $\boldsymbol{P}_0\boldsymbol{P}_1\cdots\boldsymbol{P}_{n+2}$ 定义曲线即可.

在图 13.2.12 中, 左侧过首末控制顶点的开曲线, 以及右侧的封闭光滑曲线就是用上述方式得到的. 图中圆点为初始控制点, 方形点为辅助点, 图中曲线均取 $\beta = -\dfrac{1}{4}$.

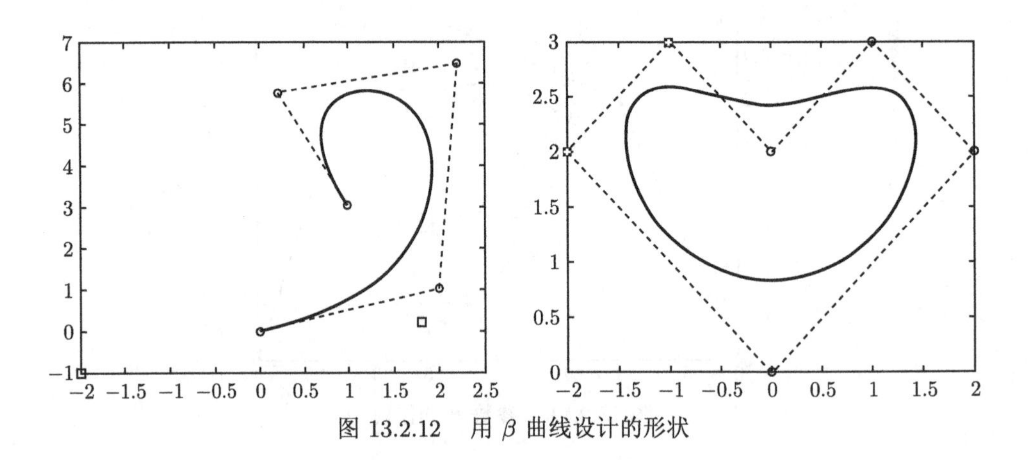

图 13.2.12　用 β 曲线设计的形状

13.3　保形插值曲线

13.3.1　调配函数的全正性

在文献 [203] 中, 作者构造了一种带参数 λ 的 3 次多项式函数:

$$\begin{cases} b_0(t;\lambda) = (1-\lambda t)(1-t)^2 \\ b_1(t;\lambda) = (2+\lambda)t(1-t)^2 \\ b_2(t;\lambda) = (2+\lambda)t^2(1-t) \\ b_3(t;\lambda) = (1-\lambda+\lambda t)t^2 \end{cases} \tag{13.3.1}$$

其中, $t \in [0,1]$.

虽然 $b_i(t;\lambda)(i=0,1,2,3)$ 的表达式中含两个参数 t 和 λ, 但在实际使用时 λ 会给定, 所以表达式成为关于 t 的单变量函数. 因此在不至于混淆时, 为了简单, 下文将 $b_i(t;\lambda)$ 简写为 $b_i(t)$, $i=0,1,2,3$.

当 $\lambda = 0$ 时, $\{b_i(t), i = 0, 1, 2, 3\}$ 为 3 次 Ball 基; 当 $\lambda = 1$ 时, $\{b_i(t), i = 0, 1, 2, 3\}$ 为 3 次 Bernstein 基. $\{b_i(t), i = 0, 1, 2, 3\}$ 具有规范性、对称性, 以及如下的端点性质:

$$\begin{cases} b_0(0) = b_3(1) = 1 \\ b_i(0) = b_j(1) = 0, i = 1, 2, 3; j = 0, 1, 2 \\ b_0'(0) = b_2'(1) = -(2+\lambda) \\ b_1'(0) = b_3'(1) = 2+\lambda \\ b_i'(0) = b_j'(1) = 0, i = 2, 3; j = 0, 1 \end{cases} \tag{13.3.2}$$

文献 [203] 中指出当 $\lambda \in [-2, 1]$ 时, $\{b_i(t), i = 0, 1, 2, 3\}$ 具有非负性, 但对于其是否具有全正性则没有讨论, 并且文献 [203] 没有说明函数组 $\{b_i(t), i = 0, 1, 2, 3\}$ 是否线性无关, 下面对这些进行分析.

函数组 $\{b_i(t), i = 0, 1, 2, 3\}$ 可以用 3 次 Bernstein 基函数来表示, 表示结果如下:

$$(b_0(t) \quad b_1(t) \quad b_2(t) \quad b_3(t)) = (B_{0,3}(t) \quad B_{1,3}(t) \quad B_{2,3}(t) \quad B_{3,3}(t))\,\boldsymbol{H} \tag{13.3.3}$$

其中, $B_{i,3}(t) = C_3^i t^i (1-t)^{3-i} (i = 0, 1, 2, 3)$, 转换矩阵为

$$\boldsymbol{H} = \begin{pmatrix} 1 & 0 & 0 & 0 \\ \dfrac{1-\lambda}{3} & \dfrac{2+\lambda}{3} & 0 & 0 \\ 0 & 0 & \dfrac{2+\lambda}{3} & \dfrac{1-\lambda}{3} \\ 0 & 0 & 0 & 1 \end{pmatrix} \tag{13.3.4}$$

定理 13.3.1 当 $\lambda \in (-2, 1]$ 时, 由式 (13.2.4) 给出的矩阵 $\boldsymbol{H}$ 为非奇异全正矩阵.

证明 由式 (13.3.4) 可知, 当 $\lambda \in (-2, 1]$ 时, $|\boldsymbol{H}| = \left(\dfrac{2+\lambda}{3}\right)^2 \neq 0$, 故 $\boldsymbol{H}$ 为非奇异矩阵. 下面考察 $\boldsymbol{H}$ 是否为全正矩阵. $\boldsymbol{H}$ 的 36 个 2 阶子式如表 13.3.1 所示.

$\boldsymbol{H}$ 的 16 个 3 阶子式如表 13.3.2 所示.

易知当 $\lambda \in (-2, 1]$ 时, $\boldsymbol{H}$ 的所有元素, 即 1 阶子式非负, 且 $\boldsymbol{H}$ 的所有 2 阶、3 阶子式非负, 又 $|\boldsymbol{H}|$, 即 4 阶子式也非负, 故 $\boldsymbol{H}$ 为全正矩阵. 证毕.

注释 13.3.1 由于 4 个 3 次 Bernstein 基构成的函数组是线性无关的, 因此由式 (13.3.3) 以及矩阵 $\boldsymbol{H}$ 的非奇异性可知, 函数组 $\{b_i(t), i = 0, 1, 2, 3\}$ 也线性无关, 故它们形成一组基.

定理 13.3.2　当 $\lambda \in (-2,1]$ 时, 由式 (13.3.1) 给出的函数组 $\{b_i(t), i = 0,1,2,3\}$ 为全正基.

表 13.3.1　矩阵 H 的 2 阶子式

列	行					
	1, 2	1, 3	1, 4	2, 3	2, 4	3, 4
1, 2	$\frac{2+\lambda}{3}$	0	0	0	0	0
1, 3	0	$\frac{2+\lambda}{3}$	0	$\frac{1-\lambda}{3}\cdot\frac{2+\lambda}{3}$	0	0
1, 4	0	$\frac{1-\lambda}{3}$	1	$\left(\frac{1-\lambda}{3}\right)^2$	$\frac{1-\lambda}{3}$	0
2, 3	0	0	0	$\left(\frac{2+\lambda}{3}\right)^2$	0	0
2, 4	0	0	0	$\frac{1-\lambda}{3}\cdot\frac{2+\lambda}{3}$	$\frac{2+\lambda}{3}$	0
3, 4	0	0	0	0	0	$\frac{2+\lambda}{3}$

表 13.3.2　矩阵 H 的 3 阶子式

列	行			
	1, 2, 3	1, 2, 4	1, 3, 4	2, 3, 4
1, 2, 3	$\left(\frac{2+\lambda}{3}\right)^2$	0	0	0
1, 2, 4	$\frac{1-\lambda}{3}\cdot\frac{2+\lambda}{3}$	$\frac{2+\lambda}{3}$	0	0
1, 3, 4	0	0	$\frac{2+\lambda}{3}$	$\frac{1-\lambda}{3}\cdot\frac{2+\lambda}{3}$
2, 3, 4	0	0	0	$\left(\frac{2+\lambda}{3}\right)^2$

证明　由于 3 次 Bernstein 基为多项式函数空间上的最优规范全正基, 而 $\boldsymbol{H}$ 为全正矩阵, 故由式 (13.3.3) 可知 $\{b_i(t), i = 0,1,2,3\}$ 为全正基. 证毕.

为了方便, 在下文中将参数取值范围为 $\lambda \in (-2,1]$ 的函数组 $\{b_i(t), i = 0,1,2,3\}$ 称为 λB 基.

注释 13.3.2　由于 λB 基为全正基, 因此由 λB 基和控制顶点做线性组合生成的参数多项式曲线具有变差缩减性和保凸性, 从而能够较好地保持控制多边形的特征.

13.3.2　插值曲线及其保形分析

13.3.2.1　插值曲线的构造

设 $(x_i, f_i)(i = 1,2,\cdots,n)$ 为一组给定的数据点, 其中 $x_1 < x_2 < \cdots < x_n$. 对 $i = 1,2,\cdots,n-1$, 设 $h_i = x_{i+1} - x_i$, $\Delta_i = \dfrac{f_{i+1} - f_i}{h_i}$, 在每个子区间 $[x_i, x_{i+1}]$

上, 利用 λB 基可构造如下的曲线段:

$$s_i(x) = b_0(t;\lambda_i)f_i + b_1(t;\lambda_i)\Big(f_i + \frac{d_ih_i}{\xi_i}\Big) + b_2(t;\lambda_i)\Big(f_{i+1} - \frac{d_{i+1}h_i}{\xi_i}\Big) + b_3(t;\lambda_i)f_{i+1} \tag{13.3.5}$$

其中, $t = \dfrac{x-x_i}{h_i}$, $\lambda_i \in (-2,1]$, $\xi_i > 0$, d_i 为数据点在 x_i 处的导数值.

记 $s(x) = s_i(x)$, $x \in [x_i, x_{i+1}]$, $i = 1,2,\cdots,n-1$, 则 $s(x)$ 为将所有曲线段 $s_i(x)$ 连接而成的分段组合曲线, 其定义域为 $x \in [x_1, x_n]$.

由式 (13.3.2)、式 (13.3.5) 可知: 对 $i = 1,2,\cdots,n-1$, 有

$$\begin{cases} s_i(x_i) = f_i \\ s_i(x_{i+1}) = f_{i+1} \\ s'_{i+}(x_i) = \dfrac{(2+\lambda_i)d_i}{\xi_i} \\ s'_{i-}(x_{i+1}) = \dfrac{(2+\lambda_i)d_{i+1}}{\xi_i} \end{cases} \tag{13.3.6}$$

由式 (13.3.6) 可以推出曲线 $s(x)$ 插值所有给定的数据点, 并且在分段连接点处 G^1 连续.

大多数情况下, d_i 并没有直接给出, 需要由给定的数据 (x_i, f_i) 来计算. 这里采用文献 [204] 中的算数平均方法来确定 d_i:

$$\begin{cases} d_1 = \begin{cases} 0, & \Delta_1 = 0 \quad or \quad \operatorname{sgn}(d_1^*) \neq \operatorname{sgn}(\Delta_1) \\ d_1^* = \Delta_1 + (\Delta_1 - \Delta_2)h_1/(h_1+h_2), & \text{其他} \end{cases} \\ d_i = \begin{cases} 0, & \Delta_{i-1} = 0 \quad \text{或} \quad \Delta_i = 0 \\ (h_i\Delta_{i-1} + h_{i-1}\Delta_i)/(h_i + h_{i-1}), & \text{其他},\ i = 2,3,\cdots,n-1 \end{cases} \\ d_n = \begin{cases} 0, & \Delta_{n-1} = 0 \ \text{或} \operatorname{sgn}\ (d_n^*) \neq \operatorname{sgn}(\Delta_{n-1}) \\ d_n^* = \Delta_{n-1} + (\Delta_{n-1} - \Delta_{n-2})h_{n-1}/(h_{n-1}+h_{n-2}), & \text{其他} \end{cases} \end{cases} \tag{13.3.7}$$

在每一段曲线 $s_i(x)$ 中, 都存在两个形状参数 λ_i 和 ξ_i, 下面分析怎样确定这些参数才能使插值曲线 $s(x)$ 具有保形性.

13.3.2.2 保正性

假设所给数据 (x_i, f_i) 满足条件 $f_i > 0$, $i = 1,2,\cdots,n$. 称插值曲线 $s(x)$ 具有保正性, 如果在每个子区间 $[x_i, x_{i+1}]$ 上, 都有 $s(x) = s_i(x) > 0$, $i = 1,2,\cdots,n-1$.

考虑任意一个区间段 $[x_i, x_{i+1}]$. 利用式 (13.2.3)、(13.2.4), 可将式 (13.2.5) 整理成

$$\begin{aligned} s_i(x) = &(1-t)^3 f_i + 3t(1-t)^2\left(f_i + \frac{(2+\lambda_i)d_i h_i}{3\xi_i}\right) \\ &+ 3t^2(1-t)\left(f_{i+1} - \frac{(2+\lambda_i)d_{i+1}h_i}{3\xi_i}\right) + t^3 f_{i+1} \end{aligned} \tag{13.3.8}$$

注意到 $f_i, f_i+1 > 0$, 故由式 (13.3.8) 可知 $s_i(x) > 0$ 的充分条件是

$$\begin{cases} f_i + \dfrac{(2+\lambda_i)d_i h_i}{3\xi_i} > 0 \\ f_{i+1} - \dfrac{(2+\lambda_i)d_{i+1}h_i}{3\xi_i} > 0 \end{cases} \tag{13.3.9}$$

由于 $\xi_i > 0$, 故由式 (13.3.9) 可得出当

$$\xi_i > M_i = \max\left\{0, -\frac{(2+\lambda_i)d_i h_i}{3f_i}, \frac{(2+\lambda_i)d_{i+1}h_i}{3f_{i+1}}\right\} \tag{13.3.10}$$

时, $s_i(x) > 0$. 在实际使用条件 (13.3.10) 时, 可取

$$\xi_i = M_i + z_i$$

其中, $z_i > 0$. 用户可通过改变 z_i 和 λ_i 的值来交互修改曲线 $s(x)$ 的形状, 使曲线在插值的同时, 不仅具有保正性, 而且在视觉上比较美观.

表 13.3.3 为文献 [204] 中的正数据集, 图 13.3.1 为插值表 13.3.3 所给数据点的保正曲线.

在图 13.3.1 中, 左上方的子图取参数 $\lambda_i = z_i = 1(i = 1, 2, \cdots, 7)$, 虽然插值曲线保持了数据的正性, 但曲线形状并不理想; (b) 图为在 (a) 的基础之上, 调整参数 $\lambda_i = -1(i = 1, 2, \cdots, 7)$ 以后所得到的曲线; (c) 图为在 (a) 图的基础之上, 调整参数 $z_i = 3(i = 1, 2, \cdots, 7)$ 以后所得到的曲线; (d) 取参数 $\lambda = (0, 0, 0, 0, 0, 1, 1)$, $z = (2, 2, 2, 2, 1.8, 0.2, 2)$.

表 13.3.3　正数据集

i	1	2	3	4	5	6	7	8
x_i	0	0.04	0.05	0.06	0.07	0.08	0.12	0.13
f_i	0.82	1.2	0.978	0.6	0.3	0.1	0.15	0.48

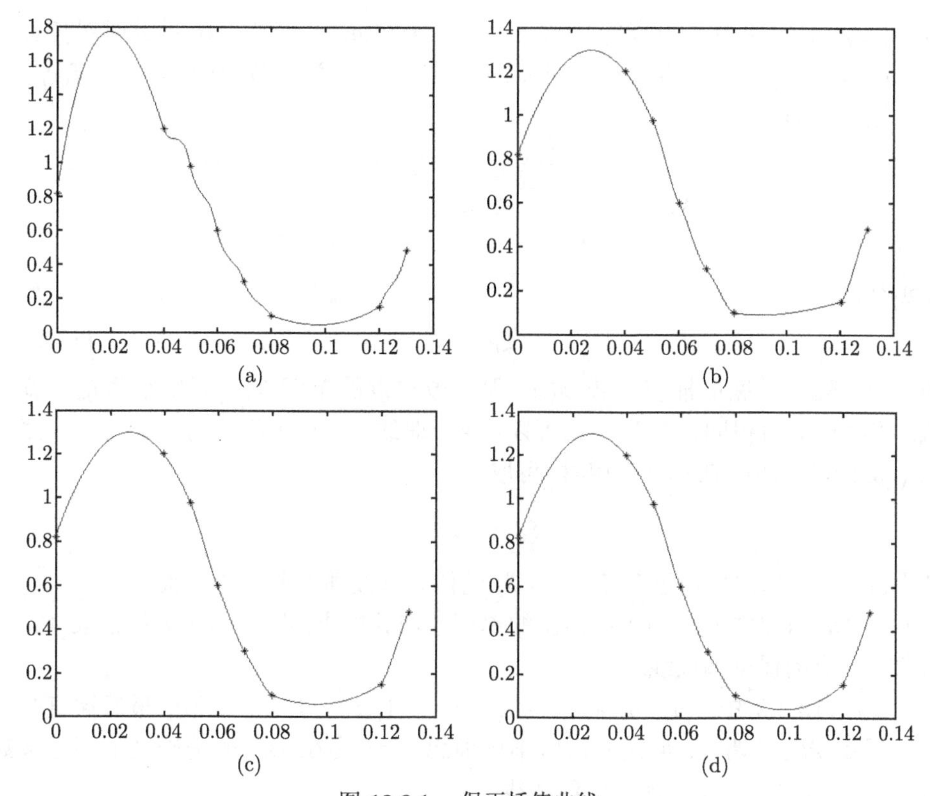

图 13.3.1 保正插值曲线

13.3.2.3 保单调性

假设所给数据 (x_i, f_i) 单调递增, 即满足条件 $f_{i+1} \geqslant f_i$, 或等价地叙述为 $\Delta_i \geqslant 0$, 其中 $i = 1, 2, \cdots, n-1$. 由式 (13.3.7) 可知此时有 $d_i \geqslant 0, i = 1, 2, \cdots, n$. 称插值曲线 $s(x)$ 具有保单调性, 如果对所有 $x \in [x_1, x_n]$, 都有 $s'(x) \geqslant 0$.

考虑任意一个区间段 $[x_i, x_{i+1}]$. 对式 (13.3.8) 进行求导并整理可得

$$s_i'(x) = (1-t)^2 \frac{(2+\lambda_i)d_i}{\xi_i} + 2t(1-t)\left[3\Delta_i - \frac{(2+\lambda_i)(d_i + d_{i+1})}{\xi_i}\right] + t^2 \frac{(2+\lambda_i)d_{i+1}}{\xi_i} \tag{13.3.11}$$

注意到 $d_i, d_{i+1} \geqslant 0, \xi_i, 2+\lambda_i > 0$, 故由式 (13.3.11) 可知 $s_i'(x) \geqslant 0$ 的充分条件是

$$3\Delta_i - \frac{(2+\lambda_i)(d_i + d_{i+1})}{\xi_i} \geqslant 0 \tag{13.3.12}$$

当 $\Delta_i > 0$ 时, 由式 (13.3.12) 可得出当

$$\xi_i \geqslant \frac{(2+\lambda_i)(d_i + d_{i+1})}{3\Delta_i}$$

时, $s_i'(x) > 0$. 当 $\Delta_i = 0$ 时, 由式 (13.3.7) 可知 $d_i = d_{i+1} = 0$, 故此时对任意的 $\xi_i > 0$ 都有 $s_i'(x) = 0$, 并且在区间 $[x_i, x_{i+1}]$ 上 $s(x)$ 为常数, $s(x) = f_i = f_{i+1}$.

综上可知, 若记

$$N_i = \begin{cases} \dfrac{(2+\lambda_i)(d_i + d_{i+1})}{3\Delta_i}, & \Delta_i > 0 \\ 0, & \Delta_i = 0 \end{cases}$$

则当条件

$$\xi_i > N_i \tag{13.3.13}$$

满足时, 就可以保证插值曲线 $s(x)$ 保持数据点的单调性. 若所给数据单调递减, 按照和上面相同的分析方式可以得到, 曲线 $s(x)$ 保单调的充分条件依然由式 (13.3.13) 给出. 在实际使用时, 可取

$$\xi_i = N_i + c_i$$

其中, $c_i > 0$. 用户可通过改变 c_i 和 λ_i 的值来修改插值曲线的形状.

表 13.3.4 为文献 [204] 中给出的单调递增数据集, 图 13.3.2 为插值表 13.3.4 所给数据点的保单调曲线.

在图 13.3.2 中, (a) 取 $\lambda_i = -1.8$, $c_i = 1$, $i = 1, 2, \cdots, 10$, 虽然插值曲线保持了数据的单调性, 但曲线形状不尽理想; (b) 为在 (a) 的基础之上调整参数 $\lambda_i = 1 (i = 1, 2, \cdots, 10)$ 所得到的曲线.

表 13.3.4　单调数据集

i	1	2	3	4	5	6	7	8	9	10	11
x_i	1	4	6.5	7	11	15	20	25	40	44	45
f_i	1	1	2	3.5	5.5	5.5	10	10	12.5	18	20

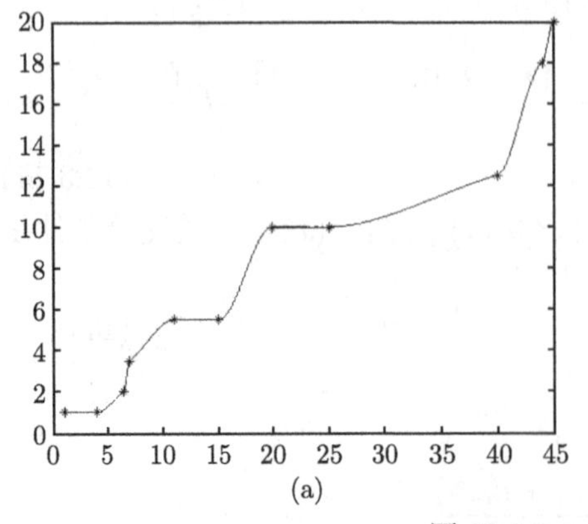

(a)

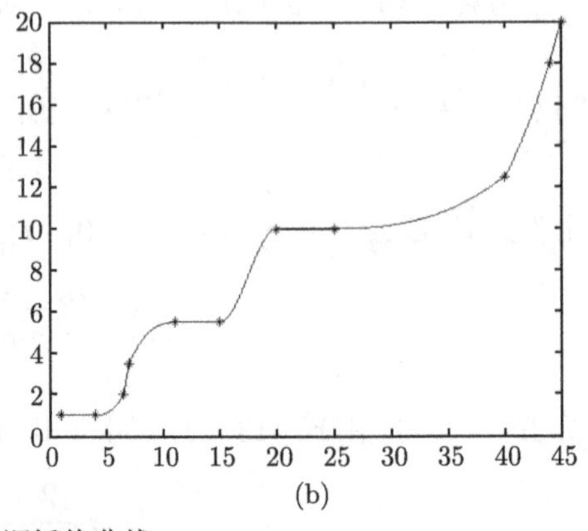

(b)

图 13.3.2　保单调插值曲线

注释 13.3.3 当所给数据 (x_i, f_i) 既是正的又单调时, 只需考虑保单调的条件, 就可以给出既保单调又保正的插值曲线. 这一结论不仅在直观上正确, 而且在理论上也是有保证的. 因为若数据单调递增且为正, 则当 $\Delta_i > 0$ 时, $M_i = \dfrac{(2+\lambda_i)d_{i+1}h_i}{3f_{i+1}} > 0$, 而此时

$$\frac{N_i}{M_i} = \frac{(2+\lambda_i)(d_i+d_{i+1})}{3\Delta_i} \cdot \frac{3f_{i+1}}{(2+\lambda_i)d_{i+1}h_i} = \frac{d_i+d_{i+1}}{d_{i+1}} \cdot \frac{f_{i+1}}{f_{i+1}-f_i} > 1 \Rightarrow N_i > M_i$$

当 $\Delta_i = 0$ 时, $N_i = M_i = 0$. 当数据单调递减且为正时, 同样可以推出 $N_i \geqslant M_i$. 这表明在数据既是正的又单调的前提下, 当条件 (13.3.13) 满足时, 条件 (13.3.10) 必定满足. 所以当数据为正时, 保单调的曲线一定保正.

表 13.3.5 给出了一组既单调递减又为正的数据集. 图 13.3.3 为插值表 13.3.5 所给数据点的保正保单调曲线.

在图 13.3.3 中, (a) 取 $\lambda_i = 1$, $c_i = 3$, $i = 1, 2, \cdots, 5$, 虽然插值曲线保持了数据的正性和单调性, 但曲线形状不理想; (b) 为在 (a) 的基础上调整 $c_i = 1(i = 1, 2, \cdots, 5)$ 所得到的曲线.

表 13.3.5 单调递减正数据集

i	1	2	3	4	5	6
x_i	0	0.04	0.05	0.06	0.08	0.13
f_i	1.2	0.978	0.82	0.6	0.3	0.1

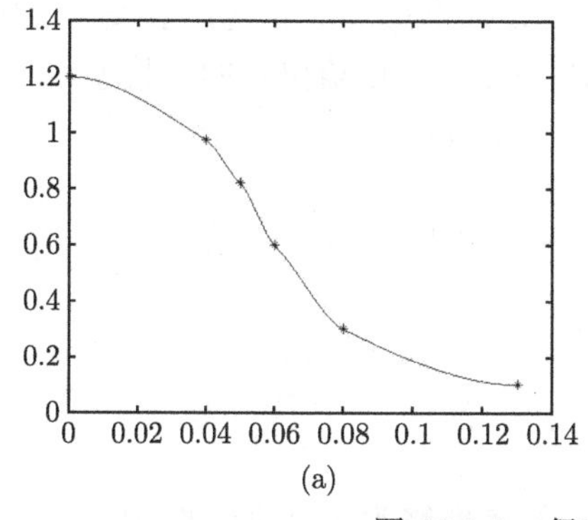

(a)

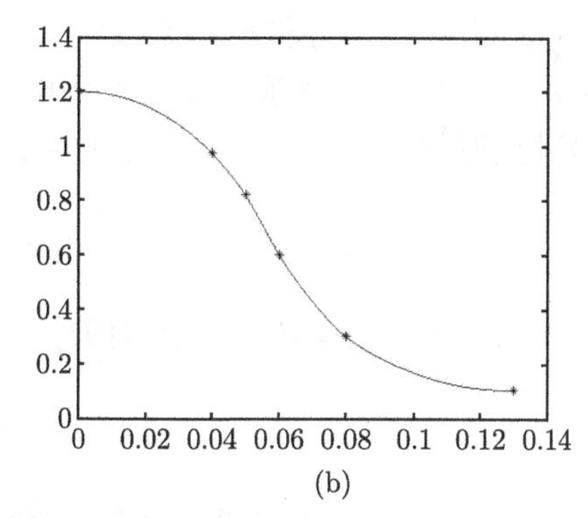

(b)

图 13.3.3 保正保单调插值曲线

13.3.2.4 保凸性

假设所给数据 (x_i, f_i) 为严格凸数据, 即满足条件 $\Delta_1 < \Delta_2 < \cdots < \Delta_{n-1}$. 称插值曲线 $s(x)$ 具有保凸性, 如果对所有 $x \in [x_1, x_n]$, 都有 $s''(x) \geqslant 0$.

考虑任意一个区间段 $[x_i, x_{i+1}]$. 对式 (11) 进行求导并整理可得

$$
\begin{aligned}
s_i''(x) = \frac{2}{h_i}\bigg\{&(1-t)\left[3\Delta_i - \frac{(2+\lambda_i)(2d_i+d_{i+1})}{\xi_i}\right] \\
&+t\left[\frac{(2+\lambda_i)(d_i+2d_{i+1})}{\xi_i} - 3\Delta_i\right]\bigg\}
\end{aligned} \tag{13.3.14}
$$

由式 (13.3.14) 可知 $s_i''(x) \geqslant 0$ 的充分条件是

$$
\begin{cases}
3\Delta_i - \dfrac{(2+\lambda_i)(2d_i+d_{i+1})}{\xi_i} \geqslant 0 \\
\dfrac{(2+\lambda_i)(d_i+2d_{i+1})}{\xi_i} - 3\Delta_i \geqslant 0
\end{cases} \tag{13.3.15}
$$

当 $\Delta_i > 0$ 时, 由式 (13.3.15) 推出

$$
\max\left\{0, \frac{(2+\lambda_i)(2d_i+d_{i+1})}{3\Delta_i}\right\} = m_i < \xi_i \leqslant p_i = \frac{(2+\lambda_i)(d_i+2d_{i+1})}{3\Delta_i} \tag{13.3.16}
$$

当 $\Delta_i < 0$ 时, 由式 (13.3.15) 推出

$$
\max\left\{0, \frac{(2+\lambda_i)(d_i+2d_{i+1})}{3\Delta_i}\right\} = n_i < \xi_i \leqslant q_i = \frac{(2+\lambda_i)(2d_i+d_{i+1})}{3\Delta_i} \tag{13.3.17}
$$

当 $\Delta_i = 0$ 时, 由于 $d_i = d_{i+1} = 0$, 故对任意 $\xi_i > 0$ 都有 $s_i''(x) = 0$.

注意到 $\xi_i > 0$, 所以当 $\Delta_i > 0$ 时必须 $d_i + 2d_{i+1} > 0$, 当 $\Delta_i < 0$ 时必须 $2d_i + d_{i+1} < 0$, 才能保证由式 (13.3.16)、(13.3.17) 可以给出正的参数 ξ_i.

实际使用时, 若 $\Delta_i > 0$ 并且 $d_i + 2d_{i+1} > 0$, 可取

$$
\xi_i = m_i + k_i(p_i - m_i)
$$

若 $\Delta_i < 0$ 并且 $2d_i + d_{i+1} < 0$, 可取

$$
\xi_i = n_i + k_i(q_i - n_i)
$$

这里, $0 < k_i \leqslant 1$. 用户可通过改变 k_i 和 λ_i 的值来修改插值曲线的形状.

若数据 d_i 是事先给定的, 使得 $\Delta_i > 0$ 时 $d_i + 2d_{i+1} \leqslant 0$, 或 $\Delta_i < 0$ 时 $2d_i + d_{i+1} \geqslant 0$, 则插值给定凸数据点的保凸曲线不一定存在. 若数据 d_i 由用户自己确定, 那么当按照式 (13.3.7) 求出的 d_i 使 $\Delta_i > 0$ 时 $d_i + 2d_{i+1} \leqslant 0$, 或 $\Delta_i < 0$ 时 $2d_i + d_{i+1} \geqslant 0$, 则可以在不改变 d_i 符号的前提下局部调整 d_i 的大小,

使 $\Delta_i > 0$ 时 $d_i + 2d_{i+1} > 0$, 或 $\Delta_i < 0$ 时 $2d_i + d_{i+1} < 0$, 然后再按照前面的方法确定 ξ_i.

图 13.3.4 为插值表 13.3.6 所给凸数据点的保凸曲线.

在图 13.3.4 中, (a) 中的曲线取参数 $\lambda_i = k_i = 1(i = 1, 2, 3, 4)$, 虽然插值曲线保持了数据的凸性, 但曲线形状不理想; (b) 中曲线为在 (a) 中曲线的基础上调整 $k_i = \dfrac{1}{20}(i = 1, 2, 3, 4)$ 所得到的曲线.

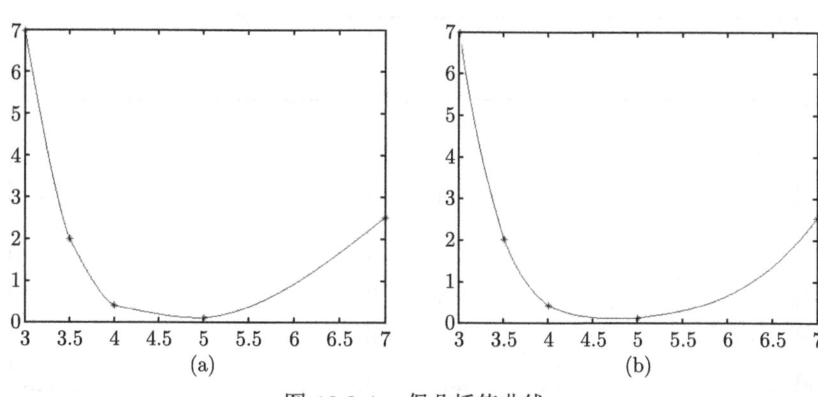

图 13.3.4 保凸插值曲线

表 13.3.6 凸数据集

i	1	2	3	4	5
x_i	3	3.5	4	5	7
f_i	7	2	0.4	0.1	2.5

注释 13.3.4 当所给数据 (x_i, f_i) 既是凸的又单调时, 只需考虑保凸条件, 就可以给出既保凸又保单调的插值曲线. 因为若数据单调递增且为凸, 则 $m_i = \dfrac{(2+\lambda_i)(2d_i + d_{i+1})}{3\Delta_i} \geqslant N_i$, 若数据单调递减且为凸, 则 $n_i = \dfrac{(2+\lambda_i)(d_i + 2d_{i+1})}{3\Delta_i} \geqslant N_i$. 这表明在数据既是凸的又单调的前提下, 当条件 (13.3.16)、(13.3.17) 满足时, 条件 (13.3.13) 必定满足, 所以当数据单调时, 保凸的曲线一定保单调.

注释 13.3.5 由前面的两个注释可知, 当所给数据 (x_i, f_i) 既是正的, 又是单调的, 同时还为凸时, 只需考虑保凸条件, 就可以给出既保凸又保单调还保正的插值曲线.

表 13.3.7 给出了一组既为正又单调递减还为凸的数据集. 图 13.3.5 为插值表 13.3.7 所给数据点的保正保单调保凸曲线.

在图 13.3.5 中, (a) 中曲线取 $\lambda_i = -1.8$, $k_i = \dfrac{1}{30}$, (b) 中曲线取 $\lambda_i = 1$,

$k_i = \dfrac{2}{3}$, 这里 $i = 1, 2, \cdots, 7$. 为了观察取不同参数时所得图形的差异, 图中增加了网格线, 但我们发现不管怎样调整 λ_i 和 k_i 的值, 对于这一组数据而言, 图形的差异几乎无法直观看出.

表 13.3.7　正的单调递减凸数据集

i	1	2	3	4	5	6	7	8
x_i	0.5	1	1.5	2	2.8	4	5	6
f_i	11	8.2	6	4.3	2.4	1	0.4	0.1

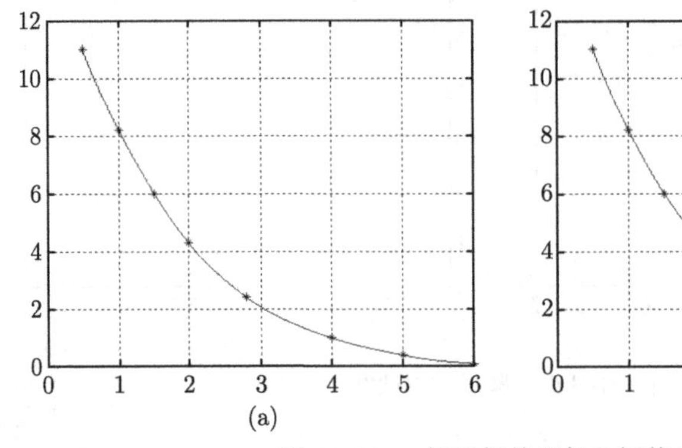

图 13.3.5　保正保单调保凸插值曲线

13.3.3　有界性与误差估计

由式 (13.3.7) 可知, 当 $\Delta_i = 0$ 时, 有 $d_i = d_{i+1} = 0$, 此时在区间 $[x_i, x_{i+1}]$ 上 $s(x)$ 为常数, $s(x) = f_i = f_{i+1}$.

当 $\Delta_i \neq 0$ 时, 考察插值曲线段 $s_i(x)$, $i = 2, 3, \cdots, n-2$. 由式 (13.3.3) 至 (7-18), 以及式 (13.3.7) 可得

$$
\begin{aligned}
s_i(x) =& \left[B_{0,3}(t) + \frac{1-\lambda_i}{3} B_{1,3}(t)\right] f_i \\
&+ \frac{2+\lambda_i}{3} B_{1,3}(t) \left[f_i + \frac{h_i}{\xi_i(h_i + h_{i-1})} \left(h_i \frac{f_i - f_{i-1}}{h_{i-1}} + h_{i-1} \frac{f_{i+1} - f_i}{h_i}\right)\right] \\
&+ \frac{2+\lambda_i}{3} B_{2,3}(t) \left[f_{i+1} - \frac{h_i}{\xi_i(h_{i+1} + h_i)} \left(h_{i+1} \frac{f_{i+1} - f_i}{h_i} + h_i \frac{f_{i+2} - f_{i+1}}{h_{i+1}}\right)\right] \\
&+ \left[B_{3,3}(t) + \frac{1-\lambda_i}{3} B_{2,3}(t)\right] f_{i+1} \\
=& \sum_{j=-1}^{2} \omega_j(t) f_{i+j}
\end{aligned}
\tag{13.3.18}
$$

其中,

$$\begin{cases}\omega_{-1}(t)=-\dfrac{(2+\lambda_i)h_i^2}{3\xi_i(h_i+h_{i-1})h_{i-1}}B_{1,3}(t)\\ \omega_0(t)=B_{0,3}(t)+B_{1,3}(t)+\dfrac{(2+\lambda_i)(h_i-h_{i-1})}{3\xi_i h_{i-1}}B_{1,3}(t)+\dfrac{(2+\lambda_i)h_{i+1}}{3\xi_i(h_{i+1}+h_i)}B_{2,3}(t)\\ \omega_1(t)=B_{3,3}(t)+B_{2,3}(t)+\dfrac{(2+\lambda_i)(h_i-h_{i+1})}{3\xi_i h_{i+1}}B_{2,3}(t)+\dfrac{(2+\lambda_i)h_{i-1}}{3\xi_i(h_{i-1}+h_i)}B_{1,3}(t)\\ \omega_2(t)=-\dfrac{(2+\lambda_i)h_i^2}{3\xi_i(h_i+h_{i+1})h_{i+1}}B_{2,3}(t)\end{cases}$$

容易验证 $\sum\limits_{j=-1}^{2}\omega_j(t)=1$, 并且

$$\begin{cases}|\omega_{-1}(t)|=\left|\dfrac{2+\lambda_i}{3}\cdot\dfrac{1}{\xi_i}\cdot\dfrac{h_i^2}{(h_i+h_{i-1})h_{i-1}}\cdot B_{1,3}(t)\right|\leqslant\dfrac{4h_i}{9\xi_i h_{i-1}}\\ |\omega_0(t)|\leqslant B_{0,3}(t)+B_{1,3}(t)+\dfrac{2+\lambda_i}{3}\cdot\dfrac{1}{\xi_i}\left[\dfrac{|h_{i-1}-h_i|}{h_{i-1}}B_{1,3}(t)+\dfrac{h_{i+1}}{h_{i+1}+h_i}B_{2,3}(t)\right]\\ \qquad\leqslant 1+\dfrac{1}{\xi_i}\left[\left(1+\dfrac{h_i}{h_{i-1}}\right)B_{1,3}(t)+B_{2,3}(t)\right]\leqslant 1+\dfrac{1}{\xi_i}\left(\dfrac{3}{4}+\dfrac{4h_i}{9h_{i-1}}\right)\end{cases}\tag{13.3.19}$$

同理可得

$$|\omega_1(t)|=1+\frac{1}{\xi_i}\left(\frac{3}{4}+\frac{4h_i}{9h_{i+1}}\right),\quad |\omega_2(t)|\leqslant\frac{4h_i}{9\xi_i h_{i+1}}\tag{13.3.20}$$

记 $F_i=\max\limits_{j=-1,0,1,2}|f_{i+j}|$, $\phi_i=\dfrac{h_i}{h_{i-1}}$, $\varphi_i=\dfrac{h_i}{h_{i+1}}$, 则有下面关于 $s_i(x)$ 的有界性定理.

定理 13.3.3 对于任意的 $\lambda_i\in(-2,1]$, $s_i(x)$ 有界, 且 $|s_i(x)|\leqslant A_iF_i$, 其中

$$A_i=2+\frac{1}{\xi_i}\left[\frac{3}{2}+\frac{8}{9}(\phi_i+\varphi_i)\right]$$

这里 $i=2,3,\cdots,n-2$.

证明 由式 (13.3.18)~ 式 (13.3.20) 可得

$$\begin{aligned}|s_i(x)|&=\left|\sum_{j=-1}^{2}\omega_j(t)f_{i+j}\right|\leqslant\sum_{j=-1}^{2}|\omega_j(t)|\,|f_{i+j}|\leqslant F_i\sum_{j=-1}^{2}|\omega_j(t)|\\ &\leqslant F_i\left[\frac{4h_i}{9\xi_i h_{i-1}}+2+\frac{1}{\xi_i}\left(\frac{3}{2}+\frac{4h_i}{9h_{i-1}}+\frac{4h_i}{9h_{i+1}}\right)+\frac{4h_i}{9\xi_i h_{i+1}}\right]=A_iF_i\end{aligned}$$

证毕.

下面对插值曲线进行误差分析. 记 $F_i' = \max\limits_{x\in[x_{i-1},x_{i+2}]} |f'(x)|$, $H_i = \max\{h_{i-1}, h_i, h_{i+1}\}$, 则有下面关于插值曲线的误差估计定理.

定理 13.3.4 设 $f(x)$ 具有一阶连续导数, 则对 $x \in [x_i, x_{i+1}]$, 有 $|f(x) - s_i(x)| \leqslant B_i H_i F_i'$, 其中 $B_i = 2 + \dfrac{1}{\xi_i}\left[\dfrac{3}{2} + \dfrac{4}{3}(\phi_i + \varphi_i)\right]$, 这里 $i = 2, 3, \cdots, n-2$.

证明 $f(x)$ 在点 $x_{i+j}(j = -1, 0, 1, 2)$ 处的一阶 Taylor 公式为

$$f(x) = f(x_{i+j}) + f'(\xi_j)(x - x_{i+j}), \quad x \in [x_i, x_{i+1}]$$

其中 ξ_j 介于 x 与 x_{i+j} 之间, 则

$$|f(x) - f(x_{i+j})| = |f'(\xi_j)(x - x_{i+j})| \leqslant \begin{cases} 2H_iF_i', & j = -1, 2 \\ H_iF_i', & j = 0, 1 \end{cases}$$

进而

$$\begin{aligned} |f(x) - s_i(x)| &= \left|\sum_{j=-1}^{2} \omega_j(t)(f(x) - f_{i+j})\right| \leqslant \sum_{j=-1}^{2} |\omega_j(t)|\,|f(x) - f_{i+j}| \\ &\leqslant \frac{4h_i}{9\xi_i h_{i-1}} \cdot 2H_iF_i' + \left[2 + \frac{1}{\xi_i}\left(\frac{3}{2} + \frac{4h_i}{9h_{i-1}} + \frac{4h_i}{9h_{i+1}}\right)\right] H_iF_i' \\ &\quad + \frac{4h_i}{9\xi_i h_{i+1}} \cdot 2H_iF_i' = B_iH_iF_i' \end{aligned}$$

证毕.

由于 d_1 和 d_n 的计算公式与 $d_i(i = 2, 3, \cdots, n-1)$ 不一样, 所以对于插值曲线的第一段和最后一段需单独分析. 按照和上面相同的分析方法, 可得到下列结论.

定理 13.3.5 对于任意的参数 $\lambda_1 \in (-2, 1]$, 均有 $|s_1(x)| \leqslant A_1F_1$, 其中 $A_1 = 2 + \dfrac{12}{5\xi_1} + \dfrac{3h_1}{2\xi_1 h_2}$, $F_1 = \max\{f_1, f_2, f_3\}$.

证明 定义在 $[x_1, x_2]$ 上的第一段插值曲线可以整理成

$$s_1(x) = \sum_{j=1}^{3} \varpi_j(t) f_j$$

其中

$$\begin{cases} \varpi_1(t) = B_{0,3}(t) + B_{1,3}(t) - \dfrac{(2+\lambda_1)(2h_1+h_2)}{3\xi_1(h_1+h_2)} B_{1,3}(t) + \dfrac{(2+\lambda_1)h_2}{3\xi_1(h_1+h_2)} B_{2,3}(t) \\ \varpi_2(t) = B_{2,3}(t) + B_{3,3}(t) + \dfrac{(2+\lambda_1)h_1^2}{3\xi_1(h_1+h_2)h_2}(B_{1,3}(t) + B_{2,3}(t)) \\ \qquad + \dfrac{(2+\lambda_1)(2h_1+h_2)}{3\xi_1(h_1+h_2)} B_{1,3}(t) - \dfrac{(2+\lambda_1)h_2}{3\xi_1(h_1+h_2)} B_{2,3}(t) \\ \varpi_3(t) = -\dfrac{(2+\lambda_1)h_1^2}{3\xi_1(h_1+h_2)h_2}(B_{1,3}(t) + B_{2,3}(t)) \end{cases}$$

易知

$$\begin{cases} |\varpi_1(t)| \leqslant B_{0,3}(t) + B_{1,3}(t) + \dfrac{2+\lambda_1}{3} \cdot \dfrac{1}{\xi_1}\left[\dfrac{2h_1+h_2}{h_1+h_2} B_{1,3}(t) + \dfrac{h_2}{h_1+h_2} B_{2,3}(t)\right] \\ \qquad \leqslant B_{0,3}(t) + B_{1,3}(t) + \dfrac{1}{\xi_1}[2B_{1,3}(t) + B_{2,3}(t)] \leqslant 1 + \dfrac{6}{5\xi_1} \\ |\varpi_2(t)| \leqslant B_{2,3}(t) + B_{3,3}(t) + \dfrac{2+\lambda_1}{3} \cdot \dfrac{1}{\xi_1} \cdot \dfrac{h_1^2}{(h_1+h_2)h_2}[B_{1,3}(t) + B_{2,3}(t)] \\ \qquad + \dfrac{2+\lambda_1}{3} \cdot \dfrac{1}{\xi_1} \cdot \left[\dfrac{2h_1+h_2}{h_1+h_2} B_{1,3}(t) + \dfrac{h_2}{h_1+h_2} B_{2,3}(t)\right] \\ \qquad \leqslant B_{2,3}(t) + B_{3,3}(t) + \dfrac{1}{\xi_1} \cdot \dfrac{h_1^2}{h_2^2}[B_{1,3}(t) + B_{2,3}(t)] + \dfrac{1}{\xi_1} \cdot [2B_{1,3}(t) + B_{2,3}(t)] \\ \qquad \leqslant 1 + \dfrac{6}{5\xi_1} + \dfrac{3h_1}{4\xi_1 h_2} \\ |\varpi_3(t)| = \dfrac{2+\lambda_1}{3} \cdot \dfrac{1}{\xi_1} \cdot \dfrac{h_1^2}{(h_1+h_2)h_2}[B_{1,3}(t) + B_{2,3}(t)] \leqslant \dfrac{3h_1}{4\xi_1 h_2} \end{cases}$$

故

$$\begin{aligned} |s_1(x)| &= \left|\sum_{j=1}^{3} \varpi_j(t) f_j\right| \leqslant \sum_{j=1}^{3} |\varpi_j(t)|\,|f_j| \leqslant F_1 \sum_{j=1}^{3} |\varpi_j(t)| \\ &\leqslant F_1\left(2 + \frac{12}{5\xi_1} + \frac{3h_1}{2\xi_1 h_2}\right) = A_1 F_1 \end{aligned}$$

证毕.

定理 13.3.6 设 $f(x)$ 具有一阶连续导数, 则对 $x \in [x_1, x_2]$, 有 $|f(x) - s_1(x)| \leqslant B_1 F_1'$, 其中 $B_1 = \left(2 + \dfrac{63}{20\xi_1} + \dfrac{3h_1}{2\xi_1 h_2}\right)h_1$, $F_1' = \max\limits_{x \in [x_1, x_3]} |f'(x)|$.

证明 $f(x)$ 在点 $x_j(j=1,2,3)$ 处的一阶 Taylor 公式为

$$f(x)=f(x_j)+f'(\xi_j)(x-x_j),\quad x\in[x_1,x_2]$$

其中 ξ_j 介于 x 与 x_j 之间, 则

$$|f(x)-f(x_j)|=|f'(\xi_j)(x-x_j)|\leqslant\begin{cases}h_1F_1', & j=1,2\\(h_1+h_2)F_1', & j=3\end{cases}$$

进而

$$\begin{aligned}|f(x)-s_1(x)|&=\left|\sum_{j=1}^{3}\omega_j(t)(f(x)-f_j)\right|\leqslant\sum_{j=1}^{3}|\omega_j(t)|\,|f(x)-f_j|\\&\leqslant\left(2+\frac{12}{5\xi_1}+\frac{3h_1}{2\xi_1h_2}\right)h_1F_1'+\frac{3h_1}{4\xi_1h_2}h_2F_1'=B_1F_1'\end{aligned}$$

证毕.

定理 13.3.7 对于任意的 $\lambda_{n-1}\in(-2,1]$, 有 $|s_{n-1}(x)|\leqslant A_{n-1}F_{n-1}$, 其中 $A_{n-1}=2+\dfrac{12}{5\xi_{n-1}}+\dfrac{3h_{n-1}}{2\xi_{n-1}h_{n-2}}$, $F_{n-1}=\max\{f_{n-2},f_{n-1},f_n\}$.

定理 13.3.8 设 $f(x)$ 具有一阶连续导数, 则对任意的 $x\in[x_{n-1},x_n]$, 有

$$|f(x)-s_{n-1}(x)|\leqslant B_{n-1}F_{n-1}'$$

其中, $B_{n-1}=\left(2+\dfrac{63}{20\xi_{n-1}}+\dfrac{3h_{n-1}}{2\xi_{n-1}h_{n-2}}\right)h_{n-1}$, $F_{n-1}'=\max\limits_{x\in[x_{n-2},x_n]}|f'(x)|$.

定理 13.3.7 和定理 13.3.8 的证明分别类似于定理 13.3.5 和定理 13.3.6, 这里省略.

13.4 小　结

在 13.2 节中, 给出了形状可调的保形逼近曲线. 虽然目前以构造形状可调曲线为目标的文献相当多, 有的针对 Bézier 曲线, 有的针对 B 样条曲线. 但已有文献通常只关注曲线的形状调整能力, 而忽略了曲线的形状调整效果, 导致曲线虽然可以在不改变控制顶点的情况下通过改变形状参数的值来调整形状, 但所得形状并非总是具有良好的视觉效果. 这里所说的 "良好" 是相对于控制多边形而言的, 抛开控制多边形的形状特征来单独评价, 很多曲线从美学的角度来看是美观的, 但是在用控制多边形定义曲线的时候, 往往希望曲线能够保持控制多边形的

内在形状特征. 例如当控制顶点单调的时候, 希望定义的曲线也是单调的; 当连接首末控制顶点构成的封闭多边形为凸时, 希望定义的曲线也是凸的, 或者说不存在多余的拐点.

13.2 节以曲线的"形状质量"为突破口, 在构造形状可调曲线的同时, 分别给出了使曲线具有凸包性、保单调性、保凸性、变差缩减性时, 曲线中形状参数的取值范围, 在所有范围的交集内自由调整参数, 可以使曲线在获得形状调整能力的同时, 保证曲线能够较好地反映控制多边形的特征, 并且在视觉上比较光顺, 从而增强了曲线的实用性和造型品质.

13.3 节中所采用的插值方法既不需要解方程组来反求控制顶点, 也不需要根据连续性条件来添加辅助顶点, 有统一的计算公式, 插值曲线的表达式不仅是显式的而且在形式上比较简洁. 插值曲线不仅结构简单, 计算方便, 而且具有形状可调性. 当形状参数满足一定条件时, 插值曲线可以保持插值数据点的正性, 或单调性, 或凸性, 也可以同时满足数据点的几个形状特征. 所给图例不仅直观显示了各种保形条件分析结果的正确性, 而且显示了形状参数在对插值曲线形状控制中的作用.

第 14 章 具有指定多项式重构精度和连续阶的插值曲线

14.1 引 言

在科学与工程计算的许多问题中，因素之间往往存在着函数关系，但是这种关系经常难以用明显的解析表达式来描述，通常只能由观察或测试得到一些离散的数值. 有时，虽然给出了解析表达式，但由于表达式过于复杂，使用或计算起来非常不方便. 这种背景促成了建立函数近似表达的需求，而函数插值就是提供函数近似表达的一种形式，因为是近似表示，因此提高表示精度是函数插值时比较关注的目标. Lagrange 插值和 Hermite 插值都是经典的解决函数插值问题的方法. 使用高次的 Lagrange 插值会产生龙格现象，Hermite 插值因为结合了函数的导数值，使插值的精度进一步提高.

在计算机辅助几何设计 (CAGD) 中，插值方法既可以用于形状表示又可以用于形状设计. 为了表示一些已有曲线曲面的形状，通常在这些曲线曲面上采集若干数据点，然后构造插值于这些数据点的曲线曲面，作为已有形状的表示. 在形状设计中，设计人员通常大致给定位于曲线曲面上的一些点，然后构造经过这些点的曲线曲面，通过多次反复调整点的位置来获得满意的形状.

在 CAGD 中，比较常用的形状数学描述方法有 Bézier 方法、B 样条方法，以及作为工业产品数据交换标准的非均匀有理 B 样条 (NURBS) 方法. Bézier 方法结构简单，Bézier 曲线具有端点插值性，在用 Bézier 方法构造插值曲线时，通常需要根据 Bézier 曲线的性质、插值数据点的信息在相邻两个数据点之间构造辅助点，再以插值点和辅助点为控制顶点构造分段组合 Bézier 曲线，这种方式充分利用数据点的几何信息，构造的插值曲线具有保形性、局部性，但却难以推广至曲面. B 样条曲线和 NURBS 曲线具有良好的局部性、逼近性，但二者一般情况下不经过任何控制顶点. 要想构造插值 B 样条曲线和插值 NURBS 曲线，需要先由插值数据点确定节点矢量，再通过解方程组反求控制顶点，由于一个插值数据的改动会引起反求过程的重新进行和反求结果的全局改动，所以这种方法未能继承 B 样条方法、NURBS 方法固有的局部性.

为了克服经典造型方法在解决插值问题时的不足和不便，有学者提出直接构造插值基函数的方法，这类基函数具有特殊的端点性质. 以待插值的点集作为控制顶点, 与插值基函数做线性组合, 按照 B 样条曲线曲面的定义方式, 构造出的分段组合曲线、分片组合曲面可以直接插值给定的数据点. 这种方式可以有效避免反求控制顶点的运算, 并且插值基函数可以同时解决曲线和曲面的插值问题.

除了构造插值基函数以外, 还有学者采用插值细分方法以及插值型几何迭代法来构造插值曲线曲面. 细分方法适用于任意拓扑结构, 几何迭代法具有明确的几何意义, 这两种方法都具有数值计算稳定、易于编程实现等优点. 然而美中不足的是, 在细分方法和几何迭代法中, 极限曲线曲面的显式表达式难以给出. 另外, 几何迭代法产生的曲线曲面是在无数次迭代的极限状态下插值于初始控制顶点, 而实际使用时的迭代次数不可能设置很高, 因此得到的曲线曲面只是具有近似的插值性.

Hermite 插值不仅可以解决函数插值问题, 而且可以解决几何设计中的参数曲线插值. 现有文献通常是分开讨论这两种不同场合下的插值问题, 本章则将这两种问题结合在一起. 鉴于函数插值时精度问题是关键, 几何 Hermite 插值形式中导矢的选取是关键, 本章以 $2n+1$ 次 Hermite 插值用于函数插值时至少具有 n 次多项式重构精度 (或称为 n 次多项式再生性) 为目标, 来选取用于参数曲线插值时的导矢. 将代入了导矢的 Hermite 插值曲线表达式重新整理, 即可得到由插值数据点和插值基函数的线性组合形式表达的插值曲线. 当插值曲线形状可调时, 给出了确定形状参数取值的建议. 文中推导了一些低次的插值基函数, 通过计算发现最终得到的 $2n+1$ 次 Hermite 插值多项式的重构精度一般会超过 n 次. 例如 3 次 Hermite 插值多项式的重构精度至少为 2 次, 最高可达 3 次.

14.2 预备知识

14.2.1 Hermite 插值

经典的 Hermite 插值不仅可以插值点数据, 而且还可以插值导矢数据. 假设给定一组插值点 $\boldsymbol{P}_i$, 对应均匀参数 u_i, 以及对应的导矢 $\boldsymbol{d}_i^{(r)}$, 其中 $i=1,2,\cdots,N$, $r=1,2,\cdots,n$. 设插值于这些数据的 Hermite 曲线为 $\boldsymbol{q}(u)$, $u\in[u_1,u_N]$, 设 $\boldsymbol{q}(u)$ 在子区间 $[u_i,u_{i+1}]$ 上的一段记为 $\boldsymbol{p}_i(t)$, 其中, $t=\dfrac{u-u_i}{h}\in[0,1]$, $i=1,2,\cdots,N-1$, h 为子区间长度. 则 $\boldsymbol{p}_i(t)$ 具有如下基本形式

$$\begin{aligned}\boldsymbol{p}_i(t)=&\boldsymbol{P}_iH_0^{2n+1}(t)+\boldsymbol{d}_i^{(1)}H_1^{2n+1}(t)+\cdots+\boldsymbol{d}_i^{(n)}H_n^{2n+1}(t)\\&+\boldsymbol{d}_{i+1}^{(n)}H_{n+1}^{2n+1}(t)+\boldsymbol{d}_{i+1}^{(n-1)}H_{n+2}^{2n+1}(t)+\cdots+\boldsymbol{P}_{i+1}H_{2n+1}^{2n+1}(t)\end{aligned}\tag{14.2.1}$$

其中的 Hermite 多项式 $H_j^{2n+1}(t)$ 满足性质

$$
\begin{cases}
\dfrac{\mathrm{d}^k}{\mathrm{d}t^k}H_j^{2n+1}(0) = \delta_{k,j} \\
\dfrac{\mathrm{d}^k}{\mathrm{d}t^k}H_j^{2n+1}(1) = \delta_{k,2n+1-j}
\end{cases}
$$

其中, $k=0,1,\cdots,n$, $j=0,1,\cdots,2n+1$, $\delta_{a,b}$ 为克罗内克符号.

注释 14.2.1　Hermite 插值既可以用于数值计算中的函数插值, 也可以用于外形设计中的参数曲线插值, 因此插值点既可以是一维的标量数据 (函数值), 此时与之相联系的参数为函数的自变量, 也可以是二维或三维空间中的点矢量. 前面的叙述和符号都是针对后者 (下文中一般的叙述也是以后者为例), 当 Hermite 插值是用于函数插值时, 插值点将用不加粗的 P_i 表示, 相应的 r 阶导数则用 $d_i^{(r)}$ 表示. 在下文中, 不管是用于函数插值, 还是用于参数曲线插值, 各种关系式都相同, 只是部分符号存在加粗与不加粗的区别.

文献 [205] 给出了 Hermite 多项式的 Bernstein 基函数表示式, 即

$$
H_j^{2n+1}(t) = \begin{cases}
\dfrac{(2n+1-j)!}{(2n+1)!}\displaystyle\sum_{i=j}^{n} C_i^j B_i^{2n+1}(t), \quad j=0,1,\cdots,n \\
(-1)^{j+1}\dfrac{j!}{(2n+1)!}\displaystyle\sum_{i=2n+1-j}^{n} C_i^{2n+1-j} B_{2n+1-i}^{2n+1}(t), \\
\quad j=n+1,n+2,\cdots,2n+1
\end{cases}
$$

其中, $B_i^n(t)=C_n^i(1-t)^{n-i}t^i$ 为 n 次 Bernstein 基函数. 为了方便下文使用, 这里给出 $n=1,2,3$ 时, 以矩阵形式表示的 Hermite 多项式到 Bernstein 基函数的转换公式. 当 $n=1$ 时,

$$
\begin{pmatrix} H_0^3 \\ H_1^3 \\ H_2^3 \\ H_3^3 \end{pmatrix} = \begin{pmatrix} 1 & 1 & 0 & 0 \\ 0 & \dfrac{1}{3} & 0 & 0 \\ 0 & 0 & -\dfrac{1}{3} & 0 \\ 0 & 0 & 1 & 1 \end{pmatrix} \begin{pmatrix} B_0^3 \\ B_1^3 \\ B_2^3 \\ B_3^3 \end{pmatrix} \tag{14.2.2}
$$

当 $n=2$ 时,

$$
\begin{pmatrix} H_0^5 \\ H_1^5 \\ H_2^5 \\ H_3^5 \\ H_4^5 \\ H_5^5 \end{pmatrix} = \begin{pmatrix} 1 & 1 & 1 & 0 & 0 & 0 \\ 0 & \frac{1}{5} & \frac{2}{5} & 0 & 0 & 0 \\ 0 & 0 & \frac{1}{20} & 0 & 0 & 0 \\ 0 & 0 & 0 & \frac{1}{20} & 0 & 0 \\ 0 & 0 & 0 & -\frac{2}{5} & -\frac{1}{5} & 0 \\ 0 & 0 & 0 & 1 & 1 & 1 \end{pmatrix} \begin{pmatrix} B_0^5 \\ B_1^5 \\ B_2^5 \\ B_3^5 \\ B_4^5 \\ B_5^5 \end{pmatrix} \tag{14.2.3}
$$

当 $n=3$ 时,

$$
\begin{pmatrix} H_0^7 \\ H_1^7 \\ H_2^7 \\ H_3^7 \\ H_4^7 \\ H_5^7 \\ H_6^7 \\ H_7^7 \end{pmatrix} = \begin{pmatrix} 1 & 1 & 1 & 1 & 0 & 0 & 0 & 0 \\ 0 & \frac{1}{7} & \frac{2}{7} & \frac{3}{7} & 0 & 0 & 0 & 0 \\ 0 & 0 & \frac{1}{42} & \frac{3}{42} & 0 & 0 & 0 & 0 \\ 0 & 0 & 0 & \frac{1}{210} & 0 & 0 & 0 & 0 \\ 0 & 0 & 0 & 0 & -\frac{1}{210} & 0 & 0 & 0 \\ 0 & 0 & 0 & 0 & \frac{3}{42} & \frac{1}{42} & 0 & 0 \\ 0 & 0 & 0 & 0 & -\frac{3}{7} & -\frac{2}{7} & -\frac{1}{7} & 0 \\ 0 & 0 & 0 & 0 & 1 & 1 & 1 & 1 \end{pmatrix} \begin{pmatrix} B_0^7 \\ B_1^7 \\ B_2^7 \\ B_3^7 \\ B_4^7 \\ B_5^7 \\ B_6^7 \\ B_7^7 \end{pmatrix} \tag{14.2.4}
$$

14.2.2 多项式的再生性

文献 [206] 讨论了具有某种特定形式的拟插值满足多项式再生性的充分必要条件, 在其中的第 3 节陈述了多项式再生性的定义.

所谓插值曲线的 $n(n \in \mathbb{N})$ 次多项式再生性是指: 当插值数据来自一个 n 次多项式时, 所求得的插值结果恰好为该 n 次多项式. 即当插值点

$$
P_i = a_0 + a_1 u_i + \cdots + a_n u_i^n
$$

时, 所得插值曲线

$$q(u) = a_0 + a_1 u + \cdots + a_n u^n$$

其中, $a_j \in \mathbb{R}(j = 0, 1, \cdots, n)$. 通常, 零次多项式再生性也称为常数再生性, 一次多项式再生性也称为线性再生性. 论证插值曲线 $q(u)$ 具有 n 次多项式再生性的等价方法之一, 是证明当 $P_i = u_i^m$ 时, 有 $q(u) = u^m$, 其中, $m = 0, 1, \cdots, n$.

显然, 若插值对于某一次数的多项式再生, 那么该插值对于任何次数低于该次数的多项式也都具有再生性.

14.3 导矢的确定

14.3.1 问题分析

Hermite 曲线的形状与插值点及其导矢密切相关, 在导矢未给定的时候, 通常需要根据插值点的位置信息对导矢进行估计, 不同的插值目标对应不同的估计方法, 并最终给出插值于相同点但形状不同的插值曲线.

假设导矢

$$\boldsymbol{d}_i^{(r)} = \begin{cases} \sum\limits_{j=1}^{k_o} \alpha_{rj}(\boldsymbol{P}_{i+j} - \boldsymbol{P}_{i-j}), & r\text{为奇数} \\ \sum\limits_{j=0}^{k_e} \beta_{rj}(\boldsymbol{P}_{i+j} + \boldsymbol{P}_{i-j}), & r\text{为偶数} \end{cases} \tag{14.3.1}$$

其中, α_{rj} 和 β_{rj} 为待定系数, k_o 和 k_e 则决定待定系数的数量, 这两个数量同样待定. 对导矢进行估计, 就是要给出确定这些待定量的方法.

本章估计导矢的出发点为: 当式 (14.2.1) 所给 $2n+1$ 次 Hermite 插值用于函数插值时, 希望其具有至少 n 次多项式再生性. 具体地, 当插值点均匀地取自一条 n 次多项式曲线时, 希望得到的 $2n+1$ 次 Hermite 插值曲线能够重构该曲线.

基于上述目标, 需要考虑从 1 阶到 n 阶的导数 $d_i^{(r)}$, 使得当 $P_i = i^m(m = 1, 2, \cdots, n)$ 时, 有

$$d_i^{(r)} = \frac{m!}{(m-r)!} i^{m-r} \tag{14.3.2}$$

其中, $r = 1, 2, \cdots, m$. 而由式 (14.3.1) 可知, 当 $P_i = i^m$ 时, 若 r 为奇数, 则

$$d_i^{(r)} = \sum_{j=1}^{k_o} \alpha_{rj}[(i+j)^m - (i-j)^m]$$

$$
\begin{aligned}
&= \sum_{j=1}^{k_o} \alpha_{rj} \left[\sum_{l=0}^{m} C_m^l i^{m-l} j^l - \sum_{l=0}^{m} C_m^l i^{m-l} (-1)^l j^l \right] \\
&= \sum_{j=1}^{k_o} \alpha_{rj} \left(2 \sum_{\substack{l=1 \\ l\text{为奇数}}}^{m} C_m^l i^{m-l} j^l \right) \\
&= 2 \sum_{\substack{l=1 \\ l\text{为奇数}}}^{m} C_m^l \left(\sum_{j=1}^{k_o} \alpha_{rj} j^l \right) i^{m-l}
\end{aligned} \tag{14.3.3}
$$

同理可推出若 r 为偶数, 则

$$
d_i^{(r)} = 2 \sum_{\substack{l=0 \\ l\text{为偶数}}}^{m} C_m^l \left(\sum_{j=0}^{k_e} \beta_{rj} j^l \right) i^{m-l} \tag{14.3.4}
$$

结合式 (14.3.2)、式 (14.3.3) 可得, 当 r 为奇数时, 有

$$
\sum_{j=1}^{k_o} \alpha_{rj} j^l = \begin{cases} \dfrac{r!}{2}, & l = r \\ 0, & l = 1, 2, \cdots, n, \ l\text{为奇数}, l \neq r \end{cases} \tag{14.3.5}
$$

结合式 (14.3.2)、式 (14.3.4) 可得, 当 r 为偶数时, 有

$$
\sum_{j=0}^{k_e} \beta_{rj} j^l = \begin{cases} \dfrac{r!}{2}, & l = r \\ 0, & l = 0, 1, \cdots, n, \ l\text{为偶数}, l \neq r \end{cases} \tag{14.3.6}
$$

对任意固定的 r, 式 (14.3.5) 包含 M_o 个方程, 其中,

$$
M_o = \begin{cases} \dfrac{n+1}{2}, & n\text{为奇数} \\ \dfrac{n}{2}, & n\text{为偶数} \end{cases} \tag{14.3.7}
$$

式 (14.3.6) 包含 M_e 个方程, 其中,

$$
M_e = \begin{cases} \dfrac{n+1}{2}, & n\text{为奇数} \\ \dfrac{n}{2} + 1, & n\text{为偶数} \end{cases} \tag{14.3.8}
$$

14.3.2　不含参数的导矢

首先考虑最简单的情形. 如果希望具有 n 次多项式再生性的 Hermite 插值曲线的形状唯一确定, 则对每一个 r, 式 (14.3.5) 或式 (14.3.6) 所含方程的数量应该与式 (14.3.1) 中待定系数的数量相等. 这样一来, 就有

$$\begin{cases} k_o = M_o \\ k_e + 1 = M_e \end{cases} \tag{14.3.9}$$

为了确定系数 α_{rj} 和 β_{rj} 的值, 对每一个 r 都需要解一个线性方程组.

观察式 (14.3.5), 可以发现与所有奇数 r 对应的线性方程组具有相同的系数矩阵, 记作 $\boldsymbol{A}_o$:

$$\boldsymbol{A}_o = \begin{pmatrix} 1 & 2 & 3 & \cdots & k_o \\ 1 & 2^3 & 3^3 & \cdots & k_o^3 \\ 1 & 2^5 & 3^5 & \cdots & k_o^5 \\ \vdots & \vdots & \vdots & & \vdots \\ 1 & 2^{2k_o-1} & 3^{2k_o-1} & \cdots & k_o^{2k_o-1} \end{pmatrix} \tag{14.3.10}$$

其维数为 $k_o \times k_o$.

观察式 (14.3.6), 可以发现与所有偶数 r 对应的线性方程组也具有相同的系数矩阵, 记作 $\boldsymbol{A}_e$:

$$\boldsymbol{A}_e = \begin{pmatrix} 1 & 1 & 1 & 1 & \cdots & 1 \\ 0 & 1 & 2^2 & 3^2 & \cdots & k_e^2 \\ 0 & 1 & 2^4 & 3^4 & \cdots & k_e^4 \\ 0 & 1 & 2^6 & 3^6 & \cdots & k_e^6 \\ \vdots & \vdots & \vdots & \vdots & \vdots & \vdots \\ 0 & 1 & 2^{2k_e} & 3^{2k_e} & \cdots & k_e^{2k_e} \end{pmatrix} \tag{14.3.11}$$

其维数为 $(k_e + 1) \times (k_e + 1)$.

当 r 为奇数时, 为了确定式 (14.3.1) 中的系数 α_{rj}, 需要解方程

$$\boldsymbol{A}_o \boldsymbol{X}_o = \boldsymbol{b}_{or} \tag{14.3.12}$$

其中,

$$\begin{cases} \boldsymbol{X}_o = (\alpha_{r1} \quad \alpha_{r2} \quad \cdots \quad \alpha_{rk_o})^{\mathrm{T}} \\ \boldsymbol{b}_{or} = \left(0 \quad \cdots \quad \dfrac{r!}{2} \quad \cdots \quad 0\right)^{\mathrm{T}} \end{cases}$$

常数项矢量 $\boldsymbol{b}_{or}$ 中的非零元位于第 $\dfrac{r+1}{2}$ 行.

当 r 为偶数时, 为了确定式 (14.3.1) 中的系数 β_{rj}, 需要解方程

$$\boldsymbol{A}_e\boldsymbol{X}_e = \boldsymbol{b}_{er} \tag{14.3.13}$$

其中,

$$\begin{cases} \boldsymbol{X}_e = (\beta_{r1} \quad \beta_{r2} \quad \cdots \quad \beta_{rk_e})^{\mathrm{T}} \\ \boldsymbol{b}_{er} = \left(0 \quad \cdots \quad \dfrac{r!}{2} \quad \cdots \quad 0\right)^{\mathrm{T}} \end{cases}$$

常数项矢量 $\boldsymbol{b}_{er}$ 中的非零元位于第 $\dfrac{r}{2}+1$ 行.

对式 (14.3.10) 所示矩阵 $\boldsymbol{A}_o$ 形成的行列式进行变换, 依次从其第 j 列提出公因子 j, $j=2,3,\cdots,k_o$, 便得到一个范德蒙德行列式, 因此有

$$\begin{aligned} |\boldsymbol{A}_o| &= k_o! \begin{vmatrix} 1 & 1 & 1 & \cdots & 1 \\ 1 & 2^2 & 3^2 & \cdots & k_o^2 \\ 1 & 2^4 & 3^4 & \cdots & k_o^4 \\ \vdots & \vdots & \vdots & \vdots & \vdots \\ 1 & 2^{2(k_o-1)} & 3^{2(k_o-1)} & \cdots & k_o^{2(k_o-1)} \end{vmatrix} \\ &= k_o! \prod_{1\leqslant a<b\leqslant k_o} (b^2-a^2) \neq 0 \end{aligned}$$

进而 $R(\boldsymbol{A}_o)=k_o$, 这保证了方程 (14.3.12) 存在唯一解.

对式 (14.3.11) 所示矩阵 $\boldsymbol{A}_e$ 形成的行列式进行变换, 先将其按第 1 列展开, 再依次从其第 j 列提出公因子 j^2, $j=2,3,\cdots,k_e$, 便得到一个范德蒙德行列式, 因此有

$$\begin{aligned} |\boldsymbol{A}_e| &= \begin{vmatrix} 1 & 2^2 & 3^2 & \cdots & k_e^2 \\ 1 & 2^4 & 3^4 & \cdots & k_e^4 \\ 1 & 2^6 & 3^6 & \cdots & k_e^6 \\ \vdots & \vdots & \vdots & & \vdots \\ 1 & 2^{2k_e} & 3^{2k_e} & \cdots & k_e^{2k_e} \end{vmatrix} \\ &= (k_o!)^2 \begin{vmatrix} 1 & 1 & 1 & \cdots & 1 \\ 1 & 2^2 & 3^2 & \cdots & k_e^2 \\ 1 & 2^4 & 3^4 & \cdots & k_e^4 \\ \vdots & \vdots & \vdots & & \vdots \\ 1 & 2^{2(k_e-1)} & 3^{2(k_e-1)} & \cdots & k_e^{2(k_e-1)} \end{vmatrix} \end{aligned}$$

$$= (k_o!)^2 \prod_{1 \leqslant a < b \leqslant k_o} (b^2 - a^2) \neq 0$$

进而 $R(\boldsymbol{A}_e) = k_e + 1$, 这保证了方程 (14.3.13) 存在唯一解.

指定精度 n 以后, 即可借助 MATLAB 软件通过解方程 (14.3.12) 与 (14.3.13), 求出满足要求的系数 α_{rj} 与 β_{rj}, 先代入式 (14.3.1), 再代入式 (14.2.1), 即可进行插值曲线设计.

14.3.3　含参数的导矢

按照 14.3.2 节中的方法得到的插值曲线形状是固定的. 若希望插值曲线不仅具有 n 次多项式再生性, 而且具有可调的形状, 则可以将式 (14.3.1) 所给导矢改成

$$\boldsymbol{d}_i^{(r)} = \begin{cases} \displaystyle\sum_{j=1}^{k_o+a_r} \alpha_{rj}(\boldsymbol{P}_{i+j} - \boldsymbol{P}_{i-j}), & r \text{ 为奇数} \\ \displaystyle\sum_{j=0}^{k_e+b_r} \beta_{rj}(\boldsymbol{P}_{i+j} + \boldsymbol{P}_{i-j}), & r \text{ 为偶数} \end{cases} \tag{14.3.14}$$

其中, k_o 和 k_e 的值与 14.3.2 节相同, 由式 (14.3.7)~ 式 (14.3.9) 共同确定, a_r 和 b_r 可以为任意自然数, 只要它们不同时为零. 对于不同的 r 值, a_r 可以相等也可以不相等, b_r 也是如此.

在进行形状设计时, 自由度可以给设计人员提供方便和灵活性, 以便控制曲线曲面的形状, 对不满意之处进行修改, 但是过多的自由度又会使设计人员无所适从.

鉴于以上考虑, 下面取 $a_r = b_r = 1$. 这样一来, 当 r 为奇数时, $\boldsymbol{d}_i^{(r)}$ 表达式中包含 $k_o + 1$ 个未知系数, 为确定它们的值, 需要解方程

$$\boldsymbol{A}_o^* \boldsymbol{X}_o^* = \boldsymbol{b}_{or} \tag{14.3.15}$$

其中,

$$\boldsymbol{A}_o^* = \begin{pmatrix} 1 & 2 & 3 & \cdots & k_o & k_o+1 \\ 1 & 2^3 & 3^3 & \cdots & k_o^3 & (k_o+1)^3 \\ 1 & 2^5 & 3^5 & \cdots & k_o^5 & (k_o+1)^5 \\ \vdots & \vdots & \vdots & & \vdots & \vdots \\ 1 & 2^{2k_o-1} & 3^{2k_o-1} & \cdots & k_o^{2k_o-1} & (k_o+1)^{2k_o-1} \end{pmatrix}$$

$$\boldsymbol{X}_o^* = \begin{pmatrix} \alpha_{r1} & \alpha_{r2} & \cdots & \alpha_{r(k_o+1)} \end{pmatrix}^{\mathrm{T}}$$

$\boldsymbol{b}_{or}$ 与方程 (14.3.12) 中相同. 注意到 $\dim(\boldsymbol{A}_o^*) = k_o \times (k_o+1)$, 由矩阵秩的性质可知 $k_o = R(\boldsymbol{A}_o) \leqslant R(\boldsymbol{A}_o^*) \leqslant k_o$, 因此 $R(\boldsymbol{A}_o^*) = k_o$, 同理可知 $R(\boldsymbol{A}_o^*, \boldsymbol{b}_{or}) = k_o$, 因此方程 (14.3.15) 存在无数多个解, 且对每一个奇数 r, $\boldsymbol{d}_i^{(r)}$ 的表达式中存在一个自由度.

类似地, 当 r 为偶数时, $\boldsymbol{d}_i^{(r)}$ 的表达式中包含 k_e+2 个未知系数, 为确定它们的值, 需要解方程

$$\boldsymbol{A}_e^* \boldsymbol{X}_e^* = \boldsymbol{b}_{er} \tag{14.3.16}$$

其中,

$$\boldsymbol{A}_e^* = \begin{pmatrix} 1 & 1 & 1 & 1 & \cdots & 1 & 1 \\ 0 & 1 & 2^2 & 3^2 & \cdots & k_e^2 & (k_e+1)^2 \\ 0 & 1 & 2^4 & 3^4 & \cdots & k_e^4 & (k_e+1)^4 \\ 0 & 1 & 2^6 & 3^6 & \cdots & k_e^6 & (k_e+1)^6 \\ \vdots & \vdots & \vdots & \vdots & & \vdots & \vdots \\ 0 & 1 & 2^{2k_e} & 3^{2k_e} & \cdots & k_e^{2k_e} & (k_e+1)^{2k_e} \end{pmatrix}$$

$$\boldsymbol{X}_e^* = \begin{pmatrix} \beta_{r1} & \beta_{r2} & \cdots & \beta_{r(k_e+1)} \end{pmatrix}^{\mathrm{T}}$$

$\boldsymbol{b}_{er}$ 与方程 (14.3.13) 中相同. 由 $R(\boldsymbol{A}_e^*) = R(\boldsymbol{A}_e^*, \boldsymbol{b}_{er}) = k_e+1$ 可知方程 (14.3.16) 存在无数多个解, 且对每一个偶数 r, $\boldsymbol{d}_i^{(r)}$ 的表达式中存在一个自由度.

14.3.4 一些结论

方程 (14.3.15) 与 (14.3.16) 的系数矩阵、常数项矢量都比较有规律, 借助 MATLAB 很容易编程求解. 将求解结果代入式 (14.3.14), 即可得到满足 n 次多项式再生性且含自由参数的导矢, 这里给出一些结果.

(1) 当 $n=1$ 时, 有

$$\boldsymbol{d}_i^{(1)} = \left(\frac{1}{2} - 2\alpha_i\right)(\boldsymbol{P}_{i+1} - \boldsymbol{P}_{i-1}) + \alpha_i(\boldsymbol{P}_{i+2} - \boldsymbol{P}_{i-2}) \tag{14.3.17}$$

(2) 当 $n=2$ 时, 有

$$\begin{cases} \boldsymbol{d}_i^{(1)} = \left(\dfrac{1}{2} - 2\alpha_i\right)(\boldsymbol{P}_{i+1} - \boldsymbol{P}_{i-1}) + \alpha_i(\boldsymbol{P}_{i+2} - \boldsymbol{P}_{i-2}) \\ \boldsymbol{d}_i^{(2)} = (6\beta_i - 2)\boldsymbol{P}_i + (1-4\beta_i)(\boldsymbol{P}_{i+1} + \boldsymbol{P}_{i-1}) + \beta_i(\boldsymbol{P}_{i+2} + \boldsymbol{P}_{i-2}) \end{cases} \tag{14.3.18}$$

(3) 当 $n=3$ 时, 有

$$\begin{cases} \boldsymbol{d}_i^{(1)} = \left(\dfrac{2}{3} + 5\alpha_i\right)(\boldsymbol{P}_{i+1} - \boldsymbol{P}_{i-1}) - \left(\dfrac{1}{12} + 4\alpha_i\right)(\boldsymbol{P}_{i+2} - \boldsymbol{P}_{i-2}) + \alpha_i(\boldsymbol{P}_{i+3} - \boldsymbol{P}_{i-3}) \\ \boldsymbol{d}_i^{(2)} = (6\beta_i - 2)\boldsymbol{P}_i + (1 - 4\beta_i)(\boldsymbol{P}_{i+1} + \boldsymbol{P}_{i-1}) + \beta_i(\boldsymbol{P}_{i+2} + \boldsymbol{P}_{i-2}) \\ \boldsymbol{d}_i^{(3)} = (5\gamma_i - 1)(\boldsymbol{P}_{i+1} - \boldsymbol{P}_{i-1}) + \left(\dfrac{1}{2} - 4\gamma_i\right)(\boldsymbol{P}_{i+2} - \boldsymbol{P}_{i-2}) + \gamma_i(\boldsymbol{P}_{i+3} - \boldsymbol{P}_{i-3}) \end{cases} \tag{14.3.19}$$

(4) 当 $n = 4$ 时, 有

$$\begin{cases} \boldsymbol{d}_i^{(1)} = \left(\dfrac{2}{3} + 5\alpha_i\right)(\boldsymbol{P}_{i+1} - \boldsymbol{P}_{i-1}) - \left(\dfrac{1}{12} + 4\alpha_i\right)(\boldsymbol{P}_{i+2} - \boldsymbol{P}_{i-2}) \\ \qquad\quad +\alpha_i(\boldsymbol{P}_{i+3} - \boldsymbol{P}_{i-3}) \\ \boldsymbol{d}_i^{(2)} = -\left(\dfrac{5}{2} + 20\beta_i\right)\boldsymbol{P}_i + \left(\dfrac{4}{3} + 15\beta_i\right)(\boldsymbol{P}_{i+1} + \boldsymbol{P}_{i-1}) \\ \qquad\quad -\left(\dfrac{1}{12} + 6\beta_i\right)(\boldsymbol{P}_{i+2} + \boldsymbol{P}_{i-2}) + \beta_i(\boldsymbol{P}_{i+3} + \boldsymbol{P}_{i-3}) \\ \boldsymbol{d}_i^{(3)} = (5\gamma_i - 1)(\boldsymbol{P}_{i+1} - \boldsymbol{P}_{i-1}) + \left(\dfrac{1}{2} - 4\gamma_i\right)(\boldsymbol{P}_{i+2} - \boldsymbol{P}_{i-2}) \\ \qquad\quad +\gamma_i(\boldsymbol{P}_{i+3} - \boldsymbol{P}_{i-3}) \\ \boldsymbol{d}_i^{(4)} = (6 - 20\delta_i)\boldsymbol{P}_i + (15\delta_i - 4)(\boldsymbol{P}_{i+1} + \boldsymbol{P}_{i-1}) \\ \qquad\quad +(1 - 6\delta_i)(\boldsymbol{P}_{i+2} + \boldsymbol{P}_{i-2}) + \delta_i(\boldsymbol{P}_{i+3} + \boldsymbol{P}_{i-3}) \end{cases} \tag{14.3.20}$$

注释 14.3.1　在式 (14.3.17)∼ 式 (14.3.20) 中, n 代表希望达到的多项式重构精度. 在各个 $\boldsymbol{d}_i^{(r)}$ 的表达式中, 均取最后一个系数为自由未知数, 并使用了新的记号.

注释 14.3.2　当式 (14.3.17)∼ 式 (14.3.20) 中的所有参数都取值为 0 时, 得到的结果就是 2.1 节中讨论的不含参数的导矢.

注释 14.3.3　式 (14.3.17)∼ 式 (14.3.20) 为在每个导矢中设置一个自由度所得到的结果. 只添加一个自由度, 即取 $a_r = b_r = 1$, 是为了简化后续计算, 易于得到具有优化意义的方法, 例如可以简化下文 14.5.4 节中在不同目标下对自由参数的优化取值运算. 根据不同实际问题的需求, 也可以将 a_r 和 b_r 取其他值, 从而得到具有不同自由度数量的结果. 从式 (14.3.14) 可以看出, a_r 和 b_r 的取值越大, 导矢 $\boldsymbol{d}_i^{(r)}$ 中涉及的数据点数量越多, 因此最终插值曲线的局部性越弱. 在曲线设计中, 通常希望一个数据点的变动造成的影响尽可能小, 因此从这个意义上讲, 自由度的个数越少越好.

注释 14.3.4 至于自由参数对形状调整的具体效果, 可以从式 (14.3.17)~ 式 (14.3.20) 出发, 分析参数的改变如何引起 $\boldsymbol{d}_i^{(r)}$ 的改变, 从而引起曲线形状的变化. 以 $n=1$ 为例, 由式 (14.3.17) 可知, 当 α_i 的值从 0 增加至 $\dfrac{1}{4}$ 时, $\boldsymbol{d}_i^{(1)}$ 的方向由矢量 $\boldsymbol{P}_{i-1}\boldsymbol{P}_{i+1}$ 的方向变化至矢量 $\boldsymbol{P}_{i-2}\boldsymbol{P}_{i+2}$ 的方向. 当 α_i 的值从 $\dfrac{1}{4}$ 开始继续增大时, $\boldsymbol{P}_{i+1}-\boldsymbol{P}_{i-1}$ 的权重 $\dfrac{1}{2}-2\alpha_i$ 变为负数越来越小, 等价为 $\boldsymbol{P}_{i-1}-\boldsymbol{P}_{i+1}$ 的权重 $2\alpha_i-\dfrac{1}{2}$ 为正数越来越大, 同时 $\boldsymbol{P}_{i+2}-\boldsymbol{P}_{i-2}$ 的权重 α_i 也为正数越来越大, 由于权重比值 $\dfrac{2\alpha_i-\dfrac{1}{2}}{\alpha_i}=2-\dfrac{1}{2\alpha_i}$ 随着 $\alpha_i\left(\alpha_i>\dfrac{1}{4}\right)$ 的增加而变大, 因此 $\boldsymbol{d}_i^{(1)}$ 的方向由矢量 $\boldsymbol{P}_{i-2}\boldsymbol{P}_{i+2}$ 的方向逐渐变化至矢量 $\boldsymbol{P}_{i+1}\boldsymbol{P}_{i-1}$ 的方向. 类似可分析出当 α_i 从 0 逐渐变小时, $\boldsymbol{d}_i^{(1)}$ 的方向由矢量 $\boldsymbol{P}_{i-1}\boldsymbol{P}_{i+1}$ 的方向逐渐变化至矢量 $\boldsymbol{P}_{i+2}\boldsymbol{P}_{i-2}$ 的方向. 对于给定的数据点, 可以通过分析 $\boldsymbol{d}_i^{(1)}$ 方向的变化来预测曲线在插值点处的走向, 从而大致预测曲线形状的变化趋势. 当 $n=2$ 时, α_i 取值的变化对 $\boldsymbol{d}_i^{(1)}$ 方向的影响与 $n=1$ 时完全相同, 对于 n 取其他值的情况可以类似分析. 由于高阶导数的几何意义不如一阶明确, 所以式 (14.3.18)~ 式 (14.3.20) 中的参数 β_i、γ_i、δ_i 对形状调整的效果不易从理论上进行分析, 只能通过大量数值实验从直观上加以分析总结.

注释 14.3.5 在 14.3.1 节中提到为了满足 n 次多项式重构精度, 需要构造 $2n+1$ 次曲线. 在计算导矢时, 随着 n 的增加, 需要确定的系数增多, 整体计算时间必然增长. 然而在实际应用中, 不管是函数逼近还是曲线设计, 一般都不提倡使用高次多项式, 下文 14.5 节中的数值实例最高用到了 7 次多项式曲线 (对应 $n=3$, 但 14.5.2 节将说明其重构精度最高可达 4 次), 即使是按照 14.5.4 节中的方法用 MATLAB 编程计算曲线中的最优参数, 计算速度依然非常快. 因此对于工程中的常规需求, 本章所给方法的计算效率不存在问题.

注释 14.3.6 在本节中需要多次利用 MATLAB 求解形如 $Ax=b$ 的方程组, 计算得出 n 取 $1\sim10$ 时方程组 (14.3.15) 与 (14.3.16) 中系数矩阵的条件数 (取 2 范数) 分别为 1、2.618、11.5803、33.3654、405.8788、1.6589×10^3、3.033×10^4、1.5913×10^5、3.8945×10^6、2.4813×10^7, 可见系数矩阵的条件数随着 n 的增加而变大, 从而使方程组逐渐呈现出病态. 但当 $n\leqslant5$ 时, 可以认为方程组是良态的, 因此相应的数值计算是稳定的. 另外, 手工验算表明式 (14.3.17)~ 式 (14.3.20) 的计算结果不存在误差. 对于较大的 n 值, MATLAB 的计算结果会有误差存在, 可以采用高精度运算, 以改善或减轻方程组的病态程度, 从而降低计算误差.

14.4 插值基函数

确定插值点处的导矢以后, 代入式 (14.2.1) 就可以构造具有多项式再生性的 Hermite 插值曲线. CAGD 中的参数曲线通常表示成控制顶点和基函数线性组合的形式, 为了与这种惯用形式保持一致, 下面推导分别具有至少 1~3 次多项式再生性且含形状调整参数的插值基函数.

14.4.1 $n = 1$ 的情形

在式 (14.2.1) 中取 $n = 1$, 借助关系式 (14.2.2) 将其中的 3 次 Hermite 多项式转化为 3 次 Bernstein 基函数, 并将式 (14.3.17) 所给导矢代入其中, 再将表达式按照插值数据点进行整理, 得到

$$\begin{aligned}\boldsymbol{p}_i(t) = &\boldsymbol{P}_{i-2}\Big(-\frac{\alpha_i}{3}B_1^3\Big) + \boldsymbol{P}_{i-1}\Big[\Big(\frac{2\alpha_i}{3} - \frac{1}{6}\Big)B_1^3 + \frac{\alpha_{i+1}}{3}B_2^3\Big]\\ &+ \boldsymbol{P}_i\Big[B_0^3 + B_1^3 + \Big(\frac{1}{6} - \frac{2\alpha_{i+1}}{3}\Big)B_2^3\Big] + \boldsymbol{P}_{i+1}\Big[\Big(\frac{1}{6} - \frac{2\alpha_i}{3}\Big)B_1^3 + B_2^3 + B_3^3\Big]\\ &+ \boldsymbol{P}_{i+2}\Big[\frac{\alpha_i}{3}B_1^3 + \Big(\frac{2\alpha_{i+1}}{3} - \frac{1}{6}\Big)B_2^3\Big] + \boldsymbol{P}_{i+3}\Big(-\frac{\alpha_{i+1}}{3}B_2^3\Big) \triangleq \sum_{j=0}^{5}\boldsymbol{P}_{i+j-2}N_{i,j}^1\end{aligned}$$

其中的函数组 $N_{i,j}^1(j = 0, 1, \cdots, 5)$ 称为具有至少 1 次多项式再生性的插值基函数. 从上面的关系式中可以得出该插值基函数的 3 次 Bernstein 基表示式, 对其整理即可得出下面的显式表示:

$$\begin{cases} N_{i,0}^1 = -\alpha_i t(1-t)^2 \\ N_{i,1}^1 = \Big(2\alpha_i - \dfrac{1}{2}\Big)t + (1 - 4\alpha_i + \alpha_{i+1})t^2 - \Big(\dfrac{1}{2} - 2\alpha_i + \alpha_{i+1}\Big)t^3 \\ N_{i,2}^1 = 1 - \Big(\dfrac{5}{2} + 2\alpha_{i+1}\Big)t^2 + \Big(\dfrac{3}{2} + 2\alpha_{i+1}\Big)t^3 \\ N_{i,3}^1 = \Big(\dfrac{1}{2} - 2\alpha_i\Big)t + (2 + 4\alpha_i)t^2 - \Big(\dfrac{3}{2} + 2\alpha_i\Big)t^3 \\ N_{i,4}^1 = \alpha_i t - \Big(\dfrac{1}{2} + 2\alpha_i + 2\alpha_{i+1}\Big)t^2 + \Big(\dfrac{1}{2} + \alpha_i - 2\alpha_{i+1}\Big)t^3 \\ N_{i,5}^1 = -\alpha_{i+1}t^2(1-t) \end{cases}$$

14.4.2 $n = 2$ 的情形

在式 (14.2.1) 中取 $n = 2$, 借助关系式 (14.2.3) 将其中的 5 次 Hermite 多项式转化为 5 次 Bernstein 基函数, 并将式 (14.3.18) 所给导矢代入其中, 再将表达

式按照插值数据点进行整理, 得到

$$
\begin{aligned}
\boldsymbol{p}_i(t) =& \boldsymbol{P}_{i-2}\Big[-\frac{\alpha_i}{5}B_1^5-\Big(\frac{2\alpha_i}{5}-\frac{\beta_i}{20}\Big)B_2^5\Big] \\
&+\boldsymbol{P}_{i-1}\Big[\Big(\frac{2\alpha_i}{5}-\frac{1}{10}\Big)B_1^5+\Big(\frac{4\alpha_i-\beta_i}{5}-\frac{3}{20}\Big)B_2^5 \\
&+\Big(\frac{2\alpha_{i+1}}{5}-\frac{\beta_{i+1}}{20}\Big)B_3^5+\frac{\alpha_{i+1}}{5}B_4^5\Big]+\boldsymbol{P}_i\Big[B_0^5+B_1^5+\frac{9+3\beta_i}{10}B_2^5 \\
&+\Big(\frac{1}{4}-\frac{4\alpha_{i+1}+\beta_{i+1}}{5}\Big)B_3^5+\Big(\frac{1}{10}-\frac{2\alpha_{i+1}}{5}\Big)B_4^5\Big] \\
&+\boldsymbol{P}_{i+1}\Big[\Big(\frac{1}{10}-\frac{2\alpha_i}{5}\Big)B_1^5+\Big(\frac{1}{4}-\frac{4\alpha_i+\beta_i}{5}\Big)B_2^5+\frac{9+3\beta_{i+1}}{10}B_3^5+B_4^5+B_5^5\Big] \\
&+\boldsymbol{P}_{i+2}\Big[\frac{\alpha_i}{5}B_1^5+\Big(\frac{2\alpha_i}{5}+\frac{\beta_i}{20}\Big)B_2^5+\Big(\frac{4\alpha_{i+1}-\beta_{i+1}}{5}-\frac{3}{20}\Big)B_3^5 \\
&+\Big(\frac{2\alpha_{i+1}}{5}-\frac{\beta_{i+1}}{20}\Big)B_4^5\Big]+\boldsymbol{P}_{i+3}\Big[-\Big(\frac{2\alpha_{i+1}}{5}+\frac{\beta_{i+1}}{20}\Big)B_3^5-\frac{\alpha_{i+1}}{5}B_4^5\Big] \\
\triangleq& \sum_{j=0}^{5}\boldsymbol{P}_{i+j-2}N_{i,j}^2
\end{aligned}
$$

其中的函数组 $N_{i,j}^2(j=0,1,\cdots,5)$ 称为具有至少 2 次多项式再生性的插值基函数. 从上面的关系式中可以得出该插值基函数的 5 次 Bernstein 基表示式, 对其整理即可得出下面的显式表示:

$$
N_{i,0}^2=-\alpha_i t+\frac{\beta_i}{2}t^2+\Big(6\alpha_i-\frac{3\beta_i}{2}\Big)t^3+\Big(\frac{3\beta_i}{2}-8\alpha_i\Big)t^4+\Big(3\alpha_i-\frac{\beta_i}{2}\Big)t^5
$$

$$
\begin{aligned}
N_{i,1}^2=&\Big(2\alpha_i-\frac{1}{2}\Big)t+\Big(\frac{1}{2}-2\beta_i\Big)t^2+\Big(\frac{3}{2}-12\alpha_i+4\alpha_{i+1}+6\beta_i+\frac{\beta_{i+1}}{2}\Big)t^3 \\
&-\Big(\frac{5}{2}-16\alpha_i+7\alpha_{i+1}+6\beta_i+\beta_{i+1}\Big)t^4+\Big(1-6\alpha_i+3\alpha_{i+1}+2\beta_i+\frac{\beta_{i+1}}{2}\Big)t^5
\end{aligned}
$$

$$
\begin{aligned}
N_{i,2}^2=&1-(1-3\beta_i)t^2-\Big(\frac{9}{2}+8\alpha_{i+1}+9\beta_i+2\beta_{i+1}\Big)t^3 \\
&+\Big(\frac{15}{2}+14\alpha_{i+1}+9\beta_i+4\beta_{i+1}\Big)t^4-(3+6\alpha_{i+1}+3\beta_i+2\beta_{i+1})t^5
\end{aligned}
$$

$$
\begin{aligned}
N_{i,3}^2=&\Big(\frac{1}{2}-2\alpha_i\Big)t+\Big(\frac{1}{2}-2\beta_i\Big)t^2+\Big(\frac{9}{2}+12\alpha_i+6\beta_i+3\beta_{i+1}\Big)t^3 \\
&-\Big(\frac{15}{2}+16\alpha_i+6\beta_i+6\beta_{i+1}\Big)t^4+(3+6\alpha_i+2\beta_i+3\beta_{i+1})t^5
\end{aligned}
$$

$$
N_{i,4}^2=\alpha_i t+\frac{\beta_i}{2}t^2-\Big(\frac{3}{2}+6\alpha_i-8\alpha_{i+1}+\frac{3\beta_i}{2}+2\beta_{i+1}\Big)t^3
$$

$$
\begin{aligned}
&+\left(\frac{5}{2}+8\alpha_i-14\alpha_{i+1}+\frac{3\beta_i}{2}+4\beta_{i+1}\right)t^4\\
&-\left(1+3\alpha_i-6\alpha_{i+1}+\frac{\beta_i}{2}+2\beta_{i+1}\right)t^5
\end{aligned}
$$

$$
N_{i,5}^2=\left(\frac{\beta_{i+1}}{2}-4\alpha_{i+1}\right)t^3+(7\alpha_{i+1}-\beta_{i+1})t^4+\left(\frac{\beta_{i+1}}{2}-3\alpha_{i+1}\right)t^5
$$

14.4.3 $n=3$ 的情形

在式 (14.2.1) 中取 $n=3$, 借助关系式 (14.2.4) 将其中的 7 次 Hermite 多项式转化为 7 次 Bernstein 基函数, 并将式 (14.3.19) 所给导矢代入其中, 再将表达式按照插值数据点进行整理, 得到

$$
\begin{aligned}
\boldsymbol{p}_i(t)=&\boldsymbol{P}_{i-3}\Big[-\frac{\alpha_i}{7}B_1^7-\frac{2\alpha_i}{7}B_2^7-\left(\frac{3\alpha_i}{7}+\frac{\gamma_i}{210}\right)B_3^7\Big]+\boldsymbol{P}_{i-2}\Big[\left(\frac{1}{84}+\frac{4\alpha_i}{7}\right)B_1^7\\
&+\left(\frac{1}{42}+\frac{8\alpha_i}{7}+\frac{\beta_i}{42}\right)B_2^7+\left(\frac{1}{30}+\frac{12\alpha_i}{7}+\frac{\beta_i}{14}+\frac{2\gamma_i}{105}\right)B_3^7\\
&+\left(\frac{3\alpha_{i+1}}{7}+\frac{\gamma_{i+1}}{210}\right)B_4^7+\frac{2\alpha_{i+1}}{7}B_5^7+\frac{\alpha_{i+1}}{7}B_6^7\Big]\\
&+\boldsymbol{P}_{i-1}\Big[-\left(\frac{2}{21}+\frac{5\alpha_i}{7}\right)B_1^7-\left(\frac{1}{6}+\frac{10\alpha_i}{7}+\frac{2\beta_i}{21}\right)B_2^7\\
&-\left(\frac{22}{105}+\frac{15\alpha_i}{7}+\frac{2\beta_i}{7}+\frac{\gamma_i}{42}\right)B_3^7-\left(\frac{1}{30}+\frac{12\alpha_{i+1}}{7}-\frac{\beta_{i+1}}{14}+\frac{2\gamma_{i+1}}{105}\right)B_4^7\\
&-\left(\frac{1}{42}+\frac{8\alpha_{i+1}}{7}-\frac{\beta_{i+1}}{42}\right)B_5^7-\left(\frac{1}{84}+\frac{4\alpha_{i+1}}{7}\right)B_6^7\Big]\\
&+\boldsymbol{P}_i\Big[B_0^7+B_1^7+\left(\frac{20}{21}+\frac{\beta_i}{7}\right)B_2^7+\left(\frac{6}{7}+\frac{3\beta_i}{7}\right)B_3^7\\
&+\left(\frac{37}{105}+\frac{15\alpha_{i+1}}{7}-\frac{2\beta_{i+1}}{7}+\frac{\gamma_{i+1}}{42}\right)B_4^7\\
&+\left(\frac{3}{14}+\frac{10\alpha_{i+1}}{7}-\frac{2\beta_{i+1}}{21}\right)B_5^7+\left(\frac{2}{21}+\frac{5\alpha_{i+1}}{7}\right)B_6^7\Big]\\
&+\boldsymbol{P}_{i+1}\Big[\left(\frac{2}{21}+\frac{5\alpha_i}{7}\right)B_1^7+\left(\frac{3}{14}+\frac{10\alpha_i}{7}-\frac{2\beta_i}{21}\right)B_2^7\\
&+\left(\frac{37}{105}+\frac{15\alpha_i}{7}-\frac{2\beta_i}{7}+\frac{\gamma_i}{42}\right)B_3^7\\
&+\left(\frac{6}{7}+\frac{3\beta_{i+1}}{7}\right)B_4^7+\left(\frac{20}{21}+\frac{\beta_{i+1}}{7}\right)B_5^7+B_6^7+B_7^7\Big]\\
&+\boldsymbol{P}_{i+2}\Big[-\left(\frac{1}{84}+\frac{4\alpha_i}{7}\right)B_1^7-\left(\frac{1}{42}+\frac{8\alpha_i}{7}-\frac{\beta_i}{42}\right)B_2^7
\end{aligned}
$$

$$
\begin{aligned}
&-\left(\frac{1}{30}+\frac{12\alpha_i}{7}-\frac{\beta_i}{14}+\frac{2\gamma_i}{105}\right)B_3^7-\left(\frac{22}{105}+\frac{15\alpha_{i+1}}{7}+\frac{2\beta_{i+1}}{7}+\frac{\gamma_{i+1}}{42}\right)B_4^7\\
&-\left(\frac{1}{6}+\frac{10\alpha_{i+1}}{7}+\frac{2\beta_{i+1}}{21}\right)B_5^7-\left(\frac{2}{21}+\frac{5\alpha_{i+1}}{7}\right)B_6^7\Bigg]\\
&+\boldsymbol{P}_{i+3}\left[\frac{\alpha_i}{7}B_1^7+\frac{2\alpha_i}{7}B_2^7+\left(\frac{3\alpha_i}{7}+\frac{\gamma_i}{210}\right)B_3^7\right.\\
&+\left(\frac{1}{30}+\frac{12\alpha_{i+1}}{7}+\frac{\beta_{i+1}}{14}+\frac{2\gamma_{i+1}}{105}\right)B_4^7+\left(\frac{1}{42}+\frac{8\alpha_{i+1}}{7}+\frac{\beta_{i+1}}{42}\right)B_5^7\\
&\left.+\left(\frac{1}{84}+\frac{4\alpha_{i+1}}{7}\right)B_6^7\right]+\boldsymbol{P}_{i+4}\left[-\left(\frac{3\alpha_{i+1}}{7}+\frac{\gamma_{i+1}}{210}\right)B_4^7-\frac{2\alpha_{i+1}}{7}B_5^7-\frac{\alpha_{i+1}}{7}B_6^7\right]\\
\triangleq&\sum_{j=0}^{7}\boldsymbol{P}_{i+j-3}N_{i,j}^3
\end{aligned}
$$

其中的函数组 $N_{i,j}^3(j=0,1,\cdots,7)$ 称为具有至少 3 次多项式再生性的插值基函数. 从上面的关系式中可以得出该插值基函数的 7 次 Bernstein 基表示式, 对其整理即可得出下面的显式表示:

$$
\begin{aligned}
N_{i,0}^3=&-\alpha_i t-\frac{\gamma_i}{6}t^3+\left(20\alpha_i+\frac{2\gamma_i}{3}\right)t^4+\left(\frac{3\beta_i}{2}-8\alpha_i\right)t^4-(45\alpha_i+\gamma_i)t^5\\
&+\left(36\alpha_i+\frac{2\gamma_i}{3}\right)t^6-\left(10\alpha_i+\frac{\gamma_i}{6}\right)t^7\\
N_{i,1}^3=&\left(\frac{1}{12}+4\alpha_i\right)t+\frac{1}{2}\beta_i t^2-\left(\frac{1}{12}-\frac{2\gamma_i}{3}\right)t^3\\
&-\left(\frac{4}{3}+80\alpha_i+5\beta_i+\frac{8\gamma_i}{3}-\frac{\gamma_{i+1}}{6}-15\alpha_{i+1}\right)t^4\\
&+\left(\frac{13}{4}+180\alpha_i-39\alpha_{i+1}+10\beta_i+4\gamma_i-\frac{\gamma_{i+1}}{2}\right)t^5\\
&-\left(\frac{8}{3}+144\alpha_i-34\alpha_{i+1}+\frac{15\beta_i}{2}+\frac{8\gamma_i}{3}-\frac{\gamma_{i+1}}{2}\right)t^6\\
N_{i,2}^3=&-\left(\frac{2}{3}+5\alpha_i\right)t+\left(\frac{1}{2}-2\beta_i\right)t^2+\left(\frac{1}{6}-\frac{5\gamma_i}{6}\right)t^3\\
&+\left(\frac{13}{2}+100\alpha_i-60\alpha_{i+1}+20\beta_i+\frac{5\beta_{i+1}}{2}+\frac{10\gamma_i}{3}-\frac{2\gamma_{i+1}}{3}\right)t^4\\
&-\left(16+225\alpha_i-156\alpha_{i+1}+40\beta_i+7\beta_{i+1}+5\gamma_i-2\gamma_{i+1}\right)t^5\\
&+\left(\frac{53}{4}+180\alpha_i-136\alpha_{i+1}+30\beta_i+\frac{13\beta_{i+1}}{2}+\frac{10\gamma_i}{3}-2\gamma_{i+1}\right)t^6\\
&-\left(\frac{15}{4}+50\alpha_i-40\alpha_{i+1}+8\beta_i+2\beta_{i+1}+\frac{5\gamma_i}{6}-\frac{2\gamma_{i+1}}{3}\right)t^7
\end{aligned}
$$

$$
\begin{aligned}
N_{i,3}^3 = & \ 1-(1-3\beta_i)t^2-\Big(\frac{38}{3}-75\alpha_{i+1}+30\beta_i+10\beta_{i+1}-\frac{5\gamma_{i+1}}{6}\Big)t^4\\
&+\Big(\frac{63}{2}-195\alpha_{i+1}+60\beta_i+28\beta_{i+1}-\frac{5\gamma_{i+1}}{2}\Big)t^5\\
&-\Big(\frac{79}{3}-170\alpha_{i+1}+45\beta_i+26\beta_{i+1}-\frac{5\gamma_{i+1}}{2}\Big)t^6\\
&+\Big(\frac{15}{2}-50\alpha_{i+1}+12\beta_i+8\beta_{i+1}-\frac{5\gamma_{i+1}}{6}\Big)t^7\\
N_{i,4}^3 = & \Big(\frac{2}{3}+5\alpha_i\Big)t+\Big(\frac{1}{2}-2\beta_i\Big)t^2-\Big(\frac{1}{6}-\frac{5\gamma_i}{6}\Big)t^3\\
&+\Big(\frac{37}{3}-100\alpha_i+20\beta_i+15\beta_{i+1}-\frac{10\gamma_i}{3}\Big)t^4\\
&-\Big(31-225\alpha_i+40\beta_i+42\beta_{i+1}-5\gamma_i\Big)t^5\\
&+\Big(\frac{157}{6}-180\alpha_i+30\beta_i+39\beta_{i+1}-\frac{10\gamma_i}{3}\Big)t^6\\
&-\Big(\frac{15}{2}-50\alpha_i+8\beta_i+12\beta_{i+1}-\frac{5\gamma_i}{6}\Big)t^7,\\
N_{i,5}^3 = & -\Big(\frac{1}{12}+4\alpha_i\Big)t+\frac{\beta_i}{2}t^2+\Big(\frac{1}{12}-\frac{2\gamma_i}{3}\Big)t^3\\
&-\Big(6-80\alpha_i+75\alpha_{i+1}+5\beta_i+10\beta_{i+1}-\frac{8\gamma_i}{3}+\frac{5\gamma_{i+1}}{6}\Big)t^4\\
&+\Big(\frac{61}{4}-180\alpha_i+195\alpha_{i+1}+10\beta_i+28\beta_{i+1}-4\gamma_i+\frac{5\gamma_{i+1}}{2}\Big)t^5\\
&-\Big(13-144\alpha_i+170\alpha_{i+1}+\frac{15\beta_i}{2}+26\beta_{i+1}-\frac{8\gamma_i}{3}+\frac{5\gamma_{i+1}}{2}\Big)t^6\\
&+\Big(\frac{15}{4}-40\alpha_i+50\alpha_{i+1}+2\beta_i+8\beta_{i+1}-\frac{2\gamma_i}{3}+\frac{5\gamma_{i+1}}{6}\Big)t^7\\
N_{i,6}^3 = & \ \alpha_i t+\frac{\gamma_i}{6}t^3+\Big(\frac{7}{6}-20\alpha_i-\frac{2\gamma_i}{3}+60\alpha_{i+1}+\frac{5\beta_{i+1}}{2}+\frac{2\gamma_{i+1}}{3}\Big)t^4\\
&-\Big(3-45\alpha_i+156\alpha_{i+1}+7\beta_{i+1}-\gamma_i+2\gamma_{i+1}\Big)t^5\\
&+\Big(\frac{31}{12}-36\alpha_i+136\alpha_{i+1}+\frac{13\beta_{i+1}}{2}-\frac{2\gamma_i}{3}+2\gamma_{i+1}\Big)t^6\\
&-\Big(\frac{3}{4}-10\alpha_i+40\alpha_{i+1}+2\beta_{i+1}-\frac{\gamma_i}{6}+\frac{2\gamma_{i+1}}{3}\Big)t^7\\
N_{i,7}^3 = & -\Big(15\alpha_{i+1}+\frac{\gamma_{i+1}}{6}\Big)t^4+\Big(39\alpha_{i+1}+\frac{\gamma_{i+1}}{2}\Big)t^5-\Big(34\alpha_{i+1}+\frac{\gamma_{i+1}}{2}\Big)t^6
\end{aligned}
$$

$$+\left(10\alpha_{i+1}+\frac{\gamma_{i+1}}{6}\right)t^7$$

14.4.4 插值基函数的性质

易知插值基函数具有下列性质:

性质 1 规范性. 即有 $\sum\limits_{j=0}^{k_n} N_{i,j}^n(t)=1$, 其中, $n=1,2,3$, $k_1=k_2=5$, $k_3=7$.

性质 2 拟对称性. 即当参数满足 $\alpha_i=\alpha_{i+1}$, $\beta_i=\beta_{i+1}$, $\gamma_i=\gamma_{i+1}$ 时, 有 $N_{i,j}^n(1-t)=N_{i,k_n-j}^n(t)$, 其中, $n=1,2,3$, $j=0,1,\cdots,k_n$, $k_1=k_2=5$, $k_3=7$.

性质 3 端点性质. 记

$$\boldsymbol{N}^{n(r)}(t)=(N_{i,0}^{n(r)}(t),N_{i,1}^{n(r)}(t),\cdots,N_{i,k_n}^{n(r)}(t))$$

其中, $n=1,2,3$, $k_1=k_2=5$, $k_3=7$; r 表示求导阶数, 当 $n=1$ 时, $r=0,1,2,3$; 当 $n=2,3$ 时, $r=0,1,2,3,4$; 当 $r=0$ 时, $N_{i,0}^{n(0)}(t)=N_{i,0}^n(t)$. 则由计算可得对任意的参数 $\alpha_i,\alpha_{i+1},\beta_i,\beta_{i+1},\gamma_i,\gamma_{i+1}$, 有

$$\begin{cases}\boldsymbol{N}^{1(0)}(0)=(0,0,1,0,0,0)\\ \boldsymbol{N}^{1(1)}(0)=\left(-\alpha_i,2\alpha_i-\dfrac{1}{2},0,\dfrac{1}{2}-2\alpha_i,\alpha_i,0\right)\\ \boldsymbol{N}^{1(2)}(0)=(4\alpha_i,2-8\alpha_i+2\alpha_{i+1},-5-4\alpha_{i+1},4+8\alpha_i,4\alpha_{i+1}-4\alpha_i-1,-2\alpha_{i+1})\end{cases}$$

$$\begin{cases}\boldsymbol{N}^{1(0)}(1)=(0,0,0,1,0,0),\\ \boldsymbol{N}^{1(1)}(1)=\left(0,-\alpha_{i+1},2\alpha_{i+1}-\dfrac{1}{2},0,\dfrac{1}{2}-2\alpha_{i+1},\alpha_{i+1}\right)\\ \boldsymbol{N}^{1(2)}(1)=(-2\alpha_i,4\alpha_i-4\alpha_{i+1}-1,4+8\alpha_{i+1},-5-4\alpha_i,\\ \qquad 2+2\alpha_i-8\alpha_{i+1},4\alpha_{i+1})\end{cases}$$

$$\begin{cases}\boldsymbol{N}^{2(0)}(0)=(0,0,1,0,0,0)\\ \boldsymbol{N}^{2(1)}(0)=\left(-\alpha_i,2\alpha_i-\dfrac{1}{2},0,\dfrac{1}{2}-2\alpha_i,\alpha_i,0\right)\\ \boldsymbol{N}^{2(2)}(0)=(\beta_i,1-4\beta_i,6\beta_i-2,1-4\beta_i,\beta_i,0)\end{cases}$$

$$\begin{cases}\boldsymbol{N}^{2(0)}(1)=(0,0,0,1,0,0)\\ \boldsymbol{N}^{2(1)}(1)=\left(0,-\alpha_{i+1},2\alpha_{i+1}-\dfrac{1}{2},0,\dfrac{1}{2}-2\alpha_{i+1},\alpha_{i+1}\right)\\ \boldsymbol{N}^{2(2)}(1)=(0,\beta_{i+1},1-4\beta_{i+1},6\beta_{i+1}-2,1-4\beta_{i+1},\beta_{i+1})\end{cases}$$

$$\begin{cases} \boldsymbol{N}^{3(0)}(0) = (0,0,0,1,0,0,0,0) \\ \boldsymbol{N}^{3(1)}(0) = \left(-\alpha_i, \dfrac{1}{12}+4\alpha_i, -\dfrac{2}{3}-5\alpha_i, 0, \dfrac{2}{3}+5\alpha_i, -\dfrac{1}{12}-4\alpha_i, \alpha_i, 0\right) \\ \boldsymbol{N}^{3(2)}(0) = (0,\beta_i,1-4\beta_i,6\beta_i-2,1-4\beta_i,\beta_i,0,0) \\ \boldsymbol{N}^{3(3)}(0) = \left(-\gamma_i, 4\gamma_i-\dfrac{1}{2}, 1-5\gamma_i, 0, 5\gamma_i-1, \dfrac{1}{2}-4\gamma_i, \gamma_i, 0\right) \end{cases}$$

$$\begin{cases} \boldsymbol{N}^{3(0)}(1) = (0,0,0,0,1,0,0,0) \\ \boldsymbol{N}^{3(1)}(1) = \left(0, -\alpha_{i+1}, \dfrac{1}{12}+4\alpha_{i+1}, -\dfrac{2}{3}-5\alpha_{i+1}, 0, \dfrac{2}{3}+5\alpha_{i+1},\right. \\ \qquad\qquad \left. -\dfrac{1}{12}-4\alpha_{i+1}, \alpha_{i+1}\right) \\ \boldsymbol{N}^{3(2)}(1) = (0,0,\beta_{i+1},1-4\beta_{i+1},6\beta_{i+1}-2,1-4\beta_{i+1},\beta_{i+1},0) \\ \boldsymbol{N}^{3(3)}(1) = \left(0, -\gamma_{i+1}, 4\gamma_{i+1}-\dfrac{1}{2}, 1-5\gamma_{i+1}, 0, 5\gamma_{i+1}-1, \dfrac{1}{2}-4\gamma_{i+1}, \gamma_{i+1}\right) \end{cases}$$

当 $\alpha_i = \alpha_{i+1} = -\dfrac{1}{12}$ 时, 有

$$\boldsymbol{N}^{1(3)}(0) = \boldsymbol{N}^{1(3)}(1) = \left(\frac{1}{2}, -\frac{7}{2}, 8, -8, \frac{7}{2}, -\frac{1}{2}\right)$$

$$\begin{cases} \boldsymbol{N}^{2(3)}(0) = (-3-9\beta_i, 13+36\beta_i+3\beta_{i+1}, -23-54\beta_i-12\beta_{i+1}, \\ \qquad\qquad 21+36\beta_i+18\beta_{i+1}, -10-9\beta_i-12\beta_{i+1}, 2+3\beta_{i+1}), \\ \boldsymbol{N}^{2(3)}(1) = (-2-3\beta_i, 10+12\beta_i+9\beta_{i+1}, -21-18\beta_i-36\beta_{i+1}, \\ \qquad\qquad 23+12\beta_i+54\beta_{i+1}, -13-3\beta_i-36\beta_{i+1}, 3+9\beta_{i+1}). \end{cases}$$

当 $\alpha_i = \alpha_{i+1} = -\dfrac{1}{12}$ 且 $\beta_i = \beta_{i+1} = -\dfrac{1}{12}$ 时, 有

$$\begin{cases} \boldsymbol{N}^{2(4)}(0) = (13, -64, 126, -124, 61, -12) \\ \boldsymbol{N}^{2(4)}(1) = (-12, 61, -124, 126, -64, 13) \end{cases}$$

$$\begin{cases} \boldsymbol{N}^{3(4)}(0) = (16\gamma_i-40, 108-64\gamma_i+4\gamma_{i+1}, 31+80\gamma_i-16\gamma_{i+1}, 20\gamma_{i+1}-374, \\ \qquad\qquad 426-80\gamma_i, -124+64\gamma_i-20\gamma_{i+1}, -57-16\gamma_i+16\gamma_{i+1}, 30-4\gamma_{i+1}) \\ \boldsymbol{N}^{3(4)}(1) = (30-4\gamma_i, 16\gamma_i-16\gamma_{i+1}-57,\ 64\gamma_{i+1}-20\gamma_i-124,\ 426-80\gamma_{i+1}, \\ \qquad\qquad 20\gamma_i-374, 31-16\gamma_i+80\gamma_{i+1}, 108+4\gamma_i-64\gamma_{i+1}, 16\gamma_{i+1}-40) \end{cases}$$

14.5 插值曲线

有了插值基以后, 就可以用插值数据点为控制顶点和插值基做线性组合来生成插值曲线. 上文给出了 3 种插值基, 相应可以构造 3 种插值曲线. 它们的差别在于用于函数插值时具有不同的多项式函数重构精度, 用于参数插值时具有不同的连续阶, 实际应用中可根据不同的需求进行选择.

14.5.1 曲线的构造与性质

给定一组插值点 $\boldsymbol{P}_i$ 和相联系的均匀参数 $u_i, i=1,2,\cdots,N$, 这里 $\boldsymbol{P}_1 \neq \boldsymbol{P}_N$. 要想构造一条光滑曲线在参数 u_i 处经过点 $\boldsymbol{P}_i$, 可以先添加 k_n-1 个辅助点, 从下标排序上看, 它们分布在 $\boldsymbol{P}_1$ 的左侧和 $\boldsymbol{P}_N$ 的右侧, 两侧各 $\dfrac{k_n-1}{2}$ 个. 更具体地, 当 $n=1,2$ 时, 添加的辅助点为 $\boldsymbol{P}_{-1}$, $\boldsymbol{P}_0$ 和 $\boldsymbol{P}_{N+1}$, $\boldsymbol{P}_{N+2}$; 当 $n=3$ 时, 添加的辅助点为 $\boldsymbol{P}_{-2}$, $\boldsymbol{P}_{-1}$, $\boldsymbol{P}_0$ 和 $\boldsymbol{P}_{N+1}$, $\boldsymbol{P}_{N+2}$, $\boldsymbol{P}_{N+3}$. 然后以辅助点和插值数据点的全体为控制顶点定义 $N-1$ 条曲线段

$$\boldsymbol{p}_i(t)=\sum_{j=0}^{k_n} N_{i,j}^n(t)\boldsymbol{P}_{i+j-\frac{k_n-1}{2}} \tag{14.5.1}$$

其中, $t\in[0,1]$, $i=1,2,\cdots,N-1$, $N_{i,j}^n(t)(n=1,2,3)$ 为上一节给出的插值基函数. 所有曲线段形成一条分段组合曲线

$$\boldsymbol{q}(u)=\boldsymbol{p}_i\left(\frac{u-u_i}{h}\right) \tag{14.5.2}$$

其中, $u\in[u_i,u_{i+1}]$, $i=1,2,\cdots,N-1$, h 为子区间长度.

由 14.4.4 节所给插值基函数的端点性质, 以及式 (14.5.1) 所给插值曲线段的表达式, 或者直接由式 (14.2.1) 以及前面的分析易知: 曲线段 $\boldsymbol{p}_i(t)$ 满足 $\boldsymbol{p}_i(0)=\boldsymbol{P}_i$, $\boldsymbol{p}_i(1)=\boldsymbol{P}_{i+1}$; 当 $n=1$ 时, $\boldsymbol{p}_i'(0)=d_i^{(1)}$, $\boldsymbol{p}_i'(1)=d_{i+1}^{(1)}$, 其中 $d_i^{(1)}$ 由式 (14.3.17) 给出; $n=2$ 时, $\boldsymbol{p}_i'(0)=d_i^{(1)}$, $\boldsymbol{p}_i'(1)=d_{i+1}^{(1)}$, $\boldsymbol{p}_i''(0)=d_i^{(2)}$, $\boldsymbol{p}_i''(1)=d_{i+1}^{(2)}$, 其中 $d_i^{(1)}$ 和 $d_i^{(2)}$ 由式 (14.3.18) 给出; 当 $n=3$ 时, $\boldsymbol{p}_i'(0)=d_i^{(1)}$, $\boldsymbol{p}_i'(1)=d_{i+1}^{(1)}$, $\boldsymbol{p}_i''(0)=d_i^{(2)}$, $\boldsymbol{p}_i''(1)=d_{i+1}^{(2)}$, $\boldsymbol{p}_i'''(0)=d_i^{(3)}$, $\boldsymbol{p}_i'''(1)=d_{i+1}^{(3)}$, 其中 $d_i^{(1)}$、$d_i^{(2)}$ 和 $d_i^{(3)}$ 由式 (14.3.19) 给出. 进而可以推出曲线 $\boldsymbol{q}(u)$ 满足 $\boldsymbol{q}(u_i)=\boldsymbol{P}_i$ 并且 $\boldsymbol{q}_+^{(k)}(u_i)=\boldsymbol{q}_-^{(k)}(u_i)$, 其中, $i=2,3,\cdots,N-1$, 当 $n=1$ 时 $k=1$, 当 $n=2$ 时 $k=1,2$, 当 $n=3$ 时 $k=1,2,3$. 这表明曲线 $\boldsymbol{q}(u)$ 在参数 u_i 处经过点 $\boldsymbol{P}_i$, 且当 $n=1$ 时 C^1 连续, 当 $n=2$ 时 C^2 连续, 当 $n=3$ 时 C^3 连续.

注释 14.5.1 当所给数据点 $\boldsymbol{P}_i(i=1,2,\cdots,N)$ 形成封闭多边形, 即当 $\boldsymbol{P}_1=\boldsymbol{P}_N$ 时, 按照上面在首、末位置各添加 $\dfrac{k_n-1}{2}$ 个辅助点的方法, 将产生一条封闭的

插值曲线, 但该曲线在闭合点处通常只能达到位置连续, 并不光滑. 在此情形下, 若希望产生封闭且光滑的插值曲线, 应该在最后一个数据点之后添加 k_n-1 个辅助点 $\boldsymbol{P}_{N+1},\cdots,\boldsymbol{P}_{N+k_n-1}$, 并使 $\boldsymbol{P}_{N+1}=\boldsymbol{P}_2,\cdots,\boldsymbol{P}_{N+k_n-1}=\boldsymbol{P}_{k_n}$.

14.5.2 曲线的重构精度

由前面的分析可知, 用插值基 $N_{i,j}^n(t)(n=1,2,3)$ 构造的曲线至少具有 n 次多项式再生性, 下面分析重构精度是否可以突破这一最低标准.

由 14.4.4 节所给插值基函数的端点性质, 以及插值曲线的表达式 (14.5.1)、式 (14.5.2), 可以验证以下结论:

(1) 对 $n=1,2,3$, 对任意的参数组 $\{\alpha_i\}$、$\{\beta_i\}$ 和 $\{\gamma_i\}$, 当 $P_i=i$ 时均有 $q(u_i)=i$, $q'(u_i)=1$; 当 $P_i=i^2$ 时均有 $q(u_i)=i^2$, $q'(u_i)=2i$, $q''(u_i)=2$;

(2) 对 $n=1,2$ 和特殊的参数组 $\{\alpha_i\}=\left\{-\dfrac{1}{12}\right\}$, 对 $n=3$ 和任意的参数组 $\{\alpha_i\}$、$\{\beta_i\}$ 和 $\{\gamma_i\}$, 当 $P_i=i^3$ 时均有 $q(u_i)=i^3$, $q'(u_i)=3i^2$, $q''(u_i)=6i$, $q'''(u_i)=6$;

(3) 对 $n=2$ 和特殊的参数组 $\{\alpha_i\}=\{\beta_i\}=\left\{-\dfrac{1}{12}\right\}$, 对 $n=3$ 和特殊的参数组 $\{\beta_i\}=\left\{-\dfrac{1}{12}\right\}$, 当 $P_i=i^4$ 时均有 $q(u_i)=i^4$, $q'(u_i)=4i^3$, $q''(u_i)=12i^2$, $q'''(u_i)=24i$, $q^{(4)}(u_i)=24$.

上述结论表明: 用插值基 $N_{i,j}^1(t)$ 构造的曲线至少具有 2 次多项式再生性, 当参数组 $\{\alpha_i\}=\left\{-\dfrac{1}{12}\right\}$ 时重构精度达 3 次; 用插值基 $N_{i,j}^2(t)$ 构造的曲线至少具有 2 次多项式再生性, 当参数组 $\{\alpha_i\}=\left\{-\dfrac{1}{12}\right\}$ 时重构精度达 3 次, 当参数组 $\{\alpha_i\}=\{\beta_i\}=\left\{-\dfrac{1}{12}\right\}$ 时重构精度达 4 次; 用插值基 $N_{i,j}^3(t)$ 构造的曲线至少具有 3 次多项式再生性, 当参数组 $\{\beta_i\}=\left\{-\dfrac{1}{12}\right\}$ 时重构精度达 4 次.

14.5.3 插值曲线的图例

首先用图例来验证 14.5.2 节所述插值曲线重构精度的正确性.

图 14.5.1 中的圆圈为在 3 次多项式曲线 $f(t)=\dfrac{1}{10}(t^3-3t^2+2t-3)$ 的定义域子区间 $t\in[-2,4]$ 上均匀地取 20 个 t 值所对应的点, 以它们为控制顶点与取参数组 $\{\alpha_i\}=\left\{-\dfrac{1}{12}\right\}$ 的插值基 $N_{i,j}^1(t)$ 做线性组合生成图中的粗曲线, 其与原曲线 (图中细点线) 在相应段完全重合.

图 14.5.2 中的圆圈为在 4 次多项式曲线 $f(t)=\dfrac{1}{120}(t^4-t^3-3)$ 的定义域子

区间 $t \in [-6,6]$ 上均匀地取 20 个 t 值对应的点, 以它们为控制顶点与取参数组 $\{\alpha_i\}=\{\beta_i\}=\left\{-\dfrac{1}{12}\right\}$ 的插值基 $N_{i,j}^2(t)$ 做线性组合生成图中粗曲线, 其与原曲线 (图中细点线) 在相应段完全重合.

图 14.5.3 中圆圈为在 4 次多项式曲线 $f(t)=\dfrac{1}{120}(t^4-3)$ 的定义域子区间 $t \in [0,10]$ 上均匀地取 20 个 t 值对应的点, 以它们为控制顶点与取参数组 $\{\alpha_i\}=0$, $\{\beta_i\}=\left\{-\dfrac{1}{12}\right\}$, $\{\gamma_i\}=0$ 的插值基 $N_{i,j}^3(t)$ 做线性组合生成图中的粗曲线, 其与原曲线 (图中细点线) 在相应段完全重合.

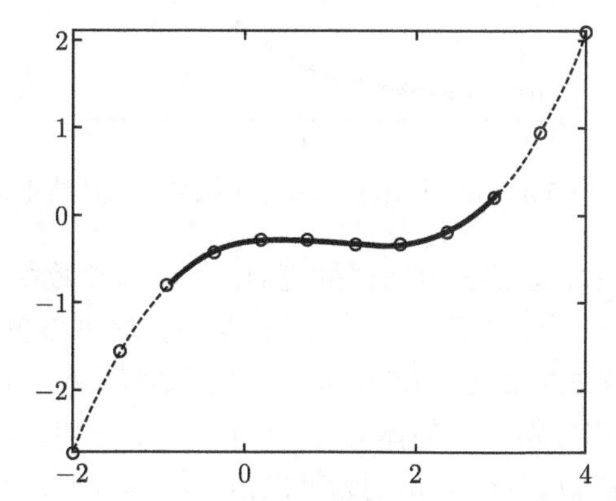

图 14.5.1 用 $N_{i,j}^1(t)$ 实现的 3 次多项式曲线重构

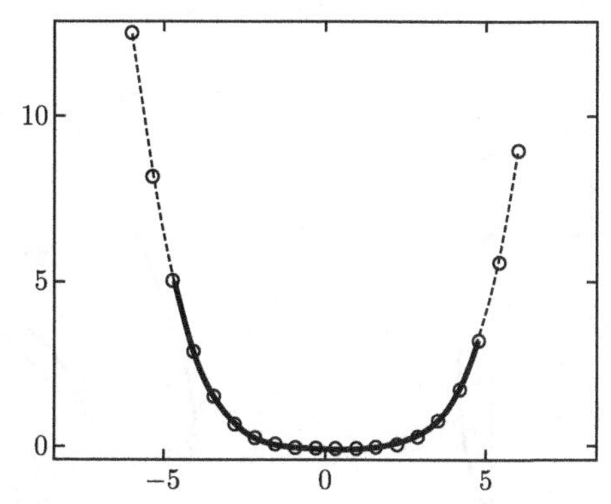

图 14.5.2 用 $N_{i,j}^2(t)$ 实现的 4 次多项式曲线重构

注释 14.5.2 当用插值基 $N_{i,j}^1(t)$ 和 $N_{i,j}^2(t)$ 进行 2 次多项式重构, 以及用插值基 $N_{i,j}^3(t)$ 进行 3 次多项式重构时, 参数组 $\{\alpha_i\}$、$\{\beta_i\}$ 和 $\{\gamma_i\}$ 取值的改变并不会影响曲线的形状; 当用插值基 $N_{i,j}^2(t)$ 进行 3 次多项式重构时, 参数组 $\{\beta_i\}$ 取值的改变不影响曲线的形状; 当用插值基 $N_{i,j}^3(t)$ 进行 4 次多项式重构时, 参数组

$\{\alpha_i\}$ 和 $\{\gamma_i\}$ 取值的改变不影响曲线形状; 在这些情形下, 建议将对形状无影响的参数取为 0.

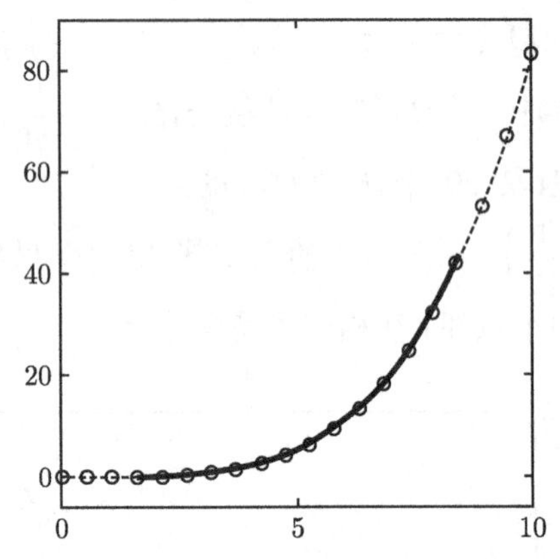

图 14.5.3　用 $N_{i,j}^3(t)$ 实现的 4 次多项式曲线重构

在用插值基 $N_{i,j}^n(t)$ 进行参数曲线插值时, 可以用参数组 $\{\alpha_i\}$、$\{\beta_i\}$ 和 $\{\gamma_i\}$ 分别控制插值点处的一阶、二阶和三阶导矢, 从而控制曲线的形状.

图 14.5.4、图 14.5.5 和图 14.5.6 分别为用插值基 $N_{i,j}^1(t)$, $N_{i,j}^2(t)$ 和 $N_{i,j}^3(t)$ 构造的插值曲线, 它们分别具有整体 C^1, C^2 和 C^3 连续性, 图中所有参数均取值为 0. 图中圆圈为插值数据点, 五角星为辅助点, 图 14.5.4 和图 14.5.5 中的辅助点均为 2 重点, 图 14.5.6 中的辅助点为 3 重点.

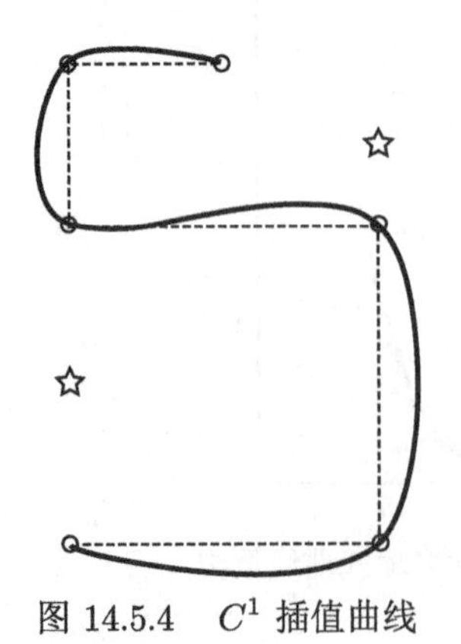

图 14.5.4　C^1 插值曲线

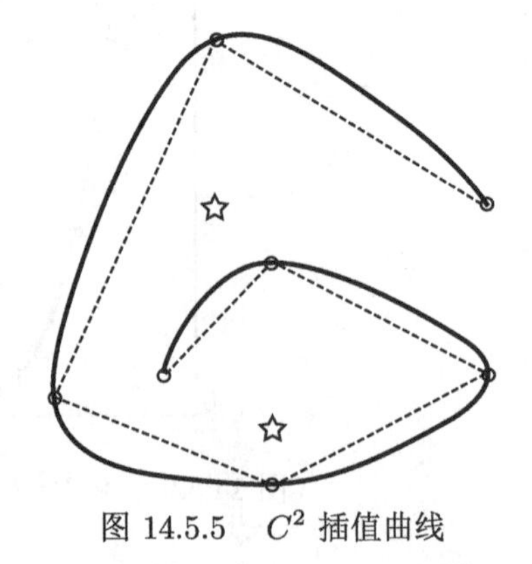

图 14.5.5　C^2 插值曲线

14.5.4　曲线参数的选取

从理论上讲, 无论参数组 $\{\alpha_i\}$, $\{\beta_i\}$ 和 $\{\gamma_i\}$ 取何值, 都能保证插值曲线的插值目标并达到相应的参数连续阶. 但如果希望构造的曲线具有某种几何或物理特

征, 则可以建立相应的目标函数, 以其最优解作为参数取值的参考.

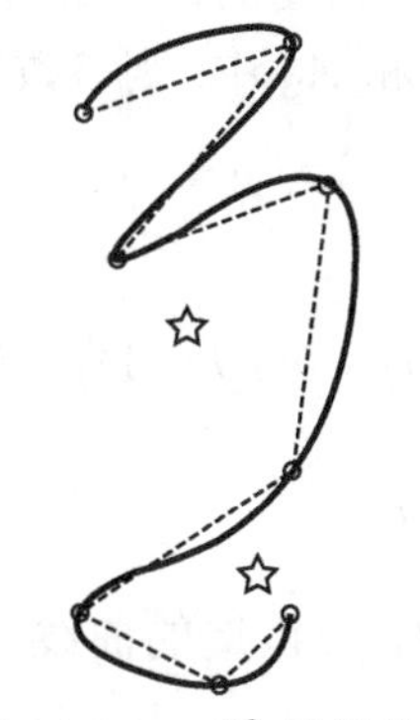

图 14.5.6 C^3 插值曲线

这里分别以曲线的弧长最短、能量最小、曲率变化最小为目标建立相应的近似目标函数, 在最优解的基础上给出参数组的取值方案, 并用图 14.5.4~ 图 14.5.6 中的插值数据来检验、比较各种目标的实际效果.

将式 (14.5.1) 定义的插值曲线段记作 $\boldsymbol{p}_i(t) = (p_i^x(t) \quad p_i^y(t) \quad p_i^z(t))^{\mathrm{T}}$, 下面考虑 3 种目标.

目标 1 弧长最短. 建立近似目标函数:

$$f_i = \int_0^1 \{[p_i^{x\prime}(t)]^2 + [p_i^{y\prime}(t)]^2 + [p_i^{z\prime}(t)]^2\}dt$$

目标 2 能量最小. 建立近似目标函数:

$$g_i = \int_0^1 \{[p_i^{x\prime\prime}(t)]^2 + [p_i^{y\prime\prime}(t)]^2 + [p_i^{z\prime\prime}(t)]^2\}dt$$

目标 3 曲率变化最小. 建立近似目标函数:

$$h_i = \int_0^1 \{[p_i^{x\prime\prime\prime}(t)]^2 + [p_i^{y\prime\prime\prime}(t)]^2 + [p_i^{z\prime\prime\prime}(t)]^2\}dt$$

上面三种目标函数的最优解均依赖于控制顶点的坐标, 由于目标函数是分段建立的, 而各段的控制顶点各不相同, 所以不同段得到的最优解通常不一致. 但在插值曲线中, 要想保证不同段之间达到相应的参数连续阶, 相邻段的参数必须有一定联系. 以插值基 $N_{i,j}^1(t)$ 构造的曲线为例, 其中包含一组参数 $\{\alpha_i\}$, 第 i 段涉及参数 α_i 和 α_{i+1}, 第 $i+1$ 段涉及参数 α_{i+1} 和 α_{i+2}, 但用目标函数计算出的第 i 段的 α_{i+1} 不一定与第 $i+1$ 段的 α_{i+1} 相同, 因此本章取这两个计算结果的平均

值作为最终的 α_{i+1} 值. 假设插值曲线由 l 条曲线段组成, 则参数组 $\{\alpha_i\}$ 中包含 $l+1$ 个值. 在编程计算时, 每一段得出的最优解包含 2 个值, 因此一共有 $2l$ 个值, 将它们分组存储于两个数组 A_1 和 A_2 中, 则参数组 $\{\alpha_i\}_{i=1}^{l+1}$ 的取值为

$$\begin{cases} \alpha_1 = A_1(1) \\ \alpha_i = \dfrac{1}{2}(A_1(i) + A_2(i-1)), \quad i = 2, 3, \cdots, l \\ \alpha_{l+1} = A_2(l) \end{cases}$$

对于以插值基 $N_{i,j}^2(t)$ 和 $N_{i,j}^3(t)$ 及构造的曲线, 也采用类似的方式来对参数组赋值.

图 14.5.7 为用插值基 $N_{i,j}^1(t)$ 和图 14.5.4 中的点数据构造的插值曲线, 从左到右曲线中的参数分别依据目标 1~3 给出.

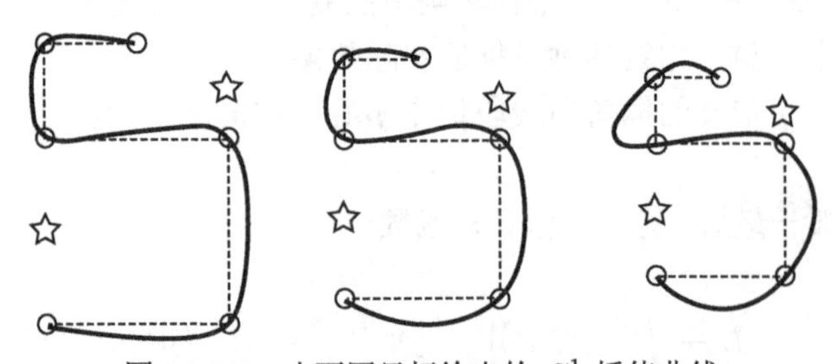

图 14.5.7　由不同目标给出的 C^1 插值曲线

图 14.5.8 为用插值基 $N_{i,j}^2(t)$ 和图 14.5.5 中的点数据构造的插值曲线, 从左到右曲线中的参数分别依据目标 1~3 给出.

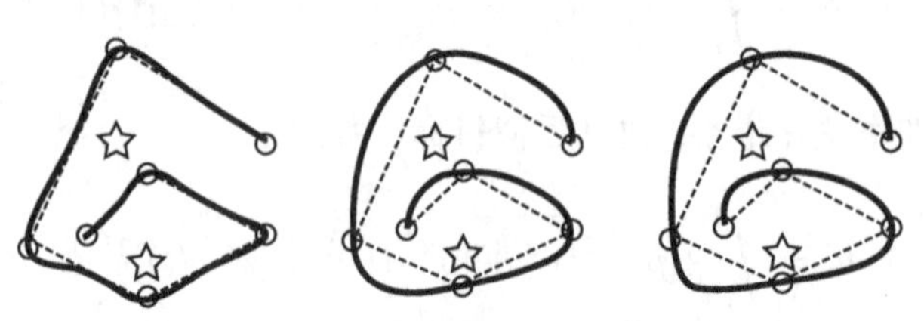

图 14.5.8　由不同目标给出的 C^2 插值曲线

图 14.5.9 为用插值基 $N_{i,j}^3(t)$ 和图 14.5.6 中的点数据构造的插值曲线, 从左到右曲线中的参数分别依据目标 1~3 给出.

观察图 14.5.7~ 图 14.5.9 可以看出: 由目标 1 生成的曲线与控制多边形距离最接近, 曲线段呈拉直状态, 曲线上拐点较多 (图 14.5.8 和图 14.5.9 较明显); 由目标 3 生成的曲线与控制多边形距离最远, 曲线段呈膨胀状态 (图 14.5.7 较明显),

曲线上拐点较少; 由目标 2 生成的曲线与控制多边形的距离、曲线的圆润程度, 以及曲线上的拐点数量, 都介于目标 1 和目标 3 之间, 曲线在端点附近存在 "不易察觉" 的拐点 (见图 14.5.9 下方第一个端点).

图 14.5.9 由不同目标给出的 C^3 插值曲线

按照不同目标绘制出的插值曲线形状差异明显. 在实际使用时, 用户可根据需要选择合适的目标来确定参数, 也可以将不同目标得到的结果进行加权组合以后再使用. 因为参数是局部的, 因此还可以对不同的曲线段设置不同的目标.

14.6 小 结

本章将工程计算和外形设计这两种不同场合下的插值从形式上进行了统一. 这种统一的形式既可以满足高精度的函数插值要求, 又可以满足高阶连续的参数曲线插值要求, 用户可以根据需要选择合适的插值基函数. 当用于参数曲线插值时, 曲线形状可以做局部调整. 这里所说的局部有两层含义, 一是插值数据点的改动对插值曲线形状的影响是局部的, 二是插值曲线中形状参数的改变对插值曲线形状的影响也是局部的. 正因为形状参数的局部性, 使得可以按照一定的优化目标分段确定参数的取值. 下一步可以从两个方面对本章的工作做进一步探讨, 一是讨论本章方法用于函数插值时在什么条件下会具有保正、保单调、保凸性, 二是讨论本章方法用于参数曲线插值时辅助点的选取对首、末插值曲线段形状的影响, 并讨论在什么条件下曲线可以保持控制多边形的凸性.

第 15 章　过渡曲线的构造

15.1　引　　言

为了得到能使过渡曲线在端点处达到 C^k(k 为任意自然数) 连续的多项式势函数的通用表达式, 由连续条件反推势函数需具备的条件, 根据条件个数确定势函数的最低次数, 将势函数表示成 Bernstein 基函数的线性组合, 组合系数待定. 根据 Bernstein 基函数的端点信息确定关于待定系数的方程组, 解之得出满足连续性要求的势函数. 考虑到由该势函数构造的过渡曲线形状由被过渡曲线唯一确定, 又将势函数次数增加一次, 得出能使过渡曲线在端点处达到任意 C^k 连续并且形状可调的多项式势函数的通用表达式. 借助 Bernstein 基函数的升阶公式给出了两种势函数之间的关系, 分析了势函数的性质以及相应过渡曲线的特征, 给出了势函数以及过渡曲线的图例, 验证了理论分析结果的正确性以及所给方法的有效性.

15.2　预 备 知 识

15.2.1　基于 Metaball 的过渡曲线

给定平面上两条相交于点 $\boldsymbol{C}$ 的参数曲线 $\boldsymbol{P}(t)$ 与 $\boldsymbol{Q}(t)$, 称它们为被过渡曲线, 这两条曲线的端点分别记作 $\boldsymbol{A}$ 与 $\boldsymbol{B}$, 如图 15.2.1 所示. 希望构造一条过渡曲线 $\boldsymbol{G}(t)$, 将两端点 $\boldsymbol{A}$ 与 $\boldsymbol{B}$ 光滑地连接起来, 要求过渡曲线的内部形状取决于两条被过渡曲线.

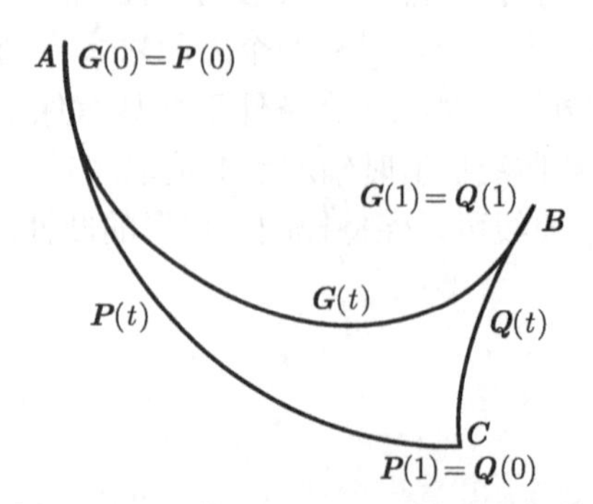

图 15.2.1　基于 Metaball 的过渡曲线

两条被过渡曲线的交点是不光滑的尖点, 构造过渡曲线的目的是使曲线 $\boldsymbol{P}(t)$ 与 $\boldsymbol{Q}(t)$ 之间连续平滑地过渡. 假设过渡曲线的起、止点分别为点 $\boldsymbol{A}$ 和点 $\boldsymbol{B}$, 要求在靠近曲线 $\boldsymbol{P}(t)$ 处, 过渡曲线的形状尽可能与曲线 $\boldsymbol{P}(t)$ 相似, 在靠近曲线 $\boldsymbol{Q}(t)$ 处, 过渡曲线的形状尽可能与曲线 $\boldsymbol{Q}(t)$ 相似.

为了满足上述要求, 文献 [179] 提出了构造基于 Metaball 的过渡曲线, 其方程为

$$\boldsymbol{G}(t) = \boldsymbol{P}(t)f(t) + \boldsymbol{Q}(t)(1 - f(t)) \tag{15.2.1}$$

其中, $t \in [0,1]$, $f(t)$ 为多项式势函数. 式 (15.2.1) 表明过渡曲线为被过渡曲线的加权组合.

15.2.2 Bernstein 基函数的相关结论

用 $B_i^n(t)$ 表示第 i 个 n 次 Bernstein 基函数, 即 $B_i^n(t) = C_n^i t^i (1-t)^{n-i}$, 其中, $i = 0, 1, \cdots, n$.

Bernstein 基函数具有下列性质:

性质 1 非负性. 即: 对 $i = 0, 1, \cdots, n$, 以及 $\forall t \in [0,1]$, 有 $B_i^n(t) \geqslant 0$.

性质 2 规范性. 即: $\forall t \in [0,1]$, 有 $\sum\limits_{i=0}^{n} B_i^n(t) = 1$.

性质 3 对称性. 即: 对 $i = 0, 1, \cdots, n$, 以及 $\forall t \in [0,1]$, 有 $B_i^n(t) = B_{n-i}^n(1-t)$.

性质 4 升阶公式. 即: Bernstein 基函数具有升阶公式

$$B_i^n(t) = \left(1 - \frac{i}{n+1}\right) B_i^{n+1}(t) + \frac{i+1}{n+1} B_{i+1}^{n+1}(t)$$

性质 5 求导公式. 即: Bernstein 基函数具有求导公式

$$B_i^{n'}(t) = n[B_{i-1}^{n-1}(t) - B_i^{n-1}(t)]$$

性质 6 端点导数. 即: n 次 Bernstein 基函数在端点处的 k 阶导数为

$$B_i^{n(k)}(0) = \begin{cases} \dfrac{n!(-1)^{k-i} C_k^i}{(n-k)!}, & i = 0, 1, \cdots, k \\ 0, & i = k+1, k+2, \cdots, n \end{cases} \tag{15.2.2}$$

$$B_i^{n(k)}(1) = \begin{cases} 0, & i = 0, 1, \cdots, n-k-1 \\ \dfrac{n!(-1)^{n-i} C_k^{n-i}}{(n-k)!}, & i = n-k, n-k+1, \cdots, n \end{cases} \tag{15.2.3}$$

证明　性质 1～ 性质 5 在文献 [32] 中可以直接找到. 下面推导性质 6.

给定 $n+1$ 个控制顶点 $\boldsymbol{V}_i(i=0,1,\cdots,n)$, 可以定义一条 n 次 Bézier 曲线

$$\boldsymbol{p}(t)=\sum_{i=0}^{n}B_i^n(t)\boldsymbol{V}_i \tag{15.2.4}$$

其中, $t\in[0,1]$. 由式 (15.2.4) 可知, 曲线 $\boldsymbol{p}(t)$ 在端点处的 k 阶导矢为

$$\boldsymbol{p}^{(k)}(0)=\sum_{i=0}^{n}B_i^{n(k)}(0)\boldsymbol{V}_i \tag{15.2.5}$$

$$\boldsymbol{p}^{(k)}(1)=\sum_{i=0}^{n}B_i^{n(k)}(1)\boldsymbol{V}_i \tag{15.2.6}$$

又文献 [32] 中给出

$$\boldsymbol{p}^{(k)}(0)=\frac{n!}{(n-k)!}\sum_{i=0}^{k}(-1)^{k-i}C_k^i\boldsymbol{V}_i \tag{15.2.7}$$

$$\boldsymbol{p}^{(k)}(1)=\frac{n!}{(n-k)!}\sum_{i=0}^{k}(-1)^{i}C_k^i\boldsymbol{V}_{n-i} \tag{15.2.8}$$

对照式 (15.2.5)、式 (15.2.7) 即可得出式 (15.2.2). 将式 (15.2.8) 改写成

$$\boldsymbol{p}^{(k)}(1)=\frac{n!}{(n-k)!}\sum_{i=n-k}^{n}(-1)^{n-i}C_k^{n-i}\boldsymbol{V}_i \tag{15.2.9}$$

对照式 (15.2.6)、式 (15.2.9) 即可得出式 (15.2.3). 证毕.

15.3　势函数的构造

15.3.1　势函数需满足的条件

将式 (15.2.1) 整理成

$$\boldsymbol{G}(t)=(\boldsymbol{P}(t)-\boldsymbol{Q}(t))f(t)+\boldsymbol{Q}(t)$$

由莱布尼茨公式

$$[u(t)v(t)]^{(k)}=\sum_{i=0}^{k}C_k^iu^{(k-i)}(t)v^{(i)}(t)$$

可得

$$\begin{aligned}\boldsymbol{G}^{(k)}(t)&=\sum_{i=0}^{k}C_k^i(\boldsymbol{P}(t)-\boldsymbol{Q}(t))^{(k-i)}f^{(i)}(t)+\boldsymbol{Q}^{(k)}(t)\\&=\boldsymbol{P}^{(k)}(t)f(t)+(1-f(t))\boldsymbol{Q}^{(k)}(t)+\sum_{i=1}^{k}C_k^i(\boldsymbol{P}(t)-\boldsymbol{Q}(t))^{(k-i)}f^{(i)}(t)\end{aligned}$$

由此可知: 若势函数 $f(t)$ 在两个端点处满足条件

$$\begin{cases}f(0)=1\\f^{(i)}(0)=0,\quad i=1,2,\cdots,k\end{cases}\tag{15.3.1}$$

以及

$$\begin{cases}f(1)=0\\f^{(i)}(1)=0,\quad i=1,2,\cdots,k\end{cases}\tag{15.3.2}$$

则有

$$\begin{cases}\boldsymbol{G}^{(j)}(0)=\boldsymbol{P}^{(j)}(0)\\\boldsymbol{G}^{(j)}(1)=\boldsymbol{Q}^{(j)}(1)\end{cases}$$

其中, $j=0,1,\cdots,k$, 这意味着在两个端点处, 过渡曲线与被过渡曲线之间可达 C^k 连续.

15.3.2 不含参数的势函数

由 15.3.1 节的分析可知, 为了使式 (15.2.1) 中给出的过渡曲线在两个端点处与被过渡曲线之间达到 C^k 连续, 必须要求势函数 $f(t)$ 满足式 (15.3.1)、式 (15.3.2) 给出的所有条件. 由于式 (15.3.1)、式 (15.3.2) 所给条件共有 $2k+2$ 个, 当势函数为 $2k+1$ 次多项式时, 其未知系数一共有 $2k+2$ 个, 未知数个数与方程 (条件) 个数一致, 当方程组系数矩阵的行列式不为零时, 恰好有唯一解.

文献 [183] 将可以使过渡曲线在两个端点处达到 C^k 连续的最低次多项式势函数设为

$$f(t)=1+a_1t^{k+1}+\cdots+a_it^{k+i}+\cdots+a_{k+1}t^{2k+1}$$

显然, 该形式已保证式 (15.3.1) 中所给条件 $f(0)=1$ 和 $f^{(i)}(0)=0(i=1,2,\cdots,k)$ 成立. 式 (15.3.2) 中所给条件则可用于确定系数 $a_1,a_2,\cdots,a_{k+1}$, 文献 [183] 给出了以这些系数为未知数的非齐次线性方程组. 由于对于任意的正整数 k, 计算该方程组系数矩阵的逆矩阵较为困难, 文献 [183] 未能给出能使过渡曲线在两个端点处达到 C^k 连续的 $2k+1$ 次多项式势函数的通用表达式.

注意到幂基和 Bernstein 基函数可以互相转化, 因此考虑将势函数设为

$$f(t)=\sum_{i=0}^{2k+1}a_iB_i^{2k+1}(t) \tag{15.3.3}$$

结合式 (15.2.2)、式 (15.3.1), 以及式 (15.3.3), 可得

$$\begin{cases} f(0)=a_0=1\\ f'(0)=(2k+1)\,(-a_0+a_1)=0\\ f''(0)=(2k+1)\cdot 2k\cdot(a_0-2a_1+a_2)=0\\ f'''(0)=(2k+1)\cdot 2k\cdot(2k-1)\cdot(-a_0+3a_1-3a_2+a_3)=0\\ \cdots\cdots\\ f^{(l)}(0)=\dfrac{(2k+1)!}{(2k+1-l)!}\Big[(-1)^lC_l^0a_0+(-1)^{l-1}C_l^1a_1+\cdots+(-1)^0C_l^la_l\Big]=0,\\ \qquad l=0,1,\cdots,k \end{cases}$$

由此推出

$$a_0=a_1=a_2=\cdots=a_k=1 \tag{15.3.4}$$

结合式 (15.2.3)、式 (15.3.2), 以及式 (15.3.3), 可得

$$\begin{cases} f(1)=a_{2k+1}=0\\ f'(1)=(2k+1)\,(-a_{2k}+a_{2k+1})=0\\ f''(1)=(2k+1)\cdot 2k\cdot(a_{2k-1}-2a_{2k}+a_{2k+1})=0\\ f'''(1)=(2k+1)\cdot 2k\cdot(2k-1)\cdot(-a_{2k-2}+3a_{2k-1}-3a_{2k}+a_{2k+1})=0\\ \cdots\cdots\\ f^{(l)}(1)=\dfrac{(2k+1)!}{(2k+1-l)!}\Big[(-1)^lC_l^la_{2k+1-l}+(-1)^{l-1}C_l^{l-1}a_{2k+2-l}+\cdots\\ \qquad +(-1)^0C_l^0a_{2k+1}\Big]=0,\quad l=0,1,\cdots,k \end{cases}$$

由此推出

$$a_{k+1}=a_{k+2}=a_{k+3}=\cdots=a_{2k+1}=0 \tag{15.3.5}$$

将式 (15.3.4)、式 (15.3.5) 所得系数代入式 (15.3.3), 可得

$$f(t)=\sum_{i=0}^{k}B_i^{2k+1}(t)\triangleq f_k(t) \tag{15.3.6}$$

综上可知: 以式 (15.3.6) 所给函数 $f_k(t)$ 作为式 (15.2.1) 中的势函数, 可以保证由式 (15.2.1) 构造出的过渡曲线在两个端点处与被过渡曲线之间达到 C^k 连续, 这里 k 为任意自然数.

由式 (15.3.6) 可知: 当 $k=0$ 时,

$$f_0(t)=1-t$$

当 $k=1$ 时,

$$f_1(t)=(1-t)^2(1+2t)$$

当 $k=2$ 时,

$$f_2(t)=(1-t)^3\left(1+3t+6t^2\right)$$

当 $k=3$ 时,

$$f_3(t)=(1-t)^4\left(1+4t+10t^2+20t^3\right)$$

当 $k=4$ 时,

$$f_4(t)=(1-t)^5\left(1+5t+15t^2+35t^3+70t^4\right)$$

这些结论与文献 [183] 完全一致.

注释 15.3.1 为了得到势函数的表达式, 文献 [183] 需要根据指定的连续阶, 确定关于表达式中未知系数方程组的系数矩阵, 再计算其逆矩阵, 进而得出势函数, 若改变连续阶, 则上述过程需要重新进行. 将势函数的表示从幂基转化为 Bernstein 基以后, 不管连续阶为多少, 均可以直接写出势函数, 这就是基变换带来的优势. 虽然文献 [184] 也可以直接写出任意阶连续目标下的势函数, 但其势函数为有理式, 而本章给出的势函数为多项式, 因此, 当分析过渡曲线性质涉及积分、求导等运算的时候, 本章的计算难度明显小于文献 [184].

15.3.3 含参数的势函数

在 15.3.2 节中, 给出了可以使过渡曲线在两个端点处达到 C^k 连续的多项式势函数的统一表达式, 虽然其中包含参数 k, 但由于 k 为连续阶数, 所以一旦对过渡曲线连续性的要求指定了, 由之定义的过渡曲线的形状就由被过渡曲线唯一确定.

为了使过渡曲线在满足指定连续性的前提下仍然具有形状可调性, 这一节构造新的多项式势函数, 记为 $g(t)$, 要求其表达式中除了连续阶数 k 以外, 再包含一个自由参数.

将式 (15.2.1) 中的势函数 $f(t)$ 换成 $g(t)$, 为了使对应的过渡曲线在两个端点处达到 C^k 连续, 同样要求 $g(t)$ 满足式 (15.3.1)、式 (15.3.2) 中所有条件, 这些条件一共有 $2k+2$ 个. 当势函数为 $2k+1$ 次多项式时, 一共有 $2k+2$ 个系数待定, 15.3.2 节中的分析表明此时恰好有唯一解, 因此所得势函数不含任何自由参数.

为了使势函数包含一个自由参数, 设 $g(t)$ 为 $2k+2$ 次多项式, 并将其用 Bernstein 基函数表示成

$$g(t)=\sum_{i=0}^{2k+2} b_i B_i^{2k+2}(t) \tag{15.3.7}$$

与 15.3.2 节中的分析方法相同, 结合式 (15.2.2)、式 (15.3.1) 及式 (15.3.7), 可得

$$\begin{cases} g(0)=b_0=1 \\ g'(0)=(2k+2)\,(-b_0+b_1)=0 \\ g''(0)=(2k+2)(2k+1)\,(b_0-2b_1+b_2)=0 \\ g'''(0)=(2k+2)\cdot(2k+1)\cdot 2k\cdot(-b_0+3b_1-3b_2+b_3)=0 \\ \cdots\cdots \\ g^{(l)}(0)=\dfrac{(2k+2)!}{(2k+2-l)!}\Big[(-1)^l C_l^0 b_0+(-1)^{l-1}C_l^1 b_1+\cdots+(-1)^0 C_l^l b_l\Big]=0, \\ \qquad l=0,1,\cdots,k \end{cases}$$

由此推出

$$b_0=b_1=b_2=\cdots=b_k=1 \tag{15.3.8}$$

结合式 (15.2.3)、式 (15.3.2), 以及式 (15.3.7), 可得

$$\begin{cases} g(1)=b_{2k+2}=0 \\ g'(1)=(2k+2)\,(-b_{2k+1}+b_{2k+2})=0 \\ g''(1)=(2k+2)(2k+1)\,(b_{2k}-2b_{2k+1}+b_{2k+2})=0 \\ g'''(1)=(2k+2)\cdot(2k+1)\cdot 2k\cdot(-b_{2k-1}+3b_{2k}-3b_{2k+1}+b_{2k+2})=0 \\ \cdots\cdots \\ g^{(l)}(1)=\dfrac{(2k+2)!}{(2k+2-l)!}\Big[(-1)^l C_l^l b_{2k+2-l}+(-1)^{l-1}C_l^{l-1} b_{2k+3-l}+\cdots \\ \qquad +(-1)^0 C_l^0 b_{2k+2}\Big]=0, \quad l=0,1,\cdots,k \end{cases}$$

由此推出

$$b_{k+2}=b_{k+3}=b_{k+4}=\cdots=b_{2k+2}=0 \tag{15.3.9}$$

将式 (15.3.8)、式 (15.3.9) 所得系数代入式 (15.3.7), 可得

$$g(t)=\sum_{i=0}^{k} B_i^{2k+2}(t)+b_{k+1}B_{k+1}^{2k+2}(t) \tag{15.3.10}$$

为了建立势函数 $g(t)$ 与 $f(t)$ 之间的关系, 借助升阶公式, 将 $f(t)$ 的表达式 (15.3.6) 中的 Bernstein 基函数升阶一次, 得到

$$\begin{aligned} f(t) &= \sum_{i=0}^{k} \frac{2k+2-i}{2k+2} B_i^{2k+2}(t) + \sum_{i=1}^{k+1} \frac{1}{2k+2} B_i^{2k+2}(t) \\ &= \sum_{i=0}^{k} B_i^{2k+2}(t) + \frac{1}{2} B_{k+1}^{2k+2}(t) \end{aligned} \tag{15.3.11}$$

鉴于此, 将式 (15.3.10) 所示势函数 $g(t)$ 改写成

$$g(t) = \sum_{i=0}^{k} B_i^{2k+2}(t) + \frac{1}{2} B_{k+1}^{2k+2}(t) + \lambda B_{k+1}^{2k+2}(t)$$

也就是在式 (15.3.10) 中, 记 $b_{k+1} = \frac{1}{2} + \lambda$, 这样一来

$$g(t) = f(t) + \lambda B_{k+1}^{2k+2}(t)$$

即有

$$g(t) = \sum_{i=0}^{k} B_i^{2k+1}(t) + \lambda B_{k+1}^{2k+2}(t) \triangleq g_k(t) \tag{15.3.12}$$

综上可知: 以式 (15.3.12) 所给函数 $g_k(t)$ 作为式 (15.2.1) 中的势函数, 可使由式 (15.2.1) 构造的过渡曲线在两个端点处达到 C^k 连续, 这里的 k 可以是任意自然数. 另外, 由于 $g_k(t)$ 的表达式中包含自由参数 λ, 因此以 $g_k(t)$ 作为势函数构造的过渡曲线还具有形状可调性.

由式 (15.3.12) 可知: 当 $k=0$ 时,

$$g_0(t) = (1-t)(1+2\lambda t)$$

当 $k=1$ 时,

$$g_1(t) = (1-t)^2 \left(1+2t+6\lambda t^2\right)$$

当 $k=2$ 时,

$$g_2(t) = (1-t)^3 \left(1+3t+6t^2+20\lambda t^3\right)$$

当 $k=3$ 时,

$$g_3(t) = (1-t)^4 \left(1+4t+10t^2+20t^3+70\lambda t^4\right)$$

当 $k=4$ 时,

$$g_4(t) = (1-t)^5 \left(1+5t+15t^2+35t^3+70t^4+252\lambda t^5\right)$$

15.4 势函数的性质

15.4.1 势函数 $f_k(t)$ 的性质

定理 15.4.1 由式 (15.3.6) 给出的势函数 $f_k(t)$ 具备下列性质:

性质 1 端点性质. 即: $f_k(0)=1$, $f_k(1)=0$.

证明 由 15.3 节中的分析, 易知端点性质成立.

性质 2 导数性质. 即: 对 $i=1,2,\cdots,k$, 有 $f_k^{(i)}(0)=f_k^{(i)}(1)=0$.

证明 由 15.3 节中的分析, 易知导数性质成立.

性质 3 中点性质. 即: $f_k(0.5)=0.5$.

证明 由 Bernstein 基函数的规范性, 可知

$$\sum_{i=0}^{k} B_i^{2k+1}(t)+\sum_{i=k+1}^{2k+1} B_i^{2k+1}(t)=1$$

取 $t=0.5$, 可得

$$\sum_{i=0}^{k} B_i^{2k+1}(0.5)+\sum_{i=k+1}^{2k+1} B_i^{2k+1}(0.5)=1 \tag{15.4.1}$$

又由 Bernstein 基函数的对称性, 可知

$$B_i^{2k+1}(t)=B_{2k+1-i}^{2k+1}(1-t)$$

其中, $i=0,1,\cdots,k$. 取 $t=0.5$, 可得

$$\sum_{i=0}^{k} B_i^{2k+1}(0.5)=\sum_{i=0}^{k} B_{2k+1-i}^{2k+1}(0.5)=\sum_{i=k+1}^{2k+1} B_i^{2k+1}(0.5) \tag{15.4.2}$$

综合式 (15.4.1)、式 (15.4.2), 可得

$$f_k(0.5)=\sum_{i=0}^{k} B_i^{2k+1}(0.5)=0.5$$

这表明中点性质成立. 证毕.

性质 4 对称性质. 即: $f_k(t)+f_k(1-t)=1$, $\forall t\in[0,1]$.

证明 由式 (15.3.6), 可知

$$f_k(1-t)=\sum_{i=0}^{k} B_i^{2k+1}(1-t)$$

又由 Bernstein 基函数的对称性, 可知

$$\sum_{i=0}^{k} B_i^{2k+1}(1-t) = \sum_{i=0}^{k} B_{2k+1-i}^{2k+1}(t) = \sum_{i=k+1}^{2k+1} B_i^{2k+1}(t)$$

故由 Bernstein 基函数的规范性, 可知

$$f_k(t) + f_k(1-t) = \sum_{i=0}^{k} B_i^{2k+1}(t) + \sum_{i=k+1}^{2k+1} B_i^{2k+1}(t) = 1$$

这表明对称性质成立. 证毕.

性质 5 单调性质. 即: 对于固定的自然数 k, $f_k(t)$ 关于变量 $t(t \in [0,1])$ 单调递减; 对于固定的变量 t, 当 $t \in \left[0, \frac{1}{2}\right]$ 时, $f_k(t)$ 关于参数 k 单调递增, 当 $t \in \left[\frac{1}{2}, 1\right]$ 时, $f_k(t)$ 关于参数 k 单调递减.

证明 将 Bernstein 基函数的求导公式作用于势函数 $f_k(t)$ 的表达式 (15.3.6), 可得

$$\begin{aligned}
f_k'(t) &= \sum_{i=0}^{k} (2k+1)\left[B_{i-1}^{2k}(t) - B_i^{2k}(t)\right] \\
&= (2k+1)\left[\sum_{i=0}^{k-1} B_i^{2k}(t) - \sum_{i=0}^{k} B_i^{2k}(t)\right] \\
&= -(2k+1)B_k^{2k}(t)
\end{aligned} \tag{15.4.3}$$

再由 Bernstein 基函数的非负性, 可知 $f_k'(t) \leqslant 0$, 这意味着 $f_k(t)$ 关于变量 $t \in [0,1]$ 单调递减. 另外, 对式 (15.3.11) 中所得 $f_k(t)$ 的表达式再进行一次升阶, 得到

$$\begin{aligned}
f_k(t) &= \sum_{i=0}^{k} \left[\left(1 - \frac{i}{2k+3}\right) B_i^{2k+3}(t) + \frac{i+1}{2k+3} B_{i+1}^{2k+3}(t)\right] \\
&\quad + \frac{1}{2}\left[\left(1 - \frac{k+1}{2k+3}\right) B_{k+1}^{2k+3}(t) + \frac{k+2}{2k+3} B_{k+2}^{2k+3}(t)\right] \\
&= \sum_{i=0}^{k} \frac{2k+3-i}{2k+3} B_i^{2k+3}(t) + \sum_{i=1}^{k+1} \frac{i}{2k+3} B_i^{2k+3}(t) \\
&\quad + \frac{k+2}{4k+6} B_{k+1}^{2k+3}(t) + \frac{k+2}{4k+6} B_{k+2}^{2k+3}(t)
\end{aligned}$$

$$= B_0^{2k+3}(t) + \sum_{i=1}^{k} \left(\frac{2k+3-i}{2k+3} + \frac{i}{2k+3} \right) B_i^{2k+3}(t)$$

$$+ \frac{k+1}{2k+3} B_{k+1}^{2k+3}(t) + \frac{k+2}{4k+6} B_{k+1}^{2k+3}(t) + \frac{k+2}{4k+6} B_{k+2}^{2k+3}(t)$$

$$= \sum_{i=0}^{k} B_i^{2k+3}(t) + \frac{3k+4}{4k+6} B_{k+1}^{2k+3}(t) + \frac{k+2}{4k+6} B_{k+2}^{2k+3}(t) \tag{15.4.4}$$

又由式 (15.3.6), 可知

$$f_{k+1}(t) = \sum_{i=0}^{k+1} B_i^{2k+3}(t) \tag{15.4.5}$$

用式 (15.4.5) 减去式 (15.4.4), 可得

$$\begin{aligned}
&f_{k+1}(t) - f_k(t) \\
&= B_{k+1}^{2k+3}(t) - \frac{3k+4}{4k+6} B_{k+1}^{2k+3}(t) - \frac{k+2}{4k+6} B_{k+2}^{2k+3}(t) \\
&= \frac{k+2}{4k+6} \left[B_{k+1}^{2k+3}(t) - B_{k+2}^{2k+3}(t) \right] \\
&= \frac{k+2}{4k+6} \left[C_{2k+3}^{k+1} t^{k+1} (1-t)^{k+2} - C_{2k+3}^{k+2} t^{k+2} (1-t)^{k+1} \right] \\
&= \frac{k+2}{4k+6} C_{2k+3}^{k+1} t^{k+1} (1-t)^{k+1} (1-2t)
\end{aligned} \tag{15.4.6}$$

显然, 当 $t \in \left[0, \frac{1}{2}\right]$ 时,

$$f_{k+1}(t) - f_k(t) \geqslant 0 \Rightarrow f_{k+1}(t) \geqslant f_k(t)$$

表明 $f_k(t)$ 关于参数 k 单调递增; 当 $t \in \left[\frac{1}{2}, 1\right]$ 时,

$$f_{k+1}(t) - f_k(t) \leqslant 0 \Rightarrow f_{k+1}(t) \leqslant f_k(t)$$

表明 $f_k(t)$ 关于参数 k 单调递减. 证毕.

性质 6　有界性质. 即: $\forall t \in [0,1]$, 有 $0 \leqslant f_k(t) \leqslant 1$.

证明　由势函数 $f_k(t)$ 的表达式, 以及 Bernstein 基函数的非负性和规范性, 易得

$$0 \leqslant f_k(t) = \sum_{i=0}^{k} B_i^{2k+1}(t) \leqslant \sum_{i=0}^{2k+1} B_i^{2k+1}(t) = 1$$

有界性质得证. 证毕.

注释 15.4.1 上面给出的是各个性质的独立证明, 实际上, 中点性质可由对称性质得到, 有界性质可由端点性质和单调性质得到.

图 15.4.1 给出了取不同 k 值的势函数 $f_k(t)$ 的图形, 由该图可以直观看出其端点性质、单调性质、有界性质成立.

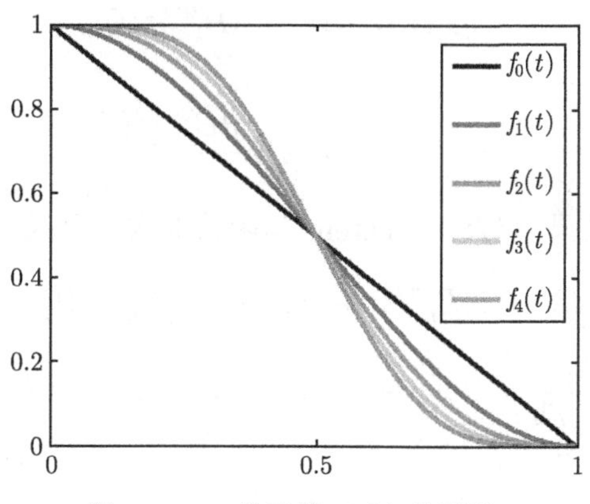

图 15.4.1 势函数 $f_k(t)$ 的图形

观察图 15.4.1, 还可以看出, 随着 k 值的增大, 势函数图形的差异在逐渐减小. 实际上, 注意到 $t \in [0,1]$, 因此对式 (15.4.6) 求极限, 可得

$$\lim_{k\to\infty}[f_{k+1}(t)-f_k(t)]=\lim_{k\to\infty}\frac{k+2}{4k+6}C_{2k+3}^{k+1}t^{k+1}(1-t)^{k+1}(1-2t)=0$$

这就是对图中直观结果的理论解释.

15.4.2 势函数 $g_k(t)$ 的性质

定理 15.4.2 由式 (15.3.12) 给出的势函数 $g_k(t)$ 具备下列性质:

性质 1 退化性质. 即: 当 $\lambda=0$ 时, $g_k(t)=f_k(t)$.

证明 由式 (15.3.6) 与式 (15.3.12), 易知退化性质成立.

性质 2 端点性质. 即: $g_k(0)=1$, $g_k(1)=0$.

证明 由 15.3 节中的分析, 易知端点性质成立.

性质 3 导数性质. 即: 对 $i=1,2,\cdots,k$, 有 $g_k^{(i)}(0)=g_k^{(i)}(1)=0$.

证明 由 15.3 节中的分析, 易知导数性质成立.

性质 4 中点性质. 即: 当 $\lambda=0$ 时, 有 $g_k(0.5)=0.5$.

证明 由退化性质以及势函数 $f_k(t)$ 的中点性质, 易知势函数 $g_k(t)$ 的中点性质成立.

性质 5 对称性质. 即: 当 $\lambda=0$ 时, $\forall t\in[0,1]$, 有 $g_k(t)+g_k(1-t)=1$.

证明　由退化性质以及势函数 $f_k(t)$ 的对称性质, 易知 $g_k(t)$ 的对称性质成立.

性质 6　单调性质. 即: 对于固定的自然数 k, 当 $\lambda \in \left[-\frac{1}{2}, \frac{1}{2}\right]$ 时, 固定 λ 值, $g_k(t)$ 关于变量 $t(t \in [0,1])$ 单调递减; 对于固定的自然数 k, 当 $t \in [0,1]$ 时, 固定 t 值, $g_k(t)$ 关于参数 λ 单调递增.

证明　由于

$$g_k(t) = f_k(t) + \lambda B_{k+1}^{2k+2}(t)$$

因此

$$g_k'(t) = f_k'(t) + \lambda \frac{dB_{k+1}^{2k+2}(t)}{dt}$$

由式 (15.4.3) 所得结果, 以及 Bernstein 基函数的求导公式, 可得

$$\begin{aligned} g_k'(t) &= -(2k+1)B_k^{2k}(t) + \lambda(2k+2)\left[B_k^{2k+1}(t) - B_{k+1}^{2k+1}(t)\right] \\ &= \frac{(2k+1)!}{k!k!} t^k (1-t)^k (2\lambda - 4\lambda t - 1) \end{aligned}$$

记

$$h(t) = 2\lambda - 4\lambda t - 1$$

则

$$g_k'(t) = \frac{(2k+1)!}{k!k!} t^k (1-t)^k h(t)$$

对 $t \in [0,1]$, $g_k'(t)$ 的符号取决于 $h(t)$ 的符号. 由于 $h(t)$ 为关于 t 的一次函数, 因此只要

$$\begin{cases} h(0) = 2\lambda - 1 \leqslant 0 \\ h(1) = -2\lambda - 1 \leqslant 0 \end{cases}$$

即 $-\frac{1}{2} \leqslant \lambda \leqslant \frac{1}{2}$, 就可保证 $\forall t \in [0,1]$, 有 $h(t) \leqslant 0$, 进而 $g_k'(t) \leqslant 0$, 这意味着势函数 $g_k(t)$ 关于变量 $t \in [0,1]$ 单调递减. 另外, 由于 $\forall t \in [0,1]$, 有

$$\frac{dg_k(t)}{d\lambda} = B_{k+1}^{2k+2}(t) \geqslant 0$$

故 $g_k(t)$ 关于参数 λ 单调递增. 证毕.

性质 7　有界性质. 即: 当 $\lambda \in \left[-\frac{1}{2}, \frac{1}{2}\right]$ 时, $\forall t \in [0,1]$, 有 $0 \leqslant g_k(t) \leqslant 1$.

证明　注意到在式 (15.3.10) 中, $b_{k+1} = \frac{1}{2} + \lambda$, 因此当 $\lambda \in \left[-\frac{1}{2}, \frac{1}{2}\right]$ 时, 有 $0 \leqslant b_{k+1} = \frac{1}{2} + \lambda \leqslant 1$, 故由式 (15.3.10), 可知

$$\sum_{i=0}^{k} B_i^{2k+2}(t) \leqslant g_k(t) \leqslant \sum_{i=0}^{k+1} B_i^{2k+2}(t) \leqslant \sum_{i=0}^{2k+2} B_i^{2k+2}(t)$$

再由 Bernstein 基函数的非负性和规范性, 可得

$$0 \leqslant g_k(t) \leqslant 1$$

有界性质得证. 证毕.

注释 15.4.2 势函数 $g_k(t)$ 的有界性质也可以由其端点性质和关于变量 t 的单调性质得到.

图 15.4.2 ~ 图 15.4.6 依次给出了取相同 k 值以及不同 λ 值的势函数 $g_k(t)$ 的图形. 由这些图形可以直观看出 $g_k(t)$ 的端点性质、单调性质、有界性质成立, 亦可以看出 $g_k(t)$ 的中点性质只对特殊的 λ 值, 即 $\lambda = 0$ 时成立.

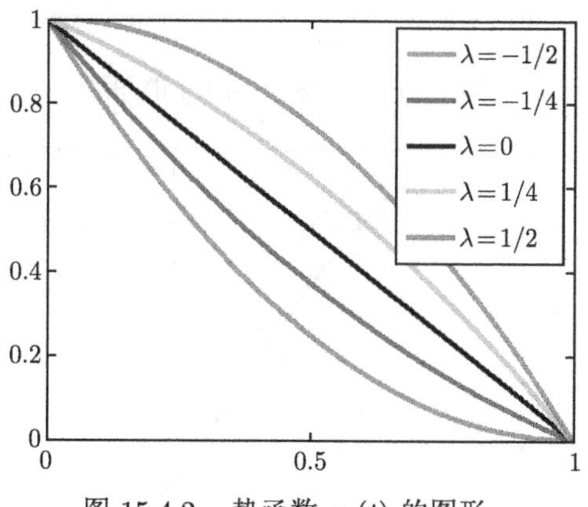

图 15.4.2 势函数 $g_0(t)$ 的图形

另外, 比较这些图形可以看出, 随着 k 值的增加, 参数 λ 对势函数形状的影响逐渐减弱, 即势函数形状的差异逐渐缩小. 实际上, 若用 $g_k(t;\lambda)$ 表示取参数为 k 和 λ 的势函数 $g(t)$, 则由式 (15.3.12), 可知

$$g_k(t;\lambda_1) - g_k(t;\lambda_2) = (\lambda_1 - \lambda_2) C_{2k+2}^{k+1} l^{k+1}(1-t)^{k+1}$$

注意到 $t \in [0,1]$, 因此对上式求极限可得

$$\lim_{k\to\infty} [g_k(t;\lambda_1) - g_k(t;\lambda_2)] = 0$$

这就是对图中直观结果的理论解释.

图 15.4.7~ 图 15.4.10 给出了取不同 k 值以及相同 λ 值的势函数 $g_k(t)$ 的图形. 比较这些图形可见: λ 值较小时, 对于较小的 t 值, k 值对势函数形状的影响显著, 但这种显著性随着 λ 值的增大而减弱, 即 λ 值越大, 对于较小的 t 值, 取不

同 k 值的势函数 $g_k(t)$ 的图形越接近; λ 值较大时, 对于较大的 t 值, k 值对势函数形状的影响显著, 但这种显著性随着 λ 值的减小而减弱, 即 λ 值越小, 对于较大的 t 值, 取不同 k 值的势函数 $g_k(t)$ 的图形越接近.

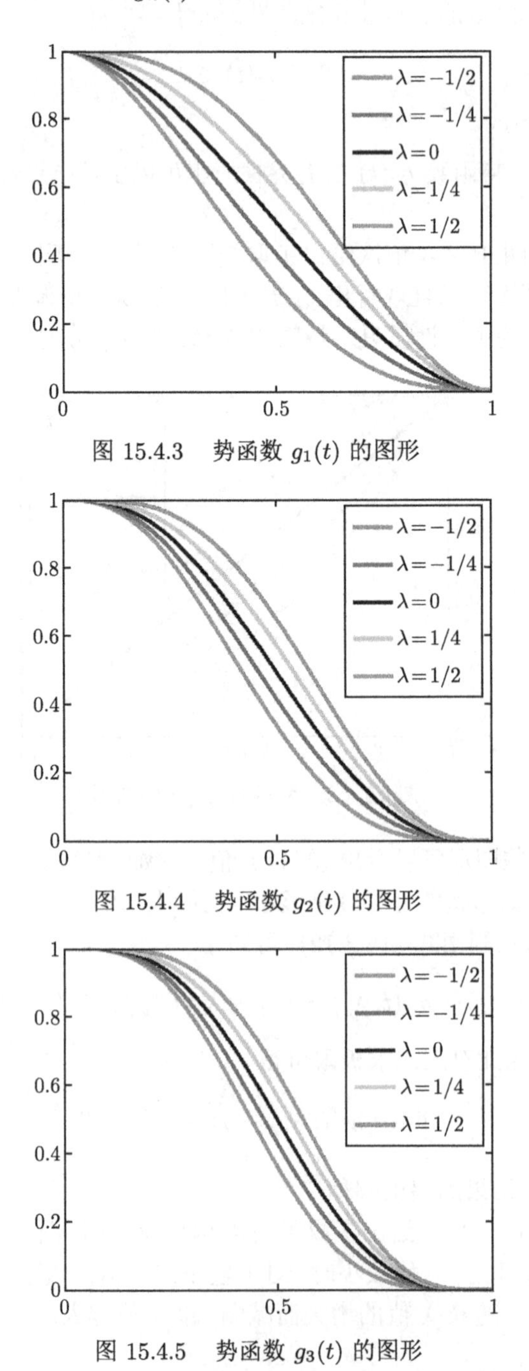

图 15.4.3　势函数 $g_1(t)$ 的图形

图 15.4.4　势函数 $g_2(t)$ 的图形

图 15.4.5　势函数 $g_3(t)$ 的图形

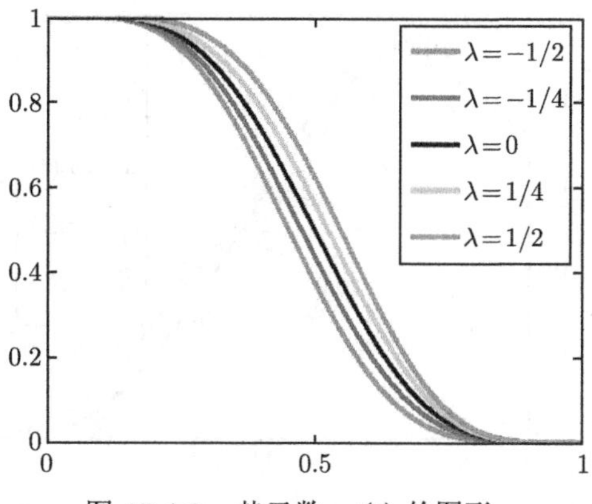

图 15.4.6 势函数 $g_4(t)$ 的图形

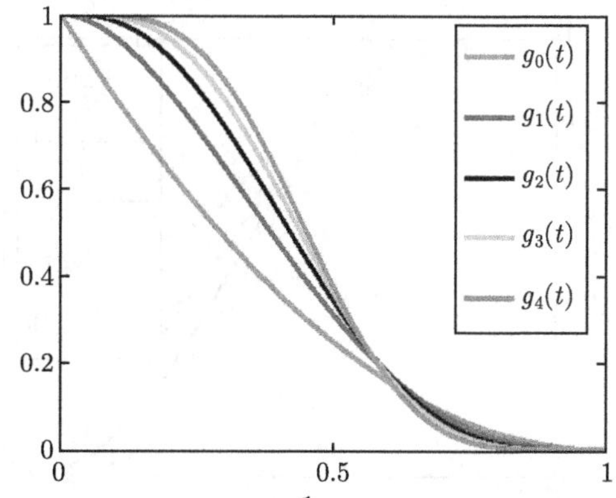

图 15.4.7 参数 $\lambda = -\dfrac{1}{2}$ 的势函数 $g_k(t)$ 的图形

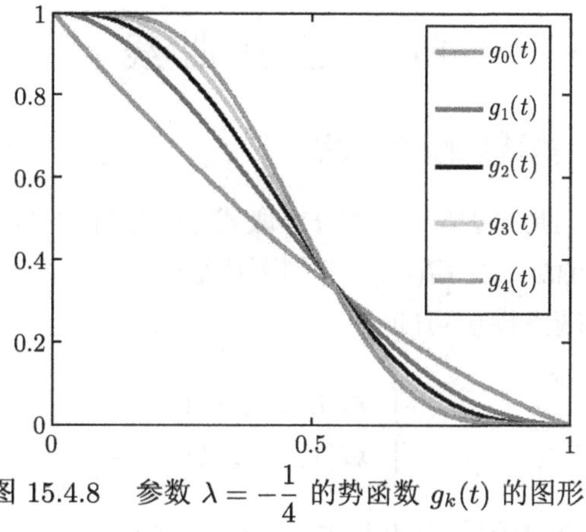

图 15.4.8 参数 $\lambda = -\dfrac{1}{4}$ 的势函数 $g_k(t)$ 的图形

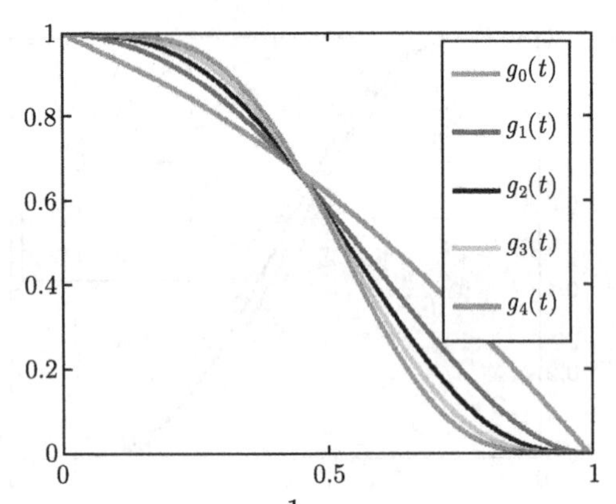

图 15.4.9　参数 $\lambda = \dfrac{1}{4}$ 的势函数 $g_k(t)$ 的图形

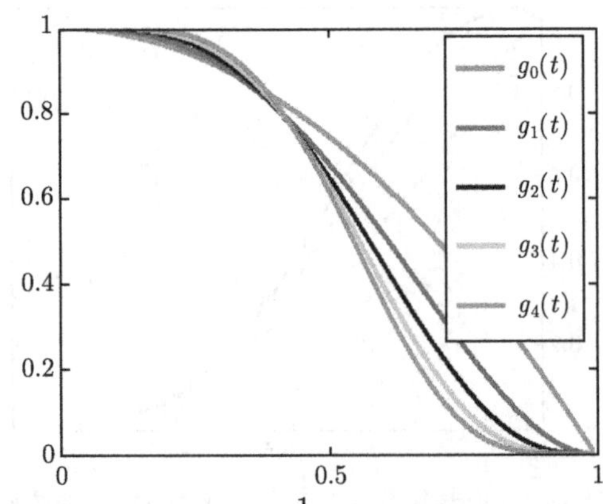

图 15.4.10　参数 $\lambda = \dfrac{1}{2}$ 的势函数 $g_k(t)$ 的图形

15.5 过渡曲线

15.5.1 以 $f_k(t)$ 为势函数的过渡曲线

任给两条被过渡曲线 $\boldsymbol{P}(t)$ 与 $\boldsymbol{Q}(t)$, 取式 (15.2.1) 中的 $f(t)$ 作为式 (15.3.6) 中所给 $f_k(t)$, 所得过渡曲线 $\boldsymbol{G}(t)$ 具有如下特征:

(1) 由 $f_k(t)$ 的端点性质可知

$$\begin{cases} \boldsymbol{G}(0) = \boldsymbol{P}(0) \\ \boldsymbol{G}(1) = \boldsymbol{Q}(1) \end{cases} \tag{15.5.1}$$

这表明过渡曲线以 $\boldsymbol{P}(t)$ 的起点为起点, 以 $\boldsymbol{Q}(t)$ 的终点为终点.

(2) 由 $f_k(t)$ 的导数性质可知

$$\begin{cases} \boldsymbol{G}^{(i)}(0) = \boldsymbol{P}^{(i)}(0) \\ \boldsymbol{G}^{(i)}(1) = \boldsymbol{Q}^{(i)}(1) \end{cases} \tag{15.5.2}$$

其中, $i = 1, 2, \cdots, k$. 式 (15.5.1) 与式 (15.5.2) 表明, 以 $f_k(t)$ 作为势函数, 可以使过渡曲线 $\boldsymbol{G}(t)$ 在两个端点处达到 C^k 连续.

(3) 由 $f_k(t)$ 的中点性质可知

$$\boldsymbol{G}(0.5) = \frac{\boldsymbol{P}(0.5) + \boldsymbol{Q}(0.5)}{2}$$

这意味着在 $t = 0.5$ 处, 曲线 $\boldsymbol{P}(t)$ 与 $\boldsymbol{Q}(t)$ 对过渡曲线 $\boldsymbol{G}(t)$ 具有相同的影响.

(4) 由 $f_k(t)$ 的单调性质可知, 对于固定的 k 值, 随着变量 t 的增大 (t 从 0 变化到 1), 曲线 $\boldsymbol{P}(t)$ 的权重逐渐减小 (从 1 降为 0), 曲线 $\boldsymbol{Q}(t)$ 的权重逐渐增加 (从 0 增为 1), 因此曲线 $\boldsymbol{P}(t)$ 对过渡曲线的影响逐渐减弱, 曲线 $\boldsymbol{Q}(t)$ 对过渡曲线的影响逐渐增强. 在 $t = 0.5$ 处, 曲线 $\boldsymbol{P}(t)$ 与 $\boldsymbol{Q}(t)$ 对过渡曲线的影响相当 (权重均为 0.5). 因此过渡曲线的形状在前半段相似于曲线 $\boldsymbol{P}(t)$, 在后半段相似于曲线 $\boldsymbol{Q}(t)$. 另外, 对于指定的 t 值, 当 $t \in \left(0, \dfrac{1}{2}\right)$ 时, 随着参数 k 的增加, 曲线 $\boldsymbol{P}(t)$ 的权重逐渐增加; 当 $t \in \left(\dfrac{1}{2}, 1\right)$ 时, 随着参数 k 的增加, 曲线 $\boldsymbol{Q}(t)$ 的权重逐渐增加. 因此 k 值越大, 过渡曲线的形状在前半段越相似于曲线 $\boldsymbol{P}(t)$, 在后半段越相似于曲线 $\boldsymbol{Q}(t)$.

(5) 由 $f_k(t)$ 的有界性质可知, 过渡曲线 $\boldsymbol{G}(t)$ 为被过渡曲线 $\boldsymbol{P}(t)$ 与 $\boldsymbol{Q}(t)$ 的凸组合.

图 15.5.1、图 15.5.2 中红、黄、蓝、紫、绿色曲线依次为以 $f_0(t)$、$f_1(t)$、$f_2(t)$、$f_3(t)$、$f_4(t)$ 为势函数构造的过渡曲线, 其中黑色点线为被过渡曲线 $\boldsymbol{P}(t)$(左) 与 $\boldsymbol{Q}(t)$(右). 对于图 15.5.1 所给被过渡曲线, 在 $t \in \left[\dfrac{1}{2}, 1\right]$ 的半段上, 不同过渡曲线比较接近. 对于图 15.5.2 所给被过渡曲线, 在 $t \in \left[0, \dfrac{1}{2}\right]$ 的半段上, 不同过渡曲线比较接近. 从图 15.5.1、图 15.5.2 可以看出, 过渡曲线在前半段贴近于曲线 $\boldsymbol{P}(t)$, 在后半段贴近于曲线 $\boldsymbol{Q}(t)$, 其中绿色曲线贴近程度最高, 红色曲线贴近程度最低. 这些直观结论与上面对过渡曲线特征 4 的理论分析结果完全一致.

15.5.2 以 $g_k(t)$ 为势函数的过渡曲线

与 15.5.1 节中的分析方法相同, 由势函数 $g_k(t)$ 的性质可知, 任给两条被过渡曲线 $\boldsymbol{P}(t)$ 与 $\boldsymbol{Q}(t)$, 取式 (15.3.1) 中的 $f(t)$ 作为式 (15.3.12) 所给 $g_k(t)$, 所得过渡曲线 $\boldsymbol{G}(t)$ 具有如下特征:

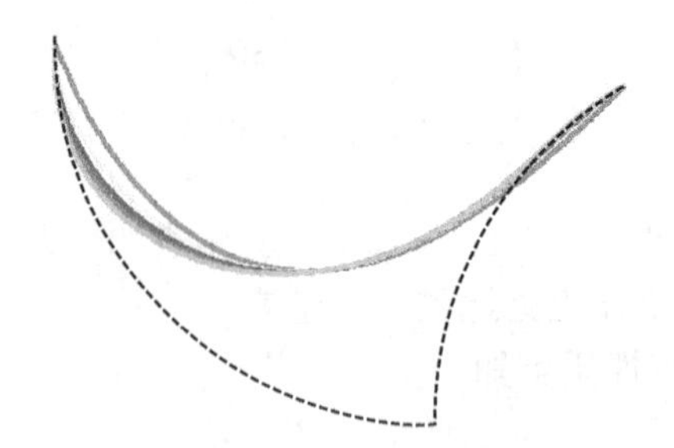

图 15.5.1　以势函数 $f_k(t)$ 构造的过渡曲线 (一)

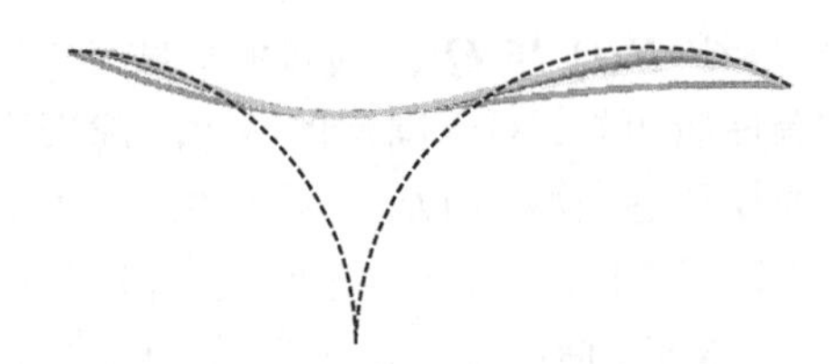

图 15.5.2　以势函数 $f_k(t)$ 构造的过渡曲线 (二)

(1) 过渡曲线以 $\boldsymbol{P}(t)$ 的起点为起点, 以 $\boldsymbol{Q}(t)$ 的终点为终点.

(2) 过渡曲线 $\boldsymbol{G}(t)$ 在两端点处与被过渡曲线之间达到 C^k 连续.

(3) 由 $g_k(t)$ 的单调性质可知, 对于固定的 k 值以及 λ 值, 随着变量 t 的增大, 曲线 $\boldsymbol{P}(t)$ 对过渡曲线的影响逐渐减弱, 而曲线 $\boldsymbol{Q}(t)$ 对过渡曲线的影响逐渐增强. 因此过渡曲线 $\boldsymbol{G}(t)$ 的形状逐渐由曲线 $\boldsymbol{P}(t)$ 的形状过渡到 $\boldsymbol{Q}(t)$ 的形状. 另外, 当 $\lambda\in\left[-\frac{1}{2},\frac{1}{2}\right]$ 时, 对于指定的 k 值以及 t 值, 随着参数 λ 的增加, 曲线 $\boldsymbol{P}(t)$ 的权重逐渐增加, 相应地曲线 $\boldsymbol{Q}(t)$ 的权重逐渐减少. 因此对于相同的 k 值, λ 越大, 过渡曲线的形状在前半段越相似于曲线 $\boldsymbol{P}(t)$; λ 越小, 过渡曲线的形状在后半段越相似于曲线 $\boldsymbol{Q}(t)$. (由于函数 $g_k(t)$ 只在 $\lambda=0$ 时才具备中点性质, 因此这里所说的前半段与后半段不一定以 $t=0.5$ 为界限, 这里的界限点取决于 λ 的值.)

(4) 当参数 $\lambda\in\left[-\frac{1}{2},\frac{1}{2}\right]$ 时, 过渡曲线 $\boldsymbol{G}(t)$ 为被过渡曲线 $\boldsymbol{P}(t)$ 与 $\boldsymbol{Q}(t)$ 的凸组合.

(5) 过渡曲线 $\boldsymbol{G}(t)$ 的形状可在不改变被过渡曲线, 以及过渡曲线与被过渡曲线在端点处连续性的前提下, 通过修改 λ 的值进行调整.

图 15.5.3~ 图 15.5.7 中红、黄、蓝、紫、绿色曲线依次为取参数 $\lambda=-\frac{1}{2}$, $\lambda=-\frac{1}{4}$, $\lambda=0$, $\lambda=\frac{1}{4}$, $\lambda=\frac{1}{2}$ 的势函数 $g_k(t)$ 构造所得的过渡曲线, 其中黑色点线为被过渡曲线 $\boldsymbol{P}(t)$(左) 与 $\boldsymbol{Q}(t)$(右). 比较这些图形可以看出, 随着参数 k 值的

增加, 参数 λ 对过渡曲线形状的影响逐渐减弱, 即过渡曲线形状的差异逐渐缩小, 对于本例所给被过渡曲线, 过渡曲线的这种特征在后半段表现得尤为明显. 另外, 过渡曲线在前半段贴近于曲线 $\boldsymbol{P}(t)$, 在后半段贴近于曲线 $\boldsymbol{Q}(t)$, 其中绿色曲线贴近程度最高, 红色曲线贴近程度最低. 这些直观结论与上面对过渡曲线特征 3 的理论分析结果完全一致.

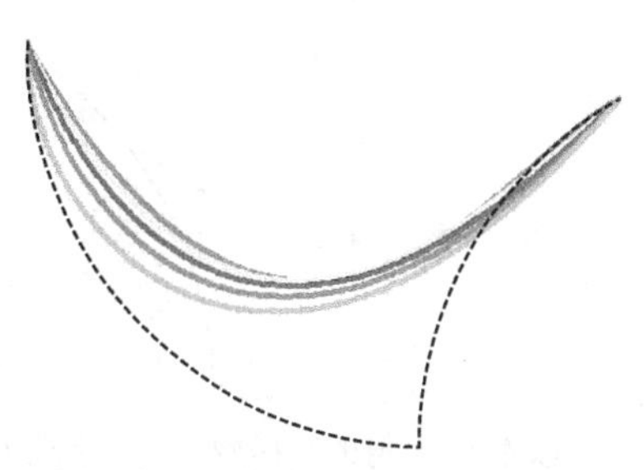

图 15.5.3 以取不同 λ 值的势函数 $g_0(t)$ 构造的过渡曲线

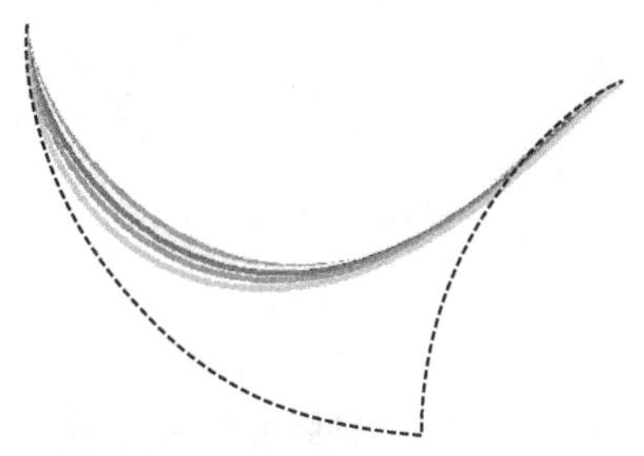

图 15.5.4 以取不同 λ 值的势函数 $g_1(t)$ 构造的过渡曲线

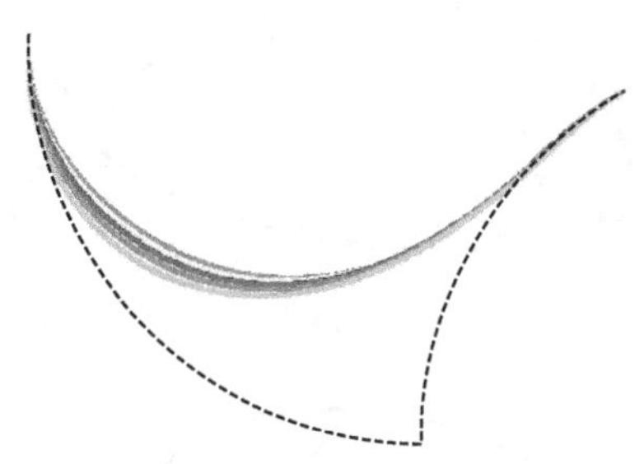

图 15.5.5 以取不同 λ 值的势函数 $g_2(t)$ 构造的过渡曲线

前面的讨论和图例都假定被过渡曲线相交于一点, 即与文献 [183] 一致. 实际上, 当被过渡曲线之间没有交点时, 关于过渡曲线的所有结论依然成立.

图 15.5.8(a) 输入了两条由 4 段 3 次 Bézier 曲线拼接而成的 G^1 连续组合曲线, 上一条参数方向从左至右, 下一条参数方向相反. 将上下从左至右的第 1, 2, 4 段曲线分别用过渡曲线连接起来, 得到图 15.5.8(b) 中输出的金鱼图案结果 (图中

添加了一点作为金鱼的眼睛). 连接上下第 1、2 段时, 上面的曲线段作为 $\boldsymbol{P}(t)$, 下面的曲线段作为 $\boldsymbol{Q}(t)$, 势函数为取 $\lambda=-\dfrac{1}{2}$ 的 $g_2(t)$; 连接上下第 4 段时, 上面的曲线段为 $\boldsymbol{Q}(t)$, 下面的曲线段为 $\boldsymbol{P}(t)$, 势函数为取 $\lambda=\dfrac{1}{2}$ 的 $g_2(t)$.

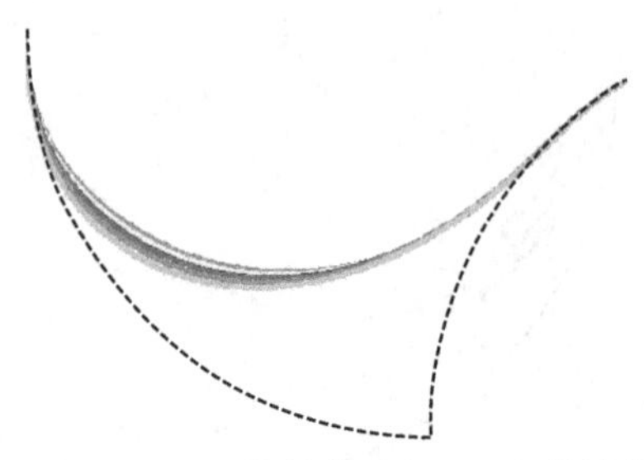

图 15.5.6　以取不同 λ 值的势函数 $g_3(t)$ 构造的过渡曲线

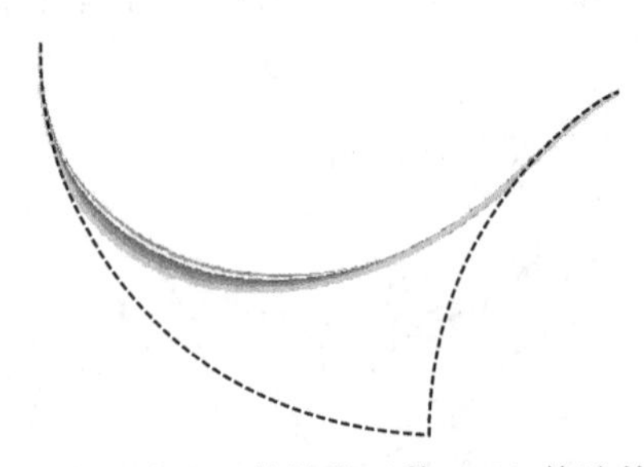

图 15.5.7　以取不同 λ 值的势函数 $g_4(t)$ 构造的过渡曲线

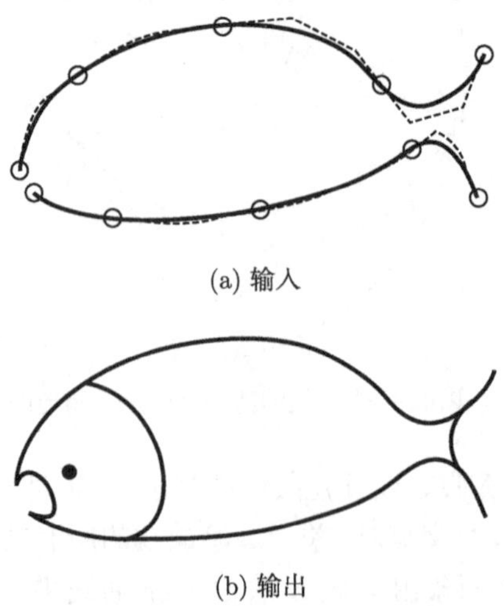

(a) 输入

(b) 输出

图 15.5.8　过渡曲线造型实例

15.6 小　结

本章构造了两类多项式势函数, 由它们构造的基于 Metaball 的过渡曲线在两个端点处都可以达到 C^k 连续, 其中 k 为任意自然数. 第一类势函数的表达式中只含参数 k, 当对过渡曲线在端点处的连续性要求指定时, 由之定义的过渡曲线形状便由被过渡曲线唯一确定. 第二类势函数在第一类势函数的基础上增加了一项因子, 次数提升了一次, 其表达式中除了参数 k 以外, 还包含自由参数 λ, 因此即使固定被过渡曲线, 并且指定过渡曲线在两个端点处的连续阶, 由之定义的过渡曲线形状仍然可以通过改变参数 λ 的取值进行调整. 本章所给势函数对文献 [183] 中所给第一类势函数进行了补充和完善. 由本章所给第二类势函数定义的过渡曲线保持了文献 [184] 中所给过渡曲线的诸多优点, 同时得益于势函数的多项式类型, 又降低了文献 [184] 中相关计算的难度.

曲线是曲面的基础, 从曲线推广到曲面, 维数增加, 计算量增大, 关于连续性分析的难度增强, 下一步的研究目标是克服难点, 将过渡曲线的构造方法推广至过渡曲面.

参考文献

[1] Barnhill R E, Riesenfeld R F. Computer aided geometric design [C]. Salt Lake City: Academic Press, 1974.

[2] Ferguson J C. Multivariable curve interpolation [R]. Report D2-22504, The Boeing Co. Seattle, Washington, 1963.

[3] Coons S A. Surfaces for computer aided design of space figures [R]. M. I. T MAC-M-255, 1965.

[4] Coons S A. Surfaces for computer aided design of space forms [R]. AD- 663504, 1967.

[5] Schoenberg I. On spline function [A]// Shisha O. ed. Inequalities [C]. New York: Academic Press, 1967: 255-291.

[6] Bézier P E. Numerical control: Mathematics and applications [M]. Forrest, Trans. London: Wiley, 1972.

[7] Boor C D. On calculation with B-splines [J]. Journal of Approximation Theory, 1972, 6(1): 50-62.

[8] Gordon W J, Riesenfeld R F. B-spline curves and surfaces [A]// Computer aided geometric design [C]. Salt Lake City: Academic Press, 1974.

[9] Boehm W. Inserting new knots into B-spline curve [J]. Computer Aided Design, 1980, 12(4): 199-201.

[10] Prautzsch H. Degree elevation of B-spline curves [J]. Computer Aided Geometric Design, 1984, 1(2): 193-198.

[11] Cohen E, Lyche T, Schumaker L L. Algorithms for degree raising of splines [J]. ACM Transactions on Graphics, 1985, 4(3): 171-181.

[12] Forrest A R. Curves and surfaces for computer aided design [D]. Ph. D Thesis, University of Cambridge, 1968.

[13] Ball A. Consurf Part 1 [J]. CAD, 1974, 6(4): 243-249.

[14] Ball A. Consurf Part 2 [J]. CAD, 1975, 7(4): 237-242.

[15] Ball A. Consurf Part 3 [J]. CAD, 1977, 9(1): 9-12.

[16] 唐荣锡, 马德昌, 王亚平. 新一代实体造型系统 [J]. 航空制造工程, 1990, (9): 13-16.

[17] Versprille K J. Computer aided design application of rational B-spline approximation form [D]. Ph. D Thesis, Syracuse University Syracuse, 1975.

[18] Piegl L. On NURBS: A Survey [J]. IEEE CG&A, 1991, 11(1): 55-71.

[19] Piegl L, Tiller W. The NURBS book [M]. 2nd ed. Berlin: Springer-Verlag, 1995.

[20] Piegl L, Tiller W. Least-squares B-spline curve approximation with arbitrary end derivatives [J]. The Visual Computer 2000, 16(7): 386-395.

[21] Piegl L, Tiller W. Surface approximation to scanned data [J]. The Visual Computer 2000, 16(7): 386-395.

[22] Tiller W. Rational B-spline for curve and surface representation [J]. IEEE CG&A, 1983, 3(9): 61-69.

[23] Tiller W. Geometric modeling using nonuniform rational B-splines: mathematical techniques [M]. New York: SIGGRAPH Tutorial notes, ACM, 1986.

[24] Tiller W. Knot removal algorithms for NURBS curves and surfaces [J]. Computer- Aided Design, 1992, 24(8): 445-453.

[25] Farin G. Algorithms for rational Bézier curves [J]. Computer-Aided Design, 1983, 15(2): 73-77.

[26] Farin G. Rational B-spline [A] // Hagen H, Roller D. Geometric modeling: Methods and applications. New York: Springer, 1991: 115-130.

[27] Farin G. NURB curves and surfaces, Projective geometry to practical use [M]. Boca Raton: A K Peters/CRC Press, 1994.

[28] Farin G. Curves and surfaces for computer aided geometric design [M]. 5th ed, Amsterdam: Elsevier Inc., 2002.

[29] Vergeest S M. CAD surface data exchange using STEP [J]. Computer-Aided Design, 1991, 23(1): 269-281.

[30] National Institute of Standards and Technology (NIST), Programmer's Hier archical Interactive Graphics System (PHIGS), ISO/IEC9592-4[S]. MD: Gaithersburg, 1992.

[31] 王国瑾, 汪国昭, 郑建民. 计算机辅助几何设计 [M]. 北京: 高等教育出版社, 2001.

[32] 施法中. 计算机辅助几何设计与非均匀有理 B 样条 [M]. 修订版. 北京: 高等教育出版社, 2013.

[33] 齐从谦, 邬弘毅. 一类可调控 Bézier 曲线及其逼近性 [J]. 湖南大学学报 (自然科学版), 1996, 23 (6): 15-19.

[34] 韩旭里, 刘圣军. 二次 Bézier 曲线的扩展 [J]. 中南工业大学学报 (自然科学版), 2003, 34(2): 214-217.

[35] 吴晓勤, 韩旭里. 三次 Bézier 曲线的扩展 [J]. 工程图学学报, 2005, 26(6): 98-102.

[36] 吴晓勤, 韩旭里, 罗善明. 四次 Bézier 曲线的两种不同扩展 [J]. 工程图学学报, 2006, 27(5): 59-64.

[37] 吴晓勤. 带形状参数的 Bézier 曲线 [J]. 中国图象图形学报, 2006, 11(2): 269-274.

[38] 刘值. Bézier 曲线的扩展 [J]. 合肥工业大学学报 (自然科学版), 2004, 27(8): 976-979.

[39] 程黄和, 曾晓明. 带形状参数的 Bézier 曲线 [J]. 厦门大学学报, 2005, 45(3): 320-322.

[40] Wang W T, Wang G Z. Bézier curves with shape parameter [J]. Journal of Zhejiang University, Science, 2005, 6A (6): 497-501.

[41] 夏成林. 带多个形状参数的 Bézier 曲线曲面的扩展 [D]. 合肥: 合肥工业大学, 2005.

[42] 张贵仓, 师利红. 带多个形状参数的 Bézier 曲线 [J]. 西北师范大学学报 (自然科学版), 2010, 2010(4): 24-27.

[43] 刘植, 陈晓彦, 江平. 带多形状参数的广义 Bézier 曲线曲 [J]. 计算机辅助设计与图形学学报, 2010, 22(5): 838-844.

[44] 邬弘毅, 夏成林. 带多个形状参数的 Bézier 曲线与曲面的扩展 [J]. 计算机辅助设计与图形学学报, 2005, 17(12): 2607-2612.

[45] 谢进, 洪素珍. 一类带两个形状参数的三次 Bézier 曲线 [J]. 计算机工程与设计, 2007, 28(6): 1361-1363.

[46] 潘庆云, 陈素根. 五次 Bézier 曲线的三种不同扩展 [J]. 安庆师范学院学报 (自然科学版), 2008, 14(2): 69-73.

[47] Han X, Ma Y C, Huang X L. A novel generalization of Bézier curve and surface [J]. Journal of Computational and Applied Mathematics, 2008, 217(1): 180-193.

[48] Yang L Q, Zeng X M. Bézier curves and surfaces with shape parameters [J]. International Journal of Computer Mathematics, 2009, 86(7): 1253-1263.

[49] Xiang T N, Liu Z, Wang W F, et al. A novel extension of Bézier curves and surfaces of the same degree [J]. Journal of Information & Computational Science, 2010, 7: 2080-2089.

[50] Chen J, Wang G J. A new type of the generalized Bézier curves [J]. Applied Mathematics-A Journal of Chinese Universities, 2011, 26(1): 47-56.

[51] 刘植, 陈晓彦, 张莉, 等. Bézier 曲线曲面的同次扩展 [J]. 中国科技论文在线, 2011, 6(10): 721-725.

[52] 姜岳道, 植物. Bézier 曲线的扩展种类 [J]. 内蒙古民族大学学报 (自然科学版), 2011, 26(4): 378-381.

[53] Qin X Q, Hu G, Zhang N J, et al. A novel extension to the polynomial basis functions describing Bézier curves and surfaces of degree n with multiple shape parameters [J]. Applied Mathematics and Computation, 2013, 223(3): 1-16.

[54] 张明星. 广义 Bézier 曲线与 B 样条曲线的研究 [D]. 长沙: 中南大学, 2013.

[55] 余娟. 四次 Bézier 型曲线曲面的两种扩展研究 [D]. 长沙: 中南大学, 2013

[56] 杨林英. Bézier 曲线的拼接及扩展 [D]. 西安: 西北师范大学, 2013.

[57] 葸海英, 张贵仓. 带两个参数的拟 Bézier 曲线 [J]. 计算机科学, 2014, 41(11A): 100-103.

[58] 仇茹, 杭后俊, 潘俊超. 带三参数的类四次 Bézier 曲线及其应用研究 [J]. 计算机工程与应用, 2014, 20(4): 158-162.

[59] 李军成. 一类可调控的三次多项式曲线 [J]. 计算机工程与科学, 2010, 32(4): 52-55.

[60] 韩西安, 马逸尘. 拟三次 Bézier 曲线 [J]. 装备指挥技术学院学报, 2008, 19(1): 99-102.

[61] 杭后俊, 余静, 李汪根. 三次 Bézier 曲线的一种双参数扩展及其应用 [J]. 计算机工程与应用, 2010, 46(31): 178-181.

[62] 张念娟, 秦新强, 胡刚, 等. 带多形状参数的四次 Bézier 曲线的新扩展 [J]. 武汉理工大学学报, 2009, 31(20): 156-160.

[63] 翟芳芳. 带两个形状参数的五次 Bézier 曲线的扩展 [J]. 大学数学, 2012, 28(3): 59-63.

[64] 植物, 姜岳道, 白根柱. 六次 Bézier 曲线的新扩展 [J]. 内蒙古民族大学学报 (自然科学版), 2012, 27(2): 140-141.

[65] Pottmann H. The geometry of Tchebycheffian spines [J]. Computer Aided Geometric Design, 1993, 10(3-4): 181-210.

[66] Zhang J W. C-curves: An extension of cubic curves [J]. Computer Aided Geometric Design, 1996, 13(3): 199-217.

[67] Zhang J W, Krause F L, et al. Unifying C-curves and H-curves by extending the calculation to complex numbers [J]. Computer Aided Geometric Design, 2005, 22(9): 865-883.

[68] Chen Q Y, Wang G H. A class of Bézier-like curves [J]. Computer Aided Geometric Design, 2003, 20(1): 29-39.

[69] Carnicer J M, Mainar E, Peña J M. Critical length for design purposes and extended chebyshev spaces [J]. Constructive Approximation, 2003, 20(1): 55-71.

[70] 程仲美. H-Bézier 曲线的理论研究 [D]. 合肥: 合肥工业大学, 2011.

[71] Han X L. Cubic trigonometric polynomial curves with a shape parameter [J]. Computer Aided Geometric Design, 2004, 21(6): 535-548.

[72] Han X, Ma Y C, Huang X L. The cubic trigonometric Bézier curve with two shape parameters [J]. Applied Mathematics Letters, 2009, 22(2): 226-231.

[73] Han X A, Huang X L, Ma X C. Shape analysis of cubic trigonometric Bézier curves with a shape parameter [J]. Applied Mathematics and Computation, 2010, 217(6): 2527-2533.

[74] Wu R J, Peng G H. Shape analysis of planar trigonometric Bézier curves with two shape parameters [J]. International Journal of Computer Science, 2013, 10(2): 441-447.

[75] 杨联强. 带多个形状参数的三次三角 Bézier 曲线和曲面 [D]. 合肥: 合肥工业大学, 2005.

[76] 谢晓勇, 刘晓东, 胡林玲, 等. 类 Bézier 的三角多项式曲线 [J]. 计算机与数字工程, 2011, 39(5):132-134.

[77] 倪静. 1-2 阶三角 Bézier 曲线的研究 [J]. 大连: 辽宁师范大学, 2013.

[78] 胡晴峰. 双曲混合多项式曲线及其性质 [D]. 杭州: 浙江大学, 2003.

[79] 苏本跃. CAGD 中三角多项式曲线曲面造型的研究 [D]. 合肥: 合肥工业大学, 2004.

[80] 杨联强, 邬弘毅. 带形状参数的三次三角 Bézier 曲线 [J]. 合肥工业大学学报 (自然科学版), 2005, 28(11): 1472-1476.

[81] 樊丰涛. 代数双曲空间中两组基的矩阵表示及其转换矩阵 [D]. 杭州: 浙江大学, 2006.

[82] 王媛. H-Bézier 曲线的理论及应用研究 [D]. 西安: 西北大学, 2006.

[83] 朱安风. 基于双曲函数的 H-Bézier 和 Ferguson 曲线 [D]. 合肥: 合肥工业大学, 2007.

[84] 方美娥. 代数曲面混合——切分结合 S 曲面片补洞方法 [D]. 杭州: 浙江大学, 2007.

[85] 张锦秀, 檀结庆. 代数双曲 Bézier 曲线的扩展 [J]. 工程图学学报, 2011, 32(1): 31-38.

[86] Barsky B A. The Beta-spline: A local representation based on shape parameters and fundamental geometric measure [D]. Salt Lake City: University of Utah, 1981.

[87] Barsky B A, Beatty J C. Local control of bias and tension in Beta-splines [J]. ACM Transaction on Graphics, 1983, 2(3): 109-134.

[88] Barsky B A. Computer Graphics and Geometric Modeling Using Beta-splines [M]. Berlin Heidelberg: Springer, 1988.

[89] Joe B. Discrete Beta-Splines [J]. Computer Graphics, ACM SIGGRAPH Computer Graphics, 1987, 21(4): 137-144.

[90] Joe B. Multiple-knot and Rational Cubic Beta-Splines [J]. ACM Transactions on Graphics, 1989, 8(2): 100-120.

[91] Joe B. Knot insertion for beta-spline curves and surfaces [J]. ACM Transactions on Graphics, 1990, 9(1): 41-65.

[92] Joe B. Quartic beta-splines [J]. ACM Transactions on Graphics, 1990, 9(3): 301-337.

[93] 韩旭里, 刘圣军. 三次均匀 B 样条曲线的扩展 [J]. 计算机辅助设计与图形学学报, 2003, 15: 576-578.

[94] 王文涛, 汪国昭. 带形状参数的均匀 B 样条 [J]. 计算机辅助设计与图形学学报, 2004, 16(6): 783-788.

[95] 张贵仓, 耿紫星. 三次均匀 B 样条曲线的 α 扩展 [J]. 计算机辅助设计与图形学学报, 2007, 19(7): 884-887.

[96] 胡刚, 刘哲, 徐华楠. 三次均匀 B 样条曲线的新扩展及其应用 [J]. 计算机工程与应用, 2008, 44(32): 161-164.

[97] Liu X M, Xu W X. Uniform B-spline curve and surfaces with shape parameters [C]. 2008 International Conference on Computer Science and Software Engineering, 2008, 12: 975-979.

[98] 王树勋, 叶正麟, 陈作平. 带最多独立现状参数的三阶三次均匀 B 样条曲线 [J]. 计算机工程与应用, 2010, 46(15): 142-145.

[99] 吴荣军, 彭国华, 罗卫民. 一类带参 B 样条曲线的形状分析 [J]. 计算数学, 2010, 32(4): 349-360.

[100] 夏成林, 邬弘毅, 郑兴国, 等. 带多个形状参数的三次均匀 B 样条曲线的扩展 [J]. 工程图学学报, 2011, 33(2): 73-79.

[101] Han X L. Piecewise quartic polynomial curves with a local shape parameter [J]. Journal of Computational and Applied Mathematics, 2006, 195(1-2): 34-45.

[102] Xu G, Wang G Z. Extended cubic uniform B-spline and α-B-spline [J]. Acta Automatica Sinica, 2008, 34(8): 980-984.

[103] Juhász I, Hoffmann M. On the quartic curve of Han [J]. Journal of Computational and Applied Mathematics, 2009, 223(223): 124-132.

[104] 徐岗, 汪国昭. 带局部形状参数的三次均匀 B 样条曲线的扩展 [J]. 计算机研究与发展, 2007, 44(6): 1032-1037.

[105] 胡钢, 刘哲, 秦新强, 等. 带多局部形状参数的三次扩展均匀 B 样条曲线 [J]. 西安交通大学学报, 2008, 42(10): 1245-1249.

[106] Han X L. Quadratic trigonometric polynomial curves with a shape parameter [J]. Computer Aided Geometric Design, 2002, 19(7): 503-512.

[107] Han X L. C2 quadratic trigonometric polynomial curves with local bias [J]. Journal of Computational and Applied Mathematics, 2005, 180(1): 161-172.

[108] Han X L. Quadratic trigonometric polynomial curves concerning local control [J]. Applied Numerical Mathematics, 2006, 56(1): 105-115.

[109] Su B Y, Tan J Q. A family of quasi-cubic blended splines and applications [J]. Journal of Zhejiang University Science A, 2006, 7(9): 1550-1560.

[110] Chen W Y, Wang G Z. Uniform algebraic-trigonometric Spline curves [J]. Journal of Information & Computational Science, 2007, 4(1): 1-11.

[111] Xu G, Wang G Z. AHT Bézier curves and UNAHT B-spline curves [J]. Journal of Computer Science and Technology, 2007, 22(4): 597-607.

[112] 谢进, 檀结庆, 李声锋, 等. 非均匀的二次三角双曲加权样条曲线 [J]. 计算数学, 2010, 32(2): 147-156.

[113] 陆利正, 汪国昭. 二次带形状参数双曲 B 样条曲线 [J]. 高校应用数学学报 A 辑, 2008, 23(1): 105-111.

[114] 谢进, 檀结庆. 多形状参数的二次双曲多项式曲线 [J]. 中国图象图形学报, 2009, 14 (6): 1206-1211.

[115] Liu X M, Xu W X, Guan Y, et al. Hyperbolic polynomial uniform B-spline curves and surfaces with shape parameter [J]. Graphical Models, 2010, 72(1): 1-6.

[116] Lü Y G, Wang G Z, Yang X N. Uniform hyperbolic polynomial B-spline curves [J]. Computer Aided Geometric Design, 2002, 19(6): 379-393.

[117] Li Y J, Wang G Z. Two kinds of B-basis of the algebraic hyperbolic space [J]. Journal of Zhejiang University Science, 2005, 6A(7): 750-759.

[118] 尹池江, 檀结庆. 带多形状参数的三角多项式均匀 B 样条曲线曲面 [J]. 计算机辅助设计与图形学学报, 2011, 23(7): 1131-1138.

[119] Zhang J W, Krause F L. Extending cubic uniform B-splines by unified trigonometric and hyperbolic basis [J]. Graphical Models, 2005, 67(2): 100-119.

[120] Wang G Z, Fang M E. Unified and extended form of three types of splines [J]. Journal of Computational and Applied Mathematics, 2008, 216(2): 498-508.

[121] 韩旭里. 基于四点分段的一类三角多项式曲线 [J]. 中国图象图形学报: A 版, 2002, 7(10): 1063-1066.

[122] Han X L, Zhu Y P. Curve construction based on five trigonometric blending functions [J]. BIT Numerical Mathematics, 2012, 52(4): 953-979.

[123] 吕勇刚, 汪国昭, 杨勋年. 均匀三角多项式 B 样条曲线 [J]. 中国科学 E 辑: 技术科学, 2002, 32(2): 281-288.

[124] 王文涛, 汪国昭. 带形状参数的三角多项式均匀 B 样条 [J]. 计算机学报, 2005, 28(7): 1192-1198.

[125] 刘芷欣. 均匀三角多项式 B 样条性质研究 [D]. 沈阳: 辽宁师范大学, 2008.

[126] 王晶欣, 张嘉洋, 郭丽霞. 带形状调整参数的一阶三角 B 样条曲线 [J]. 辽宁师范大学学报 (自然科学版), 2013, 2013(3): 309-313.

[127] 陈素根, 汪志华, 赵正俊. 带形状参数三角 B 样条曲线曲面及其应用 [J]. 计算机应用与软件, 2015, 32(10): 78-81.

[128] 陈素根, 赵正俊. 拟三次三角 B 样条曲线曲面构造及其应用 [J]. 小型微型计算机系统, 2015, 36(6): 1331-1335.

[129] 朱玲. 一类广义的三角多项式均匀 B 样条曲线 [J]. 佳木斯大学学报 (自然科学版), 2011, 29(1): 126-129.

[130] Goodman T N T. Shape preserving representations [M]. Mathematical Methods in Computer Aided Geometric Design. New York: Academic Press, 1989: 333-351.

[131] Schoenberg I. Über variationsvermindernde lineare transformationen [J]. Mathematische Zeitschrift, 1930, 32(1): 321-328.

[132] Karlin S. Totally positive [M]. Stanford: Stanford University Press, 1968.

[133] Carnicer J M, Peña J M. Shape preserving representations and optimality of the Bernstein basis [J]. Advances in Computational Mathematics, 1993, 1(2): 173-196.

[134] Carnicer J M, M García-Esnaola, Peña J M. Convexity of rational curves and total positivity [J]. Journal of Computational and Applied Mathematics, 1996, 71: 365-382.

[135] Peña J M. Shape preserving representations for trigonometric polynomial Curves [J]. Computer Aided Geometric Design, 1997, 14(1): 5-11.

[136] Sánchez-Reyes J. Harmonic rational Bézier curves, p-Bézier curves and trigonometric polynomials [J]. Computer Aided Geometric Design, 1998, 15(9): 909-923.

[137] Mainar E, Peña J M, Sánchez-Reyes J. Shape preserving alternatives to the rational Bézier model [J]. Computer Aided Geometric Design, 2001, 18(1): 37-60.

[138] Mazure M L. Chebyshev spaces and Bernstein bases [J]. Constructive Approximation, 2005, 22(22): 347-363.

[139] Wei W L, Wang G Z. Total positivity of NUAHT B-spline basis [J]. Journal of Information and Computational Science, 2012, 9(3): 731-736.

[140] Wei W L, Wang G Z. Almost strictly total positivity of NUAT B-spline basis [J]. Science China (Information Sciences), 2013, 56(9): 1-6.

[141] 魏炜立, 汪国昭. 代数双曲B样条基的几乎严格全正性 [J]. 计算机辅助设计与图形学学报, 2014, 26(2): 258-262.

[142] Han X L, Zhu Y P. Total positivity of the cubic trigonometric Bézier basis [J]. Journal of Applied Mathematics, 2014: 1-6.

[143] 朱远鹏. 基函数中带形状参数的几何造型理论与方法研究 [D]. 长沙: 中南大学, 2014.

[144] Han X L. Normalized B-basis of the space of trigonometric polynomials and curve design [J]. Applied Mathematics and Computation, 2015, 251: 336-348.

[145] 张帆. 规范 B 基的理论及应用研究 [D]. 西安: 西北大学, 2003.

[146] 闵春燕, 汪国昭. C-B 样条基是 B 基 [J]. 2004, 31(2): 148-150.

[147] 闫峭. 基于规范 B 基表示的空间螺旋线相关研究 [D]. 西安: 西北大学, 2005.

[148] 张帆, 张大奇, 康宝生. 特殊曲面的规范 B 基表示 [J]. 纯粹数学与应用数学, 2005, 21(2): 192-196.

[149] 李亚娟. 样条曲线曲面的造型与形状调整的研究 [D]. 杭州: 浙江大学, 2007.

[150] 李昌文. 有理插值存在性研究和 CAGD 中的规范 B 基 [D]. 合肥: 合肥工业大学, 2007.

[151] 刘刚. 多项式 NTP 曲线的逼近与插值 [D]. 杭州: 浙江大学, 2012.

[152] Zhu Y P, Han X L. Curves and surfaces construction based on new basis with exponential functions [J]. Acta Applicandae Mathematicae, 2014, 129(1): 183-203.

[153] 武亚沙. 加权 Lupa-q-Bézier 曲线曲面研究 [D]. 石家庄: 河北师范大学, 2015.

[154] 陈军. 一类带三个形状参数的三角曲面 [J]. 计算机集成制造系统, 2013, 19(11): 2680-2685.

[155] 韩西安, 黄希利. 三角域上带多个形状参数的二次 Bézier 曲面片 [J]. 装甲兵工程学院学报, 2011, 25(1): 99-102.

[156] 刘植, 檀结庆, 陈晓彦. 三角域上带形状参数的三次 Bézier 曲面 [J]. 计算机研究与发展, 2012, 49(1): 152-157.

[157] 曹娟, 汪国昭. 三角域上三次 Bernstein-Bézier 参数曲面的扩展 [J]. 计算机辅助设计与图形学学报, 2006, 18(9): 1403-1407.

[158] 于立萍. 三角域上带两个形状参数的 Bézier 曲面的扩展 [J]. 大学数学, 2008, 24(5): 58-62.

[159] Cao J, Wang G Z. An extension of Bernstein-Bézier surface over the triangular domain[J]. Progress in Natural Science, 2007, 17(3): 352-357.

[160] Zhu Y P, Han X L. Quasi-Bernstein-Bézier polynomials over triangular domain with multiple shape parameters[J]. Applied Mathematics and Computation, 2015, 250(250): 181-192.

[161] 邬弘毅, 夏成林. 带多个形状参数的 Bézier 曲线与曲面的扩展 [J]. 计算机辅助设计与图形学学报, 2005, 17(12): 2607-2612.

[162] 吴晓勤, 韩旭里. 带有形状参数的 Bézier 三角曲面片 [J]. 计算机辅助设计与图形学学报, 2006, 18(11): 1735-1740.

[163] Yan L L, Liang J F. An extension of the Bézier model[J]. Applied Mathematics and Computation, 2011, 218(6): 2863-2879.

[164] 严兰兰. 带形状参数的 Bernstein-Bézier 曲面 [J]. 计算机工程与科学, 2014, 36(2): 317-324.

[165] Zhu Y P, Han X L. New trigonometric basis possessing exponential shape parameters[J]. Journal of Computational Mathematics, 2015, 33(6): 642-684.

[166] Han X L, Zhu Y P. A practical method for generating trigonometric polynomial surfaces over triangular domains [J]. Mediterranean Journal of Mathematics, 2016, 13(2): 841-855.

[167] Zhu Y P, Han X L. Curves and surfaces construction based on new basis with exponential functions[J]. Acta Applicandae Mathematicae, 2014, 129(1): 183-203.

[168] 张惠茹. 基于 AutoCAD 凸轮轮廓曲线设计 [J]. 软件, 2013, 34(1): 87-88+148.

[169] 董新华, 马勇, 柳强. 渐开线齿轮齿根过渡曲线最佳线型实现方法 [J]. 机械传动, 2013, 37(5): 47-49.

[170] 宋立权, 赵学科, 李智成, 等. 任意缸体旋叶式压缩机的叶片型线设计理论研究及应用 [J]. 机械工程学报, 2011, 47(15): 143-148.

[171] 蔡华辉, 王国瑾. 三次 C-Bézier 螺线构造及其在道路设计中的应用 [J]. 浙江大学学报: 工学版, 2010, 44(1): 68-74.

[172] 禹鑫燚, 邢双, 欧林林, 等. 工业机器人 CP 运动指令的设计与实现 [J]. 浙江工业大学学报, 2017, 45(5): 568-573.

[173] 张宏鑫, 王国瑾. 保持几何连续性的曲线形状调配 [J]. 高校应用数学学报: A 辑, 2001, 16(2): 187-194.

[174] 高晖, 寿华好, 缪永伟, 等. 3 个控制顶点的类三次 Bézier 螺线 [J]. 中国图象图形学报, 2014, 19(11): 1677-1683.

[175] 刘华勇, 王焕宝, 李璐, 等. 几何连续的 Bézier-like 曲线的形状调配 [J]. 山东大学学报: 理学版, 2012, 47(3): 51-55.

[176] 刘华勇, 段小娟, 张大明, 等. 基于三角 Bézier-like 的过渡曲线构造 [J]. 浙江大学学报: 理学版, 2013, 40(1): 42-46.

[177] 李重, 马利庄, Dereck Meek. 平面两圆弧相离情况下 G^2 连续过渡曲线构造 [J]. 计算机辅助设计与图形学学报, 2006, 18(2): 265-269.

[178] 郑志浩, 汪国昭. 三次 PH 曲线的曲率单调性及过渡曲线构造 [J]. 计算机辅助设计与图形学学报, 2014, 26(8): 1219-1224.

[179] 李凌丰, 谭建荣, 赵海霞. 基于 Metaball 的过渡曲线 [J]. 中国机械工程, 2005, 16(6): 483-486.

[180] 李军成, 宋来忠, 刘成志. 带参数的多项式势函数与构造基于 Metaball 的过渡曲线 [J]. 中国图象图形学报, 2016, 21(7): 893-900.

[181] 李军成, 宋来忠, 刘成志. 形状调配中带参数的过渡曲线与曲面构造 [J]. 计算机辅助设计与图形学学报, 2016, 28(12): 2088-2096.

[182] 严兰兰, 梁炯丰, 黄涛. 带形状参数的 Bézier 曲线 [J]. 合肥工业大学学报: 自然科学版, 2009, 32(11): 1783-1788.

[183] 高晖, 寿华好. 势函数的构造及基于 Metaball 的过渡曲线 [J]. 计算机辅助设计与图形学学报, 2015, 27(5): 900-906.

[184] 李军成, 宋来忠. 利用带形状参数的有理势函数构造基于 Metaball 的过渡曲线 [J]. 浙江大学学报 (理学版), 2017, 44(3): 307-313.

[185] 严兰兰, 韩旭里. 形状及光滑度可调的自动连续组合曲线曲面 [J]. 计算机辅助设计与图形学学报, 2014, 26(10): 1654-1662.

[186] 芦殿军. Bézier 曲线的拼接及其连续性 [J]. 青海大学学报 (自然科学版), 2004, 22(6): 84-86.

[187] Xu G, Wang G Z, Chen W Y. Geometric construction of energy-minimizing Bézier curves [J]. Science China (Information Sciences), 2011, 54(7): 1395-1406.

[188] 严兰兰, 宋来忠. 带两个形状参数的 Bézier 曲线 [J]. 工程图学学报, 2008, 29(3): 88-92.

[189] 严兰兰, 梁炯丰. 带 2 个形状参数的三次多项式曲线 [J]. 合肥工业大学学报, 2009, 32(4): 572-576.

[190] Brneckner I. Construction of Bézier points of quadrilaterals from those of triangles [J]. Computer-Aided Design, 1980, 12(1): 21-24.

[191] Lin Y. Inter-transformation between two classes of Bézier sufaces [J]. Acta Mathematicae Applicatae Sinica, 1987, 10(4): 413-417.

[192] Ronald N. Goldman, Daniel J. Filip. Conversion from Bézier rectangles to Bézier triangles [J]. Computer-Aided Design, 1987, 19(1): 25-27.

[193] Wang J. Conversion between Bézier rectangles and Bézier triangles [J]. Mathematica Numerica Sinica (Chinese, English summery), 1993, 15(1): 5-15.

[194] Hu S M. Conversion between two classes of Bézier surfaces and geometric continuity

jointing [J]. Applied Mathematics: A Journal of Chinese Universities, 1993, 8A(3): 290-299.

[195] Hu S M. A subdivision scheme for rational triangular Bézier surfaces [J]. Journal of Computer Science and Technology, 1996, 11(1): 9-16.

[196] Hu S M. Conversion of a triangular Bézier patch into three rectangular Bézier patches [J]. Computer Aided Geometric Design, 1996, 13(3): 219-226.

[197] Yin M. Conversion between Bézier rectangles and Bézier triangles [J]. Journal of Mathematics for Technology, 1996, 12(4): 25-32.

[198] Hu S M, Wang G Z, Jin T G. Generalized subdivision of Bézier surfaces [J]. CVGIP: Graphical Models and Image Processing, 1996, 58(3): 218-222.

[199] Hu S M. Some Geometric problems in data communication of CAD system [D]. Hangzhou: Ph.D. Thesis, Zhejiang University, 1996.

[200] Hu S M. Conversion between triangular and rectangular Bézier patches [J]. Computer Aided Geometric Design, 2001, 18(7): 667-671.

[201] Mazure M L. Which space for design [J]. Numerische Mathematik, 2008, 110(3): 357-392.

[202] 严兰兰. 带形状参数的三角曲线曲面 [J]. 东华理工大学学报 (自然科学版), 2012, 35(2): 197-200.

[203] 严兰兰, 梁炯丰, 饶智勇. 三次 Ball 曲线的两种新扩展 [J]. 工程图学学报, 2011, 32(5): 20-24.

[204] Sarfraz M, Butt S, Hussain M Z. Visualization of shaped data by a rational cubic spline interpolation [J]. Computers & Graphics, 2001, 25(5): 833-845.

[205] Zhang R J. Uniform interpolation curves and surfaces based on a family of symmetric splines [J]. Computer Aided Geometric Design, 2013, 30(9): 844-860.

[206] 陈荣华, 韩旭里, 吴宗敏. 某型拟插值的多项式再生性 [J]. 计算机工程与应用, 2010, 46(1): 1-3.